최신 개정판 | **PROFESSIONAL ENGINEER CONSTRUCTION SAFETY**

건설안전기술사

최신 문제 풀이

[124~133회 수록]

한 경 보 | 건설안전기술사
건축시공기술사
공학박사

Willy. H | 건설안전기술사
토목시공기술사

PROFESSIONAL ENGINEER

예문사

PREFACE 머리말

기술사는 해당 기술 분야에 관한 고도의 전문지식과 실무경험에 입각한 계획·연구·설계·분석·시험·시공·평가 및 이에 관한 지도·감독 등의 기술업무를 수행할 수 있는 자격이 있는 사람을 말합니다. 따라서 합격하기 위해서는 당연히 이에 부합되는 실력을 갖추어야 함은 자명한 것입니다. 그중 건설안전기술사는 여타 종목 대비 학습해야 할 범위도 광범위하고 전문적이며, 특히, 시험시기에 발생되는 시사적인 문제까지도 출제되고 있음에 많은 수험생들이 학습방법과 범위에 대한 기준을 설정하는 데 어려움을 겪고 있음을 잘 알고 있습니다.

본서의 저자인 제가 수험생 분들께 조언하자면 그 모든 어려움을 수험생 자신만이 겪고 있는 고민이 아니라는 것이며, 의식의 전환을 통해 좀 더 쉽게 합격할 수 있는 방법도 존재할 수 있음을 생각해 볼 필요가 있다고 말하고 싶습니다.

건설안전기술사는 물론 다른 기술사 종목도 일맥상통하긴 합니다만, 특히, 단순한 암기방식으로는 합격선을 넘기가 쉽지 않습니다. 위에 언급했던 기술사의 정의와 같이 창의력과 순발력을 스스로 키우는 연습을 꾸준히 하실 것을 권합니다. 건설안전기술사는 일상생활에서 접하는 모든 문제가 출제범위라고 생각할 필요가 있기 때문에 더욱 그렇습니다. 저는 건설안전기술사 저자로서 저의 교재를 통해 학습하시는 분들이 전문적인 지식을 습득해 합격하시는 것에 멈추지 말고 순발력과 창의력을 발휘하여 안전분야의 전문가로서 활동하시며 자부심과 긍지를 갖고 활동하실 수 있는 역량을 키우실 것을 기원하고 있습니다. 실제로 본서로 학습하신 수많은 합격하신 분들이 제가 염원한 그 이상으로 훌륭한 업적을 쌓고 계심에 진심으로 감사의 말씀을 전하고 싶습니다.

수험생 여러분 기출문제 풀이집은 학습초기부터 합격을 눈앞에 둔 시점까지 새로운 시각으로 일상생활과 함께 해야 할 건설안전기술사의 대표교재입니다. 매일 그리고 조금씩 스스로 발전해 나아가시는 데 절대적이며 확실히 도움이 되는 수험서가 될 것입니다. 수험생 여러분의 성공을 기원합니다. 감사합니다.

저자 한경보 올림

CONTENTS 목차

제 124 회

기출문제 및 풀이

(2021년 5월 23일 시행)

제 24 편

기출문제 및 풀이

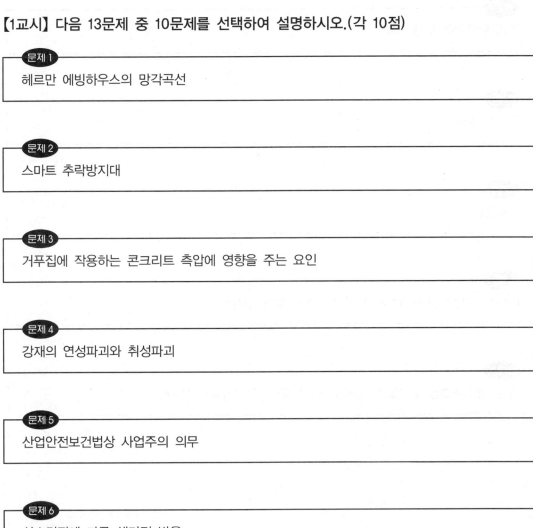

제124회 **건설안전기술사 기출문제** (2021년 5월 23일 시행)

【1교시】 다음 13문제 중 10문제를 선택하여 설명하시오.(각 10점)

문제 1

헤르만 에빙하우스의 망각곡선

문제 2

스마트 추락방지대

문제 3

거푸집에 작용하는 콘크리트 측압에 영향을 주는 요인

문제 4

강재의 연성파괴와 취성파괴

문제 5

산업안전보건법상 사업주의 의무

문제 6

산소결핍에 따른 생리적 반응

문제 7

건설기술진흥법상 건설공사 안전관리 종합정보망(C.S.I)

문제 8

산업안전보건법상 조도기준 및 조도기준 적용 예외

문제 9

화재 위험작업 시 준수사항

문제 10

등치성 이론

문제 11

온도균열

문제 12

이동식 크레인 양중작업 시 지반 지지력에 대한 안정성검토

문제 13

건설기술진흥법상 소규모 안전관리계획서 작성 대상사업과 작성대상

【2교시】 다음 6문제 중 4문제를 선택하여 설명하시오.(각 25점)

문제 1

위험성평가 진행절차와 거푸집 동바리공사의 위험성평가표에 대하여 설명하시오.

문제 2

스마트 건설기술을 적용한 안전교육 활성화 방안과 설계·시공 단계별 스마트 건설기술 적용방안에 대하여 설명하시오.

문제 3

갱폼(Gang Form) 현장 조립 시 안전설비기준 및 설치 · 해체 시 안전대책에 대하여 설명하시오.

문제 4

건설현장에서 작업 전, 작업 중, 작업종료 전, 작업종료 시의 단계별 안전관리 활동에 대하여 설명하시오.

문제 5

콘크리트 구조물의 복합열화 요인 및 저감대책에 대하여 설명하시오.

문제 6

건설현장의 고령 근로자 증가에 따른 문제점과 안전관리방안에 대해서 설명하시오.

【3교시】 다음 6문제 중 4문제를 선택하여 설명하시오.(각 25점)

문제 1

낙하물방지망 설치기준과 설치작업 시 안전대책에 대하여 설명하시오.

문제 2

계단형상으로 조립하는 거푸집 동바리 조립 시 준수사항과 콘크리트 펌프카 작업 시 유의사항에 대하여 설명하시오.

문제 3

도심지 도시철도 공사 시 소음·진동 발생작업 종류, 작업장 내외 소음·진동 영향과 저감방안에 대하여 설명하시오.

문제 4

재해통계의 필요성과 종류, 분석방법 및 통계 작성 시 유의사항에 대하여 설명하시오.

문제 5

도로공사 시 사면붕괴형태, 붕괴원인 및 사면안정공법에 대하여 설명하시오.

문제 6

압쇄장비를 이용한 해체공사 시 사전검토사항과 해체 시공계획서에 포함사항 및 해체 시 안전관리사항에 대하여 설명하시오.

【4교시】 다음 6문제 중 4문제를 선택하여 설명하시오.(각 25점)

문제 1

건설공사장 화재발생 유형과 화재예방대책, 화재발생 시 대피요령에 대하여 설명하시오.

문제 2

운행 중인 도시철도와 근접하여 건축물 신축 시 흙막이공사(H-pile+토류판, 버팀보)의 계측관리계획(계측항목, 설치위치, 관리기준)과 관리기준 초과 시 안전대책에 대하여 설명하시오.

문제 3

타워크레인의 재해유형 및 구성부위별 안전검토사항과 조립·해체 시 유의사항에 대하여 설명하시오.

문제 4

강구조물의 용접결함의 종류를 설명하고, 이를 확인하기 위한 비파괴검사 방법 및 용접 시 안전대책에 대하여 설명하시오.

문제 5

공용중인 철근콘크리트 교량의 안전점검 및 정밀안전진단 주기와 중대결함 종류, 보수·보강 시 작업자 안전대책에 대하여 설명하시오.

문제 6

강관비계의 설치기준과 조립·해체 시 안전대책에 대하여 설명하시오.

제 124 회
국가기술자격검정 기술사 필기시험 답안지(제1교시)

○   ○   ○

※ 10권 이상은 분철(최대 10권 이내)

자 격 종 목	건설안전기술사

답안지 작성 시 유의사항

1. 답안지는 총 7매(14면)이며 교부받는 즉시 매수, 페이지 등 정상 여부를 반드시 확인하고 1매라도 분리되거나 훼손하여서는 안 됩니다.
2. 시행회, 자격종목, 수검번호, 성명을 정확하게 기재하여야 합니다.
3. 수검자 인적사항 및 답안작성은 반드시 흑색 또는 청색 필기구 중 한 가지 필기구만을 계속 사용하여야 하며, 연필, 굵은 사인펜, 기타 유색 필기구로 작성된 답안은 0점 처리됩니다.(정정 시에는 두 줄을 긋고 다시 기재 가능)
4. 답안지에 답안과 관련 없는 특수한 표시, 특정인임을 암시하는 답안은 0점 처리됩니다.
5. 문제의 순서에 관계없이 답안을 작성하여도 되나 주어진 문제번호와 문제를 기재한 후 답안을 작성하고 전문용어는 원어로 기재하여도 무방합니다.
6. 요구한 문제 수보다 많은 문제를 답하는 경우 기재 순으로 요구한 문제 수까지 채점하고 나머지 문제는 채점대상에서 제외됩니다.
7. 기 작성한 문항 전체를 삭제하고자 할 경우 반드시 해당 문항의 답안 전체에 대하여 명확하게 ×표시하시기 바랍니다.
8. 각 문제의 답안 작성이 끝나면 "끝"이라고 쓰고 다음 문제는 두 줄을 띄워 기재하여야 하며 최종 답안 작성이 끝나면 그 다음 줄에 "이하 여백"이라고 써야 합니다.
9. 답안 작성 시 답안지 양면의 페이지 순으로 작성하시기 바랍니다.
10. 비번호란은 기재하지 않습니다.

비 번 호	

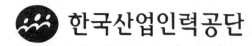

한국산업인력공단

문제1) 헤르만 에빙하우스의 망각곡선(10점)

답)

I. 개요

1) '파지'란 획득된 행동이나 내용이 지속되는 현상으로, 간직한 인상이 보존되는 것을 말한다.

2) '망각'이란 획득된 행동이나 내용이 지속되지 않고 소실되는 현상으로, 재생이나 재인이 안 되는 것을 말한다.

II. 에빙하우스(H. Ebbinghaus)의 망각곡선

1) 망각곡선(Curve of Forgetting)

파지율과 시간의 경과에 따른 망각률을 나타내는 결과를 도표로 표시한 것

2) 경과시간에 따른 파지율과 망각률

경과시간	파지율	망각률
0.33시간	58.2%	41.8%
1시간	44.2%	55.8%
24시간	33.7%	66.3%
48시간	27.8%	72.2%
6일×24시간	25.4%	74.6%
31일×24시간	21.2%	78.9%

III. 파지능력 향상방안

1) 정기적으로 점검할 것

2) 간격효과   "끝"

문제2) 스마트 추락방지대(10점)

답)

I. 개요

건설현장 사망재해의 가장 큰 요인이 되고 있는 추락재해방지를 위한 추락방지대는 고령화와 숙련인력감소, 근로시간 단축, 생산성 저하 등 사회 흐름의 변화에 능동적으로 대처하기 위해 스마트 추락방지대를 비롯한 스마트 건설장비의 도입이 절실하다.

II. 스마트 건설안전의 체계

근로자 위치파악
(입출역확인)

중장비 접근제어

안전환경센서

영상분석

디지털화
(웹/앱 및 디지털 문서화)

빅데이터

재난관리
(SOS 비상벨)

SMART SAFETY SYSTEM

Ⅲ. 스마트 추락방지대 사례

고소지역內 진입

〈동작설명〉
고소작업지역 내로 체결지키미를
착용한 작업자가 진입하면
추락 주의 지역임을 방송하여
작업자 주의 환기 및 안전 작업 유도

〈체결지키미〉
안전고리 체결 여부 CHECK 시작

고소지역內 미체결

〈동작설명〉
안전고리를 안전줄에 미체결한
상태이고 고소작업지역 내에
작업자가 위치하고 있으므로
안전고리 미체결 주의 알림 및
관리자로 미체결에 대한
정보 시스템으로 송신

〈체결지키미〉
안전줄에 안전고리 미체결 상태로 판단

고소지역內 체결

〈동작설명〉
안전고리를 안전줄에 체결한 상태
이므로 주의 알림 없으며, 체결 상태에
대한 정보를 관리자 시스템으로 전송

〈체결지키미〉
안전줄에 안전고리 체결 상태로 판단

고소작업지역

추락 위험 지역
주의하세요

주의음
주의 LED

고소작업지역

안전고리를
체결하세요

고소작업지역
안전고리 미체결 알림

주의음
주의 LED

고소작업지역

고소작업지역
안전고리 체결 알림

"끝"

문제3) 거푸집에 작용하는 콘크리트 측압에 영향을 주는 요인(10점)

답)

I. 개요

측압은 콘크리트의 단위용적 중량($tonf/m^3$), 타설높이(m) · 타설속도(m/hr) · 온도, Slump · 벽체 두께 · 다짐방법 등에 따라 다르므로 측압 산정 시 주의하여야 하며, 거푸집의 설계에는 굳지 않은 콘크리트(Fresh Concrete)의 측압을 고려해야 한다.

II. 거푸집 측압의 설계용 표준값(단위 : $tonf/m^2$)

분류	진동기 미사용	진동기 사용
벽	2	3
기둥	3	4

III. 거푸집에 작용하는 콘크리트 측압에 영향을 주는 요인

1) 거푸집 부재단면의 크기

2) 거푸집 수밀성 정도

3) 거푸집 표면의 평활도

4) 시공연도(Workability)

5) 외기온도 · 습도

6) 콘크리트의 타설속도

7) 콘크리트의 Slump

Ⅳ. 측압의 측정방법

1) 수압판에 의한 방법

수압판을 거푸집면의 바로 아래에 대고 탄성변형에 의한 측압을 측정하는 방법

2) 측압계를 이용하는 방법

수압판에 Strain Gauge(변형률계)를 설치해 탄성변형량을 전기적으로 측정하는 방법

3) 죄임철물변형에 의한 방법

죄임철물에 Strain Gauge를 부착시켜 응력변화를 Check하는 방식

4) OK식 측압계

죄임철물의 본체에 유압잭을 장착하여 인장의 변화를 측정하는 방식

"끝"

문제4) 강재의 연성파괴와 취성파괴(10점)

답)

Ⅰ. 개요

철근콘크리트 구조물에 사용되는 강재는 Con'c의 압축응력과 철근의 인장
응력이 동시에 허용응력에 도달할 때의 철근비를 평형철근비라하며, 평형
철근비 기준 그 이하로 설계 시 연성파괴, 이상으로 배근 시 취성파괴를
유발하게 된다.

Ⅱ. 평형철근비(P_b)와 인장철근비(P_t)의 관계

평형철근	과대철근
압축 측 ─ 중립축 인장 측 ○○○	○○○
$P_t = P_b$	$P_t \rangle P_b$
인장·압축 측 동시 파괴 가장 경제적	압축 측 먼저 허용응력 도달 Con'c의 취성파괴

Ⅲ. 평형철근비 이하 설계의 중요성

1) 철근콘크리트 구조체는 콘크리트 취성파괴 시 불안전한 상태가 된다.

2) 인장응력을 받는 철근이 연성파괴가 되도록 설계할 필요가 있다.

3) 연성파괴는 $P_t \langle P_b$인 과소철근 단면을 가진 구조체이다.

Ⅳ. 과대철근 설계 시 보의 보강방안

1) 압축부 Tension

2) 단면 확대

3) 추가 단면부 Tension

압축부 Tension — 추가 Tension — 단면 확대

"끝"

문제5) 산업안전보건법상 사업주의 의무(10점)

답)

I. 개요

사업주는 산업안전보건법과 이 법에 의한 명령에서 정하는 산업재해예방을 위한 기준을 준수하여야 할 의무가 있다. 더 나아가 사업주는 국가에서 시행하는 산업재해예방 시책에 따라야 한다.

II. 산업안전보건법상 사업주의 의무

1) 안전 및 보건의 유지와 증진의 의무

2) 보고 의무

① 산업재해발생보고

사망자 또는 4일 이상의 휴업을 요하는 부상을 입거나 질병에 걸린 자가 발생한 때에는 당해 산업재해가 발생한 날부터 14일 이내에 산업재해조사표를 작성하여 관할 지방노동관서의 장에게 제출하여야 한다.

② 중대재해발생보고

중대재해가 발생한 때에는 24시간 이내에 재해의 발생개요 및 피해상황, 조치 및 전망 기타 중요한 사항을 관할지방노동관서의 장에게 전화·모사전송 기타 적절한 방법에 의하여 보고하여야 한다.

3) 산업재해기록 및 보존의무

재해발생원인 등을 기록하여야 하며, 이를 3년간 보존하여야 한다.

4) 산업안전보건법령요지의 게시의무

① 산업안전보건위원회가 의결한 사항

② 안전보건관리규정에 포함된 사항

③ 도급사업장 안전·보건조치에 관한 사항

④ 자체검사에 관한 사항

⑤ 물질안전보건자료에 관한 사항

⑥ 작업환경측정·평가에 관한 사항

⑦ 안전·보건진단 결과

⑧ 안전보건개선계획의 수립·시행내용(안전보건개선계획의 수립·시행명령을 받은 사업자의 경우에 한한다.

5) 안전보건표지 설치의무

사업장의 유해 또는 위험한 시설 및 장소에 대한 경고, 비상시 조치의 안내 기타 안전의식의 고취를 위하여 노동부령이 정하는 바에 의하여 안전·보건 표지를 설치하거나 부착하여야 한다.

"끝"

문제6) 산소결핍에 따른 생리적 반응(10점)

답)

I. 개요

산소결핍증상이란 산소가 부족한 공기를 흡입함으로서 생기는 증상을 말하며, 초기증상과 말기증상으로 구분한다.

II. 산소결핍에 따른 생리적 반응

1) 초기증상

① 안면이 창백하거나 홍조를 띤다.

② 호흡이 빨라지며, 호흡곤란과 현기증이 생긴다.

③ 두통이 있다.

2) 말기증상

의식이 혼미하고 호흡이 나빠진다.

III. 산소농도별 증상

산소농도(%)	증 상
14~19	업무능력 감소, 신체기능조절 손상
12~14	호흡수 증가, 맥박 증가
10~12	판단력 저하, 청색입술
8~10	어지럼증, 의식 상실
6~8	8분 내 100% 치명적, 6분 내 50% 치명적
4~6	40초 내 혼수상태, 경련, 호흡정지, 사망

Ⅳ. 산소결핍 위험작업 안전수칙

1) 작업시작 전 작업장 환기 및 산소농도 측정

2) 송기마스크 등 외부공기 공급 가능한 호흡용 보호구 착용

3) 산소결핍 위험작업장 입장, 퇴장 시 인원점검

4) 관계자 외 출입금지 표지판 설치

5) 산소결핍 위험작업 시 외부 관리감독자와의 상시연락

6) 사고발생 시 신속한 대피, 사고발생에 대비하여 공기호흡기, 사다리 및 섬유로프 등 비치

7) 특수한 작업(용접, 가스배관공사 등) 또는 장소(지하실 등)에 대한 안전보건 조치

"끝"

문제7) 건설기술진흥법상 건설공사 안전관리 종합정보망(C.S.I)(10점)

답)

Ⅰ. 개요

그간 분산되어 있던 안전관련 계획 및 실적관리를 보다 효과적으로 관리할 수 있는 시스템을 구축하기 위해 도입된 안전관리 종합정보망은 3차 연도까지 체계적으로 시스템을 구축해 확장할 계획인 것으로 알려져 있다.

Ⅱ. 건설공사 안전관리 업무

1) 설계안전성 검토 및 안전관리계획 수립대상

① 1종 시설물 및 2종 시설물의 건설공사

② 지하 10m 이상을 굴착하는 건설공사

③ 폭발물을 사용하는 건설공사로서 20m 안에 시설물이 있거나 100m 안에 사육하는 가축이 있는 건설공사

④ 10층 이상 16층 미만인 건축물의 건설공사

⑤ 건설기계가 사용되는 건설공사

• 천공기(높이가 10m 이상인 것만 해당한다)

• 항타 및 항발기   • 타워크레인

Ⅲ. 건설공사 현장의 사고조사 업무

1) 건설사고 신고대상

모든 건설사고에 대해서 발주청 및 인·허가기관의 장은 사고 내용을 즉시 국토교통부장관에게 제출

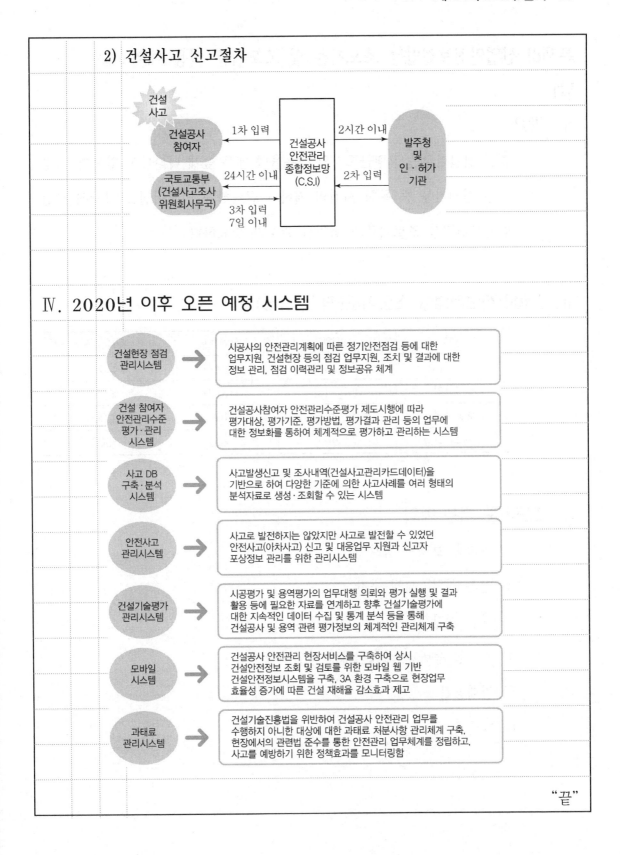

2) 건설사고 신고절차

건설사고

건설공사 참여자

국토교통부
(건설사고조사
위원회사무국)

1차 입력

24시간 이내

3차 입력
7일 이내

건설공사
안전관리
종합정보망
(C.S.I)

2시간 이내

2차 입력

발주청
및
인 · 허가
기관

Ⅳ. 2020년 이후 오픈 예정 시스템

건설현장 점검 관리시스템 → 시공사의 안전관리계획에 따른 정기안전점검 등에 대한 업무지원, 건설현장 등의 점검 업무지원, 조치 및 결과에 대한 정보 관리, 점검 이력관리 및 정보공유 체계

건설 참여자 안전관리수준 평가 · 관리 시스템 → 건설공사참여자 안전관리수준평가 제도시행에 따라 평가대상, 평가기준, 평가방법, 평가결과 관리 등의 업무에 대한 정보화를 통하여 체계적으로 평가하고 관리하는 시스템

사고 DB 구축 · 분석 시스템 → 사고발생신고 및 조사내역(건설사고관리카드데이터)을 기반으로 하여 다양한 기준에 의한 사고사례를 여러 형태의 분석자료로 생성 · 조회할 수 있는 시스템

안전사고 관리시스템 → 사고로 발전하지는 않았지만 사고로 발전할 수 있었던 안전사고(아차사고) 신고 및 대응업무 지원과 신고자 포상정보 관리를 위한 관리시스템

건설기술평가 관리시스템 → 시공평가 및 용역평가의 업무대행 의뢰와 평가 실행 및 결과 활용 등에 필요한 자료를 연계하고 향후 건설기술평가에 대한 지속적인 데이터 수집 및 통계 분석 등을 통해 건설공사 및 용역 관련 평가정보의 체계적인 관리체계 구축

모바일 시스템 → 건설공사 안전관리 현장서비스를 구축하여 상시 건설안전정보 조회 및 검토를 위한 모바일 웹 기반 건설안전정보시스템을 구축, 3A 환경 구축으로 현장업무 효율성 증가에 따른 건설 재해율 감소효과 제고

과태료 관리시스템 → 건설기술진흥법을 위반하여 건설공사 안전관리 업무를 수행하지 아니한 대상에 대한 과태료 처분사항 관리체계 구축, 현장에서의 관련법 준수를 통한 안전관리 업무체계를 정립하고, 사고를 예방하기 위한 정책효과를 모니터링함

"끝"

문제8) 산업안전보건법상 조도기준 및 조도기준 적용 예외(10점)

답)

I. 개요

최근 건설현장은 고령근로자의 점유율이 매우 높게 나타나고 있으며, 고령 자는 신체기능 중 특히 시력의 저하가 급격하게 이루어짐을 감안해 산업 안전보건법상 조도기준의 엄격한 준수가 필요하다.

II. 산업안전보건법상 조도기준(럭스, lux)

구분	기준	실제보통	최대(미국)
초정밀작업	750 이상	2,000	5,000
정밀작업	300 이상	1,000	2,000
보통작업	150 이상	400	1,000
그 밖의 작업	75 이상	200	500

III. 조도기준 적용 예외

1) 지하층 보행자 통로

2) 알폼 설치 · 해체 구간

3) 각층 계단실

4) 거푸집 동바리 설치 · 해체 작업구간

5) 밀폐공간

6) 터널 등

Ⅳ. 조도 반사율

    1) 천장 : 80~90%

    2) 벽체 : 40~60%

    3) 기계·기구 : 25~45%

    4) 바닥 : 20~40%

"끝"

문제9) 화재 위험작업 시 준수사항 (10점)

답)

I. 개요

최근 화재 및 폭발사고는 계절에 관계없이 발생되는 추이를 보이고 있으며 대형화되는 추세에 있으므로 화재 위험작업 시 준수사항의 이행과 화재감시자의 배치와 업무를 이해하고 실행에 옮기는 것이 중요하다.

II. 화재 위험작업 시 준수사항

1) 작업 준비 및 작업 절차 수립

2) 작업장 내 위험물의 사용·보관 현황 파악

3) 화기작업에 따른 인근 가연성 물질에 대한 방호조치 및 소화기구 비치

4) 용접 불티 비산방지덮개, 용접방화포 등 불꽃, 불티 등 비산방지조치

5) 인화성 액체의 증기 및 인화성 가스가 남아 있지 않도록 환기 등의 조치

6) 작업근로자에 대한 화재예방 및 피난교육 등 비상조치

III. 화재감시자 배치기준

1) 작업반경 11m 이내에 건물구조 자체나 내부(개구부 등으로 개방된 부분을 포함)에 가연성 물질이 있는 장소

2) 작업반경 11m 이내의 바닥 하부에 가연성 물질이 11m 이상 떨어져 있지만 불꽃에 의해 쉽게 발화될 우려가 있는 장소

3) 가연성 물질이 금속으로 된 칸막이·벽·천장 또는 지붕의 반대쪽 면에 인접해 있어 열전도나 열복사에 의해 발화될 우려가 있는 장소

Ⅳ. 화재감시자 자격 및 업무

1) **업무** : 화재 위험을 감시하고 화재 발생 시 사업장 내 근로자의 대피를 유도하는 업무만을 담당

2) **자격** : 별도 규정되어 있지 않고, 특정한 기술 등을 필요로 하지 않음

3) **지정** : 사업주는 용접·용단 작업에 화재감시자 업무만을 수행하는 화재감시자 지정

4) **소통** : 화재감시자는 근로자들(용접·용단작업 수행 외국인 근로자 포함)간 원활한 의사소통을 요구

"끝"

문제10) 등치성 이론(10점)

답)

I. 개요

'등치성 이론'이란 사고 원인의 여러 요인들 중에서 어느 한 요인을 배제시킬 경우 재해는 발생되지 않으며, 재해는 여러 사고요인이 연결되어 발생한다는 이론을 말한다.

II. 재해 발생형태

1) 집중형

① 상호 자극에 의하여 순간적으로 재해가 발생되는 유형

② 재해가 일어난 장소, 시기에 일시적으로 재해요인이 집중되는 형태

2) 연쇄형

① 하나의 사고요인이 또 다른 요인을 유발시키며 재해를 발생시키는 유형

② 단순연쇄형과 복합연쇄형으로 분류

• 단순연쇄형

발생된 사고요인이 지속적으로 다른 사고요인을 유발시켜 재해가 발생되는 형태

• 복합연쇄형

2개 이상의 단순연쇄형에 의해 재해가 발생하는 형태

〈 단순연쇄형 〉　　　　　　　　　〈 복합연쇄형 〉

3) 복합형

집중형과 연쇄형이 복합적으로 구성되어

재해가 발생하는 유형

"끝"

문제11) 온도균열(10점)

답)

Ⅰ. 개요

철근콘크리트 구조물에서 발생되는 균열의 90% 이상은 온도균열에 기인하며, 이는 수화열에 의한 내외부 온도차로 발생되는데 특히, 온도차 25℃ 정도를 기준으로 한다.

Ⅱ. 방지대책

1) 저열기 시멘트, 혼합시멘트 등 수화열이 적은 시멘트 선정

2) 단위시멘트량 감소

3) 온도균열을 최소화할 수 있는 시공방법 선정

4) 콘크리트 타설 간격 및 부어 넣기 높이 고려

5) 균열 제어 철근의 배치

6) 프리쿨링, 파이프 쿨링 등 수화열 저감대책 마련

Ⅲ. 균열 측정방법 : 육안점검, 비파괴검사, 코어검사

1) 비파괴검사

균열위치, 철근위치, 균열발향, 직경 측정 초음파법, 자기법으로 측정

2) 코어검사

균열 크기 및 위치를 정확하게 측정

Ⅳ. 보수, 보강공법

1) **보수공법** : 치환, 표면처리, 충진, 주입, Bigs,

2) **보강공법** : 강재앵커, 강판부착, Prestress, 탄소섬유 부착공법

"끝"

문제12) 이동식 크레인 양중작업 시 지반 지지력에 대한 안정성 검토(10점)

답)

I. 개요

이동식 크레인을 사용한 양중작업 시에는 작업운행 안전성 확보를 위한 전도 임계하중의 검토와 견고한 지반에 아웃트리거 설치상태의 점검이 이루어져야 하며 이를 위해서는 지반 지지력의 안정성 검토가 중요한 항목임

II. 지반 지지력에 대한 안정성 검토

1) 지반의 견고함 정도 확인

① 지반의 배수 및 함수상태 확인

② 동절기 융해여부 확인

③ OMC 산정

2) 지반침하 방지조치

인근에서의 굴착공사 여부 확인

• 굴착공사가 인근에서 진행되고 있는 경우 지중침하계를 비롯한 계측자료 확인

III. 사용 중 안전대책

1) 펌프카 전면방향의 붐대 작업 지양

2) 아웃트리거 설치지반의 침하 등 이상·유무 주기적 확인

3) 콘크리트 송출 시 압력에 의한 진동이 주기적으로 아웃트리거에 가해지므로 침하발생이 점진적으로 크게 발생될 가능성에 유의

Ⅳ.	**작업 전 점검사항**
	1) 안전장치 부착상태 및 작동유무
	① 권과방지장치
	② 과부하방지장치
	③ 훅 해지장치
	2) 용도 외 사용 금지
	① 임의개조
	② 불법 탑승설비 부착금지
	3) 구조부 외관상태 확인(붐, 작업대 고정볼트, 안전난간)
	4) 운전자 자격 유무 및 안전교육 실시
	5) 작업계획 및 대책수립
	① 장비 제원
	② 작업능력
	③ 작업범위 등 작업계획 및 대책수립
	6) 줄걸이 안전작업 이행 : 와이어로프, 슬링, 샤클, 턴버클 체결
	7) 구조부 외관상태 확인 : 붐, 유압장치, 턴테이블 균열, 볼트체결, 용접부
	8) 전도방지 임계하중 및 작업범위도 안전성 검토
	"끝"

문제13) 건설기술진흥법상 소규모 안전관리계획서 작성 대상사업과 작성
대상(10점)
답)
Ⅰ. 개요
그간 안전관리계획 수립대상에서 제외된 소규모 공사현장의 안전관리를 위해 12월 10일 전격 시행된 제도로 대상, 절차, 수립기준, 작성비용의 준수사항을 이행해야 한다.
Ⅱ. 대상공사
2층 이상 10층 미만이면서 연면적 1,000m² 이상인 공동주택·근린생활시설·공장 및 연면적 5,000m² 이상인 창고
Ⅲ. 준수사항
시공자는 발주청이나 인허가기관으로부터 계획을 승인받은 이후 착공해야 한다.
Ⅳ. 안전관리계획과 다른 점
1) 안전관리계획 : 총 6단계(수립-확인-제출-검토-승인-착공)
2) 소규모 안전관리계획 : 총 4단계(수립-제출-승인-착공)
Ⅴ. 작성비용의 계상
발주자가 안전관리비에 계상하여 시공자에게 지불

Ⅵ. 세부규정

1) 현장을 수시로 출입하는 건설기계나 장비와의 충돌사고 등을 방지하기 위해 현장 내에 기계·장비 전담 유도원을 배치해야 한다.

2) 화재사고를 대비하여 대피로 확보 및 비상대피 훈련계획을 수립하고, 화재위험이 높은 단열재 시공시점부터는 월 1회 이상 비상대피훈련을 실시해야 한다.

3) 현장주변을 지나가는 보행자의 안전을 확보하기 위해 공사장 외부로 타워크레인 지브가 지나가지 않도록 타워크레인 운영계획을 수립해야 하고, 무인 타워크레인은 장비별 전담 조정사를 지정·운영하여야 한다.

"끝"

제 124 회
국가기술자격검정 기술사 필기시험 답안지(제2교시)

○　　　　　○　　　　　○

※ 10권 이상은 분철(최대 10권 이내)

자 격 종 목	건설안전기술사

답안지 작성 시 유의사항

1. 답안지는 총 7매(14면)이며 교부받는 즉시 매수, 페이지 등 정상 여부를 반드시 확인하고 1매라도 분리되거나 훼손하여서는 안 됩니다.
2. 시행회, 자격종목, 수검번호, 성명을 정확하게 기재하여야 합니다.
3. 수검자 인적사항 및 답안작성은 반드시 흑색 또는 청색 필기구 중 한 가지 필기구만을 계속 사용하여야 하며, 연필, 굵은 사인펜, 기타 유색 필기구로 작성된 답안은 0점 처리됩니다.(정정 시에는 두 줄을 긋고 다시 기재 가능)
4. 답안지에 답안과 관련 없는 특수한 표시, 특정인임을 암시하는 답안은 0점 처리됩니다.
5. 문제의 순서에 관계없이 답안을 작성하여도 되나 주어진 문제번호와 문제를 기재한 후 답안을 작성하고 전문용어는 원어로 기재하여도 무방합니다.
6. 요구한 문제 수보다 많은 문제를 답하는 경우 기재 순으로 요구한 문제 수까지 채점하고 나머지 문제는 채점대상에서 제외됩니다.
7. 기 작성한 문항 전체를 삭제하고자 할 경우 반드시 해당 문항의 답안 전체에 대하여 명확하게 ×표시하시기 바랍니다.
8. 각 문제의 답안 작성이 끝나면 "끝"이라고 쓰고 다음 문제는 두 줄을 띄워 기재하여야 하며 최종 답안 작성이 끝나면 그 다음 줄에 "이하 여백"이라고 써야 합니다.
9. 답안 작성 시 답안지 양면의 페이지 순으로 작성하시기 바랍니다.
10. 비번호란은 기재하지 않습니다.

비 번 호	

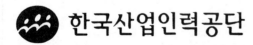
한국산업인력공단

문제1) 위험성평가 진행절차와 거푸집 동바리공사의 위험성평가표에 대하여 설명하시오.(25점)

답)

I. 위험성 평가의 정의

사업주가 스스로 유해위험요인을 파악하고 해당 유해위험요인의 위험성 수준을 결정하여 위험성을 낮추기 위한 적절한 조치를 마련하고 실행하는 과정을 말한다.

II. 단계별 절차

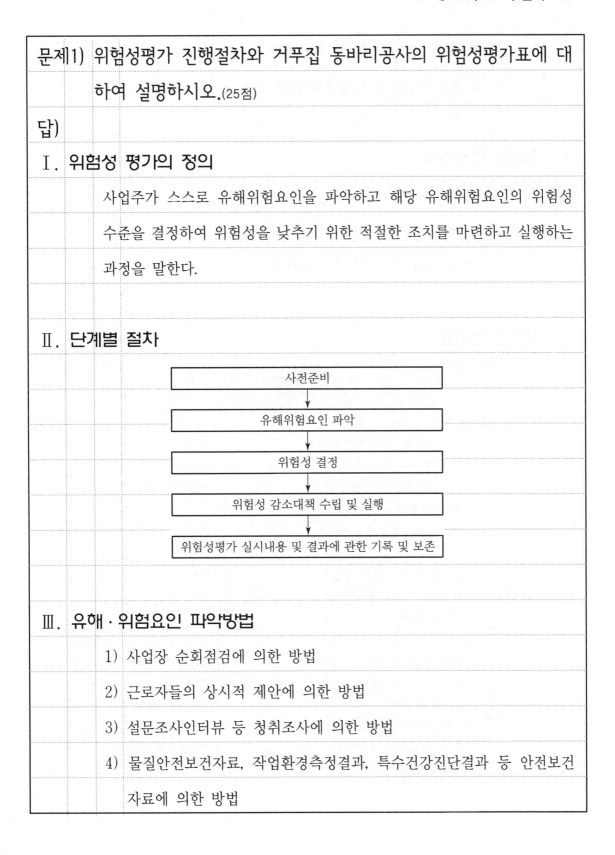

사전준비

↓

유해위험요인 파악

↓

위험성 결정

↓

위험성 감소대책 수립 및 실행

↓

위험성평가 실시내용 및 결과에 관한 기록 및 보존

III. 유해·위험요인 파악방법

1) 사업장 순회점검에 의한 방법

2) 근로자들의 상시적 제안에 의한 방법

3) 설문조사인터뷰 등 청취조사에 의한 방법

4) 물질안전보건자료, 작업환경측정결과, 특수건강진단결과 등 안전보건 자료에 의한 방법

5) 안전보건 체크리스트에 의한 방법

6) 그 밖에 사업장의 특성에 적합한 방법

Ⅳ. 위험성 추정방법

1) 위험성＝가능성×중대성

2) 가능성 : 상(3점), 중(2점), 하(1점)

3) 중대성 : 상(3점), 중(2점), 하(1점)

Ⅴ. 위험성 평가표

구분	위험요인	위험도등급			관리 대상	대책
		상	중	하		
인적 요인	• 안전모 등 개인 보호구 미착용 상태에서 머리가 동바리 등에 부딪힘 • 안전대를 안전대 부착설비에 체결하지 않고 작업 중 추락					• 거푸집 동바리 조립 작업 시 안전모 등 개인보호구 착용 철저 • 안전대를 안전대 부착설비에 체결하고 작업 실시
물적 요인	• 동바리 미검정품 사용으로 내력 감소, 조립 불량 • 동바리 높이 조절용 핀을 철근 도막으로 사용하다가 철근에 찔림					• 거푸집 동바리는 검정품 사용 또는 가설 협회 등록 제품 사용 • 동바리 높이 조절용 핀은 전용핀 사용
작업 방법	• 안전대 부착 설비가 미설치되어 안전대를 철근 등에 체결하고 작업 중 안전대 고리가 빠지면서 추락 • 동바리와 수평 연결재 연결부를 철선으로 고정하여 동바리 수평 내력 저하					• 보거푸집 상부에 안전대 부착설비 설치하여 안전대를 체결하고 작업 실시 • 동바리와 수평 연결재 연결부는 전용 클램프로 견고하게 결속 • 거푸집 동바리는 높이 6m 이상 시 2단 설치 금지, 시스템 동바리 사용

구분	위험요인	위험도등급			관리 대상	대책
		상	중	하		
작업 방법	• 거푸집 동바리 구조가 2단 으로 설치되어 콘크리트 타 설 중 붕괴 위험 • 동바리 상하부 미고정에 따 라 동바리 전도 위험 • 동바리 수평 연결재 미설치 로 구조적 내력 저하 • 동바리 간격이 구조 허용간 격이상으로 설치되어 내력 저하 • 가조립된 보판, 슬래브판이 낙하					• 동바리는 정 위치에서 이동되거나 전도되지 않도록 상하부 고정 • 동바리는 높이 3.5m 이상 시 2 방향으로 2m 이내마다 전용 클램 프 이용 수평 연결재 설치 • 동바리 간격은 구조검토, 조립도 에 따라 정밀 시공 실시 • 가조립된 보판, 슬래브판은 탈락 되지 않도록 견고하게 고정
기계 장비	• 거푸집 자재 인양 시 양중 기의 후크 해지장치 미설치 로 인양 로프가 탈락					• 양중기로 거푸집 자재 인양 시 후 크에 해지장치 설치하여 인양로프 탈락 방지

VI. 결론

1) 각 공종별로 중요한 유해위험은 유해위험 등록부에 기록하고 등록된 위험에 대해서는 항시 주의 깊게 위험관리를 한다.

2) 위험감소대책을 포함한 위험성평가 결과는 근로자에게 공지해 더 이상의 감소대책이 없는 잠재위험요인에 대하여 위험인식을 같이하도록 한다.

3) 위험감소대책을 실행한 후 재해 감소 및 생산성 향상에 대한 모니터링을 주기적으로 실시하고 평가하여 다음 연도 사업계획 및 재해 감소 목표 설정에 반영해 지속적인 개선이 이루어지도록 한다.

"끝"

문제2) 스마트 건설기술을 적용한 안전교육 활성화 방안과 설계 · 시공 단계별 스마트 건설기술 적용방안에 대하여 설명하시오.(25점)

답)

I. 개요

건설시장은 중동물량의 감소와 중국 등 개도국의 가격우위로 인한 수주가 급감, 경쟁력 악화 등의 대외여건과 고령화, 숙련인력 감소, 근로시간단축으로 인한 체질 개선의 필요성이 절실하며, 특히, 이러한 여건변화로 인한 재해추이도 변화하고 있어 스마트 건설기술을 적용한 안전교육 활성화가 절실한 시점이다.

II. 스마트 건설의 개념

활용 중인 기술	연구 중인 기술	연구희망 기술
• BIM 설계 및 시공 • 드론/스캐닝 측량 • 가상현실기반 시각화 • IoT 자재관리, 안전관리	• 모듈화 • IoT 기반 공사관리 고도화 • VR/AR 활용기술	• 빅데이터/AI • 설계/시공 자동화 • 3D Printing • 건설 자동화 로봇

III. 안전교육 활성화 방안

1) 인력중심 안전관리에서 탈피

① 가상체험 안전교육

• 인상의 강화

• 오감의 활용

• 동기부여

　　　• 근로자 입장에서 교육 실시

　2) ICT를 통한 안전관리

　　① 현장 근로자에 부착된 센서로 사고감지

　　② 출입제한 구역의 현장보안 유지

　3) 장비·근로자 위치 실시간 파악으로 안전정보 즉시 제공

　　① 위험지역 접근 경고

　　② 장비와 근로자 충돌 경고 등 예측형 사고예방 교육 실시

Ⅳ. 설계·시공단계별 스마트 건설기술 적용방안

　1) 설계단계

　　① 드론기반 지형·지반 모델링 자동화 기술

　　　㉠ 드론이 다양한 경로로 습득한 정보로부터 3차원 디지털 지형 모델을 자동 도출

　　　　• 카메라, 레이저스캔 장치, 비파괴조사 장치, 센서 등과 결합된 드론

　　　㉡ 공사부지 지반조사 정보를 BIM에 연계하기 위해 측량, 시추 결과를 바탕으로 지반 강도·지질상태 등을 예측

　　② BIM 적용 표준

　　　축적된 BIM 데이터를 바탕으로 새로운 정보와 지식을 창출할 수 있는 백데이터 활용 표준 구축

　　③ BIM 설계 자동화 기술

　　　• 라이브러리를 활용해 속성정보를 포함한 3D 모델 구축

• 축적된 사례의 인식·학습을 통한 AI 기반 BIM 설계자동화

2) 시공단계

① 건설기계 운용 단계

자동화 건설기계가 AI 관제에 따라 자율주행 시공

• 작업 최적화로 생산성 향상

• 인적 위험요인 최소화로 안전성 향상

② 시설 구축 단계

공장 모듈 생산

• 현장조립, 비정형 모듈은 3D 프린터 출력

• 공사기간·비용 획기적 감축

• 현장주변 교통혼잡·환경피해 최소화

V. 결론

스마트 건설의 핵심 개발기술은 ICT 기반 현장 안전사고예방 기술로서 가시설 등의 취약 공종과 근로자 위험요인에 대한 정보를 센서나 스마트 착용 장비 등으로 취득하고 실시간 모니터링해 실시간 정보를 연계시킨 예방형 안전관리 체계로 정부와 업계의 적극적인 도입의지가 필요하다.

"끝"

문제3) 갱폼(Gang Form) 현장 조립 시 안전설비기준 및 설치·해체 시 안전대책에 대하여 설명하시오.(25점)

답)

Ⅰ. 개요

갱폼은 외부벽체 콘크리트 거푸집으로서의 기능과 외부벽체에서의 위험작업들을 안전하게 수행할 수 있는 작업발판으로서의 기능을 동시에 만족할 수 있도록 그 구조적 설비상의 안전성을 확보하여야 한다.

Ⅱ. 안전설비기준

1) 인양고리(Lifting Bar)

① 갱폼 인양고리는 갱폼의 전하중을 안전하게 인양할 수 있는 안전율 5 이상의 부재를 사용하여 인양 시 갱폼에 변형을 주지 않는 구조로 하여야 한다.

② 냉간 압연의 ϕ22mm 환봉(Round Steel Bar)을 U-벤딩(Bending)하여 거푸집 상부 수평재(C-channel) 뒷면에 용접 고정한다. 환봉 벤딩 시의 최소반경(R)은 1500mm 이상으로 한다.

③ 갱폼의 길이 및 하중에 따른 인양고리의 수량과 길이

거푸집의 길이(m)	인양고리 수량(개)	인양고리의 길이(전장, cm)
1.5 이하	2	70
1.5~6	2	150
6 이상	2	200

2) 안전난간

갱폼에서 작업용 발판이 설치되는 지점(위치)의 상부 케이지 외측과

하부 케이지 내·외측에는 발판 바닥면으로부터 각각 45~60cm 높이에 중간난간대, 90~120cm 높이에 상부난간대를 바닥면과 평행으로 설치하여야 한다. 다만, 근로자의 작업발판 연결통로로 사용되는 하부 케이지 내측 부분에는 안전난간을 설치하지 아니한다.

3) 추락방호대

상부 케이지 외측 수직재(각파이프)는 거푸집 상단 높이보다 1.2m 이상 높게 설치하고 그 상단과 중앙에 안전난간대를 2줄로 설치하여 슬래브 상부, 단부 작업자의 갱폼 외부로의 추락 및 낙하물을 방호한다.

4) 갱폼 케이지 간의 간격

갱폼 거푸집과 거푸집을 연결·조립하는 결속 브래킷(Joint Bracket) 부분의 케이지 수직재 및 발판재 간의 간격은 갱폼 인양 시 케이지 간의 충돌을 방지하는 데 필요한 최소한의 간격 20cm를 초과하지 않도록 제작·설치하여 근로자의 브래킷 결속작업 또는 작업발판 이동 시 추락을 방호하여야 한다.

5) 작업발판의 설치

① 케이지 내부 작업발판 중 상부 3단은 50cm 폭으로, 하부 1단은 60cm 폭으로 케이지 중앙부에 설치하되, 발판 띠장재 각파이프를 발판의(폭) 양단에 2줄 또는 3줄로 케이지 가로재에 용접 고정하여 케이지 내에서 작업발판 양쪽의 틈이 10cm 이내가 되도록 한다.

② 발판재로는 유공 아연도 강판 또는 익스텐디드 메탈(Extended Metal)을 발판폭에 맞추어 발판 띠장재에 조립·용접한다.

③ 작업발판 내·외측 단부에는 자재, 공구 등의 낙하를 방지하기 위

하여 높이 10cm이 상의 발 끝막이판을 설치한다. 단, 작업발판 외

부에 수직보호망을 설치하는 등 예방조치를 한 경우에는 제외한다.

6) 작업발판 연결통로

갱폼에는 근로자가 안전하게 구조물 내부에서 작업발판으로 출입 이

동할 수 있도록 작업발판의 연결, 이동 통로를 설치하여야 한다.

Ⅲ. 설치·해체·인양작업 시 안전대책

1) 설치 시 안전대책

① 폼타이 볼트는 내부 유로폼과의 간격을 유지할 수 있도록 정확하게

설치하여야 한다. 폼타이 볼트는 정해진 규격의 것을 사용하고 볼

트의 길이가 갱폼 거푸집 밖으로 10cm 이상 튀어나오지 않는 것으

로 소요수량 전량을 확인·긴결하여야 한다.

② 설치 후 거푸집 설치상태의 견고성과 뒤틀림 및 변형여부, 부속철물

의 위치와 간격, 접합정도와 용접부의 이상유무를 확인하여야 한다.

③ 갱폼 인양 시 충돌한 부분은 반드시 용접부위 등을 확인·점검하고

수리·보강하여야 한다.

④ 갱폼이 미끄러질 우려가 있는 경우에는 안쪽 콘크리트 슬래브에 고

정용 앵커(타설 시 매입)를 설치하여 와이어로프로 2개소 이상 고

정하여야 한다.

⑤ 피로하중으로 인한 갱폼의 낙하를 방지하기 위하여 하부 앵커볼트

는 5개 층 사용 시마다 점검하여 상태에 따라 교체하여야 한다.

2) 해체·인양작업 시 안전대책

① 갱폼 해체작업은 콘크리트 타설 후 충분한 양생기간이 지난 후 행하여야 한다.

② 동별, 부위별, 부재별 해체순서를 정하고 해체된 갱폼자재 적치계획을 수립하여야 한다.

③ 해체·인양장비(타워크레인 또는 데릭과 체인블록)를 점검하고 작업자를 배치한다.

④ 갱폼 해체작업은 갱폼을 인양장비에 매단 상태에서 실시하여야 하고, 하부 앵커볼트 부위에 "해체 작업 전 인양 장비에 결속 확인" 등 안전표지판을 부착하여 관리한다.

⑤ 해체작업 중인 갱폼에는 "해체중"임을 표시하는 표지판을 게시하고 하부에 출입금지 구역을 설정하여 작업자의 접근을 금지토록 감시자를 배치한다.

⑥ 갱폼 인양작업은 폼타이 볼트해체 등 해체작업 완료상태와 해체작업자 철수여부를 확인한 후 실시한다(갱폼인양 시 케이지에 작업자의 탑승은 절대금지).

⑦ 타워크레인으로 갱폼을 인양하는 경우 보조로프를 사용하여 갱폼의 출렁임을 최소화한다.

⑧ 데릭(Derrick)으로 갱폼을 인양하는 경우

- 작업 전 체인블록(Chain Block) 훅 해지장치 및 체인(Chain) 상태를 반드시 점검한다.

- 데릭 2개를 이용하여 인양 시 갱폼 좌·우 수평이 맞도록 출렁임이 최소가 되도록 서서히 인양한다.

- 데릭 후면에는 $\phi 9mm$ 이상 와이어로프와 턴 버클(Turn Buckle)을 사용하여 로프를 팽팽하게 당긴 상태에서 인양한다.

- 와이어로프 고정용 앵커는 콘크리트 구조물에 매입하여 견고하게 고정시킨다.

- 데릭은 정확히 수직상태로 세우고 슬리브(Sleeve) 주위를 고임목으로 단단히 고정한다(안전성이 확인되지 않은 삼발이 등을 갱폼 인양에 사용해서는 안 된다).

⑨ 갱폼 인양작업 후 슬래브 단부가 개방된 상태로 방치되지 않도록 사전에 슬래브 단부에 안전난간을 설치한 후 갱폼을 인양한다.

⑩ 작업발판의 잔재물은 발생 즉시 제거한다.

Ⅳ. 결론

아파트 공사에서 외부벽체 거푸집과 작업발판 겸용으로 사용하는 갱폼사용 시 안전상의 설비기준과 사용 시의 안전작업 기준을 준수하여 작업과정에서 발생할 수 있는 재해예방을 위해 최선을 다해야 한다.

"끝"

문제4) 건설현장에서 작업 전, 작업 중, 작업종료 전, 작업종료 시의 단계별 안전관리 활동에 대하여 설명하시오. (25점)

답)

I. 개요

건설현장의 안전관리는 기업이미지제고는 물론 개인과 기업의 발전을 위한 가장 기초적인 것으로 작업 전, 중, 종료 시 단계별 안전관리활동을 체계적으로 수행하는 것이 중요하다.

II. 건설현장 안전관리의 문제점

1) 일용직 근로자의 소속감 결여

2) 시공우선 위주의 안전대책

3) 고도화된 제조업 생산체계와의 부조화

4) 안전관리자의 소속감 및 책임에 따르는 권한 부족

5) 안전관리체계의 비현실성과 관계법령의 지속적인 개정으로 업무혼란 가중

III. 작업 전 안전관리활동

1) 위험예지활동

① 잠재재해발굴

작업 현장 내에 잠재하고 있는 불안전한 요소(행동, 상태)를 발굴해 매월 1회 이상 발표·토의하여 재해를 사전에 예방하는 기법

② 소집단 활동

　㉠ 브레인스토밍(Brain Storming)

　　어떤 구체적인 문제를 해결함에 있어서 해결방안을 토의에 의해 도출할 때, 비판 없이 머릿속에 떠오르는 대로 아이디어를 도출하는 방법

　㉡ TBM 위험예지훈련

　　TBM으로 실시하는 위험예지활동으로 현장의 상황을 감안해 실시하는 위험예지활동으로 '즉시 즉흥법'이라고도 한다.

③ 지적 확인

　작업을 안전하게 하기 위하여 작업공정의 요소요소에서 '~좋아!' 라고 대상을 지적하면서 큰소리로 확인하여 안전을 확보하는 기법

④ Touch & Call

　작업현장에서 동료의 손과 어깨 등을 잡고 Team의 행동목표 또는 구호를 외쳐 다짐함으로써 일체감 · 연대감을 조정하는 스킨십

⑤ 5C 운동(활동)

　작업장에서 기본적으로 꼭 지켜야 할 복장단정(Correctness), 정리 · 정돈(Clearance), 청소 · 청결(Cleaning), 점검 · 확인(Checking)의 4요소에 전심 · 전력(Concentration)을 추가한 무재해 추진 기법

2) 안전점검

① 사업주 : 작업 전 안전점검 문화 조성 및 지원

② 근로자 : 수행작업의 위험요인 보고 및 대응

③ 관리감독자 : 해당 작업의 안전점검 및 개선대책 수립

④ 점검포인트

- 근로자의 보호구 지급 및 착용

- 안전보건표지 부착

- 안전보건 교육 실시

Ⅳ. 작업 중 안전관리활동

1) 해빙기

① 구조물 동결융해여부 점검

- 기초, 옹벽, 지하실 등 노출부분

- 한중콘크리트 시공부

② 맨홀, 공동구, 지하구조물 등 경사면 붕괴여부

③ 가설동력 이상유무 및 방지책 훼손여부

④ 안전시설 훼손여부 확인

2) 우기

① 가배수로 및 관거 상태 확인 · 점검

② 가설자재 붕괴 및 비산방지

③ 비상용 펌프 및 양수시설 점검

3) 태풍기

① 기상정보 입수 및 대응조치

② 동바리, 비계지지 및 연결부 조임상태 확인

③ 관계자 외 출입금지 구역 설정 및 확인

4) 동절기

① 인화성 자재 분리보관상태

② 보일러 및 배관 퇴수와 보온상태

5) 기타

안전시설 미비 취약부의 점검 및 근로자 불안전 행동 시정조치

V. 작업종료 전 안전관리활동

1) 배전판 관리 및 배선정리상태

2) 안전보호 장구 착용상태 확인

3) 강설, 강풍 시 작업중지하지 않고 작업하는지의 여부 확인

VI. 작업종료 시 안전관리활동

1) 낙하물 방지망 등 안전가시설 상태

2) 가설전주 지지상태

3) 비계, 동바리, 리프트, 호이스트, 작업발판 지지상태 및 연결부 조임상태

4) 깊은 웅덩이 방치 여부

VII. 결론

건설현장에서 작업 전, 작업 중, 작업종료 전, 작업종료 시의 단계별 안전관리활동은 건설재해예방을 위해 중요하며, 특히, 작업시작 직후와 작업종료 전 불안전한 심리상태로 인한 재해유발 가능성이 높은 시간대의 안전점검이 중요하다.   "끝"

문제5) 콘크리트 구조물의 복합열화 요인 및 저감대책에 대하여 설명하시오.(25점)

답)

Ⅰ. 개요

복합열화란 독립적이거나 인과적, 또는 상승적 요인에 의한 복수의 열화작용으로 발생되는 열화를 말하며, 당연히 열화로 인한 강도저하와 내구성저하 등의 문제점이 발생되므로 방지대책과 처리대책의 연구가 지속되어야 한다.

Ⅱ. 복합열화로 나타나는 현상

균열, 박리, 박락, 층분리, 백태, 철근부식, 탄산화 촉진 등

Ⅲ. 원인

내적 원인	외적 원인
(1) 알칼리골재반응	(1) 물리적 충격, 진동, 기상작용, 마모
(2) 탄산화	(2) 해수 하천수의 화학적 원인

Ⅳ. 열화와 내구성능의 상관관계

V. 열화평가기준

구분	기울기	기초침하	처짐	강도	균열깊이	탄산화	염해
A	1/750	1/750	L/750	f_{ck} 이상	0.3D 이하	0.3D 이하	Cl≤0.3
B	1/600	1/600~1/750	L/600~L/750	f_{ck} 이상	0.3D 이하	0.3D 이하	Cl≤0.3
C	1/500	1/500~1/600	L/500~L/600	$0.85f_{ck}$	0.3D~0.5D	0.5D 이하	0.3<Cl≤0.6
D	1/250	1/250~1/500	L/250~L/500	$0.75f_{ck}$	0.5D~D	D 이하	0.6<Cl≤1.2
E	1/150	1/250 이상	L/250 이상	$0.75f_{ck}$ 미만	D 초과	D 초과	Cl>1.2

VI. 탄산화 촉진 요인

1) **시멘트** : 중용열 저알칼리성 시멘트, 분말도가 낮은 시멘트의 사용

2) 경량골재의 사용

3) 혼화재료의 과다 사용

4) 물결합재비가 높을수록 촉진된다.

5) 기타 습도, 온도조건, 실내·외 등의 환경적 요인도 촉진 요인으로 작용한다.

VII. 탄산화 지연대책

1) **재료관리**

① 고알칼리성 시멘트 사용

② 입도 및 입형이 고른 양질의 골재 사용

③ 감수제, 유동화제 등 혼화재료의 적절한 사용

2) 배합관리

① 물결합재비를 낮게 유지

② 기타 단위 시멘트량 및 공기량의 적절한 관리

3) 시공상의 대책

① 부재의 단면을 가급적 크게 한다.

② 충분한 피복두께가 확보되도록 한다.

③ 재료분리 방지 등 밀실한 콘크리트의 타설이 되도록 한다.

④ 표면의 마감처리로 이산화탄소와 산성비의 침투를 억제한다.

Ⅷ. 알칼리골재반응 원인

1) 재료 : Silica 성분이 많은 골재사용 · 수산화알칼리 성분이 많은 시멘트의 사용

2) 배합 : 단위시멘트량이 많은 경우

3) 시공 : 제치장 콘크리트로 마감된 경우

Ⅸ. 알칼리골재반응 저감대책

1) 플라이애시(Fly Ash), 고로슬래그 미분말, 실리카퓸 등의 사용

2) 저알칼리형의 포틀랜드시멘트 사용

3) 반응성 물질이 없는 골재 사용

4) 염분의 침투방지

5) 수분이나 습기 억제

6) 단위시멘트량 저감

X. **결론**

콘크리트 구조물의 열화는 콘크리트 구조물 수명 단축을 의미하므로, 내구성의 저하를 방지하기 위해서는 성능저하 요인의 철저한 검토와 지연대책을 포함한 관리와 더불어 완공 후 정기적인 점검과 유지보수 등 종합적인 관리체계를 유지하는 것이 중요하다.

"끝"

문제6)	**건설현장의 고령 근로자 증가에 따른 문제점과 안전관리방안에 대해서 설명하시오.**(25점)

답)

Ⅰ. 개요

근래 건설업 근로자는 외국인 근로자 또는 장년층 근로자가 절대다수의 점유 분포를 보이고 있으며 특히, 장년근로자는 신체기능의 급격한 저하로 인한 재해유발 가능성이 높으므로 이에 대한 대책이 절실한 때이다.

Ⅱ. 장년 근로자의 주요재해발생공종

1) 가설공사 2) 흙막이, 굴착공사

3) 거푸집 동바리공사

Ⅲ. 고령 근로자 증가에 따른 문제점

1) 동기부여의 부족 또는 결여로 인한 건설품질의 저하

2) 임시방편적 업무수행으로 인한 안전의식 결여

3) 공기지연

4) 시공사 측 관리감독자와 안전관리자와의 명령계통 무시

5) 새로운 기술의 습득 지연 및 무관심으로 건설업 IoT 적용이 지연되는 주요 요인으로 작용

6) 고령 근로자는 현장에서 일하는 일용직만 해당되지 않으며 건설업에 종사하는 사무직 및 기술직 전체 근로자가 해당될 수 있음을 인지하지 못함이 가장 큰 문제점임

Ⅳ. **발생원인**

　　1) 근육기관, 감각기관의 현재 상태 무시

　　2) 재해 다발공종 및 사용기계·기구의 안전한 사용요령 무시

　　3) 과거 경험을 중시한 업무협의 부실

Ⅴ. **안전관리방안**

　　1) **RMR의 적용**

　　　① RMR과 작업강도

RMR	작업강도	해당 작업
0~1	초경작업	서류 찾기, 느린 속도 보행
1~2	경작업	데이터 입력, 신호수의 신호작업
2~4	보통작업	장비운전, 콘크리트 다짐작업
4~7	중작업	철골 볼트 조임, 주름관 사용 콘크리트 타설작업
7 이상	초중작업	해머 사용 해체작업, 거푸집 인력 운반 작업

　　　② RMR 산정식

$$RMR = \frac{\text{작업대사량}}{\text{기초대사량}} = \frac{\text{작업 시 산소소모량} - \text{안정 시 산소소모량}}{\text{기초대사량}}$$

　　2) 가설, 흙막이, 거푸집 동바리 작업공종의 안전관리계획 및 유해위험방지계획서 작성 시 별도기준 수립

　　3) 안전인증대상기계·기구 및 안전검사대상기계·기구의 별도 사용설명서 부착

　　4) 산업안전보건위원회의 고령 근로자 대표 입회

5) K. Lewin의 행동 방정식을 활용한 외적 요인의 개선

$$B = f(P \cdot E)$$

- B(Behavior) : 인간의 행동
- f(Function) : 함수관계
- P(Person) : 인적 요인
- E(Environment) : 외적 요인

① P(Person, 인적 요인)을 구성하는 요인

지능, 시각기능, 성격, 감각운동기능, 연령, 경험, 심신상태 등

② E(Environment, 외적 요인)를 구성하는 요인

가정 · 직장 등의 인간관계, 온습도

6) **착시와 착각현상의 재인식을 위한 차별화된 안전교육의 실시**

① α 운동

- 화살표 방향이 다른 두 도형을 제시할 때, 화살표의 운동으로 인해 선이 신축되는 것처럼 보이는 현상

- Müller Lyer의 착시현상

② β 운동

- 시각적 자극을 제시할 때, 마치 물체가 처음 장소에서 다른 장소로 움직이는 것처럼 보이는 현상

- 대상물이 영화의 영상과 같이 운동하는 것처럼 인식되는 현상

③ γ 운동

하나의 자극을 순간적으로 제시할 경우 그것이 나타날 때는 팽창하는 것처럼 보이고 없어질 때는 수축하는 것처럼 보이는 현상

④ δ 운동

강도가 다른 두 개의 자극을 순간적으로 가할 때, 자극 제시 순서와

반대로 강한 자극에서 약한 자극으로 거슬러 올라가는 것처럼 보이는 현상

⑤ ε 운동

한쪽에는 흰 바탕에 검은 자극을, 다른 쪽에는 검은 바탕에 백색 자극을 순간적으로 가할 때, 흑에서 백으로 또는 백에서 흑으로 색이 변하는 것처럼 보이는 현상

VI. 결론

고령 근로자의 증가는 건설현장뿐 아니라 전체 산업분야에서 발생되는 문제점으로 특히, 건설현장과 같은 3D 업종은 그 심각성이 더해가고 있다. 따라서, 이러한 문제의 해결을 위해서는 건설현장 업무의 첨단화가 시급하게 이루어져야 할 것이다.

"끝"

제 124 회
국가기술자격검정 기술사 필기시험 답안지(제3교시)

○   ○   ○

※ 10권 이상은 분철(최대 10권 이내)

자 격 종 목	건설안전기술사

답안지 작성 시 유의사항

1. 답안지는 총 7매(14면)이며 교부받는 즉시 매수, 페이지 등 정상 여부를 반드시 확인하고 1매라도 분리되거나 훼손하여서는 안 됩니다.
2. 시행회, 자격종목, 수검번호, 성명을 정확하게 기재하여야 합니다.
3. 수검자 인적사항 및 답안작성은 반드시 흑색 또는 청색 필기구 중 한 가지 필기구만을 계속 사용하여야 하며, 연필, 굵은 사인펜, 기타 유색 필기구로 작성된 답안은 0점 처리됩니다.(정정 시에는 두 줄을 긋고 다시 기재 가능)
4. 답안지에 답안과 관련없는 특수한 표시, 특정인임을 암시하는 답안은 0점 처리됩니다.
5. 문제의 순서에 관계없이 답안을 작성하여도 되나 주어진 문제번호와 문제를 기재한 후 답안을 작성하고 전문용어는 원어로 기재하여도 무방합니다.
6. 요구한 문제 수보다 많은 문제를 답하는 경우 기재 순으로 요구한 문제 수까지 채점하고 나머지 문제는 채점대상에서 제외됩니다.
7. 기 작성한 문항 전체를 삭제하고자 할 경우 반드시 해당 문항의 답안 전체에 대하여 명확하게 ×표시하시기 바랍니다.
8. 각 문제의 답안 작성이 끝나면 "끝"이라고 쓰고 다음 문제는 두 줄을 띄워 기재하여야 하며 최종 답안 작성이 끝나면 그 다음 줄에 "이하 여백"이라고 써야 합니다.
9. 답안 작성 시 답안지 양면의 페이지 순으로 작성하시기 바랍니다.
10. 비번호란은 기재하지 않습니다.

비 번 호	

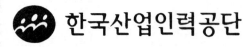
한국산업인력공단

문제1)	낙하물방지망 설치기준과 설치작업 시 안전대책에 대하여 설명
	하시오.(25점)

답)

Ⅰ. 개요

낙하물방지망은 건설공사 중 낙하물의 위험이 있는 장소에서 근로자, 통행

인 및 통행차량 등의 낙하물에 의한 재해를 예방하기 위해 설치하는 가시

설로 적합한 구조 및 사용재료, 설치기준을 준수해야 한다.

Ⅱ. 설치기준

1) 방지망의 설치간격은 매 10m 이내로 하여야 한다. 다만, 첫 단의 설치

　높이는 근로자를 낙하물에 의한 위험으로부터 방호할 수 있도록 가능

　한 낮은 위치에 설치하여야 한다.

2) 방지망이 수평면과 이루는 각도는 20~30°로 하여야 한다.

3) 내민 길이는 비계 외측으로부터 수평거리 2.0m 이상으로 하여야 한다.

4) 방지망의 가장자리는 테두리 로프를 그물코마다 엮어 긴결하여야 한다.

5) 방지망을 지지하는 긴결재의 강도는 100kgf 이상의 외력에 견딜 수 있

　는 로프 등을 사용하여야 한다.

6) 방지망을 지지하는 긴결재의 간격은 가장자리를 통해 낙하물이 떨어지

　지 않도록 결속하여야 한다.

7) 방지망의 겹침폭은 30cm 이상으로 하여야 하며 방지망과 방지망 사이

　의 틈이 없도록 하여야 한다.

8) 수직보호망을 완벽하게 설치하여 낙하물이 떨어질 우려가 없는 경우에는 이 기준에 의한 방지망 중 첫 단을 제외한 방지망을 설치하지 않을 수 있다.

9) 최하단의 방지망은 크기가 작은 못·볼트·콘크리트 덩어리 등의 낙하물이 떨어지지 못하도록 방지망 위에 그물코 크기가 0.3cm 이하인 망을 추가로 설치하여야 한다. 다만, 낙하물 방호선반을 설치하였을 경우에는 그러하지 아니한다.

Ⅲ. 설치 모식도

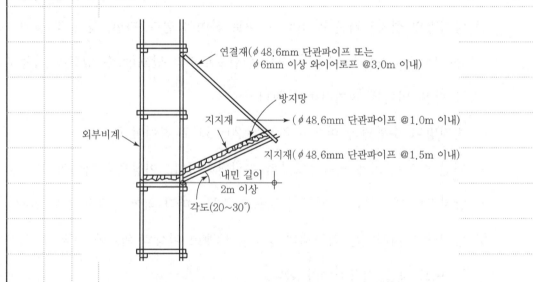

Ⅳ. 설치작업 시 안전대책

1) 인양작업 안전대책

① 줄걸이 작업안전(와이어로프 체결, 안전율)

② 유도자 및 신호수 배치

③ 붐에 불법 탑승설비 부착 유무

④ 수리, 점검항목 등의 이력기록 관리상태 기록

⑤ 중량물 취급 시 예방대책을 포함한 작업계획서 작성

2) 추락재해 방지대책

① 안전대 착용

- 벨트는 추락 시 작업자에게 충격을 최소한으로 하고 추락저지 시 발 쪽으로 빠지지 않도록 요골 근처에 확실하게 착용하도록 하여야 한다.

- 버클을 바르게 사용하고, 벨트 끝이 벨트통로를 확실하게 통과하도록 하여야 한다.

- 신축조절기를 사용할 때 각 링에 바르게 걸어야 하며, 벨트 끝이나 작업복이 말려 들어가지 않도록 주의하여야 한다.

- U자걸이 사용 시 후크를 각링이나 D링 이외의 것에 잘못 거는 일이 없도록 벨트의 D링이나 각 링부에는 후크가 걸릴 수 있는 물건은 부착하지 말아야 한다.

- 착용 후 지상에서 각각의 사용상태에서 체중을 걸고 각 부품의 이상 유무를 확인한 후 사용하도록 하여야 한다.

- 안전대를 지지하는 대상물은 로프의 이동에 의해 로프가 벗겨지거나 빠질 우려가 없는 구조로 충격에 충분히 견딜 수 있어야 한다.

- 안전대를 지지하는 대상물에 추락 시 로프를 절단할 위험이 있는 예리한 각이 있는 경우에 로프가 예리한 각에 접촉하지 않도록 충분한 조치를 하여야 한다.

② 안전대의 사용

1개 걸이 사용에는 다음 각 항목에 정하는 사항을 준수하여야 한다.

- 로프 길이가 2.5m 이상인 2종 안전대는 반드시 2.5m 이내의 범위에서 사용하도록 하여야 한다.

- 안전대의 로프를 지지하는 구조물의 위치는 반드시 벨트의 위치보다 높아야 하며, 작업에 지장이 없는 경우 높은 위치의 것으로 선정하여야 한다.

- 신축조절기를 사용하는 경우 작업에 지장이 없는 범위에서 로프의 길이를 짧게 조절하여 사용하여야 한다.

- 수직 구조물이나 경사면에서 작업을 하는 경우 미끄러지거나 마찰에 의한 위험이 발생할 우려가 있을 경우에는 설비를 보강하거나 지지로프를 설치하여야 한다.

- 추락한 경우 전자상태가 되었을 경우 물체에 충돌하지 않는 위치에 안전대를 설치하여야 한다.

- 바닥면으로부터 높이가 낮은 장소에서 사용하는 경우 바닥면으로부터 로프 길이의 2배 이상의 높이에 있는 구조물 등에 설치하도록 해야 한다. 로프의 길이 때문에 불가능한 경우에는 3종 또는 4종 안전대를 사용하여 로프의 길이를 짧게 하여 사용하도록 한다.

- 추락 시에 로프를 지지한 위치에서 신체의 최하사점까지의 거리를 h라 하면, h=로프의 길이+로프의 신장길이+작업자 키의 1/2이 되고, 로프를 지지한 위치에서 바닥면까지의 거리를 H라 하면 $H > h$가 되어야만 한다.

V. 추락방지망 사용 시 주의 사항

1) 방지망은 설치 후 3개월 이내마다 정기점검을 실시하여야 한다. 다만, 낙하물이 발생하였거나 유해환경에 노출되어 방지망이 손상된 경우에는 즉시 교체 또는 보수하여야 한다.

2) 방지망의 주변에서 용접작업 등 화기작업을 할 때에는 방지망의 손상을 방지하기 위한 조치를 하여야 한다.

3) 방지망에 적치되어 있는 낙하물 등은 즉시 제거하여야 한다.

VI. 결론

낙하물 발생위험이 있는 장소에서의 낙하물에 의한 재해를 예방하기위해 설치하는 낙하물방지망은 설치기준의 준수는 물론 특히, 설치작업 시 추락재해가 발생되지 않도록 작업계획서에 의한 안전한 작업이 이루어지도록 조치하는 것이 중요하다.

"끝"

문제2) 계단형상으로 조립하는 거푸집 동바리 조립 시 준수사항과 콘크리트 펌프카 작업 시 유의사항에 대하여 설명하시오.(25점)

답)

I. 개요

거푸집 동바리 중 특히, 계단형상으로 조립하는 경우 산업안전보건기준에 의한 규칙에서는 별도로 준수사항을 두고 있으므로 이에 대한 이해가 필요하며, 형상과 무관하게 펌프카를 사용함에 따른 안전조치를 수립·이행해야 한다.

II. 계단형상으로 조립하는 거푸집 동바리 조립 시 준수사항

1) 거푸집의 형상에 따른 부득이한 경우를 제외하고는 깔판·깔목 등을 2단 이상 끼우지 않도록 할 것

2) 깔판·깔목 등을 이어서 사용하는 경우에는 그 깔판·깔목 등을 단단히 연결할 것

3) 동바리는 상·하부의 동바리가 동일 수직선상에 위치하도록 하여 깔판·깔목 등에 고정시킬 것

III. 펌프카 사용 시 발생되는 재해유형

1) **전도** : End Hose 길이 과다, 지반의 부등침하

2) **협착** : 압송관 막힘 해소작업 등

3) **낙하** : 붐대의 유압실린더 지지관 파단 등

4) **충돌** : 붐대 회전 시

Ⅳ. 사전조사

1) 작업장소의 지형상태 확인

2) 지반상태 및 기계전도, 지반붕괴 가능성 확인

3) 근로자 위험방지 대책 수립규모 확인

Ⅴ. 작업계획서

1) 차량계 건설기계 종류 및 성능

2) 건설기계 운행경로

3) 작업방법

4) 펌프카의 경우 타설량, 타설방법, 펌프카 위치 타설부위 간 거리를 비롯 해 추락, 낙하, 전도, 협착 등의 안전대책을 작성할 것

Ⅵ. 전도방지 대책

1) 펌프카 전면방향의 분대 작업 지양

2) 아웃트리거 설치지반의 침하 유무 주기적 확인

3) 콘크리트 송출 시 압력에 의한 진동이 주기적으로 아웃트리거에 가해 지므로 침하발생이 점진적으로 크게 발생될 가능성에 유의

Ⅶ. 설치 전, 설치 중 대책

설치 전	설치 중
(1) 아웃트리거 설치장소 지반상태 (2) 하부에 철판이나 고임목 설치 (3) 지반 단부에 아웃트리거 설치 시 최소 2m 이상 이격	(1) 아웃트리거 최대로 인출 (2) 타설계획 수립 후 안정적으로 설치할 장소 사전 확보

Ⅷ. 사용 중 안전대책

1) 펌프카 전면방향의 붐대 작업 지양

2) 아웃트리거 설치지반의 침하 등 이상·유무 주기적 확인

3) 콘크리트 송출 시 압력에 의한 진동이 주기적으로 아웃트리거에 가해 지므로 침하발생이 점진적으로 크게 발생될 가능성에 유의

Ⅸ. 콘크리트 공사 표준안전작업지침

1) 레미콘 트럭과 펌프카를 적절히 유도하기 위하여 차량 안내자를 배치 하여야 한다.

2) 펌프 배관용 비계를 사전 점검하고 이상이 있을 때에는 보강 후 작업하 여야 한다.

3) 레미콘 트럭과 펌프카, 호스 선단의 연결작업을 확인하고, 장비 사양의 적정 호스 길이를 초과하여서는 아니된다.

4) 호스 선단이 요동하지 아니하도록 확실히 붙잡고 타설하여야 한다.

5) 공기 압송 방법의 펌프카를 사용할 때에는 콘크리트가 비산하는 경우 가 있으므로 주의하여 타설하여야 한다.

6) 펌프카의 붐대를 조정할 때에는 주변의 전선 등 지장물을 확인하고 이

격 거리를 중수하여야 한다.

7) 아웃트리거를 사용할 때 지반의 부등 침하로 펌프카가 전도되지 아니 하도록 하여야 한다.

8) 펌프카의 전후에는 식별이 용이한 안전 표지판을 설치하여야 한다.

X. 결론

콘크리트 타설 시 특히, 요즘과 같이 풍압의 영향을 고려해야 하는 경우 설계 풍하중 $W = PA$[W = 설계 풍하중, P = 가설구조물 설계풍력, A = 작용면 외부 전면적(m^2)]과 풍속할증계수에 의한 안전율 확보가 중요하다.

"끝"

문제3) 도심지 도시철도 공사 시 소음 · 진동 발생작업 종류, 작업장 내외 소음 · 진동 영향과 저감방안에 대하여 설명하시오.(25점)

답)

I. 개요

도심지 도시철도를 위한 지하터널 시공 시 발생되는 소음 · 진동은 본공사는 물론 공사현장 인근의 통행인 및 주변 건축물 및 시설물에 미치는 영향이 매우 심각할 수 있으므로 이에 대한 영향과 저감방안을 강구해야 한다.

II. 도심지 터널의 작업환경에 기인한 문제점

1) 시공 시 유해가스의 발생

2) 분진 및 소음의 발생

3) 발파에 따른 유해, 위험물질의 비산

4) 환기방식의 변경 곤란

III. 오염발생원인

1) 발파작업에 의한 화약류 등의 가스발생

2) 발파 및 장비, 숏크리트 타설 시 분진발생

3) 기계 및 장비의 배기가스

4) 지중 용출가스

5) 기계 및 장비의 열기

6) 지열의 발생

Ⅳ. 안전보건대책 수립절차

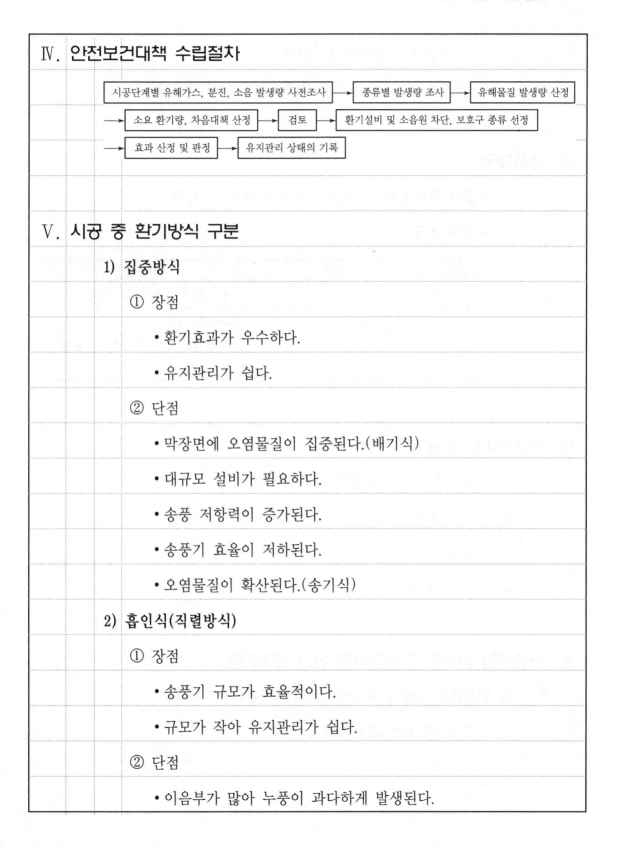

시공단계별 유해가스, 분진, 소음 발생량 사전조사 → 종류별 발생량 조사 → 유해물질 발생량 산정

→ 소요 환기량, 차음대책 산정 → 검토 → 환기설비 및 소음원 차단, 보호구 종류 선정

→ 효과 산정 및 판정 → 유지관리 상태의 기록

Ⅴ. 시공 중 환기방식 구분

1) 집중방식

① 장점

- 환기효과가 우수하다.
- 유지관리가 쉽다.

② 단점

- 막장면에 오염물질이 집중된다.(배기식)
- 대규모 설비가 필요하다.
- 송풍 저항력이 증가된다.
- 송풍기 효율이 저하된다.
- 오염물질이 확산된다.(송기식)

2) 흡인식(직렬방식)

① 장점

- 송풍기 규모가 효율적이다.
- 규모가 작아 유지관리가 쉽다.

② 단점

- 이음부가 많아 누풍이 과다하게 발생된다.

- 풍관의 저항력이 증가된다.

- 송풍기 고장 시 인접 송풍기의 부담이 발생된다.

Ⅵ. 소음대책

1) **소음원 차단대책** : 저소음 작업기계 선정 및 배치

2) **보호구 지급**

종류	등급	성능기준
귀마개	1종 EP-1	저음부터 고음까지 차음
	2종 EP-2	고음의 차음
귀덮개	EM	귀 전체를 덮는 구조로 차음효과가 있을 것

Ⅶ. 터널환기의 효율화 방안

1) 작업차량 및 발파작업의 계획에 의한 시공

2) 내리막 구배 시공

3) 수직갱 혼용

4) 인근집진설비 병용

Ⅷ. 터널작업 근로자 건강관리를 위한 조치기준

1) **건강진단** : 6개월 이내마다 특수건강진단

2) 건강관리를 위한 휴게시설의 설치

Ⅸ. 기타 재해방지를 위해 강구해야 할 사항

    1) **소화설비 비치** : 소화기구, 소화전

    2) **경보설비** : 비상경보장치, 방송시설, 전화, 감시카메라

    3) **피난설비** : 조명등, 피난갱, 대피소 설치, 비상주차시설

    4) **소화활동 시설** : 무선통신, 비상콘센트, 송수관

    5) **비상전원 장치** : 발전기, 무정전 전원장치

Ⅹ. 결론

    도심지 터널굴착 공사 시에는 시공단계별 유해가스, 분진, 소음 발생량을 사전조사해 종류별 발생량에 따른 환기설비 및 소음원 차단은 물론 작업에 임하는 근로자 보건조치를 위한 보호구 선정까지 안전대책을 수립 후 작업에 임해야 한다.

    "끝"

문제4) 재해통계의 필요성과 종류, 분석방법 및 통계 작성 시 유의사항에 대하여 설명하시오.(25점)

답)

I. 개요

재해통계는 정성적 방법과 정량적 방법을 통해 재해예방과 동종 유사재해 방지대책에 활용하기 위한 자료로 활용되며 산안법상 통계의 유지관리는 정부의 책무사항이다.

II. 재해통계의 목적

1) 안전성적의 평가자료

2) 재해예방대책의 수립자료

III. 정성적 통계방법

1) **종류** : 시간별, 요일별, 월별, 직장별, 직종별, 연령별 등

2) 분석방법(파레토도, 특성요인도, 크로스도, 관리도 등)

IV. 정량적 통계방법

1) 연천인율 : 제적근로자 1,000인당 연간 발생재해자수

$$연천인율 = \frac{연간재해자수}{평균근로자수} \times 1,000$$

2) 도수율 : 근로시간합계 1,000,000시간당 재해발생건수

$$도수율 = \frac{재해발생건수}{연근로시간수} \times 1,000,000$$

3) 강도율 : 근로시간 1,000시간당 재해로 손실된 근로일수

$$강도율 = \frac{근로손실일수}{연근로시간수} \times 1,000$$

4) 환산재해율(2018년 폐지됨) : 사망자에 대해 가중치를 부여한 재해율

$$환산재해율 = \frac{환산재해자수}{상시근로자수} \times 100 (사망자 가중치는 1인당 5배)$$

5) 종합재해지수

$$종합재해지수 = \sqrt{도수율 \times 강도율}$$

V. 재해통계 작성 후 분석방법

종류	특징
파레토도	가로축에 재해원인, 세로축에 영향도를 표시하며 항목의 값이 큰 순서대로 정리
특성요인도	재해와 그 요인의 관계를 어골상으로 세분화하는 방법
크로스도	2개 이상 항목 요인 간의 문제를 분석하는 방법
관리도	대략적 추이파악에 활용되며 목표관리 상한선과 하한선을 둠

VI. 재해조사 3단계

현장보전 → 사실의 수집 → 목격자의 진술

Ⅶ. 사고조사 순서

1) **제1단계** : 사실의 확인

2) **제2단계** : 재해요인의 확인

3) **제3단계** : 재해요인의 결정

4) **제4단계** : 대책수립

Ⅷ. 재해발생 시 조치순서

1) **조치절차**

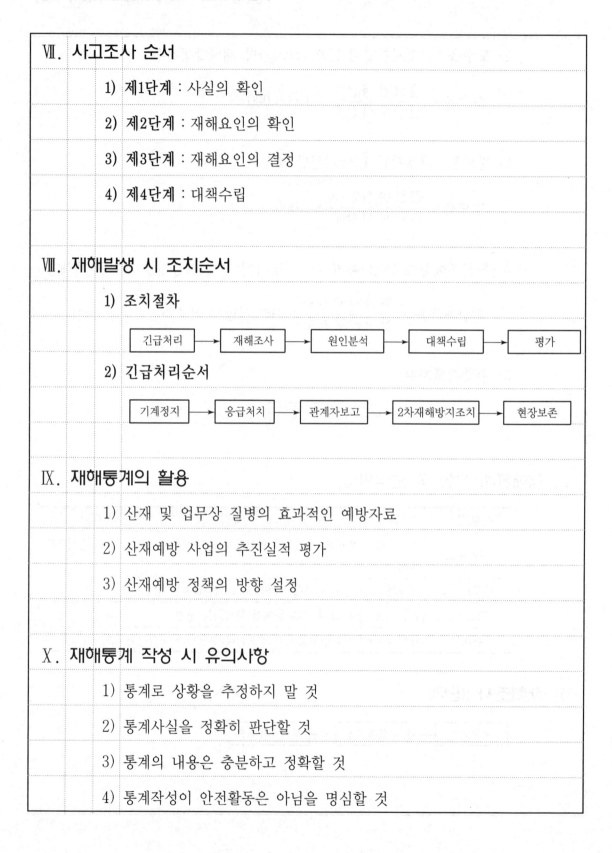

긴급처리 → 재해조사 → 원인분석 → 대책수립 → 평가

2) **긴급처리순서**

기계정지 → 응급처치 → 관계자보고 → 2차재해방지조치 → 현장보존

Ⅸ. 재해통계의 활용

1) 산재 및 업무상 질병의 효과적인 예방자료

2) 산재예방 사업의 추진실적 평가

3) 산재예방 정책의 방향 설정

Ⅹ. 재해통계 작성 시 유의사항

1) 통계로 상황을 추정하지 말 것

2) 통계사실을 정확히 판단할 것

3) 통계의 내용은 충분하고 정확할 것

4) 통계작성이 안전활동은 아님을 명심할 것

XI.	**결론**	
	1)	재해통계는 안전성적의 평가자료이며, 재해예방대책을 수립하는 기본 자료로 활용되기에 고용노동부에서는 재해통계를 유지관리하고 있다.
	2)	각 건설현장에서도 무재해 목표달성을 위해 현장의 실정에 적합한 방법에 의해 재해통계를 유지관리해야 할 것이다.
		"끝"

문제5) 도로공사 시 사면붕괴형태, 붕괴원인 및 사면안정공법에 대하여 설명하시오.(25점)

답)

Ⅰ. 개요

도로공사로 인한 사면의 붕괴는 절토사면의 land slide적 붕괴와 성토사면의 기초지반을 포함한 얕은 표층붕괴, 깊은 성토붕괴로 구분된다. 이러한 붕괴현상의 발생을 방지하기 위해서는 사면보호와 보강공법을 적용해 안정화해야 하겠으며, 시공 중은 물론 유지관리단계에서도 계측관리를 통해 안정성을 확보해야 한다.

Ⅱ. 붕괴형태

1) 붕락

연직에 가까운 비탈 일부가 아래로 떨어지는 현상

2) 활동

활동체와 활동면 사이 전단변형으로 발생되는 현상

① 직선활동

활동하는 흙의 깊이가 사면 길이에 비해 작은 형태

② 회전활동

㉠ 원호활동

균질한 연약층의 원호 파괴면이 형성되기 충분한 두께를 갖춘 경우

    ⓛ 대수나선

      깊이에 따라 전단강도가 증가하거나 지층이 균질하지 않고 전단

      강도 변화가 큰 경우

3) 유동

활동깊이에 비해 활동길이가 대단히 길어 소성적인 활동을 보이는 형태로 활동속도가 느려 사면이 불안정하게 됨에 따라 지반은 Creep 변형이 발생한다.

Ⅲ. 붕괴유형

1) 절토사면

land slide적인 붕괴로 얕은 표층의 붕괴, 깊은 절토붕괴로 구분

2) 성토사면

기초지반을 포함한 붕괴로 얕은 표층붕괴와 깊은 성토붕괴로 구분

〈 봉락 〉　　　　〈 직선활동 〉　　　　〈 원호활동 〉

〈 대수나선활동, 비원호활동 〉　　　　〈 유동 〉

Ⅳ. 붕괴원인

내적(전단강도 감소)	외적(전단응력 증가)
지질, 토질, 지형 등의 취약성으로 발생	인위적 절토, 유수침식에 의한 기하학적 변화
(1) 수분증가로 점토층 팽창	(1) 강우,성토 등의 외적하중 증가
(2) 수축, 팽창으로 미세균열	(2) 함수량 증가로 흙의 단위중량 증가
(3) 취약부지반 변형 및 진행성 파괴	(3) 인장응력으로 균열
(4) 간극수압 증가	(4) 균열부에 발생되는 수압
(5) 동결 융해	(5) 발파, 진동에 의한 충격
(6) 느슨한 사질토립자의 진동에 의한 이동	
(7) 결합재 결합력 이완	

Ⅴ. 대책공법

1) 사면보호

사면 안전율이 감소되는 것을 방지하는 공법으로 사면을 보호하는 소극적인 대처방법

① 표층 안정공

② 식생공

③ 블록공

④ 배수공

⑤ 뽑기공

2) 사면보강

안전율을 증가시키는 공법으로 사면파괴의 잠재적 요인을 개선시키는 적극적 대처방법

① 절토공

② 압성토공

③ 옹벽공 : 옹벽 자체로는 안정을 기대할 수 없으며 안정성 검토 후

   말뚝이나 anchor 등으로 추가보강을 실시

④ 말뚝공

⑤ 앵커공

⑥ soil nailing

〈 절토공 〉　　　　〈 입성토공 〉　　　　〈 옹벽공 및 돌쌓기공 〉

〈 말뚝공 〉　　　　〈 앵커공 〉　　　　〈 Soil Nailling 〉

VI. 결론

1) 대책공법 선정은 절토공을 선 검토하고 절토공이 불가능하면 억지공,
지하수 배제공의 순서로 검토

2) 대규모 지반활동이 발생한 경우 배토공과 억지공의 동시시공을 선행시
키고 이후 안전율 부족 시 지하수 배제공으로 보충하는 방법이 가장 바
람직하다.

"끝"

문제6) 압쇄장비를 이용한 해체공사 시 사전검토사항과 해체 시공계획서에 포함사항 및 해체 시 안전관리사항에 대하여 설명하시오.(25점)

답)

Ⅰ. 개요

1) 도심지 노후화 건축물 등의 철거 시 도급인은 구조물 높이를 비롯한 규모, 주변환경, 지장물, 교통상황 등을 종합적으로 검토해 공법을 선정하고 작업계획을 수립해야 한다.

2) 또한 굴뚝 등 석면포함이 의심되는 건축물 철거 시에는 예상되는 석면 함유 가능성을 감안해 보건관리자를 선임해 석면 등 유해물질에 대한 조사가 이루어지게 하고 분진, 소음, 진동 저감 대책을 수립하고 관계기관에 신고 후 작업이 이루어지도록 한다.

Ⅱ. 사전검토사항

1) **해체 대상 구조물의 조사**

① 구조물(RC조, SRC조 등)의 규모, 층수, 건물높이, 기준층 면적

② 평면 구성상태, 폭, 층고, 벽 등의 배치상태

③ 부재별 치수, 배근상태

④ 해체 시 전도 우려가 있는 내·외장재

⑤ 설비기구, 전기배선, 배관설비 계통의 상세 확인

⑥ 구조물의 건립연도 및 사용목적

⑦ 구조물의 노후 정도, 화재 및 동해 등의 유무

⑧ 증설, 개축, 보강 등의 구조변경 현황

⑨ 비산각도, 낙하반경 등의 사전 확인

⑩ 진동·소음·분진의 예상치 측정 및 대책방법

⑪ 해체물의 집적·운반방법

⑫ 재이용 또는 이설을 요하는 부재현황

⑬ 기타 당해 구조물 특성에 따른 내용 및 조건

2) **주변환경 조사**

① 부지 내 공지 유무, 해체용 기계설비 위치, 발생재 처리장소

② 해체공사 착수 전 철거, 이설, 보호할 필요가 있는 공사 장해물 현황

③ 접속도로의 폭, 출입구 개수와 매설물의 종류 및 개폐 위치

④ 인근 건물 동수 및 거주자 현황

⑤ 도로상황조사, 가공 고압선 유무

⑥ 차량 대기 장소 유무 및 교통량

⑦ 진동, 소음발생 시 영향권

Ⅲ. 시공계획서에 포함사항

1) 해체 방법 및 해체순서 도면 작성

2) 가설설비, 방호설비, 환기설비, 살수 및 방화설비 등의 방법

3) 사업장 내 연락방법

4) 해체물의 처분계획

5) 해체작업용 기계기구 등의 작업계획서

6) 해체작업용 화약류 등의 사용계획서

7) 그밖에 안전보건에 관련된 사항

Ⅳ. 안전관리사항

1) 작업구역 내 관계자 외 출입통제

2) 강풍, 폭우, 폭성 등 악천후 시 작업중지

3) 외벽과 기둥 등을 전도시키는 작업 시 전도낙하위치 검토 및 파편 비산 거리 등을 예측해 작업 반경 설정

4) 전도작업 수행 시 작업자 이외 다른 작업자의 대피 및 완전 대피 상태 확인 후 전도시킬 것

5) 해체 건물 외곽에 방호용 비계를 설치하고 해체물의 전도, 낙하, 비산의 안전거리 유지

6) 파쇄 공법의 특성에 따라 방진벽, 비산 차단벽, 분진 억제 살수 시설 설치

7) 작업자 상호 간 적정한 신호규정 준수 및 신호방식, 신호기기 사용법 교육

8) 적정한 위치에 대피소 설치

Ⅴ. 결론

압쇄공법은 대형 중장비에 압쇄기를 부착하여 압쇄기 안에 콘크리트를 넣고 압쇄하는 공법으로 저소음이며 진동이 거의 없는 공법이다. 해체물의 처리에 관계없이 계속 작업이 가능하며 철근콘크리트 건물에 적합한 공법이나 건축구조물 해체공사 시 발생할 수 있는 재해유형의 철저한 사전조사와 이에 대한 안전대책을 수립한 후 작업이 이루어져야 한다.

"끝"

제 124 회
국가기술자격검정 기술사 필기시험 답안지(제4교시)

○　　　　　○　　　　　○

※ 10권 이상은 분철(최대 10권 이내)

자 격 종 목	건설안전기술사

답안지 작성 시 유의사항

1. 답안지는 총 7매(14면)이며 교부받는 즉시 매수, 페이지 등 정상 여부를 반드시 확인하고 1매라도 분리되거나 훼손하여서는 안 됩니다.
2. 시행회, 자격종목, 수검번호, 성명을 정확하게 기재하여야 합니다.
3. 수검자 인적사항 및 답안작성은 반드시 흑색 또는 청색 필기구 중 한 가지 필기구만을 계속 사용하여야 하며, 연필, 굵은 사인펜, 기타 유색 필기구로 작성된 답안은 0점 처리됩니다.(정정 시에는 두 줄을 긋고 다시 기재 가능)
4. 답안지에 답안과 관련 없는 특수한 표시, 특정인임을 암시하는 답안은 0점 처리됩니다.
5. 문제의 순서에 관계없이 답안을 작성하여도 되나 주어진 문제번호와 문제를 기재한 후 답안을 작성하고 전문용어는 원어로 기재하여도 무방합니다.
6. 요구한 문제 수보다 많은 문제를 답하는 경우 기재 순으로 요구한 문제 수까지 채점하고 나머지 문제는 채점대상에서 제외됩니다.
7. 기 작성한 문항 전체를 삭제하고자 할 경우 반드시 해당 문항의 답안 전체에 대하여 명확하게 ×표시하시기 바랍니다.
8. 각 문제의 답안 작성이 끝나면 "끝"이라고 쓰고 다음 문제는 두 줄을 띄워 기재하여야 하며 최종 답안 작성이 끝나면 그 다음 줄에 "이하 여백"이라고 써야 합니다.
9. 답안 작성 시 답안지 양면의 페이지 순으로 작성하시기 바랍니다.
10. 비번호란은 기재하지 않습니다.

비 번 호	

 한국산업인력공단

문제1) 건설공사장 화재발생 유형과 화재예방대책, 화재발생 시 대피요령에 대하여 설명하시오.(25점)

답)

I. 개요

최근 화재폭발사고는 용접 용단작업 시 주로 발생해 대형사고로 이어지고 있으며 특정시기에 국한되지 않는 특징이 있다. 따라서, 건설현장에서는 위험요인에 대한 철저한 분석과 예방대책의 수립은 물론 화재발생 시 대피요령에 대한 안전교육의 실시가 이루어져야 한다.

II. 위험요인

1) 용접, 그라인딩, 절단작업 시 불티

2) 가설전기 기계기구 단락

3) 난방기구 전열기구 과열

4) 현장 내 불이 다른 장소로 번짐

III. 용접용단 시 안전대책

1) **용접, 그라인딩, 절단작업 시 발생하는 불티화재**

 • 용접작업장 부근 연소위험물질 및 가연물 제거

 • 천정 용접 시 불티가 떨어질 경우 화재위험이 없는지 확인

 • 불티비산 방지덮개, 용접 방화포 설치

 • 잔류가스 정체 위험장소에서 배관용접, 절단 작업 시 환기팬 가동

· 용접, 절단 등 불티비산 작업시 우레탄폼, 샌드위치패널, 스티로폼 사용을 하는지 확인

2) 전기로 인한 화재

· 퓨즈나 과전류 차단기는 반드시 정격용량 제품사용

· 누전차단기 설치

· 한 콘센트에 문어발식 사용금지

· 사용한 전기기구는 반드시 플러그 뽑기

· 정전기 발생예방을 위한 복장착용

3) 가연성 자재 보관방법 개선

· 가연성 자재는 실외 환기가 충분한 장소에 별도 저장소를 설치해 보관

· 지하 밀폐된 실내 보관 시 보관장소 인근 화기작업 금지, 화재확산 지연을 위한 불연재질의 임시방호벽 설치 및 화재감지, 경보기와 자동확산 소화장치 설치

Ⅳ. 가설전기 화재예방을 위한 전선 접속부 관련 요구사항

1) 전선 강도를 20% 이상 감소시키지 않을 것

2) 전선 전기저항을 증가시키지 않을 것

3) 특수 접속방법으로 하는 경우 외에는 접속개소는 납땜 실시

4) 접속개소는 해당 절연전선과 같은 정도 이상이 효력이 있도록 테이핑

Ⅴ. 화재감시인 배치기준 및 업무

1) 배치기준

- 연면적 15,000m² 건설공사 개조공사 건축물 지하장소

- 연면적 5,000m² 이상 냉동, 냉장창고 시설의 설비공사, 단열공사

- 액화석유가스 운반선 중 단열재가 부착된 액화석유가스 저장시설 인접장소

2) 화재감시자 업무

화재위험장소의 화재위험을 감시하고 화재발생 시 사업장 내 근로자의 대피를 유도하는 업무만 해야 함

① 즉시 사용할 수 있는 소화설비를 갖추고 그 사용법을 숙지해 초기에 화재 진화능력 구비

② 인근 소화설비 위치 확인

③ 비상경보설비 작동할 수 있도록 상시 유지 및 점검

④ 용접, 용단작업 등 화기취급 작업후에도 30분 이상 계속해 화재가능성 및 발생여부 확인

VI. 작업 전 안전점검 체크리스트

1) 필수

- 작업시작 전, 재시작 전 가스농도를 측정했는가

- 배관, 용기 내부 위험물을 배출, 제거하고 유압방지조치를 했는가

- 가스용기 및 사용기구에 대한 누설여부를 점검했는가

- 착화위험이 있는 물질 주변에서 화기사용 작업 시 화재감시인이 배치됐는가

2) 추가

- 주변 위험물 정보를 파악, 공유했는가

- 불이 붙기 쉬운 주변에 존재하는 가연물 제거했는가

- 용접불티 비산방지덮개 등 불꽃, 불티 등 비산방지조치를 했는가

- 주요 화기작업 안전작업허가를 받았는가

- 위험물이 남아 있지 않도록 제거·환기했는가

- 소화기 등 소화기구를 비치했는가

3) 기타

- 가설전선, 전기기계기구는 절연조치했는가

- 착화위험 장소에서 용접용단 작업 시 화재감시자 배치했는가

Ⅶ. 점검사항

1) 가설숙소, 현장사무실, 창고의 난방기구배치 및 전열기 상태 적정성

2) 우레탄폼 등 가연성 자재 관리상태 적정성

3) 위험물질 관리상태

4) 발파작업 안전대책

Ⅷ. 결론

용접, 그라인딩, 절단작업 시 불티를 비롯해 가설전기 기계기구 단락, 냉·난방기구 전열기구 과열로 인한 화재는 발생 시 현장 내 불이 다른 장소로 급격하게 번져 현장은 물론 인근 건축물에도 심각한 피해를 유발하므로 무엇보다 화재예방에 만전을 기해야 한다.   "끝"

문제2) 운행 중인 도시철도와 근접하여 건축물 신축 시 흙막이공사(H-pile + 토류판, 버팀보)의 계측관리계획(계측항목, 설치위치, 관리기준)과 관리기준 초과 시 안전대책에 대하여 설명하시오. (25점)

답)

I. 개요

H-pile 공법은 일정한 간격으로 엄지말뚝을 압입시킨 후 굴착하며 토류판을 끼워 띠장과 버팀대를 설치한 후 지보재로 지지시키는 공법으로 저렴한 공사비, 양호한 시공성, 엄지말뚝의 재사용 등의 이점으로 시공사례가 매우 많은 공법이나, 주로 소규모 현장에 적용됨에 따른 각종 재해발생의 우려가 높으므로 안전관리에 만전을 기해야 할 것이다.

II. 건축공사의 일반적 순서

터파기공사 → 기초공사 → 구조체공사 → 마감공사

III. 터파기공사 중 흙막이 가시설 공사

1) 토압으로부터 흙막이 자체의 안전성 확보

2) 인근건물, 도로, 지하매설물 영향 파악

3) 지반 변형, 균열 대비

IV. 계측관리 항목

1) 지표면 변화측정

2) 지하수위 변화 측정

3) 간극수압 측정

4) 지중 수평·수직 변위 측정

5) 흙막이부재의 응력 측정

6) 버팀재 변형 측정

7) 인접구조물 균열, 기울기 측정

8) 소음·진동측정

V. 계측 정밀도 향상을 위한 검토사항

1) 계측기 종류 결정

2) 설치 수량 사전검토

3) 공사 규모에 따른 종류 및 물량 산정

4) 주변여건 감안

5) 공사 관리자와 계측업체 간의 관리능력 파악

VI. 서울시 정책

2019년 상도유치원 붕괴 사고 이후 8월부터 흙막이공사 중 시행되는 계측

관리용역 부분을 분리 발주

1) 계측품질향상

2) 정확한 계측관리 기대

3) 시공사의 비용절감이나 관리능력 부재의 문제 해결

4) 흙막이공사 안전관리에 크게 기여

Ⅶ. 현행 계측관리의 문제점(가장 중요하게 개선되어야 할 부분)

    1) 계측관리 주기의 문제

        ① 현재는 주 1~2회 계측기기 측정해 분석보고서 작성

        ② 이후 시공사에 보고되기까지 보통 7~10일 소요

        ③ 즉, 계측관리를 해도 7일 이내에 흙막이 붕괴위험이 있는지 여부를 모르는 상태가 됨

    2) 흙막이 자체의 안전성을 평가하는 것이 가장 중요하기에 벽체의 변형 확인을 확인하는 것임

        • 지중경사계(inclinometer)를 사용하나 배면의 변화와 흙막이 벽체 변형은 일치하지 않는 경우도 있기에 정확성 결여의 문제가 있다.

Ⅷ. 계측관리계획(계측항목, 설치위치, 관리기준)

    1) 굴착에 따른 토류벽 거동

        ① 굴착진행으로 load cell(하중계)의 반력은 증가하고 하부시공 시 감소하게 되며, 굴착완료 시 배면토압이 평형을 유지하게 되면 일정 수치로 수렴

        ② 굴착 시 변위발생으로 버팀보와 축하중은 증가하고, 최하단 버팀보를 해체하면 차상위 버팀보와 축하중이 증가

        ③ anchor의 인장, 버팀대 선행재하로 토류벽이 배면으로 밀릴 수 있으며 지층이 연약한 경우 인장 시 토류벽의 강성을 고려할 필요가 있음

2) **경사계**

① 토류벽에서 1m 이격시켜 매설하고 하부는 견고한 지반에 근입

(토사 : 3~4m, 암반 : 1~2m)

② 수평변위가 큰 경우 Transit 등으로 토류벽 연직경사도 측정 필요

(그라우팅 불량, 배면 뒤채움 불량 시 변위반영 곤란)

③ 변위량은 물론 변위속도(mm/일)도 관리

④ 주변지반과 일체화되도록 그라우팅되어야 하고 하부에서 상부로

충전

3) **지하수위계**

토류벽 배면에서 1m 이격시켜 매설하고 단면당 3개 설치

4) **하중계(load cell)**

① 앵커 가압판과 중심축이 일치하도록 설치하고

② 경사계 매설지점과 동일 단면이 되도록 함

③ 굴착은 물론 해체 시에도 응력상태 관찰

5) **변형률계**

① Strain Gage는 축력부재의 경우 Web에 휨부재는 Frange Dp 설치

② 강재는 온도변화에 민감하므로 온도보정 실시

③ 굴착은 물론 해체 시에도 측정

6) **침하계**

① 지표침하계, 지중침하계로 구분하며, 지반조건과 굴착깊이를 고려

해 설치

(양호지반 L=1~2H, 불량지반 L=3~4H)

② 지중침하계는 경사계와 같이 견고한 층에 근입

7) 건물경사계

4개 이상 설치로 전체적인 침하 판단

IX. 관리기준 초과 시 안전대책

1) 계측치가 1차 관리 목표치를 초과하고 2차 관리치보다는 낮은 경우

   : 설계변경에 의한 안정화 공법 모색

2) 계측치가 2차 관리 목표치보다 초과되는 경우

   : 공사중지, 긴급보강, 설계변경의 즉각적인 도입

X. 결론

옹벽공사 시 지하수에 의한 수분 증가는 준공 후에도 사면의 활동요인이 되므로 사면안정화를 도모하기 위해 유선망의 검토를 통한 배수공법 적용에 유의해야 한다.

"끝"

문제3) 타워크레인의 재해유형 및 구성부위별 안전검토사항과 조립·해체 시 유의사항에 대하여 설명하시오.(25점)

답)

Ⅰ. 개요

Tower Crane을 이용한 작업 시에는 운반자재 낙하 Boom 절손 등의 안전사고 발생 우려가 있으므로 Tower Crane의 구성부위별로 안전검토를 철저히 하여 재해를 예방하여야 한다.

Ⅱ. 타워크레인의 재해유형

1) 기초의 강도 부족으로 본체의 전도

2) 정격하중 이상의 과부하에 의한 본체의 전도

3) 설치가대(마스트)의 강도 부족으로 인한 본체의 전도

4) Tower Crane, 상호 간, 또는 장애물과의 충돌로 인한 Boom(Jib)의 절손

5) Rope의 엔드클립(End Clip) 및 Joint부 Pin이 빠져 Crane 본체 낙하

6) 권상용 Wire Rope의 절단으로 자재의 낙하

Ⅲ. 타워크레인의 구성부위별 안전성 검토사항

1) 기초

① 상부하중을 지지할 수 있는 구조

② 연약지반의 경우

• 고정식(정치식)의 경우 Pile로 보강

• 이동식(주행식)의 경우 Mat 기초로 보강

③ 기초 크기 : 2m×2m 또는 3m×3m

④ 기초판 두께는 1.5m 이상

⑤ 기초철근 배근 시 Crane의 하중 Moment에 대한 고려

⑥ 고정용 Anchor Bolt는 최소 1.1m 이상 기초에 근입

⑦ 기초상부 수평유지

2) Mast

① 수직도 유지(1/1,000)

② 유압 Jack 안전확인

③ 상부 회전체 King Pin 체결상태(일반 Bolt 대체 금지)

④ 마스트 지지

• Wall Anchoring

마스트를 구조체 벽에 고정

3) 평행추(Balance Weight)

① 설치 시 무게중심 확인

② 설치상태 확인(낙하방지)

4) Boom대

① 취성파괴 방지

② 용접 금지

5) Wire Rope

① 용량초과 양중금지

② 꼬임, 비틀림 등 상태 확인

③ 변형 부식 등 손상 유무 확인

6) 방호장치

① 과부하 방지장치, 권과방지장치, 비상스위치

② 선회제한 리미트 스위치, 횡행제한 리미트 스위치 충돌방지장치

Ⅳ. 조립 · 해체 시 유의사항

1) 안전담당자 지정

① 작업방법과 근로자의 배치를 결정하고 당해 작업을 지휘

② 재료의 결함 유무 또는 기구 및 공구의 기능을 점검하고 불량품을 제거

③ 작업 중 안전대와 안전모의 착용 상황 감시

2) 작업순서를 정하고 그 순서에 의하여 작업 실시

3) 작업구역에 관계근로자 외 출입을 금지시켜 낙하 · 비래에 의한 위험방지

4) **폭풍, 폭우 및 폭설 등의 악천후 시 작업중지**

① 순간 풍속 10m/s 이상 시 : 설치 및 해체작업 중지

② 순간 풍속 15m/s 이상 시 : 운전작업 중지

5) 안전한 작업이 이루어질 수 있도록 충분한 공간을 확보하고 장애물이 없을 것

6) 들어 올리거나 내리는 기자재는 균형을 유지하면서 작업 실시

7) Crane의 능력, 사용조건 등에 따라 충분한 응력을 갖는 구조로 기초(基礎)를 설치

8) 규격품인 조립용 Bolt를 사용하고 대칭되는 곳을 순차적으로 결합하고 분해할 것

9) 재료, 기구 등의 오르내리기 작업 시 달줄, 달포대 사용

10) 상하 동시 작업 시 유도자 배치하고 일정한 신호방법 준수

V. 결론

타워크레인은 안정성 부족 시 재해로 인한 파급효과가 지대하므로 안전관리에 특히 만전을 기해야 하며 이를 위해 특히 정기검사 시 사용재료 재질 및 규격, 외관 및 설치상태 주요부재의 체결상태와 기계장치의 이상여부를 철저히 확인해야 한다.

"끝"

| 문제4) | 강구조물의 용접결함의 종류를 설명하고, 이를 확인하기 위한 비파괴검사 방법 및 용접 시 안전대책에 대하여 설명하시오.(25점) |

답)

I. 개요

1) 용접결함의 원인에는 용접재료·용접전류·용접속도·용접숙련도 등의 요인이 있다.

2) 용접부의 결함은 강도·내구성의 저하로 철골구조물의 수명 단축에 영향을 미치므로 용접 전·중·후의 전 과정에 걸친 용접부 검사로 결함의 파악과 원인 분석으로 대책을 수립하여 용접부의 결함으로 인한 피해를 방지하여야 한다.

II. 분류

1) Crack

2) Blow Hole

3) Slag 감싸돌기

4) Crater

5) Under Cut

6) Pit

7) 용입불량(Incomplete Penetration)

8) Fish Eye

9) Over Lap

10) Over Hang

11) 목두께 불량

12) 각장 부족

Ⅲ. 용접결함의 원인

1) 적정 전류 미사용

2) 용접 속도 부적절

3) 용접 숙련도 부족

4) 용접 재료(용접봉)의 불량

5) 용접 개선(開先 : Groove)부 불량

6) 예열 미실시

7) **잔류응력**

용접 후 먼저 용접한 부위의 용접열에 의한 잔류응력의 영향

8) **Arc Strike**

모재(母材)에 순간접촉으로 Arc가 발생하여 터짐(Crack)이나 기공(기포) 발생

9) **End Tab 미사용**

용접의 시작과 끝 지점의 불안정에 의한 결함 발생

Ⅳ. 용접결함의 방지대책

1) 적정 전류 사용

2) 적정 용접 속도

3) **용접 숙련도**

용접 숙련도를 확인 후 숙련 기능공을 배치하고 용접 기능 미숙자 기술

교육 실시

4) 적정 용접 재료 사용

적정 용접봉 사용(저수소계 용접봉 사용), 습기가 없는 건조한 곳에 용

접봉 보관

5) 용접 개선(開先 : Groove)부 정밀도 확보 및 청소

개선부의 정밀도를 확보하고 개선부의 유류, 먼지, 수분 등 불순물 제거

6) 예열 실시

7) 잔류응력 최소화

전체 가열법, 돌림용접 등 용접방법을 개선하여 잔류응력 최소화

8) Arc Strike 금지

9) End Tab 사용

10) 기타

① Rivet과 고력 Bolt를 병용하여 변형 방지 및 잔류응력 분산

② 저온, 고습, 야간 등의 경우 작업 금지

V. 용접부의 검사방법

1) 용접 착수 전 검사

① 트임새 개선(Groove) : 적합한 Groove 형태, 개선각도의 적합성 확인

② 구속법 : 부재의 역변형 방지, 각변형·회전변형의 정도 확인

③ 용접부 청소 : 용접부재 이물질 제거상태 확인

④ 용접 자세의 적부

2) 용접작업 중 검사

① 용접봉 : 적정 용접봉 사용, 습기가 없는 용접봉

② 운봉(運棒) : 용접선 위에서 용접봉을 이동시키는 동작 검사

③ 적정 전류

④ 용접속도

3) 용접 완료 후 검사

① 육안검사

② 절단검사

③ 비파괴검사

- 방사선투과시험(RT : Radiographic Test)

- 초음파탐상시험(UT : Ultrasonic Test)

- 자기분말탐상시험(MT : Magnetic Particle Test)

- 침투탐상시험(PT : Penetration Test, Liquid Penetrant Test)

- 와류탐상시험(Eddy Current Test)

모재

용접부

침투제 도포

침투제가 결함부위에 침투

현상제도포

균열발견

세척제로 세척

용접부 표면의 침투제 제거

〈 침투탐상시험 〉

VI. **용접 시 안전대책**

1) 주위환경 정리

2) 접지 확인 및 방지시설 설치

3) 과전류 보호장치 설치

4) 감전 방지용 누전차단기 설치

5) 자동전격방지장치 설치

6) **용접봉의 홀더**

KS 규격에 적합하거나 동등 이상의 절연성 및 내열성을 갖춘 것 사용

7) 습윤환경에서의 용접작업 금지

8) **용접, 용단 시 화재 방지대책**

① 불연재료 방호울 설치

② 화재감시자 배치(2017년 3월 개정사항)

9) 밀폐 장소에서의 용접 시 기계적 배기장치에 의한 환기

10) 용접 Arc 광선 차폐

11) 흄(Fume)의 흡입 방지 조치

12) **안전시설 설치**

① 추락방지망

② 안전대

③ 낙하·비래 및 불꽃의 비산방지시설

13) **보호구 착용**

① 차광안경, 보안면 등

② 화상방지 보호구

용접용 가죽제 보호장갑, 앞치마(Apron), 보호의 등

③ 호흡용 보호구

환경조건에 따라 방진·방독 마스크 사용

14) 이상기후 시 대책

강풍·강설·우천 시 작업중단 및 강풍에 의한 안전사고 방지조치

Ⅵ. 결론

용접결함은 재료, 기후조건, 용접순서, 용접방법 등의 영향요인에 의해 발생되며, 결함 발생 시 구조물 내구성 저하의 원인이 되므로 용접 전, 용접 중, 용접 후 검사가 이루어져야 한다.

"끝"

문제5) 공용 중인 철근콘크리트 교량의 안전점검 및 정밀안전진단 주기와 중대결함종류, 보수·보강 시 작업자 안전대책에 대하여 설명하시오.(25점)

답)

I. 개요

공용 중인 교량은 시설물의 안전관리에 관한 특별법상 1, 2, 3종으로 구분되며 특히, 1종 시설물은 안전점검과 정밀안전진단을 주기별로 실시해야 한다. 특히, 교량·교각의 부등침하나 교좌장치의 파손 발생 시에는 즉각적인 보수·보강이 이루어져야 하겠으며 이런 경우 작업자의 추락재해 등 안전사고 발생 방지에 최선을 다해야 한다.

II. 교량의 안전점검 및 진단의 종류

종류	점검시기	점검내용
정기점검	(1) A·B·C 등급 : 반기당 1회 (2) D·E 등급 : 해빙기·우기·동절기 등 연간 3회	(1) 시설물의 기능적 상태 (2) 사용요건 만족도
정밀점검	(1) A : 3년에 1회 (2) B·C : 2년에 1회 (3) D·E : 1년마다 1회 (4) 항만시설물 중 썰물 시 바닷물에 항상 잠겨 있는 부분은 4년에 1회 이상 실시한다.	(1) 시설물 상태 (2) 안전성 평가
긴급점검	(1) 관리주체가 필요하다고 판단 시 (2) 관계 행정기관장이 필요하여 관리주체에게 긴급점검을 요청한 때	재해, 사고에 의한 구조적 손상 상태

종류	점검시기	점검내용
정밀진단	최초실시 : 준공일, 사용승인일로부터 10년 경과 시 1년 이내 * A 등급 : 6년에 1회 * B · C 등급 : 5년에 1회 * D · E 등급 : 4년에 1회	(1) 시설물의 물리적, 기능적 결함 발견 (2) 신속하고 적절한 조치를 취하기 위해 구조적 안전성과 결함 원인을 조사, 측정, 평가 (3) 보수, 보강 등의 방법 제시

Ⅲ. 실시주기

1) 최초 정밀점검

준공일이나 사용일로부터 시설물 3년, 건축물 4년 이내

2) 최초 정밀안전진단

준공일이나 사용일로부터 10년 경과 시 1년 이내

Ⅳ. 중대결함종류

1) 교량 · 교각의 부등침하

2) 교량 교좌장치의 파손

Ⅴ. 정보수 · 보강 시 작업자 안전대책

1) 추락재해 방지대책

① 안전대 착용

- 벨트는 추락 시 작업자에게 충격을 최소한으로 하고 추락저지 시 발 쪽으로 빠지지 않도록 요골 근처에 확실하게 착용하도록 하여야 한다.

- 버클을 바르게 사용하고, 벨트 끝이 벨트통로를 확실하게 통과하

도록 하여야 한다.

- 신축조절기를 사용할 때 각 링에 바르게 걸어야 하며, 벨트 끝이나 작업복이 말려 들어가지 않도록 주의하여야 한다.

- U자걸이 사용 시 후크를 각 링이나 D링 이외의 것에 잘못 거는 일이 없도록 벨트의 D링이나 각 링부에는 후크가 걸릴 수 있는 물건은 부착하지 말아야 한다.

- 착용 후 지상에서 각각의 사용상태에서 체중을 걸고 각 부품의 이상 유무를 확인한 후 사용하도록 하여야 한다.

- 안전대를 지지하는 대상물은 로프의 이동에 의해 로프가 벗겨지거나 빠질 우려가 없는 구조로 충격에 충분히 견딜 수 있어야 한다.

- 안전대를 지지하는 대상물에 추락 시 로프를 절단할 위험이 있는 예리한 각이 있는 경우에 로프가 예리한 각에 접촉하지 않도록 충분한 조치를 하여야 한다.

② 안전대의 사용

1개 걸이 사용에는 다음 각 항목에 정하는 사항을 준수하여야 한다.

- 로프 길이가 2.5m 이상인 2종 안전대는 반드시 2.5m 이내의 범위에서 사용하도록 하여야 한다.

- 안전대의 로프를 지지하는 구조물의 위치는 반드시 벨트의 위치보다 높아야 하며, 작업에 지장이 없는 경우 높은 위치의 것으로 선정하여야 한다.

- 신축조절기를 사용하는 경우 작업에 지장이 없는 범위에서 로프의 길이를 짧게 조절하여 사용하여야 한다.

- 수직 구조물이나 경사면에서 작업을 하는 경우 미끄러지거나 마찰에 의한 위험이 발생할 우려가 있을 경우에는 설비를 보강하거나 지지로프를 설치하여야 한다.

- 추락해 전자상태가 되었을 경우 물체에 충돌하지 않는 위치에 안전대를 설치하여야 한다.

- 바닥면으로부터 높이가 낮은 장소에서 사용하는 경우 바닥면으로부터 로프 길이의 2배 이상의 높이에 있는 구조물 등에 설치하도록 해야 한다. 로프의 길이 때문에 불가능한 경우에는 3종 또는 4종 안전대를 사용하여 로프의 길이를 짧게 하여 사용하도록 한다.

- 추락 시에 로프를 지지한 위치에서 신체의 최하사점까지의 거리를 h라 하면, h=로프의 길이+로프의 신장길이+작업자키의 1/2 이 되고, 로프를 지지한 위치에서 바닥면까지의 거리를 H라 하면 $H > h$가 되어야만 한다.

2) **추락방지망 사용 시 주의사항**

① 방지망은 설치 후 3개월 이내마다 정기점검을 실시하여야 한다. 다만, 낙하물이 발생하였거나 유해환경에 노출되어 방지망이 손상된 경우에는 즉시 교체 또는 보수하여야 한다.

② 방지망의 주변에서 용접작업 등 화기작업을 할 때에는 방지망의 손상을 방지하기 위한 조치를 하여야 한다.

③ 방지망에 적치되어 있는 낙하물 등은 즉시 제거하여야 한다.

VI. 결론

시설물의 안전점검과 적정한 유지관리를 통해 재해와 재난을 예방하고 시설물의 효용을 증진시켜 공중의 안전을 확보하기 위한 시설물안전관리 특별법상 점검주기와 점검항목 점검결과에 따른 보수보강은 시설물 안전확보에 매우 중요한 업무이므로 이의 철저한 이행이 필요하다.

"끝"

문제6) 강관비계의 설치기준과 조립·해체 시 안전대책에 대하여 설명하시오.(25점)

답)

I. 개요

강관비계는 가설공사에 사용되는 대표적인 가시설로 특히 사용재료상 발생되는 재해요인이 많으므로 고용노동부장관이 정하는 가설기자재 성능검정규격에 합격한 것을 사용하여야 한다.

II. 설치기준

구분	현행	개정
비계기둥 설치간격	• 띠장방향 : 1.5m 이상 1.8m 이하 • 장선방향 : 1.5m 이하	• 띠장방향 : 1.85m 이하 • 장선방향 : 1.5m 이하
띠장 설치간격 (수직방향)	• 첫 단 : 2.0m 이하 • 그 외 : 1.5m 이하	첫 단 & 그 외 : 2.0m 이하

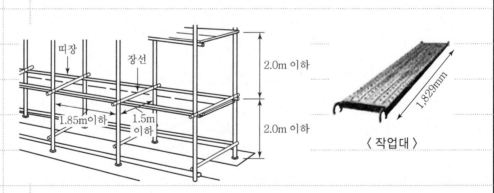

〈 작업대 〉

※ **2024년 개정**

기둥 설치간격 : 선박 및 보트 건조작업, 장비·반입반출을 위해 공간확보가 필요한 경우 구조검토를 실시하고 조립도를 작성하면 띠장방향 및 장선방향으로 각각 2.7m 이하로 할 수 있다.

Ⅲ. 조립·해체 시 안전대책

1) 하단부에는 깔판(밑받침 철물), 받침목 등을 사용하고 밑둥잡이를 설치해야 한다.

2) 비계기둥 간격은 띠장 방향에서는 1.5m 내지 1.8m, 장선 방향에서는 1.5m 이하이어야 하며, 비계기둥의 최고부로부터 아래 방향으로 31m를 넘는 비계기둥은 2본의 강관으로 묶어 세워야 한다.

3) 띠장 간격은 1.5m 이하로 설치하여야 하며, 지상에서 첫 번째 띠장은 높이 2m 이하의 위치에 설치하여야 한다.

4) 장선 간격은 1.5m 이하로 설치하고, 비계기둥과 띠장의 교차부에서는 비계기둥에 결속하고, 그 중간 부분에서는 띠장에 결속한다.

5) 비계기둥 간의 적재하중은 400kg을 초과하지 아니하도록 하여야 한다.

6) 벽 연결은 수직으로 5m, 수평으로 5m 이내마다 연결하여야 한다.

7) 기둥 간격 10m마다 45° 각도의 처마방향 가새를 설치해야 하며, 모든 비계기둥은 가새에 결속하여야 한다.

8) 작업대에는 안전난간을 설치하여야 한다.

9) 작업대의 구조는 추락 및 낙하물 방지조치를 설치하여야 한다.

10) 작업발판 설치가 필요한 경우에는 쌍줄비계여야 하며, 연결 및 이음철물은 가설기자재 성능검정 규격에 규정된 것을 사용하여야 한다.

Ⅳ. 결론

강관비계의 조립 및 해체 시에는 경험이 많은 책임자를 배치해 안전한 작업이 이루어지도록 조치해야 하며, 최근 개정된 띠장 방향 1.85m 이하 기

준과 띠장 설치 간격 2.0m 이하의 준수가 이루어지도록 한다. 특히, 고소

작업 시에는 안전망이나 안전대 등을 설치해 추락재해가 발생되지 않도록

조치해야 한다.

"끝"

제 125 회

기출문제 및 풀이

(2021년 7월 31일 시행)

제**125**회	**건설안전기술사 기출문제** (2021년 7월 31일 시행)

【1교시】 다음 13문제 중 10문제를 선택하여 설명하시오.(각 10점)

문제 1
지반개량공법의 종류

문제 2
사전작업허가제(PTW : Permit To Work)

문제 3
토석붕괴의 외적원인 및 내적원인

문제 4
개구부 방호조치

문제 5
이동식 사다리의 사용기준

문제 6
지게차작업 시 재해예방 안전조치

문제 7
기계설비의 고장곡선

> **문제 8**
>
> 곤돌라 안전장치의 종류

> **문제 9**
>
> 추락방호망

> **문제 10**
>
> 열사병 예방 3대 기본수칙 및 응급상황 시 대응방법

> **문제 11**
>
> 건설공사 발주자의 산업재해예방 조치

> **문제 12**
>
> Fail Safe와 Fool Proof

> **문제 13**
>
> 절토 사면의 계측항목과 계측기기 종류

【2교시】 다음 6문제 중 4문제를 선택하여 설명하시오.(각 25점)

> **문제 1**
>
> 도심지 공사에서 흙막이 공법 선정 시 고려사항, 주변 침하 및 지반 변위 원인과 방지대책에 대하여 설명하시오.

> **문제 2**
>
> 건축물의 PC(Precast Concrete) 공사 부재별 시공 시 유의사항과 작업단계별 안전관리 방안에 대하여 설명하시오.

> **문제 3**
>
> 기존 시스템비계의 문제점과 안전난간 선 조립비계의 안전성 및 활용방안에 대하여 설명하시오.

> **문제 4**
>
> 하절기 집중호우로 인한 제방 붕괴의 원인 및 방지대책에 대하여 설명하시오.

> **문제 5**
>
> 재해손실비용 산정 시 고려사항 및 Heinrich 방식과 Simonds 방식을 비교 설명하시오.

> **문제 6**
>
> 건설기술진흥법령에서 규정하고 있는 건설공사의 안전관리조직과 안전관리비용에 대하여 설명하시오.

【3교시】 다음 6문제 중 4문제를 선택하여 설명하시오.(각 25점)

문제 1

산업안전보건법령상 안전교육의 종류를 열거하고, 아파트 리모델링 공사 중 특별안전교육 대상 작업의 종류 및 교육내용에 대하여 설명하시오.

문제 2

도심지 공사에서 구조물 해체 시 사전조사 사항과 안전사고 유형 및 안전관리 방안에 대하여 설명하시오.

문제 3

데크플레이트(Deck Plate) 공사 단계별 시공 시 유의사항과 안전사고 유형 및 안전관리 방안에 대하여 설명하시오.

문제 4

산업안전보건기준에 관한 규칙상 건설공사에서 소음작업, 강렬한 소음작업, 충격소음작업에 대한 소음기준을 작성하고, 그에 따른 안전관리 기준에 대하여 설명하시오.

문제 5

휴먼에러(Human Error)의 분류에 대하여 작성하고, 공사 계획단계부터 사용 및 유지관리 단계에 이르기까지 각 단계별로 발생될 수 있는 휴먼에러에 대하여 설명하시오.

문제 6

중대재해 발생 시 산업안전보건법령에서 규정하고 있는 사업주의 조치 사항과 고용노동부장관의 작업중지 조치 기준 및 중대재해 원인조사 내용에 대하여 설명하시오.

【4교시】 다음 6문제 중 4문제를 선택하여 설명하시오.(각 25점)

문제 1

무량판 슬래브와 철근 콘크리트 슬래브를 비교 설명하고, 무량판 슬래브 시공 시 안전성 확보 방안에 대하여 설명하시오.

문제 2

시스템 동바리 설치 시 주의사항과 안전사고 발생원인 및 안전관리 방안에 대하여 설명하시오.

문제 3

건설현장에서 사용되는 고소작업대(차량탑재형)의 구성요소와 안전작업 절차 및 작업 중 준수사항에 대하여 설명하시오.

문제 4

건설업 KOSHA-MS 관련 종합건설업체 본사분야의 리더십과 근로자의 참여 인증항목 중 리더십과 의지표명, 근로자의 참여 및 협의 항목의 인증기준에 대하여 설명하시오.

문제 5

제3종 시설물의 정기안전점검 계획수립 시 고려하여야 할 사항과 정기안전점검 시 점검항목 및 점검방법에 대하여 설명하시오.

문제 6

철근콘크리트 공사 단계별 시공 시 유의사항과 안전관리 방안에 대하여 설명하시오.

제 **125** 회
국가기술자격검정 기술사 필기시험 답안지(제1교시)

○　　　　　○　　　　　○

※ 10권 이상은 분철(최대 10권 이내)

자 격 종 목	건설안전기술사

답안지 작성 시 유의사항

1. 답안지는 총 7매(14면)이며 교부받는 즉시 매수, 페이지 등 정상 여부를 반드시 확인하고 1매라도 분리되거나 훼손하여서는 안 됩니다.
2. 시행회, 자격종목, 수검번호, 성명을 정확하게 기재하여야 합니다.
3. 수검자 인적사항 및 답안작성은 반드시 흑색 또는 청색 필기구 중 한 가지 필기구만을 계속 사용하여야 하며, 연필, 굵은 사인펜, 기타 유색 필기구로 작성된 답안은 0점 처리됩니다.(정정 시에는 두 줄을 긋고 다시 기재 가능)
4. 답안지에 답안과 관련 없는 특수한 표시, 특정인임을 암시하는 답안은 0점 처리됩니다.
5. 문제의 순서에 관계없이 답안을 작성하여도 되나 주어진 문제번호와 문제를 기재한 후 답안을 작성하고 전문용어는 원어로 기재하여도 무방합니다.
6. 요구한 문제 수보다 많은 문제를 답하는 경우 기재 순으로 요구한 문제 수까지 채점하고 나머지 문제는 채점대상에서 제외됩니다.
7. 기 작성한 문항 전체를 삭제하고자 할 경우 반드시 해당 문항의 답안 전체에 대하여 명확하게 ×표시하시기 바랍니다.
8. 각 문제의 답안 작성이 끝나면 "끝"이라고 쓰고 다음 문제는 두 줄을 띄워 기재하여야 하며 최종 답안 작성이 끝나면 그 다음 줄에 "이하 여백"이라고 써야 합니다.
9. 답안 작성 시 답안지 양면의 페이지 순으로 작성하시기 바랍니다.
10. 비번호란은 기재하지 않습니다.

비 번 호	

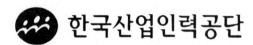
한국산업인력공단

문제1) 지반개량공법의 종류(10점)

답)

I. 개요

지반개량은 연약지반에서 발생되는 상부하중 작용 시 침하, 측방유동, 안

전성저하 등의 문제가 발생하여 상부구조물 및 지하구조물의 변형 및 파

손을 방지하기 위해 토질별 지반개량공법의 적용이 필요하다.

II. 연약지반의 문제점

1) 부등침하   2) 액상화

3) 부마찰력   4) 안정성 저하

III. 판단기준

토질	연약층 두께	N치	qu
점성토	10m 이하	N < 4	0.6 이하
유기질토	10m 이상	N < 6	1.0 이하
사질토	–	N < 10	–

IV. 공법선정 절차

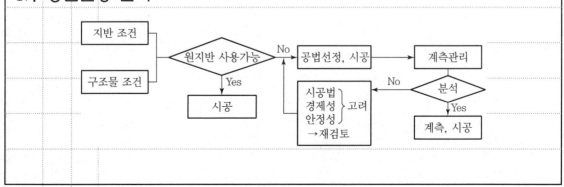

V. 지반 분류별 개량공법의 종류

1) **점성토** : 혼합, 고결, 재하중, 배수, 치환

2) **사질토** : 다짐, 약액주입(SGR, LW, JSP), 동다짐

"끝"

문제2) 사전작업허가제(PTW : Permit To Work)(10점)

답)

Ⅰ. 개요

건설공사 중 유해위험도가 높은 작업 전 안전관리조치사항의 사전 확인 및 승인, 교육 등 작업 전·중·후 조치사항을 구체적으로 작성해 작업허가를 득한 후 작업에 임하도록 한 제도이다.

Ⅱ. 대상사업장

1) 위험공종

① 2m 이상 고소작업, 1.5m 이상 굴착·가설공사가 있는 경우 소규모 안전관리계획서에 사전작업허가 위험공종명 명기(감리자 서명)

② 해체허가대상 : 연면적 500m², 높이 12m, 4개층 이상인 해체공사

Ⅲ. 승인절차

작성 (작업전일)	→	검토/승인 (작업전일)	→	작업중 안전조치 (확인/서명)승인	→	작업개시 (PTW 작업장 비치)
·협력업체		·원청사		·원청사,협력업체		·협력업체

Ⅳ. 제출시기 및 서류

1) 사용승인신청 시 위험공종 사전작업허가서를 포함한 감리보고서 제출

2) 해체공사 완료 신고 시 위험공종 사전작업허가서(위험공종명 명기, 감리자 서명포함)를 포함한 해제감리완료보고서 제출

V.	작성현장의 업무 효율화를 위한 유의사항
	1) 무분별한 과다 선정이 되지 않도록 할 것
	2) 책임회피를 위한 형식적인 제도가 되지 않도록 할 것
	3) 허가업무를 신속하게 진행할 것
	4) 표준양식을 사용할 것
	"끝"

문제3) 토석붕괴의 외적원인 및 내적원인(10점)

답)

I. 개요

토석의 붕괴는 전단강도가 감소되는 내적 원인과 전단응력이 증가하는 외적 원인으로 구분되며 붕괴방지를 위해 작업 전 안전성 검토가 선행되어야 한다.

II. 내적 원인 : 전단강도의 감소

1) 지표수침투 등에 의한 간극수압의 증가

2) 성토작업 시 다짐부족

3) 액상화 현상

4) 흙의 동결융해

III. 외적 요인 : 전단응력의 증가

1) 사면상부의 과재하중

2) 외력에 의한 균열발생

3) 지하수위의 상승

4) 보강공법의 부실

5) 장비사용, 발파작업에 의한 진동충격

Ⅳ. 안전성 검토 방법

1) 전응력, 유효응력 해석

구분	전응력 해석	유효응력 해석
전단강도	$S = c + \sigma \tan\phi$	$S = c + (\sigma - \mu)\tan\phi$
간극수압	미고려	고려
적용	절토, 성토 직후	절토, 성토의 장기안정

2) 토사사면

① 중량법 : 직선, 내부마찰각해석, 마찰원법

② 절편법 : 힘의 논리에 의한 방법(점착력, 활동면경사각, 흙중량, 내부마찰각)

③ 일반한계 평형법

④ 수치해석 : 변위논리를 추가한 방법

3) 암반사면

① 평사투영법

② SMR

③ 한계평형법

④ 수치해석법

"끝"

문제4) 개구부 방호조치(10점)

답)

I. 개요

근로자가 추락할 위험이 있는 경우 산업안전보건기준에 관한 규칙에 의거해 안전난간, 수직형 추락방망, 개구부덮개 등의 조치를 하도록 규정하고 있다.

II. 방호조치 기준

1) 충분한 강도를 가진 구조로 튼튼하게 설치

2) 덮개를 설치하는 경우 뒤집히거나 떨어지지 않도록 설치

3) 어두운 장소에서도 알아볼 수 있도록 개구부임을 표시

III. 개구부 방호시설 설치기준

1) 안전난간추락의 위험이 있는 곳에는 높이가 0.9m 이상인 안전 난간을 설치하고, 중간 난간대는 상부 난간대와 바닥면의 중간에 설치하여야 한다. 다만, 높이가 1.2m를 초과하는 경우에는 수평난간대 간의 간격이 600mm 이하가 되도록 중간 난간대를 추가로 설치하여야 한다.

2) **수직형 추락방망**

방망과 테두리로프 : KS S 0104에서 정하는 나일론, 폴리에틸렌, 폴리에스테르 및 폴리프로필렌 등의 인조섬유 또는 내식성 금속을 사용하고 연결부는 내식성 재료나 도금 처리된 재료를 사용할 것

3) 개구부덮개

① 상부판은 구조물에 최소 5cm 이상 걸쳐질 것

② 합판의 두께는 12mm 이상, 스토퍼로 사용되는 목재의 단면은 45mm×45mm 이상

③ 철근을 사용하는 경우 철근 간격 100mm 이하의 격자모양일 것

④ 스토퍼는 개구부에 2면 이상을 밀착시켜 미끄러지지 않도록 설치

"끝"

문제5) 이동식 사다리의 사용기준(10점)

답)

Ⅰ. 개요

이동식 사다리는 사다리 사용이 불가피한 경작업에 한하여 고소작업대나 비계 등의 설치가 어려운 협소한 사용해야 하며 사용 시에는 2인 1조로 보호구를 반드시 착용하고 작업에 임하도록 한다.

Ⅱ. 사용기준

1) 통로용으로만 사용한다.

2) 기울기는 75° 이하로 한다.

3) 길이는 6m를 초과하지 않는다.

4) 폭은 30cm 이상으로 하고, 상부에 199cm 이상의 여장 길이를 둔다.

5) 디딤판의 간격은 25~30cm 일정한 간격으로 설치한다.

6) 설치할 바닥은 평평한 곳에 설치하고 바닥이 고르지 않을 경우 보조기구를 사용한다.

Ⅲ. 철골작업기준 악천후 시 작업중지 기준

1) **강풍** : 10분 평균풍속 10m/sec

2) **강우** : 1mm/hr

3) **강설** : 1cm/hr

"끝"

문제6) 지계차작업 시 재해예방 안전조치(10점)

답)

I. 개요

건설기계 중 지게차는 공사유형 및 규모에 관계없이 그 활용이 매우 광범위하게 이루어지고 있으므로 이와 관련된 안전작업을 위한 준수사항의 내용과 재해예방을 위한 핵심내용은 모든 건설현장의 관리자가 숙지해야 할 가장 기본적인 사항으로 특히 운전자격 기준과 운전원 안전교육의 이해가 필요하다.

II. 운전자격 기준

1) **3톤 미만 지게차** : 지게차운전기능사 자격증이 없어도 중장비 학원 등에서 교육을 이수하고 수료증을 받아 지자체에서 발급받는다.

2) **3톤 이상** : 기능사 면허를 취득해야만 한다.

III. 운전원 안전교육

1) 작업 전 확인사항

① 안전장치 부착상태 및 작동유무

- 전조등, 후미등, 헤드가드, 백레스트

- 후방확인장치 : 후사경, 룸미러, 후방경보장치, 후방카메라

- 안전띠

② 운전시야 확보를 위한 화물 과다적재 및 포크 과다상승 운행금지

③ 전용통로 확보 및 작업지휘자를 통한 작업자 출입제한

④ 작업계획서 작성 및 근로자 주지

⑤ 제한속도 지정 및 준수

2) 작업 중 확인사항

① 신호수 배치와 신호수 신호준수

② 운행 제한속도 10km/h

③ 지정통로로만 운행

④ 화물은 마스트를 뒤로 젖힌 상태에서 가능한 낮추고 운행

⑤ 지정 승차석 외 탑승금지

⑥ 정해진 장소에만 주차

⑦ 주차 시에는 주차 브레이크를 작동시키고, 시동열쇠는 별도 보관

Ⅳ. 사업주 준수사항

1) 사전조사 및 작업계획서 작성

2) 근로자 안전보건교육 실시

3) 제한속도의 지정

4) 운전위치 이탈 시의 조치기준 교육

"끝"

문제7) 기계설비의 고장곡선 (10점)

답)

I. 정의

기계설비의 고장률을 시간의 함수로 나타낸 곡선으로, 고장률의 시간에 따른 변화 양상이 욕조 형태와 닮아 붙여진 이름으로 Bathtub Curve, 수명특성곡선이라고도 한다.

II. 고장곡선의 형태

고장률 $\lambda(f)$

내용 수명

예방보전에 의해 떨어뜨림

규정의 고장률

DFR   CFR   IFR

초기고장 기간   우발고장기간   마모고장기간

III. 특징

1) 제품 수명 곡선은 고장률이 사용기간에 따라 욕조 모양으로 발생한다.

2) 제품의 수명을 연장하고 올바르게 사용하기 위해서는 사용기간에 따른 적절한 보전활동으로 고장의 발생이 없도록 관리해야 한다.

IV. 곡선상 고장의 분류

1) 초기고장

설계나 제조상 결함이나 불량부품 혹은 사용조건, 환경 부적합에 의해

사용 개시 후 비교적 초기 스트레스에 견디지 못하게 되어 발생하는 구간

2) 우발고장

시간의 경과와 더불어 시스템이나 제품이 안정화되며 사용조건의 우발적 변화에 기인해 발생하는 고장

3) 마모고장

일정 기간이 경과된 이후 마모 또는 노후화에 기인해 시스템이나 설비의 고장률이 증가하는 기간에 나타나는 고장

"끝"

문제8) 곤돌라 안전장치의 종류(10점)

답)

I. 개요

안전기준에서 달기발판 또는 케이지·승강장치 기타의 장치 및 이들에 부속된 기계부품에 의하여 구성되고, 와이어로프 또는 달기강선에 의하여 달기발판 또는 케이지가 전용의 승강장치에 의하여 상승 또는 하강하는 설비를 곤돌라라 한다. 이러한 설비는 고층빌딩의 외장(外裝)을 청소, 도장, 수리, 정비하는 경우에 사용된다.

II. 종류

1) **암 부앙형** : 곤돌라 작업상면을 매달고 있는 와이어로프가 담당하고 있는 암이 기복해 건물 옥상 등에서 매달아 내린 작업상면을 반대쪽으로 이동시킬 수 있는 기구형태

2) **암 고정형** : 암 부앙형에 비해 암이 고정되어 있어 기복하지 못하는 구조

3) **모노레일형** : 구조물에 돌출된 I 빔에 설치된 레일에 주행하는 전동 트롤리를 부착하고, 트롤리로부터 와이어로프에 의해 작업상면이 매달려 있기에 레일을 따라 곤돌라가 주행하는 구조

III. 안전장치

1) **권과방지장치**

와이어로프의 과권 방지기능

2) 경보장치

과권을 방지하기 위한 안전장치

3) 인터로크

제어장치의 조작부분이 두 곳 이상인 개소에 설치

4) 기타

과부하방지장치, 비상정지장치, 제동장치

"끝"

문제9) 추락방호망(10점)

답)

Ⅰ. 개요

고소작업 시 작업발판을 설치하기 곤란한 경우에는 추락방호망을 설치해 근로자 추락재해를 예방할 수 있도록 조치해야 한다.

Ⅱ. 설치 유의사항

1) 가능하면 작업면으로부터 가까운 지점에 설치하며, 작업면으로부터 망의 설치지점까지의 수직거리는 10m를 초과하지 않을 것

2) 수평으로 설치하고, 망의 처짐은 짧은 변 길이의 12% 이상이 되도록 할 것

3) 건축물 등의 바깥쪽으로 설치하는 경우 내민 길이는 벽면으로부터 3m 이상이 되도록 할 것

Ⅲ. 기타 개구부의 방호조치

작업발판 및 통로의 끝이나 개구부로 근로자가 추락할 위험이 있는 장소에는 안전난간, 울타리, 수직형 추락방망, 덮개 등의 방호조치를 충분한 강도를 가진 구조로 튼튼하게 설치하여야 하며, 특히 덮개의 경우에는 뒤집히거나 떨어지지 않도록 설치하여야 한다. 이때 어두운 장소에서도 알아볼 수 있도록 개구부임을 표시하여야 한다.

"끝"

문제10) 열사병 예방 3대 기본수칙 및 응급상황 시 대응방법(10점)

답)

Ⅰ. 개요

장마철, 혹서기에는 건설재해예방의 취약시기로 붕괴, 충돌, 감전, 질식 등

의 재해발생빈도가 높으므로 근로자 보건대책의 수립 및 준수가 필요하다.

Ⅱ. 열사병 예방 3대 기본수칙

1) 물 : 시원하고 깨끗한 물 제공

2) 그늘 : 작업자가 일하는 장소에서 가까운 곳에 그늘진 장소 제공

3) 휴식

① 폭염특보 발령 시 1시간 주기로 10~15분 이상의 규칙적 휴식

② 폭염주의보 발령 시 매 시간당 10분씩 휴식

③ 폭염경보 발령 시 매 시간당 15분씩 휴식

Ⅲ. 응급상황 시 대응방법

1) 발생 전

온열질환 초기증상으로 피로감, 힘 없음, 어지러움, 두통, 빠른 심장박

동, 구토 등의 증상이 나타날 수 있음

2) 발생 시

① 의식이 있는지 확인한 후 시원한 곳으로 옮긴다.

② 몸을 가누지 못하거나 의식이 없는 경우에는 신속히 119 구급대로

연락한다.

③ 의식이 있는 경우 얼음물이나 스포츠 음료 등을 마시게 한다.

④ 건강상태가 악화 또는 회복되는지 관찰하여 회복되지 않을 경우 즉

시 의료기관으로 옮긴다.

"끝"

문제11) 건설공사 발주자의 산업재해예방 조치(10점)

답)

I. 개요

건설공사 발주자는 산업재해 예방을 위해 건설공사 계획, 설계, 시공단계
에서 해당 주체별로 안전보건대장을 작성하고 확인해 안전 및 보건조치가
이행될 수 있도록 해야 한다.

II. 대상 건설공사

총 공사금액 50억 원 이상

III. 단계별 안전보건조치

1) 계획단계

중점적으로 관리해야 할 유해위험요인과 이의 감소방향을 포함한 기
본안전보건대장을 작성

2) 설계단계

계획단계에서 작성한 기본안전보건대장을 설계자에게 제공하고, 설계
자로 하여금 유해위험요인의 감소방안을 포함한 설계안전보건대장을
작성하게 하고 이를 확인해야 한다.

3) 시공단계

최초로 건설공사를 도급받은 수급인에게 건설공사 설계단계에서 작성한
설계안전보건대장을 제공하고 그 수급인에게 이를 반영하여 안전한 작업
을 위한 공사안전보건대장을 작성하게 하고 이행 여부를 확인해야 한다.

Ⅳ. 안전보건대장의 내용

기본안전보건대장	사업개요, 공사현장 제반정보, 유해위험요인과 감소대책 수립을 위한 설계조건 포함
설계안전보건대장	안전한 작업을 위한 적정 공사기간 및 공사금액 산출서, 유해위험방지 계획서 작성계획, 안전보건조정자 배치계획, 안전보건관리비 산출 내역서, 유해위험요인 및 감소대책에 대한 위험성평가 내용
공사안전보건대장	위험성평가 내용이 반영된 공사 중 안전보건조치 이행계획, 유해위험방지계획서 심사 및 확인결과에 대한 조치내용, 안전보건관리비 사용계획 및 사용내역, 산업재해예방 지도 계약여부, 지도 결과 조치내용

"끝"

문제12) Fail Safe와 Fool Proof(10점)

답)

Ⅰ. 안전설계기법의 정의

사람이나 기계, 설비, 장치의 결함이 발생되어도 기능회복, 대행 등을 통한 안전성을 고려한 설계기법을 말한다.

Ⅱ. 종류

1) Fail safe

인간, 기계의 과오나 동작상 실수가 발생되어도 이에 의한 재해가 발생되지 않도록 2중, 3중의 통제를 가하는 설계기법으로 Passive, Active, Operational 등으로 구분된다.

2) Fool Proof

구조적, 기능적 Fail Safe로 구분되며 자동감지, 자동제어, 차단 및 고정의 3단계로 설계하는 것을 원칙으로 한다. 방식으로는 불량발생을 허용하지 않는 정지식, 실수를 허용하지 않는 규제식, 실수를 사전에 통보하는 경보식으로 분류된다.

3) Back Up

주기능 후방에서 대기하는 것을 원칙으로 고장 시 기능을 대행하는 설계

4) Fail Soft

일부장치의 고장이나 기능의 저하가 되어도 전체적인 기능을 유지하는 설계기법

Ⅲ. Fool Proof 주요기능

1) Lock : 가드가 열려 있을 시 작동하지 않으며 양손 동시 조작 시 기계가 작동되는 조작기구

2) Lock : 수동 및 자동조건 충족 시 작동시키는 기능

3) Trip : 급정지 기능

4) Over Run : 스위치를 끈 이후 위험상황 도래 시 가드가 열리지 않도록 하는 기능

5) **기동방지기구** : 위험 전 위험지역으로부터 밀어내기 제어회로 접점 차단의 기동방지기능

"끝"

문제13) 절토사면의 계측항목과 계측기기 종류(10점)

답)

I. 개요

절토사면은 원호활동에 의한 선단파괴와 내부파괴, 저부파괴, 복합곡선형,

대수나 선형 파괴가 유발될 수 있으며, 특히 하절기에는 강우에 의한 파괴가

유발될 수 있으므로 계측관리의 중요성을 인식해야 한다.

II. 절토사면의 계측항목

1) **지표변위** : 지표의 변위발생상태를 확인하기 위한 신축계, 변위말뚝

2) **지중변위** : 지중변위상태 확인을 위한 계측

3) **지하수위변화** : 지하수위의 변화상태 확인을 위한 계측

4) **지중경사** : 예상파괴선의 주중경사 계측

III. 계측기기 종류

1) **신축계** : 지표면에 설치

2) **지중경사계** : 지중 예상파괴면을 중심으로 설치

3) **지하수위계** : 지하수위가 위치하고 있는 선 하단까지 설치

4) **간극수압계** : 지중의 간극수압력을 확인

5) **변위말뚝** : 지표면 균열발생부의 변위량 측정

IV. 절토사면 계측기기 설치시기

1) **지중경사계** : 엄지말뚝 천공 후

2) **지하수위계** : 엄지말뚝 천공 이전

3) **간극수압계** : 엄지말뚝 천공 이전

4) **지표침하계** : 엄지말뚝 천공 이전

V. 점검시기

1) 작업 전, 중, 후

2) 강우 발생 후

3) 인접지역에서의 발파, 진동발생 후

4) 중진 이상 지진발생 시

"끝"

제 [125] 회
국가기술자격검정 기술사 필기시험 답안지(제2교시)

○   ○   ○

※ 10권 이상은 분철(최대 10권 이내)

자 격 종 목	건설안전기술사

답안지 작성 시 유의사항

1. 답안지는 총 7매(14면)이며 교부받는 즉시 매수, 페이지 등 정상 여부를 반드시 확인하고 1매라도 분리되거나 훼손하여서는 안 됩니다.
2. 시행회, 자격종목, 수검번호, 성명을 정확하게 기재하여야 합니다.
3. 수검자 인적사항 및 답안작성은 반드시 흑색 또는 청색 필기구 중 한 가지 필기구만을 계속 사용하여야 하며, 연필, 굵은 사인펜, 기타 유색 필기구로 작성된 답안은 0점 처리됩니다.(정정 시에는 두 줄을 긋고 다시 기재 가능)
4. 답안지에 답안과 관련 없는 특수한 표시, 특정인임을 암시하는 답안은 0점 처리됩니다.
5. 문제의 순서에 관계없이 답안을 작성하여도 되나 주어진 문제번호와 문제를 기재한 후 답안을 작성하고 전문용어는 원어로 기재하여도 무방합니다.
6. 요구한 문제 수보다 많은 문제를 답하는 경우 기재 순으로 요구한 문제 수까지 채점하고 나머지 문제는 채점대상에서 제외됩니다.
7. 기 작성한 문항 전체를 삭제하고자 할 경우 반드시 해당 문항의 답안 전체에 대하여 명확하게 ×표시하시기 바랍니다.
8. 각 문제의 답안 작성이 끝나면 "끝"이라고 쓰고 다음 문제는 두 줄을 띄워 기재하여야 하며 최종 답안 작성이 끝나면 그 다음 줄에 "이하 여백"이라고 써야 합니다.
9. 답안 작성 시 답안지 양면의 페이지 순으로 작성하시기 바랍니다.
10. 비번호란은 기재하지 않습니다.

비 번 호	

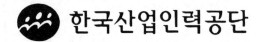

한국산업인력공단

문제1) 도심지 공사에서 흙막이 공법 선정 시 고려사항, 주변 침하 및 지반 변위 원인과 방지대책에 대하여 설명하시오.(25점)

답)

I. 개요

근접지 공사는 이미 완공된 시설물에 영향을 주는 근접시공에 해당되므로 특히, 지반변형, 붕괴 등 인접한 구조물에 유해한 영향을 미칠 수 있음에 유의해 안전성을 확보하려면 신설구조물, 지반, 기존구조물의 상호작용에 대한 검토가 필요하다.

II. 흙막이 공법 선정 시 고려사항

1) 인근 시설물의 규모

2) 인근 시설물의 구조

3) 계측관리 범위

4) 계측관리 주기

III. 주변 침하 및 지반 변위 원인

1) 사전조사 미비

2) 기존구조물 조사의 미실시

3) 계측관리 부실

4) 계획단계에서의 관리부재

Ⅳ. 기존구조물 조사의 내용

1) 자료조사

① 설계도서

② 기 시공자료

③ 변형, 지진발생 등의 피해발생 기록

④ 보수 · 보강 · 증개축 이력

2) 현장조사

① 구조형식, 형상, 사용재료

② 변위, 변형, 열화발생 현황

③ 지하매설물

④ 신설구조물과의 상호작용 연관관계

Ⅴ. 방지대책

1) 지반조사

① 지층 : 사운딩, 탄성파탐사, 전기비저항탐사, GPR, BIPS

② 전단강도 : 함수비, 컨시스턴시, 입도분석

③ 압밀, 변형, 토압

④ 지하수 : 간극수압계, 피에조메터, 투수시험

2) 계획단계에서의 검토항목

① 인근구조물에 영향이 가급적 없도록 신설구조물위치 선정

② 신설구조물은 인근구조물의 하부보다 측면에 위치할수록 유리함

③ 평면상 평행보다 사교, 직교되도록 고려

3) **붕괴 방지조치**

① 개착 : 히빙, 보일링, 피압수, 근입부 안정성 검토

② 기초, 지하연속벽 : 굴착변면 붕괴, Boiling, 일수현상 검토

③ 터널 : 막장부, 천정부 침하 및 붕괴방지 조치

④ 성토 · 절토 : 지반 붕괴, 측방유동, 유기방지

4) **변형 방지조치**

① 개착 : 흙막이벽 변형에 의한 지반변형 및 지하수위 저하에 의한 침하방지

② 터널 : 응력해방에 의한 변형, 지하수위에 의한 침하방지

③ 성토 · 절토 : 지중응력의 증가 및 감소에 따른 지반변형 방지

VI. 계측관리

1) 정보화관리가 될 수 있도록 당초 설계의 적정성 판단, 필요 시 대책공 실시하며 실측치가 예측치보다 적은 경우 설계변경으로 안전성이 확보되도록 고려

2) 계측치의 경시변화도 신중하게 관찰

3) 계측기 설치위치는 변형위험도, 변형발생 시 인근구조물에 영향이 큰 부분, 구조가 복잡하고 설계 신뢰성이 낮은 부분 등에 대한 관리가 되도록 고려

Ⅶ. 계측항목별 계측기기

계측대상	계측항목	계측기기
신설구조물	침하 · 부상	레벨, 침하계
	수평변위	경사계, 트랜시트
	경사	경사계, 내림추
기존구조물	벽체 응력	응력계, 변형계
	벽체 변형	레벨, 트랜시트, 내림추
	토압 · 수압	토압계, 수압계
토공사	침하부상	레벨, 침하계
	수평변위	트랜시트, 신축계, 경사계
	지하수위	지하수위계, 수압계

Ⅷ. 결론

도심지에서 흙막이 공법 선정 시에는 근접구조물의 지반침하를 비롯해 인근 구조물이나 건축물의 균열 등 많은 문제가 발생될 수 있으므로 계획단계에서부터 철저한 사전조사 및 관리가 필요하다.

"끝"

문제2) 건축물의 PC(Precast Concrete) 공사 부재별 시공 시 유의사항과 작업 단계별 안전관리 방안에 대하여 설명하시오.(25점)

답)

I. 개요

1) 'PC(Precast Concrete) 공사'란 공장에서 제작된 PC 부재를 현장에서 조립·접합하여 구조체를 만드는 공사를 말하며, 추락·낙하·비래·감전·충돌·협착 등의 재해 발생 우려가 있다.

2) PC 공사는 고소작업이 많아 추락에 의한 재해발생 가능성이 높으므로 안전대책 수립 후 작업이 진행되어야 한다.

II. PC 공법의 특징

1) 장점

① 공장생산으로 품질 균일

② 구체공사와의 병행으로 공사기간 단축

③ 현장작업의 축소로 노무비 절감

④ 대량생산으로 원가절감

2) 단점

① 고소작업으로 안전관리에 취약

② PC 부재의 접합부 취약

③ PC 부재의 운반, 설치 시 파손 우려

Ⅲ. PC 공사 Flow Chart

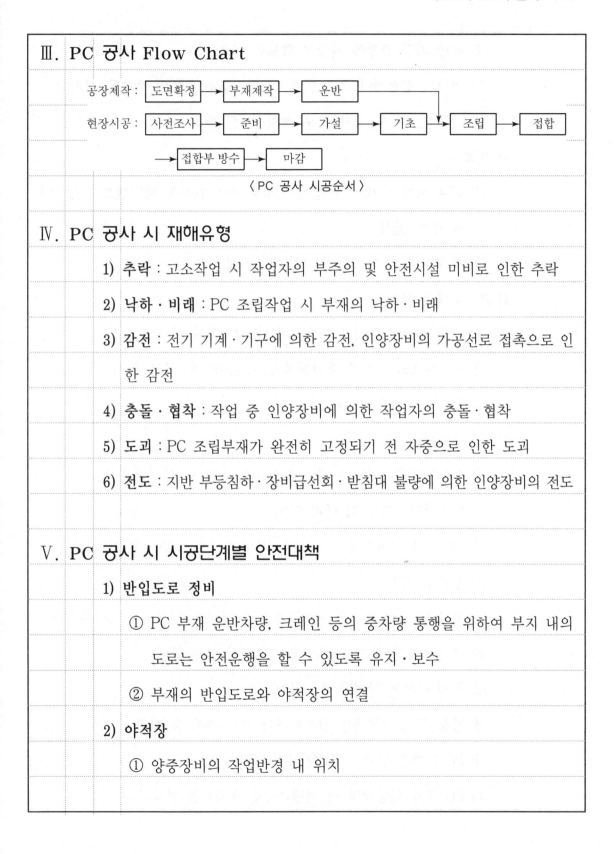

〈 PC 공사 시공순서 〉

Ⅳ. PC 공사 시 재해유형

1) 추락 : 고소작업 시 작업자의 부주의 및 안전시설 미비로 인한 추락

2) 낙하·비래 : PC 조립작업 시 부재의 낙하·비래

3) 감전 : 전기 기계·기구에 의한 감전, 인양장비의 가공선로 접촉으로 인한 감전

4) 충돌·협착 : 작업 중 인양장비에 의한 작업자의 충돌·협착

5) 도괴 : PC 조립부재가 완전히 고정되기 전 자중으로 인한 도괴

6) 전도 : 지반 부등침하·장비급선회·받침대 불량에 의한 인양장비의 전도

Ⅴ. PC 공사 시 시공단계별 안전대책

1) 반입도로 정비

① PC 부재 운반차량, 크레인 등의 중차량 통행을 위하여 부지 내의 도로는 안전운행을 할 수 있도록 유지·보수

② 부재의 반입도로와 야적장의 연결

2) 야적장

① 양중장비의 작업반경 내 위치

② 운반 차량 통행에 지장이 없도록 여유 확보

③ 바닥이 평탄해야 하고 물이 잘 빠지도록 주위에 배수구 설치

④ 가장 큰 부재를 기준으로 적치스탠드 배치

3) 비계

① 외부 비계 설치 시 작업에 지장을 주지 않도록 바닥면보다 1m 이상 높게 설치

② 필요에 따라 달비계를 설치하여 작업

4) PC 부재의 설치

① 설치 시 PC 부재가 파손되지 않도록 주의

② PC 부재의 하부가 오염되지 않도록 받침목 설치

③ PC 부재는 수직으로 설치

5) PC 부재의 조립

① 작업 전에 작업자에 대한 작업내용 숙지 및 안전교육 실시

② 안전담당자의 지휘 아래 작업

③ PC 부재 인양작업 시 신호는 사전에 정해진 방법에 따라 실시

④ 신호수 지정

⑤ 조립작업자는 복장을 단정하게 하고 안전모, 안전대 등 보호구 착용

⑥ 조립작업 전 기계·기구 공구의 이상 유무 확인

⑦ 부재 하부의 작업자 출입금지

⑧ 강풍 시 조립부재를 결속하거나 임시 가새 등 설치

⑨ PC 부재를 달아 올린 채 주행 금지

⑩ PC 부재 인양작업 시 적재하중을 초과하는 하중 금지

⑪ 작업반경 내 작업자 외 출입금지

⑫ 작업현장 부근의 고압선로는 절연 방호조치

⑬ PC 부재의 인양작업 시 중량을 고려하여 크레인의 침하 방지 조치

Ⅵ. PC 공사 시 재해방지설비 설치

1) 추락 방지설비

2) 낙하 · 비래 방지설비

Ⅶ. 결론

1) PC 공사는 향후 다양한 외관과 복잡한 구조의 경우 적용에 한계가 존재하며, 재해예방차원에서 과거재해유형에 대한 연구가 매우 부족한 현실을 감안해 향후 지속적인 연구개발이 필요하다.

2) 대형 장비 사용 및 양중작업에 따른 안전조치와 고소작업 시 재해발생방지를 위한 각종 안전시설 및 안전계획 수립 이후 작업이 진행되도록 해야 한다.

"끝"

문제3) 기존 시스템비계의 문제점과 안전난간 선 조립비계의 안전성 및 활용방안에 대하여 설명하시오.(25점)

답)

Ⅰ. 개요

가설공사의 구조적 안정성 확보 및 효율적인 공사관리를 위해 사용되는 시스템비계는 사용성능으로 인해 사용빈도가 확대되고 있으나 재사용 시 재사용 가설인증 기준에 의한 관리가 필요하며 설치 전 구조검토 및 공작도 작성과 작업 중 부재변형상태 및 좌굴 등의 안전성 저해요인에 대한 관리가 요구된다.

반면, 선행안전난간은 국내에 도입되기 전이며 일본을 비롯한 일부 선진국에서 점차 보급이 확대되고 있으나 국내에 도입시키기 위해서는 안전성에 대한 검토가 관련 학계와 안전전문가에 의해 선행되어야 할 것이다.

Ⅱ. 기존 시스템비계의 문제점, 시스템비계 사용 시 문제점

1) 고소작업에 의한 추락재해

2) 국부, 휨, 전단좌굴

3) 비계의 변형에 의한 상부 구조물의 파손

4) 작업 중 낙하, 비래, 전도, 충돌재해

Ⅲ. 문제점의 발생 원인

1) **설계단계** : 구조검토 및 하중계산 미흡

2) **재료적 원인** : 가설재 인증 미실시(변형, 부식)

3) **설치단계** : 안전수칙 미준수

4) **해체단계** : 해체 시 안전수칙의 미준수

Ⅳ. 시스템비계 설치 Flow Chart별 관리사항

사전준비 → Shop Drawing → 조립 → 상부구조물작업 → 해체

1) **사전준비** : 가설재 반입검사

2) **Shop Drawing** : 구조검토 및 공작도 작성

3) **조립단계** : 부재긴압, 침하, 좌굴, 휨, 변형방지

4) **상부구조물 작업** : 임의해체금지 및 콘크리트 존치기간 준수

5) **해체** : 해체기준의 준수

Ⅴ. 안전난간 선 조립비계란

하부 작업발판에서 상부 작업예정 위치에 안전난간을 미리 설치하는 공법으로 일본은 2003년부터 도입해 추락사고 사망재해를 지속적으로 감소시키고 있으며 뉴질랜드, 영국, 독일에서도 적용 중인 공법이다.

Ⅵ. 안전난간 선 조립비계의 종류

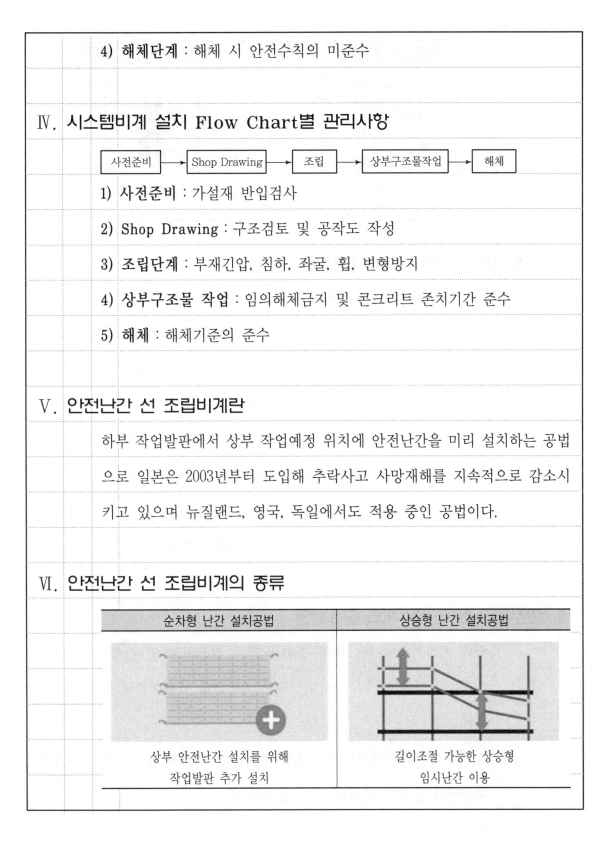

순차형 난간 설치공법	상승형 난간 설치공법
상부 안전난간 설치를 위해 작업발판 추가 설치	길이조절 가능한 상승형 임시난간 이용

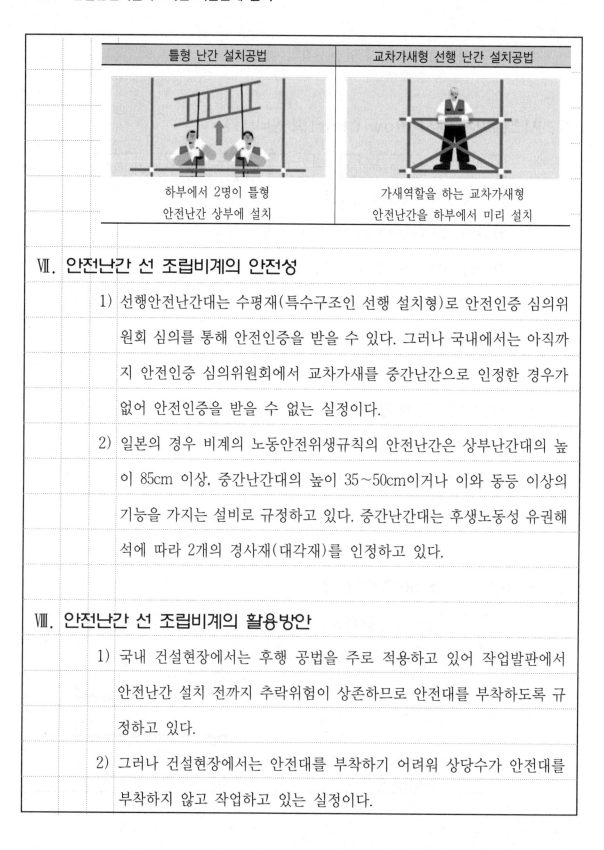

틀형 난간 설치공법	교차가새형 선행 난간 설치공법
하부에서 2명이 틀형 안전난간 상부에 설치	가새역할을 하는 교차가새형 안전난간을 하부에서 미리 설치

Ⅶ. 안전난간 선 조립비계의 안전성

1) 선행안전난간대는 수평재(특수구조인 선행 설치형)로 안전인증 심의위원회 심의를 통해 안전인증을 받을 수 있다. 그러나 국내에서는 아직까지 안전인증 심의위원회에서 교차가새를 중간난간으로 인정한 경우가 없어 안전인증을 받을 수 없는 실정이다.

2) 일본의 경우 비계의 노동안전위생규칙의 안전난간은 상부난간대의 높이 85cm 이상, 중간난간대의 높이 35~50cm이거나 이와 동등 이상의 기능을 가지는 설비로 규정하고 있다. 중간난간대는 후생노동성 유권해석에 따라 2개의 경사재(대각재)를 인정하고 있다.

Ⅷ. 안전난간 선 조립비계의 활용방안

1) 국내 건설현장에서는 후행 공법을 주로 적용하고 있어 작업발판에서 안전난간 설치 전까지 추락위험이 상존하므로 안전대를 부착하도록 규정하고 있다.

2) 그러나 건설현장에서는 안전대를 부착하기 어려워 상당수가 안전대를 부착하지 않고 작업하고 있는 실정이다.

3) 반면, 국외는 순차형 난간, 상승형 난간, 틀형 난간, 교차가새형(X형) 난간 등의 선행공법을 적용하고 있다.

4) 순차형 난간 설치공법은 상부안전난간을 설치하기 위해 임시 작업발판을 추가 설치해야 하므로 작업성과 경제성이 낮다. 상승형 난간 설치공법은 길이조절이 가능한 상승형 임시 난간을 설치하므로 추가 안전난간 설치가 필요하여 경제성이 낮다. 틀형 난간 설치공법은 하부 작업발판에서 2명이 1조가 되어, 난간 설치 공구를 사용하여 틀형 안전난간을 설치하므로 작업성이 낮다. 이러한 공법은 모두 가새를 추가로 설치해야 한다.

5) 그러나 교차가새형 선행 안전난간 공법은 가새와 안전난간 역할을 동시에 하는 X형 안전난간(교차가새와 상부안전난간대를 일체식으로 제작)을 미리 설치하는 방법으로 시공성, 경제성 및 작업안전성이 높다. 따라서 국내 건설현장에는 교차가새형 선행 공법이 가장 적합한 것으로 분석된다.

IX. 결론

시스템비계는 사용성능으로 인해 사용빈도가 확대되고 있으나 부재변형상태 및 좌굴 등의 안전성 저해요인에 대한 관리가 요구되며, 선행안전난간은 일본을 비롯한 일부 선진국에서 점차 보급이 확대되고 있으나 국내에 도입시키기 위해서는 안전성에 대한 검토가 관련학계와 안전전문가에 의해 선행되어야 하겠으며, 특히, 훌륭한 제도나 공법도 이를 준수하려는 의지가 중요함을 인식해야 할 것이다.   "끝"

문제4) 하절기 집중호우로 인한 제방 붕괴의 원인 및 방지대책에 대하여 설명하시오.(25점)

답)

I. 개요

1) '제방(Dyke, 둑)'이란 수류를 일정한 유로 내로 제한하고 하천(河川)의 범람을 방지할 목적으로 축조되는 구조물을 말한다.

2) 제방의 붕괴원인은 기초지반 및 제방체의 누수로 인한 Piping 현상이 주 원인으로 이에 대한 설계·시공 시의 검토 및 적정한 누수방지대책이 필요하다.

II. 제방의 표준단면 및 명칭

III. 제방 축제재료의 조건

1) 흙의 투수성이 낮을 것

2) 흙의 함수비가 증가되어도 비탈이 붕괴되지 않을 것

3) 초목의 뿌리 등 유기물이나 율석 등의 굵은 자갈이 포함되지 않을 것

Ⅳ. 제방의 붕괴 원인

1) 기초지반의 누수

2) 제방폭의 과소

3) Piping 현상 발생

4) 표토재료의 부적정

5) 제방 비탈면의 다짐불량

6) 차수벽(지수벽) 미설치

Ⅴ. 제방의 부위별 붕괴 방지대책

1) 기초부

① 차수벽 설치

② 기초지반 처리

| 치환공법
압밀공법 | ⇨ | 약액주입
모래말뚝 | ⇨ | 탈수공법
폭파공법 | ⇨ | 지반 개량 |

③ 지수벽 설치

④ 약액주입

지반에 약액을 주입하여 지반의 투수성을 감소시킨다.

2) 제방 본체

① 제방단면 확대

제방단면의 크기를 충분하게 하여 침윤선의 길이를 연장시켜야 한다.

확폭 전 침윤선
확폭 후 침윤선

② 제체재료 선정 유의

제체재료는 가급적 투수성이 낮은 재료를 사용하여 투수계수를 저하시켜야 한다.

③ 비탈면 피복

제방과 제내지 또는 제외지가 접히는 부분을 불투성 표면층으로 피복하여 침투수를 차단한다.

불투수성 표면층

④ 압성토 공법

침투수의 양압력에 의한 제체 비탈면의 활동을 방지할 목적으로 시행하며 기초지반의 통과 누수량이 그대로 허용되는 경우에 적용한다.

압성토

⑤ Blanket 공법

제외지 투수성 지반 위에 불투수성 재료나 아스팔트 등으로 표면을 피복시켜 지수효과를 증대시킨다.

⑥ 배수로 설치

불투수층 내에 배수로를 만들어 침투수를 신속히 배제시킴으로써 침윤선을 낮춘다.

⑦ 비탈면 보강공법

제내지 비탈 끝 부분에 작은 옹벽을 설치하여 침식을 방지한다.

Ⅵ. 결론

1) 제방의 붕괴는 비탈면의 붕괴 또는 누수로부터 발생되므로 시공 시 제체 및 기초부 토질에 대한 사전조사가 철저히 실시된 후 적절한 공법이 선정되어야 한다.

2) 또한, 제방에서 발생되는 파이핑 현상은 제방붕괴에 가장 큰 위험요소이므로 침투압, 유선망, 투수량 등의 검토로 방지대책을 수립해야 한다.

"끝"

문제5) 재해손실비용 산정 시 고려사항 및 Heinrich 방식과 Simonds 방식을 비교 설명하시오.(25점)

답)

I. 개요

재해손실비란 업무상 재해로 인적 상해를 수반하는 재해에 의해 발생된 손실비용으로 직접 또는 간접적인 요인으로 발생된 손실비용을 말한다.

II. 재해손실비의 구성

1) **직접비** : 의료비, 보상금 등 피재자 또는 유가족에게 지급되는 비용

2) **간접비** : 건물, 기구, 손실시간, 교육비, 소송비 등의 부수적인 비용

III. 재해손실비 산정 시 고려사항

1) 기업규모에 관계가 없는 방법일 것

2) 안전관리자가 쉽고 정확하게 산정할 수 있는 방법일 것

3) 전체적인 집계가 가능할 것

4) 사회적인 신뢰성과 경영자에 대한 믿음이 있을 것

IV. 재해손실비의 평가방식의 비교

이론의 구분	직접비	간접비
Heinrich	1	4
Bird	1	5
Simonds	산재보험비	비보험비용
Compes	개별비용	공용비용

V. 직접비와 간접비에 대한 빙산이론의 의의

1) 재해발생 시 표면적으로 나타나는 직접비는 부수적으로 발생되는 손실 비용이 5배 이상 발생됨

2) 버드는 빙산이론을 제시하며 재해발생에 따른 간접비의 부담을 큰 요인으로 간주

3) 재해발생에 따른 간접비의 증가는 기업의 존폐를 가름할 정도의 비중으로 작용함

〈 Bird의 빙산이론 〉

VI. 결론

재해손실비 중 간접비의 비중이 직접비용과 비교해 하인리해는 4배, 버드는 5배를 주장하였으나 현대사회에서는 그 차이가 더욱 크게 여겨지고 있다. 예를 들어 어느 기업이나 현장에서 발생된 재해는 모든 언론에서 또는 입소문으로 더욱 비중 있게 다뤄지며 발생배경 또한 중요한 이슈로 작용하고 있기 때문이다.

따라서, 건설업 안전관리분야에 관심을 갖고 연구하는 우리들로서는 재해예방을 위한 관심과 연구개발에 더욱 정진해야 할 것으로 사료된다.

"끝"

문제6) 건설기술진흥법령에서 규정하고 있는 건설공사의 안전관리조직과 안전관리비용에 대하여 설명하시오.(25점)

답)

Ⅰ. 개요

안전관리계획을 수립하는 건설업자 및 주택건설등록업자는 건설기술진흥법에 의한 안전관리조직을 두어야 하며 건설공사의 품질 확보를 위한 건설기술진흥법상 안전관리비는 엔지니어링사업 대가기준에 의해 산정하고 계상해야 하며 사용항목 및 기준에 의해 발주자는 공사완료 후 시공자의 실비정산(설계변경 및 물가변동 반영) 후 비용을 지급해야 한다.

Ⅱ. 조직구성

1) **안전총괄책임자** : 해당 건설공사의 시공 및 안전에 관한 업무 총괄

2) 토목, 건축, 전기, 기계, 설비 등 건설공사의 각 분야별 시공 및 안전관리를 지휘하는 분야별 안전관리책임자

3) 건설공사 현장에서 직접 시공 및 안전관리를 담당하는 안전관리담당자

4) 수급인과 하수급인으로 구성된 협의체의 구성원

Ⅲ. 대상비용

1) 안전관리계획의 작성 및 검토 비용

2) 안전점검 비용

3) 발파·굴착 등의 건설공사로 인한 주변 건축물 등의 피해방지대책 비용

4) 공사장 주변의 통행안전 및 교통소통을 위한 안전시설의 설치 및 유지

		관리 비용
	5)	공사시행 중 구조적 안전성 확보 비용
Ⅳ.	**계상기준**	
	1)	안전관리계획서 작성 및 검토비용
	2)	안전점검 대가의 세부 산출기준 적용
	3)	공사장 주변 건축물 등의 피해를 최소화하기 위한 사전보강, 보수, 임시 이전 등에 필요한 비용 계상
	4)	공사 시행 중의 통행안전 및 교통소통을 위한 시설의 설치비용 및 신호수의 비치 비용에 관해서는 토목·건축 등 관련 분야의 설계기준 및 인건비기준을 적용하여 계상
	5)	공정별 안전점검계획에 따라 계측장비, 폐쇄회로텔레비전 등 안전 모니터링 장치의 설치 및 운용에 필요한 비용을 계상
	6)	가설구조물의 구조적 안전성을 확보하기 위하여 관계 전문가의 확인에 필요한 비용을 계상
Ⅴ.	**증액계상**	
	1)	공사기간의 연장
	2)	설계변경 등으로 인한 건설공사 내용의 추가
	3)	안전점검의 추가편성 등 안전관리계획의 변경
	4)	그밖에 발주자가 안전관리비의 증액이 필요하다고 인정하는 사유

Ⅵ. 계상항목별 사용기준

계상항목	사용기준
1. 안전관리계획의 작성 및 검토 비용	(1) 안전관리계획 작성 비용 ① 안전관리계획서 작성 비용(공법 변경에 의한 재작성 비용 포함) ② 안전점검 공정표 작성 비용 ③ 안전관리에 필요한 시공 상세도면 작성 비용 ④ 안전성계산서 작성 비용 　(거푸집 및 동바리 등) ※ 기 작성된 시공 상세도면 및 안전성계산서 작성 비용은 제외한다. (2) 안전관리계획 검토 비용 ① 안전관리계획서 검토 비용 ② 대상시설물별 세부안전관리계획서 검토 비용 　• 시공상세도면 검토 비용 　• 안전성계산서 검토 비용 ※ 기 작성된 시공 상세도면 및 안전성계산서 작성 비용은 제외한다.
2. 안전점검 비용	(1) 정기안전점검 비용 건설공사별 정기안전점검 실시시기에 발주자의 승인을 얻어 건설안전점검기관에 의뢰하여 실시하는 안전점검에 소요되는 비용 (2) 초기점검 비용 해당 건설공사를 준공(임시사용을 포함)하기 직전에 실시하는 안전점검에 소요되는 비용 ※ 초기점검의 추가조사 비용은 본 지침 안전점검 비용요율에 따라 계상되는 비용과 별도로 비용 계상을 하여야 한다.
3. 발파 · 굴착 등의 건설공사로 인한 주변 건축물 등의 피해방지대책 비용	(1) 지하매설물 보호조치 비용 ① 관매달기 공사 비용 ② 지하매설물 보호 및 복구 공사 비용 ③ 지하매설물 이설 및 임시이전 공사 비용 ④ 지하매설물 보호조치 방안 수립을 위한 조사 비용 ※ 공사비에 기 반영되어 있는 경우에는 계상을 하지 않는다.

계상항목	사용기준
3. 발파 · 굴착 등의 건설공사로 인한 주변 건축물 등의 피해방지대책 비용	(2) 발파 · 진동 · 소음으로 인한 주변지역 피해방지대책 비용 　① 대책 수립을 위해 필요한 계측기 설치, 분석 및 유지관리 비용 　② 주변 건축물 및 지반 등의 사전보강, 보수, 임시이전 비용 및 비용 산정을 위한 조사 비용 　③ 암파쇄방호시설(계획절토고가 10m 이상인 구간) 설치, 유지관리 및 철거 비용 　④ 임시방호시설(계획절토고가 10m 미만인 구간) 설치, 유지관리 및 철거 비용 　※ 공사비에 기 반영되어 있는 경우에는 계상을 하지 않는다. (3) 지하수 차단 등으로 인한 주변지역 피해방지대책 비용 　① 대책 수립을 위해 필요한 계측기의 설치, 분석 및 유지관리 비용 　② 주변 건축물 및 지반 등의 사전보강, 보수, 임시이전 비용 및 비용 산정을 위한 조사비용 　③ 급격한 배수 방지 비용 　※ 공사비에 기 반영되어 있는 경우에는 계상을 하지 않는다. (4) 기타 발주자가 안전관리에 필요하다고 판단되는 비용
4. 공사장 주변의 통행안전 및 교통소통을 위한 안전시설의 설치 및 유지관리 비용	(1) 공사시행 중의 통행안전 및 교통소통을 위한 안전시설의 설치 및 유지관리 비용 　① PE드럼, PE펜스, PE방호벽, 방호울타리 등 　② 경관등, 차선규제봉, 시선유도봉, 표지병, 점멸등, 차량유도등 등 　③ 주의 표지판, 규제 표지판, 지시 표지판, 휴대용 표지판 등 　④ 라바콘, 차선분리대 등 　⑤ 기타 발주자가 필요하다고 인정하는 안전시설 　⑥ 현장에서 사토장까지의 교통안전, 주변시설 안전대책시설의 설치 및 유지관리 비용 　⑦ 기타 발주자가 필요하다고 인정하는 안전시설 　※ 공사기간 중 공사장 외부에 임시적으로 설치하는 안전시설만 인정된다. (2) 기타 발주자가 안전관리에 필요하다고 판단되는 비용

계상항목	사용기준
5. 공정별 안전점검계획에 따라 계측장비, 폐쇄회로 텔레비전 등 안전 모니터링 장치의 설치 및 운용에 필요한 비용	(1) 공정별 안전점검계획에 따라 계측장비, 폐쇄회로텔레비전 등 안전 모니터링 장치의 설치 및 운용에 필요한 비용 　① 안전관리만을 목적으로 하는 점검장비의 설치 및 운용 비용 　② 공사장 외부 구조물의 안전성 확보를 위한 계측장비의 설치 및 운용비용 (2) 기타 발주자가 안전관리에 필요하다고 판단되는 비용
6. 공사시행 중 구조적 안전성 확보 비용	(1) 계측장비의 설치 및 운영 비용 (2) 폐쇄회로텔레비전의 설치 및 운영 비용 (3) 가설구조물 안전성 확보를 위해 관계 전문가에게 확인받는 데 필요한 비용

Ⅶ. 유의사항

1) 건설업자 또는 주택건설등록업자는 안전관리비를 해당 목적에만 사용할 것

2) 발주자 또는 건설사업관리 용역업자가 확인한 안전관리 활동실적에 따라 정산

3) 세부사항은 국토교통부장관의 고시 내용을 확인할 것

Ⅷ. 결론

건설기술진흥법의 안전관리비는 산업안전보건관리비에 비해 현장에서의 인지도가 매우 낮은 실정이다. 안전성 확보는 건설공사 초기부터 강조되어야 함을 고려할 때, 건설공사 안전관리비와 관련된 각종 법령 및 제도의 보완, 연구개발은 향후에도 많은 관심을 기울여야 할 분야라 여겨진다.

"끝"

제 125 회
국가기술자격검정 기술사 필기시험 답안지(제3교시)

○　　　　○　　　　○

※ 10권 이상은 분철(최대 10권 이내)

자 격 종 목	건설안전기술사

답안지 작성 시 유의사항

1. 답안지는 총 7매(14면)이며 교부받는 즉시 매수, 페이지 등 정상 여부를 반드시 확인하고 1매라도 분리되거나 훼손하여서는 안 됩니다.
2. 시행회, 자격종목, 수검번호, 성명을 정확하게 기재하여야 합니다.
3. 수검자 인적사항 및 답안작성은 반드시 흑색 또는 청색 필기구 중 한 가지 필기구만을 계속 사용하여야 하며, 연필, 굵은 사인펜, 기타 유색 필기구로 작성된 답안은 0점 처리됩니다.(정정 시에는 두 줄을 긋고 다시 기재 가능)
4. 답안지에 답안과 관련없는 특수한 표시, 특정인임을 암시하는 답안은 0점 처리됩니다.
5. 문제의 순서에 관계없이 답안을 작성하여도 되나 주어진 문제번호와 문제를 기재한 후 답안을 작성하고 전문용어는 원어로 기재하여도 무방합니다.
6. 요구한 문제 수보다 많은 문제를 답하는 경우 기재 순으로 요구한 문제 수까지 채점하고 나머지 문제는 채점대상에서 제외됩니다.
7. 기 작성한 문항 전체를 삭제하고자 할 경우 반드시 해당 문항의 답안 전체에 대하여 명확하게 ×표시하시기 바랍니다.
8. 각 문제의 답안 작성이 끝나면 "끝"이라고 쓰고 다음 문제는 두 줄을 띄워 기재하여야 하며 최종 답안 작성이 끝나면 그 다음 줄에 "이하 여백"이라고 써야 합니다.
9. 답안 작성 시 답안지 양면의 페이지 순으로 작성하시기 바랍니다.
10. 비번호란은 기재하지 않습니다.

비 번 호	

 한국산업인력공단

문제1) 산업안전보건법령상 안전교육의 종류를 열거하고, 아파트 리모델링 공사 중 특별안전교육 대상작업의 종류 및 교육내용에 대하여 설명하시오.(25점)

답)

Ⅰ. 개요

건설업 특별안전교육은 일용근로자인 경우 2시간 이상, 일용근로자 외의 경우는 16시간 이상 실시하도록 되어 있으며 간헐적 작업인 경우 2시간 이상 교육을 이수하도록 하고 있다.

Ⅱ. 근로자 안전보건교육(2024년 개정내용)

교육과정	교육대상		교육시간
가. 정기교육	1) 사무직 종사 근로자		매반기 6시간 이상
	2) 그 밖의 근로자	가) 판매업무에 직접 종사하는 근로자	매반기 6시간 이상
		나) 판매업무에 직접 종사하는 근로자 외의 근로자	매반기 12시간 이상
나. 채용 시 교육	1) 일용근로자 및 근로계약기간이 1주일 이하인 기간제 근로자		1시간 이상
	2) 근로계약기간이 1주일 초과 1개월 이하인 기간제 근로자		4시간 이상
	3) 그 밖의 근로자		8시간 이상
다. 작업내용 변경 시 교육	1) 일용근로자 및 근로계약기간이 1주일 이하인 기간제 근로자		1시간 이상
	2) 그 밖의 근로자		2시간 이상
라. 특별교육	1) 일용근로자 및 근로계약기간이 1주일 이하인 기간제 근로자(특별교육 대상 작업 중 아래 2)에 해당하는 작업 외에 종사하는 근로자에 한정)		2시간 이상

교육과정	교육대상	교육시간
라. 특별교육	2) 일용근로자 및 근로계약기간이 1주일 이하인 기간제 근로자(타워크레인을 사용하는 작업 시 신호업무를 하는 작업에 종사하는 근로자에 한정)	8시간 이상
	3) 일용근로자 및 근로계약기간이 1주일 이하인 기간제 근로자를 제외한 근로자(특별교육 대상 작업에 한정)	가) 16시간 이상(최초 작업에 종사하기 전 4시간 이상 실시하고 12시간은 3개월 이내에서 분할하여 실시 가능) 나) 단기간 작업 또는 간헐적 작업인 경우에는 2시간 이상
마. 건설업 기초안전 보건교육	건설 일용근로자	4시간 이상

Ⅲ. 아파트 리모델링 공사 중 특별안전교육 대상작업의 종류

1) 아세틸렌 용접 장치 또는 가스 집합 용접 장치를 사용하는 금속의 용접 용단 또는 가열작업

2) 밀폐된 장소에서 하는 용접작업 또는 습한 장소에서 하는 전기 용접 장치

3) 건설용 리프트, 곤돌라를 이용한 작업

4) 콘크리트 파쇄기를 사용하여 행하는 파쇄 작업

5) 비계의 조립, 해체 또는 변경작업

6) 콘크리트 인공구조물의 해체 또는 파괴 작업

7) 가연성이 있는 장소에서 하는 화재위험작업

8) 거푸집 동바리의 조립 또는 해체작업

	Ⅳ.	**교육내용**
		1) 아세틸렌 용접 장치 또는 가스 집합 용접 장치를 사용하는 금속의 용접용단 또는 가열작업
		① 고기압 장해의 인체에 미치는 영향에 관한 사항
		② 작업시간, 작업방법 및 절차에 관한 사항
		③ 압기공법에 관한 기초지식 및 보호구 착용에 관한 사항
		④ 이상 발생 시 응급조치에 관한 사항
		2) 밀폐된 장소에서 하는 용접작업 또는 습한 장소에서 하는 전기 용접 장치
		① 작업순서, 안전작업방법 및 수칙에 관한 사항
		② 환기설비에 관한 사항
		③ 전격 방지 및 보호구 착용에 관한 사항
		④ 질식 시 응급조치에 관한 사항
		⑤ 작업환경 점검에 관한 사항
		3) **건설용 리프트, 곤돌라를 이용한 작업**
		① 방호장치의 기능 및 사용에 관한 사항
		② 기계, 기구, 달기체인 및 와이어 등의 점검에 관한 사항
		③ 화물의 권상, 권하 작업방법 및 안전작업 지도에 관한 사항
		④ 기계·기구의 특성 및 동작원리에 관한 사항
		⑤ 신호방법 및 공동작업에 관한 사항
		4) **콘크리트 인공구조물의 해체 또는 파괴 작업**
		① 콘크리트 해체기계의 점검에 관한 사항
		② 파괴 시의 안전거리 및 대피요령에 관한 사항

③ 작업방법, 순서 및 신호방법 등에 관한 사항

④ 해체, 파괴 시의 작업안전기준 및 보호구에 관한 사항

5) 비계의 조립, 해체 또는 변경작업

① 비계의 조립순서 및 방법에 관한 사항

② 비계작업의 재료취급 및 설치에 관한 사항

③ 추락재해 방지에 관한 사항

④ 보호구 착용에 관한 사항

⑤ 비계 상부 작업 시 최대 적재하중에 관한 사항

6) 콘크리트 인공구조물의 해체 또는 파괴 작업

① 콘크리트 해체기계의 점검에 관한 사항

② 파괴 시의 안전거리 및 대피요령에 관한 사항

③ 작업방법, 순서 및 신호방법 등에 관한 사항

④ 해체, 파괴 시의 작업안전기준 및 보호구에 관한 사항

7) 가연성이 있는 장소에서 하는 화재위험작업

① 작업준비 및 작업절차에 관한 사항

② 작업장 내 위험물, 가연물의 사용, 보관, 설치 현황에 관한 사항

③ 화재위험작업에 따른 인근 인화성 액체에 대한 방호조치에 관한 사항

④ 화재위험작업으로 인한 불꽃, 불티 등의 비산방지조치에 관한 사항

⑤ 인화성 액체의 증기가 남아 있지 않도록 환기 등의 조치에 관한 사항

⑥ 화재감시자의 직무 및 피난교육 등 비상조치에 관한 사항

8) 거푸집 동바리의 조립 또는 해체작업

① 동바리의 조립방법 및 작업절차에 관한 사항

② 조립재료의 취급방법 및 설치기준에 관한 사항

③ 조립 해체 시의 사고 예방에 관한 사항

④ 보호구 착용 및 점검에 관한 사항

V. 결론

아파트 리모델링 공사 중에는 작업준비 및 작업절차에 관한 사항을 비롯해 작업장 내 위험물, 가연물의 사용, 보관, 설치현황을 숙지하고 작업 근로자에 대한 안전보건상의 유의사항을 매일 작업 전 전달하고 산업안전보건위원회에서 의결된 작업준수사항에 따라 안전한 작업이 이루어지도록 관리해야 한다.

"끝"

문제2) 도심지 공사에서 구조물 해체 시 사전조사 사항과 안전사고 유형 및 안전관리 방안에 대하여 설명하시오.(25점)

답)

I. 개요

1) 도심지 노후화 건축물 등의 철거 시 도급인은 구조물 높이를 비롯한 규모, 주변환경, 지장물, 교통상황 등을 종합적으로 검토해 공법을 선정하고 작업계획을 수립해야 한다.

2) 또한 굴뚝 등 석면 포함이 의심되는 건축물 철거 시에는 예상되는 석면 함유 가능성을 감안해 보건관리자를 선임해 석면 등 유해물질에 대한 조사가 이루어지게 하고 분진, 소음, 진동 저감 대책을 수립하고 관계기관에 신고 후 작업이 이루어지도록 한다.

II. 사전조사 사항

분류	내용
구조물 조사	(1) 높이기준 : 31m 이상 시 유해위험방지계획서 작성 (2) 굴뚝내부 유해물질함유량 및 유해가스 종류 및 발생량 조사 (3) 해체물 분류 및 운반 및 폐기 계획
주변환경 조사	(1) 인근 주민 현황 (2) 인근 구조물 및 시설물 현황 (3) 교통량 측정 및 시간대별 파악

III. 해체공사 단계별 주요 관리항목

사전조사 → 작업계획수립 → 관계기관허가 → 주민설명회 → 작업시작 → 사후관리

- 구조물조사
- 주변조사

- 공법선정
- 가설·비계

- 부적정
- 조건부

- 소음
- 분진·소음

- 작업전·중·후점검
- 대피통로 확보
- 소방시설 운영

Ⅳ. 안전사고 유형

1) 건축물 상부의 해체건축물 슬래브 강도부족에 의한 장비 추락

2) 외벽과 기둥 등을 전도시키는 작업 시 전도낙하위치 검토 및 파편 비산

3) 전도작업 수행 시 작업자 이외 다른 작업자의 충돌

4) 해체 건물 외곽에 방호용 비계를 미설치에 의한 해체물의 전도 낙하

5) 낙하, 비산의 안전거리 미준수에 의한 낙하, 비산 등

Ⅴ. 안전관리 방안

1) 작업구역 내 관계자 외 출입통제

2) 강풍, 폭우, 폭성 등 악천후 시 작업중지

3) 외벽과 기둥 등을 전도시키는 작업 시 전도낙하위치 검토 및 파편 비산 거리 등을 예측해 작업 반경 설정

4) 전도작업 수행 시 작업자 이외 다른 작업자의 대피 및 완전 대피 상태 확인 후 전도시킬 것

5) 해체 건물 외곽에 방호용 비계를 설치하고 해체물의 전도, 낙하, 비산의 안전거리 유지

6) 파쇄 공법의 특성에 따라 방진벽, 비산 차단벽, 분진 억제 살수 시설 설치

7) 작업자 상호 간 적정한 신호규정 준수 및 신호방식, 신호기기 사용법 교육

8) 적정한 위치에 대피소 설치

Ⅵ.	작업용	기계기구의 취급 안전기준
		1) 철제햄머와 와이어로프의 결속은 경험이 많은 사람으로서 선임된 자에 한하여 실시하도록 한다.
		2) 팽창제 천공 간격은 콘크리트 강도에 의하여 결정되나 30~70cm 정도를 유지하도록 한다.
		3) 쐐기타입으로 해체 시 천공구멍은 타입기 삽입부분의 직경과 거의 같아야 한다.
		4) 천공직경이 너무 작거나 크면 팽창력이 작아 비효율적이므로 30~50mm 정도를 유지하도록 한다.
		5) 팽창제와 물과의 시방 혼합비율을 확인한다.
		6) 팽창제를 저장하는 경우에는 건조한 장소에 보관하고 직접 바닥에 두지 말고 습기를 피해야 한다.
		7) 개봉된 팽창제는 사용하지 말아야 하며 쓰다 남은 팽창제 처리에 유의한다.
		8) 핸드브레이커 사용 시 끌의 부러짐을 방지하기 위하여 작업자세는 하향 수직방향으로 유지하도록 한다.
		9) 핸드브레이커는 항상 점검하고, 호스의 꼬임, 교차 및 손상여부를 점검한다.
Ⅶ.	결론	
		건축구조물 해체공사 시에는 발생할 수 있는 재해유형의 철저한 사전조사와 이에 대한 안전대책을 수립한 후 작업이 이루어져야 하며 재해방지대책은 물론 소음, 진동 등의 공해저감에도 만전을 기해야 할 것이다.
		"끝"

문제3) 데크플레이트(Deck Plate) 공사 단계별 시공 시 유의사항과 안전
사고 유형 및 안전관리 방안에 대하여 설명하시오.(25점)

답)

Ⅰ. 개요

최근 5년간 데크플레이트 관련 사망사고는 추락 및 붕괴 낙하 등으로 총
41건이 발생되었으며 작업공정별로는 판개, 설치작업, 콘크리트 타설, 양중
거치의 순으로 발생되었으므로 향후 이에 대한 안전대부착설비 및 안전방
망 등의 기본적인 안전가시설은 물론 구조검토 등의 기술적인 종합 대책
이 필요하다.

Ⅱ. 최근 5년간 데크플레이트 관련 재해 통계

1) 재해유형

재해발생유형	비율(%)	발생건수
추락	78	32
낙하	7.3	3
붕괴	14.6	6
계	100	41

2) 재해발생 공정

재해발생유형	비율(%)	발생건수
설치작업	63.4	26
콘크리트 타설	14.6	6
양중거치	12.2	5
운반	4.9	2
정리작업	4.9	2
계	100	41

Ⅲ. 데크플레이트(Deck Plate) 공사 단계

부재양중 → 데크플레이트 설치 → 용접

Ⅳ. 단계별 시공 시 유의사항

1) 부재양중

① 크레인 전도방지 조치

② 부재양중 시 2줄 걸이

③ 작업반경 내 출입금지조치

2) 데크플레이트 설치

① 안전모, 안전대 등 개인보호구 착용 철저

② 데크플레이트상에 중량물 과적재 금지

③ 개구부, 슬래브 단부에 추락위험표지 설치 및 추락방지망 설치

④ 가설통로 설치

3) 용접

① 교류아크용접기에 자동전격방지기 설치

② 충전부 절연조치

③ 외함 접지 실시

Ⅴ. 안전사고 유형

1) 인적 요인 : 안전모, 안전대 등 개인보호구 미착용으로 작업 중 부딪히거나 추락

2) 물적 요인 : 데크플레이트 상부에 중량물 과적재로 데크플레이트 붕괴

3) 작업방법

① 데크플레이트상에서 이동 또는 작업 중 개구부, 슬라이브 단부로 추락

② 가설 통로 미설치된 데크플레이트 설치장소로 근로자가 무리하게 이동 중 추락

③ 데크플레이트 설치하고 단부 가용접 비실시로 탈락, 낙하

④ 데크플레이트 조립도, 작업순서 미작성으로 개구부 다수 발생

4) 기계장비 : 데크플레이트 용접 시 용접기 누전으로 감전

Ⅵ. 안전관리 방안

1) 데크플레이트 설치작업 시 안전모, 안전대 등 개인보호구 착용 철저

2) 데크플레이트상에 중량물 과적재 금지

3) 개구부, 슬래브 단부에 안전대 걸이용 로프 설치, 추락위험표지 설치 및 추락방지망 설치

4) 데크플레이트는 탈락되지 않도록 데크플레이트 설치 후 가용접 철저히 실시

5) 조립도 작성, 작업순서에 따라 개구부가 최소화되도록 설치

6) 교류아크용접기에 자동전격방지기 설치, 충전부 절연조치, 외함 접지 실시

Ⅶ. 철골작업 재해발생 방지대책

1) 추락방지

① 개구부나 슬래부 단부에 안전난간 설치

② 작업부 하단에 안전방망이나 안전대 부착설비 설치

		2) **낙하방지**
		① 시방서, 도면에 의한 용접관리
		② 판개 후 tack welding 실시
		③ 안전방망 또는 출입통제 조치
		3) **붕괴방지**
		① 자재 과적치 금지
		② 구조검토 후 시공상세도 작성 및 조립도 준수
		③ 설치 시 양단 걸침길이 확보
		④ 콘크리트 타설계획의 준수 및 과타설, 집중타설 방지
		4) **조립, 설치 전 점검사항**
		1) 작업신호체계 및 유무선 통신상태 확인
		2) 용접자 자격여부 및 특별교육 실시상태 확인
		3) 휴대공구의 낙하방지조치 상태
		4) 안전대 및 용접면 등의 개인보호구 지급, 착용상태
		5) 낙하물방지망, 추락방지망, 안전난간 등의 안전가시설 설치상태
Ⅷ.	**결론**	
		철골구조물이나 건축물의 시공사례가 빈번해짐에 따라 최근 급증하고 있
		는 데크플레이트 설치공사 시에는 계획단계에서부터 시공 시 발생하는 재
		해유형과 시공단계별 고려사항, 문제점 및 안전관리 방안에 대한 체계적인
		계획을 수립한 이후 공사에 착수해야 하며, 공사 착공 이후에는 계획수립
		내용에 입각한 철저한 작업수칙의 준수가 이루어져야 할 것이다. "끝"

문제4) 산업안전보건기준에 관한 규칙상 건설공사에서 소음작업, 강렬한 소음작업, 충격소음작업에 대한 소음기준을 작성하고, 그에 따른 안전관리 기준에 대하여 설명하시오.(25점)

답)

I. 개요

건설공사에서 소음작업, 강렬한 소음작업, 충격소음작업에 대한 소음기준을 이해하고, 그에 따른 안전관리 기준을 준수하는 것은 소음 및 진동에 의한 근로자의 건강장해 예방을 위해 매우 중요한 사항이다.

II. 건설공사에서 소음작업

"소음작업"이란 1일 8시간 작업을 기준으로 85데시벨 이상의 소음이 발생하는 작업을 말한다.

III. 강렬한 소음작업

1) 90데시벨 이상의 소음이 1일 8시간 이상 발생하는 작업

2) 95데시벨 이상의 소음이 1일 4시간 이상 발생하는 작업

3) 100데시벨 이상의 소음이 1일 2시간 이상 발생하는 작업

4) 105데시벨 이상의 소음이 1일 1시간 이상 발생하는 작업

5) 110데시벨 이상의 소음이 1일 30분 이상 발생하는 작업

6) 115데시벨 이상의 소음이 1일 15분 이상 발생하는 작업

Ⅳ. 충격소음작업

1) 120데시벨을 초과하는 소음이 1일 1만 회 이상 발생하는 작업

2) 130데시벨을 초과하는 소음이 1일 1천 회 이상 발생하는 작업

3) 140데시벨을 초과하는 소음이 1일 1백 회 이상 발생하는 작업

Ⅴ. 안전관리 기준

소음노출 평가, 소음노출 기준 초과에 따른 공학적 대책, 청력보호구의 지급과 착용, 소음의 유해성과 예방에 관한 교육, 정기적 청력검사, 기록·관리 사항 등이 포함된 소음성 난청을 예방·관리하기 위한 종합적인 계획을 수립해 적용한다.

Ⅵ. 진동작업

아래 어느 하나에 해당하는 기계기구를 사용하는 작업을 말한다.

1) 착암기(鑿巖機)

2) 동력을 이용한 해머

3) 체인톱

4) 엔진 커터(engine cutter)

5) 동력을 이용한 연삭기

6) 임팩트 렌치(impact wrench)

7) 그밖에 진동으로 인하여 건강장해를 유발할 수 있는 기계·기구

Ⅶ. 결론

건설현장은 의무적으로 산업안전보건기준에 관한 규칙상 건설공사에서 소음작업, 강렬한 소음작업, 충격소음작업에 대한 소음기준을 작성하고, 그에 따른 안전관리 기준을 엄격하게 준수해 근로자 안전보건에 만전을 기해야 한다.

"끝"

문제5) 휴먼에러(Human Error)의 분류에 대하여 작성하고, 공사 계획단계부터 사용 및 유지관리 단계에 이르기까지 각 단계별로 발생될 수 있는 휴먼에러에 대하여 설명하시오.(25점)

답)

I. 개요

Human Error란 인간의 심리적·레벨적 원인에 의해 발생되는 인간의 실수로서 형태적 특성으로는 행동과정을 통한 분류와 대뇌 정보처리상으로 분류된다. 인적 오류(Human Error)를 완전히 방지한다는 것은 어려운 일이나 관리하는 것은 가능하므로 철저한 안전교육, 건강상태 유지, 작업방법·작업환경 등의 개선을 통하여 Human Error를 사전에 예방하여야 한다.

II. Human Error의 분류

1) 심리적 원인에 따른 분류

Omisson Error	필요작업이나 절차를 수행하지 않음으로써 발생되는 에러
Time Error	필요작업이나 절차의 수행 지연으로 발생되는 에러
Commission Error	필쵸작업이나 절차의 불확실한 수행으로 발생되는 에러
Sequencial Error	필요작업이나 절차상 순서착오로 발생되는 에러
Extraneous Error	불필요한 작업 또는 절차를 수행함에 의해 발생되는 에러

2) 레벨에 따른 분류

Primary Error	작업자 자신의 원인으로 발생된 에러
Secondary Error	작업조건의 문제로 발생된 에러로 적절한 실행을 하지 못해 발생된 에러
Comend Error	필요한 자재, 정보, 에너지 등의 공급이 이루어지지 못해 발생된 에러

Ⅲ. 형태별 특성

1) 행동과정에 따른 분류

Input Error	감각, 지각 입력상 발생된 에러
Information Processing Error	정보처리 절차상의 에러
Output Error	신체반응에 의해 나타난 출력상의 에러
Feedback Error	인간의 제어상 발생된 에러
Decision Marking Error	의사결정 과정에서 발생된 에러

Ⅳ. 휴먼에러 방지대책

1) 올바른 지식 습득을 위한 교육의 실시

2) 착각 · 착오 유발요인 제거

3) 돌발 사태에 대응하는 동작의 기준을 정하고 습득시킬 것

4) 동작 장해요인의 제거

5) 심신의 올바른 상태 유지

6) 능력 초과업무 배제

7) 신뢰성이 낮은 공정의 배치 금지

8) 작업환경 개선 및 Counseling 실시

Ⅴ. 건설공사 단계별 휴먼에러

단계	대분류	세부사항
계획단계	계획불량	• 교통량 예측 불량 • 강우량 예측 불량 • 홍수량 예측 불량 • 입지장소 선정 불량 • 지반상태 파악 불량

단계	대분류	세부사항
설계단계	구조불량	• 구조형식, 경간분할 불량 • 단면형상 불량
	계산불량	• 설계기준 및 조건적용 불량 • 각종 안전도 검토 부족 • 응력해석 불량 • 입력데이터 실수, 출력 데이터 이해 부족, 계산착오
	도면불량	• 철근 배치 불량 • 주 철근, 배력철근 등의 부족 • 이음부 상세 불량 • 응력흐름 파악 부족 • 구조검토 불량
시공단계	재료불량	• 콘크리트 품질 불량 • 철근 재질 불량 • 기타 부적절한 재료 사용
	근로자 시공불량	• 시공방법, 순서에 대한 이해 부족 • 자질 부족 • 도면 이외의 시공 • 가설재(거푸집, 동바리)의 설치불량 • 시공관리 불량, 무리한 공기 단축 • 재료의 저장방법 불량 • 근접 시공의 영향 검토 부적절
사용 및 유지관리 단계	유지관리 인식 부족	• 과하중 작용 • 점검불량(점검장비, 점검지침) • 유지관리 조건 불량 • 부적절한 구조 변경 • 보수 및 보강 미실시 • 재료의 열화

Ⅵ. 결론

휴먼에러는 부작위, 관념적 시간, 과잉행동, 순서 등의 오류 형태로 분류되

며 발생 정도는 개인의 심리상태 및 업무수행에 따른 부담 정도에 따라 많

은 차이가 있다. 건설업의 특정한 기술적 안전조치의 부실에 의한 재해를 제외한 대부분의 재해원인은 인적오류에 근간을 두고 있다고 해도 지나치지 않다고 보는 의견도 많은 만큼 건설현장의 재해 예방을 위해서는 휴먼에러에 대한 관심과 연구·개발이 지속적으로 이루어져야 할 것이다.

"끝"

| 문제6) 중대재해 발생 시 산업안전보건법령에서 규정하고 있는 사업주의 조치 사항과 고용노동부장관의 작업중지 조치 기준 및 중대재해 원인조사 내용에 대하여 설명하시오.(25점) |

답)

I. 개요

근로자가 업무에 관계되는 건설물·설비·원재료·가스·증기·분진 등에 의하거나 작업 또는 기타 업무에 기인하여 사망 또는 부상을 입거나 질병에 이환되었을 경우 재해자 발견 시 조치사항 및 발생보고, 기록보존 및 재발방지계획에 따른 개선활동을 실시해야 한다.

II. 중대재해

1) 사망자 1인 이상 발생

2) 3개월 이상의 요양이 필요한 부상자가 동시에 2명 이상 발생

3) 부상자 또는 직업성 질병자가 동시에 10명 이상 발생

III. 유관기관 업무내용

기관	업무
노동청감독관	• 사망사고 시 노동부감독관이 수사전권을 갖는다. • 노동청 산업안전과 감독관이 사업주 위법성 여부 판단
안전보건공단	• 재해유형에 따른 전문가 점검
경찰	• 관할경찰서 형사과, 폭력과 등 경찰서별 담당부서가 상이할 수 있다. • 사고당일 경찰서 보고 시 당직부서가 사건담당이 된다. • 원칙적으로 자살, 타살, 사고사 여부만 판단한다.

기관	업무
근로복지공단	• 산재처리, 평상시 근로자 일반 산재신청 및 판정 관련 (평균일당, 장해등급, 수급권자, 연금, 일시금)
검찰	• 담당검사, 부장검사로 구성해 노동부의 기소의견을 최종결정

Ⅳ. 사업주의 조치 사항

1) 재해자 발견 시 조치사항

① 재해 발생 기계의 정지 및 재해자 구출

② 긴급 병원후송

③ 보고 및 현장 보존 : 관리감독자 등 책임자에게 알리고, 사고원인 등 조사가 끝날 때까지 현장 보존

2) 산업재해 발생 보고

① 산업재해(3일 이상 휴업)가 발생한 날부터 1개월 이내에 관할 지방 고용노동관서에 산업재해조사표를 제출

② 중대재해는 지체 없이 관할 지방고용노동관서에 전화, 팩스 등으로 보고

3) 보고사항

① 발생개요 및 피해상황

② 조치 및 전망

③ 그 밖의 중요한 사항

Ⅴ. 고용노동부장관의 작업중지 조치 기준

1) 중대재해가 발생한 해당 작업

2) 같은 사업장 내 중대재해가 발생한 작업과 동일한 작업

3) 산업재해 발생이 계속될 급박한 위험이 있다고 판단되는 경우

Ⅵ. 중대재해 원인조사 내용

1) 절차체계

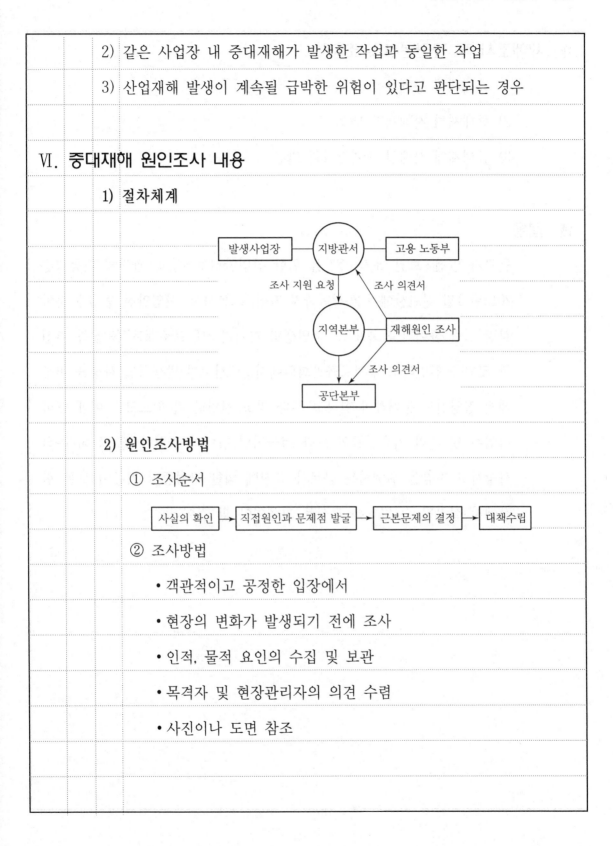

2) 원인조사방법

① 조사순서

사실의 확인 → 직접원인과 문제점 발굴 → 근본문제의 결정 → 대책수립

② 조사방법

- 객관적이고 공정한 입장에서

- 현장의 변화가 발생되기 전에 조사

- 인적, 물적 요인의 수집 및 보관

- 목격자 및 현장관리자의 의견 수렴

- 사진이나 도면 참조

Ⅶ. **재해조사 후 공단본부의 조치**

    1) 중대재해 통계분석

    2) 중대재해 사례제작 배포

    3) 중대재해 사례집 반기당 1회 발간

Ⅷ. **결론**

    근로자 안전·보건 유지 증진을 위한 산업안전보건법과 관련해 대통령은 2018년 1월 신년사에서 2022년까지 자살, 교통사고, 산업안전 등 3대 분야 사망 절반 줄이기를 목표로 "국민생명 지키기 3대 프로젝트"를 집중 추진할 것임을 천명하고 수석보좌관회의에서도 "사고가 발생하면 사장을 비롯해서 경영진도 문책해야 한다고 본다"라고 천명한 바 있으므로 이에 대한 사업주 및 관련 기술인들의 보다 적극적인 참여와 관심이 필요하며 특히 사망사고 저감을 위해서는 근로자 요청에 의한 작업중지 기준이 모든 현장에서 실천될 수 있도록 관심을 기울여야 할 것이다.

                                                        "끝"

○   ○   ○

※ 10권 이상은 분철(최대 10권 이내)

자 격 종 목	건설안전기술사

답안지 작성 시 유의사항

1. 답안지는 총 7매(14면)이며 교부받는 즉시 매수, 페이지 등 정상 여부를 반드시 확인하고 1매라도 분리되거나 훼손하여서는 안 됩니다.
2. 시행회, 자격종목, 수검번호, 성명을 정확하게 기재하여야 합니다.
3. 수검자 인적사항 및 답안작성은 반드시 흑색 또는 청색 필기구 중 한 가지 필기구만을 계속 사용하여야 하며, 연필, 굵은 사인펜, 기타 유색 필기구로 작성된 답안은 0점 처리됩니다.(정정 시에는 두 줄을 긋고 다시 기재 가능)
4. 답안지에 답안과 관련 없는 특수한 표시, 특정인임을 암시하는 답안은 0점 처리됩니다.
5. 문제의 순서에 관계없이 답안을 작성하여도 되나 주어진 문제번호와 문제를 기재한 후 답안을 작성하고 전문용어는 원어로 기재하여도 무방합니다.
6. 요구한 문제 수보다 많은 문제를 답하는 경우 기재 순으로 요구한 문제 수까지 채점하고 나머지 문제는 채점대상에서 제외됩니다.
7. 기 작성한 문항 전체를 삭제하고자 할 경우 반드시 해당 문항의 답안 전체에 대하여 명확하게 ×표시하시기 바랍니다.
8. 각 문제의 답안 작성이 끝나면 "끝"이라고 쓰고 다음 문제는 두 줄을 띄워 기재하여야 하며 최종 답안 작성이 끝나면 그 다음 줄에 "이하 여백"이라고 써야 합니다.
9. 답안 작성 시 답안지 양면의 페이지 순으로 작성하시기 바랍니다.
10. 비번호란은 기재하지 않습니다.

비 번 호	

 한국산업인력공단

문제1) 무량판 슬래브와 철근 콘크리트 슬래브를 비교 설명하고, 무량판 슬래브 시공 시 안전성 확보 방안에 대하여 설명하시오.(25점)

답)

I. 정의

Flat slab 구조인 무량판 슬래브는 내부 바닥판만으로 그 하중을 직접 기둥에 전달하는 구조로 기둥 상부를 주두형태로 확대하고 그 위에 받침판을 두어 바닥판을 지지하는 구조를 말한다.

II. 벽식, 라멘, 무량판구조의 비교

기존 기술		적용 기술
벽식 구조	라멘구조	무량판구조

구조부재	슬래브+벽체	슬래브+보+기둥	슬래브+기둥
장스팬	불리	유리	보통
층고	2,800mm	3,000mm	2,800mm
슬래브두께	210mm	150mm	210mm
지하활용	불리	유리	유리

Ⅲ. 무량판 슬래브의 특징

구분	장점	단점
무량판 슬래브	(1) 실내공간 활용도가 높다. (2) 공사비가 저렴하다. (3) 구조가 간단하다.	(1) 구조상 강성확보가 어렵다. (2) 주두의 철근층이 복잡하다. (3) 바닥판이 두꺼워 고정하중이 증가된다.

Ⅳ. 무량판 슬래브의 문제점

1) 시공사례 부족으로 위험부담이 높다.

2) 구조적으로 안전성 확보를 위한 기술력이 부족하다.

3) 현장참여 기술인력의 수급이 어렵다.

Ⅴ. 안전성 확보방안

1) 설계단계

① 하중의 정확한 산정

② 적절한 철근 배근방식 선정

③ DFS에 의한 적절한 설계

2) 시공단계

① 철근이음 및 정착길이 확보

② 기둥부와의 일체성 확보

③ 콘크리트 타설 시 다짐기준 준수

④ 피복두께 확보

⑤ 콘크리트 타설 시 진동 및 충격발생 억제

3) 콘크리트 양생단계

① 절절한 온도 및 습윤상태 유지

② 거푸집 존치기간의 철저한 준수

③ 하절기 및 동절기 시 초기강도 유지를 위한 양생공법 적용

4) 구조적 안전성 확보방안

① 슬래브 두께 15cm 이상 확보

② 슬래브의 펀칭균열 방지조치

③ 기둥의 폭 최소 30cm 이상 확보

VI. 결론

무량판공법은 대형 구조물의 시공사례가 확대됨에 따라 점차 그 시공빈도가 높아질 것으로 판단되므로 접합부 강성확보와 층고를 낮출 경우에도 안전한 설계 및 시공이 가능하도록 구조적인 정확한 해석 및 유지관리기술의 개발이 이루어져야 할 것이다.

"끝"

| 문제2) 시스템 동바리 설치 시 주의사항과 안전사고 발생원인 및 안전관리 |
| 방안에 대하여 설명하시오.(25점) |

답)

I. 개요

기존 강관비계의 단점을 보완한 시스템비계는 안전성 확보 차원에서 우수한 비계이나 이러한 효과를 거두기 위해서는 수직재, 수평재, 가새 등의 설치기준을 준수하여야 하며, 특히 일정 높이 이상일 경우 구조안전성 검토를 받아야 한다.

II. 시스템 동바리 설치 시 주의사항

1) 수직재

① 수직재는 수평재와 직교되게 설치하며, 체결 후 흔들림이 없을 것

② 수직재를 연약지반에 설치 시 수직하중에 견딜 수 있도록 지반을 다지고 두께 45mm 이상의 깔목을 소요 폭 이상으로 설치하거나 콘크리트 또는 강재표면, 단단한 아스팔트 등으로 침하방지조치를 할 것

③ 비계 하부에 설치하는 수직재는 받침철물의 조절너트와 밀착되도록 설치하고 수직과 수평을 유지할 것. 단, 수직재와 받침철물의 겹침길이는 받침철물 전체 길이의 1/3 이상일 것

④ 수직재와 수직재의 연결은 전용 연결 조인트를 사용해 견고하게 연결하고, 연결부위가 탈락되거나 꺾이지 않도록 할 것

2) 수평재

① 수직재에 연결핀 등의 결합으로 견고하게 결합되어 흔들리거나 이탈되지 않도록 할 것

② 안전난간 용도로 사용되는 상부수평재의 설치높이는 작업발판면에서 90cm 이상이 되도록 하고, 중간수평재는 설치높이의 중앙부에 설치(설치높이가 1.2m를 넘는 경우 2단 이상의 중간수평재를 설치해 각각의 간격이 60cm 이하가 되도록 설치)할 것

3) 가새

① 대각선 방향으로 설치하는 가새는 비계 외면에 수평면에 대해 40~60° 기운 방향으로 설치하며 수평재 및 수직재에 결속한다.

② 가새의 설치간격은 현장 여건을 고려해 구조 검토 후 결정할 것

4) 벽 이음

벽 이음재의 배치간격은 벽 이음재의 성능과 작용하중을 고려한 구조설계에 따른다.

Ⅲ. 재해유형

1) **추락** : 안전대를 안전대 부착설비에 체결하지 않고 작업 중 추락

2) **붕괴** : 불완전 체결에 의한 시스템 동바리의 붕괴

3) **전도** : 동바리 상하부 미고정에 따라 동바리 전도

4) **낙하물재해** : 자재 인양 시 양중기의 후크 해지장치 미설치로 인양로프 탈락

5) **충돌** : 안전모 등 개인 보호구 미착용 상태에서 머리가 동바리에 부딪힘

6) **내력저하** : 수평연결재 미설치로 구조적 내력저하

Ⅳ. 안전사고 발생원인

1) 인적 원인

① 안전모 등 개인 보호구 미착용

② 안전대를 안전대 부착설비에 체결하지 않고 작업

2) 물적 원인

① 동바리 미검정품 사용

② 동바리 높이 조절용 핀을 철근 도막으로 대체사용

3) 작업방법

① 동바리와 수평 연결재 연결부를 철선으로 고정

② 동바리 상하부 미고정

③ 동바리 간격이 구조 허용간격 이상으로 설치

④ 가새보완, 거푸집널의 탈락방지조치

Ⅴ. 안전관리 방안

1) 시스템 동바리 조립 작업 시 안전모 등 개인보호구 착용 철저

2) 안전대를 안전대 부착설비에 체결하고 작업

3) 시스템 동바리는 검정품 사용

4) 동바리와 수평연결재 연결부는 전용 클램프로 견고하게 결속

5) 정위치에서 이동하거나 전도되지 않도록 상하부 고정

6) 동바리 간격은 구조검토, 조립도에 따라 정밀 시공 실시

VI.	결론

시스템 동바리를 지반에 설치할 경우엔 수직하중에 견딜 수 있도록 지반의 지지력을 검토해 깔판이나 깔목을 설치한다. 지반다짐 이후 콘크리트를 타설하는 등 상재하중에 의한 침하방지 조치를 취하고 특히 지반 하부에 공동 등이 있는지 여부를 확인하는 것이 중요하다.

"끝"

문제3)	건설현장에서 사용되는 고소작업대(차량탑재형)의 구성요소와
	안전작업 절차 및 작업 중 준수사항에 대하여 설명하시오.(25점)

답)

Ⅰ.개요

고소작업대는 사람탑승용 차량탑재형의 종류별로 안전검사 기한 및 주기

가 자동차 관리법에 의해 관리되고 있으며 작업 시에는 안전작업 절차 및

주요안전점검사항에 의한 안전한 작업이 이루어지도록 해야 한다.

Ⅱ. 고소작업대(차량탑재형)의 구성요소

1) **아웃트리거** : 차량 전도를 방지하기 위한 구성요소

2) **승강작동부** : 상하 이동을 위한 요소

3) **기본 작업대** : 작업근로자의 작업발판

4) **출입문** : 작업근로자의 출입부

5) **확장 작업대** : 작업근로자의 이동작업 편의를 위한 확장부

6) **붐 각도센서** : 붐의 각도를 확인하기 위한 외부에 노출된 센서

7) **로드셀, 하중표시계** : 작업 중 하중을 확인하기 위한 요소

Ⅲ. 고소작업대 종류별 재해유형

1) **차량탑재형**

① 작업대 전도로 인한 근로자의 추락

② 감전

③ 차량의 전도

   2) 시저형

    ① 감전

    ② 작업자 탑승상태 이동으로 인한 충돌

   3) 자주식

    ① 작업대 전도로 인한 근로자의 추락

    ② 작업자 탑승 중 이동으로 인한 충돌

    ③ 차량의 전도

    ④ 감전

IV. 사용 시 안전대책

 1) 안전검사기한 및 주기의 준수

  ① 자동차관리법 제8조에 의한 신규 등록 이후 3년 내 최초 안전검사

  ② 안전검사주기 : 최초 안전검사 이후 2년마다

 2) 주요안전점검사항

  ① 연장구조물 구동장치

  ② 작업대

  ③ 제어장치

  ④ 안전장치

  ⑤ 작동시험

  ⑥ 비상정지장치

  ⑦ 연장구조물

  ⑧ 안정기

V. 안전작업 절차

1) 출입문 안전조치

① 체인이나 로프를 출입문으로 사용금지

② 자동으로 닫히고 고정되거나 닫힐 때까지는 고소작업대의 작동이

불가능하도록 상호연동되어 있을 것

③ 바깥쪽으로 열리지 않을 것

④ 임의로 열리지 않을 것

2) 이동 시 준수사항

① 작업대는 가장 낮은 위치로 할 것

② 작업자 탑승한 상태에서의 이동 금지

③ 차량전도방지를 위한 도로상태 및 장애물 확인

3) 설치 시 준수사항

① 작업대와 지면과의 수평유지

② 전도방지를 위한 아웃트리거와 브레이크 설치 및 작동

4) 설치기준

① 와이어로프 : 안전율 >5

② 권과방지장치 이상여부 확인

③ 붐과 지면 경사각의 기준 준수

④ 정격하중 부착 : 안전율 >5

⑤ 유압의 이상저하 방지장치 설치

⑥ 과상승방지장치 설치 : 작업대의 충돌 및 끼임 재해 방지조치

⑦ 조작반의 스위치에 명칭 및 방향표시 부착

VI. 사용 시 준수사항

1) 보호구 착용 : 안전모, 안전대

2) 작업구역 내 출입금지조치

3) 조도확보 : 75lux 이상(통로조명 기준)

4) 감전사고 방지를 위한 신호수 배치

5) 전환스위치의 임의적 고정 금지

6) 작업대의 정기적 점검

7) 정격하중 준수

8) 붐대 상승상태에서의 작업대 이탈 금지

VII. 결론

고소작업대 운전자 본인이 자영업 형태로 운영하는 경우가 대부분으로 안전의식이 결여되어 있는 것이 사실이므로 해당 작업공종에 투입될 경우 공종별 교육을 이수하도록 하는 등의 제도적 개선의 선행이 무엇보다 중요하다. 안전한 작업을 위해서는 차량탑재형의 종류별로 안전검사 기한 및 주기가 자동차관리법에 의해 관리되어야 하며 작업 시 안전작업절차 및 주요안전점검사항에 의한 안전한 작업이 이루어지도록 관리해야 한다.

"끝"

문제4)	건설업 KOSHA-MS 관련 종합건설업체 본사분야의 리더십과 근로자의 참여 인증항목 중 리더십과 의지표명, 근로자의 참여 및 협의 항목의 인증기준에 대하여 설명하시오.(25점)
답)	

I. 정의

2018년 국제표준화기구에서 국제규격 ISO45001을 공표함에 따라 그간 운영해오던 KOSHA18001에 ISO45001을 반영하고 사업장의 현장 작동성을 높이고자 도입되었다.

II. 종합건설업체 본사분야의 리더십과 의지표명

최고경영자는 안전보건경영시스템에 대한 리더십과 실천의지를 다음과 같은 사항으로 표명을 하여야 한다.

1) 재해예방과 쾌적한 작업환경을 조성함으로써 근로자 및 이해관계자의 안전과 보건을 유지·증진하기 위한 책임과 책무를 다하여야 한다.

2) 안전보건방침과 이에 따른 목표가 수립되고 이들이 조직의 전략적 방향과 조화되도록 하여야 한다.

3) 안전보건경영시스템 요구사항을 조직의 비즈니스 프로세스에 통합되도록 하여야 한다.

4) 안전보건경영시스템의 구축, 실행, 유지, 개선에 필요한 자원(물적, 인적)을 제공하고 안전보건경영시스템의 효과성에 기여하도록 인원을 지휘하여야 한다.

5) 효과적인 안전보건경영의 중요성과 안전보건경영시스템 요구사항 이행

의 중요성에 대한 의사소통이 되도록 하여야 한다.

6) 안전보건경영시스템이 의도된 결과를 달성할 수 있도록 하여야 한다.

7) 지속적인 개선을 보장하고 촉진하여야 한다.

8) 안전보건경영시스템의 의도된 결과를 지원하는 조직 문화를 개발, 실행 및 촉진하여야 한다.

9) 사건, 유해위험요인 및 위험성 보고 시 부당한 조치로부터 근로자를 보호하여야 한다.

10) 안전보건경영시스템의 운영상에 근로자의 참여 및 협의를 보장하여야 한다.

Ⅲ. 근로자의 참여 및 협의 항목의 인증기준

조직은 산업안전보건위원회를 활용하는 등 근로자의 참여를 통해 다음 사항에 대해서 협의를 보장하여야 한다.

1) 전년도 안전보건경영성과

2) 해당년도 안전보건목표 및 추진계획 이행현황

3) 위험성평가 결과 개선조치 사항

4) 정기적 성과측정 결과 및 시정조치 결과

5) 내부심사 결과

Ⅳ. 인증절차

1) 신청서 접수

인증이 취소된 사업장이 재신청하는 경우 접수제한 가능

2) **계약**

접수된 신청서 검토 후 접수한 날로부터 15일 내에 계약

3) 심사팀 구성

4) 실태심사

5) 컨설팅지원

6) 인증심사

7) **인증여부 결정**

① 규칙에서 정한 절차에 따라 인증심사 업무를 수행한 경우

② 인증 신청일 기준 최근 1년간 안전보건에 관해 사회적 물의를 일으

키지 않은 경우

8) **인증 유효기간**

인증일로부터 3년(단, 공동인증 등의 사유로 조정필요 시 3년 이내 범

위에서 협의조정 가능)

9) 인증서와 인증패 교부

V. 사후심사

매 1년 단위로 사후심사

VI. 연장심사

유효기간은 인증일로부터 3년으로 하며 매 3년 단위로 기간을 연장할 수

있다.

VII. 결론

1) KOSHA-MS는 경영자의 안전경영 마인드 제고를 위해 시행하고 있는 제도로서 안전관리조직, 현장지원시스템, 위험성 평가기법 적용 등의 정확한 활동을 위해 도입된 제도로 사업장 실태조사와 컨설팅, 인증심사 및 사후관리체제로 운영되어 큰 효과를 거두고 있다.

2) 향후 전문건설업체의 시스템 도입 유도로 건설업 전체적으로 파급시켜 안전한 건설현장이 되도록 해야 할 것이다.

"끝"

문제5)	제3종 시설물의 정기안전점검 계획수립 시 고려하여야 할 사항과 정기안전점검 시 점검항목 및 점검방법에 대하여 설명하시오.(25점)

답)

I. 개요

시설물의 안전점검과 적정한 유지·관리를 통하여 재해와 재난을 예방하고 시설물의 효용을 증진시킴으로써 공중의 안전을 확보하고 나아가 국민의 복리 증진에 기여함을 목적으로 하는 3종 시설물의 정기안전점검계획 수립 시에는 육안점검이 주요내용이므로 실무능력을 갖춘 기술자에 의해 실시하는 것이 중요하다.

II. 제3종 시설물의 범위

1) 토목시설물

구분	대상범위
교량	(1) 준공 후 10년이 경과된 교량으로 - 도로법상 도로교량 연장 20m 이상 100m 미만 교량 - 농어촌도로정비법상 도로교량 연장 20m 이상 교량 - 비법정도로상 도로교량 연장 20m 이상 교량 - 연장 100m 미만 철도교량
터널	(1) 준공 후 10년이 경과된 터널로 - 연장 300m 미만의 지방도, 시도, 군도 및 구도의 터널 - 농어촌도로의 터널 - 법 1, 2종 시설물에 해당하지 않는 철도터널
육교	설치된 지 10년 이상 경과된 보도육교
지하차도	설치된 지 10년 이상 경과된 연장 100m 미만의 지하차도
기타	그밖에 건설공사를 통하여 만들어진 교량, 터널, 항만, 댐 등 구조물과 그 부대시설로서 중앙행정기관의 장 또는 지방자치단체의 장이 재난 예방을 위하여 안전관리가 필요한 것으로 인정하는 시설물

2) 건축분야

구분	대상범위
공동주택	(1) 준공 후 15년이 경과된 5층 이상 ~ 15층 이하 아파트 (2) 준공 후 15년이 경과된 연면적 660m² 초과, 4층 이하 연립주택
공동주택 외 건축물	(1) 준공 후 15년이 경과된 연면적 1,000m² 이상~5,000m² 미만의 판매시설, 숙박시설, 운수시설, 문화 및 집회시설, 의료시설, 장례식장, 종교시설, 위락시설, 관광휴게시설, 수련시설, 노유자시설, 운동시설, 교육시설 (2) 준공 후 15년이 경과된 연면적 300m² 이상~1,000m² 미만의 위락시설, 관광휴게시설 (3) 준공 후 15년이 경과된 11층 이상~16층 미만 또는 연면적 5,000m² 이상~30,000m² 미만의 건축물 (4) 5,000m² 미만의 상가가 설치된 지하도상가(지하보도면적 포함)준공 후 15년이 경과된 연면적 1,000m² 이상의 공공청사
기타	그밖에 건설공사를 통하여 만들어진 건축물 등 구조물과 그 부대시설로서 중앙행정기관의 장 또는 지방자치단체의 장이 재난예방을 위하여 안전관리가 필요한 것으로 인정하는 시설물

Ⅲ. 정기안전점검 계획수립 시 고려하여야 할 사항

1) 결함표 작성항목

2) 시설영역에 포함되지 않은 영역의 기록여부

3) 위치도 및 사진기록 상세범위

4) 종합 상태점수 산정방법

Ⅳ. 정기안전점검 시 점검항목

1) 지표면 상태   2) 부등침하 및 변위, 변형

3) 콘크리트 강도   4) 균열여부

5) 콘크리트와 강재의 노후화   6) 강재도장 및 내화피복 상태

7) 강재 접합부   8) 부대시설

9) 주변환경 변화 상태

Ⅴ. 점검방법

1) 시설영역에 따른 상대적 가중치를 기준으로 한다.

구분		가중치(%)
토목, 건축 시설영역	주요시설	60
	일반시설	20
	부대시설	20
합 계		100

2) 시설영역 구분

① 주요시설 : 기둥, 보, 내력벽, 슬래브, 철골접합부, 주변지반

② 일반시설 : 마감재, 과하중, 기타 유발시설

③ 부대시설 : 옹벽, 사면, 점검로 등

Ⅵ. 결론

제3종 시설물은 해당 시설물의 체크리스트를 활용해 상태점수를 결정하고 주요시설, 일반시설, 부대시설에 대한 상대적 가중치를 고려하여 종합점수를 산정하고 산정된 종합점수가 해당하는 범위에 따라 안전등급이 결정되며 육안 및 장비점검으로 실시되므로 점검에 임하는 기술자의 업무역량이 최대로 발휘될 수 있도록 여건을 조성해주는 것이 중요하다.

"끝"

문제6) 철근콘크리트 공사 단계별 시공 시 유의사항과 안전관리 방안에 대하여 설명하시오.(25점)

답)

I. 개요

철근콘크리트 공사는 철근콘크리트 구조물에 철근배근과 거푸집 설치작업 콘크리트 타설 및 양생 후 거푸집 해체까지 일련의 공사를 포함하고 있으나, 일반적으로 콘크리트 작업 시에는 콘크리트 운반차량에서의 추락, 협착 및 타설용 고무호스의 요동에 의한 근로자 충돌 및 전도, 타설 중 슬래브 단부로 추락 등의 재해위험이 있다.

II. 철근콘크리트 공사 시 재해유형

1) 콘크리트 운반차량에서의 추락 및 협착

2) 타설용 고무호스의 갑작스러운 요동에 의한 근로자 충돌 및 전도

3) 콘크리트 타설 중 슬래브 단부로 추락

III. 공사 단계별 위험요인

| 콘크리트 반입, 운반 | → | 콘크리트 타설 및 다짐 | → | 콘크리트 양생 |

1) **콘크리트 반입, 운반**

① 펌프카 붐 설치 시 주변 고압선과의 접촉에 의한 감전

② 레미콘 트럭 상부 작업 시 추락위험

③ 펌프카 유압장치 고장에 의한 붐 낙하위험

④ 펌프카 아웃트리거 인장부족에 의한 전도

2) 콘크리트 타설 및 다짐

① 진동기의 감전재해

② 개구부, 슬래브 단부에서의 추락위험

③ 철근 배근 상부 이동 시 작업발판 부재에 의한 전도

④ 호퍼로 타설 시 갑작스러운 낙하재해

3) 콘크리트 양생

① 동절기 양생용 열풍기의 감전유발

② 양생용 갈탄 사용 시 환기불충분에 의한 질식재해

③ 양생장소의 화재

④ 양생장소 주변 개구부의 추락재해

Ⅳ. 공사 단계별 유의사항

1) 콘크리트 반입, 운반

① 레미콘 트럭 상부에서 작업 시 안전대 착용

② 콘크리트 반입 운반 시 안전모 등 개인보호구 착용 철저

③ 펌프카 반입 시 붐의 연결부 등 사전점검 실시 및 장비이력 확인

④ 작업반경 내 접근방지책 설치

⑤ 펌프카 붐 설치 시 주변 고압선에 방호관 설치

⑥ 펌프카 유압장치 수리 중 붐의 낙하방지를 위한 안전조치 실시

2) 콘크리트 타설 및 다짐

① 콘크리트 호스와 파이프 연결부 견고하게 체결

② 개구부 덮개 및 슬래브 단부에 안전난간대 설치

③ 진동기 접지, 누전차단기 연결사용

④ 철근 배근 상부에 통로용 작업발판 설치

⑤ 피니셔 회전부 덮개 실시 철저

⑥ 타워크레인으로 콘크리트 호프 인양 시 인양로프 체결 철저

3) 콘크리트 양생

① 동절기 콘크리트 양생장소 출입 시 호흡용 보호구 착용

② 양생 중 적절한 환기실시 및 가스농도 측정기 사용하여 안전성 확인후 출입

③ 동절기 열풍기 등 전기 기계기구에 접지, 누전차단기 연결하여 사용

V. 재해예방을 위한 안전관리 방안

1) 재해예방을 위한 위험성평가

평가팀의 구성

① 안전보건 총괄책임자

② 관리감독자

③ 협력업체 소장

④ 안전관리자

⑤ 근로자

2) 잠재재해 발굴

위험예지카드의 상세한 작성 및 강평 철저

3) 재해유발 취약근로자 안전교육 철저

① Phase0(무의식상태)~Phase4(과긴장상태)의 의식상태를 고려하여 고위험작업 시 Phase3이 유지되도록 작업 전 감각기능과 근육기능이 활성화가 되도록 관리감독

② 55세 이상의 근로자를 고려해 산안법상 조도기준(150럭스)보다 강화된 200럭스 이상의 조명수준이 유지되도록 조치

③ 착오, 착시에 의한 재해예방을 위해 개구부덮개, 안전난간대 등의 안전시설을 갖춘 후 작업에 투입

4) 동종 재해사례 전파

특히 혹서기에는 최근 3년간 재해사례를 발췌해 매일 작업투입 전 전파

VI. 결론

철근콘크리트 공사 시 재해유형으로는 콘크리트 운반차량에서의 추락 및 협착을 비롯해 타설용 고무호스의 갑작스러운 요동에 의한 근로자 충돌 및 전도, 콘크리트 타설 중 슬래브 단부로 추락재해가 있다. 콘크리트 반입 및 운반 → 콘크리트 타설 및 다짐 → 콘크리트 양생 단계별 안전대책을 수립하고 철저한 감독이 이루어져야 한다.

"끝"

제 126 회

기출문제 및 풀이

(2022년 1월 29일 시행)

제126회 건설안전기술사 기출문제 (2022년 1월 29일 시행)

【1교시】 다음 13문제 중 10문제를 선택하여 설명하시오.(각 10점)

문제 1

흙막이 지보공을 설치했을 때 정기적으로 점검해야 할 사항

문제 2

주동토압, 수동토압, 정지토압

문제 3

콘크리트 구조물의 연성파괴와 취성파괴

문제 4

산업안전심리학에서 인간, 환경, 조직특성에 따른 사고요인

문제 5

하인리히(Heinrich)와 버드(Bird)의 사고 연쇄성 이론 5단계와 재해발생비율

문제 6

타워크레인을 자립고 이상의 높이로 설치할 경우 지지방법과 준수사항

문제 7

지반 등을 굴착하는 경우 굴착면의 기울기

문제 8

콘크리트 온도제어양생

문제 9

터널 제어발파

문제 10

언더피닝(Underpinning) 공법의 종류별 특성

문제 11

시설물의 안전진단을 실시해야 하는 중대한 결함

문제 12

가설경사로 설치기준

문제 13

암반의 파쇄대(Fracture Zone)

【2교시】 다음 6문제 중 4문제를 선택하여 설명하시오.(각 25점)

문제 1

펌프카를 이용한 콘크리트 타설 시 안전작업절차와 타설 작업 중 발생할 수 있는 재해유형과 안전대책에 대하여 설명하시오.

문제 2

재해조사 시 단계별 조사내용과 유의사항을 설명하시오.

문제 3

낙하물 방지망의 정의, 설치 방법, 설치 시 주의사항, 설치 · 해체 시 추락 방지대책에 대하여 설명하시오.

문제 4

한중 콘크리트 시공 시 문제점과 안전관리대책에 대하여 설명하시오.

문제 5

위험성 평가의 정의, 단계별 절차를 설명하시오.

문제 6

콘크리트 타설 후 체적 변화에 의한 균열의 종류와 관리방안을 설명하시오.

【3교시】 다음 6문제 중 4문제를 선택하여 설명하시오.(각 25점)

> **문제 1**
>
> 산업안전보건법령상 유해 · 위험방지계획서 제출대상 및 작성내용을 설명하시오.

> **문제 2**
>
> 악천후로 인한 건설현장의 위험요인과 안전대책에 대하여 설명하시오.

> **문제 3**
>
> 시스템 동바리의 구조적 특징과 붕괴발생원인 및 방지대책을 설명하시오.

> **문제 4**
>
> 중대재해처벌법상 중대재해의 정의, 의무주체, 보호대상, 적용범위, 의무내용 처벌수준에 대하여 설명하시오.

> **문제 5**
>
> 콘크리트 내구성 저하 원인과 방지대책에 대하여 설명하시오.

> **문제 6**
>
> 보강토 옹벽의 파괴유형과 파괴 방지대책에 대하여 설명하시오.

【4교시】 다음 6문제 중 4문제를 선택하여 설명하시오.(각 25점)

문제 1

건설현장에서 가설전기 사용에 의한 전기감전 재해의 발생원인과 예방대책에 대하여 설명하시오.

문제 2

산업안전보건법령상 안전보건관리체제에 대한 이사회 보고·승인 대상 회사와 안전 및 보건에 관한 계획수립 내용에 대하여 설명하시오.

문제 3

지하안전관리에 관한 특별법 시행규칙상 지하시설물관리자가 안전점검을 실시하여야 하는 지하시설물의 종류를 기술하고, 안전점검의 실시시기 및 방법과 안전점검 결과에 포함되어야 할 내용에 대하여 설명하시오.

문제 4

노후화된 구조물 해체공사 시 사전조사항목과 안전대책에 대하여 설명하시오.

문제 5

건설현장에서 전기용접 작업 시 재해유형과 안전대책에 대하여 설명하시오.

문제 6

터널 굴착공법의 사전조사 사항 및 굴착공법의 종류를 설명하고 터널 시공 시 재해유형과 안전관리 대책에 대하여 설명하시오.

제 126 회
국가기술자격검정 기술사 필기시험 답안지(제1교시)

※ 10권 이상은 분철(최대 10권 이내)

자 격 종 목	건설안전기술사

답안지 작성 시 유의사항

1. 답안지는 총 7매(14면)이며 교부받는 즉시 매수, 페이지 등 정상 여부를 반드시 확인하고 1매라도 분리되거나 훼손하여서는 안 됩니다.
2. 시행회, 자격종목, 수험번호, 성명을 정확하게 기재하여야 합니다.
3. 수험자 인적사항 및 답안 작성(계산식 포함)은 흑색 또는 청색 필기구만 사용하되, 동일한 한 가지 색의 필기구만 사용하여야 하며 흑색, 청색을 제외한 유색 필기구 또는 연필류를 사용하거나 두가지 이상의 색을 혼합 사용하였을 경우 그 문항은 0점 처리됩니다.
4. 답안 정정 시에는 두 줄(=)을 긋고 다시 기재 가능하며, 수정테이프(액) 등을 사용했을 경우 채점상의 불이익을 받을 수 있으므로 사용하지 마시기 바랍니다.
5. 답안지에 답안과 관련 없는 특수한 표시, 특정인임을 암시하는 답안지는 전체가 0점 처리됩니다.
6. 답안 작성 시 홈(구멍)이나 도형 등 그림이 없는 직선자(템플릿 사용 금지)만 사용할 수 있습니다.
7. 문제의 순서에 관계없이 답안을 작성하여도 되나 주어진 문제번호와 문제를 기재한 후 답안을 작성하고 전문용어는 원어로 기재하여도 무방합니다.
8. 요구한 문제수보다 많은 문제를 답하는 경우 기재 순으로 요구한 문제수까지 채점하고 나머지 문제는 채점대상에서 제외됩니다.
9. 답안 작성 시 답안지 양면의 페이지 순으로 작성하시기 바랍니다.
10. 기작성한 문항 전체를 삭제하고자 할 경우 반드시 해당 문항의 답안 전체에 대하여 명확하게 X표시(X표시한 답안은 채점대상에서 제외) 하시기 바랍니다.
11. 시험시간이 종료되면 즉시 답안 작성을 멈춰야 하며, 종료시간 이후 계속 답안을 작성하거나 감독위원의 답안 제출 지시에 불응할 때에는 채점대상에서 제외됩니다.
12. 각 문제의 답안 작성이 끝나면 "끝"이라고 쓰고 다음 문제는 두 줄을 띄워 기재하여야 하며 최종 답안 작성이 끝나면 그 다음 줄에 "이하 여백"이라고 써야 합니다.
13. 비번호란은 기재하지 않습니다.

비 번 호	

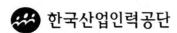
한국산업인력공단

문제1) 흙막이 지보공을 설치했을 때 정기적으로 점검해야 할 사항(10점)

답)

I. 개요

흙막이 지보공 설치 시에는 우선 재료의 변형, 부식, 손상여부를 사전 확인

하는 것이 급선무이며, 조립도를 작성해 안전성을 확보하는 것이 중요하다.

II. 사용재료 관리기준

재료는 변형, 부식, 손상된 것 사용금지

III. 조립도

1) 지보공 조립 시 사전에 조립도 작성

2) 조립도는 흙막이판, 말뚝, 버팀대, 띠장 등 부재배치, 치수, 재질, 설치방법,

순서 명시

IV. 붕괴위험방지를 위한 정기점검 사항

1) 지보공 설치 시 점검내용

① 부재손상, 변형, 부식, 변위, 탈락유무

② 버팀대 긴압정도

③ 부재접속부, 부착부, 교차부상태

④ 침하정도

2) 설계도서에 따른 계측과 계측결과 토압증가 등이 발생한 경우 즉시 보강

조치   "끝"

문제2) 주동토압, 수동토압, 정지토압(10점)

답)

Ⅰ. 개요

흙막이 또는 옹벽 등 토공사 구조물의 안정성 확보를 위한 검토사항 중 토압의 산정은 가장 중요한 관리항목이므로 면밀한 검토가 필요하다.

Ⅱ. 토압(Earth Pressure)의 종류

1) 주동토압(P_a : Active Earth Pressure)

$$: P_a = \frac{1}{2}K_a\gamma H^2, \ K_a = \tan^2\left(45 - \frac{\phi}{2}\right)$$

① 벽체의 앞쪽으로 변위를 발생시키는 토압

② 옹벽과 같은 구조물에서 검토되는 토압

③ 옹벽 설계용 토압은 주동토압을 사용

$P_a < P_p + R$: 안전
$P_a = P_p + R$: 정지토압
$P_a > P_p + R$: 붕괴

〈 토압의 분포도 〉

2) 정지토압(P_o : Earth Pressure At Rest)

$$: P_o = \frac{1}{2}K_o\gamma H^2, \ K_o = 1 - \sin\phi$$

① 벽체에 변위가 없을 때의 토압

② 지하구조물에서 주로 발생하며, 흙이 정지상태에 있음

③ 정지토압의 적용

- 지하벽이나 Box Culvert(암거) 등의 지하구조물

- 변위를 허용하지 않는 교대구조물

3) 수동토압(P_p : Passive Earth Pressure)

$$: P_p = \frac{1}{2}K_p\gamma H^2, \ K_p = \tan^2\left(45 + \frac{\phi}{2}\right)$$

① 벽체의 뒤쪽으로 변위를 발생시키는 토압

② 벽체가 흙 쪽으로 향해 움직일 때 흙이 벽체에 미치는 압력

③ 흙막이벽에서 주로 발생하며, 정지토압보다 토압이 크다.

Ⅲ. 토압의 크기

$$\text{수동토압}(P_p) > \text{정지토압}(P_o) > \text{주동토압}(P_a)$$

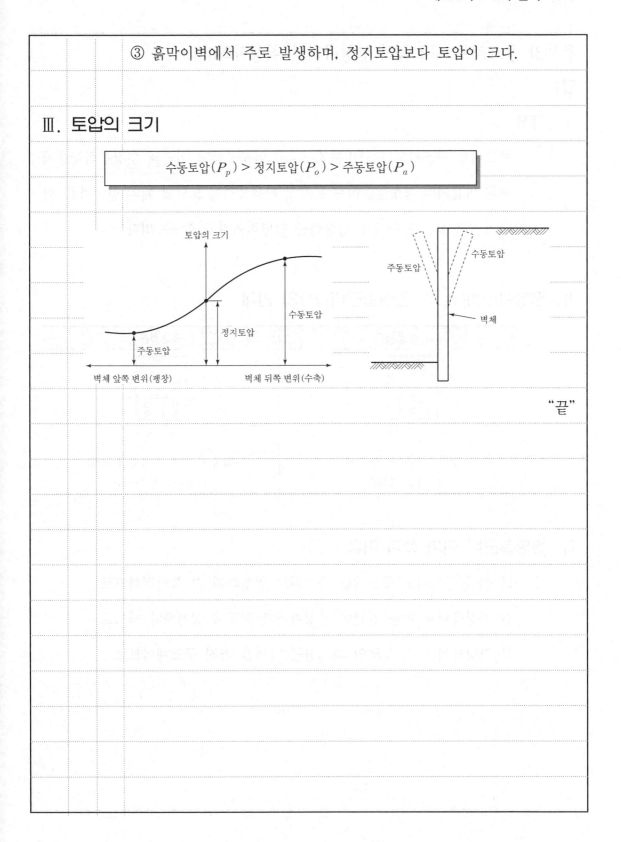

"끝"

문제3) 콘크리트 구조물의 연성파괴와 취성파괴(10점)

답)

I. 개요

콘크리트 구조물의 철근비는 Con'c의 압축응력과 철근의 인장응력작용에 따른 비율이며 평형철근비는 동시에 허용응력에 도달할 때의 철근비로, 이때의 인장철근 단면적을 평형철근 단면적이라고 할 수 있다.

II. 평형철근비(P_b)와 인장철근비(P_t)의 관계

평형철근	과대철근
$P_t = P_b$	$P_t > P_b$
인장·압축 측 동시 파괴	압축 측 먼저 허용응력 도달
가장 경제적	Con'c의 취성파괴

III. 평형철근비 이하 설계 이유

1) 철근 콘크리트 구조체는 콘크리트 취성파괴 시 불안전하므로

2) 인장응력을 받는 철근이 연성파괴가 되도록 설계해야 하므로

3) 연성파괴는 $P_t < P_b$인 과소철근 단면을 가진 구조체이므로

Ⅳ. 과대철근 설계 시 보의 보강방안

　　1) 압축부 Tension

　　2) 단면 확대

　　3) 추가 단면부 Tension

압축부 Tension — 추가 Tension
단면 확대

〈 보의 보강방안 〉

"끝"

문제4) 산업안전심리학에서 인간, 환경, 조직특성에 따른 사고요인(10점)

답)

I. 개요

산업안전심리학에서 말하는 사고요인은 인간, 환경, 조직특성으로 구분할 수 있으며, "불안전 행동"이란 재해를 유발하는 그 요인을 만들어낸 근로자의 행동을 말하기에 사고를 유발시키는 각 요인에 대한 연구는 매우 중요하다.

II. K. Lewin의 인간행동방정식

$$B = f(P \cdot E)$$

— B(Behavior) : 인간의 행동
— f(Function) : 함수관계
— P(Person) : 인적 요인(사람) – 지능, 시각기능, 경험 등
— E(Environment) : 외적 요인(환경) – 인간관계, 온습도·조명 등

III. 불안전행동의 분류

1) 지식의 부족

2) 기능의 미숙

3) 태도의 불량·의욕의 결여

4) 인간의 Error

5) **인간 Error의 배후 요인 4요소**

- Man(인적 요인) : 인간의 과오, 망각, 무의식, 피로 등

- Machine(설비적 요인) : 기계설비의 결함, 기계설비의 안전장치 미설치 등

- Media(작업적 요인) : 작업순서, 작업동작, 작업방법, 작업환경, 정리정돈 등

- Management(관리적 요인) : 안전관리조직·안전관리규정·안전교육·훈련 미흡

Ⅳ. 안전조직문화의 구성요소

1) **공유가치** : 안전구성원들 모두의 공유가치관

2) **전략** : 장기적인 안전의 활동 방향

3) **구조** : 안전의 구성원 역할

4) **관리 시스템** : 안전의 의사결정 절차

5) **구성원** : 안전관리 조직 구성과 전문성

6) **기술** : 물리적 하드웨어, 소프트웨어

7) **리더십 스타일**

- 구성원을 이끌어가는 전반적 관리 스타일

- 구성원 상호관계 및 조직 분위기 중요

Ⅴ. 안전관리 조직의 문제점

1) **Line형 조직**

① 안전의 전문적인 지식의 결여

② 관리조직 규모 한계성

2) **Staff형 및 Line-Staff형**

① 안전관리의 월권행위(상위 직위자)

② 안전과 생산의 분리개념으로 인식

VI. 안전관리 조직별 안전관리 향상방안

1) Line형 조직(직계식 조직)

① 안전보건 총괄 책임자의 의식향상 및 평가기준 확립

② 안전담당자(반장 등)의 안전관리 통제 능력 배양

③ 분야별 안전관리 책임자의 교육수준향상

④ 공종별 작업표준 매뉴얼 개발 및 시행

2) Staff형 조직

① 조직구성원의 책임과 권한 한계 명확화

② 근로자의 적극적 참여 유도 및 역할 부여

3) Line – Staff형 조직

① 안전 Staff의 권한과 배타적 업무의 정립이 필요

② 안전담당자의 안전실무 기능을 향상

"끝"

문제5) 하인리히(Heinrich)와 버드(Bird)의 사고 연쇄성 이론 5단계와

재해발생비율(10점)

답)

I. 개요

하인리히(H. W. Heinrich)는 재해의 발생은 언제나 사고요인의 연쇄반응 결과로 발생된다는 연쇄성 이론(Domino's Theory)을 제시하였으며, 버드 (F. E. Bird)는 손실제어요인(Loss Control Factor)의 연쇄반응 결과로 재해가 발생된다는 연쇄성 이론(Domino's Theory)을 제시하며, 철저한 관리와 함께 기본원인을 제거해야만 사고가 예방된다고 강조했다.

II. 사고연쇄이론 5단계

단계	하인리히	버드
1	유전적 요인 및 · 사회적 환경	제어의 부족(안전관리 부족)
2	개인적 결함(인적 결함)	기본원인(인적 · 작업상 원인)
3	불안전 상태 및 불안전 행동	직접원인(불안전한 상태 · 행동)
4	사고	사고
5	재해	재해
재해예방	직접원인 제거 시 재해예방	기본원인 제거 시 재해예방

III. 재해발생비율

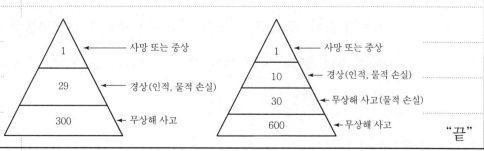

"끝"

| 문제6) 타워크레인을 자립고 이상의 높이로 설치할 경우 지지방법과 준 |
| 수사항(10점) |

답)

I. 개요

1) 타워크레인은 양중작업 시 많은 위험요인을 내재하고 있으므로 설치 시 마스트 고정을 위한 기초의 시공단계부터 안전성 확보가 이루어져야 한다.

2) 배치 시에는 크레인 작업반경이 건물 배치의 중앙부가 되도록 하며, 타 공정작업에 지장이 발생되는 않는 곳인지에 유의할 필요가 있다.

II. 분류

T형, Luffing형 타워크레인으로 분류되며 설치방법에 따라 고정식, 상승식, 주행식으로 분류된다.

1) T형

트롤리와 훅이 부착된 Main Jib와 무게중심을 유지하는 Counter Jib가 수평으로 설치된 가장 보편화된 크레인으로, 트롤리 작업에 간섭이나 위험요인이 없는 경우에 설치하는 형식이다.

2) Luffing형

지브의 상하 이동으로 부재를 인양하는 형식으로, 작업반경 내 장애물이 있거나 협소한 공간에서 작업 시 설치하는 형식으로 근래 사용이 확대되고 있다.

Ⅲ. 준수사항

벽체 지지방식	와이어로프 지지방식
• 설계검사 서류 또는 제작 시 설치작업 설명서에 따른 설치 여부 • 벽체 지지 높이의 적정 여부 • 구조부재 치수의 적정 여부 • 지지대 제작상태 • 콘크리트 슬래브 구조는 관통볼트 사용 또는 동등 이상으로 되어 있는지 여부(세트앵커 사용 금지) • 벽체 고정부 건물구조의 철골이나 콘크리트 강도 적정 여부 • 설치상태(수평·수직도, 핀, 체결볼트 등)의 적합 여부	• 설계검사 서류 또는 제작 시 설치작업 설명서에 따른 설치 여부 • 사용 와이어로프 안전율 규격 적정 여부 • 긴장도와 설치각도(60° 이내)의 적정 여부 • 와이어로프 고정위치 적정 여부 • 와이어로프 고정부 건물구조나 기초부 강도가 충분한지 여부 • 턴버클, 샤클, 와이어로프, 클립 체결수량 및 체결방법 적정 여부

"끝"

문제7) 지반 등을 굴착하는 경우 굴착면의 기울기(10점)

답)

Ⅰ. 개요

지반 등을 굴착하는 경우 붕괴방지를 위한 가장 기본적인 안전대책은 굴착면의 기울기 기준을 준수하는 것으로 최근 개정된 내용은 매우 시기적절한 내용으로 보아야 할 것이다.

Ⅱ. 기울기 기준(2023년 개정)

1) 보통흙

① 모래 1 : 1.8   ② 그 밖의 흙 1 : 1.2

2) 암반

① 풍화암, 연암 1 : 1   ② 경암 1 : 0.5

Ⅲ. 토공사 시 사전 조사내용

1) 지반 특성

2) 단면도, 주상도

3) 성토재 특성

4) 연약지반일 경우 물리, 화학적 특성

5) 연약지반 처리범위, 방법

6) 기초 안정성확보를 위한 검토

"끝"

문제8) 콘크리트 온도제어양생(10점)

답)

I. 개요

콘크리트 온도제어양생은 콘크리트 경화 시까지 필요한 온도조건을 유지

시켜 초기 동해 및 온도응력을 방지하기 위해 내·외부 온도차를 줄이기

위한 양생을 말한다.

II. 온도제어양생의 종류

1) 습윤양생

표면의 건조로 인한 균열 방지를 위해 살수 또는 덮개 등의 조치로 표

면 건조를 최대한 억제하기 위한 양생.

2) 증기양생

거푸집의 제거 시기를 단축시키고 단시일 내에 소요의 강도를 발현하

기 위한 양생방법

- 저압증기양생 : 상압증기양생

- 고압증기양생 : Autoclaved curing

3) Pipe Cooling

Mass 콘크리트에 사용하는 양생방법으로 파이프의 지름간격통수 온

도와 양생기간에 대한 충분한 검토가 필요하다.

4) 단열보온양생

한중 콘크리트에서 온도저하 방지를 위한 양생방법으로 Sheet나 단열

재로 콘크리트 표면을 보양하는 방법

5) 가열보온양생

타설 후 초기 양생 동안 콘크리트의 동해 방지를 위해 가열해 주위 온도를 높이는 양생법으로 공간가열·표면가열·내부가열이 있다.

"끝"

문제9) 터널 제어발파(10점)

답)

I. 개요

터널 시공 시 여굴이 과다하게 발생되면 버력량의 증가와 채우기 비용이 추가로 발생해 안전성 및 경제적 시공에 저해가 되므로 제어발파의 이해와 관리가 필요하다.

II. 제어발파공법의 종류

1) Line Drilling 공법

① 1열 무장약 ~ 굴착계획선에 따라 무장약공 설치, 공간격은 공경의 2~4배

② 2열 50% 장약, 3열 100% 장약

③ 천공기술 필요, 천공간격이 작고 천공수가 많아 비용 및 공사기간 증가

2) Pre Spliting 공법

① 1열 50% 이하로 장약

② 2열 100% 장약, 3열 100% 장약

③ 균질암반은 물론 불균질암반에도 좋으나 파단선 발파를 선행한다.

3) Cushion Blasting 공법

① 1열 분산장약

② 2열 3열 100% 장약

4) Smooth Blasting 공법

① 외향 천공부에 DI가 1.5~2.0이 되도록 정밀화약 장약

② 일반장양공보다 정밀화약을 나중에 발파

5) 공법별 단면형태

구분	라인드릴링	프리스플리팅	쿠션블래스팅	스무드블래스팅
단면	무 50% 100%	50% 100%100%	분산 100%100%	정밀 100%100%
특징	1열 무장약	1열 선발파	1열 분산장약 2, 3열 선발파	DI=1.5~2.0

"끝"

문제10) 언더피닝(Underpinning) 공법의 종류별 특성(10점)

답)

I. 정의

언더피닝 공법은 기초를 보강하거나 신규 기초를 설치해 기존 건축물을 보

강하는 공법으로, 기울어진 건축물을 바로잡을 때 또는 인접 토공사에 따른

터파기 작업 시 기존 건축물의 침하 방지를 목적으로 적용하는 공법이다.

II. Underpinning 공법의 종류

1) 바로받이공법

철골조 또는 자중이 가벼운 기존 기초 하부의 신설기 초 설치공법

2) 보받이공법

기초 하부의 신설 보 설치로 기존 기초를 보강하는 공법

〈 바로받이공법 〉　　　　　　　　　　〈 보받이공법 〉

3) 바닥판받이공법

① 가받이 콘크리트 쐐기로 기존 건축물을 받친 후

② 바닥판 전체를 신설 기초로 받치는 공법

4) **약액주입공법**

물유리, Cement Paste 등을 고압으로 주입해 지반강도를 증가시키는 공법

5) **Compaction Grouting System**

① Mortar을 200kg/cm² 압력으로 주입하는 공법

② 1차 주입 후 Mortar 양생 후 재주입 반복

6) **이중널말뚝공법**

① 인접 건물과 거리상 여유가 있을 때

② 지하수위의 안정화 유지와 침하방지조치를 한 후

③ 널말뚝 시공

7) **차단벽공법**

① 기초 하부 흙의 이동 방지공법

② 심수면 위 공사가 가능한 경우 적용

"끝"

문제11) 시설물의 안전진단을 실시해야 하는 중대한 결함(10점)

답)

I. 개요

시설물의 중대한 결함이란 안전점검 또는 정밀안전진단 결과 발견된 중대한 하자로, 결함 발견 시 도지사, 시장, 군수, 구청장에게 통보하고 적절한 조치를 취해야 한다.

II. 시설물의 중대한 결함사항

1) 시설물 기초의 세굴

2) 교량·교각의 부등침하

3) 교량 교좌장치의 파손

4) 터널지반의 부등침하

5) 항만계류시설 중 강관 또는 철근콘크리트파일의 파손·부식

6) 댐 본체의 균열 및 시공이음의 시공 불량 등에 의한 누수

7) 건축물의 기둥보 또는 내력벽의 내력 손실

8) 하구둑 및 제방의 본체, 수문, 교량의 파손·누수 또는 세굴

9) 폐기물매립시설의 차수시설 파손에 의한 침출수의 유출

10) 시설물 철근콘크리트의 염해 또는 탄산화에 따른 내력손실

11) 절토·성토사면의 균열 이완 등에 따른 옹벽의 균열 또는 파손

12) 기타 규칙에서 정하는 구조안전에 영향을 주는 결함

Ⅲ. 결함발생 시 관리주체가 해야 하는 조치사항

　　1) 결함을 통보받은 2년 이내에 보수·보강 등의 조치 착수

　　2) 착수한 날로부터 3년 이내에 조치대책 완료

"끝"

문제12) 가설경사로 설치기준(10점)

답)

I. 개요

경사로는 옥외용 사다리, 목재사다리, 철재사다리, 이동식 사다리를 포함하며, 미끄럼에 의한 재해예방을 위한 미끄럼방지장치 및 추락방지용 안전난간의 설치가 이루어져야 한다.

II. 가설경사로 설치 시 준수사항

1) 시공하중, 폭풍, 진동 등 외력에 대하여 안전하도록 설계하여야 한다.

2) 경사로는 항상 정비하고 안전통로를 확보하여야 한다.

3) 비탈면의 경사각은 30° 이내로 하고 미끄럼막이 간격은 다음 표에 의한다.

경사각	미끄럼막이 간격	경사각	미끄럼막이 간격	경사각	미끄럼막이 간격
30°	30cm	24° 15′	37cm	17°	45cm
29°	33cm	22°	40cm	14°	47cm
27°	35cm	19° 20′	43cm		

4) 경사로의 폭은 최소 90cm 이상이어야 한다.

5) 높이 7m 이내마다 계단참을 설치하여야 한다.

6) 추락방지용 안전난간을 설치하여야 한다.

7) 목재는 미송, 육송 또는 그 이상의 재질을 가진 것이어야 한다.

8) 경사로 지지기둥은 3m 이내마다 설치하여야 한다.

9) 발판은 폭 40cm 이상으로 하고, 틈은 3cm 이내로 설치하여야 한다.

10) 발판이 이탈하거나 한쪽 끝을 밟으면 다른 쪽이 들리지 않게 장선에 결속하여야 한다.

11) 결속용 못이나 철선이 발에 걸리지 않아야 한다.

"끝"

문제13) 암반의 파쇄대(Fracture Zone)(10점)

답)

I. 정의

단층이나 절리가 발달된 곳에 발생되는 현상으로 암반의 강도가 현저히 떨어지는 구간으로 터널 시공 시 각별한 안전대책이 필요한 구간으로 여겨진다.

II. 발생원인

물리적, 화학적 풍화작용

III. 발생 메커니즘

지각의 변동	→	단층대 형성	→	파쇄대
	(내부응력작용)		(파쇄 및 풍화)	

IV. 기타 불연속면의 정의

1) **절리** : 암반에 작용한 응력으로 형성된 분리면으로 수 cm에서 수 m 정도의 규모를 보인다.

2) **층리** : 퇴적암 생성 시 수평면 상태로 퇴적물이 쌓인 형태

3) **단층** : 절리면이 습곡, 융기, 침강 등의 지각변동으로 이동한 이력이 나타난 면

4) **습곡** : 층상구조의 암반이 지각운동으로 소성유동을 발생시켜 파상으로 변형된 구조

"끝"

○　　　　○　　　　○

※ 10권 이상은 분철(최대 10권 이내)

자 격 종 목	건설안전기술사

답안지 작성 시 유의사항

1. 답안지는 총 7매(14면)이며 교부받는 즉시 매수, 페이지 등 정상 여부를 반드시 확인하고 1매라도 분리되거나 훼손하여서는 안 됩니다.
2. 시행회, 자격종목, 수험번호, 성명을 정확하게 기재하여야 합니다.
3. 수험자 인적사항 및 답안 작성(계산식 포함)은 흑색 또는 청색 필기구만 사용하되, 동일한 한 가지 색의 필기구만 사용하여야 하며 흑색, 청색을 제외한 유색 필기구 또는 연필류를 사용하거나 두가지 이상의 색을 혼합 사용하였을 경우 그 문항은 0점 처리됩니다.
4. 답안 정정 시에는 두 줄(=)을 긋고 다시 기재 가능하며, 수정테이프(액) 등을 사용했을 경우 채점상의 불이익을 받을 수 있으므로 사용하지 마시기 바랍니다.
5. 답안지에 답안과 관련 없는 특수한 표시, 특정인임을 암시하는 답안지는 전체가 0점 처리됩니다.
6. 답안 작성 시 홈(구멍)이나 도형 등 그림이 없는 직선자(템플릿 사용 금지)만 사용할 수 있습니다.
7. 문제의 순서에 관계없이 답안을 작성하여도 되나 주어진 문제번호와 문제를 기재한 후 답안을 작성하고 전문용어는 원어로 기재하여도 무방합니다.
8. 요구한 문제수보다 많은 문제를 답하는 경우 기재 순으로 요구한 문제수까지 채점하고 나머지 문제는 채점대상에서 제외됩니다.
9. 답안 작성 시 답안지 양면의 페이지 순으로 작성하시기 바랍니다.
10. 기작성한 문항 전체를 삭제하고자 할 경우 반드시 해당 문항의 답안 전체에 대하여 명확하게 X표시(X표시한 답안은 채점대상에서 제외) 하시기 바랍니다.
11. 시험시간이 종료되면 즉시 답안 작성을 멈춰야 하며, 종료시간 이후 계속 답안을 작성하거나 감독위원의 답안 제출 지시에 불응할 때에는 채점대상에서 제외됩니다.
12. 각 문제의 답안 작성이 끝나면 "끝"이라고 쓰고 다음 문제는 두 줄을 띄워 기재하여야 하며 최종 답안 작성이 끝나면 그 다음 줄에 "이하 여백"이라고 써야 합니다.
13. 비번호란은 기재하지 않습니다.

비 번 호	

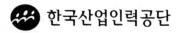
한국산업인력공단

| 문제1) | 펌프카를 이용한 콘크리트 타설 시 안전작업절차와 타설 작업 중 발생할 수 있는 재해유형과 안전대책에 대하여 설명하시오.(25점) |

답)

I. 개요

펌프카에 의한 콘크리트 타설 시 발생되는 재해는 타설방법에 따라 상이하게 발생될 수 있으며, 재해유형을 분석하면, 압송관 막힘 등 돌관작업에 의한 경우가 많으므로 시공안정성 확보를 위한 조치가 중요하다.

II. 펌프카 사용작업의 유형

분류	특징
주름관	소규모 현장에 적합하며, 주름관이 바닥에 끌림으로 철근에 영향 발생
분배기	분배기 좁은 공간 작어베 주로 활용되며, 장점으로 철근의 변형방지에 효과적이다.
CPB	초고층 현장에 적합하며, 고강도 콘크리트 타설에 사용

III. 재해발생 유형

1) 기계장비 전도

2) 작업 중 추락

3) 작업 중 협착

4) 고압선로 접촉에 의한 감전

5) 작업도구 및 부재 낙하에 의한 충돌

Ⅳ. 작업절차

콘크리트반입 → 압송 → 타설 → 다짐 → 양생

Ⅴ. 작업단계별 조치

단위작업	재해유형	재해방지조치
재료반입	• 타 작업차량과의 충돌 • 차량 전도 • 배출슈트 조작 시 협착	• 작업구역 내 접근금지 조치 • 아웃트리거 하부 받침대의 안정성 확보 • 배출슈트의 적절한 이격거리 확보
압송	• 선송몰탈사용에 의한 재시공 • 재료 누출에 의한 낙하물재해 • 붐연결부 탈락에 의한 낙하물재해	• 레미콘 호스 및 파이프 연결상태의 견고함 작업전 확인
타설	• 상부 슬래브에서의 추락 • 맥동현상에 의한 추락	• 안전난간 등 추락재해방지조치 • 굵은골재 최대치수의 관리

Ⅵ. 펌프카 작업 시 수반되는 관련 재해 방지조치

1) 다짐 시

① 감전재해 : 진동기 감전예방조치

② 개구부, 슬래브단부에서 추락 : 개구부 및 슬래브단부의 안전조치

2) 양생

① 개구부 및 슬래브단부에서 추락 : 단부 및 슬래브단부의 안전가시설 설치

② 화재 : 열풍기 감전방지조치, 갈탄 사용 시 환기조치, 화재예방조치 및 소화기 비치

③ 질식 : 양생장소 출입 시 보호구 착용상태 확인

Ⅶ. 작업장 상태 확인

1) **지형 및 지반상태** : 차량 종류 및 운행경로, 작업내용

2) **도로 폭 및 다짐상태** : 장비폭×1.5배 이상의 도로폭 확보여부 및 다짐도 부족 시 깔판, 깔목의 설치

3) **인근 작업장과의 영향 정도** : 발파, 천공 시 타 작업현장 및 인근 구조물의 영향 파악

Ⅷ. 작업계획서 작성 시 당연 포함사항

1) Shop Drawing 작성 : 장비설치장소, 작업장 위치

2) 장비이동 경로 명시

3) 유도자 선임계, 작업자 작업위치

4) 작업장소의 지중매설물 위치

5) 신호수 신호방법, 신호위치, 신호수 별도교육 내용

Ⅸ. 결론

차량계 건설기계는 장비전도, 충돌, 협착, 지반침하에 의한 지중매설물 파손 등의 재해가 발생될 수 있으므로 사전 작업장소의 지반상태 및 지형의 사전조사가 필요하기에 작업계획서의 사전작성이 필요하며, 전도방지를 위해 갓길의 붕괴방지조치 및 지반 침하방지조치 등의 안전조치가 필요하므로 작업 전 장비의 점검 및 작업 종료 후에도 우기 및 동절기 융해현상에 의한 재해 방지를 위한 각별한 조치가 필요하다.

"끝"

문제2) 재해조사 시 단계별 조사내용과 유의사항을 설명하시오.(25점)

답)

Ⅰ. 개요

'재해조사'란 재해의 원인과 자체의 결함 등을 규명함으로써 동종재해 및 유사재해의 발생을 막기 위한 예방대책을 강구하기 위하여 실시하는 것을 말하며, 재해원인에 대한 사실을 파악하는 데 그 목적이 있다.

Ⅱ. 재해조사의 목적

1) 동종재해 방지   2) 유사재해 방지

Ⅲ. 재해조사 3원칙

1) 1단계 : 현장보존

2) 2단계 : 사실의 수집

3) 3단계 : 피해자, 감독자, 목격자 진술

Ⅳ. 재해조사 4단계

1) 제1단계(사실의 확인)

① 재해 발생까지의 경과 확인

② 인적, 물적, 관리적인 면에 관한 사실 수집

2) 제2단계(재해요인의 확인) : 직접원인의 확정 및 문제점의 유무

① 인적, 물적, 관리적인 면에서 재해요인 파악

② 파악된 사실에서 재해의 직접원인의 확정 및 문제점의 유무

3) **제3단계(재해요인의 결정)** : 기본원인(4M)과 기본적 문제의 결정

　① 재해요인의 상관관계와 중요도를 고려

　② 불안전 상태 및 행동의 배후에 있는 기본원인을 4M의 사고 흐름에

　　따라 분석·결정

4) **제4단계(대책의 수립)**

　① 대책은 최선의 효과를 가져올 수 있는 구체적이고 실시 가능한 것

　② 재해원인 및 근본 문제점을 중심으로 동종재해 및 유사재해의 예방

　　대책 수립

Ⅴ. 조치 7단계

```
┌─────────┐
│ 긴급 처리 │──┬ ① 피재(재해를 유발한) 기계장치의 정지와
└─────────┘  │    2차 피해 확산방지조치
     │        ├ ② 피해자의 응급조치
     │        ├ ③ 상급자에게 보고
     │        ├ ④ 2차 재해 방지
     ▼        └ ⑤ 현장 보존
┌─────────┐
│ 재해 조사 │   잠재 재해요인의 도출
└─────────┘  ┌ ① 언제(When)
     │        ├ ② 어떠한 장소에서(Where)
     │        ├ ③ 누가(Who)
     │        ├ ④ 어떠한 작업을 하고 있을 때(What)
     │        ├ ⑤ 어떠한 불안전한 상태 또는 행동이 있었기에(Why)
     ▼        └ ⑥ 어떻게 하여 재해가 발생하였는가(How)
┌─────────┐
│ 원인 파악 │   간접원인과 직접원인 분석
└─────────┘
     │
     ▼
┌─────────┐
│ 대책 수립 │──┌ ① 동종재해의 예방대책
└─────────┘  └ ② 유사재해의 예방대책
     │
     ▼
┌──────────┐
│대책실시계획│── 육하원칙에 의한 대책 수립
└──────────┘
     │
     ▼
┌─────────┐
│  실시   │── 대책실시계획에 따른 실시
└─────────┘
     │
     ▼
┌─────────┐
│  평가   │── 평가 후 후속조치
└─────────┘
```

VI. 재해조사 시 유의사항

1) 사실을 수집한다.

2) 목격자 등이 증언하는 사실 이외의 추측은 참고만 한다.

3) 조사는 신속하게 행하고 긴급 조치로 2차 재해를 방지한다.

4) 인적·물적 재해요인을 모두 도출시킨다.

5) 객관적인 입장에서 공정하게 조사하며, 조사는 2인 이상이 한다.

6) 책임 소재 파악보다 재발 방지를 우선으로 한다.

7) 피해자에 대한 구급 조치를 우선으로 한다.

8) 2차 재해의 예방과 위험성에 대비한 보호구를 착용한다.

"끝"

문제3) 낙하물 방지망의 정의, 설치 방법, 설치 시 주의사항, 설치·해체 시 추락 방지대책에 대하여 설명하시오. (25점)

답)

I. 정의

낙하물 방지망은 근로자가 낙하물에 의한 위험 및 위험발생의 우려가 있는 장소에 설치하는 안전방망으로 설치 방법, 설치·해체 작업 시 추락방지대책에도 만전을 기해야 한다.

II. 설치방법

1) 그물코는 사각 또는 마름모로서 그 크기는 가로세로 각각 2cm 이하로 하여야 한다.

2) 방망사의 강도는 안전인증규격에서 정하는 안전방망의 인장강도에 따른다.

[신품 방망사의 인장강도]

그물코 한 변 길이	무매듭방망	라셀방망	매듭방망
30mm	860N 이상	750N 이상	710N 이상
15mm	460N 이상	400N 이상	380N 이상

3) 테두리로프 및 달기로프는 안전인증규격의 인장강도시험에 합격한 것을 사용하여야 한다.

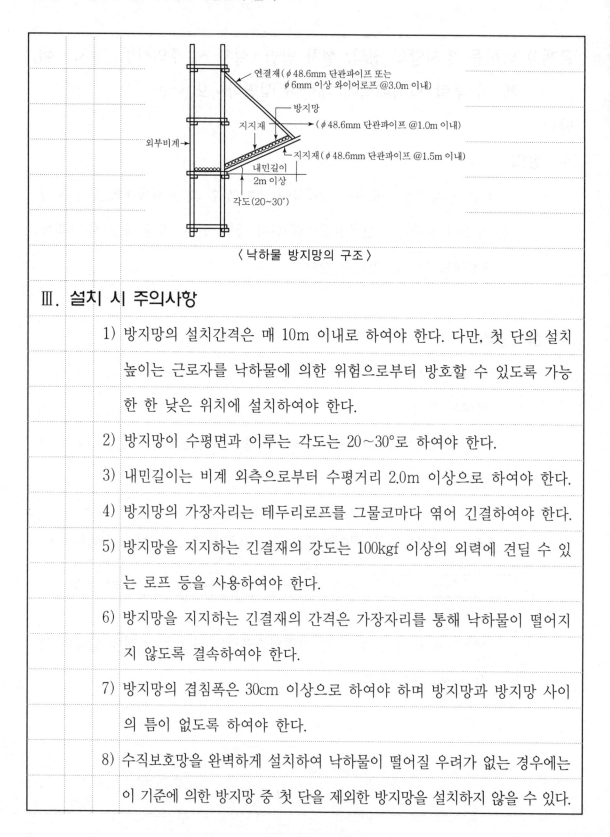

〈 낙하물 방지망의 구조 〉

Ⅲ. 설치 시 주의사항

1) 방지망의 설치간격은 매 10m 이내로 하여야 한다. 다만, 첫 단의 설치 높이는 근로자를 낙하물에 의한 위험으로부터 방호할 수 있도록 가능한 한 낮은 위치에 설치하여야 한다.

2) 방지망이 수평면과 이루는 각도는 20~30°로 하여야 한다.

3) 내민길이는 비계 외측으로부터 수평거리 2.0m 이상으로 하여야 한다.

4) 방지망의 가장자리는 테두리로프를 그물코마다 엮어 긴결하여야 한다.

5) 방지망을 지지하는 긴결재의 강도는 100kgf 이상의 외력에 견딜 수 있는 로프 등을 사용하여야 한다.

6) 방지망을 지지하는 긴결재의 간격은 가장자리를 통해 낙하물이 떨어지지 않도록 결속하여야 한다.

7) 방지망의 겹침폭은 30cm 이상으로 하여야 하며 방지망과 방지망 사이의 틈이 없도록 하여야 한다.

8) 수직보호망을 완벽하게 설치하여 낙하물이 떨어질 우려가 없는 경우에는 이 기준에 의한 방지망 중 첫 단을 제외한 방지망을 설치하지 않을 수 있다.

9) 최하단의 방지망은 크기가 작은 못, 볼트, 콘크리트 덩어리 등의 낙하물이 떨어지지 못하도록 방지망 위에 그물코 크기가 0.3cm 이하인 망을 추가로 설치하여야 한다. 다만, 낙하물 방호선반을 설치하였을 경우에는 그러하지 아니한다.

Ⅳ. 설치해체 시 추락방지대책

1) 설치 후 3개월 이내마다 정기점검을 실시하여 해체작업 시 추락재해예방에 만전을 기한다. 또한 낙하물이 발생하였거나 유해환경에 노출되어 방지망이 손상된 경우에는 즉시 교체 또는 보수하여야 한다.

2) 방지망의 주변에서 용접작업 등 화기작업을 한 이후에는 해체작업 시 추락재해 방지를 위해 손상여부를 확인한다.

3) 방지망에 적치되어 있는 낙하물 등은 즉시 제거하여야 한다.

4) 파단, 변형, 실 풀림 등이 없는지 설치해체 전 확인한다.

5) 벽면과 비계 사이는 밀폐되도록 작업 전 확인하고 특히, 해체 작업 시 방지망의 겹침폭 30cm 이상이 확보되었는지 확인한다.

Ⅴ. 결론

낙하물 방지망은 근로자가 낙하물에 의한 위험 및 위험발생의 우려가 있는 장소에 설치하는 안전 방망으로 도심지 공사 현장의 경우 사람과 차량의 통행이 빈번하므로 재해 예방을 위해서는 적절한 설치기준의 준수와 안전관리사항의 숙지가 필요하다.

"끝"

문제4) 한중 콘크리트 시공 시 문제점과 안전관리대책에 대하여 설명하시오.(25점)

답)

I. 개요

  1) '한중(寒中) 콘크리트'란 콘크리트 타설 후 양생기간에 콘크리트가 동결할 우려가 있는 시기나 장소에 시공하는 콘크리트를 말한다.

  2) 하루 평균 기온이 4℃ 이하가 되는 기상 조건에서는 응결경화반응이 지연되어 야간뿐 아니라 주간에도 콘크리트가 동결할 염려가 있으므로 한중 콘크리트의 시공을 고려해야 한다.

II. 기온별 콘크리트 분류

III. 문제점

  1) 콘크리트의 초기 동해

  2) 시공성 · 경제성의 동시 확보 난해

  3) 초기 콘크리트의 강도 확보 어려움

  4) 콘크리트의 적정 온도와 습도 유지 곤란

5) 콘크리트의 급격한 온도 변화 방지대책 난해

Ⅳ. 한중 콘크리트의 시공방법

1) **기온이 0~4℃일 때** : 간단한 주의와 보온으로 시공

2) **기온이 -3~0℃일 때** : 물과 골재를 가열하고 어느 정도의 보온이 필요

3) **기온이 -3℃ 이하일 때** : 물과 골재를 가열하고 필요에 따라 적절한 보온, 급열에 의한 온도 유지

Ⅴ. 한중 콘크리트 시공 시 유의사항

1) 응결경화 초기의 동결 방지

2) 골재가 동결되어 있거나 빙설이 혼입되어 있는 골재의 사용 금지

3) 시멘트의 가열 금지

4) AE 콘크리트 사용을 원칙으로 함

5) 단위수량 저감

6) 기상 조건이 가혹한 경우나 부재 두께가 얇은 경우 최저온도 10℃ 확보

7) **양생**

① 콘크리트 타설 직후 찬바람이 콘크리트 표면에 닿는 것 방지

② 압축강도가 얻어질 때까지 콘크리트의 온도 5℃ 이상 유지

③ 2일간은 0℃ 이상으로 유지

④ 보온양생과 급열양생으로 양생 후 콘크리트 온도를 서서히 저하시켜 콘크리트 표면의 균열 방지

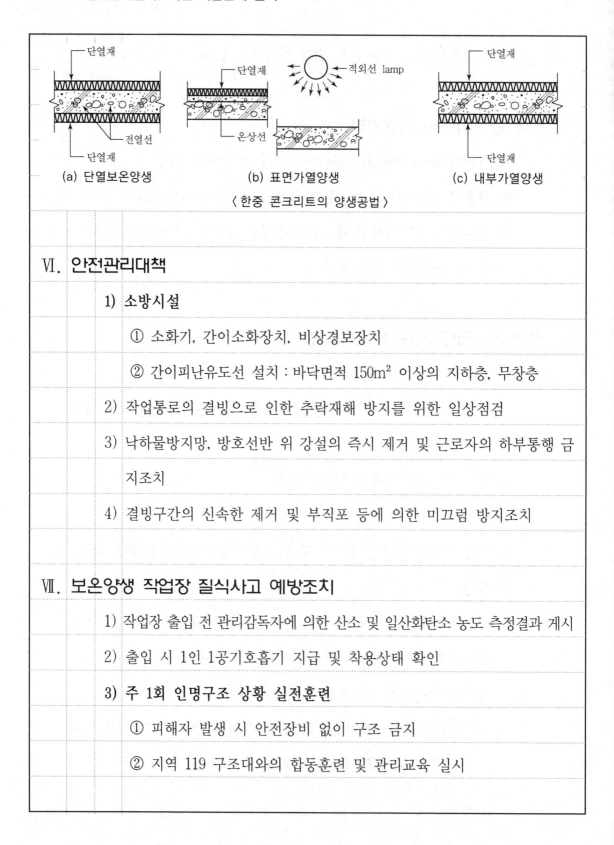

| (a) 단열보온양생 | (b) 표면가열양생 | (c) 내부가열양생 |

〈 한중 콘크리트의 양생공법 〉

Ⅵ. 안전관리대책

1) 소방시설

① 소화기, 간이소화장치, 비상경보장치

② 간이피난유도선 설치 : 바닥면적 150m² 이상의 지하층, 무창층

2) 작업통로의 결빙으로 인한 추락재해 방지를 위한 일상점검

3) 낙하물방지망, 방호선반 위 강설의 즉시 제거 및 근로자의 하부통행 금지조치

4) 결빙구간의 신속한 제거 및 부직포 등에 의한 미끄럼 방지조치

Ⅶ. 보온양생 작업장 질식사고 예방조치

1) 작업장 출입 전 관리감독자에 의한 산소 및 일산화탄소 농도 측정결과 게시

2) 출입 시 1인 1공기호흡기 지급 및 착용상태 확인

3) 주 1회 인명구조 상황 실전훈련

① 피해자 발생 시 안전장비 없이 구조 금지

② 지역 119 구조대와의 합동훈련 및 관리교육 실시

Ⅷ. 근로자 안전보건대책

    1) 체온 유지를 위한 따뜻한 복장 지급 및 충분한 영양공급을 위한 식단관리

    2) 수분 흡착 작업복의 착용금지 및 여분의 작업복 비치

    3) 작업 전 준비운동의 생활화

    4) 휴게시설 및 작업장 내 난방시설 구비

Ⅸ. 결론

동절기 콘크리트 타설작업 시에는 콘크리트의 동결융해현상을 비롯한 품질상의 문제가 발생할 가능성이 높으므로 작업 시 한중 콘크리트의 품질 안정화 대책이 요구되며, 또한 근로자 안전 보건의 유지 증진을 위해 휴게시설 내 난방시설 및 보온대책 등이 필요하다. 특히 매년 겨울철마다 되풀이되는 갈탄 사용 보온양생 작업장의 질식사고 방지를 위한 관계 기관과의 합동훈련 및 재해방지대책의 생활화가 필요하다.

                                                                        "끝"

문제5) 위험성 평가의 정의, 단계별 절차를 설명하시오.(25점)

답)

I. 개요

건설공사에 잠재되어 있는 위험요인을 체계적으로 파악해 위험의 크기를 평가한 후 허용범위를 벗어난 위험요인에 대한 개선을 통하여 이를 허용 가능한 위험수준으로 제어할 수 있는 위험성 평가 시스템 구축에 관한 기술적 사항을 제공함으로써 산재 예방을 도모한다.

II. 위험성 평가의 정의

사업주가 스스로 유해위험요인을 파악하고 해당 유해위험요인의 위험성 수준을 결정하여 위험성을 낮추기 위한 적절한 조치를 마련하고 실행하는 과정을 말한다.

III. 단계별 절차

```
        ┌─────────────────────┐
        │       사전준비       │
        └─────────────────────┘
                  ↓
        ┌─────────────────────┐
        │    유해위험요인 파악    │
        └─────────────────────┘
                  ↓
        ┌─────────────────────┐
        │      위험성 결정      │
        └─────────────────────┘
                  ↓
        ┌─────────────────────┐
        │  위험성 감소대책 수립 및 실행  │
        └─────────────────────┘
                  ↓
        ┌─────────────────────────────┐
        │ 위험성평가 실시내용 및 결과에 관한 기록 및 보존 │
        └─────────────────────────────┘
```

Ⅳ. 유해·위험요인 파악방법

1) 사업장 순회점검에 의한 방법

2) 근로자들의 상시적 제안에 의한 방법

3) 설문조사·인터뷰 등 청취조사에 의한 방법

4) 물질안전보건자료, 작업환경측정결과, 특수건강진단결과 등 안전보건

　자료에 의한 방법

5) 안전보건 체크리스트에 의한 방법

6) 그 밖에 사업장의 특성에 적합한 방법

Ⅴ. 위험성 추정방법

1) 위험성＝가능성×중대성

2) 가능성 : 상(3점), 중(2점), 하(1점)

3) 중대성 : 상(3점), 중(2점), 하(1점)

예시) 위험성(높음9)＝가능성(3)×중대성(3)

　　　• 허용 불가능(작업 지속을 위해서는 즉시 개선) : 6~9(매우 높음)

　　　• 허용 불가능(안전보건대책 수립 후 개선) : 3~4(높음)

　　　• 허용 가능(유해위험 정보 제공 및 교육) : 1~2(낮음)

※ 2024년 개정으로 빈도강도를 계량적으로 산출하지 않아도 위험성평가를

　할 수 있도록 변경됨(빈도·강도법 이외에도 체크리스트법, 위험성 수

　준 3단계 판단법, 핵심요인 기술법(One Point Sheet 등이 추가되었음)

[2024년 위험성평가에 관한 주요 개정내용]

1) **위험성평가의 재정의** : 부상·질병 가능성과 중대성 측정 의무화를 제외하고, 본래 취지에 맞게 위험요인 파악 및 개선대책에 집중토록 재정의

2) **평가방법 다양화** : 빈도·강도의 계량적 산출 방법뿐만 아니라 중소기업이 쉽게 위험성평가를 할 수 있도록 체크리스트·OPS 등의 방법 제시

3) **평가시기 명확화** : 최초·수시·정기평가 체계를 유지하되, 유해·위험요인 전체를 검토하는 최초평가, 유해·위험요인 변화에 따른 수시평가, 정기적인 위험성평가 재검토 방식으로 개편하고 상시평가 신설

4) **근로자 참여 확대** : 위험성평가의 전 과정에 근로자의 참여를 보장

5) **평가결과의 공유** : 위험성평가 결과를 해당 작업 근로자에게 공유

개정 전	개정 후
위험성평가 고시의 목적 위험성평가 자체의 목적 불비	위험성평가 고시의 목적 규정 '산업재해를 예방하기 위함'으로 구체화
정의규정 '위험성평가' 정의에 빈도 강도를 추정·결정하는 과정이 포함되어 사업장 이해 곤란	정의규정 명확화 부상·질병의 가능성과 중대성 측정 의무 규정을 제외하고, 위험요인 파악 및 개선 대책 마련에 집중하도록 재정의
평가방법 위험성의 추정에 있어 가능성(빈도)과 중대성(강도)을 행렬·곱셈·덧셈 등 계량적으로 산출하도록 규정하여 현장 적용 곤란	평가방법 다양화 •빈도·강도를 산출하지 않고도 위험성의 수준을 판단할 수 있도록 개선 •체크리스트, OPS 등 간편한 방법도 제시
평가시기 최초·정기·수시평가로 구성 [최초] 업장 설립 이후 시기 모호 [정기] 최초 평가 후 1년마다 [수시] 기계·기구 등의 신규 도입·변경	평가시기 명확화 상시적인 위험성평가가 이루어지도록 개편 [최초] 사업장 성립 이후 1개월 이내 착수 [수시] 기계·기구 등의 신규 도입·변경으로 인한 추가적인 유해·위험요인에 대해 실시 [정기] 매년 전체 위험성평가 결과의 적정성을 재검토하고, 필요시 감소대책 시행

개정 전	개정 후
	[상시] 월 1회 이상 제안제도 아차사고 확인 근로자가 참여하는 사업장 순회점검을 통해 위험성평가를 실시하고, 매주 안전·보건관리자 논의 후 매 작업일마다 TBM 실시하는 경우 수시 정기평가 면제
근로자 참여 제한 유해·위험요인 파악 감소대책 수립 감소대책 이행 시에만 참여	**全과정에 근로자 참여 보장** 위험성평가 전 과정에 근로자 참여
위험성평가 결과 공유규정 불비 위험성평가 결과 잔류위험이 있는 경우에만 근로자에게 알리도록 규정	**위험성평가 결과의 근로자 공유** • 위험성평가 결과 전반을 근로자에게 공유 • TBM을 통한 확산 노력규정 신설

VI. 결론

1) 각 공종별로 중요한 유해위험은 유해위험 등록부에 기록하고 등록된 위험에 대해서는 항시 주의 깊게 위험관리를 한다.

2) 위험 감소대책을 포함한 위험성 평가결과는 근로자에게 공지해 더 이상의 감소대책이 없는 잠재위험요인에 대하여 위험인식을 같이하도록 한다.

3) 위험 감소대책을 실행한 후 재해 감소 및 생산성 향상에 대한 모니터링을 주기적으로 실시하고 평가하여 다음 연도 사업계획 및 재해 감소 목표 설정에 반영해 지속적인 개선이 이루어지도록 한다.

"끝"

문제6) 콘크리트 타설 후 체적 변화에 의한 균열의 종류와 관리방안을 설명하시오. (25점)

답)

I. 개요

철근 콘크리트 건축물·구조물의 균열은 콘크리트 타설 후 강도 발현 전 발생되는 초기균열과 강도 발현 이후 발생되는 장기균열로 구분된다.

균열 발생 이후의 탄산화 촉진과 철근 부식의 가속화는 내구성 저하의 중요한 요인이 되므로 안전진단 및 점검 시 보수·보강공법의 적절한 대책을 수립해야 한다.

II. 균열 발생 단계별 특징 및 원인

초기균열	장기균열
• 소성수축균열 • 침하균열 • 물리적 균열	• 화학적 반응(탄산화, 염해) • 시공불량 • 외부응력(기초부 부등침하) • 기상작용(온도 변화에 의한 응력작용) • 건조수축

III. 초기균열 발생원인별 대책

구분	발생원인	대책
소성수축	• 과도한 물 증발속도 • 양생 시 건조한 바람에 노출 • 거푸집의 누수 • 고온, 저습한 환경	• 단위수량 최소화 • 습윤양생 • 피복두께의 적절한 유지 • 양생 시 바람막이 등의 설치

구분	발생원인	대책
침하균열	• 거푸집 누수, 잔골재율 과다 • 과도한 물 결합재비 • 양생 시 진동, 충격 • Bleeding	• 밀실한 거푸집 시공 • 물 결합재비 저감 • 단위수량 저감 • 양생 시 진동, 충격 방지
물리적 균열	• 거푸집 변형 • 양생 시 진동, 충격	• 거푸집의 안전성 확보 • 양생 시 진동, 충격 방지

Ⅳ. 균열부위 측정방법

1) 육안 측정

① 균열폭은 휴대용 균열폭 측정기를 이용하여 측정

② 육안검사 시 도면 위에 구간별로 표시하고 스케치 및 촬영

2) 비파괴 검사

① 콘크리트의 균열 위치, 내부 균열 및 철근의 위치 · 방향 · 직경을 측정

② 초음파법, 자기법 등의 방법으로 측정

3) 코어(Core) 검사

① 의심되는 부분의 코어를 채취하여 검사

② 균열의 크기 및 위치 등을 비교적 정확하게 조사

4) 설계도면 및 시공자료의 검토

① 설계도면과 철근상세도 등을 세밀히 조사

② 설계하중과 실제 작용하는 하중 사이의 차이점 등을 조사 · 분석

Ⅴ. 보수 · 보강방법 선정

1) 보수 · 보강의 목적

① 강도의 회복 또는 증진

② 구조물의 성능 개선

③ 철근의 부식 방지

④ 철근 콘크리트 구조물의 내구성 향상

2) 보수 · 보강방법의 선정

① 균열의 크기와 그 원인을 평가한 후 적절한 보수 · 보강방법 선정

② 관리 주체는 보수 · 보강의 소요 기간, 사용제한 또는 사용금지 기간을 고려해야 함

VI. 보수공법

1) 치환공법

2) 표면처리공법

① 균열선을 따라 콘크리트 표면에 Cement Paste로 처리하는 공법

② 균열폭 0.2mm 이하의 경미한 균열 보수에 적용되는 공법

3) 충전공법

① 균열부위를 V-cut 한 후 수지 모르타르 또는 팽창성 모르타르로 충전하고 경화 후 표면을 Grinding

② 균열의 폭이 작고 주입이 곤란한 경우 적용

4) 주입공법

균열선을 따라 10~30cm 간격으로 주입용 Pipe 설치 후 저점성 Epoxy 수지 주입

5) BIGS 공법(Balloon Injection Grouting System)

고무 튜브로 압력을 가하여 균열 심층부까지 주입 충전하는 공법

Ⅶ. 보강공법

1) 강판부착공법

① 균열 부위에 강판을 대고 Anchor로 고정

② 접촉 부위를 Epoxy 수지로 접착

2) Prestress 공법

① 균열과 직각 방향으로 PC 강선을 배치하여 긴장시키는 방법

② 구조체의 균열이 깊을 때 시공

3) 강재 Anchor 공법

① 꺾쇠형 Anchor를 균열을 가로질러 설치하여 보강하는 방법

② 시멘트 모르타르, 수지 모르타르를 Leg에 주입 정착

4) 탄소섬유 Sheet 보강법

① 강화섬유 Sheet인 탄소섬유 Sheet를 접착제로 콘크리트 표면에 접착하는 공법

② 보나 Slab 및 기둥 등에 시공이 편리하여 구조물 보강법에 널리 시공되고 있는 공법

Ⅷ. 결론

콘크리트의 균열은 철근 콘크리트 건축물, 구조물의 내구성에 매우 중대한 요인이므로 시공단계별 국토교통부 시방기준에 따라야 하며, 완공 이후에

는 열화 발생 유형별로 진단 및 점검을 통해 적절한 유지관리가 이루어져야 한다.

"끝"

제 126 회
국가기술자격검정 기술사 필기시험 답안지(제3교시)

※ 10권 이상은 분철(최대 10권 이내)

자 격 종 목	건설안전기술사

답안지 작성 시 유의사항

1. 답안지는 총 7매(14면)이며 교부받는 즉시 매수, 페이지 등 정상 여부를 반드시 확인하고 1매라도 분리되거나 훼손하여서는 안 됩니다.
2. 시행회, 자격종목, 수험번호, 성명을 정확하게 기재하여야 합니다.
3. 수험자 인적사항 및 답안 작성(계산식 포함)은 흑색 또는 청색 필기구만 사용하되, 동일한 한 가지 색의 필기구만 사용하여야 하며 흑색, 청색을 제외한 유색 필기구 또는 연필류를 사용하거나 두가지 이상의 색을 혼합 사용하였을 경우 그 문항은 0점 처리됩니다.
4. 답안 정정 시에는 두 줄(=)을 긋고 다시 기재 가능하며, 수정테이프(액) 등을 사용했을 경우 채점상의 불이익을 받을 수 있으므로 사용하지 마시기 바랍니다.
5. 답안지에 답안과 관련 없는 특수한 표시, 특정인임을 암시하는 답안지는 전체가 0점 처리됩니다.
6. 답안 작성 시 홈(구멍)이나 도형 등 그림이 없는 직선자(템플릿 사용 금지)만 사용할 수 있습니다.
7. 문제의 순서에 관계없이 답안을 작성하여도 되나 주어진 문제번호와 문제를 기재한 후 답안을 작성하고 전문용어는 원어로 기재하여도 무방합니다.
8. 요구한 문제수보다 많은 문제를 답하는 경우 기재 순으로 요구한 문제수까지 채점하고 나머지 문제는 채점대상에서 제외됩니다.
9. 답안 작성 시 답안지 양면의 페이지 순으로 작성하시기 바랍니다.
10. 기작성한 문항 전체를 삭제하고자 할 경우 반드시 해당 문항의 답안 전체에 대하여 명확하게 X표시(X표시한 답안은 채점대상에서 제외) 하시기 바랍니다.
11. 시험시간이 종료되면 즉시 답안 작성을 멈춰야 하며, 종료시간 이후 계속 답안을 작성하거나 감독위원의 답안 제출 지시에 불응할 때에는 채점대상에서 제외됩니다.
12. 각 문제의 답안 작성이 끝나면 "끝"이라고 쓰고 다음 문제는 두 줄을 띄워 기재하여야 하며 최종 답안 작성이 끝나면 그 다음 줄에 "이하 여백"이라고 써야 합니다.
13. 비번호란은 기재하지 않습니다.

비 번 호	

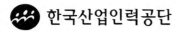
한국산업인력공단

문제1) 산업안전보건법령상 유해·위험방지계획서 제출대상 및 작성내용을 설명하시오.(25점)

답)

I. 개요

일정 규모 이상의 건설공사 시 작성하는 유해·위험방지계획서는 건설공사 안전성 확보를 위해 실시하는 것으로 사업주는 유해·위험방지계획서를 작성해 산업안전공단에 제출해야 하며, 공사 개시 이후 제출한 계획서의 철저한 이행으로 근로자의 안전보건을 확보하기 위한 제도이다.

II. 대상 사업장

1) 지상높이가 31m 이상인 건축물 또는 인공구조물

2) 연면적 30,000m² 이상인 건축물 또는 연면적 5,000m² 이상의 문화 및 집회시설(전시장 및 동물원·식물원은 제외), 판매시설, 운수시설(고속철도의 역사 및 집배송시설 제외), 종교시설, 의료시설 중 종합병원, 숙박시설 중 관광숙박시설, 지하도 상가 또는 냉동·냉장창고시설의 건설·개조 또는 해체 공사

3) 연면적 5,000m² 이상의 냉동·냉장창고시설의 설비공사 및 단열공사

4) 최대 지간길이 50m 이상인 교량건설 등의 공사

5) 터널 건설 등의 공사

6) 다목적댐, 발전용 댐 및 저수용량 2천만 톤 이상의 용수 전용 댐, 지방상수도 전용 댐 건설 등의 공사

7) 깊이 10m 이상인 굴착공사

Ⅲ. 제출서류

1) 유해·위험방지계획서 2부

2) 유해·위험방지계획서 제출 공문

3) 사업자등록증 사본 1부

4) 제출일 현재 현장사진 1부

5) 건설공사에 관한 도급계약서 사본 1부(자기 공사인 경우는 생략)

6) 산업재해보상보험 가입 증명원

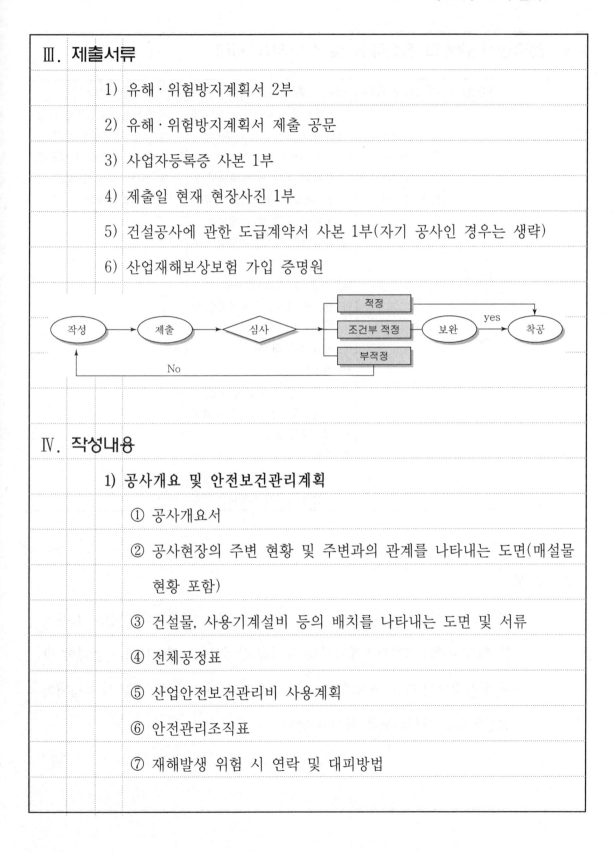

Ⅳ. 작성내용

1) 공사개요 및 안전보건관리계획

① 공사개요서

② 공사현장의 주변 현황 및 주변과의 관계를 나타내는 도면(매설물 현황 포함)

③ 건설물, 사용기계설비 등의 배치를 나타내는 도면 및 서류

④ 전체공정표

⑤ 산업안전보건관리비 사용계획

⑥ 안전관리조직표

⑦ 재해발생 위험 시 연락 및 대피방법

V. 건축공사 공종의 작성대상 및 첨부서류 사례

대상공사	작업공사 종류	주요 작성대상	첨부서류
건축물, 인공구조물 건설 등의 공사	1. 가설공사 2. 구조물공사 3. 마감공사 4. 기계 설비공사 5. 해체공사	가. 비계 조립 및 해체작업(외부비계 및 높이 3m 이상 내부비계) 나. 높이 4m를 초과하는 거푸집 동바리 조립 및 해체작업 또는 비탈면 슬래브의 거푸집 동바리 조립 및 해체작업 다. 작업발판 일체형 거푸집의 조립 및 해체작업 라. 철골 및 PC 조립작업 마. 양중기 설치연장 해체작업 및 천공·항타작업 바. 밀폐공간 내 작업 사. 해체작업 아. 우레탄폼 등 단열재 작업(취급장소와 인접한 장소에서 화기작업 포함) 자. 같은 장소(출입구를 공동으로 이용하는 장소)에서 둘 이상의 공정이 동시에 진행되는 작업	1. 해당 작업공사 종류별 작업 개요 및 재해예방 계획 2. 위험물질의 종류별 사용량과 저장·보관 및 사용 시의 안전작업계획

VI. 결론

재해발생 위험이 높은 건설공사의 경우 사업주는 근로자의 안전보건 유지를 위해 유해·위험방지계획서를 작성해 산업안전보건공단에 제출해야 하며 심사결과에 따른 조치와 공사 중 계획서에 의한 유해·위험 방지대책이 실질적으로 이행되도록 힘써야 한다.

"끝"

문제2)	악천후로 인한 건설현장의 위험요인과 안전대책에 대하여 설명

하시오.(25점)

답)

Ⅰ. 개요

건설공사의 대형화·고층화에 따라 건설현장에서 발생되는 재해의 규모와

유형도 점차 대규모화되어 가고 있다. 태풍, 홍수, 폭설, 지진 등 악천후로

인한 건설현장의 위험요인은 전도, 균열, 추락, 낙하 등의 재해가 있으며

이들 위험요인에 대한 철저한 안전대책의 수립이 강구되어야 할 것이다.

Ⅱ. 악천후로 인한 건설현장의 재해유형

1) 지진으로 인한 재해

① 건축물, 구조물의 전도

② 교량, 건축물 등의 부등침하

③ 도로의 파손 및 균열

2) 하절기 및 우기 시 발생재해

① 근로자 탈수 등 건강장해

② 홍수로 인한 건설현장의 침수

③ 높은 습도 및 침수에 의한 감전사고

④ 홍수량 과다로 인한 제방 및 댐 붕괴

3) 동절기 및 폭설시 발생재해

① 근로 작업자의 동상 및 고립

② 폭설에 의한 건축물, 교량 등 구조물의 붕괴

③ 동절기 동파로 인한 상수도관 및 하수도관의 파열

4) 강풍으로 발생되는 재해

① 가설구조물의 전도, 붕괴, 좌굴

② 가설안선시설물의 전도, 붕괴, 비래

5) 해빙기 재해

① 융해발생에 의한 흙막이 붕괴 및 인근구조물 파손

② 융해에 의한 도로파손 또는 옹벽의 붕괴 및 건축물등의 부등침하

6) 기타 황사발생 등에 의한 재해

Ⅲ. 악천후로 인한 위험요인

1) 건강과 안전

① 풍속증가로 인한 사고증가

② 고온으로 인한 비산먼지 증가

2) 자재

① 품질 : 고온으로 인한 시멘트 품질저하

② 보관

- 습기로 인한 자재 내구성 저하

- 바람으로 인한 경량자재 비래

- 중 파장 자외선에 의한 자재의 훼손

3) **토양환경** : 토양환경 변화로 자재에 미생물 번식

4) **침수** : 공기지연 및 생산성 감소

5) **우천** : 작업일 감소로 인한 공기지연

6) **현장설비** : 설비사용 제한으로 인한 공기지연

7) **근로자 건강, 보건, 위생**

① 날씨 급변으로 인한 사전대비 곤란

② 하절기 과도한 태양열로 인한 건강장해

③ 동절기 장기간 한파로 인한 라이프사이클 변화

④ 옥외작업이 많은 건설업의 양호한 작업시기 실종

Ⅳ. 기후변화에 따른 주요인자별 재해특징과 대책

구분		재해특징	대책
기온	26℃ 이상	① 일반근로자의 사망재해증가 ② 고령자의 사망사고 급증	① 건설현장의 특성을 고려한 휴게시설 및 식수제공 ② 정기 건강검진 실시 ③ 1일 2회 이상 혈압측정 및 작업 시작 전 식염제공
	0℃ 이하	손가락이 굳고 행동이 둔해짐	방한용품 제공 및 충분한 스트레칭 후 작업진행
습도	70% 이상	① 불쾌지수 상승으로 인한 사망재해 증가 ② 젖은 손에 의한 감전사고 증가	① 바이오리듬 관리에 의한 재해예방 ② 누전차단기, 전격방지장치 의무사용
	70% 이하	⑴ 60~85% 범위에서 사망건수 집중 ⑵ 60~70% : 1년 중 60%를 차지하며 사망사고의 약 23%를 점유 ⑶ 70% 이상 : 약 100일 　① 사망건수 49% 차지 　② 습도가 높을수록 사망건수 증가 　③ 습도가 높은 경우에도 안전관리 필요	
바람, 강수량		① 바람과 강수량에 의한 사망은 비교적 크지 않으나 ② 낙하물에 의한 재해 ③ 집중 호우 및 우천 시 작업에 의한 토사 붕괴재해	① 강풍 : 경량자재의 결속 ② 기상청 일기예보 상시확인 및 취약지점 집중점검 ③ 자연재해에 대한 초기 공정계획 수립

V. 안전대책

1) 지진발생에 의한 재난방지대책

① 내진, 제진, 면진설계의 도입

② 지반개량에 의한 액상화 피해 방지조치

2) 하절기, 우기 재해방지대책

① 근로자 쉼터제공 및 적정휴식시간 제공

② Dry Work이 가능한 작업조건 확보

③ 각종 시설물에 대한 배수시설 확보

3) 동절기 및 폭설 시 재해방지대책

① 근로환경 개선조치 계획수립

② 동절기 굴착 시공 시 동파방지대책 수립

4) 해빙기 재해예방대책

① 융해로 인한 재해 발생예방을 위한 흙막이 차수성 확보

② 언더피닝 등 인근구조물 영향 최소화 대책 수립

5) 황사발생 규모에 따른 대피조치 등의 시행

황사규모별 근로자 작업시간조절 및 작업중지 등의 조치 실시

VI. 결론

건설현장의 작업조건은 자연환경이나 인적요인에 의한 영향을 크게 받으므로 작업조건별 안전성 확보가 가능한 안전시설 및 안전기준의 실천이 중요하며, 특히, 동절기나 하절기 작업 시에는 근로자 안전보건의 유지증진을 위한 휴식시간 및 보건확보조치가 필요하다. "끝"

문제3) 시스템 동바리의 구조적 특징과 붕괴발생원인 및 방지대책을 설명 하시오.(25점)

답)

Ⅰ. 개요

가설공사의 구조적 안정성 확보 및 효율적인 공사관리를 위해 사용되는 시스템비계는 사용성능으로 인해 사용빈도가 확대되고 있으나 재사용 시 재사용 가설인증 기준에 의한 관리가 필요하며 설치 전 구조검토 및 공작도 작성과 작업 중 부재변형상태 및 좌굴 등의 안전성 저해요인에 대한 관리가 요구된다.

Ⅱ. 구조적 특징

1) 국부, 휨, 전단좌굴에 취약함 상존

2) 고소작업 시 추락재해위험의 완전배제 불가능

3) 비계의 변형에 의한 상부구조물의 파손 위험성

4) 작업 중 낙하, 비래, 전도, 충돌재해 유발가능성 상존

Ⅲ. 붕괴 발생 원인

1) **설계 단계** : 구조검토 및 하중계산 미흡

2) **재료적 원인** : 가설재 인증 미실시(변형, 부식)

3) **설치 단계** : 안전수칙 미준수

4) **해체 단계** : 해체 시 안전수칙의 미준수

Ⅳ. 붕괴방지대책

1) 시스템 동바리 설치 시 주의사항

① 수직재

- 수직재는 수평재와 직교되게 설치하며, 체결 후 흔들림이 없을 것
- 수직재를 연약지반에 설치 시 수직하중에 견딜 수 있도록 지반을 다지고 두께 45mm 이상의 깔목을 소요 폭 이상으로 설치하거나 콘크리트 또는 강재표면, 단단한 아스팔트 등으로 침하방지조치를 할 것
- 비계 하부에 설치하는 수직재는 받침철물의 조절너트와 밀착되도록 설치하고 수직과 수평을 유지할 것. 단, 수직재와 받침철물의 겹침길이는 받침철물 전체 길이의 1/3 이상일 것
- 수직재와 수직재의 연결은 전용 연결 조인트를 사용해 견고하게 연결하고, 연결부위가 탈락되거나 꺾이지 않도록 할 것

② 수평재

- 수직재에 연결핀 등의 결합으로 견고하게 결합되어 흔들리거나 이탈되지 않도록 할 것
- 안전난간 용도로 사용되는 상부수평재의 설치높이는 작업발판면에서 90cm 이상이 되도록하고, 중간수평재는 설치높이의 중앙부에 설치(설치높이가 1.2m를 넘는 경우 2단 이상의 중간수평재를 설치해 각각의 간격이 60cm 이하가 되도록 설치)할 것

③ 가새

- 대각선 방향으로 설치하는 가새는 비계 외면에 수평면에 대해 40

~60° 기운 방향으로 설치하며 수평재 및 수직재에 결속한다.

> • 가새의 설치간격은 현장 여건을 고려해 구조 검토 후 결정할 것

④ 벽 이음

벽 이음재의 배치간격은 벽 이음재의 성능과 작용하중을 고려한 구조설계에 따른다.

V. 시스템비계 설치 Flow Chart별 관리사항

사전준비 → Shop Drawing → 조립 → 상부구조물작업 → 해체

1) **사전준비** : 가설재 반입검사

2) **Shop Drawing** : 구조검토 및 공작도 작성

3) **조립 단계** : 부재긴압, 침하, 좌굴, 휨, 변형방지

4) **상부구조물 작업** : 임의해체금지 및 콘크리트 존치기간 준수

VI. 결론

시스템 동바리를 지반에 설치할 경우엔 수직하중에 견딜 수 있도록 지반의 지지력을 검토해 깔판이나 깔목을 설치한다. 지반다짐 이후 콘크리트를 타설하는 등 상재하중에 의한 침하방지 조치를 취하고 특히 지반 하부에 공동 등이 있는지 여부를 확인하는 것이 중요하다.

"끝"

문제4) 중대재해처벌법상 중대재해의 정의, 의무주체, 보호대상, 적용범위, 의무내용 처벌수준에 대하여 설명하시오.(25점)

답)

I. 중대재해의 정의

사업주 또는 경영책임자가 안전·보건 확보 의무를 위반하여 1명 이상 사망하는 '중대산업재해'가 발생하는 경우, 사업주 또는 경영책임자에게 사망에 대하여는 '1년 이상의 징역 또는 10억 원 이하의 벌금'이, 부상 및 질병에 대하여는 '7년 이하의 징역 또는 1억 원 이하의 벌금'이 부과된다.

II. 의무주체

중대재해처벌법에서는 사업주 및 경영책임자 등에게 안전 및 보건 확보 의무를 부과한다. 따라서 사업을 대표하고 사업을 총괄하는 권한과 책임이 있는 사람 또는 이에 준해 안전보건에 관한 업무를 담당하는 사람과 중앙행정기관, 지방자치단체, 지방공기업, 공공기관의 장도 해당된다.

III. 보호대상

상시근로자 5인 이상인 사업장의 근로자

IV. 적용범위

중대산업재해와 중대시민재해를 말하며 범위는 다음과 같다.

1) 중대산업재해

① 사망자가 1명 이상 발생

② 동일한 사고로 6개월 이상 치료가 필요한 부상자가 2명 이상 발생

③ 동일한 유해요인으로 급성중독 등 대통령령으로 정하는 직업성 질
병자가 1년 이내에 3명 이상 발생

2) **중대시민재해**

① 사망자가 1명 이상 발생

② 동일한 사고로 2개월 이상 치료가 필요한 부상자가 10명 이상 발생

③ 동일한 원인으로 3개월 이상 치료가 필요한 질병자가 10명 이상 발생

Ⅴ. 의무내용 처벌수준

1) **사망자가 발생한 경우** : 1년 이상의 징역 또는 10억 원 이하의 벌금
2) **부상 및 질병이 발생한 경우** : 7년 이하의 징역 또는 1억 원 이하의 벌금

Ⅵ. 유의사항

1) 사업주 또는 경영책임자 등은 사업주나 법인 또는 기관이 제3자에게 도
급, 용역, 위탁 등을 행한 경우에는 도급업체의 종사자에게 중대산업재
해가 발생하지 않도록 안전·보건 관계 법령에 따른 의무이행에 필요한
관리상 조치를 해야 한다. 다만 사업주나 법인 또는 기관이 그 시설, 장
비, 장소 등에 대하여 실질적으로 지배·운영·관리하는 책임이 있는
경우에 한정한다.

2) 사업주 또는 경영책임자 등이 안전 및 보건 확보 의무를 위반하여 산업
재해로 인해 사망자가 1명 이상 발생한 경우 1년 이상의 징역 또는 10
억 원 이하의 벌금에 처한다. 동일한 사고로 6개월 이상 치료가 필요한

부상자가 2명 이상 발생하거나, 동일한 유해요인으로 급성중독 등 대통령령으로 정하는 직업성 질병자가 1년 이내에 3명 이상 발생한 경우에는 7년 이하의 징역 또는 1억 원 이하의 벌금에 처한다.

Ⅶ. 결론

근로자 안전·보건 유지 증진을 위한 산업안전보건법과 관련해 대통령은 2018년 1월 신년사에서 2022년까지 자살, 교통사고, 산업안전 등 3대 분야 사망 절반 줄이기를 목표로 "국민생명 지키기 3대 프로젝트"를 집중 추진할 것임을 천명하고 수석보좌관회의에서도 "사고가 발생하면 사장을 비롯해서 경영진도 문책해야 한다고 본다."라고 천명한 바 있으므로 이에 대한 사업주 및 관련 기술인들의 보다 적극적인 참여와 관심이 필요하며 특히 사망사고 저감을 위해서는 근로자 요청에 의한 작업중지 기준이 모든 현장에서 실천될 수 있도록 관심을 기울여야 할 것이다.

"끝"

문제5) 콘크리트 내구성 저하 원인과 방지대책에 대하여 설명하시오.(25점)

답)

Ⅰ. 개요

1) 콘크리트 구조물의 내구성 저하는 기상작용, 물리·화학적 작용, 기계적 작용 등 성능 저하가 발생하는 현상을 말하며 설계 단계에서 사용 단계까지의 기술적 오류나 관리 부재로 인해 발생 정도의 현격한 차이가 나타난다.

2) 콘크리트 구조물의 내구성의 저하는 곧 수명 단축을 의미하므로, 이를 방지하기 위해서는 성능 저하 요인의 철저한 검토, 지연대책을 포함한 관리와 더불어 완공 후 정기적인 점검과 유지보수 등 종합적인 관리체계를 유지하는 것이 중요하다.

Ⅱ. 콘크리트의 내구성 저하 원인

1) **기본 원인** : 설계상 원인, 재료상 원인, 시공상 원인

2) **기상작용** : 동결융해, 기온의 변화(온도변화), 건조수축

3) **물리·화학적 작용** : 중성화, 알칼리골재반응(AAR), 염해(Salt Damage)

4) **기계적 작용** : 진동·충격, 마모·손상, 전류에 의한 작용

Ⅲ. 방지대책

1) **기본 대책**

① 설계상 대책

• 부재단면 확보

- 철근의 피복두께 확보

② 재료상 대책

- 물 : 염화물 함유량 규제치 이내

- 시멘트 : 풍화되지 않은 시멘트 사용

- 골재 : Silica 성분이나 탄산염이 적을 것

- 혼화재료 : AE제, 감수제, 방청제 사용

③ 시공상 대책

- 콘크리트 타설속도 준수, 이음부 밀실시공

- 적절한 Slump값 유지, 재료분리 방지, 가수(加水) 금지 및 초기

  양생 철저

- 단위수량 저감

- 공기연행량 : (4.5±1.5)%

2) **기상작용의 대책**

① 동결융해

  한중 콘크리트 타설

② 기온의 변화

- 양생 시 온도 조절로 콘크리트의 인장변형 능력을 증대

- Precooling, Pipe Cooling

③ 건조수축

- 굵은골재 최대 치수 관리

- 입도 양호 골재 사용

3) **화학적 열화 지연대책**

  ① 탄산화(Neutralization)

    • SKWDMS 물결합재비(W/B), 밀실 내 콘크리트 타설

    • 철근 피복두께 확보 및 AE제 또는 AE 감수제 사용

  ② 알칼리 골재반응(AAR : Alkali Aggregate Reaction)

    • 반응성 골재의 사용 금지

    • 양질의 용수 및 저알칼리 시멘트 사용

  ③ 염해(Salt Damage)

    • 밀실한 콘크리트 타설

    • 규정치 이하의 염분 함량

4) **물리적 작용 방지**

  ① 진동 · 충격

    • 콘크리트 타설 후 일체의 하중요소 방지

    • 콘크리트 양생 중 현장 내 출입을 철저히 통제

  ② 마모 · 파손

    • 낮은 물결합재비(W/B), 밀실 내 콘크리트 타설

    • 충분한 습윤양생

  ③ 전류에 의한 작용

    • 전식피해 방지조치

    • 배류기 설치 등의 전식 방지대책 강구

Ⅳ. 콘크리트의 내구성 시험방법

1) 동결융해시험

① 1일 6~8회의 동결과 융해를 콘크리트에 반복하여 시험

② 시험의 종류

- A법 : 수중에서 급속 동결융해시켜 시험

- B법 : 공기 중에서 급속 동결융해시켜 시험

2) 탄산화시험

① 시험의 종류

- 폭로시험

    - 실제 구조물이 받는 조건에서 공시체를 실외에 폭로시켜 시험

    - 결과를 얻을 때까지 장기간이 필요

- 탄산가스에 의한 중성화촉진시험

    - 기밀실에 공시체를 넣고 액화탄산가스를 주입하여 시험

    - 시험조건 : 탄산가스 농도 5~10%, 실내온도 30~35℃, 습도 50~70%

② 측정방법

- 콘크리트를 파쇄하여 철근을 노출시킨 다음 콘크리트 단면에 1%의 페놀프탈레인 용액을 분사시켜 부재의 색으로 중성화의 깊이를 측정

- 탄산화 진행 정도의 판정방법

    - 적색 : 강알칼리성을 유지하고 있는 단계

    - 무색 : 탄산화로 인해 강알칼리성을 상실한 단계

3) **알칼리골재반응시험**

① 골재의 알칼리 실리카 반응을 판별하기 위해 실시하는 시험으로, 알칼리 실리카는 주위의 수분을 흡수하여 콘크리트 팽창에 의한 균열유발의 요인이 됨

② 시험의 종류 : 암석학적 시험법(편광현미경), 화학법, 모르타르 바 (Mortar bar)법 등

4) **염화물시험**

① 레미콘 운반차에서 시료를 채취하여 실시하는 굳지 않은 콘크리트 의 염분량을 측정하기 위한 시험방법

② 시험의 종류 : 흡광광도 법, 질산은 적정법, 전위차 적정법 등

V. **결론**

콘크리트 구조물의 열화는 구조물의 수명을 단축시키므로 성능저하 외력 에 대한 철저한 방지대책을 세우고 완공 후 정기적 점검과 합리적 유지보 수 등 종합적인 관리체제를 유지하는 것이 중요하다.

"끝"

문제6) 보강토 옹벽의 파괴유형과 파괴 방지대책에 대하여 설명하시오.(25점)

답)

I. 개요

보강토 옹벽이란 성토체 내부에 수평보강재를 삽입한 후 성토체를 다짐해 겉보기 점착력이 부여된 복합성토체가 일체화 구조물과 같이 거동하도록 하여 수평변위 억제 및 배면토압을 지지함은 물론, 흙의 전단강도를 증대시킨 옹벽을 말한다.

II. 파괴유형

1) **외적** : 활동, 전도, 침하, 지지력, 전체안정성 저하 또는 결여에 의한 파괴

2) **내적** : 인발파괴, 보강재파단, 앵커체 및 보강재 체결부 등의 파손

III. 안전율 기준

구분	검토항목	평상시	지진 시	비고
외적 안정	활동	1.5	1.1	
	전도	2.0	1.5	
	지지력	2.5	2.0	
	전체안정성	1.5	1.1	
내적 안정	인발파괴	1.5	1.1	
	보강재파단	1.0	1.0	

※ 전도에 대한 안정은 수직합력의 편심거리 e에 대한 식으로도 평가할 수 있다.

평상시, $e \leq L/6$: 기초지반이 흙인 경우, $e \leq L/4$: 기초지반이 암반인 경우

지진 시, $e \leq L/4$: 기초지반이 흙인 경우, $e \leq L/3$: 기초지반이 암반인 경우

※ 보강재 파단에 대한 안전율은 보강재의 장기설계인장강도를 적용하므로 1.0으로 한다.

Ⅳ. 방지대책

1) 계측관리

계측기명	설치 목적
기계식 변위 측정기	전면벽체의 수평·수직변위 측정
E.L. Tilt. Beam	구조물의 부등침하 측정
보강토 옹벽 자동경사계	보강토 옹벽 경사 측정
간극수압계	보강토 옹벽 배면 간극수압 측정

2) 배수처리

① 수압 작용 시 하중이 증가되므로 수압 증가 억제

② 보강토 옹벽 상부 배수층 설치로 배수 유도

③ 성토층 경계면에 경사 필터 배수층 설치

④ 보강재 상부로부터 수직으로 바닥부까지 배수층 설치

⑤ 옹벽 지지부에 배수층 설치로 유도배

3) 유지관리 철저

구분		검토내용	활용방안
기초 자료 조사 및 검토		과업지시서, 지반조사보고서, 관련된 모든 자료	지반 및 재료 특성치 조사 적정성 평가
설계 도서	준공도면	설계도면	시설물 제원 및 설계상태 취약부 파악
	보수도면	보수내용	• 보수내용 평가 • 손상, 변형, 열화정도 파악
	구조계산서	시설물 설계에 적용된 설계기준 및 계산내용	• 구조계산의 적정여부 분석 • 사용프로그램 확인 • 해석용 입력자료 분석평가
시공상세도		주요부위 시공 상세도	주요부위 시공상태 파악
지반조사 보고서		시설물 주변 토질 및 기초 상태	구조물 주변 및 기초지반 안전성 파악

구분		검토내용	활용방안
시방서		시설물에 적용한 시방서 내용	설계지침, 구조계산서, 토질보고서와 연계하여 분석
시험	재료시험 결과	뒤채움재 시험결과, 보강재 시험결과, 전면벽체 시험결과	보강토 옹벽의 안전성 확인
점검 유지 관리	안전점검 및 안전진단	정기검진, 정밀점검, 정밀안전진단 등 보고서	정기점검, 정밀점검 보고서 결과 및 조치 여부
	유지관리	유지관리, 보수·보강 도면, 시방서 등	• 유지관리 지침 작성 여부 및 관리실태 • 보수·보강 내용 및 이력 관리 • 보수·보강 내용 평가 • 손상·변형·열화 정도 파악 • 균열 등 이력 관리 실태

4) 보수·보강방법

① 활동 : 약액주입, 고압분사, 지반강화, 앵커공법

② 전도 : 기초지반 전면부 세굴 보강, 고압분사, 압력 주입 그라우팅, 앵커 설치

③ 침하 : 고압분사, 압력 주입 그라우팅, 앵커 설치, 경량재료로 치환

④ 벽체파손 : 표면처리, 충진, 주입

⑤ 동해발생부 : 치환

⑥ 누수 : 수발공·유도배수공 설치

V. 결론

Bulking 현상을 이용한 보강토 옹벽은 설치공법의 편리함에 따른 장점으로 그 시공사례가 확대되고 있으나 안정성 저하로 인한 붕괴를 비롯한 파손이 문제가 되고 있으므로 이에 대한 대책 공법의 연구가 지속적으로 이

루어져야 하겠으며, 안정성 확보를 위해서는 시공단계는 물론 공용중인 보

강토 옹벽의 변위, 부등침하, 경사도 등의 관리가 이루어져야 한다. 특히,

보강토 옹벽 특성에 기인하는 침하, 활동, 파손 시 적절한 보수 보강의 조

치도 안정성 확보에 중요한 요인이 됨을 이해해야 한다.

"끝"

제 126 회
국가기술자격검정 기술사 필기시험 답안지(제4교시)

○　　　　　○　　　　　○

※ 10권 이상은 분철(최대 10권 이내)

자 격 종 목	건설안전기술사

답안지 작성 시 유의사항

1. 답안지는 총 7매(14면)이며 교부받는 즉시 매수, 페이지 등 정상 여부를 반드시 확인하고 1매라도 분리되거나 훼손하여서는 안 됩니다.
2. 시행회, 자격종목, 수험번호, 성명을 정확하게 기재하여야 합니다.
3. 수험자 인적사항 및 답안 작성(계산식 포함)은 흑색 또는 청색 필기구만 사용하되, 동일한 한 가지 색의 필기구만 사용하여야 하며 흑색, 청색을 제외한 유색 필기구 또는 연필류를 사용하거나 두가지 이상의 색을 혼합 사용하였을 경우 그 문항은 0점 처리됩니다.
4. 답안 정정 시에는 두 줄(=)을 긋고 다시 기재 가능하며, 수정테이프(액) 등을 사용했을 경우 채점상의 불이익을 받을 수 있으므로 사용하지 마시기 바랍니다.
5. 답안지에 답안과 관련 없는 특수한 표시, 특정인임을 암시하는 답안지는 전체가 0점 처리됩니다.
6. 답안 작성 시 홈(구멍)이나 도형 등 그림이 없는 직선자(템플릿 사용 금지)만 사용할 수 있습니다.
7. 문제의 순서에 관계없이 답안을 작성하여도 되나 주어진 문제번호와 문제를 기재한 후 답안을 작성하고 전문 용어는 원어로 기재하여도 무방합니다.
8. 요구한 문제수보다 많은 문제를 답하는 경우 기재 순으로 요구한 문제수까지 채점하고 나머지 문제는 채점대상에서 제외됩니다.
9. 답안 작성 시 답안지 양면의 페이지 순으로 작성하시기 바랍니다.
10. 기작성한 문항 전체를 삭제하고자 할 경우 반드시 해당 문항의 답안 전체에 대하여 명확하게 X표시(X표시한 답안은 채점대상에서 제외) 하시기 바랍니다.
11. 시험시간이 종료되면 즉시 답안 작성을 멈춰야 하며, 종료시간 이후 계속 답안을 작성하거나 감독위원의 답안 제출 지시에 불응할 때에는 채점대상에서 제외됩니다.
12. 각 문제의 답안 작성이 끝나면 "끝"이라고 쓰고 다음 문제는 두 줄을 띄워 기재하여야 하며 최종 답안 작성이 끝나면 그 다음 줄에 "이하 여백"이라고 써야 합니다.
13. 비번호란은 기재하지 않습니다.

비 번 호	

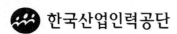
한국산업인력공단

문제1) 건설현장에서 가설전기 사용에 의한 전기감전 재해의 발생원인과 예방대책에 대하여 설명하시오.(25점)

답)

I. 개요

감전 재해는 인체의 한 부분이 충전부에 접촉되고 다른 한 부분은 지면에 접촉된 경우에 발생하며 전기적 등가회로상 인체 통전전류의 양에 의해 재해규모가 달라지므로 전기 기계, 기구 사용 시에는 절연성능의 확보 여부를 확인하는 것이 선행되어야 한다.

II. 재해발생 원인

1) 인체의 한 부분이 충전부와 지면에 접촉된 경우

2) 인체의 한 부분이 충전부와 접지가 양호한 금속체에 접촉된 경우

3) 인체의 한 부분이 누전 상태의 기기 외함과 지면에 접촉된 경우

4) 전위차가 있는 2개소의 노출 충전부에 인체의 두 부분이 각각 접촉되어 인체가 단락회로의 일부가 된 경우

III. 감전사고의 메커니즘

1) 직접접촉사고

전기기기의 운전 시 통전되는 부분을 충전부분, 통전되지 않는 부분을 비충전부분이라 한다. 전기기기 충전부분에 직접적으로 접촉되어 감전되는 사고를 직접접촉사고 한다.

2) 간접접촉사고

전기기기의 운전 시 전기가 들어오지 않는 금속부분을 비충전 금속부분이라 한다. 전기기기의 절연이 저하되어 누전(지락)되는 전기에 의해 접촉되는 형태의 감전을 간접접촉사고라 한다.

Ⅳ. 예방대책

1) 기계기구 작동점검은 절연성능이 확보된 상태에서 실시할 것

① 조작스위치 수리작업 후 작동점검은 덮개를 완전히 덮어 충전부가 노출되지 않은 상태에서 실시

② 절연장갑을 착용한 상태에서 작동점검 실시

③ 조작전압은 안전전압 이하(30V)로 할 것

2) 배선의 중간접속은 원칙적으로 금지하며, 부득이한 경우 해당 전선의 절연성능 이상으로 피복하거나 적합한 접속기구 사용

3) 작업 전 위험상황에 대한 파악 후 작업자의 안전이 확보된 상태에서 작업 실시

4) 전기기기 절연관리 철저

5) 누전 시 전원차단기 차단기능 확보

① 누전차단기 성능

- 부하에 적합한 정격전류를 갖출것

- 전로에 적합한 차단용량을 갖출 것

- 당해 전로의 정격전압이 공칭전압의 $85 \sim 110\%$($-15 \sim +10\%$)이내 일 것

- 누전차단기와 접속된 각각의 기계기구에 대하여 정격 감도전류 30mA 이하이며 동작시간은 0.03초 이내일 것. 다만 정격전부하 전류가 50A 이상인 기계기구에 설치되는 누전차단기의 오작동을 방지하기 위해 정격 감도전류 200mA 이하인 경우 동작시간은 0.1초 이내일 것
- 절연저항이 5MΩ 이상일 것

② 누전차단기의 환경조건
- 주위 온도 -10~40℃ 범위 내로 유지할 것
- 표고 1,000m 이하의 장소로 할 것
- 비나 이슬에 젖지 않는 장소로 할 것
- 먼지가 적은 장소로 할 것
- 이상한 진동 또는 충격을 받지 않는 장소로 할 것
- 습도가 적은 장소로 할 것
- 전원전압의 변동(정격전압의 85~110% 사이) 유지
- 배선상태 건전하게 유지
- 불 꽃, 아크 등 폭발 위험이 없는 장소로 할 것

V. 전기적 등가회로 및 인체 통전전류 산정방식

$$I = \frac{V_{L-E}}{R_m + R_2}[\text{A}] \quad \text{또는} \quad I = \frac{V_m}{R_m}[\text{A}]$$

여기서, I : 인체 통전전류

R_m : 인체저항($≒ 1,000\,\Omega$)

R_2 : 전원변압기 중성점 접지저항(최대 $5\,\Omega$)

V_{L-E} : 대지 간 전압(220V)

V_m : 인체에 걸린 전압(219V)

$= [1,000\,\Omega/(1,000\,\Omega+5\,\Omega)] \times 220V$

인체 통전전류(I) : 219mA $= 219V/1,000\,\Omega$

VI. 누전차단기

누전차단기는 전류 동작형과 전압 동작형 두 종류가 있으나 현재는 전류 동작형이 주로 사용된다.

부하기기(전기를 사용하는 기기) 절연이 정상이면 ZCT에서 균형을 이루므로 ZCT 2차 측에는 전류가 발생하지 않지만 절연이 악화되면 ZCT 2차 측에 전류가 나타나게 되는데, 이 전류를 증폭시켜 전체 회로를 차단시키는 원리를 이용해 설치한다.

VII. 결론

건설현장은 근본적으로 조명시설의 설치가 소요되는 장소가 많으며 또한, 용접작업 등을 실시하기 위해 가설전기의 사용이 불가피하다. 이러한 임시 사용을 목적으로 한 가설전기 시설장소에는 안전장치의 생략이나 적절한 보호구 미착용에 의한 감전재해 가능성이 매우 높으므로 안전의식의 강화와 더불어 기본적인 누전차단기 및 접지시설의 설치는 물론 감전재해방지를 위한 보호구의 지급 및 착용 작업전 특별안전교육의 실시가 이루어져야 할 것이다.

"끝"

문제2) 산업안전보건법령상 안전보건관리체제에 대한 이사회 보고·승인 대상 회사와 안전 및 보건에 관한 계획수립 내용에 대하여 설명하시오. (25점)

답)

I. 개요

산업안전보건법에 따른 안전보건계획의 이사회 보고·승인 제도는 500인 이상 주식회사와 시공능력 1천 위 이내 건설회사의 대표이사가 매년 안전 및 보건에 관한 계획을 수립하여 이사회에 보고하고 승인을 받아야 하며 이를 성실히 이행하도록 의무화하고 있다.

II. 의무대상

「건설산업기본법」 제23조에 따라 평가하여 공시된 시공능력(토목건축공사에 한정)의 순위 상위 1천 위 이내의 건설회사

III. 안전 및 보건에 관한 계획수립 내용

1) 안전·보건에 관한 경영방침

2) 안전·보건관리 조직의 구성·인원 및 역할

3) 안전·보건관련 예산 및 시설현황

4) 안전·보건에 관한 전년도 활동실적 및 다음 연도 활동계획 수립

IV. 계획서 작성 요령

1) 안전·보건에 관한 경영방침

안전보건경영시스템의 안전보건 방침 제시

2) **안전·보건관리 조직의 구성·인원 및 역할**

안전보건관리규정의 조직 및 인원에 관한 사항 제시(여러 개의 사업

장이 있다면, 각 사업장의 자료제출)

3) **안전·보건관련 예산 및 시설현황**

① 예산 : 당해 연도의 안전보건에 관한 시설투자, 교육투자, 시스템투

자, 안전검사 정비투자, 보호구 및 장비구매 계획

② 시설현황 : 주요 위험설비와 공정에 대한 요약 제출

③ 소방 및 안전 시설에 대한 내용의 요약 제출

4) **안전·보건에 관한 전년도 활동실적 및 다음 연도 활동계획 수립**

① 안전보건 활동결과

② 시설의 개선

③ 인적개선

④ 시스템적 개선

⑤ 사업장별 연간 안전보건 업무 결과 보고서로 대체 가능

⑥ 차기 연도 안전보건활동 및 시설투자 내용 제출

V. 유의사항

1) 안전보건계획을 달성하기 어려운 수준으로 제시하거나, 현실적으로 적

용이 가능하지 않은 내용·수준으로 수립하여 이를 준수하지 못하는

경우에는 중대재해처벌법에 따른 대표이사의 안전 및 보건 확보의무

이행 미흡의 징표로 지적될 수 있을 것이며,

2) 다른 한편으로, 안전보건계획이 구체성 있는 목표 설정 없이 지나치게 추상적이거나 부실한 경우에는 그 자체로(즉, 안전보건계획의 부실기재만으로) 안전 및 보건 확보의무 이행 소홀의 징표로 지적될 수 있다.

VI. 결론

안전보건관리체제에 대한 이사회 보고·승인 대상 회사와 안전 및 보건에 관한 계획수립은 대표이사에게 안전보건계획의 수립 및 성실한 이행 의무를 직접 부과한다는 점에서 중대재해 처벌법 과의 관계로 주의 깊게 고려해야 할 사항이며, 안전보건계획 가이드의 주요한 내용을 안전보건계획에 반영하고 그에 대한 이행실적을 평가하는 시스템을 마련하는 것이 중대재해처벌법상 경영책임자의 안전 및 확보의무 이행 측면에서도 도움이 될 수 있을 것이다.

"끝"

문제3)	지하안전관리에 관한 특별법 시행규칙상 지하시설물관리자가 안
	전점검을 실시하여야 하는 지하시설물의 종류를 기술하고, 안전
	점검의 실시시기 및 방법과 안전점검 결과에 포함되어야 할 내
	용에 대하여 설명하시오.(25점)
답)	
Ⅰ.개요	
	지하안전관리에 관한 특별법은 지하를 안전하게 개발하고 이용하기 위한
	안전관리체계를 확립함으로써 지반침하로 인한 위해를 방지하고 공공의
	안전을 확보함을 목적으로 하며 지하시설물관리자는 안전점검의 실시시기
	및 방법을 숙지하고 안전점검에 임해야 할 것이다.
Ⅱ. 안전점검을 실시하여야 하는 지하시설물의 종류	
	1) 직경 500mm 이상의 상수도관, 하수도관, 전기설비, 전기통신설비, 가스
	공급시설, 수송관
	2) 공동구, 지하도로 및 지하광장, 도로, 도시철도시설, 철도시설, 주차장,
	지하도 상가
Ⅲ. 안전점검의 실시시기	
	1) **육안조사** : 1회 이상/1년
	2) **공동조사** : 1회 이상/5년

Ⅳ. 안전점검 방법

점검실시 방법은 보행식 조사와 주행식 조사로 구분되며 세부 내용은 다음과 같다.

1) 육안조사

경험과 기술을 갖춘 자가 육안이나 간단한 점검기구 등으로 검사하여 지하시설물 주변지반에 내재되어 있는 위험요인을 조사

① 균열
- 종방향 균열
- 횡방향 균열
- 거북 등 균열

② 침하

③ 습윤상태

2) 공동조사

지표투과레이더탐사, 전기전도도, 유전율, 유전상수, 매질, 반사파, 공동 토피, 공동내부깊이

Ⅴ. 안전점검 결과에 포함되어야 할 내용

1) 요약문

지하시설물 현황과 조사 결과의 주요사항의 요약 기술

① 참여기술자 명단

② 지하시설물 현황

③ 조사결과 요약

2) **조사 개요**

조사의 대상과 수행일정 등 조사계획 및 실시와 관련된 주요사항

① 조사 목적

② 지하시설물 현황 및 조사대상

③ 사용 장비 및 기기 현황

④ 조사 수행일정

3) **자료조사 및 분석**

조사를 수행하기 위해 수집된 자료의 검토내용

① 지하시설물 유지관리 사항

② 지반침하 및 공동 발생 이력, 기존 지하안전점검 결과

4) **조사결과 및 평가**

① 조사방법

② 조사결과 및 평가

③ 조사결과표

5) **종합결론**

① 조사 실시결과의 종합결론

② 공동조사 실시 결정 사항

③ 유지관리 시 특별한 관리가 요구되는 사항

④ 기타 필요한 사항

6) **부록**

Ⅵ. 조사 시 재해예방을 위한 안전대책

조사자는 안전사고 발생을 예방하기 위해 위험요인 등에 대한 안전관리계획을 수립·시행해야 한다.

1) 교통안전시설물 설치

2) 신호수 배치

3) 사전 도로점용허가

4) 도로 공사장 교통관리 지침 준용

Ⅶ. 결론

지하안전점검은 지하시설물관리자가 지하안전관리에 관한 특별법상 소관 지하시설물 및 주변지반에 대한 안전점검 및 유지관리규정을 수립하고 이에 따른 안전점검을 정기적으로 실시함으로써 지반침하 및 관련 사고의 예방을 목적으로 하고 있으므로 지하시설물관리자는 재해예방을 위해 안전점검을 철저히 이행해야 한다.

"끝"

문제4)	노후화된 구조물 해체공사 시 사전조사항목과 안전대책에 대하여 설명하시오.(25점)

답)

Ⅰ. 개요

1) 구조물의 해체공사는 해체 대상 구조물의 특성·해체공사 주변의 환경조건·각종 규제사항 등에 대한 전반적인 사전조사를 실시하여 이 제반조건에 가장 적합한 공법을 선정하여야 한다.

2) 해체공사 시 적절한 해체공법을 선정하지 못하면 재해·공사의 중단·공기의 지연 등을 초래하게 되므로 해체공법 선정 시에는 경제성·작업성·안전성·저공해성 등을 종합적으로 검토하여야 한다.

Ⅱ. 사전조사 항목

1) 해체 대상 구조물의 조사

① 구조물(RC조, SRC조 등)의 규모, 층수, 건물높이, 기준층 면적

② 평면 구성상태, 폭, 층고, 벽 등의 배치상태

③ 부재별 치수, 배근상태

④ 해체 시 전도 우려가 있는 내·외장재

⑤ 설비기구, 전기배선, 배관설비 계통의 상세 확인

⑥ 구조물의 건립연도 및 사용목적

⑦ 구조물의 노후 정도, 화재 및 동해 등의 유무

⑧ 증설, 개축, 보강 등의 구조변경 현황

⑨ 비산각도, 낙하반경 등의 사전 확인

⑩ 진동·소음·분진의 예상치 측정 및 대책방법

⑪ 해체물의 집적·운반방법

⑫ 재이용 또는 이설을 요하는 부재현황

⑬ 기타 당해 구조물 특성에 따른 내용 및 조사

2) **주변환경 조사**

① 부지 내 공지 유무, 해체용 기계설비 위치, 발생재 처리장소

② 해체공사 착수 전 철거, 이설, 보호할 필요가 있는 공사 장해물 현황

③ 접속도로의 폭, 출입구 개수와 매설물의 종류 및 개폐 위치

④ 인근 건물 동수 및 거주자 현황

⑤ 도로상황조사, 가공 고압선 유무

⑥ 차량 대기 장소 유무 및 교통량

⑦ 진동, 소음발생 시 영향권

Ⅲ. 해체작업 시 안전대책

1) **해체건물 등의 조사 철저**

구조, 주변 상황 등을 조사해 그 결과를 기록·보전한다.

2) **해체계획 작성**

① 해체방법 및 해체순서 도면

② 해체작업용 화약류 등의 사용계획서

③ 사업장 내 연락방법

④ 해체작업용 기계, 기구 등의 작업계획서

⑤ 기타 안전·보건 사항

3) **작업구역 내 근로자 출입금지 조치**

① 작업구역 내 관계근로자 외의 자 출입금지 조치

② 비, 눈, 기타 기상 상태의 불안정으로 날씨가 몹시 나쁠 때에는 작업을 중지시킬 것

4) **보호구 착용**

5) **작업계획 작성**

중량물 취급작업 시에는 작업계획서를 작성하고 준수해야 한다.

Ⅳ. 해체작업 시 준수사항

1) 작업구역 내 관계자 외 출입통제

2) 강풍, 폭우, 폭성 등 악천후 시 작업중지

3) 외벽과 기둥 등을 전도시키는 작업 시 전도낙하위치 검토 및 파편 비산거리 등을 예측해 작업반경 설정

4) 전도작업 수행 시 해당 작업자 이외의 다른 작업자 대피 및 완전 대피 상태 확인 후 전도시킬 것

5) 해체 건물 외곽에 방호용 비계를 설치하고 해체물의 전도, 낙하, 비산의 안전거리 유지

6) 파쇄 공법의 특성에 따라 방진벽, 비산 차단벽, 분진억제 살수시설 설치

7) 작업자 상호 간 적정한 신호규정 준수 및 신호방식, 신호기기 사용법 교육

8) 적정한 위치에 대피소 설치

V. 결론

해체작업 시 사전조사는 최근 급증하고 있는 해체작업 발생건수와 특히, 대형장비 사용 및 대규모 건축물 해체에 따르는 위험요인의 사전 안전성 확보를 위해 매우 중요한 사안이다. 해체계획서 작성 시에는 해체공사의 안전관리대책은 물론 환경관리계획에도 만전을 기해야 할 것이다.

"끝"

문제5)	건설현장에서 전기용접 작업 시 재해유형과 안전대책에 대하여 설명하시오.(25점)
답)	
Ⅰ. 개요	
	1) 전기용접 작업 시 발생하는 재해는 안전시설의 결함·작업자의 안전의식 결여·보호구 미착용 등으로 발생하며, 재해유형에는 감전·화재·중독·추락 등이 있다.
	2) 전기용접 시 발생하는 재해의 대부분은 감전재해로 철골은 도전성이 높으므로 감전 방지용 누전차단기 등을 설치하여 감전재해를 예방하여야 하며, 또한 용접 시 발생하는 유해인자에 대한 개선책으로 용접작업자의 보건대책에도 힘써야 한다.
Ⅱ. 전기용접방법의 분류	
	1) 저항용접
	접합하는 부재의 접촉부를 통해서 통전(通電)하고, 발생하는 저항열을 이용하여 압력을 가하는 용접
	2) 아크용접
	모재와 전극 또는 두 전극 간에 발생하는 Arc 열을 이용한 용접
Ⅲ. 전기용접 시 재해유형	
	1) 감전
	2) 화재

3) Gas 중독

4) 추락

5) 직업병

Ⅳ. 전기용접 시 안전대책

1) 주위환경 정리

2) 접지 확인 및 방지시설 설치

3) 과전류 보호장치 설치

4) 감전 방지용 누전차단기 설치

5) 자동전격방지장치 설치

6) 용접봉의 홀더

　　KS 규격에 적합하거나 동등 이상의 절연성 및 내열성을 갖춘 것 사용

7) 습윤환경에서의 용접작업 금지

8) 용접, 용단 시 화재 방지대책

　　① 불연재질 방호울 설치

　　② 화재감시자 배치(2017년 3월 개정사항)

9) 밀폐 장소에서의 용접 시 기계적 배기장치에 의한 환기

10) 용접 Arc 광선 차폐

11) 흄(Fume)의 흡입 방지 조치

12) 안전시설 설치

　　① 추락방지망

　　② 안전대

③ 낙하·비래 및 불꽃의 비산방지시설

13) 보호구 착용

① 차광안경, 보안면 등

② 화상방지 보호구

용접용 가죽제 보호장갑, 앞치마(Apron), 보호의 등

③ 호흡용 보호구

환경조건에 따라 방진·방독 마스크 사용

14) 이상기후 시 대책

강풍·강설·우천 시 작업중단 및 강풍에 의한 안전사고 방지조치

15) 기타 재해예방을 위한 안전관리규정 제정 및 준수상태 관리

V. 결론

전기용접 작업현장은 감전, 화재 등의 재해를 비롯해 시력저하, 호흡기 질환, 신경계 장해 등 건강장해 유형도 매우 심각한 재해의 유형이므로 보건상 재해예방을 위한 환기시설의 설치를 비롯해 적절한 보호구의 지급 및 착용상태의 수시 확인이 이루어져야 한다.

"끝"

문제6) 터널 굴착공법의 사전조사 사항 및 굴착공법의 종류를 설명하고 터널 시공 시 재해유형과 안전관리 대책에 대하여 설명하시오. (25점)

답)

I. 개요

'Tunnel'이란 철도·도로·용수로·하수도 등을 통과시키기 위한 통로를 말하며 터널공사 시 지형·지질·시공성·터널의 길이 등을 고려하여 안전하고 경제적인 공법을 선정하여야 한다.

II. 터널 굴착공법의 사전조사 사항

1) 안전성

2) 시공성·경제성

3) 지형, 지질

4) 교통장해 여부

5) 터널의 길이

6) 건설공해(주변환경)

III. 굴착공법의 종류

1) 발파공법

NATM(New Austrian Tunnelling Method) : 산악 Tunnel 지반 자체를 주 지보재로 이용하는 공법으로, 지반의 적용범위가 넓으며 경제성이 우수한 공법

		2) 기계식 굴착공법
		① TBM(Tunnel Boring Machine) 공법 : 암반 Tunnel 굴착 폭약을 사용하지 않고 Hard Rock Tunnel Boring Machine의 회전 Cutter로 Tunnel 전단면을 절삭 또는 파쇄하는 굴착공법
		② Shield 공법(Shield Driving Method) : 토사 구간 굴착 지반 내에 Shield를 추진시켜 Tunnel을 구축하는 공법으로, 토질이 연약하거나 용수가 있는 지반에 시공하는 공법
		3) 기타 공법
		① 개착식 공법(절개공법, Open Cut Method) : 도심지 Tunnel 지표면 아래로부터 일정 깊이까지 개삭하여 Tunnel 본체를 완성한 후 복토하는 공법
		② 침매공법(Immersed Method) : 하저(河底) Tunnel해저(海底) 또는 지하수면하에 Tunnel을 굴착하는 공법으로, 지상에서 Tunnel Box를 제작하여 물에 띄워 현장에 운반 후 소정위치에 침하시켜 Tunnel을 구축하는 공법
Ⅳ.	**터널 시공 시 재해유형과 안전관리 대책**	
	1) 추락	
		① 인력수송 시 추락
		• 승차석 외 장비구조물 위 탑승 금지
		• 인력수송에 적절한 차량 지정 운행
		② 사다리 작업 시 추락

- 파손된 사다리 사용금지
- 단시간 내에 간단한 작업만 할 것

③ 천공 및 발파약 장전 시 추락

- 작업 플랫폼 사용
- 작업발판 설치 및 안전대 착용

④ 강재지보공(Steel Rib) 설치 시 추락

- 작업 플랫폼 사용
- 작업 진행방향 준수
- 안전한 작업대 사용

⑤ Rock Bolt 작업 시 추락

- 작업 플랫폼 사용
- Rock Bolt 근입깊이 확인

⑥ Shotcrete 타설 시 추락

- 추락 방지용 작업발판 설치
- 작업 플랫폼 사용

2) 낙석 · 낙반

① 천공작업 시 낙석

- 낙석위험 확인 · 조치 후 작업
- 안전모 등 보호구 착용

② 발파작업 시 낙반

- 발파막장으로부터 300m 이상의 안전거리 유지
- 대피공간, 대피장소 확보

③ Tunnel 측벽 정리굴삭 시 낙석

- 막장 용출수 처리

- 낙석, 부석위치로부터 안전거리 확보

④ Tunnel 굴착 후 낙반사고

- Tunnel 굴착 후 즉시 Shotcrete 타설

- Wire Mesh, Steel Rib, Shotcrete, Rock Bolt 등의 지보공으로 암 반보강

3) **충돌 및 협착**

① 장비와의 충돌 및 협착

- 인도와 차도의 분리

- 난간 및 분리대에 의한 안전통로 확보

- 필요시 대피소 또는 경고등 설치

② 천공작업 시 천공장비(차량)와의 충돌 및 협착

- 작업자와 차량의 신호 준수

- 장비 유도자 배치

4) **발파사고**

① 근로자의 대피 확인 및 필요한 방호조치 후 발파

② 대피가 어려울 경우 견고하게 방호된 임시대피장소 설치

5) **폭발사고**

① 발파 후 잔류화약 미확인

- 불발 화약류 유무 확인

- 불발 화약류 발견 시 국부 재발파

② Gas 폭발

- 발생원

  - 발파 후 유독 Gas 발생

  - Diesel 기관의 유해 Gas 발생

  - 암반 및 지반 자체의 유독 Gas 발생

- 안전조치

  - 전기의 Spark, 담뱃불 등의 화기원인 제거와 재송전 시 Gas 측정·배출 후 송전

  - Gas의 유무 확인 및 충분한 용량의 환기설비 설치

6) 기타

① 용수로 인한 사고

- Shotcrete 부착불량, Rock Bolt 정착불량으로 인한 막장의 붕괴

- 안전조치

  - 이상 용출수 다량 발생 시 작업을 중지하고 긴급방수대책 실시

  - 용수량이 많을 경우 배수공법, 지수공법 등의 대책 실시

② 감전사고

- 양수작업 중 수중 Pump 누전

- 안전조치

  - 누전차단기 설치

  - 접지

  - 가공선로 방호조치

V. 결론

터널 시공은 재해발생 가능성이 매우 높은 작업으로 갱구부와 터널 내부 작업, 발파작업 등 공정단계별로 안전점검 및 대책을 수립해야 한다. 또한, 작업장에는 응급치료실 운영과 구조장비를 비치하고 모든 근로자가 사용법을 숙지할 수 있도록 조치해야 한다.

"끝"

제 127 회

기출문제 및 풀이

(2022년 4월 16일 시행)

제 12 편

제 **127** 회	# 건설안전기술사 기출문제 (2022년 4월 16일 시행)

【1교시】 다음 13문제 중 10문제를 선택하여 설명하시오.(각 10점)

문제 1

가설계단의 설치기준

문제 2

콘크리트의 물 – 결합재비

문제 3

건설공사 시 설계안전성검토 절차

문제 4

중대산업재해 및 중대시민재해

문제 5

밀폐공간 작업 시 사전 준비사항

문제 6

지붕 채광창의 안전덮개 제작기준

문제 7

작업의자형 달비계 작업 시 안전대책

문제 8

안전인증 대상 기계 및 보호구의 종류

문제 9

산업안전보건법상 산업재해 발생 시 보고체계

문제 10

얕은 기초의 하중 – 침하 거동 및 지반의 파괴유형

문제 11

건설기계관리법상 건설기계안전교육 대상과 주요내용

문제 12

거푸집 측면에 작용하는 콘크리트 타설 시 측압 결정방법

문제 13

항타 · 항발기 사용현장의 사전조사 및 작업계획서 내용

【2교시】 다음 6문제 중 4문제를 선택하여 설명하시오.(각 25점)

문제 1

풍압이 가설구조물에 미치는 영향과 안전대책에 대하여 설명하시오.

문제 2

미세먼지가 건설현장에 미치는 영향과 안전대책 그리고 예보등급을 설명하시오.

문제 3

안전보건개선계획 수립대상과 진단보고서에 포함될 내용을 설명하시오.

문제 4

건설현장의 근로자 중에 주의력 있는 근로자와 부주의한 현상을 보이는 근로자가 있다.
부주의한 근로자의 사고를 예방할 수 있는 안전대책에 대하여 설명하시오.

문제5

양중기의 방호장치 종류 및 방호장치가 정상적으로 유지될 수 있도록 작업 시작 전의 점검사항에
대하여 설명하시오.

문제6

건설현장의 스마트 건설기술 개념과 스마트 안전장비의 종류 및 스마트 안전관제시스템의 향후
스마트 기술 적용 분야에 대하여 설명하시오.

【3교시】 다음 6문제 중 4문제를 선택하여 설명하시오.(각 25점)

문제 1

낙하물방지망의 (1) 구조 및 재료 (2) 설치기준 (3) 관리기준을 설명하시오.

문제 2

해빙기 건설현장에서 발생할 수 있는 재해위험요인별 안전대책과 주요 점검사항을 설명하시오.

문제 3

화재발생메커니즘(연소의 3요소)에 대하여 설명하고, 건설현장에서 작업 중 발생할 수 있는 화재 및 폭발발생유형과 예방대책에 대하여 설명하시오.

문제 4

산업안전보건법에서 정하는 건설공사 발주자의 산업재해 예방조치의무를 계획단계·설계단계·시공단계로 나누고 각 단계별 작성항목과 내용을 설명하시오.

문제 5

타워크레인의 성능유지관리를 위한 반입 전 안전점검항목과 작업 중 안전점검항목을 설명하시오.

문제 6

건설현장의 돌관작업을 위한 계획 수립 시 재해예방을 위한 고려사항과 돌관작업현장의 안전관리방안을 설명하시오.

【4교시】 다음 6문제 중 4문제를 선택하여 설명하시오.(각 25점)

문제 1

건설현장의 재해가 근로자, 기업, 사회에 미치는 영향에 대하여 설명하시오.

문제 2

터널 굴착 시 터널붕괴사고 예방을 위한 터널 막장면의 굴착보조공법에 대하여 설명하시오.

문제 3

시스템동바리 조립 시 가새의 역할 및 설치기준, 시공 시 검토해야 할 사항에 대하여 설명하시오.

문제 4

수직보호망의 설치기준, 관리기준, 설치 및 사용 시 안전유의사항에 대하여 설명하시오.

문제 5

건설작업용 리프트의 조립해체작업 및 운행에 따른 위험성평가 시 사고유형과 안전대책에 대하여 설명하시오.

문제 6

건설기술진흥법과 시설물의 안전 및 유지관리에 관한 특별법에서 정의하는 안전점검의 목적, 종류, 점검시기 및 내용에 대하여 설명하시오.

제 127 회
국가기술자격검정 기술사 필기시험 답안지(제1교시)

○   ○   ○

※ 10권 이상은 분철(최대 10권 이내)

자 격 종 목	건설안전기술사

답안지 작성 시 유의사항

1. 답안지는 총 7매(14면)이며 교부받는 즉시 매수, 페이지 등 정상 여부를 반드시 확인하고 1매라도 분리되거나 훼손하여서는 안 됩니다.
2. 시행회, 자격종목, 수험번호, 성명을 정확하게 기재하여야 합니다.
3. 수험자 인적사항 및 답안 작성(계산식 포함)은 흑색 또는 청색 필기구만 사용하되, 동일한 한 가지 색의 필기구만 사용하여야 하며 흑색, 청색을 제외한 유색 필기구 또는 연필류를 사용하거나 두 가지 이상의 색을 혼합 사용하였을 경우 그 문항은 0점 처리됩니다.
4. 답안 정정 시에는 두 줄(=)을 긋고 다시 기재 가능하며, 수정테이프(액) 등을 사용했을 경우 채점상의 불이익을 받을 수 있으므로 사용하지 마시기 바랍니다.
5. 답안지에 답안과 관련 없는 특수한 표시, 특정인임을 암시하는 답안지는 전체가 0점 처리됩니다.
6. 답안 작성 시 홈(구멍)이나 도형 등 그림이 없는 직선자(템플릿 사용 금지)만 사용할 수 있습니다.
7. 문제의 순서에 관계없이 답안을 작성하여도 되나 주어진 문제번호와 문제를 기재한 후 답안을 작성하고 전문용어는 원어로 기재하여도 무방합니다.
8. 요구한 문제수보다 많은 문제를 답하는 경우 기재 순으로 요구한 문제수까지 채점하고 나머지 문제는 채점대상에서 제외됩니다.
9. 답안 작성 시 답안지 양면의 페이지 순으로 작성하시기 바랍니다.
10. 기작성한 문항 전체를 삭제하고자 할 경우 반드시 해당 문항의 답안 전체에 대하여 명확하게 X표시(X표시한 답안은 채점대상에서 제외) 하시기 바랍니다.
11. 시험시간이 종료되면 즉시 답안 작성을 멈춰야 하며, 종료시간 이후 계속 답안을 작성하거나 감독위원의 답안 제출 지시에 불응할 때에는 채점대상에서 제외됩니다.
12. 각 문제의 답안 작성이 끝나면 "끝"이라고 쓰고 다음 문제는 두 줄을 띄워 기재하여야 하며 최종 답안 작성이 끝나면 그 다음 줄에 "이하 여백"이라고 써야 합니다.
13. 비번호란은 기재하지 않습니다.

비 번 호	

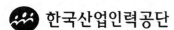 한국산업인력공단

문제1) 가설계단의 설치기준(10점)

답)

Ⅰ. 개요

'가설계단'이란 작업장에서 근로자가 사용하기 위한 계단식 통로로, 근로자가 이동 시 안전하게 통행할 수 있도록 하여야 하며 계단의 경사는 35°가 적당하다.

Ⅱ. 설치기준

구분	설치기준
강도	• 계단 및 계단참을 설치하는 경우에는 500kg/m² 이상의 하중에 견딜 수 있는 강도를 가진 구조 • 안전율 4 이상$\left(\text{안전율} = \dfrac{\text{재료의 파괴응력도}}{\text{재료의 허용응력도}} \geq 4\right)$ • 계단 및 승강구 바닥을 구멍이 있는 재료로 만들 경우에는 렌치 그 밖에 공구 등이 낙하할 위험이 없는 구조
폭	• 계단 설치 시 폭은 1m 이상 • 계단에는 손잡이 외의 다른 물건 등을 설치 또는 적재 금지
계단참의 높이	높이가 3m를 초과하는 계단에는 높이 3m 이내마다 너비 1.2m 이상의 계단참을 설치
천장의 높이	바닥면으로부터 높이 2m 이내의 공간에 장애물이 없도록 할 것
계단의 난간	높이 1m 이상인 계단의 개방된 측면에 안전난간 설치

Ⅲ. 설치 시 준수사항

1) 난간의 높이는 90cm 이상으로 계단 전체에 걸쳐 설치(45cm 높이에 중간대 설치)

2) 난간의 지주는 2m 이내마다 설치　　　　　　　　　　　　　　　"끝"

문제2) 콘크리트의 물 - 결합재비(10점)

답)

I. 개요

시멘트 중량대비 유효수량의 중량비를 말하는 물 - 결합재비는 배합설계 시 콘크리트의 압축강도를 결정하는 가장 핵심적인 요소이다.

II. 요구조건

1) 소요의 강도확보　　　　2) 내구성능의 확보

3) 단위수량 저감　　　　　4) Workability의 균질성

III. 결정방법

1) 강도 및 내구성

2) 압축강도기준 : $51/\{f28 \times K(시멘트강도) + 0.31\}$

3) 내동해성 기준 : $45 \sim 60\%$

4) 화학작용 내구성 기준 : $45 \sim 50\%$

5) 수밀성 기준 : 50% 이하

IV. 실무적용

보통PC는 $40 \sim 70\%$를 기준으로 하며, 고강도PC는 55% 이하, 경량골재PC는 $45 \sim 60\%$를 기준으로 한다. 그러나 과다하게 낮을 경우에는 시공연도의 저하가 발생되나 수화열저감을 비롯하여 초기 균열의 억제와 내구성 및 수밀성의 향상 효과를 기대할 수 있다. "끝"

문제3) 건설공사 시 설계안전성검토 절차(10점)

답)

I. 개요

시공단계 중심의 안전관리체계에 발주자와 설계자의 책임 및 역할을 추가

하여 설계·착공·시공·준공단계를 통합한 건설사업 전 생애 주기형 안전

관리체계로 전환하기 위한 제도이다.

II. 설계안전성검토 절차

III. 작성내용

1) 시공단계에서 반드시 고려해야 하는 위험 요소, 위험성 및 그에 대한

   저감 대책에 관한 사항

2) 설계에 포함된 각종 시공법과 절차에 관한 사항

3) 그 밖에 시공과정의 안전성 확보를 위하여 국토교통부장관이 정하여

고시하는 사항(설계에 가정된 시공법과 절차, 건설 신기술, 특허공법의

위험요소 등)

"끝"

문제4) 중대산업재해 및 중대시민재해(10점)

답)

Ⅰ. 개요

중대산업재해 및 중대시민재해는 상시근로자 5인 이상 사업장의 사업주를 대상으로 하고 있으며, 일반사업주는 물론 행정기관과 공공기관의 장도 해당됨에 유의해야 한다.

Ⅱ. 중대산업재해 및 중대시민재해

1) 중대산업재해

① 사망자가 1명 이상 발생

② 동일한 사고로 6개월 이상 치료가 필요한 부상자가 2명 이상 발생

③ 동일한 유해요인으로 급성중독 등 대통령령으로 정하는 직업성 질병자가 1년 이내에 3명 이상 발생

2) 중대시민재해

① 사망자가 1명 이상 발생

② 동일한 사고로 2개월 이상 치료가 필요한 부상자가 10명 이상 발생

③ 동일한 원인으로 3개월 이상 치료가 필요한 질병자가 10명 이상 발생

Ⅲ. 유의사항

사업주나 법인 또는 기관이 그 시설, 장비, 장소 등에 대하여 실질적으로 지배·운영·관리하는 책임이 있는 경우에 한정하며 법인 또는 기관이 안

전 및 보건의무 위반행위를 방지하기 위해 해당 업무에 관하여 상당한 주

의와 감독을 게을리하지 않은 경우에는 적용되지 않는다.

"끝"

문제5) 밀폐공간작업 시 사전 준비사항(10점)

답)

I. 개요

밀폐공간작업 프로그램은 사유 발생 시 즉시 시행하여야 하며 작업마다

수시로 적정한 공기상태 확인을 위한 측정·평가내용 등을 추가·보완하

고 밀폐공간작업이 완전 종료되면 프로그램의 시행을 종료한다.

II. 밀폐공간작업 시 사전 준비사항

1) 밀폐공간작업 프로그램을 수립·시행

① 사업장 내 밀폐공간의 위치 파악 및 관리방안

② 밀폐공간 내 질식·중독 등을 일으킬 수 있는 유해·위험요인의 파

악 및 관리방안

- 밀폐공간작업 시 사전확인이 필요한 사항에 대한 확인절차

③ 근로자의 밀폐공간작업에 대한 사업주의 사전허가절차

④ 산소·유해가스농도의 측정·평가 및 그 결과에 따른 환기 등 후속

조치방법

⑤ 송기마스크 또는 공기호흡기의 착용과 관리

⑥ 비상연락망, 사고 발생 시 응급조치 및 구조체계 구축

⑦ 안전보건 교육 및 훈련

⑧ 그 밖에 밀폐공간 작업근로자의 건강장해 예방에 관한 사항

2) 작업 시작 전 산소 및 유해가스농도의 측정 및 평가

평가자격자는 관리감독자, 안전관리자, 보건관리자, 안전·보건관리전

문기관, 재해예방전문지도기관, 교육이수자

Ⅲ. 밀폐공간작업 전 확인 · 조치사항

1) 작업 일시, 기간, 장소 및 내용 등 작업 정보

2) 관리감독자, 근로자, 감시인 등 작업자 정보

3) 산소 및 유해가스농도의 측정결과 및 후속조치 사항

4) 작업 중 불활성가스 또는 유해가스의 누출 · 유입 · 발생 가능성 검토 및 후속조치 사항

5) 작업 시 착용해야 할 보호구의 종류

6) 비상연락체계

"끝"

문제6) 지붕 채광창의 안전덮개 제작기준(10점)

답)

I. 개요

지붕 위에서의 작업은 매년 추락재해가 빈발하고 있는 추세이므로 사업주

는 지붕 가장자리에 안전난간을 설치하고, 채광창에는 견고한 구조의 덮개

를 설치해야 한다. 특히 안전덮개를 설치하는 경우 휨, 미끄러짐, 처짐 성

능기준이 충족되도록 유의해야 할 것이다.

II. 제작기준

1) 재료

알루미늄합금재 또는 이와 동등 이상의 기계적 성질을 가진 것을 사용

하되 무게는 5kg 미만일 것

2) 구조

① 폭 0.5m 이상, 길이 1.0m 이상의 사각형

② 높이는 0.1m 미만

③ 격자형 덮개의 경우 한 변의 순길이는 100mm 이하일 것

III. 위험표식

안전덮개가 개구부임을 인지할 수 있도록 중앙부에 200×200mm 이상의

크기로 추락위험에 대한 그림이나 기호 또는 글자 등으로 표지를 설치

할 것

Ⅳ. 추락재해를 위한 실무자의 확인

지붕재 위에 설치 시 볼트 등의 천공이 아닌 탈착이 가능해야 할 것이며, 안전덮개는 지붕재와 맞닿는 위치에서 밀착되도록 할 것

Ⅴ. 성능기준

1) **휨 성능** : 중앙부에 직경 150mm 이상의 원형 지그 또는 150×100mm 이상의 사각형 지그로 수직하중 2,000N 재하 시 견딜 것(시험속도는 분당 30mm 이하)

2) **미끄러짐 성능** : 90° 경사진 샌드위치패널 또는 칼라강판에 설치했을 때 미끄러지거나 이동하지 않을 것(-30~80℃ 온도범위에서 유지될 것)

3) **처짐** : 수직하중 2,000N에서 최대 60mm 이하일 것

"끝"

문제7) 작업의자형 달비계작업 시 안전대책(10점)

답)

I. 개요

작업의자형 달비계작업 시에는 작업순서 및 구성요소에 대한 안전조치사항을 준수하여 추락재해가 발생하지 않도록 조치해야 한다.

II. 작업순서

| 구명줄 고정점에 매듭 | → | 안전대를 구명줄에 연결 | → | 작업용 로프 지상으로 내리기 |

| → | 샤클에 작업대를 걸고 샤클을 고정 | → | 작업대에 앉기 및 작업 실시 |

III. 작업 시 안전대책

1) 준비작업

① 작업책임자는 작업 전 고정점의 확인, 건물의 높이를 정확하게 파악할 것

② 로프의 적합한 설비, 작업용 로프의 기본적 검사방법, 구명줄과 앵커, 안전한 사용법, 추락방지시스템, 응급대처방법 등 교육 실시

③ 추락방지에 필요한 안전대 등에 대한 사전점검 실시

④ 단계별 점검사항 이행

2) 로프 내리기

① 작업책임자 확인 아래 구명줄 및 작업용 로프 한쪽 끝을 고정점에 결속

② 안전대 착용

③ 로프가 지상바닥에 충분히 닿도록 길이 확인

④ 로프와 구명줄의 엉킴 방지를 위해 약 1m 정도 이격 설치

3) 기타 조치

① 로프 결속 시 8자 매듭으로 하고 고정점은 22.9kN 이상을 지지할 수 있을 것

② 예리한 모서리에 손상되지 않도록 가죽이나 패드로 로프를 보호할 것

③ 탑승 및 작업 전 안전모와 안전대를 착용하고 안전대부착설비에 부착할 것

IV. 섬유로프 및 안전대 섬유벨트의 폐기기준

1) 꼬임이 끊어진 것

2) 심하게 손상되거나 부식된 것

3) 2개 이상의 작업용 섬유로프 또는 섬유벨트를 연결한 것

4) 작업높이보다 길이가 짧은 것

"끝"

문제8) 안전인증 대상 기계 및 보호구의 종류(10점)

답)

I. 개요

유해·위험한 기계·기구 및 설비 등으로서 근로자의 안전·보건에 필요하다고 인정되어 대통령령으로 정하는 것을 제조하거나 수입하는 자는 안전인증 대상 기계·기구 등이 안전인증기준에 맞는지 여부에 대하여 고용노동부장관이 실시하는 안전인증을 받아야 한다.

II. 안전인증 대상 기계

1) 프레스

2) 전단기 및 절곡기

3) 크레인

4) 리프트

5) 압력용기

6) 롤러기

7) 사출성형기

8) 고소작업대

9) 곤돌라

III. 안전인증 대상 보호구

1) 추락 및 감전위험방지용 안전모

2) 안전화

3) 안전장갑

4) 방진마스크

5) 방독마스크

6) 송기마스크

7) 전동식 호흡보호구

8) 보호복

9) 안전대

10) 차광 및 비산물위험방지용 보안경

11) 용접용 보안면

12) 방음용 귀마개 또는 귀덮개

"끝"

문제9) 산업안전보건법상 산업재해 발생 시 보고체계(10점)

답)

Ⅰ. 개요

산업안전보건법상 산업재해 발생 시에는 보고기준 및 방법을 숙지하여 관

련기관에 제출해야 하며, 특히 중대재해인 경우 지체없이 보고해야 한다.

Ⅱ. 작성제출 구분

1) 산재 발생 시

3일 이상의 휴업이 필요한 산업재해 발생 시 발생한 날로부터 1개월

이내에 지방고용노동관서(산재예방지원과)에 산업재해 조사표를 작성ㆍ

제출

2) 중대재해 발생 시

중대재해 발생 사실을 알게 된 경우 지방고용노동관서(산재예방지원

과)에 지체없이 보고

Ⅲ. 산업재해 발생 시 기록사항(3년간 보존)

1) 사업장의 개요 및 근로자 인적사항

2) 재해 발생 일시 및 장소

3) 재해 발생 원인 및 과정

4) 재해 재발방지계획

Ⅳ. 유관기관의 업무내용

기관	업무내용
고용노동부 감독관	• 사망 사고 시 고용노동부 감독관이 수사전권을 갖음 • 고용노동부 산업안전과 감독관이 사업주 위법성 여부 판단
산업안전보건공단	재해유형에 따른 전문가 점검
경찰	• 관할경찰서 형사과, 폭력과 등 경찰서별 담당부서가 상이할 수 있음 • 사고 당일 경찰서 보고 시 당직부서가 사건담당이 됨 • 원칙적으로 자살, 타설, 사고사 여부만 판단
근로복지공단	• 산재처리, 평상시 근로자의 일반 산재신청 및 판정 관련 (평균일당, 장해등급, 수급권자, 연금, 일시금)
검찰	담당검사, 부장검사로 구성하여 고용노동부의 기소의견을 최종결정

"끝"

문제10) 얕은 기초의 하중 - 침하 거동 및 지반의 파괴유형(10점)

답)

I. 개요

지반이 상부 구조물에 의하여 과도한 침하가 발생할 때 파괴되는 양상으로 평판재하시험에 의한 하중 - 침하량 곡선상에서 지반이 항복점을 통과하게 되면서 국부전단파괴와 전반전단파괴로 나타난다.

II. 유형별 하중 - 침하량 곡선

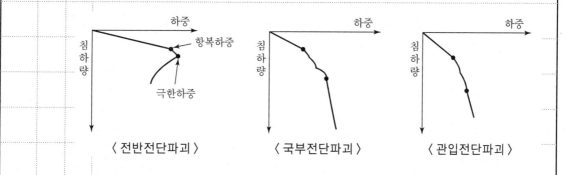

〈 전반전단파괴 〉   〈 국부전단파괴 〉   〈 관입전단파괴 〉

III. 종류별 특징

구분	국부전단파괴	전반전단파괴	관입전단파괴
파괴 형태	침하를 동반한 부분 파괴	활동면을 따라 전반 파괴	지표의 변화 없이 관입
대상 토질	예민한 점성토, 사질토	단단한 사질토, 점성토	액상화, 초연약 점성토
파괴 시 지반변형	부분적 융기	전체적 융기	변화 없음
파괴형태	*B* 파괴면	*B* 지반에서의 파괴면	*B* 파괴면

Ⅳ. 전단파괴 방지대책

1) 기초부 위치의 토질시험 철저

2) 기초저판 확대

3) 기초지반의 치환 및 말뚝공법 실시

4) 사전 지반조사 철저

"끝"

문제11) 건설기계관리법상 건설기계안전교육 대상과 주요내용(10점)

답)

I. 개요

건설기계조종사면허증 소지자는 면허를 발급받은 자의 경우 안전교육을 최초로 받는 사람과 안전교육 등을 받은 적이 있는 사람으로 구분해 안전교육을 받아야 한다.

II. 교육대상

건설기계조종사면허증 소유자

III. 면허종류별 교육시간

1) **일반건설기계(4시간)** : 불도저, 굴삭기, 로더, 롤러

2) **하역운반기계(4시간)** : 지게차, 기중기, 이동식 콘크리트펌프, 쇄석기, 공기압축기, 천공기, 준설선, 타워크레인

IV. 주요내용

1) **일반건설기계조종사 안전교육**

과목	범위	시간	교육주기
건설기계관련 법규 이해	• 「건설기계관리법」, 「산업안전보건법」 주요사항 • 건설기계 사고예방을 위한 조종사의 역할과 의무	1	3년
건설기계의 구조	• 건설기계의 특성 • 건설기계의 주요 구조부 • 방호 및 안전장치	1	

과목	범위	시간	교육주기
건설기계 작업 안전	• 조종 작업 준수사항 • 굴착공사의 작업안전 조치 • 건설기계 기능상 점검(작업 전, 작업 중, 작업 후)	1	3년
재해사례 및 예방대책	• 건설기계 작업의 위험성 • 재해사례 및 예방대책	1	
총		4	

2) 하역운반 등 기타 건설기계조종사 안전교육

과목	범위	시간	교육주기
건설기계관련 법규 이해	• 「건설기계관리법」, 「산업안전보건법」 주요사항 • 건설기계 사고예방을 위한 조종사의 역할과 의무	1	3년
하역운반 등 기타 건설기계의 구조	• 하역운반기계 및 기타 건설기계의 특성 • 하역운반기계 및 기타 건설기계의 주요 구조부 • 방호 및 안전장치	1	
하역운반 등 기타 건설기계의 작업안전	• 조종 작업 준수사항 • 줄걸이 작업과 신호체계 이해 등 • 하역운반기계 및 기타 건설기계 기능상 점검(작업 전, 작업 중, 작업 후)	1	
재해사례 및 예방대책	• 하역운반기계 및 기타 건설기계 • 재해사례 및 예방대책	1	
총		4	

"끝"

문제12) 거푸집 측면에 작용하는 콘크리트 타설 시 측압 결정방법(10점)

답)

Ⅰ. 개요

거푸집 수직부재가 받는 유동성 콘크리트의 수평방향 타설압력으로, 단위

는 t/m^2이며, $W(t/m^3) \times H(m)$에 의해 산정된다.

Ⅱ. 측압 결정방법

1) 타설속도

타설속도(m/h)		10 이하		10 이상 20 이하		20 초과
부위별	$H \leq 1.5$	$1.5 < H \leq 4.0$	$H \leq 2.0$	$1.5 < H \leq 4.0$		$H \leq 4.0$
기둥		$1.5W + 0.6W \times (H-1.5)$		$2.0W + 0.8W \times (H-2.0)$		
벽	높이≤3m	$W \times H$	$1.5W + 0.2W \times (H-1.5)$	$W \times H$	$2.0W + 0.8W \times (H-2.0)$	$W \times H$
	높이>3m		$1.5W$		$2.0W$	

여기서, H : 콘크리트 헤드높이(m)

W : 콘크리트 단위용적중량(t/m^3)

2) 슬럼프 10cm 이하의 콘크리트 내부 진동기에 의한 타설 시

타설속도(m/h)	2 이하	2 초과
기둥	$0.8 + 80R/(T+20) \leq 15$ 또는 $2.4H$	
벽	$0.8 + 80R/(T+20) \leq 10$ 또는 $2.4H$	$0.8 + (120+25R)/(T+20) \leq 10$ 또는 $2.4H$

여기서, R : 타설속도

T : 거푸집 내부 콘크리트 온도(℃)

Ⅲ. 측정방법

1) 수압판에 의한 방법

수압판을 거푸집면의 바로 아래에 대고 탄성변형에 의한 측압을 측정하는 방법

2) 측압계를 이용하는 방법

수압판에 Strain Gauge(변형률계)를 설치하여 탄성변형량을 측정하는 방법

3) 조임철물 변형에 의한 방법

조임철물에 Strain Gauge를 부착시켜 응력변화를 측정하는 방법

4) OK식 측압계

조임철물의 본체에 유압잭을 장착하여 인장력의 변화를 측정하는 방법

"끝"

문제13) 항타·항발기 사용현장의 사전조사 및 작업계획서 내용(10점)

답)

I. 개요

항타기나 항발기를 조립·해체·변경 또는 이동하는 작업을 하는 경우 그

작업방법과 절차를 정해 근로자에게 주지시켜야 하며, 근로자의 위험방지

를 위한 사전조사와 작업방법을 명시해야 한다.

II. 사전 조사내용

해당 기계의 굴러떨어짐, 지반의 붕괴 등으로 인한 근로자의 위험을 방지

하기 위한 해당 작업장소의 지형 및 지반상태 등이다.

III. 작업계획서 내용

1) 항타·항발기의 종류와 성능

2) 운행경로

3) 작업방법

IV. 작성주기와 주체

1) **작성주기** : 작업 시작 전

2) **작성주체** : 사업주

3) **서류보존** : 3년간

V. 작업계획도 작성 시 포함사항

장비위치 및 작업진행 방향, 운반경로, 운반로의 폭·경사, 전도방지대책, 유도자 위치, 지장물 위치, 타 작업자 이동로, 작업자 통제구역 등이다.

"끝"

※ 2022년 개정사항

I. 조립·해체 시 점검사항

1) 사업주는 항타기 또는 항발기를 조립하거나 해체하는 경우 다음의 사항을 준수해야 한다.

   ① 항타기 또는 항발기에 사용하는 권상기에 쐐기장치 또는 역회전방지용 브레이크를 부착할 것

   ② 항타기 또는 항발기의 권상기가 들리거나 미끄러지거나 흔들리지 않도록 설치할 것

   ③ 그 밖에 조립·해체에 필요한 사항은 제조사에서 정한 설치·해체 작업 설명서에 따를 것

2) 사업주는 항타기 또는 항발기를 조립하거나 해체하는 경우 다음의 사항을 점검하여야 한다.

   ① 본체 연결부의 풀림 또는 손상 유무

   ② 권상용 와이어로프·드럼 및 도르래의 부착상태의 이상 유무

   ③ 권상장치의 브레이크 및 쐐기장치 기능의 이상 유무

   ④ 권상기의 설치상태의 이상 유무

   ⑤ 리더(Leader)의 버팀방법 및 고정상태의 이상 유무

⑥ 본체·부속장치 및 부속품의 강도가 적합한지 여부

⑦ 본체·부속장치 및 부속품에 심한 손상·마모·변형 또는 부식이 있는지 여부

Ⅱ. 무너짐의 방지

사업주는 동력을 사용하는 항타기 또는 항발기에 대하여 무너짐을 방지하기 위하여 다음의 사항을 준수해야 한다.

1) 연약한 지반에 설치하는 경우에는 아우트리거·받침 등 지지구조물의 침하를 방지하기 위하여 깔판·깔목 등을 사용할 것

2) 시설 또는 가설물 등에 설치하는 경우에는 그 내력을 확인하고 내력이 부족하면 그 내력을 보강할 것

3) 아우트리거·받침 등 지지구조물이 미끄러질 우려가 있는 경우에는 말뚝 또는 쐐기 등을 사용하여 해당 지지구조물을 고정시킬 것

4) 궤도 또는 차로 이동하는 항타기 또는 항발기에 대해서는 불시에 이동하는 것을 방지하기 위하여 레일 클램프(Rail Clamp) 및 쐐기 등으로 고정할 것

5) 상단 부분은 버팀대·버팀줄로 고정하여 안정시키고, 그 하단 부분은 견고한 버팀·말뚝 또는 철골 등으로 고정시킬 것

Ⅲ. 권상용 와이어로프의 사용 등

사업주는 항타기 또는 항발기의 권상용 와이어로프를 사용하는 경우에 다음의 사항을 준수해야 한다.

1) 권상용 와이어로프는 추 또는 해머가 최저의 위치에 있을 때 또는 널말 뚝을 빼내기 시작할 때를 기준으로 권상장치의 드럼에 적어도 2회 감기고 남을 수 있는 충분한 길이일 것

2) 권상용 와이어로프는 권상장치의 드럼에 클램프·클립 등을 사용하여 견고하게 고정할 것

3) 권상용 와이어로프에서 추·해머 등과의 연결은 클램프·클립 등을 사용하여 견고하게 할 것

4) 2) 및 3)의 클램프·클립 등은 한국산업표준 제품이거나 한국산업표준이 없는 제품의 경우에는 이에 준하는 규격을 갖춘 제품을 사용할 것

○　　　　　○　　　　　○

※ 10권 이상은 분철(최대 10권 이내)

자 격 종 목	건설안전기술사

답안지 작성 시 유의사항

1. 답안지는 총 7매(14면)이며 교부받는 즉시 매수, 페이지 등 정상 여부를 반드시 확인하고 1매라도 분리되거나 훼손하여서는 안 됩니다.
2. 시행회, 자격종목, 수험번호, 성명을 정확하게 기재하여야 합니다.
3. 수험자 인적사항 및 답안 작성(계산식 포함)은 흑색 또는 청색 필기구만 사용하되, 동일한 한 가지 색의 필기구만 사용하여야 하며 흑색, 청색을 제외한 유색 필기구 또는 연필류를 사용하거나 두 가지 이상의 색을 혼합 사용하였을 경우 그 문항은 0점 처리됩니다.
4. 답안 정정 시에는 두 줄(=)을 긋고 다시 기재 가능하며, 수정테이프(액) 등을 사용했을 경우 채점상의 불이익을 받을 수 있으므로 사용하지 마시기 바랍니다.
5. 답안지에 답안과 관련 없는 특수한 표시, 특정인임을 암시하는 답안지는 전체가 0점 처리됩니다.
6. 답안 작성 시 홈(구멍)이나 도형 등 그림이 없는 직선자(템플릿 사용 금지)만 사용할 수 있습니다.
7. 문제의 순서에 관계없이 답안을 작성하여도 되나 주어진 문제번호와 문제를 기재한 후 답안을 작성하고 전문 용어는 원어로 기재하여도 무방합니다.
8. 요구한 문제수보다 많은 문제를 답하는 경우 기재 순으로 요구한 문제수까지 채점하고 나머지 문제는 채점대상에서 제외됩니다.
9. 답안 작성 시 답안지 양면의 페이지 순으로 작성하시기 바랍니다.
10. 기작성한 문항 전체를 삭제하고자 할 경우 반드시 해당 문항의 답안 전체에 대하여 명확하게 X표시(X표시한 답안은 채점대상에서 제외) 하시기 바랍니다.
11. 시험시간이 종료되면 즉시 답안 작성을 멈춰야 하며, 종료시간 이후 계속 답안을 작성하거나 감독위원의 답안 제출 지시에 불응할 때에는 채점대상에서 제외됩니다.
12. 각 문제의 답안 작성이 끝나면 "끝"이라고 쓰고 다음 문제는 두 줄을 띄워 기재하여야 하며 최종 답안 작성이 끝나면 그 다음 줄에 "이하 여백"이라고 써야 합니다.
13. 비번호란은 기재하지 않습니다.

비 번 호	

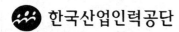

문제1) 풍압이 가설구조물에 미치는 영향과 안전대책에 대하여 설명하시오.(25점)

답)

I. 개요

가설구조물은 경제성을 고려한 부재의 특성상 풍압에 매우 취약한 구조적 문제점이 있을 수 있으므로 특히, 고소작업이 이루어지는 현장에서는 재료부터 조립도, 구조해석 여부 등에 만전을 기해야 한다.

II. 풍압이 가설구조물에 미치는 영향

1) 부재 낙하비래, 탈락, 전도

2) 인접 건축물의 비산물에 의한 재해

3) 인근 통행인의 재해

III. 설계풍하중

1) $W = P \times A$

2) $W =$ 설계풍하중

3) $P =$ 가설구조물 설계풍력

4) $A =$ 작용면 외부 전면적(m^2)

IV. 안전대책

1) **구조해석**

① 고정하중, 수평하중, 활하중, 풍하중 중 2개 이상의 하중조합을 고

려한 구조해석

② 좌굴안전성 검토와 수평하중의 2% 또는 수평길이당 1.5kN/m 중 큰 값에 대한 가새 검토

③ 수직재 좌굴 영향 검토 시 시험성적서와 설계기준값 중 작은 값 이하 설계

2) **조립도**

① 재질, 단면규격, 설치간격, 이음방법 명시

② 평면도, X방향, Y방향 단면도, 상세도의 누락 여부

③ 구조계산서와 조립도 간 단면규격 및 설치간격 일치 여부

3) **동바리 재료**

① 규격제품 사용 여부

② 재사용품의 경우 외관 확인

4) **동바리이음**

① 맞댄이음, 장부이음으로 이음하며 동일 규격, 동일 품질 재료 사용

② 접속부 및 교차부의 전용철물 사용

5) **동바리 조립**

① 수직도 화인

② 고정 및 미끄러짐 방지조치

③ 강관 사용 시 높이 2m 이내마다 수평연결재 2개 방향 설치 및 수평연결재 자체의 변위 방지

6) **파이프서포트 조립**

① 3개 이상 이음 금지

② 높이 3.5m 초과 시 2m 이내마다 수평연결재 설치

③ 연결핀의 고정상태 확인

④ 곡면거푸집인 경우 거푸집 부상 방지조치(버팀대 부착)

7) 지반부등침하 방지

① 받침대 설치

② 버림콘크리트 타설, 깔목 사용 등으로 침하 방지조치

V. 풍속별 작업중지 대상 기계·기구

1) 철골작업 : 평균풍속 10m/s

2) 타워크레인

순간풍속(m/s)	작업중지 대상
10	점검, 수리, 해체작업
15	양중작업
30	주행크레인 이탈 방지
35	붕괴 방지

VI. 제언

국내 지형의 여건상 구릉지와 산악지역의 인근 작업 시에는 풍압의 영향을 받는 풍상측과 풍하측으로 구분하여 풍속의 할증이 이루어져야 한다.

〈 수평경계면 = L_u 또는 1.7H 중 큰 값 〉

지형	적용높이와 거리	적용범위	
		풍상측	풍하측
언덕, 산	풍속할증 수직높이 (지표면기준)	L_u 또는 1.7H 중 큰 값	
	풍속할증 수평거리 (정점기준)	1.5L_u 또는 2.5H 중 큰 값	
경사지	풍속할증 수직높이 (지표면기준)	L_u 또는 1.7H 중 큰 값	
	풍속할증 수직높이 (정점기준)	1.5L_u 또는 2.5H 중 큰 값	3L_u 또는 5H 중 큰 값

"끝"

문제2) 미세먼지가 건설현장에 미치는 영향과 안전대책 그리고 예보등급을 설명하시오. (25점)

답)

I. 개요

미세먼지는 옥외작업이 이루어지는 건설현장 근로자에게 호흡기 및 기타 질환을 유발하는 중요한 요인이 되므로 주의보, 경보등급에 따라 적절한 안전대책을 수립하여 대비하는 것이 중요하다.

II. 미세먼지가 건설현장에 미치는 영향

1) 근로자 안전보건 측면

① 기관지염

② 천식

③ 폐기종 등

④ 결막염

⑤ 피부염

⑥ 심혈관계질환 등

2) 공사품질 및 시공 측면

경보단계의 경우 미세먼지는 강풍을 동반하는 경우가 대부분으로, 도장작업을 비롯한 마감작업 시 공사품질에 악영향을 미칠 가능성이 높다.

Ⅲ. 미세먼지농도에 따른 경보 발령기준

구분	미세먼지(PM10)	초미세먼지(PM2.5)
미세먼지 주의보	$150\mu g/m^3$ 이상	$75\mu g/m^3$ 이상
미세먼지 경보	$300\mu g/m^3$ 이상	$150\mu g/m^3$ 이상

Ⅳ. 단계별 예방조치

사전준비 → 미세먼지 주의보 → 미세먼지 경보 → 이상징후자조치

Ⅴ. 단계별 세부내용

1) 사전준비단계

① 민감군 확인 : 옥외작업자 중 폐질환(천식 등)이나 심장질환이 있는 사람, 고령자, 임산부 등 미세먼지에 노출되었을 경우 건강 영향을 받기 쉬운 노동자를 사전에 파악

② 연락망 구축 : 미세먼지농도에 따른 작업시간 제한이나 건강이상자 긴급보고 등을 위한 비상연락망을 구축·정비

③ 교육 및 훈련 : 미세먼지의 유해성과 농도수준별 조치사항, 개인위생 관리, 방진마스크 착용방법 등에 대해 교육·훈련 실시

④ 미세먼지농도 확인 : 수시로 미세먼지농도를 확인하고 단계별 조치해야 할 사항을 사전에 확인

⑤ 마스크 비치 : 마스크를 비치하고, 옥외작업자가 마스크 착용을 원하는 경우 사용할수 있도록 조치

2) 미세먼지 주의보단계

① 미세먼지 정보 제공 : 미세먼지 주의보가 발령되면 옥외작업자에게

발령 사실과 조치사항들에 대한 정보를 제공

② 마스크 지급 및 착용 : 옥외작업자에게 마스크를 지급하고 착용상

태 확인

③ 민감군에 대한 추가조치 : 민감군에 대해서는 가능한 중작업(重作

業)을 줄이거나 자주 휴식할 수 있도록 조치

3) 미세먼지 경보단계

① 미세먼지 정보 제공 : 미세먼지 경보가 발령되면 옥외작업자에게

발령 사실과 아래의 조치사항들에 대한 정보를 제공

② 마스크 지급 및 착용 : 옥외작업자에 방진마스크 지급 및 착용상태

확인

③ 휴식 : 휴식시간을 자주 갖도록 조치

④ 중작업(重作業) 일정 조정 : 가능한 중작업(重作業)은 다른 날에

하도록 일정을 조정하거나 불가피한 경우 작업량 경감

⑤ 민감군에 대한 추가조치 : 민감군에 대해서는 작업량을 줄이고 휴

식시간 추가 배정

4) 이상징후자조치

이상징후자에 대한 작업전환 또는 작업중단 : 옥외작업 중 호흡곤란이

나 그 밖의 건강이상증상을 느끼는 노동자에 대해서는 정해진 휴식시

간과 상관없이 스스로 작업을 중단하고 쉴 수 있도록 하고 필요시 의

사의 진료를 받을 수 있도록 조치

VI. 결론

미세먼지는 근로자에게 기관지염을 비롯하여 천식, 폐기종 등의 호흡기질환과 결막염, 피부염, 심혈관계 질환을 유발하므로 미세먼지 주의보 및 경보단계별로 정보 제공 및 마스크 지급, 착용상태 확인, 엄격한 휴식시간의 제공과 중작업 일정의 조정 및 민감군에 대한 추가조치를 취해야 하며, 특히 이상징후자에 대해서는 휴식시간과 관계없이 작업의 중지 및 의사의 진료를 받도록 하는 등의 조치가 필요하다.

"끝"

문제3) 안전보건개선계획 수립대상과 진단보고서에 포함될 내용을 설명 하시오.(25점)

답)

I. 개요

중대재해가 발생한 사업장이나 산재발생률이 동종 사업장보다 높은 사업 장 등에 대해 실시하는 안전보건개선계획은 산재예방을 위해 실시하는 것 으로, 사업자는 개선계획서에 의해 종합적 개선이 이루어질 수 있도록 해 야 한다.

II. 수립대상

1) 산재율이 동종 규모의 평균산재율보다 높은 사업장

2) 중대재해 발생 사업장

3) 유해인자의 노출기준 초과 사업장

4) 직업성 질병자가 발생한 사업장

II-2. 진단 후 수립대상

1) 안전보건조치 위반으로 중대재해가 발생한 사업장(2년 이내 동종 산재 율 평균 초과 시)

2) 산재율이 동종 평균 산재율의 2배 이상인 사업장

3) 직업병 이환자가 연간 2명 이상 발생한 사업장(상시근로자 1천 명 이상 인 사업장의 경우 3명)

4) 작업환경불량, 화재, 폭발, 누출사고 등으로 사회적 물의를 일으킨 사업장

5) 고용노동부장관이 정하는 사업장

Ⅲ. 진단보고서에 포함될 내용

1) 작업공정별 유해위험분포도

2) 재해발생현황

3) 재해다발원인 및 유형분석표

4) 교육 및 점검계획

5) 유해위험작업 부서 및 근로자수

6) 개선계획서

7) 산업안전보건관리비 예산

Ⅳ. 개선계획서에 포함될 내용

1) 시설의 개선에 필요한 사항

2) 작업환경 개선에 필요한 사항

3) 안전보건관리체제에 필요한 사항

4) 안전보건교육 개선에 필요한 사항

Ⅴ. 안전보건 개선계획 수립 시 제언

1) 사업주는 안전보건 개선계획을 수립할 때 산업안전보건위원회가 설치
되어 있지 아니한 사업장인 경우에는 근로자대표의 의견을 들어야 한다.

2) 사업주와 근로자는 안전보건 개선계획을 준수하여야 한다.

3) 안전보건 개선계획의 수립·시행명령을 받은 사업주는 고용노동부장관

이 정하는 바에 따라 안전보건 개선계획서를 작성하여 그 명령을 받은 날부터 60일 이내에 관할 지방고용노동관서의 장에게 제출하여야 한다.

4) 안전보건 개선계획서에는 시설, 안전·보건관리체제, 안전·보건교육, 산업재해 예방 및 작업환경의 개선을 위하여 필요한 사항이 포함되어야 한다.

"끝"

문제4) 건설현장의 근로자 중에 주의력 있는 근로자와 부주의한 현상을 보이는 근로자가 있다. 부주의한 근로자의 사고를 예방할 수 있는 안전대책에 대하여 설명하시오.(25점)

답)

I. 개요

건설현장은 실외작업이 많은 여건상 주의력 확보가 어느 업종보다 요구된다. 따라서 작업환경의 개선과 더불어 부주의한 근로자의 사고예방을 위한 교육과 안전시설의 작업 전 설치 등의 안전대책이 요구된다.

II. 부주의에 의한 재해 발생 메커니즘

III. 주의 특성

1) 선택성

① 여러 종류의 자각현상 발생 시 소수의 특정한 것에 제한

② 동시에 2개의 내용에 집중하지 못하는 중복 집중 불가

2) 방향성

① 주시점만 인지하는 기능

② 한 지점에 주의를 집중하면 다른 것에 대한 주의는 약해지는 특징

3) 변동성

① 주기적인 집중력의 강약이 발생

② 주의력은 지속한계성에 의해 장시간 지속될 수 없음

Ⅳ. 부주의 유발원인

1) 외적 요인(불안전상태)

① 작업·환경조건 불량

불쾌감이나 신체적 기능 저하가 발생하여 주의력의 지속 곤란

② 작업순서의 부적당

판단의 오차, 조작 실수 발생

2) 내적 요인(불안전행동)

① 소질적 조건

질병 등의 재해요소를 갖고 있는 자

② 의식의 우회

걱정, 고민, 불만 등으로 인한 부주의

③ 경험부족, 미숙련

억측 및 경험 부족으로 인한 대처방법의 실수

Ⅴ. 근로자의 사고를 예방할 수 있는 안전대책

1) 외적 요인

① 작업환경·조건의 개선

② 근로조건의 개선

③ 신체 피로 해소

④ 작업순서 정비

⑤ 근로자의 능력·특성에 부합되는 설비·기계류의 제공

⑥ 안전작업방법 습득

2) **내적 요인**

① 적정 작업 배치

② 정기적인 건강진단

③ 안전카운슬링

④ 안전교육의 정기적 실시

⑤ 주의력 집중 훈련

⑥ 스트레스 해소대책 수립 및 실시

Ⅵ. 결론

부주의의 발생원인은 주의의 특징인 선택성, 방향성, 변동성과 연관된 심리상태로서 부주의는 불안전한 행동을 초래하여 생산활동을 저해하는 것은 물론 재해발생의 가장 중요한 요소가 되므로 RMR에 의한 업무배정과 적절한 휴식시간 제공, 잠재재해 발굴을 위한 동기부여가 이루어지도록 관리하는 것이 중요하다.

"끝"

문제5) 양중기의 방호장치 종류 및 방호장치가 정상적으로 유지될 수 있도록 작업 시작 전의 점검사항에 대하여 설명하시오. (25점)

답)

I. 개요

타워크레인을 비롯해 리프트, 이동식 크레인, 곤돌라 등의 양중기 사용 작업 시에는 방호장치의 작동 여부를 비롯하여 양장장비의 종류별 특성에 따른 점검과 교육이 이루어져야 한다.

II. 종류별 재해유형

종류	재해유형
타워크레인	• 설치작업 중 Jib의 균형상실로 인한 붕괴 • 인양작업 중 와이어로프의 인양장치 파손에 의한 자재 낙하
리프트	길이가 긴 자재를 탑재상태에서 승강 중 건물에 걸려 자재의 낙하
이동식 크레인	• 자재 인양 중 고압선 접촉에 의한 감전 • 굴삭기 인양 중 지반침하에 의한 크레인의 전도
곤돌라	곤돌라 상부의 로프 파단에 의한 낙하재해
윈치	자재 인양 중 낙하물에 충돌
특수작업대	교량상판 하부 작업 중 미숙련공 작업에 의한 작업대 붕괴

III. 양중기의 방호장치 종류

1) 권과방지장치

2) 과부하방지장치

3) 비상정지정치

4) 훅해지장치

5) 브레이크장치

Ⅳ. 작업 시작 전 점검사항

1) 타워크레인
① 무부하상태에서 시운전 3회 이상 실시
② 크레인 선회범위 내 장애물 제거상태 확인
③ 자재 인양 시 2줄걸이 결속 및 수평인양
④ 크레인 안전장치의 작동상태 확인

2) 리프트
① 리프트 상부 단부에 안전난간 설치상태 확인
② 안전수칙 및 정격하중 표지판 설치상태 점검
③ 무인리프트의 경우 인터록장치의 임의조작 금지

3) 이동식 크레인
① 작업장 지면상태의 평탄성을 작업 전에 확인
② 고압선 등 위험물 인근 작업 시 이격거리 준수 및 유도자 배치
③ 적재물의 탑승금지 및 부득이한 경우 전용탑승 설비 설치

4) 곤돌라
① 옥상의 고정 브래킷 또는 이동식 고정대의 견고성 확인(하중, 충격)
② 안전난간 및 발끝막이판 설치
③ 수직구명로프 고정용 앵커는 옥상 바닥 또는 파라펫에 견고하게 설치

5) 윈치
① 휴식 시 전원스위치 Off
② 사용 후 와이어로프는 드럼에 완전히 감아 둘 것
③ 올린 화물로 인해 운전원 시계가 확보되지 않을 경우 신호수 배치

6) 특수작업대

① 주행부 전기장치 및 유동방지장치 이상 유무

② 안전난간의 설치

③ 운행경로상에 장애물이 없을 것

V. 작업 전 현지 조사사항

1) 소음, 낙하물 등이 위해를 끼칠 우려가 있는지 여부

2) 차량 통행이 지하매설물에 지장을 주는지 여부

3) 통행인 또는 차량 진행에 방해 여부, 자재 적치장 소요면적 조사

3) 건립용 기계작업 반경 내 지장물, 주변 지형, 지물과의 간격과 높이 등

VI. 결론

양중작업이 이루어지는 현장에서는 양중계획 시 현장조건을 고려한 장비의 정확한 선정이 중요하고, 작업 전 현지 특성 파악을 위한 현지조사 체크리스트를 작성한 후 작업 시작 전 확인하는 것이 중요하다.

"끝"

문제6)	건설현장의 스마트 건설기술 개념과 스마트 안전장비의 종류 및 스마트 안전관제시스템의 향후 스마트 기술 적용 분야에 대하여 설명하시오.(25점)

답)

I. 개요

가시설 등의 취약 공종과 근로자 위험요인에 대한 정보를 센서나 스마트 착용장비 등을 통해 확인하고 모니터링하여 실시간 정보를 연계시킨 예방형 안전관리체계는 향후 건설업이 지향해야 할 과제로, 정부와 업계의 적극적인 도입의지가 필요하다.

II. 스마트 건설기술 개념

활용 중인 기술	연구 중인 기술	연구희망 기술
• BIM 설계 및 시공 • 드론·스캐닝 측량 • 가상현실 기반 시각화 • IoT 자재관리, 안전관리	• 모듈화 • IoT 기반 공사관리 고도화 • VR·AR 활용기술	• 빅데이터, AI • 설계·시공 자동화 • 3D Printing • 건설자동화 로봇

III. 스마트 안전장비의 종류

1) 건설근로자 위치추적센서

2) 무선신호송수신 모니터링시스템

3) 고정식 및 이동식 지능형 CCTV

4) 위치파악용 센서

5) **스마트 개인안전보호구** : 안전모, 안전벨트 미착용 시 경보음, 위험지역 접근경고

6) 건설장비 접근 경보시스템

7) **붕괴위험 경보기** : 비계, 거푸집, 흙막이 등 가설구조물 붕괴위험 감지

8) 스마트 터널 모니터링시스템

9) **스마트 건설 안전통합관제시스템** : 작업인원 및 장비 원격관제, 붕괴, 화재, 침수 등의 현장에 긴급재해 대응

Ⅳ. 스마트 안전관제시스템의 향후 스마트 기술 적용 분야

1) **설계단계**

① 드론 기반 지형·지반모델링 자동화 기술

- 드론이 다양한 경로로 습득한 정보로부터 3차원 디지털 지형모델을 자동 도출

    - 카메라, 레이저스캔장치, 비파괴조사장치, 센서 등과 결합된 드론

- 공사부지 지반조사 정보를 BIM에 연계하기 위해 측량, 시추 결과를 바탕으로 지반강도, 지질상태 등을 예측

② BIM 적용 표준

축적된 BIM데이터를 바탕으로 새로운 정보와 지식을 창출할 수 있는 백데이터 활용표준 구축

③ BIM설계 자동화 기술

- 라이브러리를 활용하여 속성정보를 포함한 3D모델 구축

- 축적된 사례의 인식, 학습을 통한 AI 기반 BIM설계 자동화

2) 시공단계

① 건설기계 운용단계

자동화 건설기계가 AI관제에 따라 자율주행 시공

- 작업 최적화로 생산성 향상

- 인적 위험요인 최소화로 안전성 향상

② 시설 구축단계

공장모듈 생산

- 현장조립, 비정형 모듈은 3D 프린터로 출력

- 공사기간 및 비용 획기적 감축

- 현장 주변 교통혼잡 및 환경피해 최소화

V. 결론

스마트 건설의 핵심 개발기술은 ICT 기반 현장 안전사고예방 기술로서 가
시설 등의 취약 공종과 근로자 위험요인에 대한 정보를 센서나 스마트 착
용장비 등으로 취득하고 실시간 모니터링하여 실시간 정보를 연계시킨 예
방형 안전관리체계로, 정부와 업계의 적극적인 도입의지가 필요하다.

"끝"

제 127 회
국가기술자격검정 기술사 필기시험 답안지(제3교시)

○　　　　　○　　　　　○

※ 10권 이상은 분철(최대 10권 이내)

자 격 종 목	건설안전기술사

답안지 작성 시 유의사항

1. 답안지는 총 7매(14면)이며 교부받는 즉시 매수, 페이지 등 정상 여부를 반드시 확인하고 1매라도 분리되거나 훼손하여서는 안 됩니다.
2. 시행회, 자격종목, 수험번호, 성명을 정확하게 기재하여야 합니다.
3. 수험자 인적사항 및 답안 작성(계산식 포함)은 흑색 또는 청색 필기구만 사용하되, 동일한 한 가지 색의 필기구만 사용하여야 하며 흑색, 청색을 제외한 유색 필기구 또는 연필류를 사용하거나 두 가지 이상의 색을 혼합 사용하였을 경우 그 문항은 0점 처리됩니다.
4. 답안 정정 시에는 두 줄(=)을 긋고 다시 기재 가능하며, 수정테이프(액) 등을 사용했을 경우 채점상의 불이익을 받을 수 있으므로 사용하지 마시기 바랍니다.
5. 답안지에 답안과 관련 없는 특수한 표시, 특정인임을 암시하는 답안지는 전체가 0점 처리됩니다.
6. 답안 작성 시 홈(구멍)이나 도형 등 그림이 없는 직선자(템플릿 사용 금지)만 사용할 수 있습니다.
7. 문제의 순서에 관계없이 답안을 작성하여도 되나 주어진 문제번호와 문제를 기재한 후 답안을 작성하고 전문용어는 원어로 기재하여도 무방합니다.
8. 요구한 문제수보다 많은 문제를 답하는 경우 기재 순으로 요구한 문제수까지 채점하고 나머지 문제는 채점대상에서 제외됩니다.
9. 답안 작성 시 답안지 양면의 페이지 순으로 작성하시기 바랍니다.
10. 기작성한 문항 전체를 삭제하고자 할 경우 반드시 해당 문항의 답안 전체에 대하여 명확하게 X표시(X표시한 답안은 채점대상에서 제외) 하시기 바랍니다.
11. 시험시간이 종료되면 즉시 답안 작성을 멈춰야 하며, 종료시간 이후 계속 답안을 작성하거나 감독위원의 답안 제출 지시에 불응할 때에는 채점대상에서 제외됩니다.
12. 각 문제의 답안 작성이 끝나면 "끝"이라고 쓰고 다음 문제는 두 줄을 띄워 기재하여야 하며 최종 답안 작성이 끝나면 그 다음 줄에 "이하 여백"이라고 써야 합니다.
13. 비번호란은 기재하지 않습니다.

비 번 호	

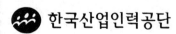 한국산업인력공단

문제1) 낙하물방지망의 (1) 구조 및 재료 (2) 설치기준 (3) 관리기준을 설명하시오.(25점)

답)

I. 개요

낙하물방지망은 작업 중 재료나 공구 등의 낙하물로 인한 피해를 방지하기 위하여 설치하는 방지망으로, 한국산업표준 또는 고용노동부 고시에서 정하는 기준에 적합한 것을 사용해야 한다.

II. 설치개념도

- 외부비계
- 연결재(φ48.6mm 단관파이프 또는 φ6mm 이상 와이어로프 @3.0m 이내)
- 방지망
- 지지재 → (φ48.6mm 단관파이프 @1.0m 이내)
- 지지재(φ48.6mm 단관파이프 @1.5m 이내)
- 내민길이 2m 이상
- 각도(20~30°)

III. 구조 및 재료

1) 한국산업표준(KS F 8083) 또는 고용노동부 고시 "방호장치 안전인증 고시"에서 정하는 기준에 적합한 것을 사용한다.

2) 그물코의 크기는 2cm 이하로 한다.

3) 방망의 매듭 종류

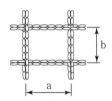

〈 무매듭방망 〉

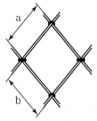

〈 매듭방망 〉

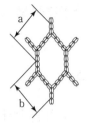

〈 라셀방망 〉

4) 인장강도

그물코 한 변 길이	무매듭방망	라셀방망	매듭방망
30mm	860N 이상	750N 이상	710N 이상
15mm	460N 이상	400N 이상	380N 이상

Ⅳ. 설치기준

1) 첫 단은 보행 및 차량 이동에 지장이 없을 경우 가능한 낮게 설치하고, 상부에 10m 이내마다 추가로 설치한다.

2) 방지망이 수평면과 이루는 각도는 20~30°로 하여야 한다.

3) 내민길이는 비계 외측으로부터 수평거리 2.0m 이상으로 하여야 한다.

4) 방지망의 가장자리는 테두리로프를 그물코마다 엮어 긴결하여야 한다.

5) 방지망을 지지하는 긴결재의 강도는 15,000N 이상의 외력에 견딜 수 있는 로프 등을 사용하여야 한다.

6) 방지망의 겹침폭은 30cm 이상으로 하여야 하며 방지망과 방지망 사이의 틈이 없도록 하여야 한다.

7) 수직보호망을 완벽하게 설치하여 낙하물이 떨어질 우려가 없는 경우에는 이 기준에 의한 방지망 중 첫 단을 제외한 방지망을 설치하지 않을

수 있다.

8) 최하단의 방지망은 크기가 작은 못, 볼트, 콘크리트 덩어리 등의 낙하물이 떨어지지 못하도록 방지망 위에 그물코 크기가 0.3cm 이하인 망을 추가로 설치하여야 한다. 다만, 낙하물 방호선반을 설치하였을 경우에는 그러하지 아니한다.

V. 관리기준

1) 방지망은 설치 후 3개월 이내마다 정기점검을 실시하여야 한다.

2) 낙하물이 발생하였거나 유해환경에 노출되어 방지망이 손상된 경우에는 즉시 교체 또는 보수하여야 한다.

3) 낙하물방지망 주변에서 용접이나 커팅작업을 할 때는 용접불티 날림방지덮개, 용접방화포 등 불꽃, 불티 등의 날림방지조치를 실시하고 작업이 끝나면 방망의 손상 여부를 점검하여야 한다.

4) 방지망에 적치되어 있는 낙하물 등은 즉시 제거하여야 한다.

VI. 결론

고층의 경우 낙하물 비산방지를 위해 설치단수 및 내민길이를 크게 하는 것이 유리하며, 최하단의 방지망은 그물코 크기가 3mm 이하인 망 추가 설치로 낙하물에 의한 재해를 예방하도록 할 필요가 있다.

"끝"

문제2) 해빙기 건설현장에서 발생할 수 있는 재해위험요인별 안전대책과 주요 점검사항을 설명하시오.(25점)

답)

I. 개요

해빙기에는 동절기에 동결된 지반이 녹기 시작함에 따라 융해속도가 배수속도보다 빠른 경우 지반 표면 근처의 많은 수분으로 인해 지반이 연약해져 강도가 저하됨에 따라 지지력을 잃는 현상인 연화현상의 발생으로 붕괴를 비롯한 대형재해 발생위험이 높으므로 이에 대한 조치가 필요하다.

II. 융해현상 발생조건

1) 동결된 지반의 융해   2) 동결지반의 존재

III. 문제점

1) 함수비 증가로 지반 연약화에 의한 강도 저하

2) 지지력 감소

3) 융해에 의한 침하

4) 분니현상(Frost Boil) 발생

IV. 재해위험요인별 안전대책

재해유형	안전대책
사면, 흙막이 붕괴	• 배수시설 점검 • 구배기준 준수 • 계측관리

재해유형	안전대책
콘크리트 구조물 붕괴	• 동결융해 발생부 사전점검 • 동절기 타설 시 보온양생 • 설계기준 강도 발현 시까지 거푸집, 동바리 유지기준 준수
도로 파손	분니현상 발생현장의 통행제한조치 및 응급복구
구조물 붕괴	침하발생 시 긴급점검의 실시 및 결과에 따른 조치
건강장해	• 새벽 및 심야근무자의 동상 및 수지백지증후군 사전점검 • 근로자 중 뇌, 심혈관계질환자의 사전확인 및 건강상태 수시 확인

V. 주요 점검사항

1) 작업 시작 전 이상 유무 육안점검

2) 굴착부 및 성토부 계측자료 일일점검

3) 거푸집, 동바리 설치작업 전 지반다짐상태 확인

4) **지형 및 지반상태 확인** : 차량 종류 및 운행경로, 작업내용

5) **도로 폭 및 다짐상태** : 장비폭×1.5배 이상의 도로폭 확보 여부 및 다짐도 부족 시 깔판, 깔목의 설치

6) 발파·천공 시 타 작업현장 및 인근 구조물의 영향 파악

VI. 동결융해현상방지를 위한 동상방지층 설치기준

1) **쌓기높이 2m 이상** : 설치 생략

2) 쌓기높이 2m 이하인 경우에도 동상수위 높이차 1.5m 이상 시 설치 생략

3) 동상수위 높이차 1.5m 이하라도 노상토가 $0.08mm(75\mu m)$체 통과율이 8% 이하 시 설치 생략

Ⅵ - 2. 동결일수와 동결지수의 산정에 의한 동결방지 제언

1) 일기온의 누계곡선으로 동결일수와 동결지수를 산정한다.

2) 20년간 기상자료에서 추웠던 2년간 자료를 기준으로 한다.

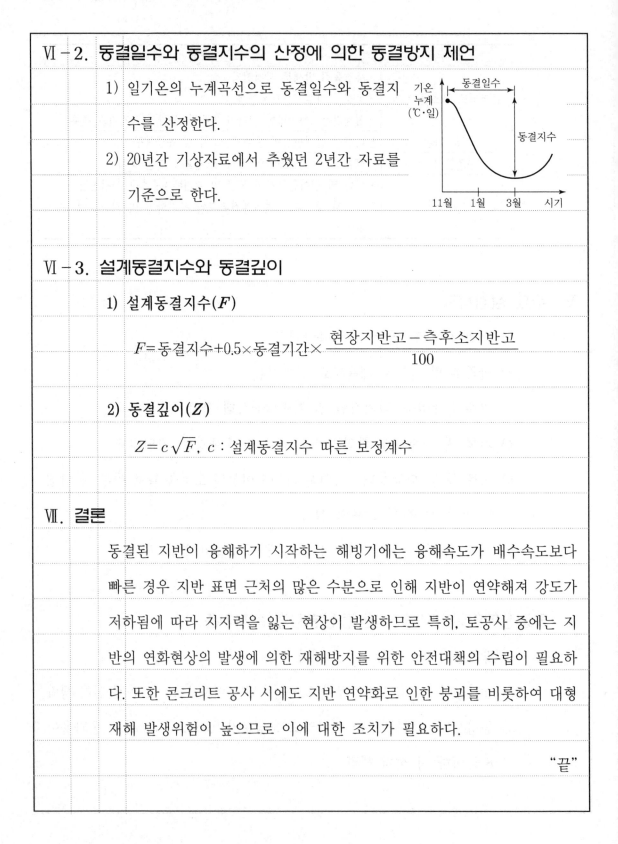

Ⅵ - 3. 설계동결지수와 동결깊이

1) 설계동결지수(F)

$$F = 동결지수 + 0.5 \times 동결기간 \times \frac{현장지반고 - 측후소지반고}{100}$$

2) 동결깊이(Z)

$$Z = c\sqrt{F}, \ c : 설계동결지수 \ 따른 \ 보정계수$$

Ⅶ. 결론

동결된 지반이 융해하기 시작하는 해빙기에는 융해속도가 배수속도보다 빠른 경우 지반 표면 근처의 많은 수분으로 인해 지반이 연약해져 강도가 저하됨에 따라 지지력을 잃는 현상이 발생하므로 특히, 토공사 중에는 지반의 연화현상의 발생에 의한 재해방지를 위한 안전대책의 수립이 필요하다. 또한 콘크리트 공사 시에도 지반 연약화로 인한 붕괴를 비롯하여 대형 재해 발생위험이 높으므로 이에 대한 조치가 필요하다.

"끝"

| 문제3) | 화재발생메커니즘(연소의 3요소)에 대하여 설명하고, 건설현장에서 작업 중 발생할 수 있는 화재 및 폭발발생유형과 예방대책에 대하여 설명하시오.(25점) |

답)

Ⅰ. 개요

가연물, 점화원, 산소의 3가지 조건이 갖추어진 경우에만 발생하는 화재는 원인조사에서도 동일한 조건으로 파악하게 된다. 건설현장은 화재 및 폭발위험이 높은 연료의 물질과 점화원이 있으므로 철저한 점검이 이루어져야 한다.

Ⅱ. 연소의 3요소

1) **연료** : 가연물

① 액체연료 : 가솔린, 알코올, 석유 및 화합물, 시너, 페인트 등

② 기체연료 : 프로판가스, 부탄가스, 메탄가스 등

③ 고체연료 : 나무, 갈탄, 종이, 고무, 플라스틱 등

2) **열** : 점화원

3) 산소

Ⅲ. 화재의 분류

분류	화재의 종류
A급	일반 가연물에 의한 화재
B급	유류화재
C급	전기화재

분류	화재의 종류
D급	금속화재
E급	가스화재
F급	식용유화재

Ⅳ. 건설현장에서 작업 중 발생할 수 있는 화재 및 폭발발생유형

1) 용접, 그라인딩, 절단작업 시 불티비산에 의한 유형

2) 가설전기 기계·기구 단락으로 인한 스파크

3) 난방기구, 전열기구 과열에 의한 확산형 화재

4) 현장 내 불이 다른 장소로 번짐으로 인한 유형

5) 동절기 콘크리트의 가열양생 중 옮겨붙는 유형

Ⅴ. 예방대책

1) 용접, 그라인딩, 절단작업 시 발생하는 불티화재

① 용접작업장 부근의 연소위험물질 및 가연물 제거

② 천장 용접 시 불티가 떨어져 화재위험이 없는지 확인

③ 불티비산방지덮개, 용접방화포 설치

④ 잔류가스 정체 위험장소에서 배관용접, 절단작업 시 환기팬 가동

⑤ 용접, 절단 등 불티비산작업 시 우레탄폼, 샌드위치패널, 스티로폼

사용을 하는지 확인

2) 전기로 인한 화재

① 퓨즈나 과전류차단기는 반드시 정격용량 제품을 사용

② 누전차단기 설치

③ 한 콘센트에 문어발식 사용금지

④ 사용한 전기기구는 반드시 플러그 뽑기

⑤ 정전기 발생예방을 위한 복장 착용

3) 가연성 자재 보관방법 개선

① 가연성 자재는 실외환기가 충분한 장소에 별도 저장소를 설치하여 보관

② 지하의 밀폐된 실내에 보관 시 보관장소 인근 화기작업 금지, 화재
확산 지연을 위한 불연재질의 임시방호벽 설치 및 화재감지, 경보
기와 자동확산소화장치 설치

4) 가설전기 화재예방을 위한 전선접속부 관련 요구사항

① 전선강도를 20% 이상 감소시키지 않을 것

② 전선의 전기저항을 증가시키지 않을 것

③ 특수한 접속방법으로 하는 경우 외에는 접속개소는 납땜 실시

④ 접속개소는 그 절연전선과 같은 정도 이상의 효력이 있도록 테이핑

VI. 화재감시자 배치기준 및 업무

1) 배치의무장소

아래의 어느 하나에 해당하는 장소에서 용접·용단작업을 하도록 하
는 경우에는 화재감시자를 배치해야 한다. 단, 같은 장소에서 상시·반
복적으로 용접·용단작업을 할 때 경보용 설비·기구, 소화설비 또는
소화기가 갖추어진 경우에는 배치하지 않을 수 있다.

① 작업반경 11m 이내에 건물구조 자체나 내부(개구부 등으로 개방된
부분을 포함한다)에 가연성 물질이 있는 장소

② 작업반경 11m 이내의 바닥 하부에 가연성 물질이 11m 이상 떨어져 있지만 불꽃에 의해 쉽게 발화될 우려가 있는 장소

③ 가연성 물질이 금속으로 된 칸막이, 벽, 천장 또는 지붕의 반대쪽 면에 인접해 있어 열전도나 열복사에 의해 발화될 우려가 있는 장소

2) 화재감시자의 업무

① 배치장소에 가연성 물질이 있는지 여부의 확인

② 가스 검지, 경보 성능을 갖춘 가스 검지 및 경보 장치의 작동 여부의 확인

③ 화재 발생 시 사업장 내 근로자의 대피 유도

3) 화재감시자에 지급 물품

① 화재감시자 가방

② 화재감시자 천조끼

③ 화재감시자 안전모

④ 접이식 미니메가폰

⑤ 휴대용 소화기

⑥ 휴대용 손전등

⑦ 화재감시자 완장

⑧ 방연마스크

Ⅶ. 작업 전 안전점검 체크리스트

1) 필수

① 작업 시작 전, 재시작 전 가스농도를 측정했는가?

② 배관, 용기 내부 위험물을 배출, 제거하고 유압방지조치를 했는가?

③ 가스용기 및 사용기구에 대한 누설 여부를 점검했는가?

④ 착화위험이 있는 물질 주변에서 화기사용 작업 시 화재감시인이 배치됐는가?

2) 추가

① 주변 위험물의 정보를 파악 · 공유했는가?

② 불이 붙기 쉬운 주변에 존재하는 가연물을 제거했는가?

③ 용접불티 비산방지덮개 등 불꽃, 불티 등에 대해 비산방지조치를 했는가?

④ 주요 화기작업의 안전작업허가를 받았는가?

⑤ 위험물이 남아 있지 않도록 제거 및 환기했는가?

⑥ 소화기 등 소화기구를 비치했는가?

3) 기타

① 가설전선, 전기기계 · 기구는 절연조치를 했는가?

② 착화위험장소에서 용접 · 용단작업 시 화재감시자를 배치했는가?

Ⅷ. 점검사항

1) 가설숙소, 현장사무실, 창고의 난방기구 배치 및 전열기상태의 적정성

2) 우레탄폼 등 가연성 자재의 관리상태 적정성

3) 위험물질 관리상태

4) 발파작업 안전대책 적정성

IX. 결론

용접, 그라인딩, 절단작업 시 불티를 비롯해 가설전기 기계·기구 단락, 냉·난방기구, 전열기구의 과열로 인한 화재는 발생 시 현장 내 불이 다른 장소로 급격하게 번져 현장은 물론 인근 건축물에도 심각한 피해를 유발하므로 무엇보다 화재예방에 만전을 기해야 한다.

"끝"

문제4)	산업안전보건법에서 정하는 건설공사 발주자의 산업재해 예방조치 의무를 계획단계 · 설계단계 · 시공단계로 나누고 각 단계별 작성 항목과 내용을 설명하시오.(25점)
답)	
Ⅰ. 개요	발주자는 건설공사 산재예방을 위해 일정규모 이상의 건설공사를 계획 · 설계 · 시공단계로 구분하여 기본설계공사안전 · 보건대장 등의 작성 및 이행여부를 확인해야 할 의무가 있다.
Ⅱ. 실시목적	1) 유해유발원인 제공자임에도 법적 책무가 없음에 따른 책임 부여 2) 공사 참여주체별 안전보건관리 역할의 체계화를 통한 제도적 완성
Ⅲ. 적용대상	공사금액 50억 원 이상
Ⅳ. 단계별, 관리주체별 조치사항	

```
┌─────────────────┐   ┌──────────────────┐   ┌──────────────────┐
│ 기본안전 · 보건대장 작성│ → │ 설계안전 · 보건대장 작성│ → │ 공사안전 · 보건대장 작성│
└─────────────────┘   └──────────────────┘   └──────────────────┘
주체 :      (발주자)            (설계자)            (도급인, 시공자)
```

1) **계획단계** : 해당 건설공사의 중점관리유해위험요인 및 이에 대한 감소 대책이 수립된 기본안전 · 보건대장을 작성한다.

2) **설계단계** : 기본안전 · 보건대장을 설계자에게 제공해 설계자가 유해위

험요인에 대한 감소대책이 포함된 설계안전·보건대장을 작성하도록

하고 이를 확인한다.

3) **시공단계** : 도급인에게 설계안전·보건대장을 제공하고 이를 반영해

공사안전·보건대장을 작성토록 하며 이행 여부를 확인한다.

V. 각 대장별 포함사항

1) 기본안전·보건대장

① 공사규모, 공사예산 및 공사기간 등 사업개요

② 공사현장 제반정보

③ 공사 시 유해·위험요인과 감소대책 수립을 위한 설계조건

2) 설계안전·보건대장

① 적정 공사기간 및 공사금액 산출서

② 설계조건이 반영된 공사 중 발생할 수 있는 주요 유해·위험요인

및 감소대책에 대한 위험성평가 내용

③ 유해·위험방지계획서 작성계획

④ 안전보건조정자 배치계획

⑤ 산업안전보건관리비 산출내역서

⑥ 건설공사의 산업재해예방지도 실시계획

3) 공사안전·보건대장

① 위험성평가 내용이 반영된 공사 중 안전보건조치 이행계획

② 유해·위험방지계획서의 심사 및 확인결과에 대한 조치내용

③ 계상된 산업안전보건관리비 사용계획 및 사용내역

④ 건설공사의 산업재해예방지도 계약 여부, 지도결과 및 조치내용

Ⅵ. 단계별 핵심사항

1) **발주단계** : 안전보건전문가의 자문

2) **착공단계** : 시공자의 유해·위험방지계획서 작성

3) **시공단계** : 현장의 공사안전·보건대장과 일치 여부 확인을 위한 현장점검

4) **공사완료단계** : 기본·설계·공사안전·보건대장의 관리 및 보관

Ⅶ. 결론

건설업 산업재해예방을 위한 발주자와 설계자 및 시공자의 안전관리대장은 건설공사의 계획단계에서부터 안전관리활동을 체계적으로 추진하기 위한 가장 중요한 자료이므로, 이에 대한 충분한 이해를 토대로 완벽한 작성을 통해 대한민국 건설업 재해율 제로를 달성하기 위한 근간이 되어야 할 것이다.

"끝"

문제5) 타워크레인의 성능유지관리를 위한 반입 전 안전점검항목과 작업 중 안전점검항목을 설명하시오.(25점)

답)

I. 개요

타워크레인을 반입하기 전 사전검사와 비파괴검사를 실시하여 기계 각 부의 결함과 위험성을 사전에 차단하고 또한, 설치가 된 이후 완성검사와 더불어 6개월 주기로 정기검사를 실시해야 한다.

II. 반입 전 안전점검항목

1) 제조국 확인

2) 제조일자, 등록일자의 확인 및 검사

① 10년 이상된 경우 : 안전성검사 확인

② 15년 이상된 경우 : 비파괴검사 확인

③ 20년 이상된 경우 : 정밀안전진단 확인

3) 추가마스트의 정품 여부 확인

동일한 메이커, 동일한 모델로 한정하여 허용 여부 결정

4) 기타

사전검사와 자율안전검사는 완성검사업체와 다른 업체를 선정할 것

III. 작업 중 안전점검항목

1) 와이어로프 또는 체인 손상 여부

① 이음매가 있는 와이어로프 사용금지

② 지름의 감소가 공칭지름의 7%를 초과하는 와이어로프 사용금지

③ 제조된 때의 길이의 5%를 초과하거나 링의 지름이 10%를 초과하여 감소한 체인의 사용금지

2) 줄걸이용구 손상 여부

① 훅, 샤클, 클램프 및 링 등의 철구로서 변형 또는 균열이 있는 것 사용금지

② 꼬임이 끊어지거나 심하게 손상, 부식된 섬유로프 또는 섬유벨트 사용금지

3) 훅 해지장치 부착 여부

4) 방호장치 정상작동 여부

① 과부하방지장치

② 권과방지장치

③ 비상정지장치

④ 제동장치 정상작동 여부 확인

5) 자립고 이상에서 벽체 지지방법의 준수 여부

① 서면심사(형식승인)서류 또는 제조사 설치작업설명서 등에 따라 설치

② 콘크리트 구조물 고정 시 매립, 관통 등 방법으로 충분히 지지

6) 건축물인 시설물에 지지하는 경우 시설물의 구조적 안정성에 영향이 없도록 할 것

IV. 우수(풍수해) 대비 분기별 안전점검 시 점검내용

1) 전원 및 안전스위치 등 작동상태

2) 경음기, 브레이크 등의 작동상태 및 와이어 마모상태

3) 안전표지판 부착상태

V. 기타 일상점검

1) 사용매뉴얼 비치 여부

2) 조종사 자격 여부

3) 장비점검일지 작성 여부

4) 악천후 시 전원차단 등 사용중단 여부 및 풍속계 등 설치 여부

5) 도로 점용 여부

6) 주전원용 전선 및 와이어로프 안전상태(소선, 마모 등)

7) 권상부하물의 지면 또는 주위 부하물로부터의 간섭 여부

8) 크레인 진입구 주위에 가이드레일 설치 및 안전수칙 표지판 부착상태

VI. 결론

도급인 및 설치·해체업체의 관리책임이 강화된 타워크레인 작업현장은 매년 전도 등의 재해가 끊이지 않고 있어 반입 전부터 철저한 안전점검이 이루어져야 하고 정기검사 시에도 사용재료의 재질 및 규격, 외관 및 설치 상태의 확인이 중요한 항목임을 인식해야 한다.

"끝"

문제6) 건설현장의 돌관작업을 위한 계획 수립 시 재해예방을 위한 고려사

항과 돌관작업현장의 안전관리방안을 설명하시오.(25점)

답)

I. 개요

적기 준공을 위해 공사현장에 추가 인력과 장비의 동원 및 시간 외 근무를

위한 돌관작업은 발주기관의 사유로 계약기간이 단축되었을 경우에도 '기

타 계약내용의 변경'조항을 준용해 계약금액을 조정할 수 있음은 물론 안

전관리비의 증액도 가능함을 인식해야 한다.

II. 돌관작업의 의미

Push the Construction Work on to the Finish Day and Not, 즉 장비와 인

원을 집중적으로 투입해 한달음에 해내는 공사이다.

III. 돌관공사 흐름도

1) 발주자 측 사유

적정공기 검토 → 돌관 여부 판단 → 돌관공사비 반영 → 사업심의 → 돌관공사 지원

2) 시공자 측 사유

현장의 요청사유 발생 → 잔여공기 검토 → 본사 의사결정 → 돌관공사비 예산편성 → 지원

IV. 계획 수립 시 재해예방을 위한 고려사항

1) 동시 작업 시 발생할 수 있는 위험요인의 최소화

2) 근로자와 장비의 동선이 겹치지 않도록 고려

3) 화재예방을 위한 충분한 소화기 비치 및 쉽게 위치를 알 수 있도록 표지와 형광표지 부착

4) 근로자 안전보건관리계획

5) 현장관리계획

V. 돌관작업현장의 안전관리방안

1) 근로자 관리

① 현장 임의출입을 방지하기 위한 안전조치 실시

② 근로자 과로방지를 위한 개별 일일작업시간의 기록

③ 공종별 또는 교대 근무조별 식별이 용이한 작업복, 안전모 색의 차별화

④ 신규채용근로자에 대한 안전교육 별도 실시

⑤ 충분한 휴게시설 마련

2) 야간작업 시 근로자 대책

① 작업 개시와 종료 시 관리감독자에게 보고 의무화

② 식별이 용이하도록 안전화, 안전모, 작업복에 반사물 부착 및 부착상태 확인

③ 근로자 체온관리를 위한 작업복 지급 및 임의 화기사용 엄금

④ 소화기, 비상조명기기, 전원스위치의 위치 주지

3) 가설재 및 안전시설관리

① 관리감독자의 자재검수의무를 주지시켜 안전인증 대상 가설재의 사용 여부를 확인토록 조치

② 비계조립도에 따른 설치 및 근로자 특별안전교육 실시

③ 야간작업 시 작업발판 및 구조물 단부에 반사테이프 부착

④ 위험구간에 조명 별도 설치

4) 건설장비 및 기계·기구

① 운전원 자격 유무 확인

② 장비 일일점검과 정기점검 실시

③ 차량 및 건설장비의 전조등 및 후진 시 경고음 작동상태 확인

④ 장비 운전원의 과로방지를 위해 일일 근무시간, 건강상태 확인 후 작업 투입

5) 근로자 건강관리

① 돌관작업계획에 명시된 휴식시간의 준수 여부 확인

② 간이휴게시설의 충분한 설치

③ 간이건강검진 장비와 비상의약품 현장 비치

④ 작업 전 건강상태 및 피로도 확인

⑤ 정기적 건강검진 실시로 건강이상자의 위험작업 투입 금지

Ⅵ. 재해예방의 동기부여를 위한 제언

1) 휴식시간 부족으로 인한 피로도 증가로 집중력 및 사기 저하

2) 돌관공사 참여인원에 대한 순환보직체계 필요

3) 근로자 간 의사소통 시간의 절대적 부족

4) 공휴일 휴무, 연월차 사용제한에 따른 욕구불만 상승

VII. 결론

돌관공사는 바람직하지 않은 형태의 공사이므로 수주단계부터 공기를 감안한 최고경영진과 본사 차원에서의 보다 많은 관심과 지원이 필요해 보이며, 일선 현장에서는 공사에 참여하는 도급인, 수급인근로자 모두가 기본과 원칙을 준수한다는 안전의식을 결코 배제하지 말아야 할 것이다.

"끝"

제 127 회
국가기술자격검정 기술사 필기시험 답안지(제4교시)

○　　　　　　　○　　　　　　　○

※ 10권 이상은 분철(최대 10권 이내)

자 격 종 목	건설안전기술사

답안지 작성 시 유의사항

1. 답안지는 총 7매(14면)이며 교부받는 즉시 매수, 페이지 등 정상 여부를 반드시 확인하고 1매라도 분리되거나 훼손하여서는 안 됩니다.
2. 시행회, 자격종목, 수험번호, 성명을 정확하게 기재하여야 합니다.
3. 수험자 인적사항 및 답안 작성(계산식 포함)은 흑색 또는 청색 필기구만 사용하되, 동일한 한 가지 색의 필기구만 사용하여야 하며 흑색, 청색을 제외한 유색 필기구 또는 연필류를 사용하거나 두 가지 이상의 색을 혼합 사용하였을 경우 그 문항은 0점 처리됩니다.
4. 답안 정정 시에는 두 줄(=)을 긋고 다시 기재 가능하며, 수정테이프(액) 등을 사용했을 경우 채점상의 불이익을 받을 수 있으므로 사용하지 마시기 바랍니다.
5. 답안지에 답안과 관련 없는 특수한 표시, 특정인임을 암시하는 답안지는 전체가 0점 처리됩니다.
6. 답안 작성 시 홈(구멍)이나 도형 등 그림이 없는 직선자(템플릿 사용 금지)만 사용할 수 있습니다.
7. 문제의 순서에 관계없이 답안을 작성하여도 되나 주어진 문제번호와 문제를 기재한 후 답안을 작성하고 전문용어는 원어로 기재하여도 무방합니다.
8. 요구한 문제수보다 많은 문제를 답하는 경우 기재 순으로 요구한 문제수까지 채점하고 나머지 문제는 채점대상에서 제외됩니다.
9. 답안 작성 시 답안지 양면의 페이지 순으로 작성하시기 바랍니다.
10. 기작성한 문항 전체를 삭제하고자 할 경우 반드시 해당 문항의 답안 전체에 대하여 명확하게 X표시(X표시한 답안은 채점대상에서 제외) 하시기 바랍니다.
11. 시험시간이 종료되면 즉시 답안 작성을 멈춰야 하며, 종료시간 이후 계속 답안을 작성하거나 감독위원의 답안 제출 지시에 불응할 때에는 채점대상에서 제외됩니다.
12. 각 문제의 답안 작성이 끝나면 "끝"이라고 쓰고 다음 문제는 두 줄을 띄워 기재하여야 하며 최종 답안 작성이 끝나면 그 다음 줄에 "이하 여백"이라고 써야 합니다.
13. 비번호란은 기재하지 않습니다.

비 번 호	

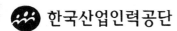
한국산업인력공단

문제1) 건설현장의 재해가 근로자, 기업, 사회에 미치는 영향에 대하여 설명하시오. (25점)

답)

Ⅰ. 개요

건설업은 GDP 점유율이 15%에 이를 정도로 국가 경제의 버팀목이며 당연히 건설업 종사자수도 GDP 점유율 이상으로 사회 및 기업에 영향을 미치는 주요산업으로 자리잡고 있다. 따라서, 건설현장의 재해는 근로자 자신은 물론 기업, 사회에도 미치는 영향이 지대하기에 건설재해예방을 위한 연구와 개발은 중요한 의미가 있다.

Ⅱ. 건설재해Mechanism

안전관리 결함 → 불안전한 상태 / 불안전한 행동 → 사고 → 재해

Ⅲ. 건설업의 특성

1) 작업환경

① 옥외작업이 대부분

② 재해요인이 산재되어 있음

③ 여러 공종이 동시에 이루어지므로 주관적인 안전관리가 곤란함

④ 타 공종과의 조정 난해

2) 발주자 중심의 관리체계

① 발주자가 주도하는 계약관계

② 저가수주로 인한 수익률 저하

③ 일회성 계약관계

3) 근로자의 수준 및 의식 저조

① 불규칙적인 근무에 기인한 근로시간의 불규칙

② 저임금 외국인 근로자와의 커뮤니케이션 불능

③ 기술력보다 자신의 경험을 위주로 문제해결

Ⅳ. 건설재해가 미치는 영향

근로자	• 자신 : 생명 · 신체 손실
	• 가족 : 경제적 손실, 정신적 피해
기업	• 인적 : 노동력 상실, 사기 저하
	• 물적 : 재해수습비 및 손실비용 발생
	• 기업활동 : 신용도 하락, 판매 부진, 수주물량 감소
사회	• 경제적 : 경제 하락, 재해로 인한 간접시설 이용 불가
	• 기타 : 불안감 조성, 사회보장에 대한 가시적 욕구 증대

Ⅴ. 개선방향

1) 작업환경 개선

① 적절한 작업환경 조성 및 휴식공간 제공

② 안전보건조정자 자격의 제한 및 타 공종과의 업무 조정

③ 사용 기계 · 기구의 안전성 개선

2) 발주자의 책임 강화

① 적정한 공사기간에 대한 상호 협정 제도화

② DFS제도의 철저한 시행 및 관리감독

③ 발주청감독자의 자격제 도입

3) 근로자의 수준 및 의식 향상

① 근로자 이력관리에 의한 채용

② 최고임금 보장을 통한 동기 부여

③ 근로자 과태료제도의 정착

VI. 결론

1) 건설업은 제조업을 비롯한 기타 산업에 비해 작업장이 옥외인 점 등 상대적으로 매우 열악한 환경이며 타 공종과 연속적이며 복합적인 관계를 갖는 데 따른 재해발생요인이 매우 산재되어 있다.

2) 건설업 재해율의 획기적 저감을 위해서는 발주자 위주의 안전관리가 선행되어야 하며, 도급인 근로자는 물론 수급인 근로자의 질적 향상을 위한 노력이 더욱 필요하다.

"끝"

문제2) 터널 굴착 시 터널붕괴사고 예방을 위한 터널 막장면의 굴착보조공법에 대하여 설명하시오.(25점)

답)

Ⅰ. 개요

터널 굴착 시 막장은 근로자가 굴착 등의 작업을 하는 작업장으로, 막장 주변의 암 상태·절리·균열·용수발생 등을 지속적으로 관찰한 후 적기에 안전조치를 하여 근로자가 안전하게 작업할 수 있도록 조치하여야 한다.

Ⅱ. 막장면 굴착보조공법의 필요성

1) 연약지반으로 자립의 불가능

2) 상부에 구조물의 침하 및 지표·지중변위 억제

3) 단층, 파쇄대, 피압수의 존재 시

4) 편토압 또는 이방성 지반

5) 특수한 지형조건(하천횡단, 해저터널)

Ⅲ. 막장면이 불안정 시 발생되는 문제점

1) **자립성 불량** : 토사지반의 경우 지표 침하 발생

2) **지지력 부족** : 굴착 저면의 지지력 부족 시 측벽 침하 발생

3) **소성이완 증가** : 굴착 이완하중에 의한 소성영역이 지표까지 도달하게 되어 궁극적으로 지표 침하 발생

Ⅳ. 원인별 대책

· 횡굴착:R/Cut, 중벽 분할, Silot
· 종굴착:Bench Cut

1) 토사지반의 자립성 불량

강관다단, Grouting, Forepolling, 수발공, Shotcrete 타설, 분할 굴착

2) 소성영역의 확장으로 인한 지표 침하

강관다단, Grouting, Forepolling, 수발공, Shotcrete 타설, 분할 굴착

3) 저면 지지력 불량에 의한 측벽 침하

Core, 가Invert, Grouting, Anchoring, Forepolling

Ⅴ. 계측관리

항목	평가 기준
최대허용 내공변위	· 터널반경의 10% 이내 · 사용 Rock Bolt 길이의 10% 이내
이상적인 내공변위	· 터널반경 및 Rock Bolt 길이의 3~4% · 최대허용변위 30cm
Rock Bolt 증가 타설기준	· 굴착 후 10일의 상대변위가 150m/m 이상일 때 · 10일째 변위속도가 10mm/day 이상
2차 Linning 타설시기	· 굴착 후 100일 이상 경과 후 30일간의 상대변위가 7m/m 이하일 때(변위속도 1.23mm/day)

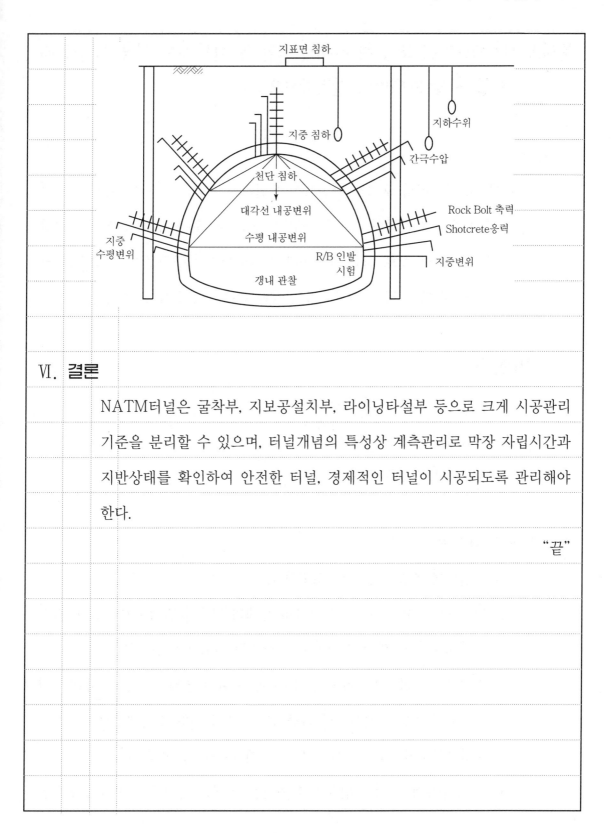

Ⅵ. 결론

NATM터널은 굴착부, 지보공설치부, 라이닝타설부 등으로 크게 시공관리

기준을 분리할 수 있으며, 터널개념의 특성상 계측관리로 막장 자립시간과

지반상태를 확인하여 안전한 터널, 경제적인 터널이 시공되도록 관리해야

한다.

"끝"

문제3) 시스템동바리 조립 시 가새의 역할 및 설치기준, 시공 시 검토해야 할 사항에 대하여 설명하시오.(25점)

답)

I. 개요

거푸집, 동바리의 구조적 안전성을 보완하기 위해 수직·수평재의 완전한 체결과 수평재 간격의 손쉬운 조절이 가능토록 하는 등 작업 안정성 향상과 부재의 단순화로 시공 용이성까지 겸비한 가설구조물인 시스템동바리는 시공 시 재료 및 설치기준의 엄격한 준수가 필요하다.

II. 가새의 역할

1) 수직·수평재의 변형방지 기능

2) 직압력에 의한 좌굴방지 기능

3) 구조체 안전성의 확보

III. 가새 설치기준

1) 조립도에 준한 기준으로 조립한다.

2) 수직 및 수평하중에 의한 동바리 본체의 변위가 발생하지 않도록 각각의 단위수직재 및 수평재에는 가새재를 견고하게 설치한다.

3) 슬래브 두께가 0.5m 이상일 경우에는 동바리 본체의 상단과 하단의 경계조건에 의한 수직재 좌굴하중 감소방지를 위해 수직재 최상단 및 최하단으로부터 400mm 이내에 첫 번째 수평재를 설치한다.

4) 구조 검토에 의해 안전성이 확인된 경우에는 가새재를 적절히 설치할

수 있다.

Ⅳ. 시공 시 검토해야 할 사항

1) 작업순서 및 단계별 관리사항

사전준비 → Shop Drawing → 조립 → 상부구조물작업 → 해체

① 사전준비 : 가설재 반입검사

② Shop Drawing : 구조 검토 및 공작도 작성

③ 조립단계 : 부재긴압·침하·좌굴·휨·변형방지

④ 상부구조물작업 : 임의해체금지 및 콘크리트 존치기간 준수

⑤ 해체 : 해체기준의 준수

2) 콘크리트 타설 시 안전성 확보방안

① 편심에 의한 좌굴방지를 위해 고르게 타설

② 거푸집 존치기간 준수

③ 과도한 측압발생방지를 위해 1회 타설높이는 0.5m 이내로 할 것

④ 타설속도는 콘크리트헤드의 활용을 위해 30분당 1.5m 이내로 할 것

⑤ 과도한 진동기 사용을 자제할 것

3) 설치 시 준수사항

① 설치높이는 단변길이의 3배 미만으로 하며 초과될 경우 벽체지지 또는 별도의 버팀대를 설치할 것

② Jack Base의 전체길이는 600mm 이하로 하며, 수직재와의 겹침부는 200mm 이상으로 할 것

③ 수직재 설치 시 수평재 간 연결부위는 2개소 이하로 할 것

④ U Head 폭은 멍에 2개 이상의 넓이로 하며 조립 시 멍에재와 U Head 간의 유격이 없도록 할 것

⑤ 구조도에 의한 조립기준 준수

⑥ 수직재와 수평재는 90°로 하며 흔들리지 않도록 견고하게 고정할 것

⑦ 부재의 재료는 가설기자재 성능검정품 또는 KS제품을 사용할 것

4) 해체 시 준수사항

① 작업 전 해체작업계획 수립

② 관계자 외 출입금지조치

③ 부재 변형 발생방지를 위해 규격별로 정리 및 운반

④ 작업근로자에 대한 개인별 보호구 지급(안전화, 안전장갑, 안전모 등)

V. 결론

시스템동바리는 거푸집에 작용하는 하중을 하부로 전달하는 가설재로, 수직·수평력에 대응할 수 있는 구조이어야 하며 강성 부족 또는 수직도 불량을 비롯한 설치 및 검사가 기준에 부합되지 못했을 경우 붕괴 등의 재해가 발생될 수 있으므로 표준안전작업지침의 준수 및 콘크리트 타설 시 안전수칙의 준수 등 안전관리에 만전을 기해야 한다.

"끝"

문제4) 수직보호망의 설치기준, 관리기준, 설치 및 사용 시 안전유의사항에 대하여 설명하시오.(25점)

답)

Ⅰ. 개요

가설공사의 안전성확보를 위해 설치하는 수직보호망은 구조물 외부 전체에 방망을 수직으로 설치해 낙하물이 밖으로 비산되는 것을 방지하기 위한 안전가시설로, 설치 및 관리기준을 이해하고 설치·관리가 이루어져야 한다.

Ⅱ. 설치기준

1) 수직·수평 지지대에 수직보호망 설치 또는 수직보호망과 수직보호망 사이 연결은 수직보호망의 금속고리나 동등 이상의 강도를 갖는 테두리부분에서 해야 하며, 고정부분은 쉽게 빠지거나 풀어지지 않을 것

2) **고정긴결재의 인장강도** : 0.98kN 이상

3) **긴결방법**

① 강풍 등의 반복되는 외력에 견딜 것

② 긴결재로 케이블타이와 같은 플라스틱재료를 사용할 경우 끊어지거나 파손되지 않을 것

③ 로프를 사용할 경우 금속고리 구멍마다 로프가 통과하여 지지대에 감기도록 할 것

4) 수직보호망을 설치해야 할 구조물의 단부, 모서리 등에는 그 치수에 맞는 수직보호망을 이용하여 빈틈이 없도록 할 것

5) 통기성이 적은 수직보호망은 예상되는 최대풍압력과 지지대의 내력을 검토하여 벽이음 보강을 할 것

Ⅲ. 관리기준

수직보호망을 설치하여 사용하는 중에는 안전점검을 실시하고 필요시 보수, 교체 등의 안전조치를 하여야 한다.

1) 긴결부의 상태는 1개월마다 정기점검을 실시한다.

2) 폭우, 강풍이 불고 난 후에는 수직보호망, 지지대 등의 이상 유무를 점검한다.

3) 수직보호망 근처에서 용접작업을 한 경우에는 용접불꽃 또는 용단파편에 의한 망의 손상이 없는지 점검하고, 손상된 경우에는 즉시 교체하거나 보수한다.

4) 수직보호망에 붙은 이물질은 깨끗하게 제거한다.

5) 자재의 반입 등으로 일시적으로 수직보호망을 해체하는 경우에는 해당 작업 종료 후 즉시 복원한다.

6) 낙하, 비래물, 건설기계 등과의 접촉으로 수직보호망이나 지지재 등이 파손된 경우에는 즉시 교체하거나 보수한다.

Ⅳ. 설치 및 사용 시 안전유의사항

1) 한국산업표준(KS F 8081) 또는 고용노동부 고시 "방호장치 안전인증 고시"에서 정하는 기준에 적합한 것을 사용해야 한다.

2) 가설구조물의 붕괴 또는 전도위험에 대한 안전성 여부를 사전에 확인

한다.

3) 설치하기 위해 근로자가 고소작업을 하는 경우에는 안전대를 지급해 착용토록 하는 등 근로자의 추락재해 예방조치를 해야 한다.

4) 재사용할 경우에는 수직보호망의 성능이 신품과 동등 이상이고 외적으로 손상이나 변형이 없어야 한다.

V. 결론

수직보호망의 설치목적을 충분히 기대하기 위해서는 폐기기준의 준수 또한 중요하게 고려해야 하며, 첫째, 수직보호망의 방망이나 금속고리부분이 파손된 것, 둘째, 보호 자체가 불가능한 것은 즉시 폐기해야 한다.

"끝"

문제5)	건설작업용 리프트의 조립해체작업 및 운행에 따른 위험성평가
	시 사고유형과 안전대책에 대하여 설명하시오.(25점)
답)	

I. 개요

건설용 리프트는 제작기준과 안전기준에 적합한 것을 사용해야 하고, 조립 시 순서를 정하여 그 순서에 의해 작업을 실시해야 한다. 또한 안전한 작업이 이루어지도록 충분한 작업공간의 확보와 장애물 제거를 해야 한다.

II. 조립해체작업 및 운행 시 사고유형

1) 운반구 과상승으로 인한 운반구 낙하

2) 마스트 수평지지대 선해체로 인한 붕괴

3) 마스트 지지대의 고정방법 불량으로 인한 변형, 붕괴

4) 승강로에서의 협착, 추락

III. 안전대책

1) 설치·해체작업 시 준수사항

① 작업을 지휘하는 사람을 선임하여 그 사람의 지휘하에 작업을 실시

② 작업을 할 구역에 관계근로자가 아닌 사람의 출입을 금지하고 그 취지를 보기 쉬운 장소에 표시

③ 비, 눈 그 밖에 기상상태의 불안정으로 날씨가 몹시 나쁜 경우에는 그 작업을 중지시킬 것

1-2) **지휘하는 사람의 이행사항**

① 작업방법과 근로자의 배치를 결정하고 해당 작업을 지휘하는 일

② 재료의 결함 유무 또는 기구 및 공구의 기능을 점검하고 불량품을 제거하는 일

③ 작업 중 안전대 등 보호구의 착용상황을 감시하는 일

2) **작업 시 준수사항**

① 안전인증 : 적재하중 0.5ton 이상인 리프트를 제조·설치·이전하는 경우

② 안전검사 : 설치한 날로부터 6개월마다 실시

③ 안전인증 및 안전검사기준이 적합하지 않은 리프트는 사용 제한

④ 작업 시작 전 방호장치 등의 기능 및 정상작동 여부 확인(관리감독자)

⑤ 방호장치를 해체하거나 사용정지 금지

⑥ 정격하중 표시 및 적재하중을 초과하여 적재운행 금지

⑦ 순간풍속 35m/s를 초과하는 바람이 불어올 우려가 있는 경우 건설 작업용 리프트에 대하여 받침의 수를 증가시키는 등 붕괴 등을 방지하기 위한 조치 실시

3) **기타 재해유형에 대한 대책**

① 운반구 과상승으로 인한 운반구 낙하재해

• 마스트 연결상태 확인 후 작업 실시

• 작업지휘자가 운반구의 과상승 여부를 확인할 수 있는 장소에서 작업을 지휘

• 긴급상황 시 전원을 차단할 수 있도록 비상정지장치 기능이 있는

펜던트스위치 사용

② 마스트 수평지지대의 선해체로 인한 붕괴

- 수평지지대 설치간격 준수로 순차적으로 해체

- 제조사매뉴얼에서 제시하는 기준 준수

Ⅳ. 결론

근래 고층건축물의 시공이 일반화됨에 따라 건설용 리프트의 사용이 보편화되고 있으므로 이에 대한 안전조치가 매우 중요한 이슈로 부각되고 있다. 따라서 리프트 사용이 필요한 경우 관련 법규에 따른 안전대책의 수립과 준수가 이루어지도록 해야 할 것이다.

"끝"

문제6)	건설기술진흥법과 시설물의 안전 및 유지관리에 관한 특별법에서 정의하는 안전점검의 목적, 종류, 점검시기 및 내용에 대하여 설명하시오.(25점)

답)

I. 개요

건설기술의 연구·개발 촉진으로 공사품질을 높이고 안전을 확보함으로써 공공복리 증진에 이바지함을 목적으로 하는 건설기술진흥법과 시설물의 유지관리를 통해 공중의 안전을 확보하기 위한 시특법상 점검과 진단 시에는 시기별로 적절한 기술등급의 자격자가 실시하는 것이 중요하다.

II. 안전점검의 목적

1) 건설기술진흥법

① 건설기술의 연구·개발을 촉진하여 건설기술 수준을 향상시키고

② 관련 산업을 진흥하여 건설공사가 적정하게 시행되도록 하여

③ 건설공사의 품질을 높이고 안전을 확보함으로써 공공복리의 증진과 국민경제의 발전에 이바지함

2) 시설물의 안전 및 유지관리에 관한 특별법

① 시설물의 물리적·기능적 결함 등의 위험요인 발견

② 결함의 신속·정확한 보수·보강 등 조치방안 제시

③ 시설물의 안전확보로 국민복리 증진

Ⅲ. 종류, 점검시기 및 내용

1) 건설기술진흥법

종류	점검시기	점검내용
자체안전점검	건설공사의 공사기간 동안 해당 공종별로 매일 실시	건설공사 전반
정기안전점검	• 안전관리계획에서 정한 시기와 횟수에 따라 실시 • 대상 : 안전관리계획 수립공사	• 임시시설 및 가설공법의 안전성 • 품질, 시공상태 등의 적정성 • 인접 건축물 또는 구조물의 안전성
정밀안전점검	정기안전점검 결과 필요시	• 시설물 결함에 대한 구조적 안전성 • 결함의 원인 등을 조사·측정·평가하여 보수·보강 등 방법 제시
초기점검	준공 직전	정기안전점검 수준 이상 실시
공사재개 전 점검	1년 이상 공사중단 후 재개	• 공사 재개 시 안전성 • 주요부재 결함 여부

2) 시설물의 안전 및 유지관리에 관한 특별법

종류	점검시기	점검내용
정기점검	(1) A·B·C등급 : 반기당 1회 (2) D·E등급 : 해빙기·우기·동절기 등 연간 3회	(1) 시설물의 기능적 상태 (2) 사용요건 만족도
정밀점검	(1) **건축물** 　① A등급 : 4년에 1회 　② B·C등급 : 3년에 1회 　③ D·E등급 : 2년에 1회 　④ 최초실시 : 준공일, 사용승인일로부터 10년 경과 시 1년 이내 　⑤ 건축물에는 부대시설인 옹벽과 절토사면을 포함한다. (2) **기타 시설물** 　① A등급 : 3년에 1회 　② B·C등급 : 2년에 1회 　③ D·E등급 : 1년마다 1회 　④ 최초 실시 : 준공일, 사용승인일로부터 10년 경과 시 1년 이내	(1) 시설물상태 (2) 안전성평가

종류	점검시기	점검내용
정밀 점검	⑤ 항만시설물 중 썰물 시 바닷물에 항상 잠겨 있는 　부분은 4년에 1회 이상 실시한다.	
긴급 점검	⑴ 관리주체가 필요하다고 판단 시 ⑵ 관계 행정기관장이 필요하여 관리주체에게 긴 　급점검을 요청한 때	재해, 사고에 의한 구조적 손상상태

Ⅳ. 점검 시 유의사항

1) 법에서 정한 횟수 이상 실시할 것

2) 관련법에서 지정하는 진단 및 점검기관에서 실시

3) 현장의 여건이 충분히 반영될 수 있도록 포괄적 개념으로 실시할 것

4) 해당 전문가(기술사)에 의한 전문성을 확보할 것

5) 최첨단 장비 사용으로 신뢰성에 대한 불신이 발생되지 않도록 할 것

Ⅲ. 결론

공사 중 실시하는 건설기술진흥법상의 안전점검과 준공 이후 유지관리단

계에서의 시설물의 안전 및 유지관리에 관한 특별법상의 안전점검 및 진

단은 내구성과 연계된 중요한 사항으로, 친환경적 시공을 위해서도 중요한

의미를 가지므로 철저한 실시가 요구된다.

"끝"

제 128 회

기출문제 및 풀이

(2022년 7월 2일 시행)

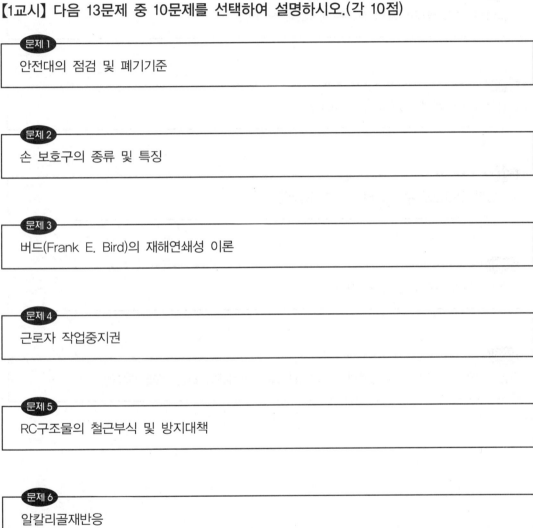

제 **128** 회	**건설안전기술사 기출문제** (2022년 7월 2일 시행)

【1교시】 다음 13문제 중 10문제를 선택하여 설명하시오.(각 10점)

문제 1

안전대의 점검 및 폐기기준

문제 2

손 보호구의 종류 및 특징

문제 3

버드(Frank E. Bird)의 재해연쇄성 이론

문제 4

근로자 작업중지권

문제 5

RC구조물의 철근부식 및 방지대책

문제 6

알칼리골재반응

문제 7

안전보건관련자 직무교육

문제 8

위험성평가 절차, 유해 · 위험요인 파악방법 및 위험성 추정방법

문제 9

건설업체 사고사망만인율의 산정목적, 대상, 산정방법

문제 10

산업심리에서 성격 5요인(Big 5 Factor)

문제 11

시설물의 안전진단 시 콘크리트 강도시험방법

문제 12

밀폐공간작업 프로그램 및 확인사항

문제 13

건설현장의 임시소방시설 종류와 임시소방시설을 설치해야 하는 화재위험작업

【2교시】 다음 6문제 중 4문제를 선택하여 설명하시오.(각 25점)

> **문제 1**
>
> Risk Management의 종류, 순서 및 목적에 대하여 설명하시오.

> **문제 2**
>
> 고령근로자의 재해 발생원인과 예방대책에 대하여 설명하시오.

> **문제 3**
>
> 지하안전평가 대상사업, 평가항목 및 방법에 대하여 설명하시오.

> **문제 4**
>
> 비계의 설계 시 고려해야 할 하중에 대하여 설명하시오.

> **문제 5**
>
> 흙막이공사의 시공계획 수립 시 포함되어야 할 내용과 시공 시 관리사항을 설명하시오.

> **문제 6**
>
> 건설공사에서 사용되는 자재의 유해인자 중 유기용제와 중금속에 의한 근로자의 보건상 조치에 대하여 설명하시오.

【3교시】 다음 6문제 중 4문제를 선택하여 설명하시오.(각 25점)

> **문제 1**
>
> 건설현장작업 시 근골격계 질환의 재해원인과 예방대책에 대하여 설명하시오.

> **문제 2**
>
> 시공자가 수행하여야 하는 안전점검의 목적, 종류 및 안전점검표 작성에 대하여 설명하고, 법정(산업안전보건법, 건설기술진흥법)안전점검에 대하여 설명하시오.

> **문제 3**
>
> 콘크리트 타설 중 이어치기 시공 시 주의사항에 대하여 설명하시오.

> **문제 4**
>
> 압쇄기를 사용하는 구조물 해체공사의 작업계획 수립 시 안전대책에 대하여 설명하시오.

> **문제 5**
>
> 철근콘크리트교량의 상부구조물인 슬래브(상판) 시공 시 붕괴원인과 안전대책에 대하여 설명하시오.

> **문제 6**
>
> 터널공사에서 작업환경의 불량요인과 개선대책에 대하여 설명하시오.

【4교시】 다음 6문제 중 4문제를 선택하여 설명하시오.(각 25점)

문제 1
건설업 KOSHA-MS의 인증절차, 심사종류 및 인증취소조건에 대하여 설명하시오.

문제 2
산업안전보건법령상 도급사업에 따른 산업재해예방조치, 설계변경 요청대상 및 설계변경 요청 시 첨부서류에 대하여 설명하시오.

문제 3
산업안전보건법과 중대재해처벌법의 목적을 설명하고, 중대재해처벌법의 사업주와 경영책임자 등의 안전 및 보건확보의무의 주요 4가지 사항에 대하여 설명하시오.

문제 4
시스템비계 설치 및 해체공사 시 안전사항에 대하여 설명하시오.

문제 5
건설현장의 굴착기작업 시 재해유형별 안전대책과 인양작업이 가능한 굴착기의 충족조건에 대하여 설명하시오.

문제 6
사면붕괴의 종류와 형태 및 원인을 설명하고, 사면의 불안정 조사방법과 안정 검토방법 및 사면의 안정대책에 대하여 설명하시오.

제 128 회
국가기술자격검정 기술사 필기시험 답안지(제1교시)

○　　　　　　　○　　　　　　　○

※ 10권 이상은 분철(최대 10권 이내)

자 격 종 목	건설안전기술사

답안지 작성 시 유의사항

1. 답안지는 총 7매(14면)이며 교부받는 즉시 매수, 페이지 등 정상 여부를 반드시 확인하고 1매라도 분리되거나 훼손하여서는 안 됩니다.
2. 시행회, 자격종목, 수험번호, 성명을 정확하게 기재하여야 합니다.
3. 수험자 인적사항 및 답안 작성(계산식 포함)은 흑색 또는 청색 필기구만 사용하되, 동일한 한 가지 색의 필기구만 사용하여야 하며 흑색, 청색을 제외한 유색 필기구 또는 연필류를 사용하거나 두 가지 이상의 색을 혼합 사용하였을 경우 그 문항은 0점 처리됩니다.
4. 답안 정정 시에는 두 줄(=)을 긋고 다시 기재 가능하며, 수정테이프(액) 등을 사용했을 경우 채점상의 불이익을 받을 수 있으므로 사용하지 마시기 바랍니다.
5. 답안지에 답안과 관련 없는 특수한 표시, 특정인임을 암시하는 답안지는 전체가 0점 처리됩니다.
6. 답안 작성 시 홈(구멍)이나 도형 등 그림이 없는 직선자(템플릿 사용 금지)만 사용할 수 있습니다.
7. 문제의 순서에 관계없이 답안을 작성하여도 되나 주어진 문제번호와 문제를 기재한 후 답안을 작성하고 전문용어는 원어로 기재하여도 무방합니다.
8. 요구한 문제수보다 많은 문제를 답하는 경우 기재 순으로 요구한 문제수까지 채점하고 나머지 문제는 채점대상에서 제외됩니다.
9. 답안 작성 시 답안지 양면의 페이지 순으로 작성하시기 바랍니다.
10. 기작성한 문항 전체를 삭제하고자 할 경우 반드시 해당 문항의 답안 전체에 대하여 명확하게 X표시(X표시 한 답안은 채점대상에서 제외) 하시기 바랍니다.
11. 시험시간이 종료되면 즉시 답안 작성을 멈춰야 하며, 종료시간 이후 계속 답안을 작성하거나 감독위원의 답안 제출 지시에 불응할 때에는 채점대상에서 제외됩니다.
12. 각 문제의 답안 작성이 끝나면 "끝"이라고 쓰고 다음 문제는 두 줄을 띄워 기재하여야 하며 최종 답안 작성이 끝나면 그 다음 줄에 "이하 여백"이라고 써야 합니다.
13. 비번호란은 기재하지 않습니다.

비 번 호	

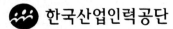 한국산업인력공단

문제1) 안전대의 점검 및 폐기기준(10점)

답)

I. 개요

'안전대'란 고소작업 시 추락에 의한 위험을 방지하기 위해 사용하는 보호구로서, 작업용도에 적합한 안전대를 선정하여 사용하여야 하며, 지상에서 착용하여 각 부품의 이상 유무를 확인한 후 사용하여야 한다.

II. 안전대의 점검기준

1) 벨트의 마모, 흠, 비틀림, 약품류에 의한 변색 여부

2) 재봉실의 마모, 절단, 풀림상태

3) 철물류의 마모, 균열, 변형, 전기단락에 의한 용융, 리벳이나 스프링의 상태

4) 로프의 마모, 소선의 절단, 흠, 열에 의한 변형, 풀림 등의 변형, 약품류에 의한 변색 여부

5) 각 부품의 손상 정도에 의한 사용한계 준수

III. 안전대 폐기기준

1) 로프

① 소선에 손상이 있는 것

② 페인트, 기름, 약품, 오물 등으로 변형된 것

③ 비틀림이 있는 것

④ 횡마부분이 헐거워진 것

2) 벨트

① 끝 또는 폭에 1mm 이상의 손상 또는 변형이 있는 것

② 양끝의 해짐이 심한 것

3) 재봉부

① 재봉부가 이완된 것

② 재봉실이 1개소 이상 절단되어 있는 것

③ 재봉실 마모가 심한 것

4) D링

① 깊이 1mm 이상 손상이 있는 것

② 눈에 보일 정도로 변형이 심한 것

③ 전체적으로 부식된 것

5) 훅, 버클

① 훅 갈고리 안쪽에 손상이 발생한 것

② 훅 외측에 1mm 이상의 손상이 있는 것

③ 이탈방지장치의 작동이 나쁜 것

④ 전체적으로 녹이 슬어 있는 것

⑤ 변형되어 있거나 버클의 체결상태가 나쁜 것

"끝"

문제2) 손 보호구의 종류 및 특징(10점)

답)

Ⅰ. 개요

손 베임 또는 협착 저감을 위해 착용하는 손 보호구는 일반작업부터 중량물 취급작업 등 모든 유해·위험 작업 시 사용목적에 부합되는 것을 사용해야 한다.

Ⅱ. 손 보호구의 종류 및 특징

1) 종류

① 손베임방지장갑 : 절단작업이나 연마작업 시 착용하는 손 보호구

② 협착저감장갑 : 철골작업 또는 형틀작업 시 착용하는 손 보호구

2) 특징

① 손베임방지장갑 : 손바닥이 접하는 부위에 부착성이 강화된 제품

② 협착저감장갑 : 협착 저감을 위해 일반 장갑에 비해 두께가 강화된 제품

Ⅲ. 대상작업별 구분

1) 손베임방지장갑

일반작업, 절단작업, 제단작업, 연삭작업, 연마작업

2) 협착저감장갑

철골작업, 철근작업, 형틀작업, 타격작업, 중량물 취급작업

"끝"

문제3) 버드(Frank E. Bird)의 재해연쇄성 이론(10점)

답)

I. 개요

버드(F. E. Bird)는 손실제어요인(Loss Control Factor)의 연쇄반응 결과로 재해가 발생한다는 신연쇄성 이론을 제시하였으며, 관리를 철저히 하고 기본원인을 제거하면 사고예방이 가능하다고 주장하였다.

II. 버드(F. E. Bird)의 이론에 의한 재해발생 과정

III. 버드(F. E. Bird)의 재해연쇄성 이론

1) 제어의 부족(안전관리 부족)

① 안전관리의 부족으로, 주로 안전관리자 또는 Staff의 관리 부족에서 기인

② 안전관리계획에는 재해·사고의 연쇄 속에 모든 요인을 해결하기 위한 대책이 포함되어야 함

2) 기본원인

① 사고발생원인은 개인적, 작업상에 관련된 요인이 존재

			• 개인적 요인 : 지식 부족, 육체적 · 정신적인 문제 등
			• 작업상 요인 : 기계설비의 결함, 부적절한 작업기준, 작업체계 등
			② 재해의 직접원인을 해결하는 것보다는 기본원인을 정비하는 것이 효과적
		3)	**직접원인**
			① 불안전상태 및 불안전 행동을 말함
			② 근본적인 요인의 발견 및 그 요인의 근본적인 원인을 발본
		4)	**사고(접촉)**
			① 사고는 신체 또는 정상적인 신체활동을 저해하는 물질과의 접촉으로 봄
			② 불안전한 관리 및 기본원인에 의한 신체 접촉에서 기인
		5)	**재해(상해 · 손실)**
			① 육체적 상해 또는 물적 손실
			② 사고의 최종결과는 인적 · 물적 손실을 의미
Ⅳ.	**버드(F. E. Bird)의 재해구성비율(1 : 10 : 30 : 600)**		
		1)	641회 사고 가운데 사망 또는 중상 1회, 경상(물적 · 인적 손실) 10회, 무상해사고(물적 손실) 30회, 상해 및 손해도 없는 사고가 600회의 비율로 발생
		2)	재해의 배후에는 상해를 수반하지 않는 많은 건수(630건/98.28%)의 사고가 존재
		3)	630건의 사고, 즉 무상해사고의 관리가 사업장 안전관리의 중요한 과제임
			"끝"

문제4) 근로자 작업중지권(10점)

답)

I. 개요

산업재해의 발생위험이 있거나 재해 발생 시 근로자가 작업을 중지하고 위험요소를 제거한 이후 작업을 재개할 수 있는 권리

II. 근로자 작업중지권

1) 근로자는 산업재해가 발생할 급박한 위험이 있는 경우에는 작업을 중지하고 대피할 수 있다.

2) 작업을 중지하고 대피한 근로자는 지체 없이 그 사실을 관리감독자 또는 그 밖의 부서의 장에게 보고하여야 한다.

3) 관리감독자 등은 보고를 받으면 안전 및 보건에 관하여 필요한 조치를 하여야 한다.

4) 사업주는 산업재해가 발생할 급박한 위험이 있다고 근로자가 믿을 만한 합리적인 이유가 있을 때에는 작업을 중지하고 대피한 근로자에 대하여 해고나 그 밖의 불리한 처우를 해서는 아니 된다.

III. 고지방법

1) 안전작업 허가 전 작업자에게 작업중지권에 대하여 고지

2) 작업현장 곳곳에 작업중지권 게시물 부착

Ⅳ. 재개 절차

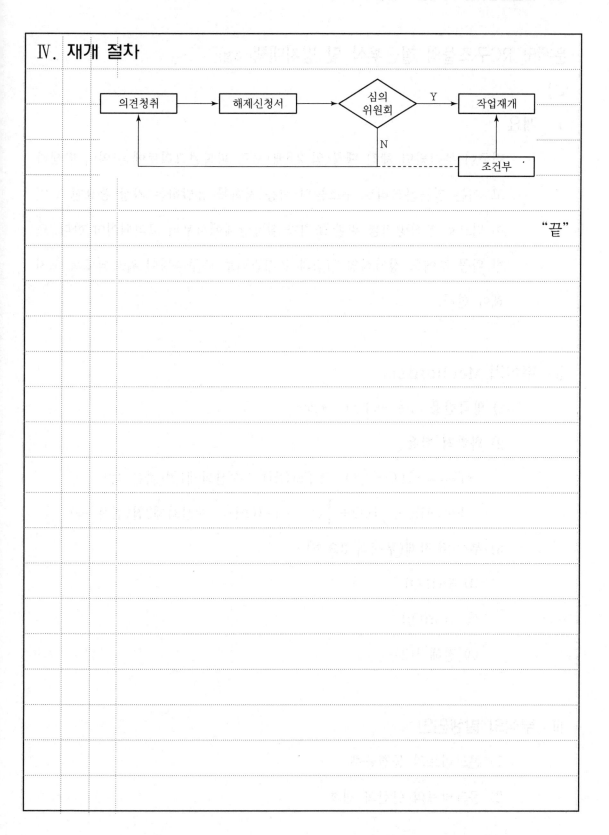

"끝"

문제5) RC구조물의 철근부식 및 방지대책(10점)

답)

Ⅰ. 개요

철근이 부식되면 체적 팽창(약 2.6배)으로 피복콘크리트에 균열이 발생하고, 이는 철근콘크리트 구조물의 성능 저하를 유발하는 가장 중요한 요인이 되므로 부식방지를 위한 조치가 설계단계에서부터 고려되어야 한다. 또한 완공 후에도 정기적인 점검과 유지관리로 내구수명이 확보되도록 조치해야 한다.

Ⅱ. 부식의 Mechanism

1) **양극반응** : $Fe \rightarrow Fe^{+++} 2e^-$

2) **화학적 반응**

- $Fe^{++} + H_2O + \dfrac{1}{2}O_2 \rightarrow Fe(OH)_2$: 수산화제1철(붉은 녹)

- $Fe(OH)_2 + \dfrac{1}{2}H_2O + \dfrac{1}{4}O_2 \rightarrow Fe(OH)_3$: 수산화제2철(검은 녹)

3) **부식 촉진제(부식의 3요소)**

① 물(H_2O)

② 산소(O_2)

③ 전해질($2e^-$)

Ⅲ. 부식의 발생원인

1) 콘크리트의 동결융해

2) 콘크리트의 탄산화 진행

3) 알칼리골재반응

4) 시공재료 및 사용환경에 의한 염해 발생

5) 진동하중, 반복하중 등과 같은 기계적 작용구조물의 진동 및 충격에 의한 콘크리트의 균열 발생으로 인한 부식

6) 전류작용으로 유발되는 부식

Ⅳ. 부식 저감대책

1) 양질의 재료 사용 및 적정 혼화재료 사용

2) 밀실한 콘크리트 타설 및 양생기준 준수

3) 철근 부식 방지대책 적용

① 철근 표면을 아연 도금

② Epoxy 및 코팅

③ 콘크리트 피복두께 증대

④ 콘크리트 균열 발생부의 즉각적인 보수 및 보강

⑤ 콘크리트 시공 시 단위수량 저감

⑥ 콘크리트 탄산화 지연을 위한 마감처리

"끝"

문제6) 알칼리골재반응(10점)

답)

I. 개요

시멘트의 알칼리 성분과 골재의 실리카 성분이 반응하는 현상으로, 팽창성 균열에 의한 내구성 저하의 원인이 되며 표면결함으로 백화 또는 Pop Out 현상이 나타난다.

II. 메커니즘

$$\left.\begin{array}{l}\text{시멘트의 } R_2O \\ \text{골재의 } SiO_2\end{array}\right\} + H_2O \rightarrow \text{팽창압} > \text{인장강도} \rightarrow \text{백화, Pop Out} \rightarrow \text{균열}$$

III. 알칼리골재반응의 발생원인

1) **재료** : Silica 성분이 많은 골재 사용, 수산화알칼리 성분이 많은 시멘트 사용

2) **배합** : 단위시멘트 양이 많은 경우

3) **시공** : 제치장콘크리트로 마감된 경우

IV. 저감대책

1) **설계** : 피복두께 증대

2) **재료** : 반응성 골재 사용금지, 저알칼리시멘트 사용, 고로슬래그 사용

3) **배합** : W/B 저감, 단위수량 최소화, 굵은 골재의 최대치수를 크게

4) **시공** : 밀실한 콘크리트 타설, 적정다짐기준 준수, 방수성 마감

V. 시험방법

    1) 시험법 : 몰터시험법

    2) 방법 : 골재 5mm 이하로 파쇄 → 몰터바 제작 → 6개월 저장 → 평가

    (몰터바 : $4 \times 4 \times 16$cm)

    3) 평가 : 팽창률을 기준으로 무해 $> 0.1\%$ $>$ 유해

"끝"

문제7) 안전보건관련자 직무교육(10점)

답)

Ⅰ. 정의

선임되거나 채용 후 3개월 이내에 받는 신규교육과 신규교육 이후 매년 2년
이 되는 날짜를 기준으로 3개월 전후에 받는 보수교육으로 구분된다.

Ⅱ. 안전보건관련자 직무교육

교육대상	교육시간	
	신규교육	보수교육
안전보건관리책임자	6시간 이상	6시간 이상
안전관리자, 안전관리전문기관 종사자	34시간 이상	24시간 이상
보건관리자, 보건관리전문기관 종사자	34시간 이상	24시간 이상
건설재해예방전문지도기관 종사자	34시간 이상	24시간 이상
석면조사기관 종사자	34시간 이상	24시간 이상
안전보건관리담당자	–	8시간 이상
안전검사기관 · 자율안전검사기관 종사자	34시간 이상	24시간 이상

Ⅲ. 위반 시 과태료

1) 안전보건관리자 : 위반 시 500만 원 이하 과태료

2) 재해예방전문지도기관 종사자 : 위반 시 300만 원 이하 과태료

"끝"

문제8) 위험성평가 절차, 유해 · 위험요인 파악방법 및 위험성 추정방법(10점)

답)

I. 개요

건설공사에 잠재되어 있는 위험요인을 체계적으로 파악하여 위험의 크기를 평가한 후 허용범위를 벗어난 위험요인에 대한 개선을 통하여 이를 허용 가능한 위험수준으로 제어할 수 있는 위험성평가시스템 구축에 관한 기술적 사항을 제공함으로써 산재예방을 도모한다.

II. 위험성평가 절차

사업주는 위험성평가를 다음의 절차에 따라 실시하여야 한다. 다만, 상시근로자 5인 미만 사업장(건설공사의 경우 1억 원 미만)의 경우 제1호의 절차를 생략할 수 있다.

1) 사전준비

2) 유해 · 위험요인 파악

3) 삭제(추정)

4) 위험성 결정

5) 위험성 감소대책 수립 및 실행

6) 위험성평가 실시내용 및 결과에 관한 기록 및 보존

III. 유해 · 위험요인 파악방법

1) 사업장 순회점검에 의한 방법

2) 근로자들의 상시적 제안에 의한 방법

	3)	설문조사인터뷰 등 청취조사에 의한 방법
	4)	물질안전보건자료, 작업환경측정결과, 특수건강진단결과 등 안전보건 자료에 의한 방법
	5)	안전보건 체크리스트에 의한 방법
	6)	그 밖에 사업장의 특성에 적합한 방법

Ⅳ. **위험성 추정방법**

1) 위험성＝가능성×중대성

2) 가능성 : 상(3점), 중(2점), 하(1점)

3) 중대성 : 상(3점), 중(2점), 하(1점)

예시) 위험성(높음9)＝가능성(3)×중대성(3)

- 허용 불가능(작업 지속을 위해서는 즉시개선) : 6~9(매우 높음)

- 허용 불가능(안전보건대책 수립 후 개선) : 3~4(높음)

- 허용 가능(유해위험 정보 제공 및 교육) : 1~2(낮음)

※ 2024년 개정으로 빈도강도를 계량적으로 산출하지 않아도 위험성평가를 할 수 있도록 변경됨(빈도·강도법 이외에도 체크리스트법, 위험성 수준 3단계 판단법, 핵심요인 기술법(One Point Sheet 등이 추가되었음)

"끝"

문제9) 건설업체 사고사망만인율의 산정목적, 대상, 산정방법(10점)

답)

I. 개요

건설업체 산재발생률의 지표인 사고사망만인율은 공공공사 입찰 시 만인율 실적을 정부 입낙찰제도에 반영하여 건설업체의 자율적 재해예방활동을 촉진하기 위한 제도이다.

II. 산정목적

1) 사고사망 실적의 파악

2) 정부 입찰 및 낙찰제도에 반영

3) 건설업체의 자율적 재해예방활동 촉진

III. 대상

국토교통부장관이 시공능력을 감안하여, 공사하는 건설업체 중 종합건설업으로 등록된 건설업체

IV. 산정방법

$$사고사망만인율 = \frac{사고사망자수}{상시근로자수} \times 10,000$$

"끝"

※ 2022년 개정사항

Ⅰ. 재해율

$$재해율 = \frac{재해자수}{산재보험적용근로자수} \times 100$$

1) "재해자수"는 근로복지공단의 유족급여가 지급된 사망자 및 근로복지공단에 최초요양신청서(재진 요양신청이나 전원요양신청서는 제외한다)를 제출한 재해자 중 요양승인을 받은 자(지방고용노동관서의 산재 미보고 적발 사망자 수를 포함한다)를 말한다. 다만, 통상의 출퇴근으로 발생한 재해는 제외한다.

2) "산재보험적용근로자수"는 산업재해보상보험법이 적용되는 근로자수를 말한다. 이하 같다.

Ⅱ. 사망만인율

$$사망만인율 = \frac{사망자수}{산재보험적용근로자수} \times 10,000$$

"사망자수"는 근로복지공단의 유족급여가 지급된 사망자(지방고용노동관서의 산재 미보고 적발 사망자를 포함한다)수를 말한다. 다만, 사업장 밖의 교통사고(운수업, 음식숙박업은 사업장 밖의 교통사고도 포함) · 체육행사 · 폭력행위 · 통상의 출퇴근에 의한 사망, 사고발생일로부터 1년을 경과하여 사망한 경우는 제외한다.

Ⅲ. 휴업재해율

$$휴업재해율 = \frac{휴업재해자수}{임금근로자수} \times 100$$

1) "휴업재해자수"란 근로복지공단의 휴업급여를 지급받은 재해자수를 말한다. 다만, 질병에 의한 재해와 사업장 밖의 교통사고(운수업, 음식숙박업은 사업장 밖의 교통사고도 포함)·체육행사·폭력행위·통상의 출퇴근으로 발생한 재해는 제외한다.

2) "임금근로자수"는 통계청의 경제활동인구조사상 임금근로자수를 말한다.

문제10) 산업심리에서 성격 5요인(Big 5 Factor)(10점)

답)

I. 개요

심리학에서 경험적 조사와 연구로 정립한 성격 특성의 5가지 요소나 차원을 말하는 것으로, Paul Cost Jr.와 Robert McCrae에 의해 집대성된 모델이다.

II. 산업심리에서 성격 5요인(Big 5 Factor)

1) 경험에 대한 개방성(Openness to Experience)

상상력, 호기심, 모험심, 예술적 감각 등으로 보수주의에 반대하는 성향으로 개인의 심리 및 경험의 다양성과 관련된 것. 지능, 상상력, 고정관념의 타파, 심미적인 것에 대한 관심, 다양성에 대한 욕구, 품위 등과 관련된 특질을 포함

2) 성실성(Conscientiousness)

목표를 성취하기 위해 성실하게 노력하는 성향으로 과제 및 목적 지향성을 촉진하는 속성과 관련된 것. 심사숙고, 규준이나 규칙의 준수, 계획 세우기, 조직화, 과제의 준비 등과 같은 특질을 포함

3) 외향성(Extraversion)

다른 사람과의 사교, 자극과 활력을 추구하는 성향으로 사회와 현실 세계에 대해 의욕적으로 접근하는 속성과 관련된 것. 사회성, 활동성, 적극성과 같은 특질을 포함

4) 우호성(Agreeableness)

타인에게 반항적이지 않은 협조적인 태도를 보이는 성향으로 사회적

적응성과 타인에 대한 공동체적 속성을 나타내는 것. 이타심, 애정, 신뢰, 배려, 겸손 등과 같은 특질을 포함

5) 신경성(Neuroticism)

분노, 우울함, 불안감과 같은 불쾌한 정서를 쉽게 느끼는 성향으로 걱정, 부정적 감정 등과 같은 바람직하지 못한 행동과 관계된 것. 걱정, 두려움, 슬픔, 긴장 등과 같은 특질을 포함(정서적 안정성은 정서적 불안정성과 반대되는 특징)

"끝"

문제11) 시설물의 안전진단 시 콘크리트 강도시험방법(10점)

답)

I. 개요

시설물의 안전진단 시 공용 중인 구조물은 반발경도와 초음파법을 복합적으로 이용하여 신뢰성을 높여야 하며 결함 발생 시에는 코어채취로 정확한 강도의 추정을 한 후 관리등급에 따라 보수, 보강 또는 사용금지나 철거 등의 조치가 이루어져야 한다.

II. 안전진단 시 콘크리트 강도시험방법

1) 반발경도법

반발경도의 측정으로 콘크리트 압축강도와의 상관관계를 도출함으로써 콘크리트의 압축강도를 추정하는 방법

분류	용도
N형	보통콘크리트용
NR형	보통콘크리트용에 적용되나 Recorder가 내장되어 있음
L형	경량콘크리트용
LR형	L형과 동일하나 기록장치가 부착되어 있음
M형	매스콘크리트용(댐, 활주로)
P형	저강도콘크리트용(건축 자재)

2) 초음파법

강도, 균열심도, 내부결함의 검사를 위한 방법으로 발진자, 수진자를 콘크리트에 부착 후 발진자에서 수진자로 보낸 수진파동을 이용하는 시험법

3) 복합법

반발경도는 표면상태의 강도, 초음파법은 콘크리트를 통과하는 시간을 확인해 강도를 측정하는 방법으로 표면의 먼지, 수분함유량, 공동, 결함의 유무에 영향을 받아 측정치의 신뢰도가 부정확하기 때문에 두 시험방법을 조합한 조합법을 종합적으로 검토해 강도를 판단하는 방법

4) 코어채취시험

채취지름 G_{max}의 2~3배, 높이지름의 2배되는 코어를 최소 3개소 이상 채취하여 압축강도를 판단하는 방법

Ⅲ. 기타 내구성 판정시험

1) 내부탐사

① 두께, 내부결함 판정 : 음속법, 방사선법, 초음파법

② 철근위치 파악 : 자연전극법, 방사선법

2) 열화 판정

① 탄산화 판정 : 페놀프탈레인용액시험

② 염해 판정 : 질산은적정법, 전위차적정법

"끝"

문제12) 밀폐공간작업 프로그램 및 확인사항(10점)

답)

Ⅰ. 개요

질식·화재·폭발위험이 있는 밀폐공간에서 작업이 이루어질 경우 적정 유해가스 농도기준의 준수와 작업프로그램 수립 시행기준에 의한 안전대책이 이루어져야 한다.

Ⅱ. 밀폐공간작업 프로그램 수립 시행기준

1) 사업장 내 밀폐공간의 위치 파악 및 관리방안

2) 밀폐공간 내 질식중독 등을 일으킬 수 있는 유해·위험요인의 파악 및 관리방안

3) 밀폐공간작업 시 사전확인이 필요한 사항에 대한 확인 절차

4) 안전보건교육 및 훈련

5) 그 밖에 작업근로자의 건강장해예방에 관한 사항

Ⅲ. 농도기준

1) **산소결핍** : 공기 중의 산소농도가 18% 미만인 상태

2) **유해가스** : 탄산가스, 일산화탄소, 황화수소 등의 기체로서 인체에 유해한 영향을 미치는 물질

3) **적정공기**

① 산소농도(O_2)의 범위 : 18% 이상 23.5% 미만

② 탄산가스(CO_2)의 농도 : 1.5% 미만

		③ 일산화탄소(CO)의 농도 : 30ppm 미만
		④ 황화수소(H_2S)의 농도 : 10ppm 미만
		"끝"

※2022년 개정사항

Ⅰ. 밀폐공간작업 시 안전대책

1) 밀폐공간 출입 전 확인사항

① 작업허가서에 기록된 내용을 충족하고 있는지

② 출입자가 안전한 작업방법 등에 대한 사전교육을 이수하였는지 여부

③ 감시인으로 하여금 각 단계의 안전을 확인, 작업 중 상주

④ 입구의 크기는 응급상황 시 쉽게 접근 가능, 빠져나올 수 있는 충분한 크기인지 확인

⑤ 밀폐공간 내 유해공기가 없는지 사전에 측정하여 확인

⑥ 화재 및 폭발의 우려가 있는 장소에서는 방폭형 구조의 장비 등을 사용

⑦ 보호구, 응급구조체계, 구조장비, 연락 및 통신장비, 경보설비의 정상 여부 점검

2) 밀폐공간보건작업 프로그램의 기록 및 보관

① 밀폐공간 작업허가서

② 유해공기 측정 결과

③ 환기대책 수립의 세부내용

④ 보호구 지급 및 착용실태

⑤ 밀폐공간보건작업 프로그램 평가자료 등

3) 상시 가동 환기시설을 갖춘 밀폐공간에 대한 특례규정

① 사업주가 밀폐공간에 상시 가동되는 급배기 환기장치를 설치하여 질식·화재·폭발 등의 위험이 없도록 한 경우

- 밀폐공간작업 전 작업에 관한 주요사항 확인 및 작업장 출입구에 게시의무 미적용

- 환기, 인원점검, 감시인 배치, 6개월마다 하는 긴급구조훈련 미적용

② 사업주는 환기장치 및 적정공기 유지상태를 월 1회 이상 정기적으로 점검하고 이상 발견 시 필요한 조치

③ 사업주는 점검 결과(점검일, 점검자, 환기설비 가동상태, 적정공기 유지상태, 조치사항 등)를 해당 밀폐공간 출입구에 상시 게시

④ 밀폐공간 중 다음 장소는 특례규정 제외

- 간장, 주류, 효모 그 밖에 발효하는 물품이 들어 있거나 들어 있었던 탱크, 창고 또는 양조주의 내부

- 분뇨, 오염된 흙, 썩은 물, 폐수, 오수 그 밖에 부패하거나 분해되기 쉬운 물질이 들어 있는 정화조, 침전조, 집수조, 탱크, 암거, 맨홀, 관 또는 피트의 내부

문제13)	건설현장의 임시소방시설 종류와 임시소방시설을 설치해야 하
	는 화재위험작업(10점)

답)

I. 개요

2015년 도입된 임시소방시설은 소방시설이 설치되지 않은 건설현장에 설치하는 소방시설로, 대규모 인명피해 발생방지를 위해 도입되었다.

II. 임시소방시설의 종류

1) **소화기**

「소방시설법」 제6조제1항에 따라 소방본부장 또는 소방서장의 동의를 받아야 하는 특정 소방대상물의 신축, 증축, 개축, 재축, 이전, 용도변경 또는 대수선 등을 위한 공사 중 「소방시설법」 제15조제1항에 따른 화재위험작업의 현장에 설치

2) **간이소화장치**

다음의 어느 하나에 해당하는 공사의 화재위험작업현장

① 연면적 3천m^2 이상

② 지하층, 무창층 또는 4층 이상의 층(해당 층의 바닥면적 600m^2 이상)

3) **비상경보장치**

다음의 어느 하나에 해당하는 공사의 화재위험작업현장에 설치

① 연면적 400m^2 이상

② 지하층 또는 무창층(해당 층의 바닥면적 150m^2 이상)

4) **가스누설경보기**

바닥면적이 150m² 이상인 지하층 또는 무창층의 화재위험작업현장에 설치

5) 간이피난유도선

바닥면적이 150m² 이상인 지하층 또는 무창층의 화재위험작업현장에 설치

6) 비상조명등

바닥면적이 150m² 이상인 지하층 또는 무창층의 화재위험작업현장에 설치

7) 방화포

용접, 용단 작업이 진행되는 화재위험작업현장에 설치

Ⅲ. 임시소방시설을 설치해야 하는 화재위험작업

1) 인화성, 가연성, 폭발성 물질 취급 또는 가연성 가스 발생 작업

2) 용접, 용단 등의 불꽃 발생 또는 화기 취급 작업

3) 전열기구, 가열전선 등 열 발생 작업 등

4) 부유분진을 발생시킬 수 있는 작업 등

Ⅳ. 설치대상 및 면제기준

종류	설치대상	면제기준
소화기	건축허가 대상	없음
간이소화장치	• 연면적 3,000m² 이상 • 지하, 무창층, 4층 이상 • 총 바닥면적 600m² 이상	옥내소화전 또는 대형 소화기 설치 시
비상경보장치	• 연면적 400m² 이상 • 지하, 무창층의 바닥면적이 150m² 이상	자동화재탐지설비, 비상방송설비 설치 시
간이피난유도선	지하, 무창층의 바닥면적이 150m² 이상	유도등, 비상조명등, 피난유도선 설치 시

"끝"

※ 10권 이상은 분철(최대 10권 이내)

자 격 종 목	건설안전기술사

답안지 작성 시 유의사항

1. 답안지는 총 7매(14면)이며 교부받는 즉시 매수, 페이지 등 정상 여부를 반드시 확인하고 1매라도 분리되거나 훼손하여서는 안 됩니다.
2. 시행회, 자격종목, 수험번호, 성명을 정확하게 기재하여야 합니다.
3. 수험자 인적사항 및 답안 작성(계산식 포함)은 흑색 또는 청색 필기구만 사용하되, 동일한 한 가지 색의 필기구만 사용하여야 하며 흑색, 청색을 제외한 유색 필기구 또는 연필류를 사용하거나 두 가지 이상의 색을 혼합 사용하였을 경우 그 문항은 0점 처리됩니다.
4. 답안 정정 시에는 두 줄(=)을 긋고 다시 기재 가능하며, 수정테이프(액) 등을 사용했을 경우 채점상의 불이익을 받을 수 있으므로 사용하지 마시기 바랍니다.
5. 답안지에 답안과 관련 없는 특수한 표시, 특정인임을 암시하는 답안지는 전체가 0점 처리됩니다.
6. 답안 작성 시 홈(구멍)이나 도형 등 그림이 없는 직선자(템플릿 사용 금지)만 사용할 수 있습니다.
7. 문제의 순서에 관계없이 답안을 작성하여도 되나 주어진 문제번호와 문제를 기재한 후 답안을 작성하고 전문용어는 원어로 기재하여도 무방합니다.
8. 요구한 문제수보다 많은 문제를 답하는 경우 기재 순으로 요구한 문제수까지 채점하고 나머지 문제는 채점대상에서 제외됩니다.
9. 답안 작성 시 답안지 양면의 페이지 순으로 작성하시기 바랍니다.
10. 기작성한 문항 전체를 삭제하고자 할 경우 반드시 해당 문항의 답안 전체에 대하여 명확하게 X표시(X표시한 답안은 채점대상에서 제외) 하시기 바랍니다.
11. 시험시간이 종료되면 즉시 답안 작성을 멈춰야 하며, 종료시간 이후 계속 답안을 작성하거나 감독위원의 답안 제출 지시에 불응할 때에는 채점대상에서 제외됩니다.
12. 각 문제의 답안 작성이 끝나면 "끝"이라고 쓰고 다음 문제는 두 줄을 띄워 기재하여야 하며 최종 답안 작성이 끝나면 그 다음 줄에 "이하 여백"이라고 써야 합니다.
13. 비번호란은 기재하지 않습니다.

비 번 호	

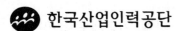
한국산업인력공단

문제1) Risk Management의 종류, 순서 및 목적에 대하여 설명하시오.(25점)

답)

I. 개요

프로젝트를 완성하기까지의 소요시간, 비용, 품질 등에 영향을 미치는 위험

도는 불확실한 사건이나 조건에 영향을 미치는 요소들로, 위험요소의 적절

한 관리는 프로젝트와 관련된 모든 관리주체가 주목해야 할 중요한 사항이다.

II. Risk Management의 종류

1) 위험의 회피

① 위험의 회피로서 Risk가 있는 요소에 대응하지 않는 방법

② 예상되는 위험을 차단하기 위해 그 위험과 관련이 있는 활동 자체

　를 행하지 않는 방법

2) 위험의 제거

① 위험을 적극적으로 예방하고 경감하는 수단

② 위험 제거 포함사항·위험의 예방 및 경감·위험의 분산·위험의

　결합·위험의 제한

3) 위험의 보유

① 소극적 보유 : 위험에 대한 무지에서 오는 결과적 보유

② 적극적 보유 : 위험을 충분히 인식했음에도 보유하는 방법

4) 위험의 전가

① 회피 또는 제거할 수 없는 Risk를 제3자에게 전가하는 방법

② 위험전가의 전형적인 것은 보험으로 보증, 공제, 기금제도 등이 있음

Ⅲ. Risk Management의 순서

Risk의 발굴·확인	→	Risk의 측정·분석	→	Risk의 처리기술	→	Risk 처리기술의 선택

Ⅳ. Risk Management의 목적

1) 위험요소들의 예측·관리를 통한 해결방안 도출

2) 시스템적으로 수행되는 활동에 대한 구체적 실천방안 제시

Ⅴ. 실무 차원에서의 리스크관리를 위한 제언

1) 위험요인별 제거·대체 및 통제방안의 검토

제거 → 대체 → 통제의 순으로 제어 검토 및 요인별 복수의 방안 검토

2) 효과정도의 구분

효과정도	Risk Management	내용
매우 높음	제거	구조 변경 등 위험요소의 물리적 제거
비교적 높음	대체	위험성이 낮은 위험요인으로 대체
보통	공학적 통제	위험요인과 작업자의 격리
비교적 낮음	행정적 통제	작업방법 변경
매우 낮음	PPE	개인보호구 활용

Ⅵ. 결론

위험도의 인지로부터 시작되는 Risk Management는 프로젝트 초기에 수행해야 의도한 효과를 얻을 수 있으며, 전 공정의 수행완료 시까지 지속적으로 수행되어야 한다. 또한, 관리결과는 향후 동종의 위험요소관리에 적용될 수 있도록 Data Base화할 필요가 있다.

"끝"

문제2)	고령근로자의 재해 발생원인과 예방대책에 대하여 설명하시
	오.(25점)

답)

I. 개요

근래 건설업근로자는 외국인근로자 또는 장년층근로자가 절대다수의 점유

분포를 보이고 있으며 특히, 장년근로자는 신체기능의 급격한 저하로 인해

재해 유발 가능성이 높으므로 이에 대한 대책이 절실한 때이다.

II. 장년근로자의 주요재해 발생 공종

1) 가설공사

2) 흙막이, 굴착공사

3) 거푸집, 동바리공사

III. 고령근로자 증가에 따른 문제점

1) 동기 부여의 부족 또는 결여로 인한 건설품질의 저하

2) 임시방편적 업무수행으로 인한 안전의식의 결여

3) 공기지연

4) 시공사 측 관리감독자와 안전관리자의 명령계통 무시

5) 새로운 기술의 습득 지연 및 무관심으로 건설업 IoT 적용이 지연되는

주요 요인으로 작용

6) 고령근로자는 현장에서 일하는 일용직만 해당되지 않으며 건설업에 종

사하는 사무직 및 기술직 전체 근로자가 해당될 수 있음을 인지하지 못

함이 가장 큰 문제점임

Ⅳ. 발생원인

1) 근육기관, 감각기관의 현재상태 무시

2) 재해 다발 공종 및 사용 기계·기구의 안전한 사용요령 무시

3) 과거 경험을 중시한 업무협의 부실

Ⅴ. 안전관리방안

1) RMR의 적용

① RMR과 작업강도

RMR	작업강도	해당 작업
0~1	초경작업	서류 찾기, 느린 속도의 보행
1~2	경작업	데이터 입력, 신호수의 신호작업
2~4	보통작업	장비 운전, 콘크리트 다짐작업
4~7	중작업	철골 볼트 조임, 주름관 사용 콘크리트 타설작업
7 이상	초중작업	해머 사용 해체작업, 거푸집 인력 운반작업

② RMR 산정식

$$RMR = \frac{작업대사량}{기초대사량} = \frac{작업 시 \ 산소소모량 - 안정 시 \ 산소소모량}{기초대사량}$$

2) 가설, 흙막이, 거푸집, 동바리 작업공종의 안전관리계획 및 유해·위험 방지계획서 작성 시 별도기준 수립

3) 안전인증 대상기계·기구 및 안전검사 대상기계·기구의 별도 사용설명서 부착

4) 산업안전보건위원회에 고령근로자 대표 입회

5) **K. Lewin의 행동방정식을 활용한 외적 요인의 개선**

$$B = f(P \cdot E)$$

— B(Behavior) : 인간의 행동
— f(Function) : 함수관계
— P(Person) : 인적 요인
— E(Environment) : 외적 요인

① P(Person : 인적 요인)를 구성하는 요인

지능, 시각기능, 성격, 감각운동기능, 연령, 경험, 심신상태 등

② E(Environment : 외적 요인)를 구성하는 요인

가정 · 직장 등의 인간관계, 온습도 · 조명 · 먼지 · 소음 등의 물리적

환경조건

6) **착시와 착각현상의 재인식을 위한 차별화된 안전교육 실시**

① α 운동

- 화살표 방향이 다른 두 도형을 제시할 때, 화살표의 운동으로 인

  해 선이 신축되는 것처럼 보이는 현상

- Müller Lyer의 착시현상

② β 운동

- 시각적 자극을 제시할 때, 마치 물체가 처음 장소에서 다른 장소

  로 움직이는 것처럼 보이는 현상

- 대상물이 영화의 영상과 같이 운동하는 것처럼 인식되는 현상

③ γ 운동

하나의 자극을 순간적으로 제시할 경우 그것이 나타날 때는 팽창

하는 것처럼 보이고 없어질 때는 수축하는 것처럼 보이는 현상

④ δ 운동

강도가 다른 두 개의 자극을 순간적으로 가할 때, 자극 제시 순서

와는 반대로 강한 자극에서 약한 자극으로 거슬러 올라가는 것처

럼 보이는 현상

⑤ ε 운동

한쪽에는 흰 바탕에 검은 자극을, 다른 쪽에는 검은 바탕에 백색

자극을 순간적으로 가할 때, 흑에서 백으로 또는 백에서 흑으로 색

이 변하는 것처럼 보이는 현상

Ⅵ. 결론

고령근로자의 증가는 건설현장의 문제뿐만이 아닌 전체 산업분야에서 발

생하는 문제점으로, 특히 건설현장과 같은 3D업종은 그 심각성이 더해 가

고 있다. 따라서, 이러한 문제의 해결을 위해서는 건설현장업무의 첨단화

가 시급하게 이루어져야 할 것이다.

"끝"

문제3) 지하안전평가 대상사업, 평가항목 및 방법에 대하여 설명하시오.(25점)

답)

I. 개요

지하시설물의 안전한 관리와 평가를 위한 지하안전관리에 관한 특별법의 도입취지에 부응하기 위해서는, 특히 위험도평가 및 중점관리 대상의 지정과 안전관리체계의 정확한 이해가 중요하다.

II. 지하안전평가 대상사업

1) 도시의 개발사업

2) 산업입지 및 산업단지의 조성사업

3) 에너지 개발사업

4) 항만의 건설사업

5) 도로의 건설사업

6) 수자원의 개발사업

7) 철도(도시철도를 포함한다)의 건설사업

8) 공항의 건설사업

9) 하천의 이용 및 개발사업

10) 관광단지의 개발사업

11) 특정지역의 개발사업

12) 체육시설의 설치사업

13) 폐기물처리시설의 설치사업

14) 국방·군사시설의 설치사업

15) 토석·모래·자갈 등의 채취사업

16) 지하안전에 영향을 미치는 시설로서 대통령령으로 정하는 시설의 설

치사업

Ⅲ. 평가항목

1) 현장조사(직접요인)

① 침하

② 균열

③ 습윤상태

2) 자료조사(간접요인)

① 지하시설물 노후도

② 지반침하(공동) 및 지하시설물의 보수·보강 이력

Ⅳ. 평가방법

1) 현장조사

① 양호한 주변 지반을 기준으로 변위지점에 대한 침하정도

② 균열을 동반한 침하의 경우 단차 여부

③ 균열이 발생되지 않은 상태를 기준으로 종·횡방향 균열, 거북등

균열, 원형 균열 등 발생한 균열의 종류

④ 외부요인 없이 지표의 일부가 젖어 있거나 관 내부수의 지표 유출,

흐름 여부

2) 자료조사

① 지하시설물의 공용연수(또는 준공연수)

② 최근 1년 이내 지반침하 및 공동 발생 이력

③ 최근 1년 이내 지하시설물의 손상, 파손 등으로 인한 보수·보강 이력

V. 평가등급기준 및 등급별 조치방법

1) 평가등급 및 배점

구분	양호	보통	불량
균열	50mm 이하	50~100mm	100mm 이상
	0	3	9
	균열 없음	종방향, 횡방향 균열	거북등, 원형 균열
	0	1	
습윤상태	건조	외부요인 없이 약간의 습윤상태	외부요인 없이 관 내부수 지표유출
	0	1~3	9
노후도	공용연수 10년 미만	공용연수 10년 이상 30년 미만	공용연수 30년 이상
	0	1	2
지반침하 발생 이력	1년 이내 보수·보강 이력 없음	1년 이내 보수·보강 이력 있음	
	0	1	

2) 등급별 조치기준

① 3~5점(일반등급) : 주기적 관찰

② 6~8점(우선등급) : 공동조사 실시 여부 결정

③ 9점 이상(긴급등급) : 공동조사 실시 여부 결정

Ⅵ.	결론	
		지하시설물은 지하시설물관리자가 소관 지하시설물 및 주변 지반에 대한
		안전점검 및 유지관리규정을 수립하고 안전점검을 정기적으로 실시하도록
		하여 관련 사고를 예방하는 데 그 목적이 있으므로 평가등급에 의한 판정
		결과를 즉시 반영하여 안전관리에 만전을 기해야 한다.
		"끝"

문제4) 비계의 설계 시 고려해야 할 하중에 대하여 설명하시오.(25점)

답)

Ⅰ. 개요

비계는 연직하중을 비롯하여 수평하중과 풍하중, 특수하중을 고려해야 한다. 설계단계에서의 고려하중은 각 하중의 산정도 중요하나, 특히 연직하중(고정하중 및 작업하중)과 수평하중을 동시에 고려해야 하며, 수평하중은 각 방향에 대해 서로 독립적으로 작용하여 중첩적으로 적용하지 않고 풍하중의 적용은 작업하중의 영향을 고려하지 않는다.

Ⅱ. 설계 시 고려해야 할 하중

1) 연직하중

① 비계 및 작업발판의 고정하중과 작업하중

② 작업발판의 고정하중 : $0.2kN/m^2$

③ 작업하중 : 근로자와 근로자가 사용하는 자재, 공구 등을 포함한 하중

- 경작업(가벼운 공구만을 필요로 하는 경우) : $0.25kN/m^2$
- 중작업(공사용 자재의 적재가 필요한 경우) : $2.5kN/m^2$
- 초중작업(돌 붙임공사 등에 해당) : $3.5kN/m^2$

2) 수평하중

수평연결재나 가새, 벽연결재의 안전성 검토를 위한 하중으로, 풍하중과 연직하중의 5%에 해당하는 수평하중에서 큰 값의 하중

3) 풍하중

① 안전시설의 풍력계수

$$C_f = (0.11 + 0.09\gamma + 0.945 C_0 \cdot R) \cdot F$$

여기서, C_f : 안전시설물의 풍력계수

γ : 보호망, 네트 등의 풍력저감계수

C_0 : 안전시설물의 기본풍력계수

R : 안전시설물의 형상보정계수

F : 비계위치에 대한 보정계수

② 풍력저감계수

• 쌍줄비계에서 후면비계에 적용하는 풍력저감계수 : $\gamma = 1 - \phi$

• 쌍줄비계의 전면이나 외줄비계에 적용하는 풍력저감계수 : $\gamma = 0$

③ 안전시설물의 기본풍력계수(C_0)

ϕ(충실률)	C_0
0.1 미만	0.1
0.3	0.5
0.5	1.2
0.7	1.6
1.0	2.0

주 1) ϕ : 충실률(유효수압면적 / 외곽 전면적)

2) 사이값은 직선보간값을 적용한다.

④ 안전시설물의 형상보정계수(R)

망 또는 시트, 패널의 길이(l), 패널의 높이(h), 지면에서 패널상

부까지의 높이(H)에 따른 형상보정계수(R)는 다음과 같이 구분

하여 적용한다. 다만, (l/h) 또는 ($2H/l$)가 1.5 이하인 경우에

는 $R = 0.6$을 적용하며, (l/h) 또는 ($2H/l$)가 59 이상인 경우

에는 $R = 1.0$을 적용한다.

- 망이나 패널이 지면과 공간을 두고 설치되는 경우

$$R_{sh} = 0.5813 + 0.013\left(\frac{l}{h}\right) - 0.0001\left(\frac{l}{h}\right)^2$$

여기서, l : 망 또는 패널의 길이

h : 망 또는 패널의 높이

- 망이나 패널이 지면에 붙어서 설치되는 경우

$$R_{sh} = 0.5813 + 0.013\left(\frac{2H}{l}\right) - 0.0001\left(\frac{2H}{l}\right)^2$$

여기서, H : 망 또는 패널의 지면에서 상부까지의 높이

l : 망 또는 패널의 길이

⑤ 비계위치에 대한 보정계수(F)

비계의 종류	풍력방향	적용부분	보정계수(F)
독립적으로 지지되는 비계	정압, 부압	전 부분	$F = 1.0$
구조물에 지지되는 비계	정압	상부 2개 층	$F = 1.0$
		기타 부분	$F = 1 + 0.31\phi$
	부압	개구부 인접부 및 돌출부	$F = -1.0$
		우각부에서 2스팬 이내	$F = -1 + 0.23\phi$
		기타 부분	$F = -1 + 0.38\phi$

주 1) ϕ : 충실률

4) 특수하중

① 양중설비, 콘크리트 타설장비 등을 설치한 경우 고려해야 하는 하중

② 낙하물 충격하중 : 낙하물 중량과 낙하 시 충격영향을 고려해야 하는 하중

Ⅲ. 하중조합

1) 연직하중(고정하중 및 작업하중)과 수평하중을 동시에 고려한다.

2) 수평하중은 각 방향에 대해 서로 독립적으로 작용하며 중첩하여 적용하지 않는다.

3) 풍하중의 적용은 작업하중의 영향을 고려하지 않는다.

Ⅵ. 결론

일반적으로 비계는 현장조건에 부합하는 각 부재의 연결조건과 받침조건을 고려한 2차원 또는 3차원 구조해석을 수행하여야 하나, 구조물의 형상, 평면선형 및 종단선형의 변화가 심하고 편재하의 영향을 고려할 경우와 높이 31m 이상인 비계는 반드시 3차원 해석을 수행하여 안전성을 검증하여야 한다.

"끝"

문제5) 흙막이공사의 시공계획 수립 시 포함되어야 할 내용과 시공 시 관리사항을 설명하시오.(25점)

답)

I. 개요

안전한 흙막이공사를 진행하기 위해서는 시공 전 설계도서 및 현장의 매설물, 가공물, 도로구조물, 연도건물, 지반, 노면 교통 등의 각종 상황을 고려한 시공계획을 수립하여 공종별 시공계획서와 시공상세도를 준비한 이후에 공사가 진행되도록 하는 것이 중요하다.

II. 시공계획 수립 시 포함되어야 할 내용

1) 상세한 위치, 사용기계 및 공정, 지장물 처리방법

2) 토질조건, 흙막이구조, 굴착규모, 굴착방법, 지하매설물의 유무, 본 구조의 시공법, 인접 구조물 등과의 관련을 고려하여 공정의 각 단계에서 충분한 안정성이 확보될 수 있는 흙막이 구조물의 시공계획

3) 연암 등의 암반지역과 같이 흙막이 벽 대신 굴착면이 노출되는 경우에는 굴착면의 안정성을 확보할 수 있는 시공계획

4) 널말뚝, 엄지말뚝, 지반앵커, 띠장, 버팀대 등의 부재 재질, 배치, 치수, 설치시기, 시공순서, 시공법, 장비계획, 지장물 철거계획, 가배수로 및 안전시설 설치계획 등

5) 설계도면과 현장이 일치하지 않을 경우, 그 처리대책으로서 전문기술자가 작성하고, 공사감독자가 인정하는 자격을 갖춘 기술자가 서명 날인한 수정도면, 계산서, 검토서, 시방서 등을 포함하는 설계검토보고서

6) 계측계획

7) 흙막이공사 중 또는 완료 후 구조물의 부상현상에 대한 배수처리 및 부상방지대책

8) 흙막이공사에 의한 공사구간의 교통처리계획, 교통안전요원의 운영계획 및 관련기관과 협의된 사항 등이 포함된 교통처리계획

9) 공사감독자가 필요하다고 인정하여 요구하는 기타 사항

III. 시공상세도 포함사항

1) 흙막이공의 설치위치 및 인접시설물과의 공간관계

2) 지장물도

3) 가설구조물도(평면도, 단면도, 전개도, 상세도 포함)

4) 구조계산서

5) 계측관리도

6) 시공순서도

7) 강재의 용접, 볼트 이용, 지지방식(지반앵커, 버팀대) 등의 상세도

8) 시공상세도 내용에 대해 공사감독자가 인정하는 자격을 갖춘 기술자가 작성하여 서명 날인할 것

IV. 시공 시 관리사항

1) 공사 전 주변 시설물 및 지반조건 등을 고려하여 공법을 선정한다.

2) 굴착공사 전 유관기관과 협의 및 조사를 진행한 후 이상이 없을 시 골

착공사 관리를 한다.

3) 인접구조물에는 굴착공사로 인한 구조물의 안전성을 위해 계측관리를 사전에 협의한 후 설치 및 기록 관리를 한다.

4) 가설흙막이시설에도 계측기를 설치하여 주기적으로 가설흙막이의 변위를 확인하고, 이상 발생 시 안전보건조치를 수립한다.

5) 굴착면과 흙막이판 사이의 뒷채움토사의 유실이 우려되는 경우에는 배수재료를 사용하여 유실방지 관리를 한다.

V. 결론

건설공사의 재해 유발 3대 공종은 가설, 흙막이, 거푸집·동바리작업으로 집약되고 있다. 특히, 흙막이공사는 토목공사는 물론 건축공사에도 철저히 준수할 필요가 있기 때문에 건설공사계획 수립 시 또는 인근 통행자 안전관리 차원에서 만전을 기해야 할 것이다.

"끝"

문제6)	건설공사에서 사용되는 자재의 유해인자 중 유기용제와 중금속
	에 의한 근로자의 보건상 조치에 대하여 설명하시오.(25점)
답)	
I. 개요	
	원소와 원소의 반응에 의해 생성된 물질인 유기용제를 비롯한 화학물질은
	건설공사에서 강산, 강염기류, 유기화합물의 세척이나 도료로 사용되며 용
	접작업 시에도 중금속 오염에 의한 근로자 보건관리의 유해·위험이 있으
	므로 이에 대한 안전대책의 수립이 필요하다.
II. 건설공사에서 사용하는 자재의 유해인자	
	1) 세척작업
	금속, 플라스틱 표면에 묻은 오염물질을 세척제로 제거하는 작업에 사
	용되는 유기화합물, 염소계열 물질
	2) 도장작업
	건축물 및 토목구조물 표면의 도막 형성을 위해 도료를 바르는 작업에
	사용되는 도료, 희석제 등에 함유된 유기용제
	3) 시설·설비(화학물질 이송배관 포함) 등의 점검·정비·보수작업 시 저
	장탱크 내 잔존물질
	4) 용접작업
	CO_2 용접을 밀폐공간에서 하는 경우 산소 결핍위험 및 일산화탄소, 질
	소산화물, 오존, 광화학물질, 할로겐화 탄수화물의 열분해산물 등

Ⅲ. 화학물질중독 시 보건상 재해유형

유기용제 및 중금속 접촉 혹은 섭취, 증기 Fume의 호흡기 흡입 시 피부질환, 장기 및 중추신경계 손상, 직업성 암 등이 발생한다.

Ⅳ. 산업안전보건법상 유해 · 위험물질

종류	해당 물질
제조 등 금지물질	• 나프틸아민과 그 염 • 석면
허가 대상물질	• 나프틸아민과 그 염 • 베릴륨
관리 대상 유해물질	• 유기화학물 : 메탄올, 벤젠 • 금속류 : 수은, 구리 및 그 화합물 • 산 · 알칼리류 : 불화수소, 염화수소 등 • 가스상태물질 : 시안화수소, 포스핀 등
관리 대상 유해물질 중 특별관리물질	• 트리클로로에틸렌 • 부타디엔 등
위험물질	• 폭발성 물질 및 유기과산화물 • 물반응성 물질 및 인화성 고체 • 산화성 액체 및 산화성 고체 • 인화성 액체 • 인화성 가스 • 부식성 물질 • 급성독성물질

Ⅴ. 근로자의 보건상 조치

1) 사업주는 화학물질취급 전 반드시 물질안전보건자료를 확보하여 해당 물질의 유해 · 위험성을 주지시킴

2) 근로자가 보기 쉬운 장소에 물질안전보건자료를 게시 및 갖춰 두어야 하며 보관용기 및 덜어 쓰는 용기 등에 반드시 경고 표시(경고표지 부착)

3) 화학물질취급 근로자에게 물질안전보건자료를 바탕으로 인체에 미치는 영향, 취급 시 주의사항 등에 대한 교육 실시

4) 작업 시 근로자가 화학물질에 노출되지 않도록 화학물질 발산원을 밀폐하거나 환기설비 가동

5) 근로자에게 사용 화학물질 및 작업형태에 적절한 개인보호구를 지급하고 올바르게 착용하도록 관리

6) 정기적으로 작업환경을 측정 및 평가하고 그 결과에 따라 작업환경 개선

7) 근로자 건강관리를 위해 정기적으로 특수건강진단 실시

8) 근로자가 세면 및 목욕 등을 할 수 있도록 세척시설을 설치하고, 작업 후 작업복과 노출된 신체 부위를 깨끗하게 세척하도록 함

9) 화학물질취급 실내작업장에서 담배를 피우거나 음식물 섭취 금지

10) 화학물질취급으로 신체이상을 느끼면 반드시 관리자에게 보고하고 의사의 진료를 받아야 함

VI. 결론

유해·위험을 초래할 수 있는 유기화학물 사용 및 중금속 노출 작업장은 사업주와 근로자 개개인이 안전조치를 숙지하고 재해가 발생되지 않도록 주의하는 것이 중요하다.

"끝"

제 128 회
국가기술자격검정 기술사 필기시험 답안지(제3교시)

○　　　　　○　　　　　○

※ 10권 이상은 분철(최대 10권 이내)

자 격 종 목	건설안전기술사

답안지 작성 시 유의사항

1. 답안지는 총 7매(14면)이며 교부받는 즉시 매수, 페이지 등 정상 여부를 반드시 확인하고 1매라도 분리되거나 훼손하여서는 안 됩니다.
2. 시행회, 자격종목, 수험번호, 성명을 정확하게 기재하여야 합니다.
3. 수험자 인적사항 및 답안 작성(계산식 포함)은 흑색 또는 청색 필기구만 사용하되, 동일한 한 가지 색의 필기구만 사용하여야 하며 흑색, 청색을 제외한 유색 필기구 또는 연필류를 사용하거나 두 가지 이상의 색을 혼합 사용하였을 경우 그 문항은 0점 처리됩니다.
4. 답안 정정 시에는 두 줄(=)을 긋고 다시 기재 가능하며, 수정테이프(액) 등을 사용했을 경우 채점상의 불이익을 받을 수 있으므로 사용하지 마시기 바랍니다.
5. 답안지에 답안과 관련 없는 특수한 표시, 특정인임을 암시하는 답안지는 전체가 0점 처리됩니다.
6. 답안 작성 시 홈(구멍)이나 도형 등 그림이 없는 직선자(템플릿 사용 금지)만 사용할 수 있습니다.
7. 문제의 순서에 관계없이 답안을 작성하여도 되나 주어진 문제번호와 문제를 기재한 후 답안을 작성하고 전문용어는 원어로 기재하여도 무방합니다.
8. 요구한 문제수보다 많은 문제를 답하는 경우 기재 순으로 요구한 문제수까지 채점하고 나머지 문제는 채점대상에서 제외됩니다.
9. 답안 작성 시 답안지 양면의 페이지 순으로 작성하시기 바랍니다.
10. 기작성한 문항 전체를 삭제하고자 할 경우 반드시 해당 문항의 답안 전체에 대하여 명확하게 X표시(X표시한 답안은 채점대상에서 제외) 하시기 바랍니다.
11. 시험시간이 종료되면 즉시 답안 작성을 멈춰야 하며, 종료시간 이후 계속 답안을 작성하거나 감독위원의 답안 제출 지시에 불응할 때에는 채점대상에서 제외됩니다.
12. 각 문제의 답안 작성이 끝나면 "끝"이라고 쓰고 다음 문제는 두 줄을 띄워 기재하여야 하며 최종 답안 작성이 끝나면 그 다음 줄에 "이하 여백"이라고 써야 합니다.
13. 비번호란은 기재하지 않습니다.

비 번 호	

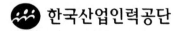

한국산업인력공단

| 문제1) | 건설현장작업 시 근골격계 질환의 재해원인과 예방대책에 대하여 설명하시오.(25점) |

답)

I. 개요

무리한 힘의 사용, 반복적인 동작, 부적절한 작업자세, 날카로운 면과의 신체접촉, 진동 및 온도 등의 요인으로 인해 근육과 신경, 힘줄, 인대, 관절 등의 조직이 손상되어 신체에 나타나는 건강장해를 총칭하는 근골격계 질환은 요통, 수근관증후군, 건염, 흉곽출구증후군, 경추자세증후군 등으로도 표현된다.

II. 발생단계 구분

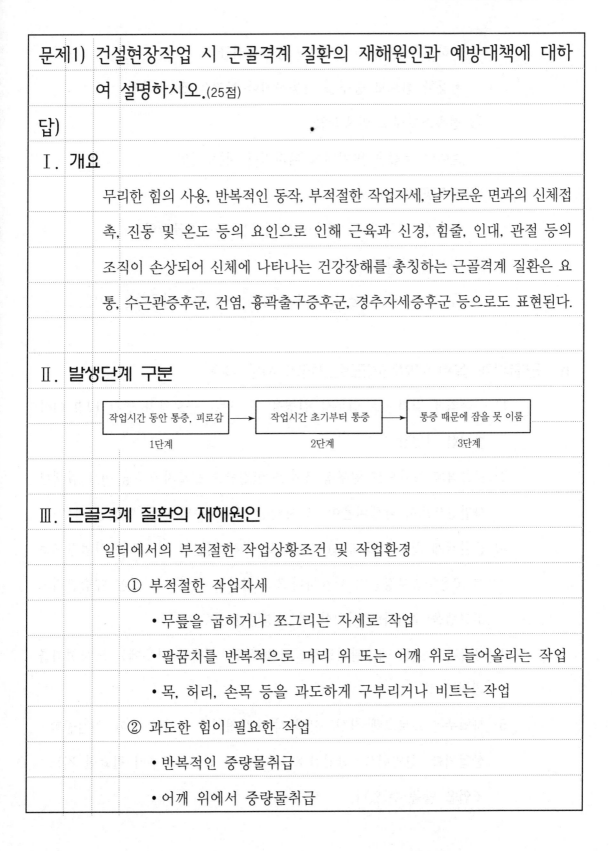

| 작업시간 동안 통증, 피로감 | → | 작업시간 초기부터 통증 | → | 통증 때문에 잠을 못 이룸 |
| 1단계 | | 2단계 | | 3단계 |

III. 근골격계 질환의 재해원인

일터에서의 부적절한 작업상황조건 및 작업환경

① 부적절한 작업자세

- 무릎을 굽히거나 쪼그리는 자세로 작업
- 팔꿈치를 반복적으로 머리 위 또는 어깨 위로 들어올리는 작업
- 목, 허리, 손목 등을 과도하게 구부리거나 비트는 작업

② 과도한 힘이 필요한 작업

- 반복적인 중량물취급
- 어깨 위에서 중량물취급

- 허리를 구부린 상태에서 중량물취급

  - 강한 힘으로 공구를 작동하거나 물건을 잡는 작업

③ 접촉스트레스 발생작업

  손이나 무릎을 망치처럼 때리거나 치는 작업

④ 진동공구취급작업

  착암기, 연삭기 등 진동이 발생하는 공구취급작업

⑤ 반복적인 작업

  목, 어깨, 팔, 팔꿈치, 손가락 등을 반복하여 이용하는 작업

Ⅳ. 근골격계 질환 예방관리프로그램의 시행 대상

1) 근골격계 질환으로 업무상 질병을 인정받은 근로자가 연간 10명 이상 발생한 사업장

2) 근골격계 질환으로 업무상 질병을 인정받은 근로자가 5명 이상 발생한 사업장으로서 발생비율이 그 사업장 근로자수의 10% 이상인 경우

3) 근골격계 질환 예방과 관련하여 노사 간 이견이 지속되는 사업장으로서 고용노동부장관이 필요하다고 인정하여 근골격계 질환 예방관리프로그램을 수립하여 시행할 것을 명령한 경우

4) 근골격계 질환 예방관리프로그램을 작성·시행할 경우에는 노사협의를 거쳐야 함

5) 사업주는 프로그램 작성·시행 시 노사협의를 거쳐야 하며, 인간공학·산업의학·산업위생·산업간호 등 분야별 전문가로부터 필요한 지도·조언을 받을 수 있다.

V. 근골격계 부담작업 범위

번호	내용
1	하루에 4시간 이상 집중적으로 자료 입력 등을 위해 키보드 또는 마우스를 조작하는 작업
2	하루에 총 2시간 이상 목, 어깨, 팔꿈치, 손목 또는 손을 사용하여 같은 동작을 반복하는 작업
3	하루에 총 2시간 이상 머리 위에 손이 있거나, 팔꿈치가 어깨 위에 있거나, 팔꿈치를 몸통으로부터 들거나, 팔꿈치를 몸통 뒤쪽에 위치하도록 하는 상태에서 이루어지는 작업
4	지지되지 않은 상태이거나 임의로 자세를 바꿀 수 없는 조건에서, 하루에 총 2시간 이상 목이나 허리를 구부리거나 드는 상태에서 이루어지는 작업
5	하루에 총 2시간 이상 쪼그리고 있거나 무릎을 굽힌 자세에서 이루어지는 작업
6	하루에 총 2시간 이상 지지되지 않은 상태에서 1kg 이상의 물건을 한 손의 손가락으로 집어 옮기거나, 2kg 이상에 상응하는 힘을 가하여 한 손의 손가락으로 물건을 쥐는 작업
7	하루에 총 2시간 이상 지지되지 않은 상태에서 4.5kg 이상의 물건을 한 손으로 들거나 동일한 힘으로 쥐는 작업
8	하루에 10회 이상 25kg 이상의 물체를 드는 작업
9	하루에 25회 이상 10kg 이상의 물체를 무릎 아래에서 들거나, 어깨 위에서 들거나, 팔을 뻗은 상태에서 드는 작업
10	하루에 총 2시간 이상, 분당 2회 이상 4.5kg 이상의 물체를 드는 작업
11	하루에 총 2시간 이상 시간당 10회 이상 손 또는 무릎을 사용하여 반복적으로 충격을 가하는 작업

VI. 결론

근골격계 질환은 건설현장의 근로자에게만 발생하는 질환이 아닌 사무직에서도 발생하는 산업안전보건법상의 재해에 해당되는 질환으로, 근골격계 부담작업의 범위를 정확하게 이해하고 질환예방을 위한 작업자세를 유지하는 것이 중요하다.

"끝"

문제2) 시공자가 수행하여야 하는 안전점검의 목적, 종류 및 안전점검표 작성에 대하여 설명하고, 법정(산업안전보건법, 건설기술진흥법) 안전점검에 대하여 설명하시오.(25점)

답)

I. 개요

건설안전관련법상 안전점검은 산업안전법에 의한 현장순회점검과 안전점검이 있고, 건설기술진흥법에 의한 공사 목적물의 안전시공 및 품질확보를 위한 점검이 있다.

II. 안전점검의 목적, 종류 및 안전점검표의 작성

1) 안전점검의 목적

① 산업안전법상의 안전점검

재해 발생 전 재해 발생의 유해·위험요인을 사전에 발견하여 재해 예방대책을 강구하기 위함

② 건설기술진흥법상의 안전점검

공사 목적물의 안전시공 및 품질확보

2) 안전점검의 종류

① 산업안전보건법

• 순회점검 및 합동점검

분류	구성	실시주기	내용
작업장 순회점검	도급인, 사업주	1회 이상/2일	점검결과 개선요구

분류	구성	실시주기	내용
합동 안전보건점검	• 도급인, 수급인 • 도급인 근로자 1명 • 수급인 근로자 1명	1회 이상/2개월	–

• 안전점검

종류	점검시기	점검사항
일상점검	매일 작업 전·중·후	설비, 기계, 공구
정기점검	매주 또는 매월	• 기계·기구·설비의 안전상 중요부 • 마모·손상·부식 등
특별점검	기계·기구설비의 신설 및 변경	• 신설 및 변경된 기계·기구설비 • 고장·수리 등
임시점검	• 이상 발생 시 • 재해 발생 시	• 설비·기계 등의 이상 유무 • 설비·기계 등의 작동상태

※ 점검주체 : 사업주

② 건설기술진흥법

종류	점검시기	점검내용
자체안전 점검	건설공사의 공사기간 동안 해당 공종별로 매일 실시	건설공사 전반
정기안전 점검	• 안전관리계획에서 정한 시기와 횟수에 따라 실시 • 대상 : 안전관리계획 수립공사	• 임시시설 및 가설공법의 안전성 • 품질, 시공상태 등의 적정성 • 인접건축물 또는 구조물의 안전성
정밀안전 점검	정기안전점검 결과 필요시	• 시설물 결함에 대한 구조적 안전성 • 결함의 원인 등을 조사·측정·평가하여 보수·보강 등 방법 제시
초기점검	준공 직전	정기안전점검 수준 이상 실시
공사재개 전 점검	1년 이상 공사중단 후 재개	• 공사 재개 시 안전성 • 주요부재 결함 여부

3) 안전점검표의 작성

① 작성 시 유의사항

- 중점도가 높은 것부터 순서대로 작성할 것
- 사업장에 적합한 독자적 내용을 가지고 작성할 것
- 점검항목을 폭넓게 검토할 것
- 관계자의 의견을 청취할 것

② 판정 시 유의사항

- 판정기준의 종류가 두 종류인 경우 적합 여부를 판정할 것
- 한 개의 절대척도나 상대척도에 의할 때는 수치로서 나타낼 것
- 복수의 절대척도나 상대척도에 조합된 문항은 기준점수 이하로 나타낼 것
- 대안과 비교하여 양부를 판정할 것
- 경험하지 않은 문제나 복잡하게 예측되는 문제 등은 관계자와 협의하여 종합판정할 것

Ⅲ. 결론

건설현장 안전점검은 근로자의 안전한 작업상태의 확보 및 공사품질의 안전확보를 위해 실시하는 것이므로, 점검 시에는 점검자 능력에 맞는 점검방법을 선정해야 하고 발견된 유해·위험요인은 철저한 원인조사 후 대책이 강구되어야 한다.

"끝"

문제3)	콘크리트 타설 중 이어치기 시공 시 주의사항에 대하여 설명하시오.(25점)

답)

Ⅰ. 개요

기초부터 시작해 슬래브, 벽체를 반복하여 층을 올리는 콘크리트 타설은 이전에 타설된 콘크리트의 경화가 진행되고 있기 때문에 레미콘 차량의 이동시간을 비롯해 여러 기타 사유로 인해 이어치기 시 콜드조인트의 우려가 발생한다.

Ⅱ. 콜드조인트의 발생원인

1) 레미콘 수급

정확한 소요량 계산착오로 추후 주문에 의한 타설이 될 경우

2) 갑작스런 폭우 또는 건설사고

갑자기 많은 강우 시 불가피하게 작업을 중지하게 되며, 또한 산재와 같은 불가피한 건설사고도 콜드조인트의 원인이 됨

3) 서중콘크리트

혹서기 대기온도의 상승으로 급격한 수분 증발 또는 물결합재비의 부족 시

Ⅲ. 콜드조인트의 문제점

1) 내구성 저하

2) 수밀성 저하

3) 면처리 또는 공간 축소와 같은 문제 발생

Ⅳ. 이어치기 시공 시 주의사항

1) 이어치기 시간

구분	대기온도 25℃ 이상	대기온도 25℃ 미만
비빔 부어넣기	1.5시간 이내	2시간 이내
이어치기	2시간 이내 (수밀콘크리트 1.5시간 이내)	2.5시간 이내 (수밀콘크리트 2시간 이내)

2) 이어치기 위치

① 기둥 : 보, 바닥판 또는 기초 윗면에서 수평띠철근 방향

② 보, 슬래브 : 스팬의 1/2 부근에서 수직으로, 작은 보가 있는 바닥판
은 너비 2배 부근에서 수직스터럽 방향

③ 아치 : 아치축에 직각으로

④ 캔틸레버, 해수작용을 받는 콘크리트 : 이어치기 원칙적으로 금지

3) 줄눈

① 시공줄눈 : 시공과정상 미리 계획한 줄눈

② 신축줄눈 : 온도변화에 따른 팽창·수축·부등침하·진동에 의한
균열방지줄눈

③ 조절줄눈 : 균열을 바닥, 벽 등 일정한 곳에서만 일어나도록 유도하
기 위한 줄눈

④ 지연줄눈 : 건조수축에 의한 균열의 최소화 목적으로 100m가 넘는
장스팬 구조물에 설치하는 줄눈

⑤ Slip Joint : 철근콘크리트조 슬래브와 조적벽체 상부에 설치

⑥ Sliding Joint : 보와 슬래브 사이에 설치하여 접합부 수평부재의 미
끄럼을 허용하기 위한 줄눈

V. 콜드조인트 발생 이후 대책

1) 이음새 충진

그라인더를 이용하여 V자 형태로 컷팅한 후 우레탄계열 실란트로 충진하는 방법으로, 보수공법 중 대표적인 공법

2) 약액 주입

균열 부위를 청소한 후 조인트 빈 공간을 모두 메꾸는 공법으로, 에폭시 주입으로 빈틈을 메꾸는 그라우팅공법

충진(V-Cut)	주입
• 저점도 Epoxy • 폭 : 깊이 10mm V-Cut • 팽창Mortar · 수지 충진	• 내부충진 • 10~30cm 간격 • 0.2~0.5mm 균열

VI. 서중콘크리트의 콜드조인트방지대책

1) 타설 전

① 재료온도 상승 제어 : Precooling

② 사전계획 : 운반시간, 배차간격, 타설 전 준비사항 준수

2) 타설 중

① 소성수축균열 제어

② 제어방법 : 삼각지붕, 방풍망

3) 양생 관리

① 급격한 수분증발방지 : 습윤양생이 되도록 함

② Precooling : 내부온도 제어양생

③ 삼각지붕, 방풍막 설치 : 도로포장현장

VII. 결론

콘크리트 이어치기는 콜드조인트의 우려를 배제할 수 없는 부분으로 특히,

서중콘크리트 이어치기 시에는 각별한 대책이 요구된다. 따라서 혹서기에

는 타설 전, 타설 중, 양생단계로 구분한 관리가 필요하다.

"끝"

문제4) 압쇄기를 사용하는 구조물 해체공사의 작업계획 수립 시 안전대책
에 대하여 설명하시오.(25점)

답)

I. 개요

도심지 해체작업 시 가장 대표적으로 사용하는 저소음공법으로, 압쇄기 내

에 콘크리트부재를 넣고 유압력으로 압쇄하며 작업 착수 전 작업계획의

수립이 필요하다.

II. 압쇄기의 분류

1) 강력한 ㄷ 자형 프레임 안에 한쪽 면을 반력면으로 하고 다른 면에 압

쇄날을 장치한 압쇄부를 유압력으로 작동시키는 방식

2) 두 개의 암이 유압력으로 콘크리트를 압쇄하는 방식

III. 압쇄기 사용 해체공법의 특징

저소음, 구조물의 완전분쇄로 해체폐기물의 처리가 용이하나, 두께가 두꺼

운 콘크리트구조물 파쇄에는 적합하지 못하다.

IV. 해체공사 작업계획 수립 시 안전대책

1) 포함사항

① 작업개요

② 장비 및 인원 등 투입계획

③ 작업순서

④ 시공단계별 작업방법

⑤ 안전 및 환경관리계획

⑥ 예정공정표

⑦ 해체 대상별 세부 해체계획

⑧ 구조안전성 검토내용

2) 재해방지를 위한 작업순서

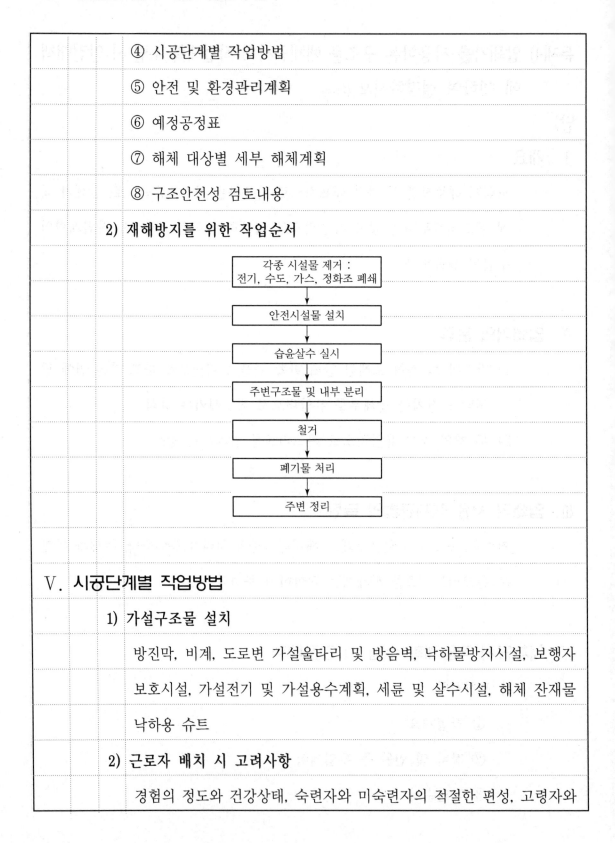

V. 시공단계별 작업방법

1) 가설구조물 설치

방진막, 비계, 도로변 가설울타리 및 방음벽, 낙하물방지시설, 보행자

보호시설, 가설전기 및 가설용수계획, 세륜 및 살수시설, 해체 잔재물

낙하용 슈트

2) 근로자 배치 시 고려사항

경험의 정도와 건강상태, 숙련자와 미숙련자의 적절한 편성, 고령자와

연소자 또는 건강에 이상이 있는 근로자의 위험작업 투입배제, 해체작

업 전 작업발판 등에 부재, 공구가 없는지 확인

3) 구조물 및 지장물 제거

도로 완성면에서 최소 1m 깊이까지 모든 구조물을 제거하되 포장층의

두께가 1m를 넘는 경우 포장층 내 모든 구조물 제거

4) 작업계획 수립

① 공사 전 민원 발생이 되지 않도록 처리하고 공사장과 인접한 건물

이나 주민, 통행차량에 피해가 없도록 관리

② 보호구를 착용하고 안전관리요원을 현장에 배치하여 안전교육 및

안전사고방지에 만전을 기할 것

③ 건설소음, 진동공해에 대비한 철저한 계획 수립

Ⅵ. 재해예방을 위한 안전점검체계 구축에 관한 제언

작업 전	작업 중	작업 후
• 안전조회 • 작업 전 안전교육 • 작업 전 안전점검 - 파쇄기 작동상태 - 방호장치 작동상태	• 작업 중 지도감독 - 불안전한 인적·물적사항 점검 • 현장순회 안전점검 • 작업안전 절차 준수 여부 • 개인보호구 착용상태	• 작업 종료 전 안전점검 - 현장 정리정돈 - 점검 체크리스트에 의한 점검 • 작업 종료 후 현장점검

Ⅶ. 결론

압쇄기 사용 작업현장은 소음·진동이 가장 적게 발생하는 공법이나, 분진

발생 가능성이 높으므로 작업계획 수립 시 주민 불편을 최소화할 수 있도

록 해야 하며, 살수요원을 배치 및 운영하고 공사장 주변의 청결 관리도 철저히 해야 할 것이다.

"끝"

문제5)		철근콘크리트교량의 상부구조물인 슬래브(상판) 시공 시 붕괴원인과 안전대책에 대하여 설명하시오.(25점)

답)

I. 개요

FSM교량은 철근콘크리트를 사용하는 공법으로, 슬래브(상판) 시공단계에서의 붕괴는 범위가 매우 다양하나 소규모 교량공사에 적용되는 공법이기 때문에 안전관리의식이 미흡할 수 있으므로 붕괴원인과 안전대책을 이해하는 것이 중요하다.

II. 콘크리트교량의 종류

1) FSM

교각 사이에 동바리를 설치하고 슬래브를 시공하는 형식

2) MSS

① Rechenstab : 이동식 비계가 상부공 하부의 추진보와 비계보를 지지하는 형식

② Mannesmann : 경간의 2~3배가 되는 비계보를 사용해 이동식 거푸집을 지지하는 형식

③ Hanger Type : 주형과 거푸집을 설치하기 위한 가로보 및 이동받침대를 사용해 상판을 타설하는 형식

3) FCM

주두부에 Form Traveller, 이동식 Truss를 설치해 좌우대칭으로 슬래브를 타설하는 형식

① 힌지식 : 교각과 상부거더를 일체화 시공 후 중앙부를 힌지로 연결하는 형식

② 연속보식 : 교각과 상부거더를 분리 시공하고 중앙부에서 신결시키는 형식

③ 라멘식 : 교각과 상부거더를 일체화 시공 후 중앙부에서 긴결시키는 형식으로 힌지식과 연속보식의 조합형

Ⅲ. 공법별 붕괴원인

1) FSM

거푸집, 동바리의 안정성 부족, 거푸집 조기해체, 동바리 설치기준 미준수, Cold Joint 발생 등

2) MSS

① Rechenstab : 이동식 비계의 안정성 부족, Cold Joint, Grouting 불량, 추진보와 비계보의 안정성 부족

② Mannesmann : 이동식 거푸집의 조기 탈형, Cold Joint

③ Hanger Type : 가로보 또는 이동식 받침대의 안정성 부족, Cold Joint, 거푸집 조기 탈형

3) FCM

① 힌지식 : 힌지로 연결한 중앙부의 연결부 불량, Mass Concrete 온도균열, Cold Joint, 거푸집 조기 탈형

② 연속보식 : 중앙부 긴결 시 안정성 부족, 교좌장치 파손, Cold Joint, 거푸집 조기 탈형

③ 라멘식 : Mass Concrete 온도 균열, 중앙부 강결 불량, Cold Joint

Ⅳ. 철근콘크리트교량의 붕괴방지를 위한 안전대책

1) 거푸집 조기해체 금지 : 설계기준의 압축강도 이상 시 거푸집 존치

2) 거푸집, 동바리의 안정성 확보

① 고정하중 : 콘크리트의 자중$(\gamma \times t)$ton · f/m³

② 충격하중 : 고정하중의 50%

③ 작업하중 : 1.5kN/m²

④ 횡하중

고정하중의 2% 이상 또는 동바리 상단의 수평방향 단위길이당

1.5kN/m² 이상 중 큰 값

⑤ 측압

$P = W \times H$

⑥ 풍하중

$W_f = P_f \cdot A$

여기서, W_f : 설계풍하중(kN)

A : 작용면의 외곽 전면적(m²)

$P_f = q_Z \cdot G_f \cdot C_f$: 가설구조물의 설계풍력(kN/m²)

q_Z : 지표면에서의 임의 높이 z에 대한 설계속도압(kN/m²)

G_f : 가설구조물 설계용 가스트 영향계수

C_f : 가설구조물의 풍력계수

3) Cold Joint 발생방지

① 타설 전

- 재료온도 상승 제어 : Precooling

- 사전계획 : 운반시간, 배차간격, 타설 전 준비사항 준수

② 타설 중

- 소성수축균열 제어

- 제어방법 : 삼각지붕, 방풍망

③ 양생 관리

- 급격한 수분증발방지 : 습윤양생이 되도록 함

- Precooling : 내부온도 제어양생

- 삼각지붕, 방풍막 설치 : 도로포장현장

4) 동바리 설치기준 준수

① 동바리를 지반에 설치할 경우에는 연직하중에 견딜 수 있도록 지반의 지지력을 검토하고 침하방지조치를 하여야 한다.

② 동바리를 설치하는 높이는 단변길이의 3배를 초과하지 말아야 하며, 초과 시에는 주변구조물에 지지하는 등 붕괴방지조치를 하여야 한다. 다만, 수평버팀대 등의 설치를 통해 전도 및 좌굴에 대한 구조안전성이 확인된 경우에는 3배를 초과하여 설치할 수 있다.

③ 가새재는 수평재 또는 수직재에 핀 또는 클램프 등의 결합방법에 의해 견고하게 결합하여 이탈되지 않도록 하여야 한다.

④ 동바리 자재의 반복 사용으로 인한 변형 및 부식 등 심하게 손상된 자재는 사용하지 않도록 한다.

⑤ 경사진 바닥에 설치할 경우 고임재 등을 이용하여 동바리 바닥이 수평이 되도록 하여야 하며, 고임재는 미끄러지지 않도록 바닥에 고정시켜야 한다.

V. 결론

철근콘크리트를 사용하는 공법은 교량 하부에 공사진행을 저해하는 요인이 없는 장소이며 소규모 공사인 경우 최근에도 매우 빈번하게 공사가 이루어지는 공법이나, 그간의 기술 축적으로 자칫 안전관리에 소홀할 수 있으므로 붕괴현상의 원인과 안전대책을 강구하는 것은 중요하다.

"끝"

문제6) 터널공사에서 작업환경의 불량요인과 개선대책에 대하여 설명하시오. (25점)

답)

I. 개요

상향굴착 또는 하향굴착방식에 따라 작업환경 불량요인의 주요관리사항이 결정되는 터널공사현장은 작업환경 불량요인의 개선은 물론 도급인·수급인 근로자의 트라우마 관리에도 관심을 기울여야 한다.

상향굴착	하향굴착
• 연직설치 시공성 • 환기 불리 • 배수 유리	• 수직설치 시공 안정성 • 환기 유리 • 배수 불리

II. 터널작업 환경의 문제점

1) 시공 시 유해가스의 발생

2) 분진 및 소음의 발생

3) 발파에 따른 유해·위험물질의 비산

4) 환기방식의 변경 곤란

III. 작업환경 불량요인

1) 발파작업에 의한 화약류 등의 가스 발생

2) 발파 및 장비, 숏크리트 타설 시 분진 발생

3) 기계 및 장비의 배기가스

4) 지중 용출가스

5) 기계 및 장비의 열기

6) 지열의 발생

Ⅳ. 안전보건대책의 수립 절차

시공단계별 유해가스, 분진, 소음 발생량 사전조사 → 종류별 발생량 조사
→ 유해물질 발생량 산정 → 소요환기량, 차음대책 산정 → 검토 → 환기
설비 및 소음원 차단, 보호구의 종류 선정 → 효과 산정 및 판정 → 유지관
리상태의 기록

Ⅴ. 개선대책

1) 환기대책(집중방식)

① 장점

- 환기효과가 우수하다.

- 유지관리가 쉽다.

② 단점

- 막장면에 오염물질이 집중된다.(배기식)

- 대규모 설비가 필요하다.

- 송풍저항력이 증가한다.

- 송풍기 효율이 저하된다.

- 오염물질이 확산된다.(송기식)

2) 흡인식(직렬방식)

① 장점

- 송풍기 규모가 효율적이다.

- 규모가 작아 유지관리가 쉽다.

② 단점

- 이음부가 많아 누풍이 과다하게 발생한다.

- 풍관의 저항력이 증가한다.

- 송풍기 고장 시 인접 송풍기에 부담이 발생한다.

3) 소음대책

① 소음원 차단대책 : 저소음작업 기계 선정 및 배치

② 보호구 지급

종류	등급	성능기준
귀마개	1종 EP-1	저음부터 고음까지 차음
	2종 EP-2	고음의 차음
귀덮개	EM	귀 전체를 덮는 구조이며, 차음효과가 있을 것

VI. 터널환기의 효율화 방안

1) 작업차량 및 발파작업의 계획에 의한 시공

2) 내리막구배 시공

3) 수직갱 혼용

4) 인근집진설비 병용

Ⅶ. 터널작업 근로자의 건강관리를 위한 조치기준

1) **건강진단** : 6개월 이내마다 특수건강진단

2) 건강관리를 위한 휴게시설의 설치

Ⅷ. 기타 재해방지를 위해 강구해야 할 사항

1) **소화설비 비치** : 소화기구, 소화전

2) **경보설비** : 비상경보장치, 방송시설, 전화, 감시카메라

3) **피난설비** : 조명등, 피난갱, 대피소 설치, 비상주차시설

4) **소화활동시설** : 무선통신, 비상콘센트, 송수관

5) **비상전원장치** : 발전기, 무정전전원장치

Ⅸ. 결론

터널공사현장은 안전조치는 물론 보건상의 조치가 더욱 중요한 현장이므로 사업주는 착공 전 위험성평가를 반드시 실시하여 위험요인의 정확한 발굴을 토대로 산업안전보건관리비의 과감한 투자를 통해 안전하고 쾌적한 작업환경 조성에 힘써야 한다.

"끝"

제 128 회
국가기술자격검정 기술사 필기시험 답안지(제4교시)

○　　　　　○　　　　　○

※ 10권 이상은 분철(최대 10권 이내)

자 격 종 목	건설안전기술사

답안지 작성 시 유의사항

1. 답안지는 총 7매(14면)이며 교부받는 즉시 매수, 페이지 등 정상 여부를 반드시 확인하고 1매라도 분리되거나 훼손하여서는 안 됩니다.
2. 시행회, 자격종목, 수험번호, 성명을 정확하게 기재하여야 합니다.
3. 수험자 인적사항 및 답안 작성(계산식 포함)은 흑색 또는 청색 필기구만 사용하되, 동일한 한 가지 색의 필기구만 사용하여야 하며 흑색, 청색을 제외한 유색 필기구 또는 연필류를 사용하거나 두 가지 이상의 색을 혼합 사용하였을 경우 그 문항은 0점 처리됩니다.
4. 답안 정정 시에는 두 줄(=)을 긋고 다시 기재 가능하며, 수정테이프(액) 등을 사용했을 경우 채점상의 불이익을 받을 수 있으므로 사용하지 마시기 바랍니다.
5. 답안지에 답안과 관련 없는 특수한 표시, 특정인임을 암시하는 답안지는 전체가 0점 처리됩니다.
6. 답안 작성 시 홈(구멍)이나 도형 등 그림이 없는 직선자(템플릿 사용 금지)만 사용할 수 있습니다.
7. 문제의 순서에 관계없이 답안을 작성하여도 되나 주어진 문제번호와 문제를 기재한 후 답안을 작성하고 전문용어는 원어로 기재하여도 무방합니다.
8. 요구한 문제수보다 많은 문제를 답하는 경우 기재 순으로 요구한 문제수까지 채점하고 나머지 문제는 채점대상에서 제외됩니다.
9. 답안 작성 시 답안지 양면의 페이지 순으로 작성하시기 바랍니다.
10. 기작성한 문항 전체를 삭제하고자 할 경우 반드시 해당 문항의 답안 전체에 대하여 명확하게 X표시(X표시한 답안은 채점대상에서 제외) 하시기 바랍니다.
11. 시험시간이 종료되면 즉시 답안 작성을 멈춰야 하며, 종료시간 이후 계속 답안을 작성하거나 감독위원의 답안 제출 지시에 불응할 때에는 채점대상에서 제외됩니다.
12. 각 문제의 답안 작성이 끝나면 "끝"이라고 쓰고 다음 문제는 두 줄을 띄워 기재하여야 하며 최종 답안 작성이 끝나면 그 다음 줄에 "이하 여백"이라고 써야 합니다.
13. 비번호란은 기재하지 않습니다.

비 번 호	

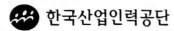 한국산업인력공단

문제1)	건설업 KOSHA-MS의 인증절차, 심사종류 및 인증취소조건에 대
	하여 설명하시오.(25점)

답)

I. 개요

최고경영자가 안전보건방침에 안전보건정책을 선언하고 이에 대한 실행계
획을 수립한 후, 그에 필요한 자원을 지원하여 실행 및 운영, 점검 및 시정
조치하며 그 결과를 최고경영자가 검토하는 순환과정의 체계적인 안전보
건 활동이다.

II. 인증 절차

신청서 접수 → 계약(15일 이내) → 심사팀 구성 → 실태심사 → 컨설팅 지
원 → 인증심사 → 인증 여부 결정(20일 이내) → 인증서·인증패 발급 →
사후심사(매년) → 연장심사(3년 주기)

III. 심사종류

1) 발주기관

① 본사 분야

항목	내용
조직의 상황	• 조직과 조직상황의 이해 • 근로자 및 이해관계자 요구사항 • 안전보건경영시스템의 적용범위 결정 • 안전보건경영시스템

항목	내용
리더십과 근로자의 참여	• 리더십과 의지표명 • 안전보건방침 • 조직의 역할, 책임 및 권한 • 근로자의 참여 및 협의
계획 수립	• 위험성과 기회를 다루는 조치 • 일반사항 • 위험성평가 • 법규 및 그 밖의 요구사항 검토 • 안전보건목표 • 안전보건목표 추진계획
지원	• 자원 • 역량 및 적격성 • 인식 • 의사소통 및 정보 제공 • 문서화 • 문서 관리 • 기록
실행	• 운영계획 및 관리 • 비상시 대비 및 대응
성과평가	• 모니터링, 측정, 분석 및 성과평가 • 내부심사 • 경영자 검토
개선	• 일반사항 • 사건, 부적합 및 시정조치 • 지속적 개선

② 현장 분야

항목	내용
현장소장 리더십, 의지 및 안전보건방침	
현장조직의 역할, 책임 및 권한	
계획 수립	• 위험성평가 • 안전보건목표 및 추진계획

항목	내용
안전보건계획의 실행	• 안전보건교육 및 적격성 • 의사소통 • 문서 및 기록 관리 • 안전보건 관리활동 • 비상시 조치계획 및 대응
평가 및 개선	• 현장점검 및 성과측정 • 시정조치 및 개선 • 평가와 상벌 관리

2) 안전보건경영관계자 면담

항목	내용
일반원칙	
본사	• 최고경영자(경영자대리인)와 경영층(임원)관계자 • 본사 부서장
현장	• 현장소장 • 관리감독자 • 안전보건관리자 • 협력업체 소장, 안전관계자, 근로자

Ⅳ. 인증취소조건

1) 거짓 또는 부정한 방법으로 인증을 받은 경우

2) 정당한 사유 없이 사후심사 또는 연장심사를 거부 · 기피 · 방해하는 경우

3) 공단으로부터 부적합사항에 대하여 2회 이상 시정요구 등을 받고 정당한 사유 없이 시정을 하지 아니하는 경우

4) 안전보건조치를 소홀히 하여 사회적 물의를 일으킨 경우

5) 건설업 종합건설업체에 대해서는 인증을 받은 사업장의 사고사망만인율이 최근 3년간 연속하여 종합심사낙찰제 심사기준 적용 평균사고사

망만인율 이상이고 지속적으로 증가하는 경우

6) 다음에 해당하는 경우로서 인증위원회 위원장이 인증취소가 필요하다고 판단하는 경우

① 인증사업장에서 안전보건조직을 현저히 약화시키는 경우

② 인증사업장이 재해예방을 위한 제도개선이 지속적으로 이루어지지 않는 경우

③ 경영층의 안전보건경영 의지가 현저히 낮은 경우

④ 그 밖에 안전보건경영시스템의 인증을 형식적으로 유지하고자 하는 경우

7) 사내협력업체로서 모기업과 재계약을 하지 못하여 현장이 소멸되거나 인증범위를 벗어난 경우

8) 사업장에서 자진취소를 요청하는 경우

9) 인증유효기간 내에 연장신청서를 제출하지 않은 경우

10) 인증사업장이 폐업 또는 파산한 경우

V. 결론

KOSHA-MS는 산업안전보건법의 요구조건과 국제표준기준체계 및 국제노동기구 안전보건경영시스템 구축에 관한 권고를 반영하여 안전보건공단에서 독자적으로 개발한 안전보건경영체계인 만큼 자율적인 재해예방활동의 계기가 되도록 해야 할 것이다.

"끝"

문제2)		산업안전보건법령상 도급사업에 따른 산업재해예방조치, 설계변
		경 요청대상 및 설계변경 요청 시 첨부서류에 대하여 설명하시
		오.(25점)
답)		
Ⅰ.	개요	
		건설공사의 수급인은 건설공사 중에 가설구조물의 붕괴 등 재해발생위험
		이 높다고 판단되는 경우에는 전문가의 의견을 들어 건설공사를 발주한
		도급인에게 설계변경을 요청할 수 있다.
Ⅱ.	산업재해예방조치	
	1)	세부내용
		① 안전보건총괄책임자 지정
		사업장 내 산재예방업무를 총괄하여 관리하는 안전보건총괄책임자
		를 지정해야 한다.
		② 안전보건조치
		안전보건시설 설치 등 필요한 안전조치를 해야 한다.
		③ 산업재해예방조치
		도급인은 아래 사항을 이행해야 하며, 도급인 근로자 및 수급인 근
		로자와 함께 수시로 안전·보건점검을 실시해야 한다.
		• 도급인과 수급인을 구성원으로 하는 안전보건협의체를 구성·운영
		• 작업장 순회점검
		• 안전보건교육을 위한 장소 및 자료의 제공 등 지원 및 안전보건

교육 실시 확인

- 발파작업, 화재폭발, 토사구축물 등 붕괴, 지진 등에 대비한 경보 체계 운영 및 대피방법 훈련
- 위생시설 설치 등을 위해 필요한 장소 제공
- 같은 장소에서 이루어지는 작업에 있어서 관계수급인 등의 작업시기 · 내용, 안전조치 및 보건조치 등의 확인
- 위에 따른 확인 결과 작업혼재로 인해 화재 · 폭발 등 위험이 발생할 우려가 있는 경우, 관계수급인 등의 작업시기 · 내용 등의 조정

2) **안전보건정보 제공**

작업 시작 전 수급인에게 안전보건정보를 문서로 제공해야 하며, 수급인이 이에 따라 필요한 안전보건조치를 하였는지 확인해야 한다.

① 폭발성 · 인화성 등의 유해 · 위험성이 있는 화학물질을 취급하는 설비를 개조 · 분해 · 해체 · 철거하는 작업

② 위 작업에 따른 설비의 내부에서 이루어지는 작업

③ 설계변경 요청 시 첨부서류

Ⅲ. 설계변경 요청대상

1) 높이 31m 이상인 비계

2) 작업발판 일체형 거푸집 또는 높이 5m 이상인 거푸집, 동바리

3) 터널의 지보공 또는 높이 2m 이상인 흙막이지보공

4) 동력을 이용하여 움직이는 가설구조물

Ⅳ. 설계변경 요청 시 첨부서류

1) 설계변경 요청 대상 공사의 도면

2) 당초 설계의 문제점 및 변경요청 이유서

3) 가설구조물의 구조계산서 등 당초 설계의 안전성에 관한 전문가의 검토의견서 및 그 전문가의 자격증사본

4) 그 밖에 재해발생의 위험이 높아 설계변경이 필요함을 증명할 수 있는 서류

Ⅴ. 결론

건설공사도급인은 해당 건설공사 중 가설구조물 붕괴 등으로 산재 발생의 위험이 있다고 판단되면 전문가의 의견을 들어 발주자에게 설계변경을 요청할 수 있으나, 발주자가 설계를 포함하여 발주한 경우에는 적용하지 못하게 되어있는 점은 보완할 필요가 있다고 여겨진다.

"끝"

문제3)	산업안전보건법과 중대재해처벌법의 목적을 설명하고, 중대재해
	처벌법의 사업주와 경영책임자 등의 안전 및 보건확보의무의 주
	요 4가지 사항에 대하여 설명하시오.(25점)

답)

I. 개요

그간 성장위주의 정책에서 안전관리가 그 무엇보다 중요함을 인식하고 산업안전보건법이 제정되었으나 산업재해가 근절되지 못함에 따라 중대재해처벌법이 전격 시행되었다.

산업현장의 재해예방은 법에 의한 관리도 중요하지만 사업주와 근로자의 의식전환이 그 무엇보다 중요함을 인식하고 이에 대한 실천이 무엇보다 중요한 때임이 강조되어야 하겠다.

II. 산업안전보건법과 중대재해처벌법의 목적

1) 산업안전보건법의 목적

산업안전보건에 관한 기준을 확립하고 그 책임의 소재를 명확하게 하여 산업재해를 예방하고 쾌적한 작업환경을 조성함으로써 근로자의 안전과 보건을 유지 · 증진함을 목적으로 한다.

2) 중대재해처벌법의 목적

사업 또는 사업장, 공중이용시설 및 공중교통수단을 운영하거나 인체에 해로운 원료나 제조물을 취급하면서 안전 · 보건조치의무를 위반하여 인명피해를 발생하게 한 사업주, 경영책임자, 공무원 및 법인의 처벌 등을 규정함으로써 중대재해를 예방하고 시민과 종사자의 생명과 신체를 보호함을 목적으로 한다.

Ⅲ. 중대재해처벌법의 사업주와 경영책임자 등의 안전 및 보건 확보의무의 주요 4가지 사항

1) 재해예방에 필요한 인력 및 예산 등 안전보건관리체계의 구축 및 그 이행에 관한 조치

2) 재해 발생 시 재발방지대책의 수립 및 그 이행에 관한 조치

3) 중앙행정기관·지방자치단체가 관계 법령에 따라 개선, 시정 등을 명한 사항의 이행에 관한 조치

4) 안전·보건 관계 법령에 따른 의무이행에 필요한 관리상의 조치

Ⅳ. 그 밖에 산재예방 차원에서 사업주가 숙지해야 할 개정사항

1) **휴게시설 설치 의무화제도**

① 모든 사업장에 휴게시설 설치의무를 부여하되, 일정 규모 이상의 건설현장에 대해서는 휴게시설 설치 및 설치관리기준 준수의무 불이행 시 과태료 부과

② 휴게시설을 이용할 수 있는 근로자 범위에 관계수급인 근로자를 포함

2) **근로자 작업중지권**

① 근로자는 산업재해가 발생할 급박한 위험이 있는 경우에는 작업을 중지하고 대피할 수 있다.

② 작업을 중지하고 대피한 근로자는 지체 없이 그 사실을 관리감독자 또는 그 밖에 부서의 장에게 보고하여야 한다.

③ 관리감독자 등은 보고를 받으면 안전 및 보건에 관하여 필요한 조치를 하여야 한다.

④ 사업주는 산업재해가 발생할 급박한 위험이 있다고 근로자가 믿을 만한 합리적인 이유가 있을 때에는 작업을 중지하고 대피한 근로자에 대하여 해고나 그 밖의 불리한 처우를 해서는 아니 된다.

3) 고지방법

① 안전작업 허가 전 작업자에게 작업중지권에 대하여 고지

② 작업현장 곳곳에 작업중지권 게시물 부착

V. 결론

2022년에 본격적으로 시행된 중대재해처벌법은 산업현장의 근로자 외에도 중대시민재해도 명시되어 있으므로 건설공사 중 근로자 이외 사망자가 발생하거나 동일한 사고로 2개월 이상 치료가 필요한 부상자 10명 이상, 동일한 원인으로 3개월 이상 치료가 필요한 질병자가 10명 이상이 발생할 경우 중대시민재해에 해당됨을 명심해야 할 것이다.

"끝"

문제4)	시스템비계 설치 및 해체공사 시 안전사항에 대하여 설명하시
	오.(25점)
답)	

Ⅰ. 정의

건설현장의 대표적 재해유형인 추락사고예방을 위해 2019년 공공공사 시 시스템비계 설치 의무화가 시행되었고, 민간공사에도 지원제도로 사용을 적극 권장하고 있다.

Ⅱ. 설치순서

평탄화작업 → 침하방지 → 소켓에 장선재 설치 → 소켓에 띠장 설치 → 소켓에 수직재 설치 → 수직재에 안전난간대 설치 → 수직재 상단에 수평재 설치 → 수평재에 가설계단 설치 → 작업발판 설치 → 2단 수직재 설치 → 반복 설치 → 완료

Ⅲ. 설치 시 안전사항

1) 잭베이스, 벽이음 및 가새 설치 안전사항

① 지반의 침하방지를 위하여 지내력을 확인한 후 연약지반인 경우 깔 판, 깔목을 설치하거나, 콘크리트를 타설하는 등 침하방지조치를 하 여야 한다.

② 비계기둥의 밑둥에는 받침철물을 사용하여야 하며, 받침에 고저차 가 있는 경우에는 조절형 받침철물을 사용하여 시스템비계가 항상 수평 및 수직을 유지하도록 하여야 한다.

③ 수직재와 받침철물은 밀착되도록 설치하고, 수직재와 받침철물의 연결부 겹침길이는 받침철물 전체 길이의 3분의 1 이상이 되도록 하여야 한다.

④ 경사진 바닥에 비계기둥을 설치하는 경우에는 피벗형 받침철물 또는 쐐기 등을 사용하여 밑받침 철물의 바닥면이 수평을 유지하도록 하여야 한다.

⑤ 벽 연결재 설치간격은 기준에 따라 설치하여야 한다. 벽 연결재는 수직재와 수평재의 교차부에서 비계면에 대하여 직각이 되도록 구조물에 연결하여야 한다.

⑥ 구조물과 시스템비계 사이에는 추락방호망을 높이 10m 이내마다 설치하여야 한다.

⑦ 가새는 제조사의 매뉴얼과 조립도에 따라 설치하고, 전문가의 구조검토가 있는 경우 그 의견에 따라 설치하여야 한다.

2) 수직재 및 수평재 설치 준수사항

① 수평재는 수직재와 직각으로 설치하여야 하며, 체결 후 흔들림이 없도록 체결한 다음 망치로 2~3회 타격하여 확인하는 등 견고하게 설치하여야 한다.

② 수직재와 수직재는 연결철물이 이탈되지 않도록 견고하게 설치하여야 한다.

③ 받침철물을 설치한 다음 수직재를 설치하면 넘어짐의 위험이 있으므로 수평재를 이용하여 연결핀을 견고하게 설치하여야 한다.

④ 비계 내부에서 근로자가 상하로 이동하는 경우에는 반드시 가설계

단을 사용하도록 주지시켜야 한다.

⑤ 비계작업 근로자는 떨어질 위험이 있으므로 안전대 부착용 로프를 먼저 설치하고 안전대를 건 후 작업을 하도록 하여야 한다.

⑥ 비계작업 근로자는 같은 수직면상의 위와 아래 동시 작업은 금지하여야 한다.

3) 통로 및 안전방망 등 설치 준수사항

① 작업발판에는 제조사가 정한 최대적재하중과 설계자가 제시한 적재하중 이상의 적재는 아니되며, 최대적재하중이 표기된 표지판을 부착하고 근로자에게 알려야 한다.

② 작업발판의 폭은 40cm 이상으로 하고, 발판을 두 장 이상으로 설치하는 경우 발판재료 간의 틈은 3cm 이하로 하여야 한다.

③ 작업발판의 재료는 뒤집히거나 떨어지지 않도록 둘 이상의 지지물에 고정하며, 작업발판 지지물은 하중에 의하여 파괴될 우려가 없는 것을 사용하여야 한다.

④ 가설계단 설치 이후에 근로자가 승하강하는 발판 단부에 근로자 떨어짐의 위험이 있는 장소에는 안전난간을 설치해야 한다.

⑤ 작업발판의 단부에는 높이 10cm 이상의 발끝막이 판을 설치하고 그 떨어짐의 우려가 있는 재료, 공구 등은 작업발판 위에 두지 말아야 한다.

⑥ 작업발판 설치는 하부발판에서 수직재, 수평재 및 안전난간틀 설치 완료 후에 상부발판을 설치하여야 한다. 또한 하부에서 발판 설치 완료 후에 안전대 부착설비를 설치하여 안전대를 착용 후 순차적으

로 상부의 수직재, 수평재, 안전난간을 설치하여야 한다.

⑦ 각 단 작업발판 사이에는 근로자들의 안전한 통행을 위하여 제품의 사양에 적합한 가설계단을 설치하여야 하며, 건물외주 4면 길이 50m 이내마다 가설계단을 1개소씩 추가 설치하고 계단의 측면에는 안전난간을 설치하여야 한다.

⑧ 자재에 의한 떨어짐으로 근로자에게 위험이 미칠 우려가 있는 경우에는 낙하물방지망 또는 방호선반을 설치하고 외부에는 수직방호망을 설치하여야 한다. 수직보호망은 난연성 또는 방염가공한 합성섬유의 망을 사용하여야 한다.

Ⅳ. 해체공사 시 안전사항

1) 해체작업 반경에는 관계근로자가 아닌 사람의 출입을 금지하고 그 내용을 보기 쉬운 장소에 게시하여야 한다.

2) 해체작업 전에 시스템비계와 벽 연결재, 안전난간 등의 부재 설치상태를 점검하고, 결함이 발생한 경우에는 정상적인 상태로 복구한 다음 해체하여야 한다.

3) 해체작업을 하는 경우에는 근로자로 하여금 안전대를 사용하도록 하는 등 근로자의 떨어짐을 방지하기 위한 조치를 하여야 한다.

4) 해체된 부재는 비계 위에 적재해서는 아니되며, 지정된 위치에 보관하여야 한다.

5) 해체부재의 하역은 인양장비 사용을 원칙으로 하며, 인력하역은 달줄, 달포대 등을 사용하여야 한다.

6) 비, 눈, 그 밖의 기상상태의 불안전으로 날씨가 몹시 나쁜 경우에는 그 작업을 중지하여야 한다.

V. 결론

비계는 조립식 비계와 이동식 비계(달, 강관틀, 말비계)로 구분된다. 안전성 확보 차원에서 정부의 지원제도가 시행되고 있으므로 소규모 사업장의 경우에도 지원제도를 적극 활용해 추락재해 및 붕괴재해가 발생되지 않도록 시스템비계의 적극 사용이 필요하다.

"끝"

문제5) 건설현장의 굴착기작업 시 재해유형별 안전대책과 인양작업이 가능한 굴착기의 충족조건에 대하여 설명하시오.(25점)

답)

I. 개요

굴삭기는 그간 인양작업에 광범위하게 사용됨에도 불구하고 정식으로 작업에 임할 수 있는 근거가 없었으나 최근 산업안전보건법의 개정으로 인양작업이 양성화되었다. 따라서 개정내용을 이해하고 재해예방을 위한 안전대책수칙을 준수하도록 해야 할 것이다.

II. 굴삭기의 종류 및 주요부재

1) 무한궤도식(Crawler Type)

하부장치의 주행부에 무한궤도벨트를 장착한 자주식 굴삭기로서, 견인력이 크고 습지, 모래지반, 경사지 및 채석장 등 험난한 작업장 등에서의 굴삭능률이 높은 장비

2) 타이어식 굴삭기(Wheel Type)

하부장치의 주행부에 타이어를 장착한 자주식 굴삭기로서, 주행속도가 30~40km/hr 정도로 기동성이 좋아서 이동거리가 긴 작업장에서는 무한궤도식 굴삭기보다 작업능률이 높은 장비

3) 굴삭버킷(Hoe Bucket)

굴삭기에 장착되는 기본적인 작업장치로, 토사의 굴착 및 상차에 이용되는 버킷

4) 클램셸버킷(Clamshell Bucket)

암과 유압실린더의 링크에 장착되어 수직방향으로 굴삭 또는 클램셸

작업을 하는 조개모양의 버킷

5) 셔블버킷(Shovel Bucket)

장비의 진행방향으로 굴삭을 하는 작업장치로서 토사를 퍼 올리는 형

태의 버킷

6) 브레이커(Breaker)

콘크리트, 암석 등의 파쇄에 이용되는 작업장치로서 퀵커플러(Quick

Coupler)암과 유압실린더의 링크에 장착되어 버킷, 브레이커 등의 작

업장치를 신속하게 장착하거나 분리하는 데 사용하는 연결장치

7) 블레이드(Blade)

도랑(배수구, 측구)을 메우거나 소량의 평탄화작업에 사용하는 주행

하부장치에 장착된 작업장치

Ⅲ. **작업 시 재해유형**

1) **충돌**

① 작업반경 내 근로자 접근 및 유도자 미배치에 따른 충돌사고 발생

② 후진경보기 미작동 및 후사경 파손에 따른 충돌사고 발생

③ 시동 중 운전자의 운전석 이탈에 의한 장비의 갑작스러운 이동으로

충돌사고 발생

2) 협착퀵커플러 안전핀 고정상태의 미체결 및 불량에 의한 버킷 탈락으

로 협착사고 발생

3) 감전붐(Boom)을 올린 상태에서의 장비 운행 중 고압선에 접촉되어 감전사고 발생

4) 인양작업 중 낙하물 재해 및 장비 전도재해

Ⅳ. 재해유형별 안전대책

1) 작업 전 안전대책

① 관리감독자는 운전자의 자격면허(굴삭기 조종사면허증)와 보험가입 및 안전교육 이수 여부 등을 확인하여야 한다.(무자격자 운전금지)

② 운전자는 굴삭기 운행 전 장비의 누수, 누유 및 외관상태 등의 이상 유무를 확인하여야 한다.

③ 운전자는 굴삭기의 안전운행에 필요한 안전장치(전조등, 후사경, 경광등, 후진 시 경고음 발생장치 등)의 부착 및 작동 여부를 확인하여야 한다.

④ 굴삭기는 비탈길이나 평탄치 않은 지형 및 연약지반에서 작업을 수행하므로 운전자는 작업 중에 발생할 수 있는 지반침하에 의한 전도사고 등을 방지하기 위하여 지지력의 이상 유무를 확인하여야 하고 지반의 상태와 장비의 이동경로 등을 사전에 확인하여야 한다.

⑤ 운전자는 작업지역을 확인할 때 최종 작업방법 및 지반의 상태를 충분히 숙지하여야 하며, 예상치 않은 위험상황이 발견되는 경우에는 관리감독자에게 즉시 보고하여야 한다.

⑥ 운전자는 작업반경 내 근로자의 존재 및 장애물의 유무 등을 확인하고 작업하여야 한다.

⑦ 운전자는 작업 전 퀵커플러안전핀의 정상체결 여부를 확인하여 탈락에 의한 안전사고를 방지하여야 한다.

2) **작업 중 안전대책**

① 운전자는 제조사가 제공하는 장비매뉴얼(특히, 유압제어장치 및 운행방법 등)을 숙지하고 이를 준수하여야 한다.

② 운전자는 장비의 운행경로, 지형, 지반상태, 경사도(무한궤도 100분의 30) 등을 확인한 다음 안전운행을 하여야 한다.

③ 운전자는 굴삭기작업 중 굴삭기 작업반경 내에 근로자의 유무를 확인하며 작업하여야 한다.

④ 운전자는 조종 및 제어장치의 기능을 확인하고, 급작스러운 작동은 금지하여야 한다.

⑤ 운전자가 작업 중 시야 확보에 문제가 발생하는 경우에는 유도자의 신호에 따라 작업을 진행하여야 한다.

⑥ 운전자는 굴삭기작업 중에 고장 등 이상 발생 시 작업위치에서 안전한 장소로 이동하여야 한다.

⑦ 운전자는 경사진 길에서의 굴삭기 이동은 저속으로 운행하여야 한다.

⑧ 운전자는 경사진 장소에서 작업하는 동안에는 굴삭기의 미끄럼방지를 위하여 블레이드를 비탈길 하부방향에 위치시켜야 한다.

⑨ 운전자는 경사진 장소에서 굴삭기의 전도와 전락을 예방하기 위하여 붐의 급격한 선회를 금지하여야 한다.

⑩ 운전자는 안전벨트를 착용하고 작업하여야 한다.

⑪ 운전자는 다음과 같은 불안전한 행동이나 작업은 금지하여야 한다.

- 엔진을 가동한 상태에서 운전석 이탈을 금지할 것
- 선택작업장치를 올린 상태에서 정차를 금지할 것
- 버킷으로 지반을 밀면서 주행하는 것을 금지할 것
- 경사진 길이나 도랑의 비탈진 장소의 근처에 굴삭기 주차를 금지할 것
- 도랑과 장애물을 횡단 시 굴삭기를 이동시키기 위하여 버킷을 지지대로 사용하는 것을 금지할 것
- 시트파일을 지반에 박거나 뽑기 위해 굴삭기의 버킷 사용을 금지할 것
- 경사지를 이동하는 동안 굴삭기 붐의 회전을 금지할 것
- 파이프, 목재, 널빤지와 같이 버킷에 안전하게 실을 수 없는 화물이나 재료를 운반하거나 이동하기 위한 굴삭기의 버킷 사용을 금지할 것

⑫ 운전자는 굴삭·상차 및 파쇄, 정지작업 외 견인·인양·운반작업 등 목적 외 사용을 금지하여야 한다.

⑬ 운전자는 작업 중 지하매설물(전선관, 가스관, 통신관, 상하수관 등)과 지상장애물이 발견되면 즉시 장비를 정지하고 관리감독자에게 보고한 다음 작업지시에 따라 작업하여야 한다.

⑭ 운전자는 굴삭기에서 비정상작동이나 문제점이 발견되면 작동을 멈추고 즉시 관리감독자에게 보고하며, "사용중지" 등의 표지를 굴삭기에 부착하고 안전을 확인한 다음 작업지시에 따라 작업하여야 한다.

V. 인양작업이 가능한 굴착기의 충족조건

1) 굴착기의 퀵커플러 또는 작업장치에 훅, 걸쇠 등 달기구(이하 달기구 등)가 부착되어 제작된 기계일 것

2) 제조사에서 인양작업이 허용된 기계로서 인양능력을 확인할 수 있는 것

3) 해지장치가 사용되는 등 작업 중 인양물의 낙하 우려가 없는 것

VI. 결론

굴삭기의 인양작업 허용이 최근 산업안전보건법의 개정사항으로 명문화되었으므로 굴삭기 사용 건설현장에서는 기존의 굴착작업 이외에도 양중작업 시 안전대책의 수립범위에 굴삭기를 포함시켜 관리해야 할 것이다.

"끝"

문제6) 사면붕괴의 종류와 형태 및 원인을 설명하고, 사면의 불안정 조사방법과 안정 검토방법 및 사면의 안정대책에 대하여 설명하시오.(25점)

답)

Ⅰ. 개요

토사사면은 발생원인에 의한 구분으로 자연사면과 인공사면으로 구분되며 외부응력의 증가 또는 전단강도의 감소로 붕괴가 된다. 그리고 암반사면은 불연속면의 특성에 의해 붕괴형태가 구분된다.

Ⅱ. 사면붕괴의 종류와 형태

1) 토사사면

① 무한사면 : 직선활동

② 유한사면

• 원호파괴 : 사면선단파괴, 내부파괴, 저부파괴

• 복합곡선파괴

• 대수나선활동형 파괴

〈 무한사면 활동 〉　　　　　〈 유한사면 활동 〉

2) 암반사면

〈 원형파괴 〉   〈 평면파괴 〉   〈 쐐기파괴 〉   〈 전도파괴 〉

Ⅲ. 사면붕괴의 원인

1) 내적 원인(전단강도 감소요인)

수분증가로 점토질 팽창, 진행성 파괴, 동결, 융해, 간극수압 상승

2) 외적 원인(전단응력의 증가)

절토 · 성토, 함수비 증가에 의한 단위중량의 증가, 지진 · 진동, 유수침

식, 하중 추가

Ⅳ. 사면의 불안정 조사방법

1) 전지표면의 답사   2) 경사면 지층변화부 확인

3) 부석 변화상태 확인   4) 용수량 변화 확인

5) 동결 · 융해상황 확인   6) 보호공, 보강공, 변위, 탈락상태 확인

Ⅴ. 안정 검토방법

1) 안정 해석

① 전응력 해석

간극수압을 고려하지 않은 비배수시험으로 얻은 강도정수를 이용

하는 방법

2) 유효응력해석

유효응력으로 얻은 강도정수를 이용하는 방법

구분	전응력해석	유효응력해석
전단강도	$S = c + \sigma \tan\phi$	$S = c + (\sigma - \mu)\tan\phi$
간극수압	미고려	고려
적용	절토, 성토 직후	절토, 성토의 장기안정

3) 안전율에 의한 방법

$$안전율 = \frac{전단모멘트}{활동모멘트}$$

4) 한계평영법

활동력과 저항하는 전단강도가 한계평형에 이르려는 상태를 기준으로

평가하는 방법

$$안전율 = \frac{저항력}{활동력} = 1인 \ 상태를 \ 한계평형으로 \ 본다.$$

5) 평사투영법

절리 또는 단층의 불연속면의 주향과 경사를 측정하여 Net에 절리면

의 Pole을 투영시켜 불연속면을 입체적으로 파악해 암반사면의 안정성

을 검토하는 방법

VI. 사면의 안정대책

1) 사면보호공법(억제공법)

표층안정공법, 식생공법, 블록공법, 뿜기공법

2) **사면보강공법(억지공법)**

절토공법, 압성토공법, 옹벽시공, 억지말뚝공법, 앵커공법, Soil Nailing 공법

3) **배수처리**

지표수처리, 지하수처리

4) **계측관리**

지중변위계, 지하수위계, 지중침하계, 간극수압계, 지표변위말뚝 등

VII. 결론

사면의 종류 중 인위적 토사사면의 붕괴는 건설공사 수행의 영향으로 발생되는 경우가 대부분이므로 붕괴유형별 방지대책을 수립하여 절성토사면의 안정화공법을 적절히 적용해야 하며, 특히 계측 관리를 통한 정보화 관리에도 관심을 기울여야 할 것이다.

"끝"

제 129 회

기출문제 및 풀이

(2023년 2월 4일 시행)

건설안전기술사 기출문제 (2023년 2월 4일 시행)

【1교시】 다음 13문제 중 10문제를 선택하여 설명하시오.(각 10점)

문제 1

지하안전평가의 종류, 평가항목, 평가방법과 승인기관장의 재협의 요청 대상

문제 2

굴착기를 이용한 인양작업 허용기준

문제 3

건설기술진흥법상 가설구조물의 구조적 안전성을 확인받아야 하는 가설구조물과 관계전문가의
요건

문제 4

건설공사의 임시소방시설과 화재감시자의 배치기준 및 업무

문제 5

철근콘크리트구조에서 허용응력설계법(ASD)과 극한강도설계법(USD)을 비교(설계하중, 재료특
성, 안전확보기준)

문제 6

인간의 통제정도에 따른 인간기계체계의 분류(수동체계, 반자동체계, 자동체계)

문제 7

산업안전보건법상 중대재해 발생 시 사업주의 조치 및 작업중지 조치사항

문제 8

산업안전보건법상 가설통로의 설치 및 구조기준

문제 9

콘크리트 측압 산정기준 및 측압에 영향을 주는 요인

문제 10

레윈(Kurt Lewin)의 행동법칙과 불안전한 행동

문제 11

재해의 기본원인(4M)

문제 12

근로자 참여제도

문제 13

연습곡선(Practice Curve)

【2교시】 다음 6문제 중 4문제를 선택하여 설명하시오.(각 25점)

문제 1

데크플레이트의 종류 및 시공순서를 열거하고, 설치작업 시 발생 가능한 재해유형, 문제점 및 안전대책에 대하여 설명하시오.

문제 2

건설기계 중 지게차(Fork Lift)의 유해 · 위험요인 및 예방대책과 작업단계별(작업 시작 전과 작업 중) 안전점검사항에 대하여 설명하시오.

문제 3

하인리히(H. W. Heinrich) 및 버드(F. E. Bird)의 사고발생연쇄성(Domino)이론을 비교하여 설명하시오.

문제 4

토공사 중 계측 관리의 목적, 계측항목별 계측기기의 종류 및 계측 시 고려사항에 대하여 설명하시오.

문제 5

건설근로자를 대상으로 하는 정기안전보건교육과 건설업 기초안전보건교육의 교육내용과 시간을 제시하고, 안전교육 실시자의 자격요건과 효과적인 안전교육방법에 대하여 설명하시오.

문제 6

건설현장의 시스템안전(System Safety)에 대하여 설명하시오.

【3교시】 다음 6문제 중 4문제를 선택하여 설명하시오.(각 25점)

문제 1

산업안전보건관리비 대상 및 사용기준을 기술하고 최근(2022. 6. 2.) 개정내용과 개정사유에 대하여 설명하시오.

문제 2

관계수급인 근로자가 도급인의 사업장에서 작업을 하는 경우, 근로자의 산업재해예방을 위해 도급인이 이행하여야 할 사항에 대하여 설명하시오.

문제 3

'건설생산성 혁신 및 안전성 강화를 위한 스마트 건설기술'의 정의, 종류 및 적용사례에 대하여 설명하시오.

문제 4

건설현장에서 사용하는 외부비계의 조립 · 해체 시 발생 가능한 재해유형과 비계 종류별 설치기준 및 안전대책에 대하여 설명하시오.

문제 5

산업안전보건법령상 근로자가 휴식시간에 이용할 수 있는 휴게시설의 설치 대상 사업장기준, 설치의무자 및 설치기준을 설명하시오.

문제 6

위험성평가의 정의, 평가시기, 평가방법 및 평가 시 주의사항에 대하여 설명하시오.

【4교시】 다음 6문제 중 4문제를 선택하여 설명하시오.(각 25점)

문제 1

건설현장의 밀폐공간작업 시 수행하여야 할 안전작업의 절차 및 관리감독자의 안전관리업무에 대하여 설명하시오.

문제 2

건설 안전심리 중 인간의 긴장정도(Tension Level)를 표시하는 의식수준(5단계) 및 의식수준과 부주의행동의 관계에 대하여 설명하시오.

문제 3

작업부하(作業負荷)의 정의, 작업부하 평가방법, 피로의 종류 및 원인에 대하여 설명하시오.

문제 4

교량공사의 FCM(Free Cantilever Method)공법 및 시공순서에 대하여 기술하고 세그먼트(Segment)시공 중 위험요인과 안전대책에 대하여 설명하시오.

문제 5

해체공사(解體工事)의 안전작업 일반사항과 공법별 안전작업수칙을 설명하시오.

문제 6

이동식 크레인의 설치 시 주의사항과 크레인을 이용한 작업 중 안전수칙, 운전원의 준수사항, 작업 종료 시 안전수칙에 대하여 설명하시오.

제 129 회
국가기술자격검정 기술사 필기시험 답안지(제1교시)

◯　　　◯　　　◯

※ 10권 이상은 분철(최대 10권 이내)

자 격 종 목	건설안전기술사

답안지 작성 시 유의사항

1. 답안지는 총 7매(14면)이며 교부받는 즉시 매수, 페이지 등 정상 여부를 반드시 확인하고 1매라도 분리되거나 훼손하여서는 안 됩니다.
2. 시행회, 자격종목, 수험번호, 성명을 정확하게 기재하여야 합니다.
3. 수험자 인적사항 및 답안 작성(계산식 포함)은 흑색 또는 청색 필기구만 사용하되, 동일한 한 가지 색의 필기구만 사용하여야 하며 흑색, 청색을 제외한 유색 필기구 또는 연필류를 사용하거나 두 가지 이상의 색을 혼합 사용하였을 경우 그 문항은 0점 처리됩니다.
4. 답안 정정 시에는 두 줄(=)을 긋고 다시 기재 가능하며, 수정테이프(액) 등을 사용했을 경우 채점상의 불이익을 받을 수 있으므로 사용하지 마시기 바랍니다.
5. 답안지에 답안과 관련 없는 특수한 표시, 특정인임을 암시하는 답안지는 전체가 0점 처리됩니다.
6. 답안 작성 시 홈(구멍)이나 도형 등 그림이 없는 직선자(템플릿 사용 금지)만 사용할 수 있습니다.
7. 문제의 순서에 관계없이 답안을 작성하여도 되나 주어진 문제번호와 문제를 기재한 후 답안을 작성하고 전문용어는 원어로 기재하여도 무방합니다.
8. 요구한 문제수보다 많은 문제를 답하는 경우 기재 순으로 요구한 문제수까지 채점하고 나머지 문제는 채점대상에서 제외됩니다.
9. 답안 작성 시 답안지 양면의 페이지 순으로 작성하시기 바랍니다.
10. 기작성한 문항 전체를 삭제하고자 할 경우 반드시 해당 문항의 답안 전체에 대하여 명확하게 X표시(X표시한 답안은 채점대상에서 제외) 하시기 바랍니다.
11. 시험시간이 종료되면 즉시 답안 작성을 멈춰야 하며, 종료시간 이후 계속 답안을 작성하거나 감독위원의 답안 제출 지시에 불응할 때에는 채점대상에서 제외됩니다.
12. 각 문제의 답안 작성이 끝나면 "끝"이라고 쓰고 다음 문제는 두 줄을 띄워 기재하여야 하며 최종 답안 작성이 끝나면 그 다음 줄에 "이하 여백"이라고 써야 합니다.
13. 비번호란은 기재하지 않습니다.

비 번 호	

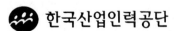
한국산업인력공단

문제1) 지하안전평가의 종류, 평가항목, 평가방법과 승인기관장의 재협의
요청 대상(10점)

답)

Ⅰ. 개요

지하시설물의 안전한 관리를 위한 지하안전평가는 굴착심도 20m 또는 10m 이상의 규모에 따라 구분되며 지반조건, 지하수상태, 지반안전성을 평가항목으로 하고 있다.

Ⅱ. 지하안전평가의 종류

1) **지하안전영향평가** : 20m 이상의 굴착 및 도심지 터널공사

2) **소규모지하안전영향평가** : 10~20m 규모의 굴착공사

3) **사후지하안전영향조사** : 29m 이상 굴착 및 도심지 터널공사

Ⅲ. 지하안전평가의 평가항목 및 방법

평가항목	평가방법
지반 및 지질현황	• 지하정보통합체계를 통한 정보분석 • 시추조사 • 투수(透水)시험 • 지하물리탐사(지표레이더탐사, 전기비저항탐사, 탄성파탐사 등)
지하수 변화에 의한 영향	• 관측망을 통한 지하수 조사(흐름방향, 유출량 등) • 지하수 조사시험(양수시험, 순간충격시험 등) • 광역지하수 흐름 분석
지반안전성	• 굴착공사에 따른 지반안전성 분석 • 주변시설물의 안전성 분석

Ⅳ. 승인기관장의 재협의 요청 대상

대통령령으로 정하는 규모 이상의 피해가 발생한 사고의 경위 및 원인을 조사할 필요가 있는 경우

"끝"

문제2) 굴착기를 이용한 인양작업 허용기준(10점)
답)
Ⅰ. 개요
굴착기의 인양작업은 2022년 10월 18일에 개정된 내용으로, 최근 3년간 건설업 기계장비 사고사망자 중 21.5%의 점유율(63명 사망)을 나타내고 있으므로 철저한 안전관리가 요구된다.
Ⅱ. 굴착기를 이용한 인양작업 허용기준
1) 굴착기 선회반경 내 근로자 출입금지
2) 작업 전 후사경과 후방영상표시장치 등의 작동 여부 확인
3) 버킷, 브레이커 등 작업장치 이탈방지용 잠금장치 체결
4) 운전원 안전띠 착용
Ⅲ. 인양작업 시 안전기준
1) 제조사에서 정한 설명서에 준한 작업을 실시
2) 정격하중을 준수
3) 지반침하 우려가 없는 장소에서 작업
4) 신호수를 배치
5) 작업반경 내 출입금지조치
6) 허용하중의 준수

Ⅳ. 인양작업 시 안전대책

1) 퀵커플러 또는 작업장치에 달기구가 부착되어 인양작업이 가능하도록 제작된 굴착기에 한함

2) 제조사에서 정한 정격하중이 확인되는 굴착기일 것

3) 해지장치 사용 등 작업 중 인양물의 낙하 우려가 없을 것

4) 굴착기 운전자의 자격 확인

5) 운전석 이탈 시 버킷은 지상에 내려놓고 시동키는 차에서 분리할 것

"끝"

문제3)	건설기술진흥법상 가설구조물의 구조적 안전성을 확인받아야 하
	는 가설구조물과 관계 전문가의 요건(10점)

답)

Ⅰ. 개요

가설구조물은 건설업 재해 발생의 대부분을 차지하고 있는 공종으로, 특히

구조안전성 확인 대상은 관계 전문가로부터 구조안전성 확인 필함은 물론

작업 시에도 설치기준을 준수하는 등 안전관리에 만전을 기해야 한다.

Ⅱ. 건설기술진흥법상 가설구조물의 구조적 안전성을 확인받아야 하는 가설구조물

1) 높이 31m 이상의 비계

2) 브래킷비계

3) 작업발판 일체형 거푸집 또는 높이 5m 이상인 거푸집 및 동바리

4) 터널지보공 또는 높이 2m 이상인 흙막이지보공

5) 동력사용 가설구조물

6) 높이 10m 이상에서 외부작업을 하기 위해 작업발판 및 안전시설물을
일체화하여 설치하는 가설구조물

7) 그 밖에 발주자 또는 인·허가기관의 장이 필요하다고 인정하는 가설구
조물

Ⅲ. 관계 전문가의 요건

해당 가설구조물의 구조적 안전성을 확인하기에 적합하다고 인정하는 직

무범위의 기술사 중 아래에 해당하는 자격보유의 기술사

1) 건축구조

2) 토목구조

3) 토질 및 기초

4) 건설기계

IV. 관계 전문가 요건의 특례

해당 가설구조물을 설치하기 위한 공사의 건설사업자나 주택건설등록업자

에게 고용되지 않은 기술사일 것

"끝"

문제4)	건설공사의 임시소방시설과 화재감시자의 배치기준 및 업무(10점)

답)

I. 개요

건설공사현장은 화재 발생가능성이 높으며 특히, 동절기에는 화기 사용이 빈번해짐을 감안하여 화재예방에 만전을 기해야 하기에 자칫 소홀하기 쉬운 임시소방시설의 설치기준 준수와 화재감시자의 배치기준 준수가 중요하다.

II. 건설공사의 임시소방시설

1) 소화기

「소방시설법」 제6조제1항에 따라 소방본부장 또는 소방서장의 동의를 받아야 하는 특정 소방대상물의 신축, 증축, 개축, 재축, 이전, 용도변경 또는 대수선 등을 위한 공사 중 「소방시설법」 제15조제1항에 따른 화재위험작업의 현장에 설치

2) 간이소화장치

다음의 어느 하나에 해당하는 공사의 화재위험작업현장

① 연면적 3천m² 이상

② 지하층, 무창층 또는 4층 이상의 층(해당 층의 바닥면적 600m² 이상)

3) 비상경보장치

다음의 어느 하나에 해당하는 공사의 화재위험작업현장에 설치

① 연면적 400m² 이상

② 지하층 또는 무창층(해당 층의 바닥면적 150m² 이상)

4) 가스누설경보기

바닥면적이 150m² 이상인 지하층 또는 무창층의 화재위험작업현장에 설치

5) 간이피난유도선

바닥면적이 150m² 이상인 지하층 또는 무창층의 화재위험작업현장에 설치

6) 비상조명등

바닥면적이 150m² 이상인 지하층 또는 무창층의 화재위험작업현장에 설치

7) 방화포

용접, 용단 작업이 진행되는 화재위험작업현장에 설치

Ⅲ. 화재감시자의 배치기준

1) 작업반경 11m 이내에 건물구조 자체나 내부(개구부 등으로 개방된 부분을 포함한다)에 가연성 물질이 있는 장소

2) 작업반경 11m 이내의 바닥 하부에 가연성 물질이 11m 이상 떨어져 있지만 불꽃에 의해 쉽게 발화될 우려가 있는 장소

3) 가연성 물질이 금속으로 된 칸막이·벽·천장 또는 지붕의 반대쪽 면에 인접해 있어 열전도나 열복사에 의해 발화될 우려가 있는 장소

Ⅳ. 업무

1) 배치기준장소에 가연성 물질이 있는지 여부의 확인

2) 작업반경 11m 이내의 바닥 하부에 가연성 물질이 11m 이상 떨어져 있지만 불꽃에 의해 쉽게 발화될 우려가 있는 장소의 가스검지, 경보 성능을 갖춘 가스검지 및 경보장치의 작동 여부 확인

3) 화재 발생 시 사업장 내 근로자의 대피 유도   "끝"

문제5)	철근콘크리트구조에서 허용응력설계법(ASD)과 극한강도설계법 (USD)을 비교(설계하중, 재료특성, 안전확보기준)(10점)

답)

I. 정의

1) 허용응력설계법(ASD)

부재에 작용하는 실제하중에 의해 단면 내에 발생하는 각종 응력이 그 재료의 허용응력범위 이내가 되도록 설계하는 방법으로서 안전을 도모하기 위하여 재료의 실제강도를 적용하지 않고 일정한 수치 즉 안전률로 나눈 허용응력을 기준으로 한다.

2) 극한강도설계법(USD)

부재의 강도가 사용하중에 하중계수를 곱한 값인 계수하중을 지지할 수 있는 이상의 강도를 발휘할 수 있도록 설계하는 방법

II. 비교

구분	허용응력설계법	극한강도설계법
개념	응력개념	강도개념
설계하중	사용하중	극한하중
재료특성	탄성범위	소성범위
안전성	허용응력의 규제	하중계수 고려

III. 특성

1) 허용응력설계법

① 계산이 간편하다.

② 부재의 강도를 파악하기가 어렵다.

③ 하중들 각각의 영향을 설계에 반영할 수 없다.

2) 극한강도설계법

① 안전도 확보가 가능하나.

② 서로 다른 하중 특성을 하중계수로 하여 설계에 반영이 가능하다.

Ⅳ. 실무활용

콘크리트는 소성체에 가깝기 때문에 응력과 변형률은 낮은 응력에 한해 비례한다. 따라서 예상 최대하중이 작용할 때 안전율을 토대로 파괴에 이르도록 설계하는 것이 합리적이다.

"끝"

문제6)	인간의 통제정도에 따른 인간기계체계의 분류(수동체계, 반자동체계, 자동체계)(10점)
답)	
Ⅰ. 개요	
	인간과 기계를 상호 연결시켜 각각의 장점을 활용해 효율적이며 안전한 조작으로 안전성 확보와 안전한 환경을 도모하기 위한 인간공학의 기본개념의 인간기계체계는 그간 소외되었던 건설분야에 적극적인 도입이 시급하다.
Ⅱ. 수동체계	
	1) 수공구나 보조물을 통한 기계조작이 가능한 체계
	2) 자신의 힘을 이용하는 작업 통제
Ⅲ. 반자동체계	
	1) 기계화체계라고도 하며, 동력장치를 사용한 기능수행체계
	2) 동력은 기계가, 운전자는 기능을 조정하고 통제하는 체계
Ⅳ. 자동체계	
	1) 인간은 감시 및 정비기능만을 행하고
	2) 자동센서를 통한 기계의 자동운전으로 작동하는 체계

V. 건설업의 인간기계체계에 관한 소견

인간과 기계의 특성을 감안한 정보의 체계적 활용과 조화로 인간중심주의에 입각하여 안전사고예방 차원의 인간기계체계가 바람직하다는 소견이다.

"끝"

문제7) 산업안전보건법상 중대재해 발생 시 사업주의 조치 및 작업중지
조치사항(10점)

답)

I. 개요

사망자 1명 이상이 발생한 재해 등 중대재해 발생 시에는 즉시 작업을 중지하고 고용노동부에 즉시 보고해야 하며, 근로자대표의 의견을 반영한 개선계획을 산업안전보건위원회에 상정하여 심의의결을 거친 후 작업재개가 이루어져야 한다.

II. 산업안전보건법상 중대재해

1) 사망자가 1명 이상 발생한 재해

2) 3개월 이상의 요양이 필요한 부상자가 동시에 2명 이상 발생한 재해

3) 부상자 또는 직업성 질병자가 동시에 10명 이상 발생한 재해

III. 중대재해 발생 시 사업주의 조치

1) 즉시 해당 작업을 중지시키고 근로자를 작업장소에서 대피시키는 등 안전 및 보건에 관하여 필요한 조치를 하여야 한다.

2) 지체 없이 고용노동부장관에게 보고하여야 한다.

IV. 중대재해 발생 시 보고사항

1) 발생개요 및 피해상황

2) 조치 및 전망

3) 그 밖의 중요한 사항

V. 작업중지 조치사항과 범위

1) 조치사항

중대재해 발생 시 해당 사업장에 재발 발생의 급박한 위험이 있다고 판단되는 경우 작업의 중지를 명할 수 있다.

2) 작업중지범위

① 중대재해가 발생한 해당 작업

② 중대재해가 발생한 작업과 동일한 작업

③ 토사, 구축물의 붕괴, 화재, 폭발, 유해하거나 위험한 물질의 누출 등으로 중대재해가 발생하여 그 재해가 발생한 장소 주변으로 산업재해가 확산될 수 있다고 판단되는 등 불가피한 경우에는 해당 사업장의 작업을 중지할 수 있다.

"끝"

문제8) 산업안전보건법상 가설통로의 설치 및 구조기준(10점)

답)

I. 개요

근로자의 안전한 이동과 재료운반을 위한 가설통로에는 경사로, 가설계단,
사다리, 수평통로, 승강용 트랩이 있으며, 가설통로에는 추락 및 낙하재해
를 방지할 수 있는 추락방호망, 낙하물방지망, 방호선반, 안전난간, 수직형
추락방망 등의 안전가시설을 설치해야 한다.

II. 가설통로의 설치 및 구조기준

1) 견고한 구조로 할 것

2) 경사는 30° 이하로 할 것. 다만, 계단을 설치하거나 높이 2m 미만의 가
설통로로서 튼튼한 손잡이를 설치한 경우에는 그러하지 아니하다.

3) 경사가 14°를 초과하는 경우에는 미끄러지지 아니하는 구조로 할 것

4) 추락할 위험이 있는 장소에는 안전난간을 설치할 것. 다만, 작업상 부득
이한 경우에는 필요한 부분만 임시로 해체할 수 있다.

5) 수직갱에 가설된 통로의 길이가 15m 이상인 경우에는 10m 이내마다
계단참을 설치할 것

6) 건설공사에 사용하는 높이 8m 이상인 비계다리에는 7m 이내마다 계단
참을 설치할 것

III. 가설통로의 각도별 설치기준

1) 14° 이상 시 미끄럼 방지조치

2) 30° 이상 시 가설계단 설치

3) 60° 이상 시 이동식 사다리 설치

4) 75° 이상 시 고정식 사다리 설치

5) 90° 경사인 경우 승강용 트랩 설치

"끝"

문제9) 콘크리트 측압 산정기준 및 측압에 영향을 주는 요인(10점)

답)

I. 개요

거푸집 수직부재가 받는 유동성 콘크리트의 수평방향 타설압력으로, 단위
는 t/m²이며, $W(t/m^3) \times H(m)$에 의해 산정된다.

II. 측압 산정기준

1) 타설속도

타설속도(m/h)		10 이하		10 이상 20 이하		20 초과
부위별	$H \leq 1.5$	$1.5 < H \leq 4.0$		$H \leq 2.0$	$1.5 < H \leq 4.0$	$H \leq 4.0$
기둥	$W \times H$	$1.5W + 0.6W \times (H-1.5)$		$W \times H$	$2.0W + 0.8W \times (H-2.0)$	$W \times H$
벽	높이≤3m		$1.5W + 0.2W \times (H-1.5)$		$2.0W + 0.8W \times (H-2.0)$	
	높이>3m		$1.5W$		$2.0W$	

여기서, H : 콘크리트 헤드높이(m)

　　　W : 콘크리트 단위용적중량(t/m³)

2) 슬럼프 10cm 이하의 콘크리트 내부 진동기에 의한 타설 시

타설속도(m/h)	2 이하	2 초과
기둥	$0.8 + 80R/(T+20) \leq 15$ 또는 $2.4H$	
벽	$0.8 + 80R/(T+20) \leq 10$ 또는 $2.4H$	$0.8 + (120+25R)/(T+20) \leq 10$ 또는 $2.4H$

III. 측압에 영향을 주는 요인

1) 콘크리트의 비중

2) 거푸집 표면 평활도

3) 콘크리트 타설속도

4) Workability

5) 거푸집의 수밀성

6) 다짐정도

7) 대기온도

"끝"

문제10) 레윈(Kurt Lewin)의 행동법칙과 불안전한 행동(10점)

답)

Ⅰ. 정의

K. Lewin은 인간의 행동이 내적·외적 요인에 영향을 받기 때문에 안전한 근로환경을 조성하기 위해서는 작업환경의 개선과 더불어 심리적 안정을 도모할 필요가 있다고 주장하였다.

Ⅱ. K. Lewin의 인간행동방정식

1) 각 요소의 내용

① $B = f(P \cdot E)$

② B : Behavior

③ f : Function

④ P : Person

⑤ E : Environment

2) f는 함수이기에 1에 근접 시 위험상태에 그대로 노출되며, 0에 근접하게 조정할 경우 인적·물적 요인이 근로자 행동의 직접적인 영향권에서 벗어날 수 있다는 이론이다.

Ⅲ. 불안전한 행동

1) 메커니즘

불안전한 행동은 지식의 부족 → 기능의 미숙 → 착오에 의한 불안전한 행동 유발

2) 불안전한 행동을 유발하는 심리특성(3요소)

① 간결성

② 일점집중

③ Risk Taking

"끝"

문제11) 재해의 기본원인(4M)(10점)

답)

Ⅰ. 개요

안전한 작업을 하기 위해 관리해야 할 재해의 기본원인 4M은 건설현장의 경우에도 적용이 가능하나, 건설현장의 특수성을 감안할 때 이외에도 인간 공학을 고려한 안전설계의 기법들이 고려되어야 할 것이다.

Ⅱ. 재해의 기본원인 4M

1) 구성요소

① Man : 인적 요인

② Machine : 기계·기구의 요인

③ Media : 작업순서, 작업방법 또는 작업환경적 요인

④ Management : 안전관리규정 또는 안전교육에 의한 요인

2) 기본원인의 안전한 구성 시 고려할 내용

K. Lewin의 인간행동방정식

※ 각 요소의 내용

① $B = f(P \cdot E)$

② B : Behavior

③ f : Function

④ P : Person

⑤ E : Environment

Ⅲ. 안전관리의 추진순서

```
Plan → Do → Check → Action
```

1) Plan

   안전관리계획의 수립

2) Do

   안전관리계획에 따른 안전활동 실시

3) Check

   실시한 안전관리활동의 확인

4) Action

   확인된 안전관리활동의 수정해야 할 사항의 반영 및 목표달성을 위한

   끊임없는 개선과 유지 관리

"끝"

문제12) 근로자 참여제도(10점)

답)

Ⅰ. 개요

근로자, 노동조합이 경영의사결정에 참여하는 것이다. 이것은 그간 경영자의 전권으로 인식되어 온 경영권에 대한 근로자의 참가인정제도로서 노사협력을 증진시키고 생산성을 향상시키기 위한 제도이다.

Ⅱ. 기대효과

1) 근로자 이익증진에 기여

2) 소외된 경영의식의 해소와 자기개발 가능

3) 기업 내 민주정신 향상

4) 인적 자원의 효율적 관리

Ⅲ. 참여유형

1) **직접참여**

① 자본참여 : 종업원의 자본출자로 기업경영에 참가

② 종업원지주제 : 종업원의 자사주 취득으로 경영과 분배에 참가

③ 노동주제도 : 노무출자로 주식을 지급하는 제도

2) **간접참여**

① 이익참가 : 근로자의 적극적 참여로 발생한 이윤의 일부를 임금 이외 다른 형태로 근로자에게 배분

② 스캔론 플랜 : 생산성 향상을 노사협조의 결과로 인식하여 총매출

액의 노무비 절약분을 상여금으로 배분하는 것

③ 러커 플랜 : 부가가치의 생산가치와 임금상수를 기준으로 노동분배

율을 결정하는 방법

④ 노사협의체 : 단체교섭에서 논의되지 않은 사항을 노사가 협의하는

제도

⑤ 노사공동결정체 : 기업경영의 의사결정이 노사공동으로 이루어지는

형태

"끝"

문제13) 연습곡선(Practice Curve)(10점)

답)

Ⅰ. 개요

특정한 과제를 지속적으로 연습할 경우 과제에 능숙해지는 진보의 경향을 그래프로 표시한 것으로, 연습곡선은 소요되는 시간이 지속될수록 상승하는 것이 일반적이다.

Ⅱ. 연습곡선의 유래

1885년 독일의 심리학자 Hermann Ebbinghaus가 제창하였다.

Ⅲ. 연습곡선의 정의

1) 가로축에 시행횟수 또는 시간경과를 바탕으로 한 누적경험수

2) 세로축에 올바른 반응을 나타낸 수나 소요시간 등을 바탕으로 한 성취도를 취한다.

Ⅳ. 성장 Stage와 Step

1) 준비기

학습을 시작하는 간단한 단계로 진도는 쉬우나 이 시점에서는 성과라 할 수 있는 상태로 직격되지 않는 단계

2) 발전기

준비기에 축적한 힘이 발휘되어 가장 효율적인 성장으로 이어지는 기간

3) 고원기

다음 발전기를 맞기 위해 준비하는 기간으로, 한계점에 도달한 이후 좀처럼 성장을 실감하기 어려워지는 단계이다. 특히, 가장 시간이 많이 소요되는 구간이기 때문에 불안해하거나 학습을 그만두고 싶어지기도 한다.

V. 연습곡선을 감안한 학습효과 상승을 위한 소견

준비기 → 발전기 → 고원기는 연습 시 한 번의 경험이 아닌 다수의 경험을 의미한다. 일반적으로 주기가 늘어날 때마다 준비기부터 고원기까지의 기간이 짧아지고 성과로 이어지는 정도도 높아진다.

VI. 고원기에 도달하고 좌절하는 유형에 대한 제언

1) 고원기에 도달한 상태의 사람 또는 조직에 이 곡선을 예로 설명한다.

2) 격려와 포기는 무의미함을 상기시켜 준다.

3) 성과와 자신감, 도전정신을 습득하기 위해서는 성과가 나타나지 않는 시기에도 포기하지 말고 성장과정의 이미지를 공유할 수 있도록 한다.

"끝"

○　　　　　　○　　　　　　○

※ 10권 이상은 분철(최대 10권 이내)

자 격 종 목	건설안전기술사

답안지 작성 시 유의사항

1. 답안지는 총 7매(14면)이며 교부받는 즉시 매수, 페이지 등 정상 여부를 반드시 확인하고 1매라도 분리되거나 훼손하여서는 안 됩니다.
2. 시행회, 자격종목, 수험번호, 성명을 정확하게 기재하여야 합니다.
3. 수험자 인적사항 및 답안 작성(계산식 포함)은 흑색 또는 청색 필기구만 사용하되, 동일한 한 가지 색의 필기구만 사용하여야 하며 흑색, 청색을 제외한 유색 필기구 또는 연필류를 사용하거나 두 가지 이상의 색을 혼합 사용하였을 경우 그 문항은 0점 처리됩니다.
4. 답안 정정 시에는 두 줄(=)을 긋고 다시 기재 가능하며, 수정테이프(액) 등을 사용했을 경우 채점상의 불이익을 받을 수 있으므로 사용하지 마시기 바랍니다.
5. 답안지에 답안과 관련 없는 특수한 표시, 특정인임을 암시하는 답안지는 전체가 0점 처리됩니다.
6. 답안 작성 시 홈(구멍)이나 도형 등 그림이 없는 직선자(템플릿 사용 금지)만 사용할 수 있습니다.
7. 문제의 순서에 관계없이 답안을 작성하여도 되나 주어진 문제번호와 문제를 기재한 후 답안을 작성하고 전문 용어는 원어로 기재하여도 무방합니다.
8. 요구한 문제수보다 많은 문제를 답하는 경우 기재 순으로 요구한 문제수까지 채점하고 나머지 문제는 채점대상에서 제외됩니다.
9. 답안 작성 시 답안지 양면의 페이지 순으로 작성하시기 바랍니다.
10. 기작성한 문항 전체를 삭제하고자 할 경우 반드시 해당 문항의 답안 전체에 대하여 명확하게 X표시(X표시 한 답안은 채점대상에서 제외) 하시기 바랍니다.
11. 시험시간이 종료되면 즉시 답안 작성을 멈춰야 하며, 종료시간 이후 계속 답안을 작성하거나 감독위원의 답안 제출 지시에 불응할 때에는 채점대상에서 제외됩니다.
12. 각 문제의 답안 작성이 끝나면 "끝"이라고 쓰고 다음 문제는 두 줄을 띄워 기재하여야 하며 최종 답안 작성이 끝나면 그 다음 줄에 "이하 여백"이라고 써야 합니다.
13. 비번호란은 기재하지 않습니다.

비 번 호	

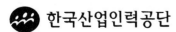
한국산업인력공단

문제1) 데크플레이트의 종류 및 시공순서를 열거하고, 설치작업 시 발생 가능한 재해유형, 문제점 및 안전대책에 대하여 설명하시오.(25점)

답)

I. 개요

최근 5년간 데크플레이트 관련 사망사고는 추락 및 붕괴, 낙하 등으로 총 41건이 발생하였으며 작업공정별로는 판개, 설치작업, 콘크리트 타설, 양중거치의 순으로 발생하였다. 그러므로 향후 이에 대한 안전대부착설비 및 안전방망 등의 기본적인 안전가시설은 물론 구조검토 등의 기술적인 종합적 대책이 필요하다.

II. 데크플레이트의 종류

1) 거푸집용

구분	명칭별	형태	특징
골형	Form-Deck		• 시공의 일반화 • 작업공정이 단순 • Hook 철근작업이 난이함 • Stud Bolt 용접이 어려움
평형	N-Deck HI-Deck		• End Closer 불필요 • 2방향 배근 가능 • 철근고임재 필요 • 운반, 양중에 불리

2) 구조용

구분	명칭별	형태	특징
골형	Ken Deck Jif Deck Alpha Deck		• 철근배근 불필요(와이어메시 만 시공) • 구조적 품질확보 용이 • 공기단축 가능 • Hook 철근작업이 난이함 • Stud Bolt 용접이 어려움
평형	HI-Deck Ⅱ Ace Deck Power Deck		• 철근배근 불필요(와이어메시 만 시공) • 2방향 배근 가능 • 전기, 설비배관 공간의 협소 • 운반, 양중에 불리

Ⅲ. 시공순서

시공상세도 작성 → 걸침길이 산정 → 양중 및 거치 → 데크플레이트 설치

→ 판개 → 콘크리트 타설

Ⅳ. 설치작업 시 발생 가능한 재해유형

1) **추락** : 설치 및 판개작업 시 안전난간 미설치로 인한 재해

2) **낙하** : 데크플레이트 설치작업 시 하부 동시작업으로 인한 재해

3) **붕괴** : 콘크리트 집중타설 및 걸침길이 부족으로 인한 재해

Ⅴ. 문제점

1) **구조 검토 및 시공상세도 미작성**

① 설계기준에 의한 데크의 응력 및 처짐량

② 데크받침재 등 주요구조부의 용접강성

2) 시공오차로 인한 데크플레이트의 양단 걸침길이 부족

① 시공오차로 인한 길이방향 또는 폭방향의 걸침길이 부족

② 콘크리트 타설 시 데크플레이트의 처짐으로 인한 양단부 지지점 탈락

3) 콘크리트 타설관리 미흡으로 과타설, 집중타설

① 타설두께 미준수

② Span 중앙부로 콘크리트를 받아 집중타설

VI. 안전대책

1) 구조 검토 및 시공상세도 작성 이행

① 설계기준에 의한 데크 응력 및 처짐량 검토

② 주요구조부의 용접부 구조 검토, 목두께, 용접길이 등 검수 철저

2) 양단 걸침길이의 관리기준 일관성 유지

① 철골조

- 데크플레이트의 처짐길이 좌우 50mm 이상 걸침길이 확보

- 1매째부터 즉시 용접 후 순차적으로 60cm 이내마다 용접 고정

② RC조

- 거푸집 내측면과 크랭크 내측의 이격거리 10mm 이상 유지

- 합성데크는 끝단이 거푸집 내측으로 20mm 이상 물리도록 설치

3) 콘크리트 타설계획의 수립 및 이행

① 타설 시 Span 중앙부에서 내려받아 집중타설 금지

② 분산타설 실시 및 타설두께 준수

• 등분포하중을 가정한 분산타설에 의한 처짐 검토

• 과도한 처짐에 의한 단부에서의 탈락 및 꺾임방지

Ⅶ. 기타 재해 발생방지대책

1) 추락방지

① 개구부나 슬래브 단부에 안전난간 설치

② 작업부 하단에 안전방망이나 안전대 부착설비 설치

2) 낙하방지

① 시방서, 도면에 의한 용접 관리

② 판개 후 Tack Welding 실시

③ 안전방망 또는 출입통제조치

3) 붕괴방지

① 자재 과적치 금지

② 구조 검토 후 시공상세도 작성 및 조립도 준수

③ 설치 시 양단 걸침길이 확보

④ 콘크리트 타설계획의 준수 및 과타설, 집중타설 금지

4) 조립, 설치 전 점검사항

① 작업신호체계 및 유무선 통신상태 확인

② 용접자 자격 여부 및 특별교육 실시상태 확인

③ 휴대공구의 낙하방지조치상태

④ 안전대 및 용접면 등의 개인보호구 지급, 착용상태

⑤ 낙하물방지망, 추락방지망, 안전난간 등의 안전가시설 설치상태

Ⅷ. 결론

철골구조물이나 건축물의 시공사례가 빈번해짐에 따라 최근 급증하고 있는 데크플레이트 설치공사 시에는 계획단계에서부터 시공 시 발생하는 재해유형과 시공단계별 고려사항, 문제점 및 안전관리방안에 대한 체계적인 계획을 수립한 이후 공사에 착수해야 하며, 공사 착공 이후에는 계획수립 내용에 입각한 철저한 작업수칙의 준수가 이루어져야 할 것이다.

"끝"

문제2)	건설기계 중 지게차(Fork Lift)의 유해·위험요인 및 예방대책과
	작업단계별(작업 시작 전과 작업 중) 안전점검사항에 대하여 설
	명하시오.(25점)
답)	
Ⅰ. 개요	
	지게차 사용 현장의 재해예방을 위해서는 전조등 및 후미등, 헤드가드 등에
	대한 방호장치설치 의무규정의 준수는 물론 법적 방호장치 이외에도 안전한
	사용을 위한 사업주의 지속적인 관심과 관리감독자의 안전작업 의지가 필요하다.
Ⅱ. 지게차(Fork Lift)의 유해·위험요인	
	1) 불안전한 화물적재
	2) 미숙한 운전조작
	3) 급정지, 급출발에 의한 낙하물 사고
	4) 구조상 불가피한 시야조건
	5) 후륜주행방식으로 인한 보행자 발견의 어려움
	6) 화물 과적재로 인한 전도사고
Ⅲ. 유해·위험요인 예방대책	
	1) 장비대책
	① 방호장치설치 및 가동
	㉠ 헤드가드
	• 지게차 최대하중의 2배 값의 등분포정하중에 견디는 강도일 것

- 상부 틀 각 개구부의 폭 또는 길이가 16cm 미만일 것

- 입식의 경우 1.88m 이상으로 설치

- 좌식의 경우 0.903m 이상으로 설치

ⓛ 백레스트

ⓒ 전조등

ⓔ 후미등

ⓜ 후진경보기

ⓗ 경광등

ⓢ 후방감지기(후방카메라, 후방감지센서, 무선감지센서)

② 좌석 안전벨트 착용

2) 기술지침에 의한 대책

IV. 작업단계별(작업 시작 전과 작업 중) 안전점검사항

1) 작업 전 확인사항

① 안전장치 부착상태 및 작동 유무

- 전조등, 후미등, 헤드가드, 백레스트

- 후방확인장치 : 후사경, 룸미러, 후방경보장치, 후방카메라

- 안전띠

② 운전시야 확보를 위한 화물 과다적재 및 포크 과다상승 운행 금지

③ 전용통로 확보 및 작업지휘자를 통한 작업자 출입제한

④ 작업계획서 작성 및 근로자 주지

⑤ 제한속도 지정 및 준수

2) 작업 중 확인사항

① 신호수 배치와 신호수 신호 준수

② 운행 제한속도 10km/h

③ 지정통로로만 운행

④ 화물은 마스트를 뒤로 젖힌 상태에서 가능한 낮추고 운행

⑤ 지정 승차석 외 탑승 금지

⑥ 정해진 장소에만 주차

⑦ 주차 시에는 주차브레이크를 작동시키고, 시동열쇠는 별도 보관

V. 사업주 준수사항

1) 사전조사 및 작업계획서 작성

2) 근로자의 안전보건교육 실시

3) 제한속도의 지정

4) 운전위치 이탈 시 조치기준 교육

VI. 결론

지게차 사용 현장의 최근 재해 발생사례를 살펴보면 중량물 밀림 가능성에 대비하지 않은 자재 납품 시 결속 미실시 및 지게차작업 시 밀림 인지 미흡과 재해자의 안전모 미착용 및 부주의한 행동(현장의 신호수 통제에 따르지 않음) 등 기본적인 안전수칙을 무시한 작업으로 인해 재해가 발생하는 경우가 많으므로, 향후 유사 재해가 발생하지 않도록 철저한 대비가 이루어져야 할 것이다.

"끝"

문제3) 하인리히(H. W. Heinrich) 및 버드(F. E. Bird)의 사고발생연쇄성(Domino)이론을 비교하여 설명하시오. (25점)

답)

I. 정의

1) 하인리히(H. W. Heinrich)는 재해의 발생은 언제나 사고요인의 연쇄반응 결과로 발생한다는 연쇄성이론(Domino's Theory)을 제시하였으며, 불안전한 상태(10%)와 불안전한 행동(88%)을 제거하면 사고는 예방이 가능하다고 주장하였다.

2) 버드(F. E. Bird)는 손실제어요인(Loss Control Factor)의 연쇄반응 결과로 재해가 발생한다는 연쇄성이론(Domino's Theory)을 제시하였으며, 철저한 관리와 기본원인을 제거해야만 사고를 예방할 수 있다고 강조하였다.

II. 재해의 구성비율

1) 하인리히(H. W. Heinrich)의 1 : 29 : 300

① 330회 사고 가운데 사망·중상 1회, 경상 29회, 무상해사고 300회의 비율로 발생

② 재해의 배후에는 상해를 수반하지 않는 많은 수(300건/90.9%)의 사고가 발생

③ 300건의 사고, 즉 무상해사고의 관리가 사업장 안전관리의 중요한 과제임

2) 버드(F. E. Bird)의 1 : 10 : 30 : 600

① 641회 사고 가운데 사망 또는 중상 1회, 경상(물적·인적 손실) 10회, 무상해사고(물적 손실) 30회, 상해도 손실도 없는 사고가 600회의 비율로 발생

② 재해의 배후에는 상해를 수반하지 않는 방대한 수(630건/98.2%)의 사고가 발생

③ 630건의 사고, 즉 무상해사고의 관리가 사업장 안전관리의 중요한 과제임

Ⅲ. 재해예방의 주된 요소

1) 하인리히(H.W.Heinrich)

제3의 요인인 불안전상태 및 불안전행동을 제거하면 재해예방이 가능하다고 주장하였다.

2) 버드(F.E.Bird)

가장 중요한 요소인 기본원인(4M)을 제거해야 재해예방이 가능하다고 주장하였다.

Ⅳ. 하인리히와 버드의 비교

1) 재해 발생 5단계 비교

단계	하인리히	버드
1	유전적 요인 및 사회적 환경	제어의 부족(안전관리 부족)
2	개인적 결함(인적 결함)	기본원인(인적·작업상 원인)

단계	하인리히	버드
3	불안전상태 및 불안전행동	직접원인(불안전한 상태 · 행동)
4	사고	사고
5	재해	재해
재해예방	직접원인 제거 시 재해예방	기본원인 제거 시 재해예방

2) 이론 비교

구분	하인리히	버드
재해 발생비	1 : 29 : 300 [중상해 : 경상해 : 무상해사고]	1 : 10 : 30 : 600 [중상 : 상해 : 물적 사고, 무상해사고]
도미노 이론	재해발생 5단계 1. 선천적 결함 2. 개인적 결함 3. 직접원인(인적＋물적 원인) 4. 사고 5. 상해	재해발생 5단계 1. 제어의 부족 2. 기본원인 3. 직접원인 4. 사고 5. 상해
직접원인 비율	불안전한 행동 : 불안전한 상태 =88% : 12%	－
재해손실 비용	1 : 4(직접비 : 간접비)	1 : 5(직접비 : 간접비)
재해 예방의 5단계	1. 조직 2. 사실의 발견 3. 분석평가 4. 대책의 선정 5. 대책의 적용	－
재해 예방의 4원칙	1. 손실우연의 원칙 2. 원인계기의 원칙 3. 예방가능의 원칙 4. 대책선정(강구)의 원칙	－

V. 하인리히와 버드의 재해 발생비율 비교

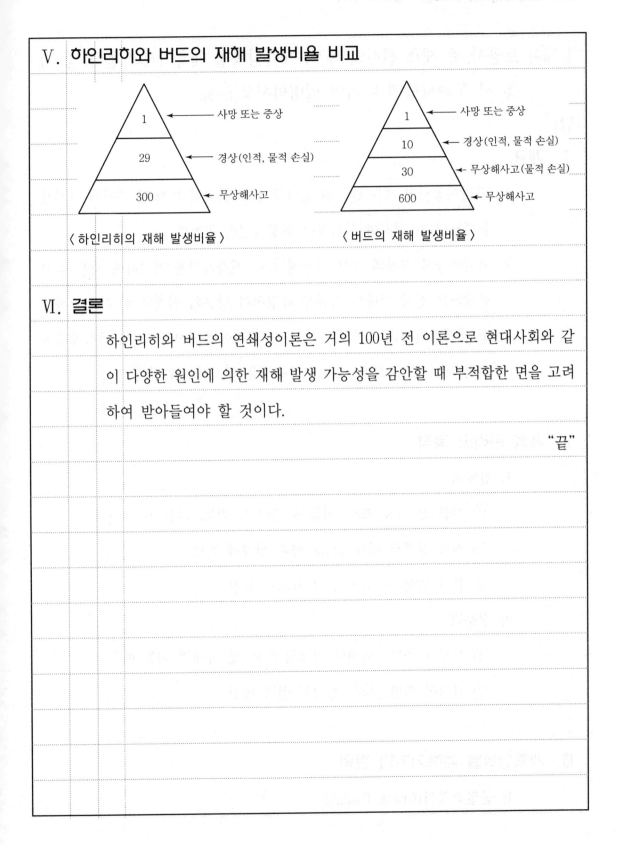

〈 하인리히의 재해 발생비율 〉   〈 버드의 재해 발생비율 〉

VI. 결론

하인리히와 버드의 연쇄성이론은 거의 100년 전 이론으로 현대사회와 같이 다양한 원인에 의한 재해 발생 가능성을 감안할 때 부적합한 면을 고려하여 받아들여야 할 것이다.

"끝"

문제4) 토공사 중 계측 관리의 목적, 계측항목별 계측기기의 종류 및 계측 시 고려사항에 대하여 설명하시오.(25점)

답)

I. 개요

1) '흙막이공사의 계측 관리'란 굴착공사 시 흙막이 부재 및 주변의 안전성을 확보하기 위하여 실시하는 현장측정을 말한다.

2) 흙막이공사 현장의 주요 지점에 각종 계측기기를 설치하여 시공 중에 발생하는 실제 지반의 거동을 측정하여 당초의 설계와 비교해 안전하고 경제적인 시공으로 유도하는 데 목적이 있으며, 사전에 계측계획을 수립하여 계측계획에 따른 현장측정을 실시하여야 한다.

II. 계측 관리의 목적

1) 일반적

① 시공 전 자료 조사, 시공 중 안정성 검토, 시공 후 유지관리

② 계측 결과의 피드백으로 향후 설계에 반영

③ 문제 발생 시 법적 근거 자료로 활용

2) 전문적

① 시공적 측면 : 현재의 안정성 도모 및 장래의 거동 예측

② 설계적 측면 : 향후 설계의 질적 향상

III. 계측항목별 계측기기의 종류

1) 균열측정기(Crack Gauge)

인접구조물, 지반 등의 균열 부위에 설치하여 균열 크기와 변화를 정밀 측정

2) **경사계(Tiltmeter)**

인접구조물, 옹벽 등에 설치한 후 기울기를 측정하여 안전도 여부를 파악

3) **지중경사계(Inclinometer)**

흙막이벽, 인접구조물 주변에 설치하여 수평방향의 지반 이완영역 및 가설구조물의 안전도를 판단하며 토류벽의 기울어짐 측정

4) **지중침하계(Extenso Meter)**

흙막이벽 배면, 인접구조물 주변에 설치하여 지층의 심도별 침하량 측정

5) **하중계(Load Cell)**

Strut, Earth Anchor에 설치하여 굴착진행에 따른 축하중 측정으로 이들 부재의 안정성 여부 판단

6) **변형률계(Strain Gauge)**

Strut, 띠장 등에 부착하여 굴착작업 또는 주변작업 시 구조물의 변형 측정

7) **지하수위계(Water Level Meter)**

굴착 및 Grouting 등으로 인한 수위 변화를 측정하여 주변 지반의 거동을 예측하기 위해 계측

8) **간극수압계(Piezometer)**

굴착, 성토에 의한 간극수압의 변화를 측정하여 안정성 판단

9) **토압계(Soil Pressure Gauge)**

흙막이벽 배면 지반에 설치하여 성토나 주변 지반의 하중으로 인한 토

압의 변화 측정으로 흙막이벽의 안정성 판단

10) 지표침하계

흙막이벽의 배면, 인접구조물 주변에 동결심도보다 깊게 설치하여 지

표면 침하량의 변화 측정

11) 소음측정기(Sound Level Meter)·진동측정기(Vibrometer)

지하굴착작업 시 중장비의 주행, 발파 등으로 발생하는 소음·진동

측정

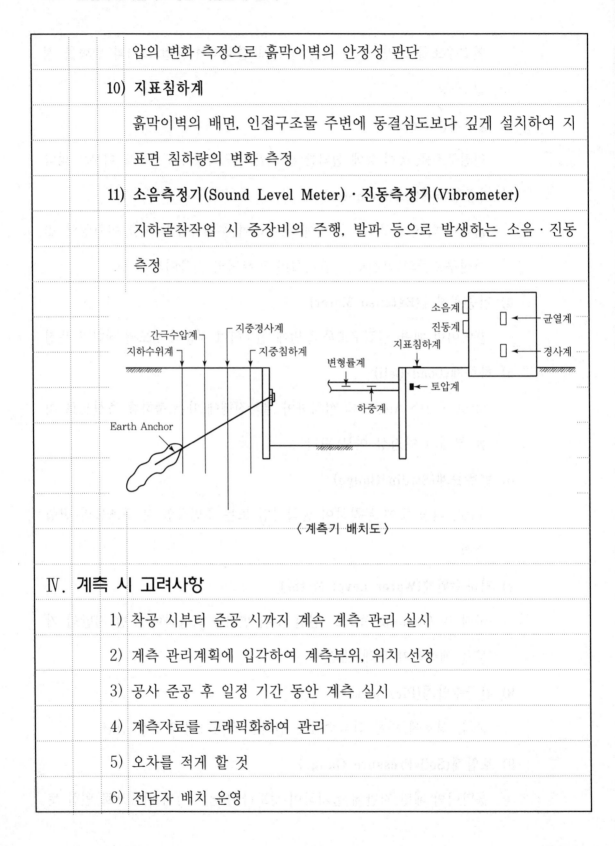

〈 계측기 배치도 〉

IV. 계측 시 고려사항

1) 착공 시부터 준공 시까지 계속 계측 관리 실시

2) 계측 관리계획에 입각하여 계측부위, 위치 선정

3) 공사 준공 후 일정 기간 동안 계측 실시

4) 계측자료를 그래픽화하여 관리

5) 오차를 적게 할 것

6) 전담자 배치 운영

7) 계측계획은 경험자가 수립

8) 관련성 있는 계측기는 집중 배치할 것

9) 거동의 변화가 없어도 지속적으로 계측 관리할 것

V. 결론

1) 계측 결과 예측치와 실측치의 차이가 큰 경우 당초 조건을 수정하여 설계에 반영함으로써 위험요인을 제거한다.

2) 흙막이의 계측은 지반침하 등의 변화와 구조물의 동향을 파악하기 위해 실시하는 것으로, 그 중요성을 인식하고 재해예방의 기본적인 자료로 활용할 수 있다.

"끝"

문제5) 건설근로자를 대상으로 하는 정기안전보건교육과 건설업 기초안전보건교육의 교육내용과 시간을 제시하고, 안전교육 실시자의 자격요건과 효과적인 안전교육방법에 대하여 설명하시오.(25점)

답)

I. 개요

안전보건교육이란 근로자가 작업장의 유해·위험요인 등 안전보건에 관한 지식을 습득하여 근로자 스스로 자신을 보호하고 사전에 재해를 예방하기 위해 실시하는 제도이다.

II. 근로자 안전보건교육(2024년 개정내용)

교육과정	교육대상		교육시간
가. 정기교육	1) 사무직 종사 근로자		매반기 6시간 이상
	2) 그 밖의 근로자	가) 판매업무에 직접 종사하는 근로자	매반기 6시간 이상
		나) 판매업무에 직접 종사하는 근로자 외의 근로자	매반기 12시간 이상
나. 채용 시 교육	1) 일용근로자 및 근로계약기간이 1주일 이하인 기간제 근로자		1시간 이상
	2) 근로계약기간이 1주일 초과 1개월 이하인 기간제 근로자		4시간 이상
	3) 그 밖의 근로자		8시간 이상
다. 작업내용 변경 시 교육	1) 일용근로자 및 근로계약기간이 1주일 이하인 기간제 근로자		1시간 이상
	2) 그 밖의 근로자		2시간 이상
라. 특별교육	1) 일용근로자 및 근로계약기간이 1주일 이하인 기간제 근로자(특별교육 대상 작업 중 아래 2)에 해당하는 작업 외에 종사하는 근로자에 한정)		2시간 이상

교육과정	교육대상	교육시간
라. 특별교육	2) 일용근로자 및 근로계약기간이 1주일 이하인 기간제 근로자(타워크레인을 사용하는 작업 시 신호업무를 하는 작업에 종사하는 근로자에 한정)	8시간 이상
	3) 일용근로자 및 근로계약기간이 1주일 이하인 기간제 근로자를 제외한 근로자(특별교육 대상 작업에 한정)	가) 16시간 이상(최초 작업에 종사하기 전 4시간 이상 실시하고 12시간은 3개월 이내에서 분할하여 실시 가능) 나) 단기간 작업 또는 간헐적 작업인 경우에는 2시간 이상
마. 건설업 기초안전 보건교육	건설 일용근로자	4시간 이상

Ⅲ. 기초안전보건교육

교육내용	교육시간
건설공사의 종류 및 시공절차	1시간
산업재해 유형별 위험요인 및 안전보건 조치	2시간
안전보건 관리체제 현황 및 산업안전보건관련 근로자 권리·의무	1시간

※ 중대재해 감축 로드맵에 따라 상기교육 내용에는 CPR(심폐소생술)교육이 추가되고 있다.

Ⅳ. 안전교육 실시자의 자격요건

1) 사업장 내 직무수행자 기준

① 안전보건관리책임자

② 안전관리자

③ 보건관리자

④ 안전보건관리담당자

⑤ 산업보건의

2) 1) 이외의 자격기준

① 공단에서 실시하는 해당 분야 강사요원의 교육과정 이수자

② 지도사(산업안전, 산업보건)

③ 산업안전보건에 관한 학식과 경험이 있는 자로서 고용노동부장관이 정하는 기준에 해당하는 자

V. 효과적인 안전교육방법

1) 상대방의 입장에서 실시

2) 동기 부여가 가능하도록

3) 쉬운 내용으로 시작해 점차 난이도를 높일 것

4) 반복해서 인강을 강화해 나아갈 것

5) 5감을 활용할 것

6) 기능적인 이해가 가능하도록 할 것

VI. 결론

건설현장 근로자의 안전보건교육이란 안전 유지를 위한 지식·기능 부여와 안전태도 형성을 위한 것으로, 지식 → 기능 → 태도의 3단계를 활용하여 지식과 기능의 습득 및 안전태도를 습관화시켜 안전사고를 예방할 수 있는 산 교육이 되도록 실시해야 하기 때문에 대상 근로자의 안전보건교육 시간과 교육내용의 숙지는 건설현장 관리자가 그 관리요점을 충분히 이해하고 관리·감독할 필요가 있다.   "끝"

문제6)	건설현장의 시스템안전(System Safety)에 대하여 설명하시오.
	(25점)

답)

Ⅰ. 개요

시스템안전은 건설업을 포함한 제조업의 계약조건하에서 인간과 기계가 부담하는 부하를 최소화하기 위한 제반활동으로, 효율적인 안전관리를 위해서는 계획단계에서부터 체계적 관리가 요구된다.

Ⅱ. 시스템안전의 5단계

구상 → 사양 결정 → 설계 → 제작 → 조업

1) 제1단계(구상단계)

① 당해 설비의 사용조건, 그것에 의해 가공되는 제품의 성상 등을 전제

② 당해 설비에 요구되는 기능의 검토

2) 제2단계(사양 결정단계)

① 1단계에서의 검토 결과에 의거하여 당해 설비가 구비하여야 할 기능 결정

② 기능을 발휘하기 위한 설비의 사양(종류, 용량, 성능 등)을 결정

③ 달성해야 할 목표(당해 설비의 안전도, 신뢰도 등)를 결정

3) 제3단계(설계단계)

① System안전Program의 중심이 되는 단계로, Fail Safe 도입

② 기본설계와 세부설계로 분류

③ 설계에 의해 안전성과 신뢰성의 목표 달성

4) 제4단계(제작단계)

① 설비를 제작하는 단계로, 이 단계에서 설계가 구현

② 사용조건의 검토

　작업표준, 보전의 방식, 안전점검기준 등의 검토

5) 제5단계(조업단계)

① 1~4단계 후 설비는 수요자 측으로 옮겨져 조업 개시 및 시운전 실시

② 조업을 통하여 당해 설비의 안전성, 신뢰성 등을 확보함과 동시에

　System안전Program에 대한 평가 실시

Ⅲ. 시스템안전프로그램에 포함될 사항

1) 계획의 개요

2) 안전조직

3) 계약조건

4) 관련 부문과의 조정

5) 안전기준

6) 안전해석

7) 안전성의 평가

8) 안전Data의 수집 및 분석

9) 경과 및 결과의 분석

Ⅳ. 시스템안전 기법의 종류

    1) 위험성평가

    2) 안전성평가

    3) 위험성강도의 범주

Ⅴ. 시스템위험 분석기법

    1) PHA(Preliminary Hazards Analysis : 예비위험분석)

    최초단계 분석으로 시스템 내의 위험요소가 어느 정도의 위험상태에 있는지를 평가하는 방법으로 정성적 평가방법이다.

    2) FHA(Fault Hazard Analysis : 결함위험분석)

    분업에 의해 각각의 Sub System을 분담하고 분담한 Sub System 간의 인터페이스를 조정하여 각각의 Sub System과 전체 시스템 간의 오류가 발생되지 않는 방법을 분석하는 방법이다.

    3) FMEA(Failure Mode and Effect Analysis : 고장형태와 영향분석법)

    전형적인 정성적·귀납적 분석방법으로, 시스템에 영향을 미치는 전체 요소의 고장을 형태별로 분석해 고장이 미치는 영향을 분석하는 방법이다.

    4) CA(Criticality Analysis : 위험도 분석)

    정량적·귀납적 분석방법으로, 고장이 직접적으로 시스템의 손실과 인적인 재해와 연결되는 높은 위험도를 갖는 경우 위험성을 연관짓는 요소나 고장의 형태에 따른 분류방법

    5) FTA(Fault Tree Analysis : 결함수 분석)

    정량적·연역적 분석방법으로, 작업자가 기계를 사용하여 일을 하는

인간－기계시스템에서 사고·재해가 일어날 확률을 수치로 평가하는 안정평가의 방법이다.

6) ETA(Event Tree Analysis) : 사고수 분석법

7) THERP(Technique of Human Error Rate Prediction)

인간의 기본과오율을 평가하는 기법으로, 인간과오에 기인하여 유발되는 사고원인을 분석하기 위해 100만 운전시간당 과오도수를 기본과오율로 하여 정량적 방법으로 평가하는 기법이다.

8) MORT(Management Oversight and Risk Tree)

FTA와 같은 유형으로 Tree를 중심으로 논리기법을 사용해 관리, 설계, 생산, 보전 등 광범위한 안전성을 확보하는 데 사용되는 기법으로 원자력산업 등에 사용된다.

VI. 결론

시스템안전은 건설업의 유해·위험 저감을 위한 가장 기본적인 평가인 위험성평가가 포함되는 안전기법이나 일선 건설현장에서는 그간 시스템안전에 대한 관심이 전혀 없었던 것이 사실이다. 반도체를 비롯한 일반 제조업이 선진국 수준으로 급성장할 수 있었던 계기가 시스템안전의 도입 및 실천임을 감안하여 건설업 분야도 이에 대한 관심과 투자가 필요하다.

"끝"

○　　　　　　○　　　　　　○

※ 10권 이상은 분철(최대 10권 이내)

자 격 종 목	건설안전기술사

답안지 작성 시 유의사항

1. 답안지는 총 7매(14면)이며 교부받는 즉시 매수, 페이지 등 정상 여부를 반드시 확인하고 1매라도 분리되거나 훼손하여서는 안 됩니다.
2. 시행회, 자격종목, 수험번호, 성명을 정확하게 기재하여야 합니다.
3. 수험자 인적사항 및 답안 작성(계산식 포함)은 흑색 또는 청색 필기구만 사용하되, 동일한 한 가지 색의 필기구만 사용하여야 하며 흑색, 청색을 제외한 유색 필기구 또는 연필류를 사용하거나 두 가지 이상의 색을 혼합 사용하였을 경우 그 문항은 0점 처리됩니다.
4. 답안 정정 시에는 두 줄(=)을 긋고 다시 기재 가능하며, 수정테이프(액) 등을 사용했을 경우 채점상의 불이익을 받을 수 있으므로 사용하지 마시기 바랍니다.
5. 답안지에 답안과 관련 없는 특수한 표시, 특정인임을 암시하는 답안지는 전체가 0점 처리됩니다.
6. 답안 작성 시 홈(구멍)이나 도형 등 그림이 없는 직선자(템플릿 사용 금지)만 사용할 수 있습니다.
7. 문제의 순서에 관계없이 답안을 작성하여도 되나 주어진 문제번호와 문제를 기재한 후 답안을 작성하고 전문용어는 원어로 기재하여도 무방합니다.
8. 요구한 문제수보다 많은 문제를 답하는 경우 기재 순으로 요구한 문제수까지 채점하고 나머지 문제는 채점대상에서 제외됩니다.
9. 답안 작성 시 답안지 양면의 페이지 순으로 작성하시기 바랍니다.
10. 기작성한 문항 전체를 삭제하고자 할 경우 반드시 해당 문항의 답안 전체에 대하여 명확하게 X표시(X표시한 답안은 채점대상에서 제외) 하시기 바랍니다.
11. 시험시간이 종료되면 즉시 답안 작성을 멈춰야 하며, 종료시간 이후 계속 답안을 작성하거나 감독위원의 답안 제출 지시에 불응할 때에는 채점대상에서 제외됩니다.
12. 각 문제의 답안 작성이 끝나면 "끝"이라고 쓰고 다음 문제는 두 줄을 띄워 기재하여야 하며 최종 답안 작성이 끝나면 그 다음 줄에 "이하 여백"이라고 써야 합니다.
13. 비번호란은 기재하지 않습니다.

비 번 호	

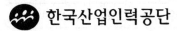
한국산업인력공단

문제1) 산업안전보건관리비 대상 및 사용기준을 기술하고 최근(2022.6.2.) 개정내용과 개정사유에 대하여 설명하시오.(25점)

답)

I. 개요

산업재해예방을 위해 발주자에게 공사종류 및 규모에 따른 일정금액을 도급금액에 별도 계상하도록 하고, 시공자는 계상된 금액을 건설공사 중 안전관리자 인건비, 안전시설비, 안전보건진단 등에 사용하도록 한다.

II. 산업안전보건관리비 대상

건설공사 중 총 공사금액이 2천만 원 이상인 공사. 다만, 다음 공사 중 단가계약에 의하여 행하는 공사에 대하여는 총 계약금액을 기준으로 적용한다.

1) 「전기공사업법」 제2조에 따른 전기공사로서 저압·고압 또는 특별고압 작업으로 이루어지는 공사

2) 「정보통신공사업법」 제2조에 따른 정보통신공사

III. 사용기준

공사종류 \ 구분	대상액 5억 원 미만인 경우 적용비율(%)	대상액 5억 원 이상 50억 원 미만인 경우		대상액 50억 원 이상인 경우 적용비율(%)	영 별표5에 따른 보건관리자 선임 대상 건설공사의 적용비율(%)
		적용비율(%)	기초액		
일반건설공사(갑)	2.93%	1.86%	5,349,000원	1.97%	2.15%
일반건설공사(을)	3.09%	1.99%	5,499,000원	2.10%	2.29%

공사종류	대상액 5억 원 미만인 경우 적용 비율(%)	대상액 5억 원 이상 50억 원 미만인 경우		대상액 50억 원 이상인 경우 적용 비율(%)	영 별표5에 따른 보건관리자 선임 대상 건설공사의 적용비율(%)
		적용비율 (%)	기초액		
중건설공사	3.43%	2.35%	5,400,000원	2.44%	2.66%
철도·궤도신설공사	2.45%	1.57%	4,411,000원	1.66%	1.81%
특수 및 기타건설공사	1.85%	1.20%	3,250,000원	1.27%	1.38%

1) 공사내역이 구분되어 있는 경우

① 산업안전보건관리비는 대상액(재료비+직접노무비)에 요율을 곱한 금액(대상액 5~50억 미만 공사의 경우 기초액까지 합산함)

② 발주자가 재료를 제공하거나 물품이 완제품의 형태로 제작 또는 납품되어 설치되는 경우 「해당 재료비 또는 완제품의 가액을 대상액에 포함시킬 때의 산업안전보건관리비」와 「해당 재료비 또는 완제품의 가액을 포함시키지 않은 때의 산업안전보건관리비」의 1.2배를 비교하여 작은 값 이상의 금액으로 계상하여야 한다.

• {재료비(발주자 제공 재료비 또는 완제품 가액 포함)+직접노무비}× 요율+기초액(대상액이 5~50억 미만인 경우에 한함)

• [{재료비(발주자 제공 재료비 또는 완제품 가액 제외)+직접노무비}× 요율+기초액(대상액이 5~50억 미만인 경우에 한함)]×1.2

2) 공사내역이 구분되어 있지 않은 경우

① 총 공사금액(부가가치세 포함)의 70%에 요율을 곱한 금액{(총 공사금액×70%)×요율}+기초액(대상액이 5~50억 미만인 경우에 한함)

② 공사내역이 구분되어 있지 않으면서 완제품 또는 발주자 제공 재료가 포함된 경우 다음 ㉠, ㉡ 중 작은 금액 이상으로 계상하여야 한다.

㉠ (총 공사금액×70%)×요율+기초액(대상액이 5~50억 원 미만인 경우에 한함)

㉡ [{(총 공사금액×70%) − 발주자 제공 재료비 또는 완제품 가액×요율}+기초액(대상액이 5~50억 원 미만인 경우에 한함)]×1.2

3) 부가가치세가 면세인 공사의 경우 총 공사금액에는 부가가치세가 포함된 금액이므로 도급계약서상에 명기된 총 공사금액에 따라 계상하여야 한다.

※ 전용면적 85m² 이하 국민주택 건설공사의 경우 도급계약서상에 총 공사금액이 도급금액(부가세 별도)으로 명기되어 있다면 "도급금액+도급금액의 10%"의 70%를 대상액으로 보고 계상하여야 한다.

4) 평당 단가계약공사의 경우 산업안전보건관리비는 총 공사금액(당해 공사와 직접 관련이 없는 이주비, 설계비, 감리비, 대지비, 민원비용, 광고비, 입주비용 등은 제외)의 70%를 기준으로 계상하여야 한다.

5) **연차공사의 경우**

연차공사의 산업안전보건관리비는 차수별 공사가 아닌 전체 공사의 총 공사금액을 기준으로 계상하여야 한다.

Ⅳ. 최근(2022.6.2.) 개정내용

1) 위험성평가 등을 통해 발굴한 품목 허용(총 계상비용의 10% 이내)

2) 스마트 안전장비의 구매·임대비용 사용 가능(구매·임대비의 20% 이내)

3) 감염병예방을 위한 마스크, 손소독제, 체온계 등 허용

4) 휴게시설의 온도, 조명 설치·관리를 위해 소요되는 비용

5) 사용불가내역 삭제

6) 사용기준항목 간 중요성 등을 고려하여 명칭·내역 등 조정

V. 개정사유

「중대재해 처벌 등에 관한 법률」 시행에 따라 건설공사 사업주의 적극적인 산재예방활동이 예상되고, 신기술 도입·기상이변 등에 따른 선제적 안전보건조치 필요성이 높아짐에 따라 산업안전보건관리비의 사용 유연성을 보다 강화할 필요가 있기 때문이다.

VI. 결론

산업재해예방을 위해 발주자에게 공사종류 및 규모에 따른 일정금액을 도급금액에 별도 계상하도록 하고, 시공자 및 발주자는 최근 개정된 내용을 숙지하여 건설현장 안전보건의 유지 및 증진에 만전을 기해야 한다.

"끝"

문제2)	관계수급인 근로자가 도급인의 사업장에서 작업을 하는 경우, 근로자의 산업재해예방을 위해 도급인이 이행하여야 할 사항에 대하여 설명하시오.(25점)

답)

I. 개요

도급사업의 안전보건을 위해서는 안전보건협의체의 구성운영, 위험성평가, 사업장 안전보건점검, 산재 발생 위험장소 예방조치, 수급사업장 안전보건교육 지도·지원, 유해인자 및 화학물질 관리 등의 활동이 유기적으로 수행될 수 있도록 시스템을 구축해야 한다.

II. 도급사업의 안전보건활동 구성요소

유해인자 및 화학물질 관리	안전보건교육	위험장소예방조치
• 작업환경 측정·개선 • 안전보건 정보 제공	• 교육장소 및 자료 제공 • 법정교육 지도·지원 • 사업장 특성별 교육	• 감전, 추락 등이 우려되는 작업장소에 대한 예방조치 • 공사기간 단축, 위험공법 사용 금지

III. 도급인이 이행하여야 할 사항

1) 안전보건협의체의 구성·운영

2) 작업장 순회점검

3) 관계수급인이 근로자에게 하는 안전보건교육을 위한 장소 및 자료 제공 등의 지원과 안전보건교육 실시 확인

4) 발파, 화재·폭발, 토사구조물 등의 붕괴, 지진 등에 대비한 경보체계 운영과 대피방법 등의 훈련

5) 유해·위험 화학물질의 개조·분해·해체·철거작업 시 안전 및 보건에 관한 정보 제공

6) 도급사업의 합동 안전보건점검

7) 위생시설 설치 등을 위해 필요한 장소 제공 또는 도급인이 설치한 위생시설 이용의 협조

8) 안전보건시설의 설치 등 산업재해예방조치

9) 같은 장소에서 이루어지는 도급인과 관계수급인 등의 작업에 있어서 관계수급인 등의 작업시기·내용·안전보건조치 등의 확인

10) 확인 결과 관계수급인 등의 작업혼재로 인하여 화재·폭발 등 위험 발생 우려 시 관계수급인 등의 작업시기·내용 등의 조정

Ⅳ. 도급인의 작업조정의무 대상

도급인이 혼재작업 시 관계수급인 등의 작업시기·내용 및 안전보건조치 등을 확인하고 조정해야 할 작업 및 위험의 종류

1) 근로자가 추락할 위험이 있는 경우

2) 기계·기구 등이 넘어질 우려가 있는 경우

3) 동력으로 작동되는 기계·설비 등에 의한 끼임 우려가 있는 경우

4) 차량계 하역·운반기계, 건설기계, 양중기 등에 의한 충돌 우려가 있는 경우

5) 기계·기구 등이 무너질 위험이 있는 경우

6) 물체가 떨어지거나 날아올 위험이 있는 경우

7) 화재·폭발 우려가 있는 경우

8) 산소 결핍, 유해가스로 질식·중독 등의 우려가 있는 경우

V. 결론

도급사업 시 도급인의 산업재해예방조치는 도급인의 사업장 내 관계수급인의 근로자를 포함한 전체 근로자에 대한 예방조치를 의미하며, 이에 대한 구체적인 예방조치를 모든 공종작업 시 반영해야 한다.

"끝"

문제3) '건설생산성 혁신 및 안전성 강화를 위한 스마트 건설기술'의 정의, 종류 및 적용사례에 대하여 설명하시오.(25점)

답)

I. 정의

공사기간의 단축과 인력투입량 절감, 현장 안전제고 등을 목적으로 기존 건설기술에 로보틱스, AI, BIM, Iot를 접목시켜 생산성, 안전성, 품질개선 은 물론 건설공사의 디지털화, 자동화 공장제작 등을 통한 건설산업의 발 전을 목적으로 개발된 공법, 장비, 시스템 등을 말한다.

II. 스마트 건설기술의 종류

1) 계획·조사 시 드론, 무인항공기 등을 활용한 측량기술

2) 설계단계에서의 디지털설계

3) 시공단계에서의 자동화시공

   ① 건설장비의 자동화

   ② 시공 정밀제어 기술

   ③ 공장제작·현장조립 기술

   ④ 로봇 등을 활용한 조립시공

4) 운영관제기술

   ① 건설기계의 실시간 통합 관리·운영

   ② 센서 및 Iot를 활용한 실시간 공사정보

   ③ AI를 활용한 최적 공사계획 수립 및 건설기계 통합운영

5) 스마트공정 및 품질 관리

3차원 및 AI를 활용한 공사공정

Ⅲ. 적용사례

1) 안전사고예방기술

① 스마트 착용장비

위치추적안전모, 착용 여부확인 벨트, 중장비에 근로자 접근 시 감지센서, 밀폐공간 유해가스 측정 후 경고알림센서

② 드론, 로봇

위험성이 큰 취약 공종에 투입하여 위험성 감소와 안전을 도모하기 위한 것

③ 스마트 건설안전통합관제시스템

실시간 위치기반 작업자 안전관제 및 위급상황 시 긴급구호 알림시스템

2) 스마트 건설안전기술

① 스마트 계측장비를 활용한 흙막이 등 가시설물의 변위파악을 위한 실시간 모니터링 레이저스캐너

② 터널의 변형 또는 변위파악을 위한 실시간 모니터링 레이저스캐너

③ 사면 변위상황 관측을 위한 드론 등 무인비행장치

④ 토공량 측정을 위한 드론 등 무인비행장치

⑤ 유지관리시설물의 변위·변형파악을 위한 드론

⑥ 공사현장 내 침사지현황 및 규모 확인을 위한 드론 및 레이저스캐너

Ⅳ. 결론

스마트 건설기술의 활성화와 지속적 개발을 촉진하는 것은 건설업의 지속적 발전과 건설공사의 안전성, 생산성 향상과 밀접한 연관관계가 있으므로 발주청과 수급인을 포함한 건설공사 관계자는 상호 신뢰에 기초한 의사소통과 의사결정의 중요한 수단으로 스마트안전을 이해할 필요가 있다.

"끝"

| 문제4) | 건설현장에서 사용하는 외부비계의 조립·해체 시 발생 가능한 재해유형과 비계 종류별 설치기준 및 안전대책에 대하여 설명하시오.(25점) |

답)

Ⅰ. 개요

외부비계의 조립·해체작업은 건설업의 재해 발생 비율 중 상당부분을 차지하고 있는 바 강관비계 등은 벽이음 설치규정의 준수가 중요하고, 특히 해체작업 시에는 해체 근로자에게 추락방지용 안전대를 지급하여 착용하도록 하는 안전관리가 필요하다.

Ⅱ. 외부비계의 종류

1) **외줄비계** : 중·저층건축물의 벽돌 또는 블록 등 경량재를 사용하는 조적공사에 사용하는 비계

2) **쌍줄비계** : 가로세로 파이프가 두 개씩 있는 비계로, 고층건축물의 미장·타일·테라코타·콘크리트·석 공사 등과 같이 비계를 통로로 사용하며 작업 자재를 높이는 역할을 하는 비계

3) **겹비계** : 외줄비계만 사용하기엔 적재하중이 과다한 경우 보강공사에 사용하는 비계

4) **단관비계** : 장기간의 공사 또는 비계 상부에 놓을 자재가 많을 경우 사용하는 비계

5) **강관틀비계** : 단관비계보다 적재하중이 과다하거나 큰 규모의 공사에 적용하는 비계

Ⅲ. 조립·해체 시 발생 가능한 재해유형

1) 외줄비계 또는 쌍줄비계 사용현장에서의 추락재해

2) 안전난간 미설치 또는 안전대 미착용에 의한 추락재해

3) 벽체와 벽체 사이의 큰 간격으로 발생하는 추락재해

4) 비계 하부에 무단으로 자재, 공구를 방치하여 낙하물재해

5) 안전성 미확보로 인한 붕괴

6) 과다하중에 기인한 붕괴

Ⅳ. 비계 종류별 설치기준

1) 강관비계

① 하단부에는 깔판(밑받침철물), 받침목 등을 사용하고 밑둥잡이를 설치해야 한다.

② 비계기둥 간격은 띠장방향에서는 1.5m 내지 1.8m, 장선방향에서는 1.5m 이하이어야 하며, 비계기둥의 최고부로부터 아래방향으로 31m를 넘는 비계기둥은 2본의 강관으로 묶어 세워야 한다.

③ 띠장간격은 1.5m 이하로 설치하여야 하며, 지상에서 첫 번째 띠장은 높이 2m 이하의 위치에 설치하여야 한다.

④ 장선간격은 1.5m 이하로 설치하고, 비계기둥과 띠장의 교차부에서는 비계기둥에 결속하며, 그 중간부분에서는 띠장에 결속한다.

⑤ 비계기둥 간의 적재하중은 400kg을 초과하지 아니하도록 하여야 한다.

⑥ 벽 연결은 수직으로 5m, 수평으로 5m 이내마다 연결하여야 한다.

⑦ 기둥간격 10m마다 45° 각도의 처마방향 가새를 설치해야 하며, 모

든 비계기둥은 가새에 결속하여야 한다.

⑧ 작업대에는 안전난간을 설치하여야 한다.

⑨ 작업대의 구조는 추락 및 낙하물방지조치를 하여야 한다.

⑩ 작업발판 설치가 필요한 경우에는 쌍줄비계이어야 하며, 연결 및 이음철물은 가설기자재 성능검정규격에 규정된 것을 사용하여야 한다.

2) 강관틀비계

① 비계기둥의 밑둥에는 밑받침철물을 사용하여야 하며 밑받침에 고저차가 있는 경우에는 조절형 밑받침철물을 사용하여 각각의 강관틀비계가 항상 수평·수직을 유지하여야 한다.

② 전체 높이는 40m를 초과할 수 없으며, 20m를 초과할 경우 주틀의 높이를 2m 이내로 하고 주틀 간의 간격은 1.8m 이하로 하여야 한다.

③ 주틀 간에 교차가새를 설치하고 최상층 및 5층 이내마다 수평재를 설치하여야 한다.

④ 벽연결은 구조체와 수직방향으로 6m, 수평방향으로 8m 이내마다 연결하여야 한다.

⑤ 띠장방향으로 길이가 4m 이하이고 높이 10m를 초과하는 경우 높이 10m 이내마다 띠장방향으로 버팀기둥을 설치하여야 한다.

⑥ 그 외의 다른 사항은 강관비계에 준한다.

3) 시스템비계

① 수직재

• 수평재와 직교하게 설치하며, 체결 후 흔들림이 없을 것

• 수직재를 연약지반에 설치 시 수직하중에 견딜 수 있도록 지반을 다지고 두께 45mm 이상의 깔목을 소요폭 이상으로 설치하거나 콘크리트 또는 강재 표면, 단단한 아스팔트 등으로 침하방지조치를 할 것

• 비계 하부에 설치하는 수직재는 받침철물의 조절너트와 밀착되도록 설치하고 수직과 수평을 유지할 것. 단, 수직재와 받침철물의 겹침길이는 받침철물 전체 길이의 1/3 이상일 것

• 수직재와 수직재의 연결은 전용연결조인트를 사용하여 견고하게 연결하고, 연결부위가 탈락되거나 꺾이지 않도록 할 것

② 수평재

• 수직재에 연결핀 등의 결합으로 견고하게 결합하여 흔들리거나 이탈되지 않도록 할 것

• 안전난간 용도로 사용되는 상부 수평재의 설치높이는 작업발판면에서 90cm 이상이 되도록 하고, 중간수평재는 설치높이의 중앙부에 설치(설치높이가 1.2m를 넘는 경우 2단 이상의 중간수평재를 설치하여 각각의 간격이 60cm 이하가 되도록 설치)할 것

③ 가새

• 대각선방향으로 설치하는 가새는 비계 외면의 수평면에 대해 40~60° 기운 방향으로 설치하며 수평재 및 수직재에 결속한다.

• 가새의 설치간격은 현장여건을 고려하여 구조 검토 후 결정한다.

④ 벽이음재의 배치간격은 벽이음재의 성능과 작용하중을 고려한 구조 설계에 따른다.

V. 안전대책

1) 조립 시 안전대책

① 비계 조립 및 해체작업은 비계기능사보 등의 자격을 갖춘 사람이 실시

② 비계 및 작업발판은 공종별 시공계획서 및 시공상세도에 따라 시공

③ 비계 조립 전에 구조, 강도, 기능 및 재료 등에 결함이 없는지 면밀히 검토하고 견고하게 설치하여 유지관리에 주의

④ 작업발판에는 최대적재하중을 정하고 이를 초과하여 적재 금지

⑤ 지반은 비계가 설치되어 있는 동안 전체 비계구조물을 지지하므로 연약지반은 비계기둥이 침하하지 않도록 미리 다지고 두께 4.5cm 이상의 깔목을 설치하거나 콘크리트를 타설

2) 벽이음 시 안전대책

① 벽이음재는 전체를 한번에 풀지 않고, 부분적으로 순서에 맞게 풀어야 함

② 띠장에 부착된 벽이음재는 비계기둥으로부터 30cm 이내에 부착

③ 벽이음재로 사용되는 앵커는 비계구조체가 해체될 때까지 남겨 두어야 함

④ 벽이음재의 배치는 보호망의 설치 유무와 벽이음재의 종류를 고려하여야 하며, 보호망이 설치된 비계의 경우에는 풍하중에 대한 벽이음재 배치에 대해 각별히 주의

⑤ 벽이음을 벽면 외부에 앵커 등으로 실시하기 곤란한 경우에는 요구되는 조건과 지지할 구조체면의 특성에 따라 적합한 것을 선정

3) 해체 시 안전대책

① 해체의 시기·범위 및 절차에 관한 사항을 근로자에게 특별안전보건교육으로 실시

② 해체 및 철거 시에는 비계구조물의 도괴, 물체의 낙하, 근로자의 추락 등의 우려가 없는지 확인하여 미리 예방조치

③ 비계 해체작업은 관리감독자의 지휘하에 작업 실시

④ 해체작업 구역 내에는 당해 작업에 종사하는 근로자 및 관련자 이외에는 출입을 금지

⑤ 비·눈 그 밖의 기상상태의 불안정으로 인하여 날씨가 몹시 나쁠 때에는 해체작업을 중지

⑥ 해체 및 철거과정은 시공의 역순으로 진행

⑦ 해체는 계획에 따라 규칙적으로 진행되어야 하며, 수평부재부터 차례로 해체

⑧ 모든 분리된 부재와 이음재는 던지거나 떨어뜨리지 말고 내려야 하며, 아직 분해되지 않은 비계는 안정성이 유지되도록 작업

⑨ 해체 착수 전 또는 해체 중에 비계에 결함이 발생했을 경우에는 정상적인 상태로 복구 후에 진행

⑩ 해체된 부재는 비계 위에 쌓아 두지 말고 지정된 위치에 보관

⑪ 벽이음재는 가능한 한 나중에 해체하고, 특히 안전시설이 설치되어 있는 비계에서는 벽이음재 등의 해체에 주의하여야 하며, 필요에 따라서는 보조장치를 한 후에 해체

VI. 결론

외부비계는 해체단계에서의 안전관리가 중요하며 해체작업 시에는 벽이음 재와 중간난간대를 한번에 제거하지 말아야 하며, 특히 가새를 먼저 제거 하는 일이 없도록 관리하는 것이 중요하다.

"끝"

문제5)	산업안전보건법령상 근로자가 휴식시간에 이용할 수 있는 휴게
	시설의 설치 대상 사업장기준, 설치 의무자 및 설치기준을 설명
	하시오.(25점)

답)

I. 개요

휴게시설의 설치기준은 피로 누적에 의한 각종 재해의 예방 차원에서 작

년에 도입된 산업안전보건법령상의 철저한 이해를 토대로 근로자가 휴식

시간에 이용하는 데 부담이 없도록 일선 건설현장에 도입하는 데 차질이

없도록 해야 한다.

II. 휴게시설의 설치 대상 사업장기준

1) 건설업은 해당 공사의 총 공사금액이 20억 원 이상인 사업장

2) 상시근로자 20명 이상을 사용하는 사업장

3) 상시근로자수 10명 이상으로 한국표준직업분류상 7개 직종 근로자를 2명

   이상 사용하는 사업장(전화상담원, 돌봄서비스종사원, 텔레마케터, 배

   달원, 청소원 및 환경미화원, 아파트경비원, 건물경비원)

III. 설치 의무자

도급계약이 체결된 경우, 사업주인 도급인과 수급인, 관계수급인 모두 휴

게시설을 설치해야 하며 설치·관리기준 준수 의무가 주어진다.

Ⅳ.	설치기준	
	1)	크기
		① 최소바닥면적과 천장까지의 높이
		바닥면적은 최소 $6m^2$이어야 하며, 공동휴게시설의 경우 최소바닥면적은 $6m^2$에 사업장수를 곱한 면적으로 한다.
		② 근로자대표와 협의하여 $6m^2$가 넘는 면적으로 정한 경우 협의한 면적이 최소바닥면적이 된다.
		최소면적은 교대근무 및 휴식형태, 휴식주기, 동시사용인원 등 사업장 특성을 고려하여 근로자대표와 협의 후 정하라는 것을 의미한다.
		③ 동시사용인원은 동일한 시간 내에 휴게시설을 이용하는 근로자수의 최대 합을 말한다.
		④ 남성용과 여성용으로 구분한다.
	2)	위치
		① 근로자가 이용하기 편리하고 가까운 곳에 설치해야 한다.
		② 화재폭발, 유해물질, 분진 및 소음 노출장소에서 떨어진 곳에 설치해야 한다.
	3)	온도, 습도, 조명
		① 온도 : 적정한 온도($18\sim28℃$)를 유지할 수 있는 냉난방 기능이 갖춰져 있어야 한다.
		② 습도 : 적정한 습도($50\sim55\%$)를 유지할 수 있는 습도 조절 기능이 갖춰져 있어야 한다.
		③ 조명 : 적정한 밝기($100\sim200lux$)를 유지할 수 있는 조명 조절기능

이 갖춰져 있어야 한다.

④ 주의사항 : 온도, 습도, 조명은 항상 그 기준을 유지할 필요는 없으며, 기준을 유지할 수 있는 기능을 갖출 것을 의미한다.

⑤ 창문 등을 통해 환기를 시킬 수 있어야 한다.

4) 비품 구비 및 관리

① 의자가 구비돼 있어야 한다.

② 마실 수 있는 물이나 식수 설비가 갖춰져 있어야 한다.

③ 휴게시설 관리담당자를 지정해야 한다.

5) 목적 외 사용 금지

① 흡연실, 비품창고 등은 휴게시설로 인정되지 않는다.

② 회의실, 교육실, 상담실 등과 별도로 활용하는 것이 원칙이나, 노사가 협의하여 사용시간을 명확히 구분하여 이용하는 경우 휴게시설을 설치한 것으로 본다.

6) 기준 적용 제외 대상

① 사업장 전용면적의 총합이 $300m^2$ 미만인 경우

② 작업장소가 일정하지 않거나 전기공급이 되지 않는 경우

V. 결론

2022년 8월 18일 시행된 휴게시설설치 의무화제도는 그간 휴식부족으로 발생한 근로자의 불만사항과 피로 누적에 의한 각종 재해의 예방은 물론 안전보건관리의 질적 향상에 매우 획기적인 전기가 될 것으로 기대된다.

"끝"

문제6) 위험성평가의 정의, 평가시기, 평가방법 및 평가 시 주의사항에 대하여 설명하시오.(25점)

답)

I. 개요

유해·위험요인을 파악하고 해당 유해·위험요인에 의한 부상 또는 질병의 발생 가능성(빈도), 중대성(강도)을 추정 및 결정하며 감소대책을 수립하여 실행하는 것이 중요하다.

II. 위험성평가의 정의

유해·위험요인을 파악하고 해당 유해·위험요인에 의한 부상 또는 질병의 발생 가능성과 중대성을 추정·결정하며 감소대책을 수립하여 실행하는 일련의 과정을 말한다.

III. 평가시기

1) 최초평가

사업장 설립일로부터 1년 이내

2) 수시평가

① 매월 1회 이상 근로자가 참여하는 사업장 순회점검을 실시

② 근로자제안제도, 아차사고 결과 확인 등을 통해 유해·위험요인을 파악해 실시

③ 매일 작업 전 안전점검회의 등을 통해 작업에 투입되는 근로자에게 상시적으로 주지

④ 매주 위험성평가의 결과를 관계자 논의·공유 및 이행상황 점검

3) 정기평가

최초평가 후 1년마다

Ⅳ. 평가방법

1) 정성적 위험성평가

유해·위험요인을 파악하고, 유해·위험요인에 대한 안전대책을 확인

및 수립하는 위험성평가기법

① 체크리스트(Checklist) 평가

② 안전성 검토(Safety Review)

③ 위험과 운전 분석(HAZOP)

④ 작업자 실수 분석(Human Error Analysis)

⑤ 사고예상 질문("What-if") 분석

⑥ 상대위험순위(Relative Ranking)

⑦ 예비위험 분석(PHA)

2) 정량적 위험성평가

유해·위험요인이 사고로 발전할 수 있는 확률과 사고의 피해 규모를

정량적으로 분석·평가하는 위험성평가기법

① 결함수 분석(FTA)

② 사건수 분석(ETA)

③ 원인-결과 분석(Cause-Consequence Analysis)

V. 평가 시 주의사항

1) 평가대상 공종의 선정

① 평가대상 공종별로 분류하여 선정

평가대상 공종은 단위작업으로 구성되며 단위작업별로 위험성평가 실시

② 작업공정흐름도에 따라 평가대상 공종이 결정되면 평가 대상 및 범위 확정

③ 위험성평가 대상 공종에 대하여 안전보건에 대한 위험정보 사전에 파악

- 회사 자체의 재해 분석자료
- 기타 재해자료

2) 위험요인의 도출

① 근로자의 불안전한 행동으로 인한 위험요인

② 사용 자재 및 물질에 의한 위험요인

③ 작업방법에 의한 위험요인

④ 사용 기계·기구의 위험원 확인

3) 위험도 계산

① 위험도＝사고의 발생빈도 × 사고의 발생강도

② 발생빈도＝세부공종별 재해자수 / 전체 재해자수 × 100%

③ 발생강도＝세부공종별 산재요양일수의 환산지수 합계 / 세부공종별 재해자수

산재요양일수의 환산지수	산재요양일수
1	4~5일
2	11~30일
3	31~90일
4	91~180일
5	181~360일
6	360일 이상, 질병사망
10	사망(질병사망 제외)

4) 위험도평가

위험도등급	평가기준
상	발생빈도와 발생강도를 곱한 값이 상대적으로 높은 경우
중	발생빈도와 발생강도를 곱한 값이 상대적으로 중간인 경우
하	발생빈도와 발생강도를 곱한 값이 상대적으로 낮은 경우

5) 개선대책 수립

① 위험의 정도가 중대한 위험에 대해서는 구체적인 위험감소대책을 수립하여 감소대책 실행 이후에는 허용할 수 있는 범위의 위험으로 끌어내리는 조치를 취한다.

② 위험요인별 위험감소대책은 현재의 안전대책을 고려해 수립하고 이를 개선대책란에 기입한다.

③ 위험요인별로 개선대책을 시행할 경우 위험수준이 어느 정도 감소하는지 개선 후 위험도평가를 실시한다.

Ⅵ. 결론

1) 각 공종별로 중요한 유해위험은 유해위험등록부에 기록하고 등록된 위험에 대해서는 항시 주의 깊게 위험관리를 한다.

2) 위험감소대책을 포함한 위험성평가 결과는 근로자에게 공지하여 더 이상의 감소대책이 없는 잠재위험요인에 대하여 위험인식을 같이하도록 한다.

3) 위험감소대책을 실행한 후 재해 감소 및 생산성 향상에 대한 모니터링을 주기적으로 실시하고 평가하여 다음 연도 사업계획 및 재해 감소 목표 설정에 반영하여 지속적인 개선이 이루어지도록 한다.

"끝"

제 129 회
국가기술자격검정 기술사 필기시험 답안지(제4교시)

◯　　　　　◯　　　　　◯

※ 10권 이상은 분철(최대 10권 이내)

자 격 종 목	건설안전기술사

답안지 작성 시 유의사항

1. 답안지는 총 7매(14면)이며 교부받는 즉시 매수, 페이지 등 정상 여부를 반드시 확인하고 1매라도 분리되거나 훼손하여서는 안 됩니다.
2. 시행회, 자격종목, 수험번호, 성명을 정확하게 기재하여야 합니다.
3. 수험자 인적사항 및 답안 작성(계산식 포함)은 흑색 또는 청색 필기구만 사용하되, 동일한 한 가지 색의 필기구만 사용하여야 하며 흑색, 청색을 제외한 유색 필기구 또는 연필류를 사용하거나 두 가지 이상의 색을 혼합 사용하였을 경우 그 문항은 0점 처리됩니다.
4. 답안 정정 시에는 두 줄(=)을 긋고 다시 기재 가능하며, 수정테이프(액) 등을 사용했을 경우 채점상의 불이익을 받을 수 있으므로 사용하지 마시기 바랍니다.
5. 답안지에 답안과 관련 없는 특수한 표시, 특정인임을 암시하는 답안지는 전체가 0점 처리됩니다.
6. 답안 작성 시 홈(구멍)이나 도형 등 그림이 없는 직선자(템플릿 사용 금지)만 사용할 수 있습니다.
7. 문제의 순서에 관계없이 답안을 작성하여도 되나 주어진 문제번호와 문제를 기재한 후 답안을 작성하고 전문용어는 원어로 기재하여도 무방합니다.
8. 요구한 문제수보다 많은 문제를 답하는 경우 기재 순으로 요구한 문제수까지 채점하고 나머지 문제는 채점대상에서 제외됩니다.
9. 답안 작성 시 답안지 양면의 페이지 순으로 작성하시기 바랍니다.
10. 기작성한 문항 전체를 삭제하고자 할 경우 반드시 해당 문항의 답안 전체에 대하여 명확하게 X표시(X표시한 답안은 채점대상에서 제외) 하시기 바랍니다.
11. 시험시간이 종료되면 즉시 답안 작성을 멈춰야 하며, 종료시간 이후 계속 답안을 작성하거나 감독위원의 답안 제출 지시에 불응할 때에는 채점대상에서 제외됩니다.
12. 각 문제의 답안 작성이 끝나면 "끝"이라고 쓰고 다음 문제는 두 줄을 띄워 기재하여야 하며 최종 답안 작성이 끝나면 그 다음 줄에 "이하 여백"이라고 써야 합니다.
13. 비번호란은 기재하지 않습니다.

비 번 호	

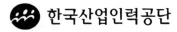 한국산업인력공단

문제1) 건설현장의 밀폐공간작업 시 수행하여야 할 안전작업의 절차 및 관리감독자의 안전관리업무에 대하여 설명하시오.(25점)

답)

I. 개요

밀폐공간은 근로자가 작업을 수행하기 어려운 상태에서 산소결핍, 유해가스로 인한 건강장해와 인화성 물질에 의한 화재폭발 등의 위험이 있는 장소를 말하며, 특히 동절기에 재해발생 건수가 급증하므로 이에 대한 안전대책이 필요하다.

II. 건설현장의 밀폐공간 범위

1) 케이블가스관 또는 지하에 부설되어 있는 매설물을 수용하기 위하여 지하에 부설한 암거·맨홀 또는 피트의 내부

2) 빗물, 하천의 유수 또는 용수가 있거나 있었던 통암거·맨홀 또는 피트의 내부

3) 바닷물이 있거나 있었던 열교환기·관·암거·맨홀·둑 또는 피트의 내부

4) 장기간 밀폐됐었던 강재의 보일러·탱크·반응탑이나 그 밖에 그 내벽이 산화하기 쉬운 시설의 내부

5) 천장·바닥 또는 벽이 건성유를 함유하는 페인트로 도장되어 그 페인트가 건조되기 전의 밀폐된 지하실창고 또는 탱크 등 통풍이 불충분한 시설의 내부

6) 산소농도가 18% 미만 또는 23.5% 이상, 탄산가스농도가 1.5% 이상, 일

산화탄소농도가 30ppm 이상 또는 황화수소농도가 10ppm 이상인 장소의 내부

7) 갈탄, 목탄, 연탄난로를 사용하는 콘크리트양생장소 및 가설숙소 내부

8) 근로자가 상주하지 않는 공간으로서 출입이 제한되어 있는 장소의 내부

Ⅲ. 밀폐공간작업 시 수행하여야 할 절차

1) **출입 사전조사** : 밀폐공간 해당여부 확인

2) **장비 준비·점검** : 산소농도 및 유해가스농도측정기, 환기팬, 공기호흡기, 대피기구, 소방장비 등

3) **출입조건 설정** : 출입자, 출입시간, 출입방법 등 결정

4) **출입 전 산소 및 유해가스농도측정** : 산소 및 유해가스농도측정

5) **환기 실시** : 작업장소에 따라 적합한 환기방법, 환기량 적용

6) **밀폐공간보건작업허가서 작성 및 허가자 결재** : 프로그램 추진팀장에 결재

7) **감시인 배치** : 감시인 배치 및 작업관리

8) **감시모니터링 실시** : 밀폐공간 내 작업상황 상시 확인, 관리자와 연락체계 구축

9) **통신수단 구비** : 무전기 등 작업자와 감시인의 연락용 장비 구비, 비상연락체계 구축

10) 밀폐공간작업허가서를 작업장에 게시

11) **밀폐공간 출입** : 사다리 등을 이용하고 출입인원 확인

12) **문제 발생 시 사후보고** : 관리감독자 등 추진팀에 연락, 재해자 발생 시 119에 연락

IV. 안전작업 절차

출입 사전조사 → 장비준비 및 점검 → 출입조건 설정 → 출입 전 산소 및 유해가스농도측정 → 환기실시 → 밀폐공간작업허가서 작성 및 허가자 결재 → 감시인 배치 → 통신수단 구비 → 밀폐공간작업허가서를 작업공간에 게시 → 밀폐공간 출입 → 감시모니터링 실시 → 문제 발생 시 긴급조치 및 사후보고

V. 관리감독자의 안전관리업무

1) 산소가 결핍된 공기나 유해가스에 노출되지 않도록 작업 시작 전에 해당 근로자의 작업을 지휘하는 업무

2) 작업을 하는 장소의 공기가 적절한지를 작업 시작 전에 측정하는 업무

3) 측정장비·환기장치 또는 공기호흡기 또는 송기마스크를 작업 시작 전에 점검하는 업무

4) 근로자에게 공기호흡기 또는 송기마스크의 착용을 지도하고 착용상황을 점검하는 업무

VI. 결론

밀폐공간작업이 이루어지는 장소에서는 밀폐공간프로그램에 의한 작업절차를 준수하고, 각 단계별 조치사항을 철저히 이행하는 것이 중요하다.

"끝"

문제2)	건설 안전심리 중 인간의 긴장정도를 표시하는 의식수준(5단계) 및 의식수준과 부주의행동의 관계에 대하여 설명하시오.(25점)
답)	

I. 개요

인간의 긴장정도를 나타내는 의식수준은 각성상태에서 혼수상태까지 5단계로 구분되며 Phase로 나타내는 의식수준과 밀접한 관계가 있다. 하시모토 쿠니에가 주장한 Phase 5단계는 상당부분 인간의 동기부여와 연관되어 있으므로 건설현장에서는 안전심리 활성화를 위한 동기부여와의 매칭을 보다 신중하게 접목시킬 필요가 있다.

II. 인간의 긴장정도를 표시하는 의식수준(5단계)

1) 각성상태

정상적 의식상태로, 자극에 적절한 반응을 보여 주는 상태

2) 기면상태

졸음이 오는 상태로, 반응을 위해서는 자극의 강도가 증가되어야 하는 상태

3) 혼미상태

계속적이고 강력한 자극에 반응을 나타내는 상태

4) 반혼수상태

자발적인 큰 움직임이 거의 없는 상태

5) 혼수상태

모든 자극에 반응이 없는 상태

Ⅲ. 의식수준(5단계)

의식수준	주의상태	신뢰도	비고
Phase 0	수면 중	0	의식의 단절, 의식의 우회
Phase 1	졸음상태	0.9 이하	의식수준의 저하
Phase 2	일상생활	0.99~0.99999	정상상태
Phase 3	적극활동 시	0.99999 이상	주의집중상태, 15분 이상 지속 불가
Phase 4	과긴장 시	0.9 이하	주의의 일점집중, 의식의 과잉

Ⅳ. 부주의행동의 관계

1) 부주의에 의한 재해 발생메커니즘

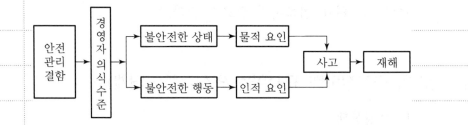

2) 부주의 내적 요인

의식수준 저하단계인 의식의 우회 시에 부주의현상 발생

3) 부주의한 상태에서의 심리특성

① 간결성

최소의 Energy로 목표에 도달하려는 심리적 특성

② 주의의 일점집중

돌발사태 직면 시 주의가 일점에 집중되어 정확한 판단을 방해하는 현상

③ 리스크테이킹(Risk Taking)

• 안전관리에 대한 태도가 양호한 자는 Risk Taking의 정도가 적음

		• 객관적인 위험을 자기 나름대로 판단하여 행동에 옮기는 행위

V. 결론

Phase 0에서 시작되는 의식수준은 인간의 동기부여와의 연관성을 배제시킨 이론으로, 일선 건설현장에서는 의식수준의 향상을 위해서 작업량과 작업목표, 성취감을 매칭시키는 노력이 더 큰 효과를 거둘 수 있는 점에 주목할 필요가 있다.

"끝"

문제3) 작업부하의 정의, 작업부하 평가방법, 피로의 종류 및 원인에 대하여 설명하시오.(25점)

답)

I. 작업부하의 정의

작업부하는 크게 신체적 작업부하와 정신적 작업부하로 구분되며 정신적 작업부하는 주관적 평가도구와 객관적 평가도구로 측정이 가능하다.

II. 작업부하 평가방법

1) 신체적 작업부하 평가

OWAS, RULA, REBA

2) 정신적 작업부하 평가

① 주관적 평가 : NASA-TLX(task load index), SWAT, Cooper Harper Scale

② 객관적 평가 : EEG, ECG, 호흡수

III. 객관적 평가방법

1) EEG(Electro Encephalo Graphy) : 뇌전계에 의한 뇌파 측정방법

2) ECG(Electro Cardio Graphy) : 심전계에 의한 심장활동 측정방법

3) FFF(Flicker Fusion Frequency) : 정신피로척도 측정방법

IV. 피로의 종류

1) 정신피로와 육체피로

① 정신피로 : 정신적 긴장에 의해 발생하는 피로

② 육체피로 : 육체적으로 근육에서 발생하는 피로

2) 급성피로와 만성피로

① 급성피로 : 보통의 휴식에 의해서 회복되는 피로

② 만성피로 : 오랜 기간 축적되어 발생하는 피로로 휴식에 의한 회복
이 불가능한 피로

V. 피로의 원인

1) 육체적 피로

① 수면부족

② 작업조건의 부적절

③ 작업량의 과다

④ 휴식시간의 부족 등 외형적인 원인

2) 정신적 피로

① 동기부여의 결여

② 교육방법의 부적절

③ 직무 분석 등의 부적절 또는 결여

④ 성취욕구의 결여 등 근로자 내적인 부분에 의한 원인

VI. 결론

피로의 발생은 육체적인 측면과 정신적 원인으로 구분되며 특히, 현대사회
에서는 인간의 내적인 특수성을 감안한 정신적 원인에 의한 피로현상의

정확한 발생원인 파악이 이루어져야 적절한 대책 및 해결방안의 모색이

가능함을 인식할 필요가 있다.

"끝"

문제4)	교량공사의 FCM(Free Cantilever Method)공법 및 시공순서에
	대하여 기술하고 세그먼트(Segment)시공 중 위험요인과 안전대
	책에 대하여 설명하시오.(25점)

답)

I. 개요

교각 위에 Form Traveller를 설치하여 교각을 중심으로 좌우 1Segment씩 상부 구조물을 가설하는 공법으로, 좌우 불균형 모멘트 처리에 특히 유의해야 한다.

II. FCM(Free Cantilever Method)공법

1) 장점

① Form Traveller를 이용하여 장대교량의 상부구조를 시공한다.

② 한 개의 Seg를 2~5m로 Block 분할해 시공한다.

③ 반복작업으로 경제적이며 작업능률이 좋다.

2) 단점

① 교량 가설을 위한 추가단면의 설치가 필요하다.

② 교량의 균형 유지를 위하여 Temporary Prop 등의 가설공사가 필요하다.

III. 시공순서

1) 주요공정

하부공사 → 교각 시공 → 주두부 가시설 → 주두부 시공 → Form Traveller 설치 → Segment 시공 → Form Traveller 해체 → Key Segment 시공

→ 측경간 시공 → 완성

2) 반복시공 공정

주두부 가시설 → 주두부 시공 → Form Traveller 설치 → Segment 시공 → Form Traveller 해체

IV. 세그먼트(Segment)시공 중 위험요인

1) 단부 개구부에서의 추락재해

2) 상부공 작업자의 추락재해

3) 작업차 이동 시 전도·낙하순서 및 절차에 따른 작업

4) 거푸집의 조립·해체 시 추락, 낙하, 비래재해

V. 안전대책

1) 인적 요인 대책

상부공 근로자에게 안전대 지급, 안전대 부착시설 설치

2) 물적 원인

① 강봉인장 구역 내 근로자 접근 금지

② 워킹타워는 일정 간격으로 교각에 견고하게 결속

3) 작업방법

① 작업통로 확보, 단부 개구부에 안전난간 설치 또는 접근금지조치

② 사다리 상부를 고정하여 미끄럼 및 전도방지조치

③ 승강용 통로 설치, 안전난간대 설치, 안전대 착용

④ 기상정보 파악장비 설치, 최대풍속 10m/sec 이상 시 작업 중지

⑤ 거푸집 조립·해체 작업 시 근로자 진입 금지구역 설정

4) 기계·장비

긴장장치 작업 전 점검, 긴장장치 후방 진입 금지 또는 방호조치, 강선 인장작업 결과 확인, 인장 완료 전 바닥의 슬래브거푸집 해체 금지

Ⅵ. 결론

FCM공법은 주두부 불균형에 의한 재해 발생과 더불어 Segment 시공관리가 가장 안전관리에 취약한 공정이므로, 안전관리에 유의해야 하며, 작업 시 이상현상 발생 시에는 긴급대피조치 등이 이루어질 수 있도록 사전에 대비하는 것이 중요하다.

"끝"

문제5) 해체공사의 안전작업 일반사항과 공법별 안전작업수칙을 설명하시오. (25점)

답)

I. 개요

1) 구조물의 해체공사는 해체 대상 구조물의 특성, 해체공사 주변의 환경 조건, 각종 규제사항 등에 대한 전반적인 사전조사를 실시하여 이러한 제반조건에 가장 적합한 공법을 선정하여야 한다.

2) 해체공사 시 적절한 해체공법을 선정하지 못하면 재해, 공사의 중단, 공기의 지연 등을 초래하게 되므로 해체공법 선정 시에는 경제성·작업성·안전성·저공해성 등을 종합적으로 검토하여야 한다.

II. 해체공사의 안전작업 일반사항

1) 안전작업을 위한 신고 및 허가 대상

① 신고 대상

㉠ 일부해체 : 주요 구조부를 해체하지 않는 건축물의 해체

㉡ 전면해체
- 전면적 500m² 미만
- 건축물 높이 12m 미만
- 지상층과 지하층을 포함하여 3개 층 이하인 건축물

㉢ 그 밖의 해체
- 바닥면적 합계 85m² 이내 증축·개축·재축(3층 이상 건축물의 경우 연면적의 1/10 이내)

		• 연면적 200m² 미만+3층 미만 건축물, 대수선 관리지역 등에 있는 높이 12m 미만 건축물
	2)	허가 대상, 신고 대상 외 건축물
	3)	신고 대상일지라도 해당 건축물 주변에 버스정류장, 도시철도 역사 출입구, 횡단보도 등 해당 지방자치단체의 조례로 정하는 시설이 있는 경우 해체허가를 받아야 한다.
Ⅲ.	**공법별 안전작업수칙**	
	1)	**압쇄기**
		쇼벨에 설치하며 유압조작으로 콘크리트 등에 강력한 압축력을 가해 파쇄하는 것으로, 다음의 사항을 준수하여야 한다.
		① 압쇄기의 중량 및 작업충격을 사전에 고려하고, 차체 지지력을 초과하는 중량의 압쇄기 부착을 금지하여야 한다.
		② 압쇄기 부착과 해체에는 경험이 많은 사람으로서 선임된 자에 한하여 실시한다.
		③ 압쇄기 연결구조부는 보수점검을 수시로 하여야 한다.
		④ 배관접속부의 핀, 볼트 등 연결구조의 안전 여부를 점검하여야 한다.
		⑤ 절단날은 마모가 심하기 때문에 적절히 교체하여야 하며 교체대체 품목을 항상 비치하여야 한다.
	2)	**대형 브레이커**
		통상 쇼벨에 설치하여 사용하며, 다음의 사항을 준수하여야 한다.
		① 대형 브레이커는 중량, 작업충격력을 고려하여 차체 지지력을 초과

하는 중량의 브레이커 부착을 금지하여야 한다.

② 대형 브레이커의 부착과 해체에는 경험이 많은 사람으로서 선임된 자에 한하여 실시하여야 한다.

③ 유압작동구조, 연결구조 등의 주요구조는 보수점검을 수시로 하여야 한다.

④ 유압식일 경우에는 유압이 높기 때문에 수시로 유압호스가 새거나 막힌 곳이 없는가를 점검하여야 한다.

⑤ 해체 대상물에 따라 적합한 형상의 브레이커를 사용하여야 한다.

3) 해머

크레인 등에 부착하여 구조물에 충격을 주어 파쇄하는 것으로, 다음의 사항을 준수하여야 한다.

① 해머는 해체 대상물에 적합한 형상과 중량의 것을 선정하여야 한다.

② 해머는 중량과 작업반경을 고려하여 차체의 붐, 프레임 및 차체 지지력을 초과하지 않도록 설치하여야 한다.

③ 해머를 매달은 와이어로프의 종류와 직경 등은 적절한 것을 사용하여야 한다.

④ 해머와 와이어로프의 결속은 경험이 많은 사람으로서 선임된 자에 한하여 실시하도록 하여야 한다.

⑤ 킹크, 소선 절단, 단면이 감소된 와이어로프는 즉시 교체하여야 하며 결속부는 사용 전후 항상 점검하여야 한다.

4) 콘크리트 파쇄용 화약류

다음의 사항을 준수하여야 한다.

① 화약류에 의한 발파파쇄 해체 시에는 사전에 시험발파에 의한 폭력, 폭속, 진동치속도 등에 파쇄능력과 진동, 소음의 영향력을 검토하여야 한다.

② 소음, 분진, 진동으로 인한 공해대책, 파편에 대한 예방대책을 수립하여야 한다.

③ 화약류 취급에 대하여는 법, 총포·도검·화약류 등의 안전관리에 관한 법률 등 관계법에서 규정하는 바에 의하여 취급하여야 하며 화약저장소 설치기준을 준수하여야 한다.

④ 시공순서는 화약취급절차에 의한다.

5) 핸드브레이커

압축공기, 유압의 급속한 충격력에 의하여 콘크리트 등을 해체할 때 사용하는 것으로, 다음의 사항을 준수하여야 한다.

① 끌의 부러짐을 방지하기 위하여 작업자세는 하향 수직방향으로 유지하도록 하여야 한다.

② 기계는 항상 점검하고, 호스의 꼬임·교차 및 손상 여부를 점검하여야 한다.

6) 팽창제

광물의 수화반응에 의한 팽창압을 이용하여 파쇄하는 것으로, 다음의 사항을 준수하여야 한다.

① 팽창제와 물과의 시방 혼합비율을 확인하여야 한다.

② 천공직경이 너무 작거나 크면 팽창력이 작아 비효율적이므로, 천공직경은 30 내지 50mm 정도를 유지하여야 한다.

③ 천공간격은 콘크리트강도에 의하여 결정되나 30~70cm 정도를 유지하도록 한다.

④ 팽창제를 저장하는 경우에는 건조한 장소에 보관하여 습기를 피해야 하고, 직접 바닥에 놓지 말아야 한다.

⑤ 개봉된 팽창제는 사용하지 말아야 하며 쓰다 남은 팽창제 처리에 유의하여야 한다.

7) 절단톱

회전날 끝에 다이아몬드 입자를 혼합·경화하여 제조된 절단톱으로, 기둥, 보, 바닥, 벽체를 적당한 크기로 절단하여 해체하는 공법에 사용하며 다음의 사항을 준수하여야 한다.

① 작업현장은 정리정돈이 잘 되어야 한다.

② 절단기에 사용되는 전기시설과 급·배수설비를 수시로 정비·점검하여야 한다.

③ 회전날에는 접촉방지커버를 부착하도록 하여야 한다.

④ 회전날의 조임상태는 안전한지 작업 전에 점검하여야 한다.

⑤ 절단 중 회전날을 냉각시키는 냉각수는 충분한지 점검하고 불꽃이 많이 비산되거나 수증기 등이 발생하면 과열된 것이므로 일시중단한 후 작업을 실시하여야 한다.

⑥ 절단방향을 직선을 기준하여 절단하고 부재 중에 철근 등이 있어 절단이 안 될 경우에는 최소단면으로 절단하여야 한다.

⑦ 절단기는 매일 점검하고 정비해 두어야 하며 회전 구조부에는 윤활유를 주유해 두어야 한다.

8) 재키

구조물의 부재 사이에 재키를 설치한 후 국소부에 압력을 가해 해체하는 것으로, 다음의 사항을 준수하여야 한다.

① 재키를 설치하거나 해체할 때에는 경험이 많은 사람으로서 선임된 자에 한하여 실시하도록 하여야 한다.

② 유압호스 부분에서 기름이 새거나 접속부에 이상이 없는지를 확인하여야 한다.

③ 장시간작업의 경우에는 호스의 커플링과 고무가 연결된 곳에 균열이 발생할 우려가 있으므로 마모율과 균열에 따라 적정한 시기에 교체하여야 한다.

④ 정기 · 특별 · 수시점검을 실시하고 결함사항은 즉시 개선 · 보수 · 교체하여야 한다.

9) 쐐기타입기

직경 30~40mm 정도의 구멍 속에 쐐기를 박아 넣어 구멍을 확대하여 해체하는 것으로, 다음의 사항을 준수하여야 한다.

① 구멍에 굴곡이 있으면 타입기 자체에 큰 응력이 발생하여 쐐기가 휠 우려가 있으므로 굴곡이 없도록 천공하여야 한다.

② 천공구멍은 타입기 삽입부분의 직경과 거의 같도록 하여야 한다.

③ 쐐기가 절단 및 변형된 경우는 즉시 교체하여야 한다.

④ 보수 · 점검은 수시로 하여야 한다.

10) 화염방사기

구조체를 고온으로 용융시키면서 해체하는 것으로, 다음의 사항을 준수하여야 한다.

① 고온의 용융물이 비산하고 연기가 많이 발생하므로 화재 발생에 주의하여야 한다.

② 소화기를 준비하여 불꽃비산에 의한 인접부분의 발화에 대비하여야 한다.

③ 작업자는 방열복, 마스크, 장갑 등의 보호구를 착용하여야 한다.

④ 산소용기가 넘어지지 않도록 밑받침 등으로 고정시키고 빈 용기와 채워진 용기의 저장을 분리하여야 한다.

⑤ 용기 내 압력은 온도에 의해 상승하기 때문에 항상 40℃ 이하로 보존하여야 한다.

⑥ 호스는 결속물로 확실하게 결속하고, 균열되었거나 노후된 것은 사용하지 말아야 한다.

⑦ 게이지의 작동을 확인하고 고장 및 작동불량품은 교체하여야 한다.

11) **절단줄톱**

와이어에 다이아몬드절삭날을 부착한 후 고속회전시켜 절단·해체하는 것으로, 다음의 사항을 준수하여야 한다.

① 절단작업 중 줄톱이 끊어지거나 수명이 다할 경우에는 줄톱의 교체가 어려우므로 작업 전에 충분히 와이어를 점검하여야 한다.

② 절단 대상물의 절단면적을 고려하여 줄톱의 크기와 규격을 결정하여야 한다.

③ 절단면에 고온이 발생하므로 냉각수 공급을 적절히 하여야 한다.

④ 구동축에는 접촉방지커버를 부착하도록 하여야 한다.

Ⅳ. **결론**

최근 해체공사의 규모가 대형화됨에 따라 재해 발생 시 발생하는 피해규모 또한 급증하고 있다. 따라서, 해체공사 시에는 개정된 허가절차와 신고절차를 준수해야 하며, 특히 소규모 해체현장은 공법별 안전수칙을 철저히 준수해야 할 것이다.

"끝"

문제6)	이동식 크레인의 설치 시 주의사항과 크레인을 이용한 작업 중 안전수칙, 운전원의 준수사항, 작업 종료 시 안전수칙에 대하여 설명하시오.(25점)
답)	

I. 개요

국내 건설현장은 고임금과 인력수급 문제, 구조물의 고층화 및 대형화 등의 영향으로 건설인력 대비 건설장비에 의한 시공비율이 급증하고 있으며, 발주자 및 원청 건설사의 건설기계에 대한 안전관리 무관심과 안전수칙 미준수, 임대업체의 안전관리 부재, 다단계하청과 저가 임대계약에 따른 부실관리 등의 구조적이고 근본적인 문제점에 대한 대책이 요구된다.

II. 이동식 크레인의 설치 시 주의사항

1) 이동식 크레인의 진입로를 확보하고, 작업장소 지반(바닥)의 지지력을 확인하여야 한다.

2) 작업장에는 장애물을 확인하고 관계자 외의 출입을 통제하여야 한다.

3) 충전전로의 인근에서 작업 시에는 산업안전보건기준에 관한 규칙 제322조의 충전전로 인근에서 차량·기계장치작업을 준수하여 설치하여야 한다.

4) 아웃트리거 설치 시 지지력을 확인한 견고한 바닥에 설치하여야 하고, 미끄럼방지나 보강이 필요한 경우 받침이나 매트 등의 위에 설치하여야 한다.

5) 절토 및 성토 선단부 등 토사 붕괴의 위험이 있는 장소에는 이동식 크

레인의 거치를 금지하여야 한다.

6) 이동식 크레인의 수평·균형을 확인하여 거치하여야 한다.

7) 인양물의 무게를 정확히 파악하여 이동식 크레인의 정격하중을 준수하고, 수직으로 인양하여야 한다.

Ⅲ. 크레인을 이용한 작업 중 안전수칙

1) 훅 해지장치를 사용하여 인양물이 훅에서 이탈하는 것을 방지하여야 한다.

2) 크레인의 인양작업 시 전도방지를 위하여 아우트리거 설치상태를 점검하여야 한다.

3) 이동식 크레인 제작사의 사용기준에서 제시하는 지브의 각도에 따른 정격하중을 준수하여야 한다.

4) 인양물의 무게중심, 주변장애물 등을 점검하여야 한다.

5) 슬링(와이어로프, 섬유벨트 등), 훅 및 해지장치, 샤클 등의 상태를 수시 점검하여야 한다.

6) 권과방지장치, 과부하방지장치 등의 방호장치를 수시 점검하여야 한다.

7) 인양물의 형상, 무게, 특성에 따른 안전조치와 줄걸이와이어로프의 매단 각도는 60° 이내로 하여야 한다.

8) 이동식 크레인의 인양작업 시 신호수를 배치하여야 하며, 운전원은 신호수의 신호에 따라 인양작업을 수행하여야 한다.

9) 충전전로에서의 인근 작업 시 붐의 길이만큼 이격하거나 산업안전보건기준에 관한 규칙 제322조의 충전전로 인근에서 차량·기계장치작업을

준수하고, 신호수를 배치하여 고압선에 접촉하지 않도록 하여야 한다.

10) 인양물 위에 작업자가 탑승한 채로 이동을 금지하여야 한다.

11) 카고 크레인 적재함에 승하강 시에는 부착된 발판을 딛고 천천히 이동하여야 한다.

12) 이동식 크레인의 제원에 따른 인양작업반경과 지브의 경사각에 따른 정격하중 이내에서 작업을 시행하여야 한다.

13) 인양물의 충돌 등을 방지하기 위하여 인양물을 유도하기 위한 보조로프를 사용하여야 한다.

14) 긴 자재는 경사지게 인양하지 말고 수평을 유지하여 인양하도록 하여야 한다.

15) 철골부재를 인양할 경우에는 철골공사 안전보건작업지침에 따른다.

16) 높은 장소에서 기중기 사용 시 KS에 맞게 작업대를 설치하고 사용하도록 한다.

Ⅳ. 운전원의 준수사항

1) 자기 판단에 의해 조작하지 말고, 신호수의 신호에 따라 작업한다.

2) 화물을 매단 채 운전석을 이탈하지 말아야 한다.

3) 작업이 끝나면 동력을 차단시키고, 정지조치를 확실히 하여 둔다.

4) 탑승 및 하차할 때 승강계단을 이용해야 한다.

5) 작업 중 운전석 이탈을 금지해야 한다.

6) 장비를 떠나야 할 경우 인양물을 지면에 내려놓아야 한다.

V. 작업 종료 시 안전수칙

1) 지반이 약한 곳 및 경사지에 주정차를 금지해야 한다.

2) 지브의 상태를 안전한 위치에 내려 두고, 운전실의 기동장치 및 출입문의 잠금장치를 작동하여야 한다.

3) 크레인의 작업 종료 시에는 줄걸이 용구를 분리하여 보관하고, 혹은 최대한 감아올려야 한다.

VI. 결론

이동식 크레인은 근래 사용빈도가 급증함에 따라 재해 발생건수도 증가하고 있음에 유의하여 설치 시 주의사항과 크레인을 이용한 작업 중 안전수칙, 운전원의 준수사항, 작업 종료 시 안전수칙을 철저히 준수해야 한다.

"끝"

제 130 회

기출문제 및 풀이

(2023년 5월 20일 시행)

【1교시】 다음 13문제 중 10문제를 선택하여 설명하시오.(각 10점)

문제 1

산업재해 발생구조 4형태

문제 2

사다리식 통로 설치 시 준수사항

문제 3

말비계 조립기준 및 말비계 사용 시 근로자 필수교육 항목

문제 4

뇌심혈관질환에서 개인요인과 작업관련요인

문제 5

사업장 휴게시설

문제 6

중대재해 처벌 등에 관한 법률상 중대산업재해 및 중대시민재해의 정의와 범위

문제 7

안전 및 보건에 관한 노사협의체의 심의·의결사항

문제 8

안전점검 대상 지하시설물의 종류 및 안전점검의 실시 시기

문제 9

비계(飛階, Scaffolding) 공사의 특징 및 안전 3요소

문제 10

기계설비 장치의 잠금 및 표지부착(LOTO : Lock Out Tag Out)

문제 11

지하연속벽 일수현상 및 안정액의 기능

문제 12

용접용단 작업 시 불티비산거리 및 안전조치사항

문제 13

산업안전보건법령상 특별교육 대상 작업 중 해체공사와 관련된 작업의 종류 및 교육내용

【2교시】 다음 6문제 중 4문제를 선택하여 설명하시오.(각 25점)

문제 1

재해조사의 목적과 재해조사의 원칙 3단계, 통계에 의한 재해원인의 분석방법에 대하여 설명하시오.

문제 2

건설공사에 적용되는 관련법에 따라 진행 단계별 안전관리 업무 및 확인사항에 대하여 설명하고, 유해위험방지계획서와 안전관리계획서의 차이점에 대하여 설명하시오.

문제 3

건설현장 거푸집공사에서 사용되는 합벽지지대의 구조검토와 점검 시 다음 사항에 대하여 설명하시오.
(1) 구조검토를 위한 적용기준
(2) 설계하중
(3) 측압 및 구조안전성 검토에 관한 사항
(4) 현장조립 시 점검사항

문제 4

위험성평가의 실시주체별 역할, 실시시기별 종류를 설명하고, 위험성평가 전파교육방법에 대하여 설명하시오.

문제 5

건설공사 중 발생되는 공사장 소음 · 진동에 대한 관리기준과 저감대책에 대하여 설명하시오.

문제 6

강구조물에서 용접 결함의 종류와 용접검사 방법의 종류 및 특징에 대하여 설명하시오.

【3교시】 다음 6문제 중 4문제를 선택하여 설명하시오.(각 25점)

문제 1

재해손실비용의 산정 시 고려사항 및 평가방식에 대하여 설명하시오.

문제 2

시설물의 안전 및 유지관리에 관한 특별법상 안전점검의 종류와 구 고량(舊 橋梁)의 안전성을 평가하는 목적 및 평가를 위해 필요한 조사방법을 설명하시오.

문제 3

굴착공사 시 적용 가능한 흙막이 벽체 공법의 종류와 구조적 안전성 검토사항에 대하여 설명하고, 히빙(Heaving)현상과 파이핑(Piping)현상의 발생원인과 안전대책에 대하여 설명하시오.

문제 4

도심지에서 고층의 건물 공사 시 적용되는 Top Down공법의 특성 및 시공 시 유의해야 하는 위험요인과 안전대책을 설명하시오.

문제 5

하절기 건설현장에서 발생되는 온열질환 예방에 대하여 설명하시오.

문제 6

장마철 건설현장에서 발생하는 재해유형별 안전관리대책과 공사장 내 침수 방지를 위한 양수펌프 적정대수 산정방법 및 집중호우 시 단계별 안전행동요령에 대하여 설명하시오.

【4교시】 다음 6문제 중 4문제를 선택하여 설명하시오.(각 25점)

문제 1

인간공학적 작업장 개선 시 검토사항과 효율적 작업설계 및 동작범위 설계, 작업자세에 대하여
설명하시오.

문제 2

터널 굴착공법 중 NATM공법에 대해서 적용 한계성과 개선사항을 안전측면에서 설명하시오.

문제 3

건설기술진흥법상 "건설공사 참여자의 안전관리 수준 평가기준 및 절차"에 대하여 설명하시오.

문제 4

건설현장 밀폐공간작업 시 주요 유해위험 요인과 산소유해가스농도 관리 기준을 설명하고, 밀폐
공간 작업 프로그램 수립시행에 따른 안전절차, 안전점검 사항에 대하여 설명하시오.

문제 5

차량계 건설기계 중 항타기 · 항발기를 사용 시 다음에 대하여 설명하시오.
(1) 작업계획서에 포함할 내용
(2) 항타기 · 항발기 조립·해체, 사용(이동, 정지, 수송) 및 작업 시 점검 · 확인사항

문제 6

철근콘크리트공사에서 거푸집 동바리 설계 시 고려하중과 설치기준에 대하여 설명하시오.

제 130 회
국가기술자격검정 기술사 필기시험 답안지(제1교시)

○　　　　　　○　　　　　　○

※ 10권 이상은 분철(최대 10권 이내)

자 격 종 목	건설안전기술사

답안지 작성 시 유의사항

1. 답안지는 총 7매(14면)이며 교부받는 즉시 매수, 페이지 등 정상 여부를 반드시 확인하고 1매라도 분리되거나 훼손하여서는 안 됩니다.
2. 시행회, 자격종목, 수험번호, 성명을 정확하게 기재하여야 합니다.
3. 수험자 인적사항 및 답안 작성(계산식 포함)은 흑색 또는 청색 필기구만 사용하되, 동일한 한 가지 색의 필기구만 사용하여야 하며 흑색, 청색을 제외한 유색 필기구 또는 연필류를 사용하거나 두 가지 이상의 색을 혼합 사용하였을 경우 그 문항은 0점 처리됩니다.
4. 답안 정정 시에는 두 줄(=)을 긋고 다시 기재 가능하며, 수정테이프(액) 등을 사용했을 경우 채점상의 불이익을 받을 수 있으므로 사용하지 마시기 바랍니다.
5. 답안지에 답안과 관련 없는 특수한 표시, 특정인임을 암시하는 답안지는 전체가 0점 처리됩니다.
6. 답안 작성 시 홈(구멍)이나 도형 등 그림이 없는 직선자(템플릿 사용 금지)만 사용할 수 있습니다.
7. 문제의 순서에 관계없이 답안을 작성하여도 되나 주어진 문제번호와 문제를 기재한 후 답안을 작성하고 전문용어는 원어로 기재하여도 무방합니다.
8. 요구한 문제수보다 많은 문제를 답하는 경우 기재 순으로 요구한 문제수까지 채점하고 나머지 문제는 채점대상에서 제외됩니다.
9. 답안 작성 시 답안지 양면의 페이지 순으로 작성하시기 바랍니다.
10. 기작성한 문항 전체를 삭제하고자 할 경우 반드시 해당 문항의 답안 전체에 대하여 명확하게 X표시(X표시한 답안은 채점대상에서 제외) 하시기 바랍니다.
11. 시험시간이 종료되면 즉시 답안 작성을 멈춰야 하며, 종료시간 이후 계속 답안을 작성하거나 감독위원의 답안 제출 지시에 불응할 때에는 채점대상에서 제외됩니다.
12. 각 문제의 답안 작성이 끝나면 "끝"이라고 쓰고 다음 문제는 두 줄을 띄워 기재하여야 하며 최종 답안 작성이 끝나면 그 다음 줄에 "이하 여백"이라고 써야 합니다.
13. 비번호란은 기재하지 않습니다.

비 번 호	

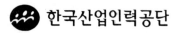
한국산업인력공단

문제1) 산업재해 발생구조 4형태(10점)

답)

I. 개요

국제노동기구는 산재를 업무상 재해나 질병에 국한하지 않고 산업 합리화 등에 의한 새로운 형태의 직업병이나 통근 재해까지 포함하여 규정하고 있으며 산업재해의 유형은 국가산업의 변화추이에 따라 제1형부터 제4형으로 분류된다.

II. 발생구조의 4유형

1) 제1형

폭발, 파열 등 기폭에너지에 의해 발생되는 재해

① 1-a

- 산업재해법상 산업재해에 해당됨
- 사고의 결과로 발생되는 산업재해

② 1-b

- 제3자의 재해로 산업재해에 해당되지 않는 유형
- 기폭에너지가 근로자 이외의 사람에게 충돌한 경우 산업재해로 분류되지 않음

③ 1-c

- 산업재해에 해당되지 않는 유형
- 기폭에너지가 인체와 충돌하지 않았으나 경제적 손실을 주는 경우

2) 제2형

① Energy 활동영역에 사람이 진입하여 발생되는 재해유형

② 동력운전기계에 의한 재해의 대부분이 감전화상인 경우

3) 제3형

① 인체가 물체와의 충돌에 의해 발생되는 재해유형

② 추락이나 충돌에 의한 재해유형

③ 높은 곳에서 작업하던 근로자가 지면에 추락해 발생된 재해

4) 제4형

① 작업환경 내의 유해한 물질에 의해 발생되는 재해유형

② 안전과 보건의 개념이 혼재되는 경우로, 물질의 영향으로 인해 발생되는 재해유형

"끝"

문제2) 사다리식 통로 설치 시 준수사항(10점)
답)

I. 개요

사다리식 통로는 고정식, 이동식 용도구분에 따라 기울기의 준수가 가장 중요하며, 미끄럼 방지조치가 실시된 이후 작업에 임하도록 해야 하며, 통로의 개념이므로 작업을 하기 위한 발판으로 사용을 절대 금지해야 한다.

II. 구조기준

1) 견고한 구조

2) 심한 손상·부식 등이 없는 재료

3) 발판의 간격은 일정

4) 발판과 벽의 간격은 15cm 이상

5) 폭은 30cm 이상

6) 미끄럼 방지 조치

7) 상단은 60cm 이상 돌출

8) 10m 이상인 경우 5m 이내마다 계단참 설치

9) 기울기는 75° 이하

10) 고정식 사다리

① 기울기는 90° 이하

② 7m 이상인 경우 바닥으로부터 2.5m부터 등받이울 설치

11) 접이식 사다리 기둥은 접혀지거나 펼쳐지지 않도록 철물 사용 고정

Ⅲ. 가설통로의 설치 시 준수사항

1) 견고한 구조로 할 것

2) 경사는 30° 이하로 할 것. 단, 계단을 설치하거나 높이 2m 미만의 가설통로로서 튼튼한 손잡이를 설치한 경우에는 그러하지 아니한다.

3) 경사가 15°를 초과하는 경우에는 미끄러지지 아니하는 구조로 할 것

4) 추락할 위험이 있는 장소에는 안전난간을 설치할 것. 다만, 작업상 부득이한 경우에는 필요한 부분만 임시로 해체할 수 있다.

5) 수직갱에 가설된 통로의 길이가 15m 이상인 경우에는 10m 이내마다 계단참을 설치할 것

6) 건설공사에 사용하는 높이 8m 이상인 비계다리에는 7m 이내마다 계단참을 설치할 것

"끝"

문제3) 말비계 조립기준 및 말비계 사용 시 근로자 필수교육 항목(10점)

답)

I. 정의

정상부에 디딤판이 없는 접이식 사다리를 2개 이상 사용해서 비계 널을 이용하여 발판사다리 대신에 사용하는 비계를 말하며, 사용 시 비계 널이 움직이지 않도록 결박하는 것이 중요하다.

II. 말비계 조립기준

1) 지주부재의 하단에는 미끄럼 방지장치 부착

2) 지주부재의 수평면의 기울기를 75° 이하로 할 것

3) 지주부재와 지주부재 사이를 고정시키는 보조부재를 설치할 것

4) 말비계의 높이가 2m를 초과하는 경우에는 작업발판의 폭을 40cm 이상으로 할 것

III. 근로자 필수교육 항목

1) 사다리의 각부는 수평하게 놓을 것

2) 상부가 한쪽으로 기울어지지 않도록 할 것

3) 작업 전 미끄럼 방지장치 부착여부를 확인할 것

4) 양 끝단에 올라서서 작업하지 말 것

"끝"

문제4) 뇌심혈관질환에서 개인요인과 작업관련요인(10점)

답)

Ⅰ. 개요

뇌심혈관질환은 유전적인 요인과 식습관, 스트레스 정도 등의 개인적 요인 과 직업상 스트레스의 정도에 따라 더욱 위험해질 수 있다.

Ⅱ. 개인요인

1) 고혈압, 당뇨 등의 기초질환

2) 흡연

3) 고지혈증

4) 운동 부족

5) 비만

6) 긴장 및 스트레스

Ⅲ. 작업관련요인

화학적 요인	물리적 요인	사회/심리적 요인
유기용제	소음	직무스트레스
화학물질	진동	교대근무
유해가스	고온작업	야간근무
중금속	한랭작업	업무량 과다

Ⅳ. 직무스트레스 요인 해결을 위한 모델의 분류

1) 인간 - 환경 모델

동기부여상태와 작업의 수준과 근로자 능력의 차이에 의한 스트레스

발생 모델

2) NIOSH 모델

스트레스 요인과 근로자 개인의 상호작용하는 조건으로 나타나는 급

성 심리적 파괴나 행동적 반응, 즉 급성 반응이 나타남에 따라 다양한

질병을 유발한다는 모델

3) 직무요구 - 통제모델

직무요구와 직무통제가 상호작용한다는 이론으로 직무요구가 스트레

스를 유발하는 것에 비해, 직무통제는 정신적인 해소를 불러일으킨다

는 모델

4) 노력 - 보상 불균형 모델

애덤스의 동기부여 이론에 기반을 두고있는 모델로 본인의 노력과 성

과가 타인과 비교된다는 모델

"끝"

문제5) 사업장 휴게시설(10점)

답)

Ⅰ. 개요

휴게시설의 설치기준은 피로 누적에 의한 각종 재해의 예방 차원에서 2022년부터 시행되고 있는 산업안전보건법령상 관련법규의 철저한 이해를 토대로 근로자가 휴식시간에 이용하는 데 부담이 없도록 일선 건설현장에 도입하는 데 차질이 없도록 해야 한다.

Ⅱ. 휴게 시설의 설치대상 사업장 기준

1) 건설업은 해당 공사의 총 공사금액이 20억 원 이상인 사업장

2) 상시근로자 20명 이상을 사용하는 사업장

3) 상시근로자 수 10명 이상으로 한국표준직업분류상 7개 직종 근로자를 2명 이상 사용하는 사업장(전화상담원, 돌봄서비스 종사원, 텔레마케터, 배달원, 청소원 및 환경미화원, 아파트 경비원, 건물 경비원)

Ⅲ. 설치기준

1) 크기

① 최소 바닥면적과 천장까지의 높이

바닥면적은 최소 6m²이어야 하며, 공동휴게시설의 경우 최소 바닥면적은 6m²에 사업장수를 곱한 면적으로 한다.

② 근로자대표와 협의하여 6m²가 넘는 면적으로 정한 경우 협의한 면적이 최소 바닥면적이 된다.

최소면적은 교대근무 및 휴식형태, 휴식주기, 동시 사용 인원 등 사업장 특성을 고려하여, 근로자대표와 협의하여 정하라는 것을 의미한다.

③ 동시 사용인원은 동일한 시간 내에 휴게시설을 이용하는 근로자 수의 최대 합을 말한다.

④ 남성용과 여성용으로 구분

2) 온도, 습도, 조명

① 온도 : 적정한 온도(18~28℃)를 유지할 수 있는 냉난방 기능이 갖춰져 있어야 한다.

② 습도 : 적정한 습도(50~55%)를 유지할 수 있는 습도 조절 기능이 갖춰져 있어야 한다.

③ 조명 : 적정한 밝기(100~200럭스)를 유지할 수 있는 조명 조절기능이 갖춰져 있어야 한다.

④ 주의사항 : 온도, 습도, 조명은 항상 그 기준을 유지할 필요는 없으며, 기준을 유지할 수 있는 기능을 갖출 것을 의미한다.

⑤ 창문 등을 통해 환기를 시킬 수 있어야 한다.

"끝"

문제6) 중대재해 처벌 등에 관한 법률상 중대산업재해 및 중대시민재해
의 정의와 범위(10점)

답)

I. 정의

중대재해 처벌 등에 관한 법률은 2022년 1월 27일 제정된 법률로서 중대재해의 정의를 중대산업재해와 중대시민재해로 분류하였다.

II. 중대산업재해

「산업안전보건법」 제2조 제1호에 따른 산업재해 중 다음 각 목의 어느 하나에 해당하는 결과를 야기한 재해를 말한다.

1) 사망자가 1명 이상 발생

2) 동일한 사고로 6개월 이상 치료가 필요한 부상자가 2명 이상 발생

3) 동일한 유해요인으로 급성중독 등 대통령령으로 정하는 직업성 질병자가 1년 이내에 3명 이상 발생

III. 중대시민재해

특정 원료 또는 제조물, 공중이용시설 또는 공중교통수단의 설계, 제조, 설치, 관리상의 결함을 원인으로 하여 발생한 재해로서 다음 각 목의 어느 하나에 해당하는 결과를 야기한 재해를 말한다. 다만, 중대산업재해에 해당하는 재해는 제외한다.

1) 사망자가 1명 이상 발생

2) 동일한 사고로 2개월 이상 치료가 필요한 부상자가 10명 이상 발생

3) 동일한 원인으로 3개월 이상 치료가 필요한 질병자가 10명 이상 발생

Ⅳ. 이용시설의 범위

"공중이용시설"이란 다음 각 목의 시설 중 시설의 규모나 면적 등을 고려하여 대통령령으로 정하는 시설을 말한다. 다만, 소상공인의 사업 또는 사업장 및 이에 준하는 비영리시설과 교육시설은 제외한다.

1) 「실내공기질 관리법」 제3조제1항의 시설(「다중이용업소의 안전관리에 관한 특별법」 제2조제1항제1호에 따른 영업장은 제외한다)

2) 「시설물의 안전 및 유지관리에 관한 특별법」 제2조제1호의 시설물(공동주택은 제외한다)

3) 「다중이용업소의 안전관리에 관한 특별법」 제2조제1항제1호에 따른 영업장 중 해당 영업에 사용하는 바닥면적의 합계가 1천제곱미터 이상인 것

4) 그 밖에 1)부터 3)까지에 준하는 시설로서 재해 발생 시 생명·신체상의 피해가 발생할 우려가 높은 장소

"끝"

문제7) 안전 및 보건에 관한 노사협의체의 심의·의결사항(10점)

답)

Ⅰ. 개요

건설공사 도급인은 해당 건설공사 현장에 근로자위원과 사용자위원이 같은 수로 구성되는 안전 및 보건에 관한 협의체, 즉 노사협의체를 구성·운영할 수 있다.

Ⅱ. 대상 사업장

1) 공사금액 120억 원 이상 건설공사

2) 공사금액 150억 원 이상 토목공사

Ⅲ. 구성

구분		근로자위원	사용자위원
필수구성		도급 또는 하도급 사업을 포함한 전체 사업의 근로자 대표	도급 또는 하도급 사업을 포함한 전체 사업의 대표자
		근로자대표가 지명하는 명예산업안전감독관 1명	• 안전관리자 1명 • 보건관리자 1명
		공사금액 20억 원 이상인 공사의 관계수급인의 근로자 대표	공사금액 20억 원 이상인 공사의 관계수급인의 각 대표자
합의구성		공사금액 20억 원 미만인 공사의 관계수급인의 근로자 대표	공사금액 20억 원 미만인 공사의 관계수급인
합의참여		건설기계관리법에 따라 등록된 건설기계를 직접 운전하는 사람	

Ⅳ. 심의·의결사항

1) 사업장의 산재예방계획의 수립에 관한 사항

2) 안전보건관리규정의 작성 및 변경에 관한 사항

3) 근로자에 대한 안전보건교육에 관한 사항

4) 작업환경측정 등 작업환경의 점검 및 개선에 관한 사항

5) 근로자의 건강진단 등 건강관리에 관한 사항

6) 중대재해의 원인 조사 및 재발 방지대책 수립에 관한 사항

7) 산업재해에 관한 통계의 기록 및 유지에 관한 사항

8) 유해하거나 위험한 기계 · 기구 설비를 도입한 경우 안전 및 보건 관련

   조치에 관한 사항

9) 그 밖에 해당 사업장 근로자의 안전과 보건을 유지 · 증진시키기 위하여

   필요한 사항

"끝"

문제8) 안전인증 대상 기계 및 보호구의 종류(10점)

답)

Ⅰ. 개요

사업장 근로자의 안전보건유지증진을 위해 실시되고 있는 안전인증대상 기계는 작업 시 KCs마크 확인 후 지급해야 한다.

Ⅱ. 기계 또는 설비와 방호장치

1) 기계 또는 설비

① 프레스

② 전단기 및 절곡기

③ 크레인

④ 리프트

⑤ 압력용기

⑥ 롤러기

⑦ 사출성형기

⑧ 고소작업대

⑨ 곤돌라

2) 방호장치

① 프레스 및 전단기 방호장치

② 양중기용 과부하 방지장치

③ 보일러 압력방출용 안전밸브

④ 압력용기 압력방출용 안전밸브

		⑤ 압력용기 압력방출용 파열판
		⑥ 절연용 방호구 및 활선 작업용 기구
		⑦ 방폭구조 전기기계기구 및 부품
		⑧ 추락 낙하 및 붕괴 등의 위험 방지 및 보호에 필요한 가설 기자재로서 고용노동부 장관이 정하여 고시하는 것
		⑨ 충돌 협착 등의 위험 방지에 필요한 산업용 로봇 방호장치로서 고용노동부 장관이 정하여 고시하는 것

Ⅲ. 방호구

1) 추락 및 감전 위험방지용 안전모

2) 안전화

3) 안전장갑

4) 방진마스크

5) 방독마스크

6) 송기마스크

7) 전동식 호흡보호구

8) 보호복

9) 안전대

10) 차광 및 비산물 위험방지용 보안경

11) 용접용 보안면

12) 방음용 귀마개 또는 귀덮개

Ⅳ. 안전점검 대상 주변지반의 범위

지하시설물을 중심으로 지하시설물 매설깊이의 2분의 1에 해당하는 범위의 지표(이하"주변지반"이라 한다)에 대하여 안전점검을 실시한다. 다만, 주변지반에 건축물 등이 설치되어 기술적으로 안전점검이 어려운 경우에는 건축물이 설치된 면적을 제외한 나머지 면적에 대하여 안전점검을 실시한다.

"끝"

문제9) 비계(飛階, scaffolding) 공사의 특징 및 안전 3요소(10점)

답)

Ⅰ. 비계의 정의

지반에서 손이 닿지 않는 높이에서의 작업을 위한 구축물 주위 외벽구성에 따라 공사에 필요한 작업공간을 확보하기 위한 가설물

Ⅱ. 비계(飛階, scaffolding) 공사의 특징

1) 고소작업이며 작업발판 없이 강관파이프를 지지해 이동하며 작업

2) 설치된 비계의 연결부가 낙하물이나 가설재의 충격으로 클램프, 핀, 철사 등이 변경되거나 풀리는 경우가 많다.

3) 공기단축에 대한 강박관념으로 아침 이슬이나, 강우 발생 후 물기가 마르지 않은 상태에서 작업을 강행하는 경우가 많다.

4) 대부분 성과급으로 조립/해체 작업을 하게 되어 근로자들의 안전의식이 낙후되어 있으며, 작업 시 불편하다는 사유로 보호구를 착용하지 않고 작업하는 경우가 많다.

5) 내/외부 비계, 낙하물방지망, 추락재해방지시설을 설치 또는 해체하는 작업이 대표적이다.

Ⅲ. 안전 3요소

목표항목	관리사항
안전성	파괴 및 도괴 등에 대한 충분한 강도를 가질 것
경제성	가설, 철거비 및 가공비에 낭비요소가 없을 것

목표항목	관리사항
시공성	• 넓은 작업발판 및 공간확보 • 안전한 작업자세의 확보가 가능할 것

"끝"

문제10) 기계설비 장치의 잠금 및 표지부착(LOTO : Lock Out Tag Out)(10점)

답)

I. 개요

정비/청소/수리 등의 작업을 수행하기 위해 해당 기계의 운전을 정지한 후 다른 사람이 그 기계를 운전하는 것을 방지하기 위해 가동장치에 잠금장치를 하거나 표지판을 설치하는 등의 조치를 말한다.

II. 목적

사업장에서 기계/설비의 정비/청소/수리 등의 작업 시 불시가동으로 인한 작업자 안전을 확보하기 위해 LOTO 작업절차 준수가 필요하다.

III. 필요작업의 범위

1) 기계설비의 안전장치를 제거하거나 사용을 일시 중지하는 작업

2) 기계설비의 작동 중 위험한 지역 내 또는 기계 등의 직통부 부근에 작업자의 신체부위가 접근하는 작업

3) 정비 등 작업 시 오조작으로 인한 불시가동의 위험이 있는 작업

IV. 작업절차

순서	조치항목	조치내용
1	전원차단 준비	작업 전 관련 작업자에게 작업 내용 공지
2	기계설비 운전 정지	정해진 순서에 따라 해당 기계설비 운전 정지

순서	조치항목	조치내용
3	전원차단 및 잔류에너지 확인	기계설비의 주전원을 확실하게 차단하고 잔류에너지 여부 확인
4	LOTO 설치	전원부 등에 잠금장치 및 표지판 설치 후 담당 작업자가 개별 열쇠 보관
5	작업 실시	기계설비 정지 확인 후 정비, 청소, 수리 등 작업 실시
6	점검 및 확인	기계설비 주변 상태 및 관련 작업자 안전 확인
7	LOTO 해제	담당 작업자가 직접 잠금장치 및 표지판 해체
8	기계 설비 재가동	종료 후 관련 작업자에게 해당 내용 공지

"끝"

문제11) 지하연속벽 일수현상 및 안정액의 기능(10점)

답)

I. 개요

일수현상이란 투수성이 큰 자갈이나 사질토 지반에서 굴착 시 안정액이 지반 내 공극을 통해 유실되는 현상을 말하며, 주변 지하철공사나 지하매설물 등에 의해 발생되는 경우가 많다.

II. 발생원인

1) 주변의 지하철 또는 대형 지하시설공사

2) 투수성 큰 자갈이나 사질토 지반의 굴착

3) 지하매설물의 파손

III. 대책

1) 충분한 안정액의 공급과 더불어 지하수위와의 레벨차를 확보한다.

2) 지하매설물의 사전조사

3) 적합한 안정액 사용을 위한 토질조사의 철저

IV. 안정액의 기능

1) 굴착벽면의 붕괴방지

2) 콘크리트의 중력 치환

3) 장기간 굴착면 유지

4) 안정액 유출 보호막 형성

5) 흙의 공극 Gel화

6) 지하수 유입 방지

V. 안정액 종류별 특성

안정액 종류	특성
벤토나이트	점토광물로서 굴착 중 응집이 발생되어 물의 이동과 지반붕괴 방지기능이 탁월하다.
CMC	펄프를 화학적으로 처리한 인공풀로 반복사용이 가능한 장점과 비중을 높이지 못하는 단점이 존재한다.
폴리머 안정액	친수성 고분자 화학물질로서 시멘트 염분에 의한 오염이 적은 장점과 굴착 시 혼입되는 토사에 쉽게 분리되는 단점이 있다.

"끝"

문제12) 용접용단 작업 시 불티비산거리 및 안전조치사항(10점)

답)

Ⅰ. 개요

용접/용단 작업은 주변에 가연성 물질이 존재하지 않아도 고온의 불꽃, 불티의 비산이나 열로 인해 화재를 일으킬 수 있다. 따라서 용접/용단 작업시에는 불티의 비산거리에 관한 이해가 필요하다.

Ⅱ. 용접용단 작업 시 불티비산거리

높이 (m)	철판 두께 (mm)	작업의 종류	불티의 비산거리(m)				풍속 (m/s)
			역풍(4)		순풍(3)		
			1차불티(1)	2차불티(2)	1차불티(1)	2차불티(2)	
8.25	4.5	세로방향	4.5	6.5	7.0	9.0	1~2
		아래방향	3.5	6.0	–	–	
12.25	4.5	세로방향	5.5	7.0	6.0	9.5	1~2
		아래방향	3.5	6.0	–	–	
15	4.5	세로방향	4.5	6.0	8.0	11.0	2~3
	9		6.0	12.0	8.5	12.0	
	16		5.5	7.0	9.0	12.0	
	25		6.0	8.0	9.0	12.0	
	4.5	아래방향	3.0	6.0	–	–	
	9		4.0	7.0	–	–	
	16		5.0	8.0	–	–	
	25		6.0	9.0	–	–	
20	4.5	세로방향	4.0	6.0	8.0	12.0	4~5
	9		4.5	6.0	9.0	15.0	
	16		4.5	6.0	10.0	15.0	
	4.5	아래방향	6.5	14.0	–	–	
	9		7.0	10.0	–	–	
	16		8.0	10.0	–	–	

Ⅲ.	안전조치사항
	1) 용접용단 시 1,600℃ 이상의 불티가 발생되는 점을 감안한다.
	2) 풍향과 풍속에 따라 비산거리가 최대 15m까지 확장됨을 감안한다.
	3) 발화원이 되는 비산불티의 크기는 최소 0.3mm까지이다.
	4) 비산 후 상당시간이 경화되어도 축열에 의한 화재가 가능함을 인지한다.
	"끝"

문제13) 산업안전보건법령상 특별교육 대상 작업 중 해체공사와 관련된 작업의 종류 및 교육내용(10점)

답)

Ⅰ. 개요

특별안전교육 대상 중 해체공사와 관련된 작업에는 가설공사의 해체, 콘크리트의 해체, 석면해체 및 제거작업, 구축물의 파쇄작업이 수반되는 콘크리트 파쇄기 사용작업이 포함된다.

Ⅱ. 해체공사와 관련된 작업의 종류 및 교육내용

작업명	교육내용
콘크리트 인공구조물의 해체 또는 파괴작업	• 콘크리트 해체기계의 점검에 관한 사항 • 파괴 시의 안전거리 및 대피요령에 관한 사항 • 작업방법, 순서 및 신호방법 등에 관한 사항 • 해체, 파괴 시의 작업안전기준 및 보호구에 관한 사항 • 그 밖에 안전보건관리에 필요한 사항
석면해체, 제거작업	• 석면의 특성과 위험성 • 석면해체, 제거의 작업방법에 관한 사항 • 장비 및 보호구 사용에 관한 사항 • 그 밖에 안전보건관리에 필요한 사항
콘크리트 파쇄기를 사용하여 하는 파쇄작업	• 콘크리트 해체요령과 방호거리 • 작업안전조치 및 안전기준 • 파쇄기의 조작 및 공통작업 신호 • 보호구 및 방호장비 • 그 밖에 안전보건관리

"끝"

○　　　　　　○　　　　　　○

※ 10권 이상은 분철(최대 10권 이내)

자 격 종 목	건설안전기술사

답안지 작성 시 유의사항

1. 답안지는 총 7매(14면)이며 교부받는 즉시 매수, 페이지 등 정상 여부를 반드시 확인하고 1매라도 분리되거나 훼손하여서는 안 됩니다.
2. 시행회, 자격종목, 수험번호, 성명을 정확하게 기재하여야 합니다.
3. 수험자 인적사항 및 답안 작성(계산식 포함)은 흑색 또는 청색 필기구만 사용하되, 동일한 한 가지 색의 필기구만 사용하여야 하며 흑색, 청색을 제외한 유색 필기구 또는 연필류를 사용하거나 두 가지 이상의 색을 혼합 사용하였을 경우 그 문항은 0점 처리됩니다.
4. 답안 정정 시에는 두 줄(=)을 긋고 다시 기재 가능하며, 수정테이프(액) 등을 사용했을 경우 채점상의 불이익을 받을 수 있으므로 사용하지 마시기 바랍니다.
5. 답안지에 답안과 관련 없는 특수한 표시, 특정인임을 암시하는 답안지는 전체가 0점 처리됩니다.
6. 답안 작성 시 홈(구멍)이나 도형 등 그림이 없는 직선자(템플릿 사용 금지)만 사용할 수 있습니다.
7. 문제의 순서에 관계없이 답안을 작성하여도 되나 주어진 문제번호와 문제를 기재한 후 답안을 작성하고 전문 용어는 원어로 기재하여도 무방합니다.
8. 요구한 문제수보다 많은 문제를 답하는 경우 기재 순으로 요구한 문제수까지 채점하고 나머지 문제는 채점대상에서 제외됩니다.
9. 답안 작성 시 답안지 양면의 페이지 순으로 작성하시기 바랍니다.
10. 기작성한 문항 전체를 삭제하고자 할 경우 반드시 해당 문항의 답안 전체에 대하여 명확하게 X표시(X표시한 답안은 채점대상에서 제외) 하시기 바랍니다.
11. 시험시간이 종료되면 즉시 답안 작성을 멈춰야 하며, 종료시간 이후 계속 답안을 작성하거나 감독위원의 답안 제출 지시에 불응할 때에는 채점대상에서 제외됩니다.
12. 각 문제의 답안 작성이 끝나면 "끝"이라고 쓰고 다음 문제는 두 줄을 띄워 기재하여야 하며 최종 답안 작성이 끝나면 그 다음 줄에 "이하 여백"이라고 써야 합니다.
13. 비번호란은 기재하지 않습니다.

비 번 호	

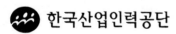

문제1)	재해조사의 목적과 재해조사의 원칙 3단계, 통계에 의한 재해원
	인의 분석방법에 대하여 설명하시오.(25점)
답)	
Ⅰ. 개요	
	재해조사는 재해발생의 원인을 정확하게 분석해 동종 유사재해를 방지하기
	위한 대책수립의 기본적인 사항이 되므로 신속한 처리는 물론 재발방지를
	위한 시정책의 선정과 적용이 합리적으로 수립되도록 조사되어야 한다.
Ⅱ. 재해조사의 목적	
	1) 동종 유사재해 방지
	2) 재해발생 원인의 정확한 분석
	3) 재해발생의 진실 규명
Ⅲ. 재해조사의 원칙 3단계	
	1) 제1단계 : 현장 보존
	① 재해발생 시 즉각적인 조치
	② 현장 보존에 유의
	2) 제2단계 : 사실의 수집
	① 현장의 물리적 자료(물적 증거)의 수집
	② 재해 현장은 사진을 촬영하여 기록
	3) 제3단계 : 목격자, 감독자, 피해자 등의 진술
	① 목격자, 현장책임자 등 많은 사람들로부터 사고 시의 상황을 청취

② 재해 피해자로부터 재해 직전의 상황 청취

③ 판단이 어려운 특수재해 · 중대재해는 전문가에게 조사 의뢰

Ⅳ. 통계에 의한 재해원인의 분석방법

1) 재해율

$$재해율 = \frac{재해자수}{산재보험적용근로자수} \times 100$$

① "재해자수"는 근로복지공단의 유족급여가 지급된 사망자 및 근로복지공단에 최초요양신청서(재진 요양신청이나 전원요양신청서는 제외한다)를 제출한 재해자 중 요양승인을 받은 자(지방고용노동관서의 산재 미보고 적발 사망자 수를 포함)를 말함. 다만, 통상의 출퇴근으로 발생한 재해는 제외함

② "산재보험적용근로자수"는 산업재해보상보험법이 적용되는 근로자 수를 말함. 이하 같음

2) 사망만인율

$$사망만인율 = \frac{사망자수}{산재보험적용근로자수} \times 10,000$$

"사망자수"는 근로복지공단의 유족급여가 지급된 사망자(지방고용노동관서의 산재미보고 적발 사망자를 포함한다) 수를 말함. 다만, 사업장 밖의 교통사고(운수업, 음식숙박업은 사업장 밖의 교통사고도 포함) · 체육행사 · 폭력행위 · 통상의 출퇴근에 의한 사망, 사고발생일로부터 1년을 경과하여 사망한 경우는 제외함

3) 휴업재해율

$$휴업재해율 = \frac{휴업재해자수}{임금근로자수} \times 100$$

① "휴업재해자수"란 근로복지공단의 휴업급여를 지급받은 재해자수를 말함. 다만, 질병에 의한 재해와 사업장 밖의 교통사고(운수업, 음식숙박업은 사업장 밖의 교통사고도 포함)·체육행사·폭력행위·통상의 출퇴근으로 발생한 재해는 제외함

② "임금근로자수"는 통계청의 경제활동인구조사상 임금근로자수를 말함

4) 도수율(빈도율)

$$도수율(빈도율) = \frac{재해건수}{연 근로시간수} \times 1,000,000$$

5) 강도율

$$강도율 = \frac{총요양근로손실일수}{연 근로시간수} \times 1,000$$

"총요양근로손실일수"는 재해자의 총 요양기간을 합산하여 산출하되, 사망, 부상 또는 질병이나 장해자의 등급별 요양근로손실일수 산정요령에 따름

V. 분석방법

1) Pareto도

재해의 중점적 원인을 파악하는 데 효과적인 분석방법

2) 특성요인도

원인과 결과의 관계를 나타내 재해원인 분석에 활용되는 분석방법

3) 크로스도

2개 이상의 문제 관계를 분석하기 위해 사용되는 방법

4) 관리도(Control Chart)

월별 재해 발생 수를 그래프화하여 관리선을 설정하여 관리하는 방법

5) 기타 파이도표, 오일러도표 등

VI. 결론

재해발생 현장의 조사를 할 경우 최우선적으로 피재자의 구급조치가 우선적으로 이루어지도록 하고 객관적이며 공정하게 조사가 이루어지도록 해야 하며, 재해발생현장은 재해조사가 종료될 때까지 현장보존이 이루어지도록 해야 한다.

"끝"

문제2)	건설공사에 적용되는 관련법에 따라 진행단계별 안전관리 업무
	및 확인사항에 대하여 설명하고, 유해위험방지계획서와 안전관
	리계획서의 차이점에 대하여 설명하시오.(25점)

답)

Ⅰ. 개요

건설공사는 공사품질관리를 위한 건설기술진흥법의 진행단계별 안전관리 업무와 근로자 안전보건유지증진을 위한 안전관리업무로 구분되며 근본적인 안전관리확보를 위해 최근 발주단계부터의 안전관리가 추가되었음에 유의해야 한다.

Ⅱ. 건설공사 진행단계별 안전관리 업무 및 확인사항

1) 건설기술진흥법

① DFS Flow Chart

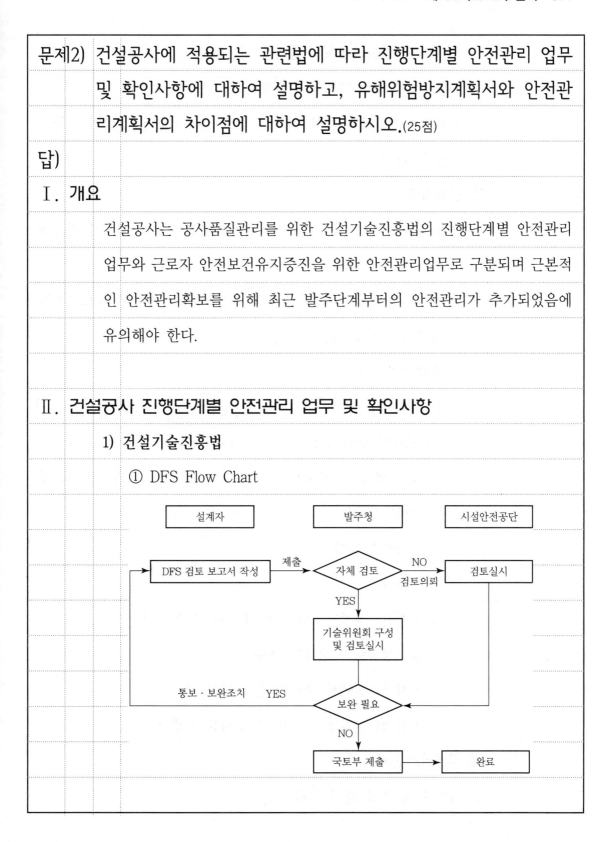

- 대상 : 안전관리계획 수립대상 건설공사
- 실시설계 80% 단계에서 진행
- 작성은 설계자가 하며, 검토는 국토안전관리원에서, 승인은 국토안전관리원

② 설계시행단계

　㉠ 발주자는 기술자문위원회나 공단에 안전성 확보 검토를 의뢰해야 하며

　㉡ 건설안전정보시스템에 업로드 또는 공단에 제출해 국토교통부장관에게 최종 제출

　㉢ 설계안전성 검토절차

| 설계안전성 검토 의뢰 | → | 공단 심사 | → | 결과 통보 |

（관계서류 완료시점）　　　（15일 이내）

　　－검토 의뢰 시 제출서류 : 설계도면, 시방서, 내역서, 구조 및 수리계산서

　　－심사결과 분류
- 승인
- 개선 : 설계도서의 보완 및 변경 등의 조치

　　－안전성검토의 재실시 사유
- 시공과정에서 중대한 설계 변경 시
- 설계안전검토보고서의 변경사유 발생 시

③ 설계완료단계

　시공자 측 전달 문서 정리

- 설계안전검토보고서
- 위험요소 및 위험성 저감대책
- 각종 시공법과 절차에 관한 사항

④ 공사발주 및 착공 이전 단계

　㉠ 시공자의 안전관리계획서 작성을 위한 정보 제공

　㉡ 안전관리계획의 검토 및 결과 통보

　㉢ 안전관리계획서의 검토

- 작성 및 변경 시 공사감독자, 건설사업관리기술자로 하여금 적정성 검토 의뢰
- 지적사항에 확인 및 시정 및 보완 조치

⑤ 공사시행단계

- 안전관리계획의 이행 여부 확인
- 안전관리비의 사용기준 준수 여부 확인
- 안전관리계획 이행 여부
- 안전관리비 집행실태 확인
- 공종별 위험요소와 저감대책 발굴 및 보완
- 안전관리회의 정기개최

⑥ 공사완료단계

　㉠ 시설물안전법에 의거 보관조치

- 향후 유사 건설공사의 안전관리를 위한 정보 제공
- 유지 관리에 유용한 정보 제공

　㉡ 준공사 안전관련문서의 공단 제출(국토교통부장관)

건설안전정보시스템 활용

- 설계단계 및 시공단계 내용 : 위험요소, 위험성 저감대책 사항

- 건설사고 발생의 경우 : 사고조사보고서(사고개요, 원인, 재발방지대책)

- 시공 및 유지관리단계에서 고려요소 : 위험요소, 위험성, 저감대책

2) 산업안전보건법

① 건설공사 발주자의 조치사항

㉠ 대통령령으로 정하는 건설공사의 건설공사발주자는 산업재해 예방을 위하여 건설공사의 계획. 설계 및 시공 단계에서 다음 각 호의 구분에 따른 조치를 하여야 한다.

- 건설공사 계획단계 : 해당 건설공사에서 중점적으로 관리하여야 할 유해·위험요인과 이의 감소방안을 포함한 기본안전보건대장을 작성할 것

- 건설공사 설계단계 : 제1호에 따른 기본안전보건대장을 설계자에게 제공하고, 설계자로 하여금 유해·위험요인의 감소방안을 포함한 설계안전보건대장을 작성하게 하고 이를 확인할 것

- 건설공사 시공단계 : 건설공사발주자로부터 건설공사를 최초로 도급받은 수급인에게 제2호에 따른 설계안전보건대장을 제공하고, 그 수급인에게 이를 반영하여 안전한 작업을 위한 공사안전보건대장을 작성하게 하고 그 이행 여부를 확인할 것

㉡ 제1항에 따른 건설공사발주자는 대통령령으로 정하는 안전보건

분야의 전문가에게 같은 항 각 호에 따른 대장에 기재된 내용의 적정성 등을 확인받아야 한다. -이하 생략-

② 안전보건대장의 작성

㉠ 기본안전보건대장에는 다음 각 호의 사항이 포함되어야 한다.

- 공사규모. 공사예산 및 공사기간 등 사업개요
- 공사현장 제반 정보
- 공사 시 유해·위험요인과 감소대책 수립을 위한 설계조건

㉡ 설계안전보건대장에는 다음 각 호의 사항이 포함되어야 한다. 다만,「건설기술진흥법 시행령」제75조의2에 따른 설계안전검토보고서를 작성한 경우에는 제1호 및 제2호를 포함하지 않을 수 있다.

- 안전한 작업을 위한 적정 공사기간 및 공사금액 산출서
- 제1항제3호의 설계조건을 반영하여 공사 중 발생할 수 있는 주요 유해·위험요인 및 감소대책에 대한 위험성평가 내용
- 법 제42조제1항에 따른 유해위험방지계획서의 작성계획
- 법 제68조제 1항에 따른 안전보건조정자의 배치계획
- 법 제72조제1항에 따른 산업안전보건관리비(이하 "산업안전보건관리비"라 한다)의 산출내역서
- 법 제73조제1항에 따른 건설공사의 산업재해 예방 지도의 실시계획

㉢ 공사안전보건대장에 포함하여 이행여부를 확인해야 할 사항은 다음 각 호와 같다.

- 설계안전보건대장의 위험성평가 내용이 반영된 공사 중 안전 보건 조치 이행계획

- 법 제42조제1항에 따른 유해위험방지계획서의 심사 및 확인 결과에 대한 조치내용

- 산업안전보건관리비의 사용계획 및 사용내역

- 법 제73조제1항에 따른 건설공사의 산업재해 예방 지도를 위한 계약 여부 지도결과 및 조치내용

② 제1항부터 제3항까지의 규정에 따른 기본안전보건대장. 설계안전보건대장 및 공사안전보건대장의 작성과 공사안전보건대장의 이행여부 확인 방법 및 절차 등에 관하여 필요한 사항은 고용노동부장관이 정하여 고시한다.

③ 발주자의 확인사항

㉠ 수급인은 발주자로부터 제공받은 설계안전보건대장을 반영하여 규칙 제86조제3항에 따른 사항을 포함한 별지 제3호서식의 공사안전보건대장을 작성하여야 한다.

㉡ 발주자는 수급인이 설계안전보건대장 및 공사안전보건대장에 따라 산업재해 예방조치를 이행하였는지 여부를 공사시작 후 매 3월마다 1회 이상 확인하여야 한다. 다만 3개월 이내에 공사가 종료되는 경우에는 종료 전에 확인하여야 한다.

㉢ 수급인이 공사안전보건대장에 따른 안전보건 조치 이행계획을 변경하고자 하는 경우 발주자에게 변경요청을 하여야 하며 발주자는 변경요청의 적정성을 검토하여 필요한 경우 변경을 승

			인할 수 있다. 이 경우 수급인은 발주자의 요청사항을 공사안전

인할 수 있다. 이 경우 수급인은 발주자의 요청사항을 공사안전

보건대장에 반영하여야 한다.

㉣ 발주자는 수급인이 공사안전보건대장에 따른 안전보건 조치 등

을 이행하지 아니하여 산업재해가 발생할 급박한 위험이 있을

때에는 수급인에게 작업중단을 요청할 수 있다.

Ⅲ. 유해ㆍ위험방지계획서와 안전관리계획서의 차이점

구분	건설공사 안전관리계획서	유해ㆍ위험방지계획서
(1) 근거	건설기술 진흥법	산업안전보건법
(2) 목적	건설공사 시공안전 및 주변 안전 확보	근로자의 안전ㆍ보건 확보
(3) 작성 대상	① 「시설물의 안전관리에 관한 특별법」에 따른 1종 시설물 및 2종 시설물의 건설공사 ② 지하 10m 이상을 굴착하는 건설공사. 이 경우 굴착 깊이 산정 시 집수정, 엘리베이터 피트 및 정화조 등의 굴착 부분은 제외하며, 토지에 높낮이 차가 있는 경우 굴착깊이의 산정방법은 「건축법 시행령」을 따른다. ③ 폭발물을 사용하는 건설공사로서 20m 안에 시설물이 있거나 100m 안에 사육하는 가축이 있어 해당 건설공사로 인한 영향을 받을 것이 예상되는 건설공사 ④ 10층 이상 건축물의 건설공사 또는 10층 이상인 건축물의 리모델링 또는 해체공사 ⑤ 항타 및 항발기, 타워크레인, 천공기 ⑥ 대규모 가설구조물 공사	① 지상높이가 31m 이상인 건축물 또는 인공구조물, 연면적 3만m² 이상인 건축물 또는 연면적 5천m² 이상의 문화 및 집회시설, 판매 및 운수시설, 의료시설 중 종합병원, 숙박시설 중 관광숙박시설 또는 지하도상가 또는 냉동ㆍ냉장창고시설의 건설ㆍ개조 또는 해체공사 ② 최대 지간 길이가 50m 이상인 교량 건설 등의 공사 ③ 깊이가 10m 이상인 굴착공사 ④ 터널공사 ⑤ 다목적댐ㆍ발전용댐 및 저수용량 2천만 톤 이상의 용수전용댐ㆍ지방상수도 전용댐 건설 등의 공사 ⑥ 연면적 5천m² 이상의 냉동ㆍ냉장창고시설의 설비공사 및 단열공사
(4) 작성자	건설업자 및 주택건설등록업자	사업주(시공자)

구분		건설공사 안전관리계획서	유해·위험방지계획서
(5) 제출 서류		① 총괄 안전관리계획서 ② 공종별 안전관리계획서	① 공사개요 및 안전보건관리계획 ② 작업 공사 종류별 유해위험방지계획
(6) 제출 시기		① 제출시기 • 총괄 안전관리계획서 당해 건설공 　사의 실착공 15일 전까지 • 공종별 안전관리계획서 당해 공종 　의 실착공 15일 전까지 ② 심의기간 : 접수일로부터 10일 이내	① 제출시기 : 당해 공사의 착공 전일까지 ② 심의기간 : 접수일로부터 15일 이내
(7) 제출처		발주자 또는 인·허가 행정기관의 장	산업안전공단 및 지부
(8) 주요 확인		① 공사목적물의 안전시공 확보 ② 임시시설 및 가설공법의 안전성 ③ 공정별 안전점검계획 ④ 공사장 주변 안전대책	① 근로자의 보호장구 및 기구 ② 작업공종 및 재료의 안전성 ③ 작업조건 및 방법 ④ 가설공사의 안전 ⑤ 산업안전보건관리비의 사용계획
(9) 결과 통보		적정, 조건부 적정, 부적정 통보	적정, 조건부 적정, 부적정 통보

Ⅳ. 결론

상기 답안에서 제시한바와 같이 건설공사 단계별 안전관리업무를 단순 비교하는 것은 관련법규의 제정목적과 부합되지 못하는 것으로 각 법규의 제정목적에 따른 명확한 업무의 분장이 이루어져야 할 것이다.

"끝"

문제3)		건설현장 거푸집공사에서 사용되는 합벽지지대의 구조검토와 점
		검 시 다음 사항에 대하여 설명하시오.(25점)
		1) 구조검토를 위한 적용기준
		2) 설계하중
		3) 측압 및 구조안전성 검토에 관한 사항
		4) 현장조립 시 점검사항
답)		
I.	개요	
		합벽거푸집이란 지하층 외벽의 한쪽 면은 흙막이벽을 이용해 설치하는 거
		푸집으로 지지방식으로는 외부에서 지지하는 방식과 안쪽에서 철물을 사
		용해 지지하는 방식으로 구분된다.
II.	구조검토와 점검사항	
		1) 구조검토를 위한 적용기준
		① 가시설물 설계 일반사항 KDS 21 10 00 : 2018년 (국토교통부)
		② 거푸집 및 동바리 설계기준 KDS 21 50 00 : 2018년 (국토교통부)
		③ 강구조 설계(허용응력설계법) KDS 14 30 00 : 2016년 (국토교통부)
		④ 건축 구조설계기준 KDS 41 00 00 : 2016년 (국토교통부)
		⑤ 거푸집 및 동바리 공사 KCS 21 50 05 : 2018년 (국토교통부)
		⑥ 한국산업표준 : KS (한국표준협회)
		2) 설계하중
		① 콘크리트 타설 속도

② 타설 시의 콘크리트 온도

③ 단위중량 계수(C_w)

콘크리트 단위 중량	C_w	비고
22.5kN/m³ 이하인 경우	$C_w = 0.5[1 + (\dfrac{W}{23}\text{kN}/\text{m}^3)]$ 다만, 0.8 이상이어야 한다.	
22.5kN/m³ 초과~24kN/m³ 이하인 경우	$C_w = 1.0$	
24kN/m³ 초과인 경우	$C_w = \dfrac{W}{23}\text{kN}/\text{m}^3$	

• 시멘트 타입 및 첨가물에 따른 단위중량 계수(C_c)

시멘트 타입 및 첨가물	C_c
지연제를 사용하지 않은 KS L 5201의 1, 2, 3종 시멘트	1.0
지연제를 사용한 KS L 5201의 1, 2, 3종 시멘트	1.2
다른 타입의 시멘트 또는 지연제 없이 40% 이하의 플라이애시 또는 70% 이하의 슬래그가 혼합된 시멘트	1.2
다른 타입의 시멘트 또는 지연제를 사용한 40% 이하의 플라이애시 또는 70% 이하의 슬래그가 혼합된 시멘트	1.4
70% 이상의 슬래그 또는 40% 이상의 플라이애시가 혼합된 시멘트	1.4

3) 측압 및 구조안전성 검토에 관한 사항

① 측압은 국토 교통부 가시설 설계 일반사항(2018년)에 따라 측압을 산정한다.

② 합벽지지대 부재에 대해서는 항복강도와 탄성계수를 반영하며 가설 구조인 점을 고려하여 하중조합(고정하중+측압)으로 구조검토를 실시한다. 또한, 규준식은 국토 교통부 가시설물 설계 일반사항(2018년), 국토교통부 설계기준-허용응력설계법(KDS 14 30 00 : 2016년) 등을 참고하여 구조해석 및 구조설계(ASD 03)를 수행한다.

4) 현장조립 시 점검사항

① 점검시기

- 1차 : 가설구조물 조립설치 최초 완료단계에서

- 2차 : 가설구조물 사용 말기단계에서

② 점검내용

㉠ 시공 상세도와의 일치성

시공간격, 부재규격 및 수직도, 매립앵커 상태

㉡ 조립상태 및 변경 여부

- 보조 지지대 부재규격 측정

- 측압에 의한 비틀림이나 파손 등의 변형 여부

- 안전난간 설치상태

- 점검 전 확인서류 : 합벽지지대 시공계획서, 상세도면, 구조

계산서, 거푸집 품질시험 관련 자료

Ⅲ. 콘크리트 타설 시 유의사항

1) 콘크리트 온도와 타설속도에 관한 사항

① 하절기 : 콘크리트 온도 20~25℃일 경우 타설속도 1.1~1.2m/hr

② 동절기 : 콘크리트 온도 5~10℃일 경우 타설속도 0.7~0.8 m/hr

③ 봄가을 : 콘크리트 온도 15℃일 경우 타설속도 0.9m/hr

2) 일반사항

① 콘크리트 타설 시 한 곳에 집중되지 않도록 돌려서 타설하여야 한다.

② 사용하는 부재가 휨이나 변형이 없는 것을 사용하는 것으로 한다.

③ 상이한 조건이 발생하면 구조관련 검토자와 협의 후 적절하게 조치를 취하여야 한다.

Ⅳ. 결론

합벽지지대의 구조검토는 우선 콘크리트 최대 측압발생의 현장여건 및 타설 속도를 고려해야 하며, 구조검토 결과 각 부재 및 매립용 앵커볼트 또한 구조적으로 문제가 없도록 해야 하겠고, 특히 앵커볼트 정착방법에도 구조적으로 문제가 없도록 정착하는 것이 중요하다.

"끝"

문제4) 위험성평가의 실시주체별 역할, 실시시기별 종류를 설명하고, 위험성평가 전파교육방법에 대하여 설명하시오.(25점)

답)

Ⅰ. 개요

사업주가 스스로 유해위험요인을 파악하고 유해위험요인의 위험성 수준을 결정하여, 위험성을 낮추기 위한 적절한 조치를 마련하고 실행하는 과정

Ⅱ. 실시주체별 역할

실시 주체	역할
사업주	산업안전보건전문가 또는 전문기관의 컨설팅 가능
안전보건관리책임자	위험성평가 실시를 총괄 관리
안전보건관리자	안전보건관리책임자를 보좌하고 지도 · 조언
관리감독자	유해위험요인을 파악하고 그 결과에 따라 개선조치 시행
근로자	• 사전준비(기준마련, 위험성 수준) • 유해위험요인 파악 • 위험성 결정 • 위험성 감소대책 수립 • 위험성 감소대책 이행여부 확인

Ⅲ. 실시시기별 종류

실시 시기	내용
최초평가	사업장 설립일로부터 1개월 이내 착수
수시평가	기계 · 기구 등의 신규도입변경으로 인한 추가적인 유해 · 위험요인에 대해 실시
정기평가	매년 전체 위험성평가 결과의 적정성을 재검토하고, 필요시 감소대책 시행
상시평가	월 1회 이상 제안제도, 아차사고 확인, 근로자가 참여하는 사업장 순회점검을 통해 위험성평가를 실시하고, 매주 안전 · 보건관리자 논의 후 매 작업일마다 TBM 실시하는 경우 수시 · 정기평가 면제

Ⅳ. 위험성평가 전파교육방법

안전보건교육 시 위험성 평가의 공유

1) 유해위험 요인

2) 위험성 결정 결과

3) 위험성 감소대책, 실행계획, 실행 여부

4) 근로자 준수 또는 주의사항

5) TBM을 통한 확산 노력

Ⅴ. 평가절차

사업주는 위험성평가를 다음의 절차에 따라 실시하여야 한다. 다만, 상시 근로자 5인 미만 사업장(건설공사의 경우 1억 원 미만)의 경우 제1호의 절차를 생략할 수 있다.

1) 사전준비   2) 유해·위험요인 파악

3) 삭제(추정)   4) 위험성 결정

5) 위험성 감소대책 수립 및 실행

6) 위험성평가 실시내용 및 결과에 관한 기록 및 보존

Ⅵ. 단계별 수행내용

1) **평가대상 공종의 선정**

   ① 평가대상 공종별로 분류해 선정

   평가대상 공종은 단위 작업으로 구성되며 단위 작업별로 위험성평가 실시

② 작업공정 흐름도에 따라 평가 대상 공종이 결정되면 평가대상 및 범위 확정

③ 위험성평가 대상 공종에 대하여 안전보건에 대한 위험정보 사전 파악

- 회사 자체 재해 분석 자료

- 기타 재해 자료

2) 위험요인의 도출

① 근로자의 불안전한 행동으로 인한 위험요인

② 사용 자재 및 물질에 의한 위험요인

③ 작업방법에 의한 위험요인

④ 사용 기계, 기구에 대한 위험원의 확인

3) 위험도 계산

① 위험도＝사고의 발생빈도 × 사고의 발생강도

② 발생빈도＝세부공종별 재해자수 / 전체 재해자수 × 100%

③ 발생강도＝세부공종별 산재요양일수의 환산지수 합계 / 세부 공종별 재해자 수

산재요양일수의 환산지수	산재요양일수
1	4~5일
2	11~30일
3	31~90일
4	91~180일
5	181~360일
6	360일 이상, 질병사망
10	사망(질병사망 제외)

4) 위험도 평가

위험도 등급	평가기준
상	발생빈도와 발생강도를 곱한 값이 상대적으로 높은 경우
중	발생빈도와 발생강도를 곱한 값이 상대적으로 중간인 경우
하	발생빈도와 발생강도를 곱한 값이 상대적으로 낮은 경우

5) 개선대책 수립

① 위험의 정도가 중대한 위험에 대해서는 구체적 위험 감소대책을 수립하여 감소대책 실행 이후에는 허용할 수 있는 범위의 위험으로 끌어내리는 조치를 취한다.

② 위험요인별 위험 감소대책은 현재의 안전대책을 고려해 수립하고 이를 개선대책란에 기입한다.

③ 위험요인별로 개선대책을 시행할 경우 위험수준이 어느 정도 감소하는지 개선 후 위험도 평가를 실시한다.

Ⅶ. 결론

1) 각 공종별로 중요한 유해위험은 유해위험 등록부에 기록하고 등록된 위험에 대해서는 항시 주의 깊게 위험관리를 한다.

2) 위험감소대책을 포함한 위험성 평가결과는 근로자에게 공지해 더 이상의 감소대책이 없는 잠재위험요인에 대하여 위험인식을 같이 하도록 한다.

3) 위험감소대책을 실행한 후 재해 감소 및 생산성 향상에 대한 모니터링을 주기적으로 실시하고 평가하여 다음 연도 사업계획 및 재해 감소 목표 설정에 반영해 지속적인 개선이 이루어지도록 한다.

"끝"

문제5) 건설공사 중 발생되는 공사장 소음·진동에 대한 관리기준과 저감대책에 대하여 설명하시오.(25점)

답)

I. 개요

건설공사 중 생활소음·진동이 규제기준을 초과할 경우 특별자치시장특별자치도지사 또는 시장군수구청장으로부터 저감 건설기계의 사용 등 소음·진동 관리법에 의한 조치 명령을 받을 수 있다.

II. 공사장 생활 소음 규제기준

대상지역	아침, 저녁 (05:00~07:00, 18:00~22:00)	주간 (07:00~18:00)	야간 (22:00~05:00)
(1) 주거지역 (2) 녹지지역 (3) 관리지역 중 취락지구·주거개발진흥지구 및 관광 휴양개발진흥지구 (4) 자연환경보전지역 (5) 그 밖의 지역에 있는 학교·종합병원·공공도서관	60 이하	65 이하	50 이하
그 밖의 지역	65 이하	70 이하	50 이하

III. 생활 진동 규제기준

시간대별 대상 지역	주간 (06:00~22:00)	야간 (22:00~06:00)
(1) 주거지역 (2) 녹지지역	65 이하	60 이하

시간대별 대상 지역	주간 (06:00~22:00)	야간 (22:00~06:00)
(3) 관리지역 중 취락지구·주거개발진흥지구 및 관광· 　휴양개발진흥지구 (4) 자연환경보전지역 (5) 그 밖의 지역에 소재한 학교·종합병원·공공도서관	65 이하	60 이하
그 밖의 지역	70 이하	65 이하

Ⅳ. 저감대책

1) 방음벽시설 전후의 소음도 차이(삽입손실)는 최소 7dB 이상 되어야 하며, 높이는 3m 이상 되어야 한다.

2) 공사장 인접지역에 고층건물 등이 위치하고 있어, 방음벽시설로 인한 음의 반사피해가 우려되는 경우에는 흡음형 방음벽시설을 설치해야 한다.

3) 방음벽시설에는 방음판의 파손, 도장부의 손상 등이 없어야 한다.

4) 방음벽시설의 기초부와 방음판·지주 사이에 틈새가 없도록 하여 음의 누출을 방지한다.

Ⅴ. 별도의 방음대책

1) 소음이 적게 발생하는 공법과 건설기계의 사용

2) 이동식 방음벽시설이나 부분 방음시설의 사용

3) 소음발생 행위의 분산과 건설기계 사용의 최소화를 통한 소음 저감

4) 휴일 작업중지와 작업시간의 조정

Ⅵ. 공사장 소음측정기기의 설치 권고

특별자치시장·특별자치도지사 또는 시장·군수·구청장은 공사장에서 발생하는 소음을 적정하게 관리하기 위해 필요한 경우에는 공사를 시행하는 자에게 소음측정기기를 설치하도록 권고할 수 있다.

Ⅶ. 특정공사의 변경신고

특정공사의 사전신고를 한 자가 다음과 같은 중요한 사항을 변경하려면 특별자치도지사 또는 시장·군수·구청장에게 변경신고를 해야 한다.

1) 특정 공사 사전신고 대상 기계·장비의 30퍼센트 이상의 증가

2) 특정 공사 기간의 연장

3) 방음·방진시설의 설치명세 변경

4) 소음·진동 저감 대책의 변경

5) 공사 규모의 10퍼센트 이상 확대

Ⅷ. 결론

생활소음·진동 규제기준을 초과하여 소음·진동을 발생한 경우 및 신고 또는 변경신고를 하지 않거나 거짓이나 그 밖의 부정한 방법으로 신고 또는 변경신고를 한 경우에는 200만 원 이하의 과태료가 부과된다. 또한 사용금지, 공사중지 또한 폐쇄명령을 위반한 자는 1년 이하의 징역 또는 1천만 원 이하의 벌금에 처해진다.

"끝"

문제6) 강구조물에서 용접 결함의 종류와 용접검사 방법의 종류 및 특징에 대하여 설명하시오. (25점)

답)

I. 개요

용접접합은 강재사용량의 절감 등의 기술적 차원의 목적과 더불어 소음진동의 저감 등의 공해 저감을 위해 그 사용범위가 확대되고 있으나, 정확한 검사방법의 적용 및 근로자 보건관리 측면에서도 보다 많은 관심을 기울여야 할 것이다.

II. 용접 결함의 종류

1) Crack

① 용착금속과 모재에 생긴 균열

② 고온터짐, 저온터짐, 수축터짐 등이 있음

2) Blow Hole

용접부에 수소+CO_2 Gas의 기포가 발생되는 현상

3) Slag 감싸돌기

모재와의 융합부에 Slag 부스러기가 잔류되는 현상

4) Crater

Arc 용접 시 Bead 끝이 오목하게 파이는 결함

5) Under Cut

과대전류 또는 용입 부족으로 모재가 파이는 결함

6) Pit

용접부 표면에 생기는 작은 기포

7) **용입 불량**

용착금속의 융합 불량으로 완전 용입이 되지 못

한 결함

8) Fish Eye

① Blow Hole 및 Slag가 모여 반점이 발생하는 현상

② 용착금속의 파면(被面)에 나타나는 은백색을 한

생선눈 모양의 결함

9) Over Lap

용착금속과 모재가 융합되지 않고 겹쳐지는 현상

10) Lamellate Tearing

용접 시 열영향부에 발생되는 미세균열로 수직재

인 기둥과 수평재인 보 사이의 용접 시 발생한다.

11) **목두께 불량**

응력을 유효하게 전달하는 용착금속의 두께 부족 현상

12) **각장 부족**

한쪽 용착면의 다리길이 부족

Ⅲ. 용접검사 방법의 종류

1) **육안검사법**(VT : Visual Test)

① 언더컷

② 오버랩

③ 용접 비드 모양

④ 표면 균열

⑤ PIT

⑥ 스패터

2) 비파괴검사 방법의 종류

① 방사선투과법(RT : Radiographic Test)

② 초음파탐상법(UT : Ultrasonic Test)

③ 자기탐상법(MT : Magnetic Particle Test)

④ 침투탐상법(PT : Penetrating Test)

⑤ 육안검사법(VT : Visual Test)

IV. 용접검사 방법의 특징

1) 육안검사법(VT : Visual Test)

① 빠르고 간단

② 경제적이고 도구(렌즈, 현미경 등)가 간단

③ 결과를 필름으로 저장 가능

④ 검사의 신뢰성 확보가 어려움

2) 방사선투과법(RT : Radiographic Test)

① 거의 모든 재질을 검사 기능

② 필름형태로 반영구적으로 기록 보존

③ 대부분의 용접결함에 대한 검출능력 양호

④ 방사선 안전관리의 어려움

⑤ 제품의 형상, 크기, 두께에 의한 검사 제한

⑥ 미세한 균열이나 라미네이션(Lamination) 등의 검출 곤란

3) 초음파탐상법(UT : Ultrasonic Test)

① 장치가 소형으로 취급이 간편

② 검사결과를 바로 확인 가능, 검사속도가 빠르고 경제적임

③ 결함의 정확한 위치 및 깊이 확인 가능

④ 균열 등 면상결함의 검출은 방사선투과법보다 우수

⑤ 결함의 종류 식별이 곤란

⑥ 금속 조직의 영향을 많이 받음

4) 자기탐상법(MT : Magnetic Particle Test)

① 미세한 표면균열 검출능력 우수

② 시험체의 크기 및 형상 등의 영향이 적음

③ 검사가 비교적 간단하고 경제적임

④ 강자성체에만 시험 가능

⑤ 아주 작은 결함이 무수히 많은 곳에는 시험 곤란

5) 침투탐상법(PT : Penetrating Test)

① 거의 모든 재질, 제품에 적용 가능

② 시험방법이 간편하고 결과를 즉시 확인 가능

③ 시험체의 크기, 형상에 영향이 적음

④ 시험온도에 제한

⑤ 표면이 다공성인 시험체의 검사가 곤란

⑥ 시험체가 침투제와 반응하여 손상 가능

V. 결론

용접작업은 근로자 보건대책이 선행되어야 하는 작업이므로 작업계획 수립 및 표준작업관리지침에 의한 관리가 필요하며 다음 내용의 관리가 기본적인 사항이다.

1) 용접 흄 발생 억제조치 설비의 설치

2) 작업공정에 사용되는 환기장치의 적절한 가동요령 등에 관한 사항

3) 보호구의 착용방법 및 관리방법

4) 용접봉, 피복재 및 피용제 등의 MSDS를 활용한 합금성분 등의 함유량

5) 기타 용접 흄 및 가스, 유해광선 등에 의한 근로자 노출방지를 위한 사항 등

"끝"

제 130 회
국가기술자격검정 기술사 필기시험 답안지(제3교시)

○　　　　　○　　　　　○

※ 10권 이상은 분철(최대 10권 이내)

자 격 종 목	건설안전기술사

답안지 작성 시 유의사항

1. 답안지는 총 7매(14면)이며 교부받는 즉시 매수, 페이지 등 정상 여부를 반드시 확인하고 1매라도 분리되거나 훼손하여서는 안 됩니다.
2. 시행회, 자격종목, 수험번호, 성명을 정확하게 기재하여야 합니다.
3. 수험자 인적사항 및 답안 작성(계산식 포함)은 흑색 또는 청색 필기구만 사용하되, 동일한 한 가지 색의 필기구만 사용하여야 하며 흑색, 청색을 제외한 유색 필기구 또는 연필류를 사용하거나 두 가지 이상의 색을 혼합 사용하였을 경우 그 문항은 0점 처리됩니다.
4. 답안 정정 시에는 두 줄(=)을 긋고 다시 기재 가능하며, 수정테이프(액) 등을 사용했을 경우 채점상의 불이익을 받을 수 있으므로 사용하지 마시기 바랍니다.
5. 답안지에 답안과 관련 없는 특수한 표시, 특정인임을 암시하는 답안지는 전체가 0점 처리됩니다.
6. 답안 작성 시 홈(구멍)이나 도형 등 그림이 없는 직선자(템플릿 사용 금지)만 사용할 수 있습니다.
7. 문제의 순서에 관계없이 답안을 작성하여도 되나 주어진 문제번호와 문제를 기재한 후 답안을 작성하고 전문 용어는 원어로 기재하여도 무방합니다.
8. 요구한 문제수보다 많은 문제를 답하는 경우 기재 순으로 요구한 문제수까지 채점하고 나머지 문제는 채점대상에서 제외됩니다.
9. 답안 작성 시 답안지 양면의 페이지 순으로 작성하시기 바랍니다.
10. 기작성한 문항 전체를 삭제하고자 할 경우 반드시 해당 문항의 답안 전체에 대하여 명확하게 X표시(X표시한 답안은 채점대상에서 제외) 하시기 바랍니다.
11. 시험시간이 종료되면 즉시 답안 작성을 멈춰야 하며, 종료시간 이후 계속 답안을 작성하거나 감독위원의 답안 제출 지시에 불응할 때에는 채점대상에서 제외됩니다.
12. 각 문제의 답안 작성이 끝나면 "끝"이라고 쓰고 다음 문제는 두 줄을 띄워 기재하여야 하며 최종 답안 작성이 끝나면 그 다음 줄에 "이하 여백"이라고 써야 합니다.
13. 비번호란은 기재하지 않습니다.

비 번 호	

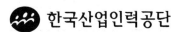
한국산업인력공단

문제1) 재해손실비용의 산정 시 고려사항 및 평가방식에 대하여 설명하시오.(25점)

답)

I. 정의

재해손실비란 업무상 재해로 인적 상해를 수반하는 재해에 의해 발생된 손실비용으로 직접 또는 간접적인 요인으로 발생된 손실비용을 말한다.

II. 재해손실비의 구성

1) **직접비** : 의료비, 보상금 등 피재자 또는 유가족에게 지급되는 비용

2) **간접비** : 건물, 기구, 손실시간, 교육비, 소송비 등의 부수적인 비용

III. 재해손실비 산정 시 고려사항

1) 기업규모에 관계가 없는 방법일 것

2) 안전관리자가 쉽고 정확하게 산정할 수 있는 방법일 것

3) 전체적인 집계가 가능할 것

4) 사회적인 신뢰성과 경영자에 대한 믿음이 있을 것

IV. 재해손실비의 평가방식의 비교

이론의 구분	직접비	간접비
Heinrich	1	4
Bird	1	5
Simonds	산재보험비	비보험비용
Compes	개별비용	공용비용

V.	직접비와 간접비에 대한 빙산이론의 의의
	1) 재해 발생 시 표면적으로 나타나는 직접비는 부수적으로 발생되는 손실비용의 5배 이상 발생된다.
	2) 버드는 빙산이론을 제시하며 재해발생에 따른 간접비의 부담을 큰 요인으로 간주하였다.
	3) 재해발생에 따른 간접비의 증가는 기업의 존폐를 가름할 정도의 비중으로 작용한다.

〈 Bird의 빙산이론 〉

VI.	결론
	재해손실비 중 간접비의 비중이 직접비용과 비교해 하인리히는 4배, 버드는 5배를 주장하였으나 현대사회에서는 그 차이가 더욱 크게 여겨지고 있다. 예를 들어 어느 기업이나 현장에서 발생된 재해는 모든 언론에서 또는 입소문으로 더욱 비중있게 다뤄지며 발생배경 또한 중요한 이슈로 작용하고 있기 때문이다. 따라서, 건설업 안전관리분야에 관심을 갖고 연구하는 우리들로서는 재해예방을 위한 관심과 연구개발에 더욱 정진해야 할 것으로 사료된다.
	"끝"

문제2) 시설물의 안전 및 유지관리에 관한 특별법상 안전점검의 종류와 구 고량(舊 橋梁)의 안전성을 평가하는 목적 및 평가를 위해 필요한 조사방법을 설명하시오.(25점)

답)

I. 개요

관리주체는 1종 또는 2종 시설물의 안전과 유지 관리를 위해 점검 및 진단을 실시하고 위험요인에 따라 제시된 적절한 보수·보강 및 조치방안을 신속하게 이행해야 한다.

II. 시설물의 안전 및 유지관리에 관한 특별법상 안전점검의 종류

종류	점검시기	점검내용
정기점검	(1) A·B·C등급 : 반기당 1회 (2) D·E등급 : 해빙기·우기·동절기 등 연간 3회	(1) 시설물의 기능적 상태 (2) 사용요건 만족도
정밀점검	(1) 건축물 　① A등급 : 4년에 1회 　② B·C등급 : 3년에 1회 　③ D·E등급 : 2년에 1회 　④ 최초실시 : 준공일 또는 사용승인일 기준 3년 이내(건축물은 4년 이내) 　⑤ 건축물에는 부대시설인 옹벽과 절토사면을 포함한다. (2) 기타 시설물 　① A등급 : 3년에 1회 　② B·C등급 : 2년에 1회 　③ D·E등급 : 1년마다 1회 　④ 항만시설물 중 썰물 시 바닷물에 항상 잠겨있는 부분은 4년에 1회 이상 실시한다.	(1) 시설물 상태 (2) 안전성 평가

종류	점검시기	점검내용
긴급점검	(1) 관리주체가 필요하다고 판단 시 (2) 관계 행정기관장이 필요하여 관리주체에게 긴급점검을 요청한 때	재해, 사고에 의한 구조적 손상 상태
정밀진단	최초실시 : 준공일, 사용승인일로부터 10년경과 시 1년 이내 * A등급 : 6년에 1회 * B·C등급 : 5년에 1회 * D·E등급 : 4년에 1회	(1) 시설물의 물리적, 기능적 결함 발견 (2) 신속하고 적절한 조치를 취하기 위해 구조적 안전성과 결함 원인을 조사, 측정, 평가 (3) 보수, 보강 등의 방법 제시

Ⅲ. 구 고량(舊 橋梁)의 안전성을 평가하는 목적 및 평가를 위해 필요한 조사방법

1) 평가하는 목적

① 교량은 시설물안전관리에 관한 특별법에 의해 공중의 안전과 편의를 도모하기 위해 유지관리에 고도의 기술이 필요하다고 인정하고 있는 시설물이다.

② 따라서 교량의 안전점검 및 진단은 현장답사에 의해 안전점검 및 진단의 규모와 개략적 소요기일과 조사인원 및 장비규모를 추정하게 되며, 이후 내구성조사와 내하력조사를 통해 안전성 평가를 하고 종합분석 및 보고서를 작성한다.

2) 평가를 위해 필요한 조사방법

① 절차

현장답사 → 현장조사 → 내구성조사(외관조사, 재료 품질시험, 지반조사) → 내하력조사(재하시험) → 안전성 평가 → 종합분석 및 보고서 작성

② 조사항목별 방법

　㉠ 교면포장

　　• 공통부위 : 노면잡물, 포트홀, 소성변형, 종방향 단차, 균열

　　• 신축이음 전후, 구조물 경계부 : 단차, 침하

　　• 미끄럼 방지포장 : 마모

　　• 배수구 주변 : 물고임

　㉡ 배수시설

　　• 배수구(유입구) – 그레이팅(격자판) : 그레이팅 파손, 누락, 오물퇴적, 막힘, 유입구 설치높이, 배수구 설치간격

　　• 배수판 : 관의 연결부 어긋남, 파손, 이물질에 의한 막힘, 배수관 길이부족, 유출구 위치 부적절

　㉢ 난간, 보도 및 연석

　　• 난간

　　　– 강재 : 도장손상 및 부식, 파손, 전체적인 선형

　　　– 철근 콘크리트(방호벽) : 균열, 박리, 파손, 철근노출

　　• 보도 : 신축이음 접촉부 부스러짐, 표면 부스러짐

　　• 연석

　　　– 강재 : 도장손상, 부식, 파손, 연속교 받침부 상단 용접부 균열

　　　– 화강암, 철근 콘크리트 : 박리, 박락, 철근노출, 파손

　㉣ 바닥판

　　• 공통부위 : 균열, 박리, 파손, 철근노출

- 거더교 : 종방향 균열, 망상균열

- 슬래브, 라멘 상부

  - 받침부 : 부스러짐, 사인장균열

  - 중앙부 : 휨균열

- 라멘 하부 : 측벽의 균열

ⓜ 강바닥판

- 공통부위 : 도장손상 및 부식, 스플라이스부 볼트손상, 누수, 신축이음부 하면, 배수구 주변, 난간하면의 누수, 부식

- 피로강도등급 낮은 용접상세부(D, E등급) : 피로균열

ⓗ 신축이음부

- 본체부위

  - 공통 : 충격음, 본체유동 및 파손, 유간부족 및 유간과다, 유간 오물퇴적

  - 고무재 : 고무판 마모, 강판노출 및 부식

  - 강재 : 방수재 파손

- 후타재 : 교면포장, 뒷채움과의 단차, 균열 및 파손

ⓢ 교량받침

- 공통 : 가동받침 신축유간 부족, 가동받침 전후방 가동장애 요소, 받침과 주형의 밀착상태, 수직보강재와 받침 편기상태, 받침 물고임 및 부식

- 강재받침 : 가동면 부식, 부속물 파손

- 고무받침 : 고무재 부풀음 및 갈라짐, 고무판의 과도한 변형

　　　　• 받침대 : 앵커볼트 파손, 절단, 콘크리트 파손, 하부공동 및 침하, 교각두부 균열

　　ⓓ RC T 거더

　　　　• 공통부위 : 박리, 파손, 철근노출, 백태

　　　　• 받침부 : 부스러짐, 복부 사인장균열

　　　　• 중앙부 : 횡방향 균열

　　　　• 가로부 : 파손, 철근노출, 경사균열

　　ⓩ 교대

　　　　• 공통부위 : 교대회전, 박리, 파손, 철근노출, 백태

　　　　• 두부 : 물고임, 받침부 균열 및 파손, 두부와 흉벽 경계부 균열, 거더와 흉벽 신축유간 부족

　　　　• 구체 : 수직균열 및 침하, 구체와 날개벽 분리, 구체부 배수구 막힘, 수면접촉부 침식

　　　　• 날개벽 : 날개벽 이동, 전도, 사면붕괴

　　ⓒ 교각

　　　　• 공통부위 : 박리, 박락, 철근노출, 백태

　　　　• 두부 : 물고임, 받침부하부 균열 및 파손

　　　　• 구체 : 시공이음부 균열, 이동 또는 기울음, 수면접촉부 침식

　　ⓚ 기초

　　　　• 공통부위 : 박리, 박락, 철근노출, 백태, 기초세굴, 이동, 침하

　　　　• 직접기초 : 수직방향 균열

　　　　• 말뚝기초 : 침식 및 말뚝 노출

		• 케이슨기초 : 우물통 편기, 충돌파손

Ⅳ. 결론

교량의 안전점검 및 진단은 공중의 안전과 편의를 도모하기 위해 실시하는 것으로 교량을 구성하는 각 부위별 진단기준을 사전에 숙지하고 실시해야 한다. 특히, 종합보고서 작성을 위한 안전성 평가 시 재하시험을 실시하는 경우에는 구조해석 절차에 의해 모델링 적정성을 검토하고, 종방향과 횡방향해석으로 구분해 실시하고 공용내하력을 결정하는 것이 중요하다.

"끝"

문제3) 굴착공사 시 적용 가능한 흙막이 벽체 공법의 종류와 구조적 안전성 검토사항에 대하여 설명하고, 히빙(Heaving)현상과 파이핑(Piping)현상의 발생원인과 안전대책에 대하여 설명하시오.(25점)

답)

I. 개요

1) '흙막이공법'이란 굴착공사 시 굴착면의 측면을 보호하여 토사의 붕괴와 유출을 방지하기 위한 가설구조물을 말한다.

2) 흙막이는 토사와 지하수의 유입을 막는 흙막이벽과 이것을 지탱해 주는 지보공으로 구성되며, 굴착심도에 따른 토질조건, 지하수 상태, 현장여건 등을 충분히 검토하여 적정한 흙막이공법을 선정하여야 한다.

II. 흙막이 벽체 공법의 종류

1) 지지방식에 따른 분류

	자립식	버팀대식	Earth Anchor
특징	• 양호한 지반 • 얕은 굴착깊이 • 부지의 여유가 없는 곳 • 수직굴착	• 굴착이후 동시작업가능 • 협소한 곳 • 연약지반 • 지반내 큰 응력형성	• 시공성 • 설치간단
장점	저렴한 공사비	• 구성재료 단순 • 설치용이	• 작업공간 확보가능 • 굴착용이
단점	수평변위량이 커지면 붕괴의 위험발생	깊이가 깊어지거나, 간격이 넓으면 중간기둥, 수평지, 띠장설치로 본공사에 장애 발생	• 깊은 굴착 불가 • 인접구조물에 영향

2) 구조방식에 따른 분류

	H-Pile	SSP	Slurry Wall
장점	• 저렴한 공사비 • 엄지말뚝 회수가능 • 굴착과 동시에 토류판설치로 장애물처리 용이	• 지하수위 높은 곳 • 연약지반 • 차수성 우수 • 공사비 저렴	• 차수성 최우수 • 벽체단면 강성우수 • 깊은 굴착 가능
단점	• Boiling, Heaving • 지하수위저하로 인근구조물 영향	• 타입 시 소음, 진동 발생 • 자갈토질 불가 • 설치간격 과다 시 수평변위	• 기술 및 경험필요 • 품질관리 어려움 • 장비가 대형임 • Slime 처리

Ⅲ. 구조적 안전성 검토사항

1) 사전조사

2) 토압 검토(수동 토압 〉정지토압 〉주동토압)

3) Heaving, Boiling, Piping, 피압수조사 검토, 차수 배수 대책 수립

4) 구조상 안전한 흙막이 공법 선정, 흙막이의 침하 방지, 계측관리 계획

수립

Ⅳ. 히빙(Heaving)현상과 파이핑(Piping)현상의 발생원인

히빙(Heaving)현상	보일링(Boiling)/파이핑(Piping)현상
• 연약 점토지반의 굴착 • 흙막이 벽체의 근입깊이 부족 • 흙막이 내·외부 중량차 • 지표부 재하중 • 굴착저면 하부의 피압수층 존재	• 굴착저면 하부가 투수성 사질토인 경우 • 흙막이 벽체의 근입깊이 부족 • 배면 지하수위 높이가 굴착저면 지하수위보다 높음 • 굴착저면 하부의 피압수층 존재

V. 히빙(Heaving)현상과 파이핑(Piping)현상의 안전대책

히빙(Heaving)현상 안전대책	보일링(Boiling)/파이핑(Piping)안전대책
• 흙막이 벽체의 경질지반까지 근입	• 주변 지하수위 저하
• 지반개량에 의한 전단강도 증대	• 흙막이벽 근입장의 불투수층 통과 설치
• 굴착부 주변 상재하중 제거	• 차수성 흙막이 시공
• 시공법 변경(아일랜드 컷 등)	• 지반개량

VI. 결론

굴착공사 시 적용 가능한 흙막이 벽체 공법의 선정은 사전조사에 의한 토질의 특성파악이 선행되어야 하며, 구조적 안전성 확보를 위한 검토사항을 토대로 유사사례 및 인근지역 선행 공사지역의 검토와 더불어 공종별 공사시기에 따른 세부적 작업계획 수립이 이루어져야 한다.

"끝"

문제4)	도심지에서 고층의 건물 공사 시 적용되는 Top Down공법의 특성

문제4) 도심지에서 고층의 건물 공사 시 적용되는 Top Down공법의 특성 및 시공 시 유의해야 하는 위험요인과 안전대책을 설명하시오.(25점)

답)

I. 개요

토류벽 자체를 본 구조체의 바닥판, 보의 면구조에 지지하는 형식으로 선재로 지지하는 H형강 보형식 공법대비 안전성 측면에서 획기적인 안전성 확보가 가능한 공법이다. 당연히 토압에 의한 균열 발생의 위험요인과 지보공 해체 시 발생되는 토류벽 변형의 문제에서도 해방될 수 있는 장점이 있다.

II. Top Down공법의 특성

특성	내용
대규모 지하굴착	지하철 역사와 같은 대규모 지하시설은 Strut공법의 적용이 불가능하다. 또한 어스앵커의 공법도 인근부지 소유자의 동의가 필요한 점은 톱다운 공법의 유용성 중 가장 큰 요인이 된다.
깊은 굴착	깊은 굴착에 따른 토압에 대응하기 위해 지보공의 충분한 강도와 강성이 요구되나, 톱다운 공법은 이러한 문제점에서 자유로울 수 있다.
공기단축	1층 바닥슬래브를 경계로 지하공사와 지상공사를 병행할 수 있다.
작업공간의 확보	1층 바닥과 보가 선행시공 됨에 따라 자재 반출입이 용이하며, 버팀대가 없으므로 장비의 운용이 용이하다.
소음·진동 저감	1층 바닥슬래브가 선시공됨에 따라 소음/진동/분진의 차단이 가능하다.
전천후 시공	지하공간이 노출되지 않으므로 날씨의 영향으로부터 해방된다.

III. 시공 시 유의해야 하는 위험요인

1) 1층 바닥슬래브가 선시공됨에 따른 조도수준이 저하됨

2) 굴착용 장비의 유해물질 및 비산먼지의 발생

3) 작업구를 통해서만 가능한 토사반출과 자재투입

4) 밀폐공간 개념의 작업진행

Ⅳ. 안전대책

1) 굴착작업

상차방법과 사용 장비별 낙하·비래방지 대책수립

2) 암반 굴착작업

무진동파쇄, 화학류에 의한 발파, 기계굴착 등 굴착방법별 안전대책 수립

3) 지하수대책

집수정 및 강제배수시설 설치로 지하수 처리

4) 계측관리

굴착작업 중 발생되는 토압과 수압작용의 예측을 통한 조기 대응

① 지하수위계

② 경사계

③ 하중/침하계

④ 응력계

⑤ 균열계

5) 철근콘크리트 작업 안전

① 콘크리트 타설방법

② 기둥 및 벽체 접합부 처리

③ 지하 작업공간 환경개선

④ 가시설물 구조검토

6) 콘크리트 타설작업

① 장비 선정 시 펌프압력, 시간당 타설량, 펌핑 엔진출력 고려

② 펌프 위치는 타설 지점과 거리, 레미콘 접근 등을 고려해 안전하고 시야가 넓은 위치 선정

③ 파이프 배관은 막힘 현상 등으로 파이프 자체가 파손되거나 연결부 외가 파손되는 것을 방지하기 위해 일정부분을 고압펌프로 설치 배관(저압파이프 두께는 4mm 이상, 고압파이프 두께는 7mm 이상)

7) 기타

기타 콘크리트 타설 안전조치는 콘크리트 공사 안전보건작업 지침과 건축공사 표준시방서에 준한다.

V. 결론

탑다운 공법의 적용은 도심지에서 깊은 지하구조물 신축시 굴착공사 전 지하 외부 벽체와 기둥을 선 시공한 후 굴착공사와 병행해 지하 구조물을 지상으로부터 지하로 구축하는 공법으로 일반적인 공사체계와 위험요인의 차이점이 많으므로 이에 대한 사전준비가 무엇보다 중요하다.

"끝"

문제5) 하절기 건설현장에서 발생되는 온열질환 예방에 대하여 설명하시오.(25점)

답)

Ⅰ. 개요

인체는 열에 노출되는 경우 다양한 기전을 통해 정상체온을 유지하게 된다. 따라서 열에 장시간 노출될 경우 열사병, 열탈진, 열경련 등의 온열질환이 발생될 수 있다.

Ⅱ. 폭염주의보와 폭염경보

구분	기준
폭염주의보	일 최고기온이 33℃ 이상인 상태가 2일 이상 지속될 것으로 예상될 때
폭염경보	일 최고기온이 35℃ 이상인 상태가 2일 이상 지속될 것으로 예상될 때

Ⅲ. 온열질환의 구분

구분	주요 특성
열사병 (Heat Stroke)	• 40℃ 이상의 고열 • 땀이 나지 않아 건조하고 뜨거운 피부 • 의식 상실
열탈진(일사병) (Heat Exhaustion)	• 40℃ 이상의 열이 나기 직전에 땀을 많이 흘리는 상태 • 탈수 및 전해질 소실 • 창백함과 근육경련
열경련 (Heat Cramp)	근육경련
열실신 (Heat Syncope)	• 어지러움 • 일시적 의식 상실(뇌허혈 상태)

구분	주요 특성
열부종 (Heat Edema)	손, 발이나 발목의 부음
열발진 (Heat Rash)	붉은 물집이나 뾰루지가 목, 가슴상부, 팔과 다리 안쪽에 발생

Ⅳ. 응급조치

119에 즉시 신고하고 아래와 같이 조치

1) 환자를 시원한 장소로 옮긴다.

2) 환자의 옷을 느슨하게 하고 환자의 몸에 시원한 물을 적셔 부채나 선풍기 등으로 몸을 식혀준다.

3) 얼음주머니가 있을 경우 목, 겨드랑이 밑, 사타구니에 대어 체온을 낮춘다.

4) 환자의 체온이 너무 떨어지지 않도록 주의하며, 의식이 없는 상태에서 음료를 마시도록 하는 것은 위험하므로 절대 금지한다.

Ⅴ. 온열질환 예방

기본적인 건강수칙으로 예방이 가능함을 교육시킨다.

1) **물을 자주 마시도록 한다.**

갈증이 나지 않더라도 규칙적으로 물을 마시도록 하며, 단, 신장질환 등 수분 섭취를 제한하는 경우 의사와 상담 후 결정한다.

2) **시원하게 지내도록 조치한다.**

① 시원한 물로 샤워한다.

② 헐렁하고 밝은 색깔의 가벼운 작업복을 착용한다.

3) 더운 시간대에는 휴식조치

낮 12시부터 오후 5시까지의 가장 더운 시간대의 작업은 규칙적으로 휴식할 수 있도록 조치한다.

4) 고온 환경에 노출되지 않도록 하며 부득이한 환경에서 근무 시 조치 기준을 준수한다.

① 2인 1조로 서로의 건강상태를 살피면서 근무토록 한다.

② 호흡곤란, 어지러움, 근육경련 등의 증상이 발생하면 즉시 시원한 곳으로 이동하여 휴식을 취하도록 한다.

③ 냉방이 되지 않는 실내에서는 햇빛을 차단하고, 환기가 잘 되도록 창문이나 출입문을 열고 선풍기를 켠다.

VI. 온열질환 취약계층

1) 고령자

땀샘의 감소로 땀 배출량이 적어지고 체온 조절기능이 약해지므로 온열질환을 인지하는 능력도 저하됨을 인식시킨다.

① 특히, 심뇌혈관질환 등 만성질환을 앓고 있는 경우 그 증상이 악화될 수 있다.

② 만성질환을 앓고 있는 고령자는 기존 질병의 치료에 최선을 다하고 질환에 따른 예방법을 준수토록 한다.

③ 뇌심혈관질환자의 위험발생 메커니즘

• 땀 배출로 체액 감소 〉 혈압회복을 위해 심박동수와 호흡수 증가 〉 심장의 부담 가중 〉 탈수의 급격한 진행

• 땀 배출로 수분 손실 〉 혈액농도의 짙어짐 〉 혈전 발생 〉 혈전이 뇌혈관 막음 〉 뇌졸중이나 심장 관상동맥 막힘 〉 심근경색 발생

2) 저혈압, 고혈압환자

인체가 체온을 낮추기 위해 말초혈관이 확장되고 혈압은 낮아지며, 저혈압환자는 혈압이 더욱 떨어질 수 있으므로 매우 취약한 계층으로 분류되어야 한다.

① 수분을 보충해주지 않을 경우 혈액 농도가 짙어짐에 따라 혈압이 상승한다.

② 고혈압환자는 더위에 노출 시 뇌경색, 심근경색 등의 심뇌혈관질환으로 이어질 가능성이 높다.

3) 당뇨병 환자

당뇨병 환자는 수분이 빠져나갈 시 혈당량이 높아져 쇼크를 일으킬 수 있다. 또한, 자율신경계 합병증으로 체온조절 기능이 떨어져 온열질환 발생 가능성이 높아진다.

4) 신장질환자

신장질환자는 한번에 너무 많은 물을 마시면 부종이나 저나트륨 혈증이 발생하여 어지럼증, 두통, 구역질, 현기증 등이 유발될 수 있다.

① 신장질환자는 한 번에 많은 물을 마시지 말고 적은 양의 물을 자주 마시도록 한다.

② 신장질환자는 땀 배출이 증가될 경우 소변이 농축되어 요로결석의 가능성이 높아지므로 하루 2.5L 정도의 물을 마시도록 조치한다.

VII. 결론

매년 혹서기에 반복적으로 발생되고 있는 온열질환은 기저질환이 있는 근로자의 경우 심각한 재해로 이환될 수 있으므로, 건설현장과 같이 고령근로자 점유율이 높은 업종은 특히 고령근로자와 만성질환자의 개별적 관리체계를 구축할 필요가 있다.

"끝"

문제6)	장마철 건설현장에서 발생하는 재해유형별 안전관리대책과 공사
	장 내 침수 방지를 위한 양수펌프 적정대수 산정방법 및 집중호
	우 시 단계별 안전행동요령에 대하여 설명하시오.(25점)
답)	

Ⅰ. 장마철의 정의

일반적 의미로 장마란 오랫동안 계속해서 내리는 비를 의미하며 6월 중순
에서 7월 하순의 여름에 걸쳐 동아시아에서 습한 공기가 전선을 형성하여
북으로 오르내리면서 많은 비를 내리는 현상을 가리키는 말로, 그 시기를
장마철이라고 한다.

Ⅱ. 장마철 건설현장의 위험요인

1) 집중호우에 의한 토사유실 또는 무너짐(붕괴)

2) 주변지반 약화로 인한 인접건물, 시설물의 손상 또는 지하매설물의
   파손

3) 현장의 침수로 인한 공사중단 및 물적 손실

4) 강 등의 수위 상승으로 인해 공사구간에 순간적으로 다량의 물 유입

Ⅲ. 안전관리대책

1) 수변지역, 지대가 낮은 지역 등에 위치한 현장은 호우 시 상황 수시 파악

2) 비상용 수해방지 자재 및 장비를 확보하여 비치

3) 비상사태에 대비한 비상대기반을 편성하여 운영

4) 지하매설물 현황파악 및 관련기관과 공조체계 유지

5) 현장주변 우기 취약시설에 대한 사전 안전점검 및 조치 · 공사용 가설도로에 대한 안전확인

Ⅳ. 공사장 내 침수 방지를 위한 양수펌프 적정대수 산정방법

1) 펌프의 종류

펌프의 종류	특징
원심펌프	임펠러의 원심력을 이용하여 양수를 하는 펌프
축류펌프	임펠러의 추진력을 이용하여 양수를 하는 펌프
사류펌프	원심 및 축류를 혼합하여 양수를 하는 펌프

2) 계획 양수량

① 계획 최대 양수량

- 관개기별 최대용수시기에 필요한 최대용수량으로 한다.

- 최대용수량의 시기는 일반적으로 이앙기나 수잉기~개화기 사이이다.

- 계획 기준년의 관개기별 필요수량 중에서 최대의 수량이다.

② 상시 양수량

- 계획기준년의 관개기별 용수량이다.

- 일반적으로 한발빈도 10년을 기준으로 한다.

3) 펌프대수 결정

① 양수량 규모에 의한 결정방법

양수량 Q(m³/sec)	대수
$0 < Q \leq 0.15$	1
$0.15 < Q \leq 0.50$	2
$0.50 < Q \leq 1.0$	3
$1.0 < Q$	4

② Graph를 이용하는 방법

　㉠ 월 평균 순별(관개기별) 필요수량 산출

　㉡ 순별(관개기별) 필요수량　백분율로 환산(백분율표 작성)

　㉢ 평균필요수량 배분표 및 수량배분

　㉣ 펌프대수 결정

　　필요수량 배분표를 이용하여 펌프대수를 A, B, C안으로 비교

　　검토하여 가장 경제적이고 효율적인 펌프대수를 결정한다.

4) **펌프대수 결정 시 유의사항**

① 펌프의 고장위험을 분산하기 위하여 되도록 2대 이상으로 계획한다.

② 2대 이상의 펌프는 가급적 동일 구경으로 한다.

③ 용수량의 변화대응과 효율적인 운전을 위해 여러 대수로 계획한다.

④ 병렬 운전으로 계획하는 것이 일반적이다.

⑤ 펌프의 대수와 건축공사비를 검토한다.

⑥ 유지관리가 편리해야 한다.

⑦ 보수점검이 용이하고 고장 시 수리가 편리하도록 한다.

⑧ 운전 및 관리가 간편해야 한다.

⑨ 경제적이어야 한다.

5) **양수장의 위치조건**

① 유심이 변동이 없는 곳

② 하상이 고정되어 있는 곳

③ 갈수기에도 소요 수량을 얻을 수 있을 것

④ 양수장의 기초지반이 양호한 암반인 곳

⑤ 관개지역에 가까울 것

⑥ 양정이 비교적 낮은 곳

⑦ 송전설비 공사비가 적게 드는 곳

⑧ 홍수시 토사 및 부유물질 유입이 없는 것

⑨ 소음, 진동이 심하므로 인가, 학교 등에서 먼 곳

⑩ 진입로 공사가 용이한 곳

V. 집중호우 시 단계별 안전행동요령

1) 집중호우를 대비한 사전 준비물 확보

   우산, 우비, 장화, 비상용 조명기구

2) 비상시 연락방법(주민센터 등), 대피 장소 확인

3) 시설물의 파손이나 누수부 발생 시 보고체계 구축

4) TV, 라디오, 인터넷, 스마트폰 등으로 기상 상황을 미리 파악

IV. 결론

집중호우는 하천범람, 산사태, 해일 등으로 인한 인명 및 재산피해를 유발

하므로 사전 대비가 필요하며 특히, 건설현장은 토사굴착부, 개구부, 각종

가설부재 등이 산재해 있으므로 근로자 인명피해가 발생되지 않도록 사전

대비가 필요하다.

"끝"

제 130 회
국가기술자격검정 기술사 필기시험 답안지(제4교시)

◯　　　　　◯　　　　　◯

※ 10권 이상은 분철(최대 10권 이내)

자 격 종 목	건설안전기술사

답안지 작성 시 유의사항

1. 답안지는 총 7매(14면)이며 교부받는 즉시 매수, 페이지 등 정상 여부를 반드시 확인하고 1매라도 분리되거나 훼손하여서는 안 됩니다.
2. 시행회, 자격종목, 수험번호, 성명을 정확하게 기재하여야 합니다.
3. 수험자 인적사항 및 답안 작성(계산식 포함)은 흑색 또는 청색 필기구만 사용하되, 동일한 한 가지 색의 필기구만 사용하여야 하며 흑색, 청색을 제외한 유색 필기구 또는 연필류를 사용하거나 두 가지 이상의 색을 혼합 사용하였을 경우 그 문항은 0점 처리됩니다.
4. 답안 정정 시에는 두 줄(=)을 긋고 다시 기재 가능하며, 수정테이프(액) 등을 사용했을 경우 채점상의 불이익을 받을 수 있으므로 사용하지 마시기 바랍니다.
5. 답안지에 답안과 관련 없는 특수한 표시, 특정인임을 암시하는 답안지는 전체가 0점 처리됩니다.
6. 답안 작성 시 홈(구멍)이나 도형 등 그림이 없는 직선자(템플릿 사용 금지)만 사용할 수 있습니다.
7. 문제의 순서에 관계없이 답안을 작성하여도 되나 주어진 문제번호와 문제를 기재한 후 답안을 작성하고 전문용어는 원어로 기재하여도 무방합니다.
8. 요구한 문제수보다 많은 문제를 답하는 경우 기재 순으로 요구한 문제수까지 채점하고 나머지 문제는 채점대상에서 제외됩니다.
9. 답안 작성 시 답안지 양면의 페이지 순으로 작성하시기 바랍니다.
10. 기작성한 문항 전체를 삭제하고자 할 경우 반드시 해당 문항의 답안 전체에 대하여 명확하게 X표시(X표시한 답안은 채점대상에서 제외) 하시기 바랍니다.
11. 시험시간이 종료되면 즉시 답안 작성을 멈춰야 하며, 종료시간 이후 계속 답안을 작성하거나 감독위원의 답안 제출 지시에 불응할 때에는 채점대상에서 제외됩니다.
12. 각 문제의 답안 작성이 끝나면 "끝"이라고 쓰고 다음 문제는 두 줄을 띄워 기재하여야 하며 최종 답안 작성이 끝나면 그 다음 줄에 "이하 여백"이라고 써야 합니다.
13. 비번호란은 기재하지 않습니다.

비 번 호	

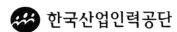 한국산업인력공단

문제1) 인간공학적 작업장 개선 시 검토사항과 효율적 작업설계 및 동작범위 설계, 작업자세에 대하여 설명하시오.(25점)

답)

I. 개요

현장에서 직접적인 설비나 작업방법, 작업도구 등을 작업자가 편하고, 쉽고, 안전하게 사용할 수 있도록 유해·위험요인의 원인을 제거하거나 개선하기 위하여 작업방법의 재설계, 재배열, 수정, 교체(Substitution) 등을 말한다.

II. 인간공학적 작업장 개선 시 검토사항

1) 작업목적

작업의 단순화나 개선보다 목적과의 부합정도를 검토해 불필요한 작업을 제거

2) 부품설계

설계단순화로 부품 수, 작업 수, 운반거리 절감

3) 공차와 규격

필요 이상 관리 시 원가의 증가가 발생됨에 유의

4) 재료

경제적인 재료 사용과 폐재료 활용 등

5) 제조공정

작업의 재배열과 기계화 작업

6) Set up과 도구

공구와 도구의 경제적 준비

7) **자재운반**

 기계화 또는 자동화

8) **작업장배치**

 운반거리, 역류, 지체 등의 비효율성 제거

9) **작업설계**

 작업자 능력과 한계에 부합되도록 인간공학 개념을 도입

Ⅲ. 효율적 작업설계 및 동작범위 설계

작업설계와 동작범위 설계를 위해서는 동작분석이 선행되어야 하며 동작분석은 정성적·정량적 분석 등으로 구분된다.

1) **동작분석 방법**

 ① 정성적 분석 : 육안으로 관찰하고 주관적으로 평가하는 분석

 ② 정량적 분석 : 수치적 자료로 정량화하는 방법

 ③ 운동학적 분석 : 외형적으로 발현되는 운동의 형태에 관한 분석방법

 ④ 운동역학적 분석 : 운동을 유발하는 원인인 힘의 분석에 초점을 두는 분석

 ⑤ 2D분석 : 2차원상에서의 평면 운동을 분석하는 방법

 ⑥ 3D분석 : 2대 이상의 카메라를 사용해 오차를 해결함은 물론 복잡한 인체 운동에 대한 분석이 가능한 분석

2) **효율적 작업 설계**

 ① 작업관리

  • 작업과 휴식이 피로회복에 용이하도록 짧은 주기로 배분한다.

- 가능한 적은 힘을 이용하도록 설계한다.

- 장시간 고정된 자세를 피하도록 설계한다.

② 작업부재와 작업물 배치

- 작은 부품에서 큰 부품 순서로 조립한다.

- 작은 높이 부품에서 큰 높이 부품 순서로 조립한다.

- 가급적 양손을 이용한 조립 작업이 가능토록 설계한다.

Ⅳ. 효율적 작업자세

1) 작업높이는 팔꿈치 높이로 맞춘다.

2) 자주 사용하는 부품이나 공구는 몸 가까이에 둔다.

3) 오래 서서 일할 때는 입좌식의자, 발 받침대를 사용한다.

4) 한 가지 자세만 유지하지 말고, 자주 자세를 바꿔준다.

5) 정밀한 작업은 앉아서, 힘을 쓰는 작업은 서서 한다.

Ⅴ. 건설현장 근골격계 질환 예방을 위한 유해요인조사

1) 정기조사

사업주는 근골격계부담작업을 보유하는 경우에 다음의 사항에 대해

최초의 유해요인조사를 실시한 이후 매 3년마다 정기적으로 실시한다.

① 설비작업 · 공정 · 작업량 · 작업속도 등 작업장 상황

② 작업시간 · 작업자세 · 작업방법 등 작업조건

③ 작업과 관련된 근골격계 질환 징후와 증상 유무 등

2) 수시조사

① 법에 따른 임시건강진단 등에서 근골격계질환자가 발생하였거나 근로자가 근골격계질환으로 산재보상법 시행령상 업무상 질병으로 인정받은 경우

② 근골격계부담작업에 해당하는 업무의 양과 작업공정 등 작업환경을 변경한 경우

3) 신설사업장은 신설일로부터 1년 이내에 최초의 유해요인조사를 하여야 한다.

4) 근골격계부담작업에 해당하는 새로운 작업, 설비를 도입한 경우 지체없이 유해요인조사를 하여야 한다.

5) 유해요인조사 결과 근골격계질환이 발생할 우려가 있는 경우에는 인강공학적으로 설계된 인력작업 보조설비 및 편의설비를 설치하는 등 작업환경 개선에 필요한 조치를 하여야 한다.

Ⅵ. 결론

건설현장은 그간 전체 산업분야 중 인간공학적 작업장 및 작업방법의 개선을 위한 도입이 가장 낙후된 산업분야로 인식되어 왔다. 그간 중대재해 저감이 고용노동부의 중점 추진사항이었다면 향후 근로자 건강관리를 위한 인간공학에 기반을 둔 작업개선이 이루어져야 할 것이며 이러한 관심은 생산성향상에도 크게 기여할 것으로 사료된다.

"끝"

문제2) 터널 굴착공법 중 NATM공법에 대해서 적용 한계성과 개선사항을 안전측면에서 설명하시오.(25점)

답)

I. 개요

터널 굴착공법 중 NATM공법은 RMR 등급이 우수한 암반지역 굴착 시에는 재해발생 위험과 유지관리 단계에서의 안전성이 확보되겠으나, 국내 실정을 감안하면 적용 한계성의 검토가 반드시 이루어져야 한다. 특히, 밀폐공간에서의 작업에 따른 근로자 보건대책의 중요성은 더욱 강조되어야 할 것이다.

II. NATM공법 적용 한계성

1) 발파작업에 따른 진동과 분진, 소음, 낙반재해

2) 뿜어붙이기 콘크리트 타설 시 분진 및 유해물질의 흡입

3) 지보공 작업 시 가시설물의 불안전함에 의한 재해에 노출

4) 라이닝 콘크리트 타설 및 거푸집 작업에 따른 재해형 재해 노출

5) 배수에 따른 환경훼손

6) 밀폐공간 작업 시 발생되는 환기부족, 시야 미확보 문제

III. 개선사항

1) 발파 및 굴착

설계 및 시방에서 정한 발파기준(발파방식, 천공길이, 천공직경, 천공간격, 천공각도, 화약의 종류, 장약량 등)을 준수하여 과다발파에 의한

모암손실, 과다여굴, 부석에 의한 붕괴·붕락을 예방해야 한다.

2) **뿜어붙이기 콘크리트 작업**

사전에 작업계획을 수립 후 실시하여야 하며 작업계획에는 최소한 다음 사항이 포함되어야 한다.

① 사용목적 및 투입장비

② 건식 공법, 습식 공법 등 공법의 선택

③ 노즐의 분사출력기준

④ 압송거리

⑤ 분진방지대책

⑥ 재료의 혼입기준

⑦ 리바운드 방지대책

⑧ 작업의 안전수칙

3) **지보공 작업**

설계, 시방에 부합하는 조립도를 작성하고 당해 조립도에 따라 조립하여야 하며 재질기준, 설치간격, 접합볼트체결 등의 기준을 준수하여야 한다.

4) **라이닝 콘크리트 타설**

터널 천단부에 라이닝 철근을 조립하는 경우에는 조립된 라이닝 철근망이 자중에 의한 붕괴위험이 있는지를 구조검토하고 필요시 붕괴되지 않도록 철근망에 보강재를 삽입하거나 터널 굴착면에 철근망 고정용 앵커를 설치하여 철근망을 견고하게 고정하여야 한다.

5) 밀폐공간 작업 대책

① 밀폐공간의 위치 파악 및 관리방안

② 질식, 중독 등 유해위험요인의 파악 및 관리방안

③ 사전 확인이 필요한 사항에 대한 확인절차

④ 안전보건교육 및 훈련

⑤ 근로자의 건강장해 예방에 관한 사항

Ⅳ. 작업환경 개선대책

1) 유해요인

① 화학적 요인 : 유기용제, 유해물질, 중금속 등에서 발생되는 가스, 증기, Fume, Mist, 분진

② 물리적 요인 : 소음, 진동, 방사선, 이상기압, 극한온도

③ 생물학적 요인 : 박테리아, 바이러스, 진균 미생물

④ 인간공학적 요인 : 불량한 작업환경, 부적합한 공법, 근골격계질환, 밀폐공간 등

2) 개선대책

① 공학적 대책

• 오염발생원의 직접 제거

• 사고요인과 오염원을 근본적으로 제거하는 적극적 개선대책

② Elimination : 위험원의 제거

③ Substitution : 위험성이 낮은 물질로 대체

(예 : 연삭숫돌의 사암 유리규산을 진폐위험이 없는 페놀수지로 대체)

④ 공학적 조치(Technical measure)

- 공정의 변경 : Fail Safe, Fool proof

- 공정의 밀폐 : 소음, 분진 차단

- 공정의 격리 : 복사열, 고에너지의 격리

- 습식공법 : 분진발생부의 살수에 의한 비산방지

- 국소배기 : 작업환경개선

⑤ 관리조직적 조치(Organizational measure)

⑥ 개인보호구 사용방법 훈련(Personal Protective Equipment Training)

2) **통과 과정의 개선대책**

① 정리정돈 및 청소

- 작업장 퇴적분진의 비산방지를 위한 제거

- 작업장 주변과 사용공구의 정리정돈

② 희석식 환기(Dilution Ventilation)

국소배기장치의 적용이 불가능한 장소의 신선한 외기 흡입장치

③ 오염발생원과 근로자의 이격

근로자와 유해환경과의 노출에너지 저감

④ 모니터링의 지속실시

- 전문적 지식을 갖춘 자를 배치해 위험성 정도를 수시로 측정 분석(AI기술로 대체 시 더욱 효과적)

- 유해위험성의 기준 초과 시 자동 경보장치 작동체계 구축

3) **근로자 보호대책**

① 교육훈련

- 유해위험물질에 대한 정확한 정보전달
- 작위, 부작위에 의한 불안전한 행동의 통제(작위 : 의무사항을 이행하지 않는 행위, 부작위 : 금지사항을 실행하는 행위)

② 교대근무

근로자의 건강을 저해하는 유해성은 유해물질의 농도와 노출시간에 비례하므로 작업상태가 노출기준 초과기준에 도달하지 않은 경우에도 유해인자의 접촉시간 최소화

Harber의 법칙 $H = C \times T$

여기서, H : Harber's Theory, C : 농도, T : 노출시간

③ 개인 보호구의 적절한 공급 및 착용상태 관리감독

- 보호구의 착용이 재해의 발생을 억제시키는 것이 아닌 저감시키기 위한 것임을 주지시킬 것
- 안전인증대상여부의 필수 확인

④ 작업환경의 주기적 측정

구분	측정주기
신규공정 가동 시	30일 이내 실시 후 6개월당 1회 이상
정기적 측정	6개월당 1회 이상
발암성 물질, 화학물질 노출기준 2배 이상 초과	3개월당 1회 이상
1년간 공정변경이 없고 최근 2회 측정결과가 노출기준 미만 시(발암성 물질 제외)	1년 1회 이상

Ⅵ. 결론

NATM 공법에 의한 굴착 시에는 밀폐공간에서 작업하는 특성 상 근로자의 유해물질 흡입과 분진, 소음 등으로 인한 재해예방을 위한 사전조사와

작업환경 측정 선행되어야 하겠으며, 작업근로자의 교대근무 철저와 야간

작업을 가급적 배재할 필요가 있다.

"끝"

문제3) 건설기술진흥법상 "건설공사 참여자의 안전관리 수준 평가기준 및 절차"에 대하여 설명하시오.(25점)

답)

I. 개요

건설공사 참여자의 안전관리 수준평가 제도는 발주청, 인허가기관 또는 건설기술용역업자의 안전관리 수준을 향상시키기 위해 2016년 도입되었으며, 안전관리 종합정보망과 더불어 국토교통부의 안전관리 의지를 확인할 수 있는 제도로 평가받고 있다.

II. 발주청 또는 인허가기관의 장에 대한 평가기준

1) 안전한 공사조건의 확보 및 지원

2) 안전경영 체계의 구축 및 운영

3) 건설현장의 법적 요건 준수 및 안전관리체계 운영 실태

4) 수급자의 안전관리 수준

5) 건설사고 발생 현황

III. 평가대상

2016년 5월 19일 이후 계약된 총공사비 200억 원 이상 건설공사 참여자

IV. 평가시기

1) **발주청**

대상공사 수와 관계없이 당해연도 1회

2) 시공사, 건설사업관리용역사업자

　　현장의 경우 공기 20% 이상 진행 시 1회, 본사는 대상공사 수와 관계

　　없이 당해연도 1회

V. 건설기술용역업자, 건설업자, 주택건설등록업자에 대한 평가기준

　1) 안전경영 체계의 구축 및 운영

　2) 관련 법에 따른 안전관리 활동 실적

　3) 자발적 안전관리 활동 실적

　4) 건설사고 위험요소 확인 및 제거 활동

　5) 사후관리 실태

Ⅳ. 평가절차

　1) 건설산업정보망에 등록

　2) 국토교통부장관은 등록된 정보를 확인해 매년 11월 30일까지 다음 해

　　의 안전관리 수준 평가대상 선정

　3) 선정 사실을 해당 건설공사 참여자에게 매년 12월 31일까지 통보

　4) 국토교통부장관은 결과의 전부 또는 일부를 인터넷 홈페이지 등을 통

　　해 공개할 수 있다.

"끝"

문제4) 수직보호망의 설치기준, 관리기준, 설치 및 사용 시 안전유의사항에 대하여 설명하시오.(25점)

답)

I. 개요

밀폐공간은 근로자가 작업을 수행할 수 있는 공간으로 환기가 불충분한 상태에서 산소결핍, 유해가스로 인한 건강장해와 인화성 물질에 의한 화재·폭발 등의 위험이 있는 장소를 말한다. 일반적으로 우물, 수직갱, 터널, 잠함, 핏트, 암거, 맨홀, 탱크, 반응탑, 정화조, 침전조, 집수조 등이 밀폐공간에 해당된다.

II. 밀폐공간작업 시 주요 유해위험 요인

재해유형	원인
질식	• 콘크리트 양생 시 송기마스크 미착용 • 재해자를 구조하려는 구조자의 송기마스크 미착용
화재, 폭발	• 유독가스 유출되는 장소에서 용접작업 • 흡연 작업

III. 산소·유해가스농도 관리 기준

구분	기준치
산소	18% 이상~23.5% 미만
일산화탄소(CO)	30PPM 미만
황화수소(H_2S)	10PPM 미만
탄산가스	1.5% 미만

Ⅳ. 밀폐공간 작업 프로그램 수립시행에 따른 안전절차

1) 밀폐공간 보건작업 프로그램 추진 절차

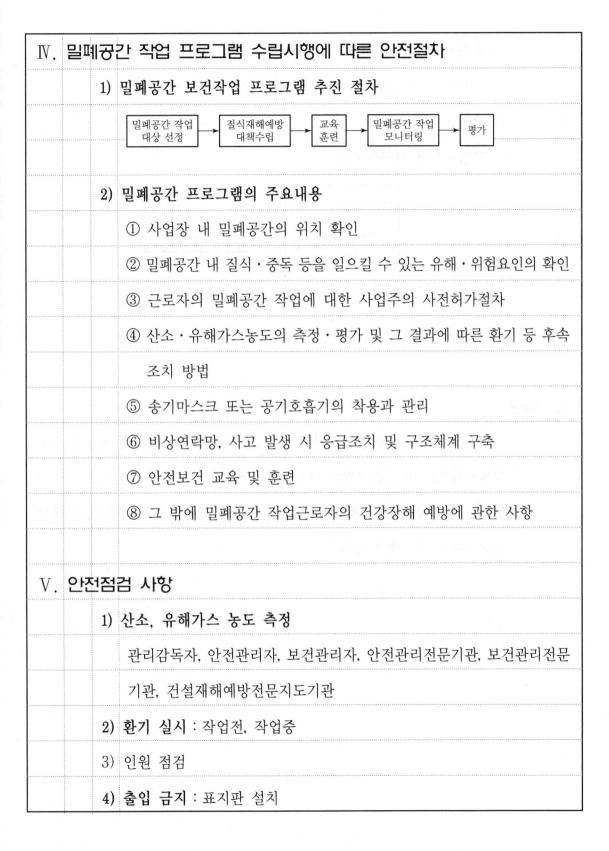

밀폐공간 작업 대상 선정 → 질식재해예방 대책수립 → 교육 훈련 → 밀폐공간 작업 모니터링 → 평가

2) 밀폐공간 프로그램의 주요내용

① 사업장 내 밀폐공간의 위치 확인

② 밀폐공간 내 질식·중독 등을 일으킬 수 있는 유해·위험요인의 확인

③ 근로자의 밀폐공간 작업에 대한 사업주의 사전허가절차

④ 산소·유해가스농도의 측정·평가 및 그 결과에 따른 환기 등 후속 조치 방법

⑤ 송기마스크 또는 공기호흡기의 착용과 관리

⑥ 비상연락망, 사고 발생 시 응급조치 및 구조체계 구축

⑦ 안전보건 교육 및 훈련

⑧ 그 밖에 밀폐공간 작업근로자의 건강장해 예방에 관한 사항

Ⅴ. 안전점검 사항

1) 산소, 유해가스 농도 측정

관리감독자, 안전관리자, 보건관리자, 안전관리전문기관, 보건관리전문기관, 건설재해예방전문지도기관

2) 환기 실시 : 작업전, 작업중

3) 인원 점검

4) 출입 금지 : 표지판 설치

5) 감시인 배치

6) 안전대, 구명밧줄, 공기호흡기 또는 송기마스크

7) 대피용 기구 배치 : 사다리, 섬유로프, 공기호흡기 또는 송기마스크 등

8) 작업허가서 발급(PTW)

```
        ┌─────────────────┐
        │  산소결핍/유해가스  │
        │   작업중 유입가스   │  Yes   ┌──────────────┐
        │ 작업조건상 위험존재 │ ─────→ │  작업허가서 작성 │
        │    기타 위험요소   │        └──────────────┘
        └─────────────────┘                  │
                 │ No                         │
                 ↓                            │
        ┌─────────────┐                      │
        │   작업투입    │ ◀────────────────────┘
        └─────────────┘
```

VI. 결론

밀폐공간이란 근로자가 상주하지 않고 출입이 제한된 장소의 내부 등으로 정의되어 있으며 건설현장의 경우 터널작업 등이 해당된다. 유해가스에 의한 건강장해와 인화성 물질에 의한 화재폭발 위험이 높으므로 이에 대한 안전대책을 준수해야 한다.

"끝"

문제5)	차량계 건설기계 중 항타기·항발기를 사용 시 다음에 대하여
	설명하시오.(25점)
	1) 작업계획서에 포함할 내용
	2) 항타기·항발기 조립·해체, 사용(이동, 정지, 수송) 및 작업
	시 점검·확인사항
답)	
I. 개요	
	차량계 건설기계 사용작업장은 건설작업에 소요되는 각종 건설기계를 사
	용하기 전 반드시 작업계획서를 작성해야 하며, 건설기계 조종자 또는 운
	전자에 대해 안전교육과 위험성평가내용을 주지시킨 후 작업에 임하도록
	조치해야 한다.
II. 작업계획서에 포함할 내용	
	1) 사용하는 차량계 건설기계의 종류 및 성능
	2) 차량계 건설기계의 운행경로
	3) 차량계 건설기계에 의한 작업방법
III. 안전대책	
	1) 항타기, 항발기 조립작업 상세 흐름도를 작성한다. 항타기, 항발기의 조
	립은 제작회사에서 제공하는 설계도면 또는 설치 매뉴얼을 따르는 것
	을 원칙으로 한다.
	2) 항타기, 항발기 조립작업 시 점검·확인사항을 체크리스트로 만들어

작업계획서에 포함한다. 작업별 공정은 다음과 같다.

① 본체의 연결부의 풀림 또는 손상의 유무

② 권상용 와이어로프, 드럼 및 도르래의 부착상태

③ 권상장치의 브레이크 및 쐐기 장치 기능의 이상 유무

④ 권상기의 설치상태의 이상 유무

⑤ 리더의 버팀방법 및 고정상태의 이상 유무

⑥ 본체·부속장치 및 부속품의 강도 및 손상·마모·변형·부식 여부

Ⅳ. 해체 시 점검·확인사항

1) 항타기, 항발기 해체작업 상세 흐름도를 작성한다. 항타기, 항발기의 해체는 제작회사에서 제공하는 설계도면 또는 해체 매뉴얼을 따르는 것을 원칙으로 한다.

2) 항타기, 항발기 해체 시 점검·확인사항을 체크리스트로 만들어 작업계획서에 포함한다. 작업별 공정은 다음과 같다.

① 하부 실린더를 접은 상태로 작업수행의 유무

② 리더 분리작업 시 리더 하부에 안전지주 또는 안전블록 사용 유무

③ 산소 LPG 절단기 사용의 경우 용접불꽃 비산 방지조치 여부

④ 해체 작업자의 떨어짐 방지조치 실시 여부

⑤ 파일 낙하방지조치 실시 여부

Ⅴ. 사용 시 점검·확인사항

1) 항타기, 항발기 이동 시에는 다음의 점검·확인사항을 체크리스트로

		만들어 작업계획서에 포함한다.
		① 주행로의 지형, 지반 등에 의한 미끄러질 위험
		② 이상소음, 누수, 누유 등에 이상이 있는 경우
		③ 주행속도
		④ 언덕을 내려올 때
		⑤ 부하 및 주행속도를 줄이는 경우
		⑥ 방향 전환 시
		⑦ 고속선회 또는 암반과 점토 위에서의 급선회 시
		⑧ 내리막 경사면에서 방향 전환할 때
		⑨ 기계 작업범위 내의 근로자 출입
		⑩ 주행 중 상부 몸체의 선회
		⑪ 기계가 전선 밑을 통과할 경우
		⑫ 급하강 시 방향 전환
		⑬ 장애물을 넘어갈 때
		⑭ 연약지반 통과 시
		⑮ 경사면에서 잠시 정지할 때
	2)	항타기, 항발기 작업종료 후 정차 시에는 다음 점검·확인사항을 체크리스트로 만들어 작업계획서에 포함한다.
		① 정차장소
		② 경사면에 세울 경우
		③ 잠금장치
		④ 엔진 정지 중

3) 항타기, 항발기 수송 시에는 다음의 점검·확인사항을 체크리스트로 만들어 작업계획서에 포함한다.

① 기계를 수송할 경우 일반적인 주의사항

② 운반기계에 건설기계를 적재할 경우 주의사항

③ 운반기계에 적재한 후 주의사항

④ 작업장치의 장착 및 취급의 경우 주의사항

⑤ 두 개의 지주 등으로 지지하는 항타기 또는 항발기를 이동시키는 경우에는 이들 각 부위를 당김으로 인하여 항타기 또는 항발기가 넘어지는 것을 방지하기 위하여 반대측에서 윈치로 장력와이어로프를 사용하여 확실히 제동하여야 한다.

VI. 작업 시 점검·확인사항

1) 항타기, 항발기 사용 전에 다음의 점검·확인사항을 체크리스트로 만들어 작업계획서에 포함한다.

① 운전자의 엔진 시동 전 점검사항

② 운전자의 유자격 및 건강상태

③ 설치된 트랩, 사다리 등을 이용한 운전대로의 승강 확인

④ 엔진 시동 후 유의사항 확인

⑤ 작업일보 작성 비치

⑥ 작업일보의 기계이력 기록

2) 항타기, 항발기 안전장치에 대한 다음의 점검·확인사항을 체크리스트로 만들어 작업계획서에 포함한다.

① 전조등

② 경보장치

③ 헤드가드 등 안전장치

3) 항타기, 항발기 작업 시에는 다음의 점검·확인사항을 체크리스트로 만들어 작업계획서에 포함한다.

① 리더 조립의 적정 여부

② 호이스트 와이어로프(Hoist Wire Rope)의 폐기기준 도달 여부 및 적정 설치 여부

③ 트랙(Track) 폭 확장 여부

④ 철판설치 등 지반보강 적정 실시 여부

⑤ 드롭해머 고정 홀(Hole) 과다 마모·변형 여부

⑥ 권과 방지장치 등 각종 안전장치 적정 설치 및 정상 작동여부

Ⅶ. 결론

항타기·항발기의 대표적인 재해는 전도사고가 되겠으며, 이러한 재해를 예방하기 위해서는 장비 이동 시 철판의 사용과 더불어 철판 이동 시 별도의 양중기를 반드시 사용해야 한다. 또한 전도사고의 대부분이 항발기 부착부 방향에서 발생되므로 후면 아우트리거의 받침 높이규정도 철저히 지켜야 한다.

"끝"

문제6)	철근콘크리트공사에서 거푸집 동바리 설계 시 고려하중과 설치 기준에 대하여 설명하시오.(25점)
답)	

Ⅰ. 개요

1) 거푸집 및 동바리는 콘크리트 경화 시까지 생콘크리트 자중 및 외력으로부터 보호하는 것으로, 안정성 확보가 중요하며

2) 특히 동바리의 허용응력은 설계하중보다 지주 타입은 2.5~3배, 보 타입은 2배 이상 확보되어야 한다.

Ⅱ. 거푸집/동바리의 구조 설계 기준

1) 건설현장 거푸집/동바리 해석기준

2차원 또는 3차원 해석(단, 층고 5m 이하인 경우 생략가능)

2) 3차원 해석 대상

① 구조물 형상 변화 큰 경우

② 편재하 시

3) 구조기술사 검토대상

작업발판 일체형 거푸집, 높이 5m 이상인 경우

Ⅲ. 거푸집/동바리 안정성 검토 절차

하중검토 및 조합 → 응력 계산 → 단면 결정 → 표준 조립상세도

		IV.	거푸집/동바리의 안정성 검토 하중의 종류

IV. 거푸집/동바리의 안정성 검토 하중의 종류

1) 연직하중 : 연직하중＝고정하중＋작업하중

① 고정하중＝콘크리트자중($24kN/m^2$)＋거푸집자중($0.4kN/m^2$)

② 작업하중

- 강도검토 : $1.8kN/m^2$

- 처짐검토 : $1.5kN/m^2$

③ 연직하중 최소치 : $5kN/m^2$(전동식 카트＝$6.25kN/m^2$)

2) 수평하중

① 수평거푸집 : 고정하중의 2% 또는 동바리 단위길이당 $1.5kN/m^2$ 중

큰 값

② 벽체 거푸집 : 콘크리트 측압＋풍하중(단, $0.5kN/m^2$ 이상)

3) 콘크리트측압

① 일반적인 경우 : P(측압)＝W(con'c 중량)×H(타설높이)

② 특수한 경우(벽체/기둥거푸집)

- Slump＝175mm 이하, 타설고 1.2m 이하

- 콘크리트 특성, 타설속도, 타설 온도에 따른 산정식 적용

4) 풍하중(Pf)

$$Pf = \frac{1}{2} \times R \times V^2 \times G(\text{가스트영향계수}) \times C(\text{풍력계수})$$

5) 특수하중

① Con'c 비대칭타설, 경사거푸집, prestressing, 인양장비하중 등

② Slip Form 인양하중(벽마찰) : $3kN/m^2$

V. 응력 계산 (E : 탄성계수, I : 부재단면2차모멘트)

1) 강도 검토

① 최대전단강도 $= \dfrac{\omega l^2}{2}$

② 최대 휨모멘트 $= \dfrac{\omega l^2}{8}$

2) 처짐 검토

최대처짐량 $= \dfrac{5 \times \omega l^4}{384 EI} \leq$ 허용처짐량

3) 동바리 좌굴검토

좌굴하중(Pcr) $= \dfrac{\pi^2 EI}{lr^2}$

4) 응력 계산

부재작용 응력 $\leq$ 허용응력

VI. 거푸집/동바리 설치기준

1) 자재의 KS규격 및 안전인증 여부 확인

2) **동바리 침하 방지** : 하부받침대 사용, 배수로 설치 등

3) 거푸집/동바리 허용오차 준수

4) **거푸집/동바리 타설 전 점검**

① 안전/보건총괄 책임자의 점검 실시

② 거푸집의 조립 정밀도, 동바리의 간격 및 보강

VII. 결론

1) 거푸집/동바리의 안정성은 각 하중조합에 의한 2차원 및 3차원 해석 검

토와 함께 보강(Blacing 등) 조치가 중요하며

2) 특히 하중이 집중되지 않도록 타설 중 면밀한 관리와 이상 발견 시 즉시 보강 등의 조치가 무엇보다 중요하다.

"끝"

제131회

기출문제 및 풀이

(2023년 8월 26일 시행)

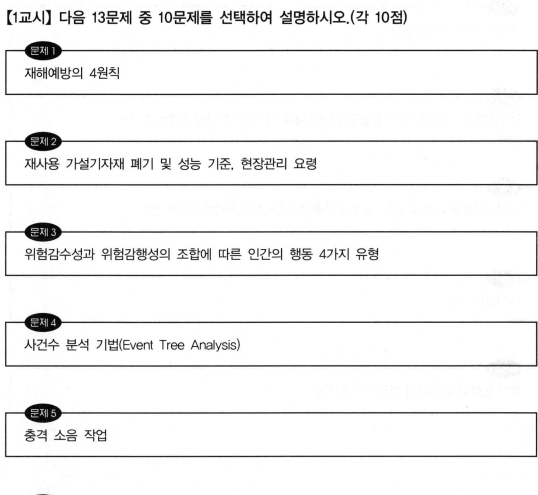

제131회 **건설안전기술사 기출문제** (2023년 8월 26일 시행)

【1교시】 다음 13문제 중 10문제를 선택하여 설명하시오.(각 10점)

> 문제 1
>
> 재해예방의 4원칙

> 문제 2
>
> 재사용 가설기자재 폐기 및 성능 기준, 현장관리 요령

> 문제 3
>
> 위험감수성과 위험감행성의 조합에 따른 인간의 행동 4가지 유형

> 문제 4
>
> 사건수 분석 기법(Event Tree Analysis)

> 문제 5
>
> 충격 소음 작업

> 문제 6
>
> 보건관리자 선임 및 대상 사업장

> 문제 7
>
> 재난 및 안전관리 기본법상 재난사태의 선포 및 조치내용

문제 8

절토사면 낙석예방 록볼트(Rock Bolt) 공법

문제 9

무량판구조의 전단보강철근

문제 10

차량탑재형 고소작업대의 출입문 안전조치와 작업 시 대상별 안전조치 사항

문제 11

제3종 시설물 지정대상 및 시설물 통합정보관리시스템(FMS) 입력사항

문제 12

사방(砂防) 댐

문제 13

가설 통로와 사다리식 통로의 설치기준

【2교시】 다음 6문제 중 4문제를 선택하여 설명하시오.(각 25점)

문제 1

재해통계의 목적, 정량적 재해통계의 분류에 대하여 설명하고, 재해통계 작성 시 유의사항 및 분석방법에 대하여 설명하시오.

문제 2

사업장 위험성평가에 관한 지침(고용노동부 고시 제2023-9호)에 따른 위험성평가의 목적과 방법, 수행절차, 실시시기별 종류에 대하여 설명하시오.

문제 3

산업안전보건법상 안전보건교육의 교육과정별 교육내용, 대상, 시간에 대하여 설명하시오.

문제 4

건설공사 현장의 굴착작업을 실시하는 경우 지반 종류별 안전기울기 기준을 설명하고 굴착작업 계획수립 및 준비사항과 예상재해 중 붕괴재해 예방대책에 대하여 설명하시오.

문제 5

강관비계와 시스템비계 조립 시 각각의 벽이음 설치기준과 벽이음 위치를 설명하고, 벽이음 설치가 어려운 경우 설치방법에 대하여 설명하시오.

문제 6

항타기 및 항발기의 조립 · 해체 시 준수사항, 점검사항, 무너짐 방지대책 및 권상용 와이어로프 사용 시 준수사항에 대하여 설명하시오.

【3교시】 다음 6문제 중 4문제를 선택하여 설명하시오.(각 25점)

문제 1

인간의 의식수준과 부주의 행동관계에 대하여 설명하고, 휴먼에러의 심리적 과오에 대하여 설명하시오.

문제 2

굴착기를 사용한 인양작업 시 기준 및 준수사항에 대하여 설명하고, 굴착기의 작업 · 이송 · 수리 시 안전관리 대책에 대하여 설명하시오.

문제 3

산업안전보건기준에 관한 규칙상 가스폭발 및 분진폭발 위험장소 건축물의 내화구조 기준에 대하여 설명하고, 위험물을 저장 · 취급하는 화학설비 및 부속설비 설치 시 폭발이나 화재 피해를 경감하기 위한 안전거리 기준 등 안전대책에 대하여 설명하시오.

문제 4

시설물의 안전 및 유지관리에 관한 특별법상 정밀안전진단 보고서에 포함되어야 할 사항에 대하여 설명하시오.

문제 5

철근콘크리트 옹벽의 유형을 열거하고, 옹벽의 붕괴원인과 방지대책에 대하여 설명하시오.

문제 6

건설현장 전기용접작업 시 발생 가능한 재해유형과 안전대책을 설명하고, 화재감시자에게 지급해야 할 보호구와 배치장소에 대하여 설명하시오.

【4교시】 다음 6문제 중 4문제를 선택하여 설명하시오.(각 25점)

문제 1

건설현장 근로자의 근골격계 질환 발생원인과 예방대책에 대하여 설명하시오.

문제 2

산업안전보건위원회의 구성 대상과 역할, 회의개최 및 심의 · 의결 사항에 대하여 설명하시오.

문제 3

도심지 굴착공사 시 지하매설물에 근접해서 작업하는 경우 굴착 영향에 의한 지하매설물 보호와
안전사고를 예방하기 위한 안전대책에 대하여 설명하시오.

문제 4

외부 작업용 곤돌라 안전점검 사항과 작업 시 안전관리 사항에 대하여 설명하시오.

문제 5

하천제방(河川堤防)의 누수원인 및 붕괴 방지대책에 대하여 설명하시오.

문제 6

건설공사 재해 예방을 위하여 건설공사의 계획, 설계 및 시공 단계별로 작성하는 안전보건대장에
대하여 설명하시오.

제 131 회
국가기술자격검정 기술사 필기시험 답안지(제1교시)

○   ○   ○

※ 10권 이상은 분철(최대 10권 이내)

자 격 종 목	건설안전기술사

답안지 작성 시 유의사항

1. 답안지는 총 7매(14면)이며 교부받는 즉시 매수, 페이지 등 정상 여부를 반드시 확인하고 1매라도 분리되거나 훼손하여서는 안 됩니다.
2. 시행회, 자격종목, 수험번호, 성명을 정확하게 기재하여야 합니다.
3. 수험자 인적사항 및 답안 작성(계산식 포함)은 흑색 또는 청색 필기구만 사용하되, 동일한 한 가지 색의 필기구만 사용하여야 하며 흑색, 청색을 제외한 유색 필기구 또는 연필류를 사용하거나 두 가지 이상의 색을 혼합 사용하였을 경우 그 문항은 0점 처리됩니다.
4. 답안 정정 시에는 두 줄(=)을 긋고 다시 기재 가능하며, 수정테이프(액) 등을 사용했을 경우 채점상의 불이익을 받을 수 있으므로 사용하지 마시기 바랍니다.
5. 답안지에 답안과 관련 없는 특수한 표시, 특정인임을 암시하는 답안지는 전체가 0점 처리됩니다.
6. 답안 작성 시 홈(구멍)이나 도형 등 그림이 없는 직선자(템플릿 사용 금지)만 사용할 수 있습니다.
7. 문제의 순서에 관계없이 답안을 작성하여도 되나 주어진 문제번호와 문제를 기재한 후 답안을 작성하고 전문용어는 원어로 기재하여도 무방합니다.
8. 요구한 문제수보다 많은 문제를 답하는 경우 기재 순으로 요구한 문제수까지 채점하고 나머지 문제는 채점대상에서 제외됩니다.
9. 답안 작성 시 답안지 양면의 페이지 순으로 작성하시기 바랍니다.
10. 기작성한 문항 전체를 삭제하고자 할 경우 반드시 해당 문항의 답안 전체에 대하여 명확하게 X표시(X표시한 답안은 채점대상에서 제외) 하시기 바랍니다.
11. 시험시간이 종료되면 즉시 답안 작성을 멈춰야 하며, 종료시간 이후 계속 답안을 작성하거나 감독위원의 답안 제출 지시에 불응할 때에는 채점대상에서 제외됩니다.
12. 각 문제의 답안 작성이 끝나면 "끝"이라고 쓰고 다음 문제는 두 줄을 띄워 기재하여야 하며 최종 답안 작성이 끝나면 그 다음 줄에 "이하 여백"이라고 써야 합니다.
13. 비번호란은 기재하지 않습니다.

비 번 호	

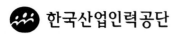

문제1) 재해예방의 4원칙(10점)

답)

I. 개요

1) 재해가 발생하면 인명과 재산손실이 발생하므로 최소화하기 위한 방법이 필수적이다.

2) 재해예방의 원칙으로 손실우연, 원인계기, 예방가능, 대책선정이 있으며 계획적이고 체계적인 안전관리가 중요하다.

II. 재해예방 4원칙

1) **손실우연의 원칙**

① 재해손실은 사고 발생 시 사고 대상의 조건에 따라 달라지므로 재해손실의 크기는 우연성에 의하여 결정된다.

② H. W. Heinrich의 1 : 29 : 300 법칙

- 330회의 사고 가운데 사망 또는 중상 1회, 경상 29회, 무상해사고 300회의 비율로 발생

- 재해의 배후에는 상해를 수반하지 않는 많은 수(300건/90.9%)의 사고가 발생

- 300건의 사고, 즉 아차사고의 관리가 중요하다.

2) **원인계기의 원칙**

① 사고와 손실과의 관계는 우연적이지만, 사고와 원인과의 관계는 필연적이다.

② 사고발생의 원인은 간접원인과 직접원인으로 분류된다.

3) **예방가능의 원칙**

① 재해는 원칙적으로 원인만 제거되면 예방이 가능하다.

② 인재(불안전한 상태 10%, 불안전한 행동 88%)는 미연에 방지 가능하다.

③ 재해의 사전 방지에 중점을 두는 것은 '예방 가능의 원칙'에 기초한다.

4) **대책선정의 원칙**

① 재해예방을 위한 가능한 안전대책은 반드시 존재한다.

② 3E 대책

- 기술적(Engineering) 대책 : 기술적 원인에 대한 설비·환경·작업 방법 개선

- 교육적(Education) 대책 : 교육적 원인에 대한 안전교육과 훈련 실시

- 규제적(Enforcement) 대책 : 엄격한 규칙에 의해 제도적으로 시행

③ 안전사고의 예방은 3E를 모두 활용함으로써 합리적인 관리가 가능하다.

"끝"

문제2) 재사용 가설기자재 폐기 및 성능 기준, 현장관리 요령(10점)

답)

I. 개요

건설공사 현장에서 주로 사용되는 재사용 가설기자재가 제품으로서의 품질보증과 가설구조물로서의 안전성을 확보할 수 있도록 '재사용 가설기자재 성능기준에 관한 지침'의 준수가 필요하다.

II. 폐기기준

재사용 가설기자재 폐기기준고용노동부 고시의 시험성능기준에 미달하거나 변형·손상·부식 등이 현저하여 정비가 불가능한 경우

III. 성능기준

재사용 가설기자재 성능기준안전인증규격과 자율안전확인규격의 100% 이상(안전인증규격과 자율안전확인규격에 없는 성능기준은 한국산업표준에 따름)

IV. 현장관리요령

1) 재사용 가설기자재 등록증을 확인한다.

2) 운반·설치·보관 중 손상된 재사용 가설기자재는 사용을 금지한다.

3) 재사용 가설기자재는 장비나 중량물에 의해 손상될 우려가 없는 장소에 적재한다.

V.	현장에서의 재사용 가설기자재 사용 시 준수사항
	1) 판정된 내용의 표시가 되어있는 것만 사용
	2) 시험방식이 모집단 무작위 샘플링이므로 육안검사 등의 2차 검사 실시
	3) 부적합 판정을 받은 가설기자재의 재반입 방지 조치
	"끝"

문제3) 위험감수성과 위험감행성의 조합에 따른 인간의 행동 4가지 유형(10점)

답)

I. 개요

인간은 자신이 처한 환경에서 힘의 보유에 관한 인식기준으로 주도형, 사고형 등 4가지 유형으로 분류되며 이것은 위험감수성 또는 위험감행성과 연관지어 진다.

II. 인간의 행동 4가지 유형

행동유형	특징
자기중심 유형	성실성, 친화성 측면에서는 부족하나 외향적인 성격이다.
롤모델형	외향성, 친화성에 강하나 매우 예민한 성격이다.
평균형	친화적이고 성실하며 외향적인 성격으로 개방적인 측면에서는 자기중심적 유형에 비해 보수적이다.
내성적 유형	개방성과 신경증적 측면외 영역에서 안정적인 성격이다.

III. 위험감수성

불확실한 결과가 예상되는 경우에도 도전하는 의지가 강해 낮은 위험의 목표보다 높은 위험 목표를 선호하고 적극적으로 기회를 모색하고 추구하는 의욕으로 관찰적 경험, 인지적 경험, 지각적 경험, 정서적 경험으로 분류할 수 있다.

IV. 위험감수성, 위험감행성을 고려한 위험성 평가의 공유에 관한 소견

위험성 결정결과, 허용 불가능한 위험성을 현재의 기술 수준 및 작업방법 등을 고려해 합리적으로 실천가능한 범위에서 가능한 한 낮은 수준으로 감소시키기 위한 대책을 수립해야 하며, 이를 위해서는 근로자의 의견을 적극적으로 청취해야 하겠으며, 특히, 고령근로자와 외국인근로자의 경험과 몸소 겪고 있는 애로사항을 보다 감성적으로 받아들일 필요가 있다.

"끝"

문제4) 사건수 분석 기법(Event Tree Analysis)(10점)

답)

I. 개요

공정실패 또는 오류 등 초기조건으로 인해 발생될 수 있는 사고를 규명하기 위한 방법으로 설계단계에서 위험성평가를 실시할 때 발생빈도 및 예상사고 시나리오를 도출하기 위한 기법

II. 분석 절차

초기사건 산정 → 안전요소 확인 → 사건수 구성 → 사고결과의 확인 → 사고결과 상세분석 → 결과보고서 작성

III. 단계별 실무

단계	항목	내용
1	초기사건 선정	발생 가능한 초기사건 선정 (예 : 유해물질 노출, 화재발생)
2	안전요소 확인	초기사건의 완화가 가능한 안전요소 확인 (예 : 경보장치, 안전설계, 완화장치 등)
3	사건수 구성	초기사건에 대한 안전요소의 작동 및 대응 결과 평가
4	사고결과 확인	초기사건으로부터 진행된 각종 사고 및 결과의 확인
5	사고결과 상세분석	평가항목, 수용수준, 평가결과, 개선요소로 구성
6	결과의 문서화	결과보고서 작성

"끝"

문제5) **충격 소음작업**(10점)

답)

Ⅰ. 개요

소음작업이린 1일 8시간 기준 85dB 이상의 소음이 발생되는 작업을 말하며, 소음작업은 강렬한 소음작업과 충격 소음작업으로 분류된다.

Ⅱ. 충격 소음작업

소음이 1초 이상의 간격으로 발생하는 작업

1) 120dB 초과 소음이 1일 1만 회 이상 발생하는 작업

2) 130dB 초과 소음이 1일 1천 회 이상 발생하는 작업

3) 140dB 초과 소음이 1일 1백 회 이상 발생하는 작업

Ⅲ. 소음수준의 주지

1) 해당 작업장소의 소음 수준

2) 인체에 미치는 영향과 증상

3) 보호구의 선정과 착용방법

4) 그 밖에 소음으로 인한 건강장해 방지에 필요한 사항

Ⅳ. 난청 장해 예방을 위한 사업주의 조치사항

1) 청력보호구 지급

① 사업주는 근로자가 소음작업, 강렬한 소음작업, 충격소음작업에 종사하는 경우에 근로자에게 청력 보호구를 지급하고 착용하도록 해

야 한다.

② 근로자는 지급된 보호구를 착용해야 한다.

③ 청력보호구는 개인 전용으로 한다.

V. 청력보존 프로그램 수립 · 시행대상

1) 소음의 작업환경 측정 결과 소음수준이 90dB를 초과하는 사업장

2) 소음으로 인해 근로자의 건강장해가 발생한 사업장

"끝"

문제6) 보건관리자 선임 및 대상 사업장(10점)

답)

Ⅰ. 개요

사업주는 사업장에 보건관리자를 두어 보건에 관한 기술적인 사항에 관하여 사업주 또는 관리책임자를 보좌하고 관리감독자에게 조언·지도하는 업무를 수행하게 하여야 한다.

Ⅱ. 선임대상

1) 공사금액 800억 원 이상 건축공사현장

2) 공사금액 1,000억 원 이상 토목공사현장

3) 1,400억 원이 증가할 때마다 또는 상시근로자 600인이 추가될 때마다 1명씩 추가

Ⅲ. 자격

1) 의료법에 따른 의사

2) 의료법에 따른 간호사

3) 산업보건지도사

4) 산업위생관리산업기사 또는 대기환경산업기사 이상의 자격을 취득한 사람

5) 인간공학기사 이상의 자격을 취득한 사람

6) 전문대학 이상의 학교에서 산업보건 또는 산업위생 분야의 학과를 졸업한 사람(법령에 따라 이와 같은 수준 이상의 학력이 있다고 인정되는 사람을 포함한다.)

Ⅳ.	**업무**	
	1)	산업안전보건위원회에서 심의·의결한 업무와 안전보건관리규정 및 취업규칙에서 정한 업무
	2)	안전인증대상 기계·기구 등과 자율안전확인대상 기계·기구 등 보건과 관련된 보호구 구입 시 적격품 선정에 관한 보좌 및 조언·지도
	3)	물질안전보건자료의 게시 또는 비치에 관한 보좌 및 조언·지도
	4)	위험성평가에 관한 보좌 및 조언·지도
	5)	산업보건의의 직무
	6)	해당 사업장 보건교육계획의 수립 및 보건교육 실시에 관한 보좌 및 조언·지도
		"끝"

문제7) 재난 및 안전관리 기본법상 재난사태의 선포 및 조치내용(10점)

답)

I. 개요

행정안전부장관은 대통령령으로 정하는 재난이 발생하거나 발생할 우려가 있는 경우 사람의 생명·신체 및 재산에 미치는 중대한 영향이나 피해를 줄이기 위하여 긴급한 조치가 필요하다고 인정하면 중앙위원회의 심의를 거쳐 재난사태를 선포할 수 있다. 다만, 행정안전부는 재난상황이 긴급하여 중앙위원회의 심의를 거칠 시간적 여유가 없다고 인정하는 경우에는 중앙위원회의 심의를 거치지 아니하고 재난사태를 선포할 수 있다.

II. 재난사태의 선포와 조치

1) 행정안전부장관은 제1항 단서에 따라 재난사태를 선포한 경우에는 지체 없이 중앙위원회의 승인을 받아야 하고, 승인을 받지 못하면 선포된 재난사태를 즉시 해제하여야 한다.

2) **행정안전부장관 및 지방자치단체의 장은 제1항에 따라 재난사태가 선포된 지역에 대하여 다음 각 호의 조치를 할 수 있다.**

① 재난경보의 발령, 인력·장비 및 물자의 동원, 위험구역 설정, 대피명령, 응급지원 등이 법에 따른 응급조치

② 해당 지역에 소재하는 행정기관 소속 공무원의 비상소집

③ 해당 지역에 대한 여행 등 이동 자제 권고

④ 그 밖에 재난예방에 필요한 조치

Ⅲ. 재난사태의 해제

행정안전부장관은 재난으로 인한 위험이 해소되었다고 인정하는 경우 또는 재난이 추가적으로 발생할 우려가 없어진 경우에는 선포된 재난사태를 즉시 해제하여야 한다.

"끝"

문제8) 절토사면 낙석예방 록볼트(Rock Bolt) 공법(10점)

답)

Ⅰ. 개요

록볼트(Rock Bolt) 공법은 절취사면의 이완된 암반의 절리와 균열 등 역학적 불연속면으로 발생되는 암반 붕괴를 방지하기 위한 공법으로 암반과 암반의 결합으로 지반의 안정화를 도모할 수 있다.

Ⅱ. 시공순서

사면정리 → 천공 → 충진 → 록볼트 삽입 → 정착 → 뿜어붙이기 콘크리트의 타설

Ⅲ. 시공계획서 포함사항

구분	포함사항
시공계획서	시공관리자, 공정표, 사용기계종류와 제원, 사용재료, 정착방법, 정착에 필요한 응고시간
첨부사항	암층별 현장시험 인발하중, 변위, 용수상태, 천공구경, 천공장비, 시험위치, 암질상태, 정착재료

Ⅳ. 낙석 안정해석

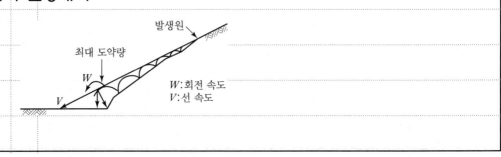

① 비탈면 최대 기울기를 따라 등고선의 직각방향으로 낙하

② 반발높이는 비탈면 직각방향으로 추정

③ 비탈면 표면특성 고려

④ 시뮬레이션을 통해 반발높이 산출

V. 시공 시 안전대책

1) 절취 후 가급적 빠른 시간 내에 시공

2) 절리 등 지반상황에 따라 뿜어붙이기 콘크리트의 타설두께와 타설시기를 감안해 조정

3) 뿜어붙이기 콘크리트로 피복처리

"끝"

문제9) 무량판구조의 전단보강철근(10점)

답)

I. 개요

전단철근이란 철근콘크리트 구조물에서 전단이나 경사 인장력에 저항하도록 설계하는 철근으로 전단저항 외에도 콘크리트 부재의 전단강도를 증가시키는 역할도 한다.

III. 무량판 구조의 장·단점

구분	장점	단점
무량판 슬래브	• 실내공간 활용도가 높다. • 공사비가 저렴하다. • 구조가 간단하다.	• 구조상 강성확보가 어렵다. • 주두의 철근층이 복잡하다. • 바닥판이 두꺼워 고정하중이 증가된다.

III. 전단보강철근의 조건

1) 수직방향에 이음이 없어야 하며

2) 상·하단에 갈고리와 같은 철근의 연속성이 있어야 한다.

IV. 분류

1) 부재축과 직각인 스터럽

2) 부재축과 직각으로 배치된 용접철망

3) 나선철근, 원형띠철근, 후프철근

V. 무량판구조의 안전성 확보방안

1) 설계단계

① 하중의 정확한 산정

② 적절한 철근 배근방식 선정

③ DFS에 의한 적절한 설계

2) 시공단계

① 철근이음 및 정착길이 확보

② 기둥부와의 일체성 확보

③ 콘크리트 타설 시 다짐기준 준수

④ 피복두께 확보

⑤ 콘크리트 타설 시 진동 및 충격발생 억제

3) 콘크리트 양생단계

① 절절한 온도 및 습윤상태 유지

② 거푸집 존치기간의 철저한 준수

③ 하절기 및 동절기 시 초기강도 유지를 위한 양생공법 적용

4) 구조적 안전성 확보방안

① 슬래브 두께 15cm 이상 확보

② 슬래브의 펀칭균열 방지조치

③ 기둥의 폭 최소 30cm 이상 확보

"끝"

문제10) 차량탑재형 고소작업대의 출입문 안전조치와 작업 시 대상별 안전조치 사항(10점)

답)

I. 개요

차량탑재형 고소작업대의 재해유형은 출입문 안전조치 미비로 인한 경우가 가장 많이 발생된다. 특히, 경첩이 달린 난간대와 슬라이딩식 난간대의 차이점을 이해하고 안전조치에 임하는 것이 중요하다.

II. 출입문 안전조치

1) 체인이나 로프를 출입문으로 사용하지 않을 것

2) 경첩이 달린 난간대는 바깥쪽으로 접히지 않아야 하고, 슬라이딩식 난간대는 수직 방향으로만 작동될 것

3) 출입문은 자동적으로 닫히고 고정되거나, 닫힐 때까지는 고소작업대의 작동이 불가능하도록 상호 연동될 것. 다만, 자동으로 방호 위치로 되돌아가는 슬라이딩식 또는 수직으로 열리(Hinged)는 중간대는 고정되거나 연동시킬 필요는 없다.

4) 출입문은 바깥쪽으로 열리거나 임의로 열리지 않을 것. 다만, 단일 탑승자용으로서 작업대 바닥면적이 $0.5m^2$ 이하인 특수목적 작업대의 출입문은 자동으로 닫히고 견고하게 고정되는 경우 바깥쪽으로 열릴 수 있다.

Ⅲ.		작업 시 대상별 안전조치 사항
	1)	주요 위험요인
		안전난간 미설치, 허용 정격하중 초과, 아웃트리거 미설치, 안전장치
		임의해제
	2)	대상별 안전조치 사항
		① 작업대 안전난간 파손 및 탈락은 없는지 확인, 작업 중 안전난간 임
		의 해제 금지
		② 허용 작업반경 초과 금지
		③ 조종자 시야 확보 후 작업대 위치 조정
		④ 작업대 고정볼트 체결상태 및 붐 인출 와이어로프, 체인 마모상태
		등 장비 정기점검
		⑤ 유도자 배치로 기타 장비와 충돌방지
		⑥ 안전대 및 안전모 등 보호구 착용
		"끝"

문제11) 제3종 시설물 지정대상 및 시설물 통합정보관리시스템(FMS) 입력사항 (10점)

답)

I. 개요

시설물의 안전 및 유지관리에 관한 특별법상 중앙행정기관의 장 또는 지방자치단체의 장은 다중이용시설 등 재난이 발생할 위험이 높거나 재난을 예방하기 위해 계속적인 관리가 인정되는 경우 제3종 시설물로 지정, 고시할 수 있다.

II. 제3종 시설물 지정대상

1) 공동주택

① 준공 후 15년이 경과된 5층 이상~15층 이하 아파트

② 준공 후 15년이 경과된 연면적 660m² 초과, 4층 이하 연립주택

2) 공동주택 외의 건축물

① 준공 후 15년이 경과된 연면적 1,000m² 이상~5,000m² 미만의 판매시설, 숙박시설, 운수시설, 문화 및 집회시설, 의료시설, 장례식장, 종교시설, 위락시설, 관광 휴게시설, 수련시설, 노유자시설, 운동시설, 교육시설

② 준공 후 15년이 경과된 연면적 500m² 이상~1,000m² 미만의 문화 및 집회시설 중 공연장 및 집회장, 종교시설, 운동시설

③ 준공 후 15년이 경과된 연면적 300m² 이상~1,000m² 미만의 위락시설, 관광휴게시설

④ 준공 후 15년이 경과된 11층 이상~16층 미만 또는 연면적 5,000m²

이상~30,000m² 미만의 건축물

⑤ 5,000m² 미만의 상가가 설치된 지하도상가(지하보도면적을 포함한다)

⑥ 준공 후 15년이 경과된 연면적 1,000m²이상의 공공청사

3) 기타

그 밖에 건설공사를 통하여 만들어진 건축물 등 구조물과 그 부대시설

로서 중앙행정기관의 장 또는 지방자치단체의 장이 재난예방을 위하

여 안전관리가 필요한 것으로 인정하는 시설물

Ⅲ. 시설물 통합정보관리시스템(FMS) 입력사항

1) 시설물의 설계도서, 구조계산서, 안전점검자료

2) 시설물의 안전점검 및 진단결과 내역

3) 시설물의 보수보강이력 및 유지보수계획

"끝"

문제12) 사방(砂防) 댐(10점)

답)

I. 개요

하천유수의 유속을 줄이고 침식을 억제하기 위한 수제인 사방댐은 유로의 안전을 얻고자 시공되며 퇴적을 인위적으로 유발시킨다는 것이 특징이다.

II. 설치목적

1) 유속의 조절

2) 폭우 시 산사태 방지

3) 급경사면의 토사유실 방지

III. 종류

종류별	특징
중력식 콘크리트댐 (불투과형 사방댐)	• 산간계곡 등의 수해방지용으로 설치하는 것으로 상류에서 내려오는 물과 토석을 가두어 댐 하류의 피해를 예방하는 기능 • 하류에 설치해야 토석의 하류 유출을 방지하는 기능의 효과가 높음
버팀식 사방댐 (투과형 사방댐)	• 산사태 발생 시 유목이 내려와 유로를 변경시키거나 교각에 걸려 농경지 및 주택의 피해를 방지하기 위한 댐 • 상류에 설치 시 도입목적의 효과가 높음
복합형 (부분투과형 사방댐)	토석과 유목 동시차단

IV. 사방댐 설치 시 고려해야 할 사항

사방댐은 계류의 바닥기울기를 완만하게 해 돌이나 자갈 등이 쉽게 이동하지 않도록 하는 기능을 갖는다. 그러므로 시공 시 기능적인 면을 고려해 추진할 필요가 있다.

1) 토석류 저지를 위한 사방댐은 적극적인 준설로 저사공간을 더욱 확보

하는 것이 유리하며

2) 계류안정을 목적으로 하는 사방댐은 준설하지 않고 그대로 두는 것이

효과적이다.

"끝"

문제13) 가설 통로와 사다리식 통로의 설치기준(10점)

답)

Ⅰ. 개요

가설통로와 사다리식 통로는 건설현장에서 발생되는 추락재해의 점유율이 가장 높은 가시설물이므로 설치기준의 철저한 준수가 이루어지도록 해야 한다.

Ⅱ. 가설통로 설치기준

1) 견고한 구조로 할 것

2) 경사는 30도 이하로 할 것. 다만, 계단을 설치하거나 높이 2미터 미만의 가설통로로서 튼튼한 손잡이를 설치한 경우에는 그러하지 아니하다.

3) 경사가 15도를 초과하는 경우에는 미끄러지지 아니하는 구조로 할 것

4) 추락할 위험이 있는 장소에는 안전난간을 설치할 것. 다만, 작업상 부득이한 경우에는 필요한 부분만 임시로 해체할 수 있다.

5) 수직갱에 가설된 통로의 길이가 15미터 이상인 경우에는 10미터 이내마다 계단참을 설치할 것

6) 건설공사에 사용하는 높이 8미터 이상인 비계다리에는 7미터 이내마다 계단참을 설치할 것

Ⅲ. 사다리식 통로의 설치기준

1) 견고한 구조일 것

2) 심한 손상이나 부식이 없는 재료일 것

3) 발판의 간격은 일정할 것

4) 발판과 벽과의 사이는 15cm 이상일 것

5) 폭은 30cm 이상일 것

6) 미끄럼 방지조치

7) 상단은 60cm 이상 돌출

8) 10m 이상 시 5m 이내마다 계단참 설치

9) 기울기는 75° 이하

10) 고정식 사다리 기울기는 90° 이하, 7m 이상 시 바닥으로부터 2.5m부터 등받이울 설치

11) 접이식 사다리 기둥은 접혀지거나 펼쳐지지 않도록 철물사용 고정

"끝"

제 131 회
국가기술자격검정 기술사 필기시험 답안지(제2교시)

○　　　　　○　　　　　○

※ 10권 이상은 분철(최대 10권 이내)

자 격 종 목	건설안전기술사

답안지 작성 시 유의사항

1. 답안지는 총 7매(14면)이며 교부받는 즉시 매수, 페이지 등 정상 여부를 반드시 확인하고 1매라도 분리되거나 훼손하여서는 안 됩니다.
2. 시행회, 자격종목, 수험번호, 성명을 정확하게 기재하여야 합니다.
3. 수험자 인적사항 및 답안 작성(계산식 포함)은 흑색 또는 청색 필기구만 사용하되, 동일한 한 가지 색의 필기구만 사용하여야 하며 흑색, 청색을 제외한 유색 필기구 또는 연필류를 사용하거나 두 가지 이상의 색을 혼합 사용하였을 경우 그 문항은 0점 처리됩니다.
4. 답안 정정 시에는 두 줄(=)을 긋고 다시 기재 가능하며, 수정테이프(액) 등을 사용했을 경우 채점상의 불이익을 받을 수 있으므로 사용하지 마시기 바랍니다.
5. 답안지에 답안과 관련 없는 특수한 표시, 특정인임을 암시하는 답안지는 전체가 0점 처리됩니다.
6. 답안 작성 시 홈(구멍)이나 도형 등 그림이 없는 직선자(템플릿 사용 금지)만 사용할 수 있습니다.
7. 문제의 순서에 관계없이 답안을 작성하여도 되나 주어진 문제번호와 문제를 기재한 후 답안을 작성하고 전문용어는 원어로 기재하여도 무방합니다.
8. 요구한 문제수보다 많은 문제를 답하는 경우 기재 순으로 요구한 문제수까지 채점하고 나머지 문제는 채점대상에서 제외됩니다.
9. 답안 작성 시 답안지 양면의 페이지 순으로 작성하시기 바랍니다.
10. 기작성한 문항 전체를 삭제하고자 할 경우 반드시 해당 문항의 답안 전체에 대하여 명확하게 X표시(X표시한 답안은 채점대상에서 제외) 하시기 바랍니다.
11. 시험시간이 종료되면 즉시 답안 작성을 멈춰야 하며, 종료시간 이후 계속 답안을 작성하거나 감독위원의 답안 제출 지시에 불응할 때에는 채점대상에서 제외됩니다.
12. 각 문제의 답안 작성이 끝나면 "끝"이라고 쓰고 다음 문제는 두 줄을 띄워 기재하여야 하며 최종 답안 작성이 끝나면 그 다음 줄에 "이하 여백"이라고 써야 합니다.
13. 비번호란은 기재하지 않습니다.

비 번 호	

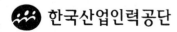
한국산업인력공단

문제1) 재해통계의 목적, 정량적 재해통계의 분류에 대하여 설명하고, 재해통계 작성 시 유의사항 및 분석방법에 대하여 설명하시오.(25점)

답)

I. 개요

재해조사는 재해발생의 원인을 정확하게 분석해 동종 유사재해를 방지하기 위한 대책수립의 기본적인 사항이 되므로 신속한 처리는 물론 재발방지를 위한 시정책의 선정과 적용이 합리적으로 수립되도록 조사되어야 한다.

II. 재해조사의 목적

1) 동종 유사재해 방지

2) 재해발생 원인의 정확한 분석

3) 재해발생의 진실 규명

III. 정량적 재해통계의 분류

1) 재해율

$$재해율 = \frac{재해자수}{산재보험적용근로자수} \times 100$$

① "재해자수"는 근로복지공단의 유족급여가 지급된 사망자 및 근로복지공단에 최초요양신청서(재진 요양신청이나 전원요양신청서는 제외한다)를 제출한 재해자 중 요양승인을 받은 자(지방고용노동관서의 산재 미보고 적발 사망자 수를 포함한다)를 말함. 다만, 통상의 출퇴근으로 발생한 재해는 제외함

② "산재보험적용근로자수"는 산업재해보상보험법이 적용되는 근로자 수를 말함. 이하 같음

2) 사망만인율

$$사망만인율 = \frac{사망자수}{산재보험적용근로자수} \times 10,000$$

"사망자수"는 근로복지공단의 유족급여가 지급된 사망자(지방고용노동관서의 산재미보고 적발 사망자를 포함한다)수를 말함. 다만, 사업장 밖의 교통사고(운수업, 음식숙박업은 사업장 밖의 교통사고도 포함) · 체육행사 · 폭력행위 · 통상의 출퇴근에 의한 사망, 사고발생일로부터 1년을 경과하여 사망한 경우는 제외함

3) 휴업재해율

$$휴업재해율 = \frac{휴업재해자수}{임금근로자수} \times 100$$

① "휴업재해자수"란 근로복지공단의 휴업급여를 지급받은 재해자수를 말함. 다만, 질병에 의한 재해와 사업장 밖의 교통사고(운수업, 음식숙박업은 사업장 밖의 교통사고도 포함) · 체육행사 · 폭력행위 · 통상의 출퇴근으로 발생한 재해는 제외함

② "임금근로자수"는 통계청의 경제활동인구조사상 임금근로자수를 말함

4) 도수율(빈도율)

$$도수율(빈도율) = \frac{재해건수}{연 근로시간수} \times 1,000,000$$

5) 강도율

$$강도율 = \frac{총요양근로손실일수}{연 근로시간수} \times 1,000$$

"총요양근로손실일수"는 재해자의 총 요양기간을 합산하여 산출하되, 사망, 부상 또는 질병이나 장해자의 등급별 요양근로손실일수 산정요령에 따른다.

IV. 재해통계 작성 시 유의사항

1) 활용목적에 부합되는 충분한 내용을 포함할 것

2) 구체적으로 표시하고 내용은 활용에 용이하게 작성할 것

3) 도형인 가시적인 효과가 있도록, 숫자는 비율로 표시해 쉽게 파악되도록 할 것

4) 재해요소를 정확하게 파악해 대책수립에 활용되도록 할 것

V. 분석방법

1) Pareto도

재해의 중점적 원인을 파악하는 데 효과적인 분석방법

2) 특성요인도

원인과 결과의 관계를 나타내 재해원인 분석에 활용되는 분석방법

3) 크로스도

2개 이상의 문제 관계를 분석하기 위해 사용되는 방법

4) 관리도(Control Chart)

월별 재해 발생 수를 그래프화하여 관리선을 설정하여 관리하는 방법

5) 기타 파이도표, 오일러도표 등

VI. 결론

산업재해통계는 일정기간 발생한 산업재해의 제요소를 정리, 파악하고 공통적인 발생요인을 분류함으로써 동종재해의 재발을 방지하고 유해위험요소를 저감하기 위한 위험성평가 등 재해예방대책 자료가 되도록 충실하게 작성되어야 한다.

"끝"

문제2)	사업장 위험성평가에 관한 지침(고용노동부 고시 제2023-9호)
	에 따른 위험성평가의 목적과 방법, 수행절차, 실시시기별 종류
	에 대하여 설명하시오.(25점)
답)	

I. 정의

사업주가 스스로 유해위험요인을 파악하고 유해위험요인의 위험성 수준을 결정하여, 위험성을 낮추기 위한 적절한 조치를 마련하고 실행하는 과정

II. 위험성평가의 목적

사업장 내 사업주와 근로자가 함께 산업재해가 발생될 수 있는 유해위험요인을 찾아내 상해나 질병에 이환되지 않도록 조치하기 위함

III. 수행절차

사업주는 위험성평가를 다음의 절차에 따라 실시하여야 한다. 다만, 상시근로자 5인 미만 사업장(건설공사의 경우 1억 원 미만)의 경우 제1호의 절차를 생략할 수 있다.

1) 사전준비
2) 유해·위험요인 파악
3) 삭제(추정)
4) 위험성 결정
5) 위험성 감소대책 수립 및 실행
6) 위험성평가 실시내용 및 결과에 관한 기록 및 보존

Ⅳ. 실시시기별 종류

실시 시기	내용
최초평가	사업장 설립일로부터 1개월 이내 착수
수시평가	기계·기구 등의 신규도입변경으로 인한 추가적인 유해·위험요인에 대해 실시
정기평가	매년 전체 위험성평가 결과의 적정성을 재검토하고, 필요시 감소대책 시행
상시평가	월 1회 이상 제안제도, 아차사고 확인, 근로자가 참여하는 사업장 순회 점검을 통해 위험성평가를 실시하고, 매주 안전·보건관리자 논의 후 매 작업일마다 TBM 실시하는 경우 수시·정기평가 면제

Ⅴ. 실시주체별 역할

실시 주체	역할
사업주	산업안전보건전문가 또는 전문기관의 컨설팅 가능
안전보건관리책임자	위험성평가 실시를 총괄 관리
안전보건관리자	안전보건관리책임자를 보좌하고 지도·조언
관리감독자	유해위험요인을 파악하고 그 결과에 따라 개선조치 시행
근로자	• 사전준비(기준마련, 위험성 수준) • 유해위험요인 파악 • 위험성 결정 • 위험성 감소대책 수립 • 위험성 감소대책 이행여부 확인

Ⅵ. 위험성평가 전파교육방법

안전보건교육 시 다음과 같은 위험성평가를 공유한다.

1) 유해위험요인

2) 위험성 결정 결과

3) 위험성 감소대책, 실행계획, 실행 여부

4) 근로자 준수 또는 주의사항

5) TBM을 통한 확산 노력

Ⅶ. 단계별 수행내용

1) **평가대상 공종의 선정**

① 평가대상 공종별로 분류해 선정

평가대상 공종은 단위 작업으로 구성되며 단위 작업별로 위험성평가 실시

② 작업공정 흐름도에 따라 평가 대상 공종이 결정되면 평가대상 및 범위 확정

③ 위험성평가 대상 공종에 대하여 안전보건에 대한 위험정보 사전 파악

• 회사 자체 재해 분석 자료

• 기타 재해 자료

2) **위험요인의 도출**

① 근로자의 불안전한 행동으로 인한 위험요인

② 사용 자재 및 물질에 의한 위험요인

③ 작업방법에 의한 위험요인

④ 사용 기계, 기구에 대한 위험원의 확인

3) **위험도 계산**

① 위험도 = 사고의 발생빈도 × 사고의 발생강도

② 발생빈도 = 세부공종별 재해자수 / 전체 재해자수 × 100%

③ 발생강도 = 세부공종별 산재요양일수의 환산지수 합계 / 세부 공종

별 재해자 수

산재요양일수의 환산지수	산재요양일수
1	4~5일
2	11~30일
3	31~90일
4	91~180일
5	181~360일
6	360일 이상, 질병사망
10	사망(질병사망 제외)

4) 위험도 평가

위험도 등급	평가기준
상	발생빈도와 발생강도를 곱한 값이 상대적으로 높은 경우
중	발생빈도와 발생강도를 곱한 값이 상대적으로 중간인 경우
하	발생빈도와 발생강도를 곱한 값이 상대적으로 낮은 경우

5) 개선대책 수립

① 위험의 정도가 중대한 위험에 대해서는 구체적 위험 감소대책을 수립하여 감소대책 실행 이후에는 허용할 수 있는 범위의 위험으로 끌어내리는 조치를 취한다.

② 위험요인별 위험 감소대책은 현재의 안전대책을 고려해 수립하고 이를 개선대책란에 기입한다.

③ 위험요인별로 개선대책을 시행할 경우 위험수준이 어느 정도 감소하는지 개선 후 위험도 평가를 실시한다.

Ⅷ. 위험성평가 결과의 근로자 공유

최근 개정된 위험성평과의 개정내용중 핵심은 위험성평가 결과 전반을 근

로자에게 알리고, 작업 전 안전점검회의(TBM)를 통해 근로자들이 항상
유해위험요인의 위험성을 인지할 수 있도록 하는 규정을 신설하였다.

Ⅸ. 결론

1) 각 공종별로 중요한 유해위험은 유해위험 등록부에 기록하고 등록된
   위험에 대해서는 항시 주의 깊게 위험관리를 한다.

2) 위험감소대책을 포함한 위험성 평가결과는 근로자에게 공지해 더 이상의
   감소대책이 없는 잠재위험요인에 대하여 위험인식을 같이하도록 한다.

3) 위험감소대책을 실행한 후 재해 감소 및 생산성 향상에 대한 모니터링
   을 주기적으로 실시하고 평가하여 다음 연도 사업계획 및 재해 감소 목
   표 설정에 반영해 지속적인 개선이 이루어지도록 한다.

"끝"

문제3) 산업안전보건법상 안전보건교육의 교육과정별 교육내용, 대상, 시간에 대하여 설명하시오.(25점)

답)

I. 개요

안전·보건교육이란 근로자가 작업장의 유해·위험요인 등 안전·보건에 관한 지식을 습득하여 근로자 스스로 자신을 보호하고 사전에 재해를 예방하기 위해 실시하는 제도이다.

II. 안전보건교육의 유형

1) 근로자 안전보건교육

교육과정	교육대상		교육시간
가. 정기교육	1) 사무직 종사 근로자		매반기 6시간 이상
	2) 그 밖의 근로자	가) 판매업무에 직접 종사하는 근로자	매반기 6시간 이상
		나) 판매업무에 직접 종사하는 근로자 외의 근로자	매반기 12시간 이상
나. 채용 시 교육	1) 일용근로자 및 근로계약기간이 1주일 이하인 기간제 근로자		1시간 이상
	2) 근로계약기간이 1주일 초과 1개월 이하인 기간제 근로자		4시간 이상
	3) 그 밖의 근로자		8시간 이상
다. 작업내용 변경 시 교육	1) 일용근로자 및 근로계약기간이 1주일 이하인 기간제 근로자		1시간 이상
	2) 그 밖의 근로자		2시간 이상
라. 특별교육	1) 일용근로자 및 근로계약기간이 1주일 이하인 기간제 근로자(특별교육 대상 작업 중 아래 2)에 해당하는 작업 외에 종사하는 근로자에 한정)		2시간 이상

교육과정	교육대상	교육시간
라. 특별교육	2) 일용근로자 및 근로계약기간이 1주일 이하인 기간제 근로자(타워크레인을 사용하는 작업 시 신호업무를 하는 작업에 종사하는 근로자에 한정)	8시간 이상
	3) 일용근로자 및 근로계약기간이 1주일 이하인 기간제 근로자를 제외한 근로자(특별교육 대상 작업에 한정)	가) 16시간 이상(최초 작업에 종사하기 전 4시간 이상 실시하고 12시간은 3개월 이내에서 분할하여 실시 가능) 나) 단기간 작업 또는 간헐적 작업인 경우에는 2시간 이상
마. 건설업 기초안전 보건교육	건설 일용근로자	4시간 이상

2) 관리감독자 안전보건교육

교육과정	교육시간
가. 정기교육	연간 16시간 이상
나. 채용 시 교육	8시간 이상
다. 작업내용 변경 시 교육	2시간 이상
라. 특별교육	16시간 이상(최초 작업에 종사하기 전 4시간 이상 실시하고 12시간은 3개월 이내에서 분할하여 실시 가능)
	단기간 작업 또는 간헐적 작업인 경우에는 2시간 이상

3) 특수형태근로종사자에 대한 안전보건교육

교육과정	교육시간
가. 최초 노무 제공 시 교육	2시간 이상(단기간 작업 또는 간헐적 작업에 노무를 제공하는 경우에는 1시간 이상 실시하고, 특별교육을 실시한 경우는 면제)
나. 특별교육	16시간 이상(최초 작업에 종사하기 전 4시간 이상 실시하고 12시간은 3개월 이내에서 분할하여 실시 가능)
	단기간 작업 또는 간헐적 작업인 경우에는 2시간 이상

4) 안전보건관리책임자 등에 대한 교육

교육과정	교육시간	
	신규교육	보수교육
가. 안전보건관리책임자	6시간 이상	6시간 이상
나. 안전관리자, 안전관리전문기관의 종사자	34시간 이상	24시간 이상
다. 보건관리자, 보건관리전문기관의 종사자	34시간 이상	24시간 이상
라. 건설재해예방전문지도기관의 종사자	34시간 이상	24시간 이상
마. 석면조사기관의 종사자	34시간 이상	24시간 이상
바. 안전보건관리담당자	-	8시간 이상
사. 안전검사기관, 자율안전검사기관의 종사자	34시간 이상	24시간 이상

5) 검사원 성능검사 교육

교육과정	교육대상	교육시간
성능검사 교육	-	28시간 이상

6) 기초안전 · 보건교육에 대한 내용 및 시간

교육내용	교육시간
건설공사의 종류 및 시공절차	1시간
산업재해 유형별 위험요인 및 안전보건 조치	2시간
안전보건 관리체제 현황 및 산업안전보건관련 근로자 권리 · 의무	1시간

※ 중대재해 감축 로드맵에 따라 상기교육 내용에는 CPR(심폐소생술)교육이 추가되고 있다.

7) 안전보건관리자 교육 내용 및 시간

교육내용	교육시간
안전보건관리담당자의 업무	10시간
산업안전보건법 주요내용	3시간
재해사례 및 안전보건자료 활용방법 등	3시간

8) 건설업 안전관리자 양성교육 내용 및 시간

교육내용	교육시간
산업안전보건법령, 「중대재해 처벌 등에 관한 법률」에 관한 사항	4시간
산업안전보건에 관한 사항	25시간
위험성 평가에 관한 사항	4시간
안전보건교육에 관한 사항	2시간
건설안전기술에 관한 사항	42시간
그 밖에 안전관리자의 직무에 관한 사항	7시간
합계	84시간

Ⅲ. 안전보건교육의 내용

1) 근로자 정기 안전 · 보건교육

① 산업안전 및 사고 예방에 관한 사항

② 산업보건 및 직업병 예방에 관한 사항

③ 건강증진 및 질병 예방에 관한 사항

④ 유해 · 위험 작업환경 관리에 관한 사항

⑤ 산업안전보건법령 및 산업재해보상보험 제도에 관한 사항

⑥ 직무 스트레스 예방 및 관리에 관한 사항

⑦ 직장 내 괴롭힘, 고객의 폭언 등으로 인한 건강장해 예방 및 관리에 관한 사항

2) 관리감독자 정기 안전 · 보건교육

① 산업안전 및 사고 예방에 관한 사항

② 산업보건 및 직업병 예방에 관한 사항

③ 유해 · 위험 작업환경 관리에 관한 사항

④ 산업안전보건법령 및 산업재해보상보험 제도에 관한 사항

⑤ 직무 스트레스 예방 및 관리에 관한 사항

⑥ 직장 내 괴롭힘, 고객의 폭언 등으로 인한 건강장해 예방 및 관리에 관한 사항

⑦ 작업공정의 유해·위험과 재해 예방대책에 관한 사항

⑧ 표준안전 작업방법 및 지도요령에 관한 사항

⑨ 관리감독자의 역할과 임무에 관한 사항

⑩ 안전보건교육 능력 배양에 관한 사항(현장근로자와의 의사소통능력 향상, 강의능력 향상 및 그 밖에 안전보건교육 능력 배양 등에 관한 사항. 이 경우 안전보건교육 능력 배양 교육은 별표 4에 따라 관리감독자가 받아야 하는 전체 교육시간의 3분의 1 범위에서 할 수 있다.)

3) 채용 시 및 작업내용 변경 시 교육

① 산업안전 및 사고 예방에 관한 사항

② 산업보건 및 직업병 예방에 관한 사항

③ 산업안전보건법령 및 산업재해보상보험 제도에 관한 사항

④ 직무 스트레스 예방 및 관리에 관한 사항

⑤ 직장 내 괴롭힘, 고객의 폭언 등으로 인한 건강장해 예방 및 관리에 관한 사항

⑥ 기계·기구의 위험성과 작업의 순서 및 동선에 관한 사항

⑦ 작업 개시 전 점검에 관한 사항

⑧ 정리정돈 및 청소에 관한 사항

⑨ 사고 발생 시 긴급조치에 관한 사항

⑩ 물질안전보건자료에 관한 사항

4) 기초 안전·보건교육

① 건설공사의 종류(건축·토목 등) 및 시공절차 : 1시간

② 산업재해 유형별 위험요인 및 안전·보건조치 : 2시간

③ 안전보건관리체제 현황 및 산업안전·보건 관련 근로자 권리·의무 :

1시간

Ⅳ. 결론

사업장 내 안전보건교육의 실시는 유해·위험요인을 공유하고 위험성 결

정결과에 따른 위험성 감소대책과 실행계획 대비 실행상태, 근로자의 준수

사항이 지켜질 수 있도록 동기를 부여하는 것이 중요하다.　　　　"끝"

문제4) 건설공사 현장의 굴착작업을 실시하는 경우 지반 종류별 안전기울기 기준을 설명하고 굴착작업 계획수립 및 준비사항과 예상재해 중 붕괴재해 예방대책에 대하여 설명하시오.(25점)

답)

I. 개요

굴착공사 중 발생되는 각종 위험요인과 특히 붕괴재해예방을 위해서는 계획수립 전 굴착장소 및 그 주변지반의 지질과 지층상태, 균열정도, 용수, 지하매설물, 지하수위상태의 사전조사가 선행되어야 한다.

II. 지반 종류별 안전기울기 기준

설계 등 여건상 기울기 준수가 어려운 경우에는 지반 안전성검토 결과에 따른 기울기로 하여야 하며 일반적인 경우는 아래와 같다.

구분	지반의 종류	기울기
흙	모래	1 : 1.8
	그밖의 흙	1 : 1.2
암반	풍화암	1 : 1
	연암	1 : 1
	경암	1 : 0.5

III. 굴착작업 계획수립 및 준비사항

1) 지반의 형상·지질 및 지층의 상태 사전조사

2) 지반의 균열·함수·용수 및 동결의 유무 또는 상태 사전조사

3) 매설물 등의 유무 또는 상태 사전조사

4) 지반의 지하수위 상태 사전조사

5) 굴착방법 및 순서, 토사 등의 반출 방법

6) 작업에 필요한 인원 및 장비 사용계획

7) 작업 중 사업장 내 연락방법 및 신호방법

8) 흙막이 지보공 설치방법 및 계측계획

9) 작업지휘자의 배치계획

Ⅳ. 예상재해 중 붕괴재해 예방대책

1) 굴착면 붕괴형태

① 얕은 표층의 붕괴는 경사면이 침식되기 쉬운 토사로 구성된 경우 지표수와 지하수가 침투하여 경사면이 부분적으로 붕괴되며 절토 경사면이 암반인 경우에도 파쇄가 진행됨에 따라서 균열이 많이 발생되고 풍화하기 쉬운 암반인 경우에는 표층부 침식 및 절리발 달에 의해 붕괴가 발생된다.

② 깊은 절토 법면의 붕괴는 사질암과 전석토층으로 구성된 심층부의 단층이 경사면 향으로 하중응력이 발생하는 경우 전단력, 점착력 저하에 의해 경사면의 심층부에서 붕괴될 수 있으며 이러한 경우 대량의 붕괴재해가 발생된다.

③ 성토사면의 붕괴는 성토 직후에 붕괴 발생률이 높으며 다짐불충분 상태에서 빗물이나 지표수, 지하수 등이 침투되어 간극수압이 증가 되어 단위중량 증가에 의해 붕괴가 발생하며 성토 자체에 결함이 없어도 지반이 약한 경우는 붕괴되며, 풍화가 심한 급경사면과 미 끄러져 내리기 쉬운 지층구조의 경사면에서 일어나는 성토붕괴의

경우에는 성토된 흙의 중량이 지반에 부가되어 붕괴가 발생된다.

2) 붕괴재해 예방대책

① 지반 종류별 안전기울기 준수

② 강우를 대비하여 측구를 설치하거나 굴착경사면에 비닐을 덮는 등의 조치 실시

③ 안전기울기를 준수할 수 없는 경우 흙막이 지보공, 이동식 흙막이 설치

④ 굴착토사나 자재 등을 경사면 인근에 적재 금지

⑤ 지표수의 배제와 지하수의 처리

V. 결론

건설공사 현장의 굴착작업을 실시하는 경우 상기에 언급한 안전대책 이외에도 시가지 등 지하매설물이 있는 장소의 굴착작업 시에는 매설물의 위치를 사전에 파악해 줄파기 작업 등을 시작해야 하며, 작업 중 매설물이 노출되면 관계기관, 소유자, 관리자에게 알리고 상호 협조하에 지주 또는 지보공을 사용해 방호조치를 취해야 한다.

"끝"

문제5)	강관비계와 시스템비계 조립 시 각각의 벽 이음 설치기준과 벽이
	음 위치를 설명하고, 벽이음 설치가 어려운 경우 설치방법에 대
	하여 설명하시오.(25점)
답)	

I. 개요

비계조립 및 해체작업은 비계기능사보 등의 자격을 갖춘 사람이 실시해야 하며 강관비계, 시스템비계 등의 조립 시에는 조립전 구조, 강도, 기능, 재료의 결함 여부를 확인하고 지반의 침하가 발생되지 않도록 다짐작업을 선행하고 두께 4.5m 이상의 깔목을 설치하거나 콘크리트를 타설하도록 한다.

II. 강관비계의 벽이음 설치기준과 벽이음 위치

1) 벽이음재는 안전인증품을 사용하고, 설치간격은 해당 전문가의 안전 확인을 받은 경우 구조검토 결과 조립 간격을 준수하고, 최대 수직방향 5m 이하, 수평방향 5m 이하로 설치하여야 한다.

2) 벽이음의 설치위치는 기둥과 띠장의 결합 부근으로 하며, 벽면과 직각이 되도록 설치하고, 비계의 최상단과 가장자리 끝에도 벽이음을 설치하여야 한다.

3) 벽이음은 결속에 필요한 요구조건과 특성을 고려하여 아래에서 제시하는 벽이음을 선택하여 사용할 수 있으며, 설치간격은 벽이음재의 성능과 작용하중을 고려한 구조설계에 따라 결정하여야 한다.

4) 임시로 벽이음을 설치한 경우 최우선적으로 벽이음으로 교체해 설치한다.

5) 외측에 수직보호망 등을 설치하는 경우 고정하중, 작업하중, 풍하중의

영향을 고려한다.

Ⅲ. 시스템비계의 벽이음 설치기준과 벽이음 위치

강관비계의 벽이음 설치기준은 안전지침에 구체적으로 명시되어 있으나, 시스템비계는 제조사가 정한 기준에 따라 설치하도록 규정하고 있으므로 구조설계를 통해 벽이음 설치기준을 산정해야 할 것이나, 일반적인 기준을 아래와 같다.

1) 수직방향 5m 이내

2) 수평방향 5m 이내

3) 인장압축하중 9.8kN

4) 비계면 직각설치

5) 건물과 비계면의 이격간격 30cm 이내

Ⅳ. 벽이음 설치가 어려운 경우 설치방법

벽이음재 종류	설치방법
박스형	건물의 기둥과 같은 부재에 강관과 클램프를 사용해 사각형 형태로 결속한다.
립(Lip)형	강관과 클램프를 감고리 형태로 조립해 결속하는 결속방식으로 박스형 벽이음이 곤란한 경우 적용한다.
관통형	건물 개구부 내부 바닥 및 천정에 지지되도록 개구부를 가로지르는 강관을 클램프로 결속한다.
창틀용	창틀면에 강관, 쐐기, 잭을 사용해 지지 후 비계 구조물에 결속하는 방법으로 건물 전면에 앵커를 설치할 수 없는 경우, 창틀 등의 개구부에 강관과 클램프로 벽이음을 할 수 없는 경우 적용한다.

V. 벽이음 외 비계 안전성 확보를 위한 가새의 설치기준

1) 단일 부재를 기울기 60° 이내로 사용하는 것을 원칙으로 한다.

2) 이어지는 가새의 각도는 동일하게 할 것

3) 가새간 순간격은 100mm 이내일 것

4) 가새의 이음 위치는 각 가새틀에서 서로 엇갈리게 설치한다.

5) 가새재를 동바리 밑둥과 결속하는 경우 바닥에서 동바리와 가새재 교차

   점까지의 거리는 300mm 이내로 하며 해당 동바리는 바닥에 고정한다.

6) 단, 강성이 큰 구조물에 수평연결재로 직접 연결하여 수평력에 대한 저

   앙력이 충분한 경우 가새의 설치를 생략할 수 있다.

〈 가새 설치 상세도 〉

VI. 결론

비계의 벽이음 설치목적을 기대하기 위해서는 강관, 클램프, 앵커, 벽 연결

용 철물 등의 사용이 규격품이어야 하며, 풍하중, 충격하중, 수평하중, 수

직하중에 대해 안전하도록 사전 구조검토가 선행되어야 할 것이다.

"끝"

문제6) 항타기 및 항발기의 조립·해체 시 준수사항, 점검사항, 무너짐 방지대책 및 권상용 와이어로프 사용 시 준수사항에 대하여 설명하시오.(25점)

답)

I. 개요

항타기·항발기 사용현장 중 가장 많은 재해유형은 무너짐 재해로 나타나고 있으나, 조립해체 시 발생재해도 점차 증가추세에 있으므로 조립전 체크리스트에 의한 점검과 작업계획서의 철저한 작성이 요구된다.

II. 조립·해체 시 준수사항

1) 항타기 또는 항발기에 사용하는 권상기에 쐐기장치 또는 역회전방지용 브레이크를 부착할 것

2) 항타기 또는 항발기의 권상기가 들리거나 미끄러지거나 흔들리지 않도록 설치할 것

3) 그 밖에 조립해체에 필요한 사항은 제조사에서 정한 설치해체 작업 설명서에 따를 것

III. 조립 시 점검·확인사항

1) 항타기, 항발기 조립작업 상세 흐름도를 작성한다. 항타기, 항발기의 조립은 제작회사에서 제공하는 설계도면 또는 설치 매뉴얼을 따르는 것을 원칙으로 한다.

2) **항타기, 항발기 조립작업 시 점검·확인사항을 체크리스트로 만들어**

작업계획서에 포함한다. 작업별 공정은 다음과 같다.

① 본체의 연결부의 풀림 또는 손상의 유무

② 권상용 와이어로프, 드럼 및 도르래의 부착상태

③ 권상장치의 브레이크 및 쐐기 장치 기능의 이상 유무

④ 권상기의 설치상태의 이상 유무

⑤ 리더의 버팀방법 및 고정상태의 이상 유무

⑥ 본체·부속장치 및 부속품의 강도 및 손상·마모·변형·부식 여부

Ⅳ. 무너짐 방지대책

1) 연약한 지반에 설치하는 경우에는 아웃트리거·받침 등 지지구조물의 침하를 방지하기 위하여 깔판·깔목 등을 사용할 것

2) 시설 또는 가설물 등에 설치하는 경우에는 그 내력을 확인하고 내력이 부족하면 그 내력을 보강할 것

3) 아웃트리거·받침 등 지지구조물이 미끄러질 우려가 있는 경우에는 말뚝 또는 쐐기 등을 사용하여 해당 지지구조물을 고정시킬 것

4) 궤도 또는 차로 이동하는 항타기 또는 항발기에 대해서는 불시에 이동하는 것을 방지하기 위하여 레일 클램프 및 쐐기 등으로 고정할 것

5) 상단 부분은 버팀대·버팀줄로 고정하여 안정시키고, 그 하단 부분은 견고한 버팀·말뚝 또는 철골 등으로 고정시킬 것

Ⅴ. 권상용 와이어로프 사용 시 준수사항

1) 권상용 와이어로프는 추 또는 해머가 최저의 위치에 있을 때 또는 널말

뚝을 빼내기 시작할 때를 기준으로 권상장치의 드럼에 적어도 2회 감기고 남을 수 있는 충분한 길이일 것

2) 권상용 와이어로프는 권상장치의 드럼에 클램프 · 클립 등을 사용하여 견고하게 고정할 것

3) 권상용 와이어로프에서 추 · 해머 등과의 연결은 클램프 · 클립 등을 사용하여 견고하게 할 것

4) 제2호 및 제3호의 클램프 · 클립 등은 한국산업표준 제품이거나 한국산업표준이 없는 제품의 경우에는 이에 준하는 규격을 갖춘 제품을 사용할 것

VI. 결론

항타기 · 항발기의 조립 · 해체 시 점검사항과 무너짐의 방지를 위한 조치가 2022년 10월 세부적으로 개정이 되었기에 개정사항을 이해하는 것은 항타기 · 항발기 사용현장의 안전관리를 위한 가장 기본적인 관리기준이 되어야 한다.

"끝"

제 131 회
국가기술자격검정 기술사 필기시험 답안지(제3교시)

○　　　　○　　　　○

※ 10권 이상은 분철(최대 10권 이내)

자 격 종 목	건설안전기술사

답안지 작성 시 유의사항

1. 답안지는 총 7매(14면)이며 교부받는 즉시 매수, 페이지 등 정상 여부를 반드시 확인하고 1매라도 분리되거나 훼손하여서는 안 됩니다.
2. 시행회, 자격종목, 수험번호, 성명을 정확하게 기재하여야 합니다.
3. 수험자 인적사항 및 답안 작성(계산식 포함)은 흑색 또는 청색 필기구만 사용하되, 동일한 한 가지 색의 필기구만 사용하여야 하며 흑색, 청색을 제외한 유색 필기구 또는 연필류를 사용하거나 두 가지 이상의 색을 혼합 사용하였을 경우 그 문항은 0점 처리됩니다.
4. 답안 정정 시에는 두 줄(=)을 긋고 다시 기재 가능하며, 수정테이프(액) 등을 사용했을 경우 채점상의 불이익을 받을 수 있으므로 사용하지 마시기 바랍니다.
5. 답안지에 답안과 관련 없는 특수한 표시, 특정인임을 암시하는 답안지는 전체가 0점 처리됩니다.
6. 답안 작성 시 홈(구멍)이나 도형 등 그림이 없는 직선자(템플릿 사용 금지)만 사용할 수 있습니다.
7. 문제의 순서에 관계없이 답안을 작성하여도 되나 주어진 문제번호와 문제를 기재한 후 답안을 작성하고 전문 용어는 원어로 기재하여도 무방합니다.
8. 요구한 문제수보다 많은 문제를 답하는 경우 기재 순으로 요구한 문제수까지 채점하고 나머지 문제는 채점대상에서 제외됩니다.
9. 답안 작성 시 답안지 양면의 페이지 순으로 작성하시기 바랍니다.
10. 기작성한 문항 전체를 삭제하고자 할 경우 반드시 해당 문항의 답안 전체에 대하여 명확하게 X표시(X표시한 답안은 채점대상에서 제외) 하시기 바랍니다.
11. 시험시간이 종료되면 즉시 답안 작성을 멈춰야 하며, 종료시간 이후 계속 답안을 작성하거나 감독위원의 답안 제출 지시에 불응할 때에는 채점대상에서 제외됩니다.
12. 각 문제의 답안 작성이 끝나면 "끝"이라고 쓰고 다음 문제는 두 줄을 띄워 기재하여야 하며 최종 답안 작성이 끝나면 그 다음 줄에 "이하 여백"이라고 써야 합니다.
13. 비번호란은 기재하지 않습니다.

비 번 호	

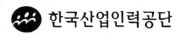
한국산업인력공단

문제1) 인간의 의식수준과 부주의 행동관계에 대하여 설명하고, 휴먼에러의 심리적 과오에 대하여 설명하시오.(25점)

답)

Ⅰ. 개요

건설현장의 재해발생비율이 타 업종에 비해 높게 나타나고 있는 원인은 의식수준에 따른 부주의 행동관계에 기인하며, 이러한 행동은 휴먼에러의 심리적 과오를 범함으로써 발생된다. 특히, 고령자이며 초보근로자, 외국인 근로자는 동화과정을 통한 생존과 발전, 성숙해가는 과정임이 왜곡될 수 있으므로 부적응에 의한 주관적 불편함, 인간관계의 역기능, 사회문화적 규범의 일탈 등으로 자신을 고립시키는 현상이 발생되지 않도록 사회적 배려가 필요하다.

Ⅱ. 인간의 의식수준

1) 의식수준 5단계

의식수준	주의상태	신뢰도	비고
Phase 0	수면 중	0	의식의 단절, 의식의 우회
Phase 1	졸음 상태	0.9 이하	의식수준의 저하
Phase 2	일상생활	0.99~0.99999	정상상태
Phase 3	적극 활동 시	0.99999 이상	주의집중상태, 15분 이상 지속 불가
Phase 4	과긴장 시	0.9 이하	주의의 일점집중, 의식의 과잉

Ⅲ. 의식수준과 부주의 행동관계

1) 주의 특성

① 선택성

- 여러 종류의 자각현상 발생 시 소수의 특정한 것에 제한된다.
- 중복 집중 불가 : 동시에 2개의 내용에 집중하지 못한다.

② 방향성

- 주시점만 인지하는 기능이다.
- 한 지점에 주의를 집중하면 다른 것에 대한 주의는 약해진다.

③ 변동성

- 주기적인 집중력의 강약이 발생된다.
- 주의력은 지속 한계성에 의해 장시간 지속될 수 없다.

2) 부주의 요인

① 외적 요인(불안전 상태)

- 작업, 환경조건 불량 : 불쾌감이나 신체적 기능 저하가 발생하여 주의력의 지속 곤란
- 작업순서의 부적당 : 판단의 오차 및 조작 실수 발생

② 내적 요인(불안전 행동)

- 소질적 조건 : 질병 등의 재해 요소를 갖고 있는 자
- 의식의 우회 : 걱정, 고민, 불만 등으로 인한 부주의
- 경험부족, 미숙련 : 억측 및 경험 부족으로 인한 대처방법의 실수

Ⅳ. 휴먼에러의 심리적 과오

1) 방어기제

① 보상 : 자신의 약점을 위장시켜 유리하게 보이게 함으로써 자신을 보호하려는 기제

② 합리화 : 자신의 과오를 인정하는 대신에 그럴듯한 이유를 댐으로써 보호하려는 기제

③ 승화 : 억압된 욕구를 사회적으로 가치가 있는 방향으로 향하도록 노력함으로써 욕구를 충족시키는 기제

④ 동일시 : 자신의 이상적 인물을 찾아내 동일시함으로써 만족하는 기제

2) 도피기제

① 고립 : 자신감 부족으로 인한 자신의 열등감을 의식해 타인과의 접촉을 기피함으로써 현실을 회피하려는 기제

② 퇴행 : 생애 중 만족스러웠던 과거로의 회귀를 꾸준히 시도함으로써 현실적인 역경이나, 불안요소로부터 도피하려는 기제

③ 억압 : 현실적 욕망을 묵살시켜 나감으로써 안정을 취하려는 도피기제

④ 백일몽(Day Dream) : 이루어질 수 없는 상상을 펼쳐 나감으로써 현실의 불만족을 대체해 나가려는 도피기제

3) 공격기제

① 직접적 공격기제 : 힘에 의존한 폭행이나 싸움, 기물파손 등의 행위를 함으로써 욕구 불만이나 압박에서 이탈하려는 기제

② 간접적 공격기제 : 욕설, 조소, 비난, 폭언 등과 같이 간접적인 폭력을 행사함으로써 욕구불만을 해소하려는 기제

V. 심리적 과오에 관한 학습이론

1) Watson의 행동주의

① 파블로프의 고전적 조건형성 이론 원리를 인간행동에 적용한 대표

적인 행동주의 심리학자로 인간의 적응행동, 부적응행동 모두가 학

습된 것이라는 주장

② 환경결정론 : 환경과 경험의 산물이라고 강조

③ 정서의 조건형성 실험 : 정서적 반응은 조건형성 과정으로 학습됨

④ 탈조건 형성 : 조건 형성이 된 정서에 대해 반대적 형성을 시키려한

다는 주장

2) **Thorndike의 조건형성이론**

① 도구적 조건형성 이론

• 시행착오학습 : 다양한 경험을 해보며 문제를 성공적으로 해결한

반응을 학습하게 된다는 이론

• 도구적 조건형성 : 성공적인 반응이 성공을 가져온 도구가 되었

기 때문에 학습이 조금씩 체계적인 단계를 밟으며 이루어진다는

이론

② 학습의 법칙

• 준비성의 법칙 : 학습할 준비가 갖추어져야만 학습이 이루어진다.

• 연습의 법칙 : 행동은 반복결과 습득된다.

• 효과의 법칙 : 학습시간을 단축시키기 위해서는 행동결과에 대한

보상이 이루어져야 한다.

Ⅵ. 결론

의식수준은 부주의 현상과 밀접한 관계에 있는 것으로 욕구불만이나 갈등

을 겪고 있는 경우 집중력이 저하됨에 따라 건설현장의 재해발생비율이

타 업종에 비해 높게 나타나고 있는 주요원인으로 작용하고 있다. 따라서, 작업에 참여하고 있는 근로자 스스로 문제해결을 위한 자신감을 갖고, 현실과 이상과의 관찰을 통해 적절한 통제가 이루어질 수 있도록 주관적 불편함, 인간관계의 역기능, 사회문화적 규범의 일탈 등으로 자신을 고립시키는 현상이 발생되지 않도록 사회적 배려가 필요하다.

"끝"

문제2)	굴착기를 사용한 인양작업 시 기준 및 준수사항에 대하여 설명
	하고, 굴착기의 작업·이송·수리 시 안전관리 대책에 대하여
	설명하시오.(25점)
답)	
Ⅰ. 개요	
	굴착기를 사용한 토사의 굴착, 상차, 파쇄, 정지작업 등에서 발생될 수 있
	는 장비의 침하, 전도, 추락 협착재해를 예방하기 위해서는 작업단계별 안
	전작업에 관한 사항을 숙지하고 관리·감독이 이루어져야 한다.
Ⅱ. 인양작업 시 기준 및 준수사항	
	1) 사업주는 다음 각 호의 사항을 모두 갖춘 굴삭기의 경우에는 굴삭기
	를 사용하여 화물 인양작업을 할 수 있다.
	① 굴삭기의 퀵커플러 또는 작업장치에 달기구(훅, 걸쇠 등을 말한다)
	가 부착되어 있는 등 인양작업이 가능하도록 제작된 기계일 것
	② 굴삭기 제조사에서 정한 정격하중이 확인되는 굴삭기를 사용할 것
	③ 달기구에 해지장치가 사용되는 등 작업 중 인양물의 낙하 우려가
	없을 것
	2) 사업주는 굴삭기를 사용하여 인양작업을 하는 경우에는 다음 각 호의
	사항을 준수해야 한다.
	① 굴삭기 제조사에서 정한 작업설명서에 따라 인양할 것
	② 사람을 지정하여 인양작업을 신호하게 할 것
	③ 인양물과 근로자가 접촉할 우려가 있는 장소에 근로자의 출입을 금

		지시킬 것
		④ 지반의 침하 우려가 없고 평평한 장소에서 작업할 것
		⑤ 인양 대상 화물의 무게는 정격하중을 넘지 않을 것
	3)	굴삭기를 이용한 인양작업 시 와이어로프 등 달기구의 사용에 관해서는 관련 규정을 준용한다. 이 경우 "양중기" 또는 "크레인"은 "굴삭기"로 본다.

Ⅲ. 작업 · 이송 · 수리 시 안전관리 대책

1) 작업 시

① 운전자는 제조사가 제공하는 장비 매뉴얼(특히, 유압제어장치 및 운행방법 등)을 숙지하고 이를 준수하여야 한다.

② 운전자는 장비의 운행경로, 지형, 지반상태, 경사도(무한궤도 100분의 30) 등을 확인한 다음 안전운행을 하여야 한다.

③ 운전자는 굴삭기 작업 중 굴삭기 작업반경 내에 근로자의 유무를 확인하며 작업하여야 한다.

④ 운전자는 조종 및 제어장치의 기능을 확인하고, 급작스러운 작동은 금지하여야 한다.

⑤ 운전자가 작업 중 시야 확보에 문제가 발생하는 경우에는 유도자의 신호에 따라 작업을 진행하여야 한다.

⑥ 운전자는 굴삭기 작업 중에 고장 등 이상 발생 시 작업 위치에서 안전한 장소로 이동하여야 한다.

⑦ 운전자는 경사진 길에서의 굴삭기 이동은 저속으로 운행하여야 한다.

⑧ 운전자는 경사진 장소에서 작업하는 동안에는 굴삭기의 미끄럼 방지를 위하여 블레이드를 비탈길 하부 방향에 위치시켜야 한다.

⑨ 운전자는 경사진 장소에서 굴삭기의 전도와 전락을 예방하기 위하여 붐의 급격한 선회를 금지하여야 한다.

⑩ 운전자는 안전벨트를 착용하고 작업하여야 한다.

⑪ 운전자는 다음과 같은 불안전한 행동이나 작업은 금지하여야 한다.
- 엔진을 가동한 상태에서 운전석 이탈을 금지할 것
- 선택 작업장치를 올린 상태에서 정차를 금지할 것
- 버킷으로 지반을 밀면서 주행하는 것을 금지할 것
- 경사진 길이나 도랑의 비탈진 장소나 근처에 굴삭기의 주차를 금지할 것
- 도랑과 장애물을 횡단 시 굴삭기를 이동시키기 위하여 버킷의 지지대로의 사용을 금지할 것
- 시트파일을 지반에 박거나 뽑기 위해 굴삭기의 버킷 사용을 금지할 것
- 경사지를 이동하는 동안 굴삭기 붐의 회전을 금지할 것
- 파이프, 목재, 널빤지와 같이 버킷에 안전하게 실을 수 없는 화물이나 재료를 운반하거나 이동하기 위한 굴삭기의 버킷 사용을 금지할 것

⑫ 운전자는 굴삭·상차 및 파쇄, 정지작업 외 견인·인양·운반작업 등 목적 외 사용을 금지하여야 한다.

⑬ 운전자는 작업 중 지하매설물(전선관, 가스관, 통신관, 상·하수관

등)과 지상 장애물이 발견되면 즉시 장비를 정지하고 관리감독자에게 보고한 다음 작업지시에 따라 작업하여야 한다.

⑭ 운전자는 굴삭기에서 비정상 작동이나 문제점이 발견되면, 작동을 멈추고 즉시 관리감독자에게 보고하며, "사용중지" 등의 표지를 굴삭기에 부착하고 안전을 확인한 다음 작업하여야 한다.

⑮ 사업주는 굴삭기를 운전하는 사람에게 좌석안전띠를 착용하도록 하여야 한다.

⑯ 사업주는 작업목적에 따라 굴삭기 퀵커플러에 버킷, 브레이커, 크램셸 등 작업장치를 선택하여 장착하는 경우, 안전핀 등 잠금장치를 체결하여야 한다.

⑰ 사업주는 작업장치를 설치 또는 교환할 때는 안전핀 등 잠금장치의 체결상태를 확인하여야 한다.

2) 이송 시

① 안전교육을 이수하고 준수사항 서약서를 부착하여야 한다.

② 운행경로, 작업방법, 작업범위 등을 숙지하여야 한다.

③ 신호수 배치위치를 확인한 후 이동하여야 한다.

④ 개인보호구를 지참하고 장비하차 시 안전모를 필히 착용하여야 한다.

3) 수리 시

① 버킷, 브레이커 등 작업장치 이탈방지용 잠금장치를 체결하여야 한다.

② 후사경, 후방영상표시장치 등의 작동상태를 확인하여야 한다.

③ 제조사에서 정한 매뉴얼에 의해 수리하여야 한다.

④ 균열, 마모상태, 누유, 누수 여부를 확인하여야 한다.

Ⅳ. **굴삭기 안전점검 항목**

  1) 안전장치설치 및 작동상태

  2) 장비 이상유무 : 외관, 누수, 누유 여부

  3) 예방정비 적정성

  4) 운전자격 적정 여부

  5) 작업계획서 적정성

Ⅴ. **결론**

  굴착기 사용작업 시에는 작업계획의 수립이 선행되어야 하며 작업계획 수립 시에는 작업절차별 유해위험요인의 파악과 작업 시 특수상황 발생 시 고려사항이 포함되도록 한다.

  "끝"

문제3) 산업안전보건기준에 관한 규칙상 가스폭발 및 분진폭발 위험장소 건축물의 내화구조 기준에 대하여 설명하고, 위험물을 저장·취급하는 화학설비 및 부속설비 설치 시 폭발이나 화재 피해를 경감하기 위한 안전거리 기준 등 안전대책에 대하여 설명하시오.(25점)

답)

I. 개요

사업주는 가스폭발 위험장소 또는 분진폭발 위험장소에 설치되는 건축물 등에 대해서는 법적 내화구조로 하여야 하며, 그 성능이 유지될 수 있도록 점검보수 등 적절한 조치를 하여야 한다.

II. 산업안전보건기준에 관한 규칙상 가스폭발 및 분진폭발 위험장소 건축물의 내화구조 기준

1) 건축물의 기둥 및 보

지상 1층(지상 1층의 높이가 6m를 초과하는 경우에는 6m)까지

2) 위험물 저장·취급용기의 지지대(높이가 30cm 이하인 것은 제외한다.)

지상으로부터 지지대의 끝부분까지

3) 배관전선관 등의 지지대

지상으로부터 1단(1단의 높이가 6m를 초과하는 경우에는 6m)까지

III. 위험물을 저장·취급하는 화학설비 및 부속설비 설치 시 폭발이나 화재 피해를 경감하기 위한 안전거리 기준

1) 제조소

취급하는 위험물의 최대수량	공지너비
지정수량의 10배 이하	3m 이상
지정수량의 10배 초과	5m 이상

2) 옥내저장소

저장, 취급 위험물 최대수량	공지 너비	
	벽, 기둥, 바닥 내화구조	그 밖의 건축물
지정수량 5배 이하	–	0.5m 이상
지정수량 5배 초과 10배 이하	1m 이상	1.5m 이상
지정수량 10배 초과 20배 이하	2m 이상	3m 이상
지정수량 20배 초과 50배 이하	3m 이상	5m 이상
지정수량 50배 초과 200배 이하	5m 이상	10m 이상
지정수량 200배 초과	10m 이상	15m 이상

3) 옥외저장소

취급하는 위험물 최대수량	공지 너비
지정수량 10배 이하	3m 이상
지정수량 10배 초과 20배 이하	5m 이상
지정수량 20배 초과 50배 이하	9m 이상
지정수량 50배 초과 200배 이하	12m 이상
지정수량 200배 초과	15m 이상

4) 특례기준

① 제6류 위험물 외 위험물을 저장, 취급하는 옥외저장탱크를 동일한 방유제 안에 2개 이상 인접하여 설치하는 경우 : 보유공지의 1/3이상(최소 3m 이상)

② 제6류 위험물을 저장 또는 취급하는 옥외저장탱크 : 보유공지의

1/3 이상(최소 1.5m 이상)

③ 제6류 위험물을 저장 또는 취급하는 옥외저장탱크를 동일 구내에

2개 이상 인접하여 설치하는 경우 : ②규정으로 산출한 보유공지의

1/3 이상(최소 1.5m 이상)

④ 옥외저장탱크에 물분무설비로 방호조치를 하는 경우 보유공지의

1/2 이상의 너비로 할 수 있음(최소 3m 이상)

Ⅳ. 기타 안전대책

1) 위험물저장소 정/부 표시, 표지판을 부착하고 출입문에는 잠금장치와

시건장치를 설치한다.

2) 위험물저장소는 통풍이 잘되는 구조로 하고 위험물이 고립되지 않도록

한다.

3) 가연성 가스 저장설비는 화기로부터 8m 이상의 거리를 유지하고 산소

의 저장설비 주위 5m 이내에서는 화기 취급을 금지한다.

4) 위험물저장장소 2m 이내에는 화기 또는 인화성 물질, 발화성 물질의

적재를 금지한다.

Ⅴ. 결론

위험물을 저장·취급하는 화학설비 및 부속설비 설치 시 폭발이나 화재 피

해를 경감하기 위한 안전거리는 방호 대상물의 위험도, 위험물 제조소의

위험도, 저장, 취급하는 위험물의 종류와 양 각 요소들의 총합이 크면 안전

거리는 길어지고 총합이 작아지면 안전거리는 짧아져야 하며, 특히 특별고압 가공전선 통과지역인 대규모 인원 밀집지역은 최소 30m 이상 이격시킬 의무가 있다.

"끝"

문제4) 시설물의 안전 및 유지관리에 관한 특별법상 정밀안전진단 보고서에 포함되어야 할 사항에 대하여 설명하시오.(25점)

답)

I. 개요

정밀안전진단의 과업은 기본과업과 선택과업으로 구분된다. 기본과업은 시설물의 구분 없이 기본적으로 실시하여야 하는 과업이며, 선택과업이란 시설물의 여건에 따라 실시하여야 하는 과업으로서 정밀점검의 목적을 달성하기 위하여 대상 시설물의 특성 및 현지여건 등을 감안하여 실시하여야 한다.

II. 시설물의 안전 및 유지관리에 관한 특별법상 정밀안전진단 보고서에 포함되어야 할 사항

1. 정기안전점검	2. 정밀안전점검 및 긴급안전점검	3. 정밀안전진단
• 시설물의 개요 및 이력사항, 점검의 범위 및 과업내용 등 정기안전점검의 개요 • 설계도면 및 보수·보강 이력 등 자료 수집 및 분석 • 외관조사 결과분석 등 현장조사 • 종합결론 • 그 밖에 정기안전점검에 관한 것으로서 국토교통부장관이 정하는 사항	• 시설물의 개요 및 이력사항, 점검의 범위 및 과업내용 등 정밀안전점검 및 긴급안전점검의 개요 • 설계도면, 구조계산서 및 보수·보강 이력 등 자료 수집 및 분석 • 외관조사 결과분석, 재료시험 및 측정 결과분석 등 현장조사 및 시험 • 콘크리트 또는 강재 등 시설물의 상태평가 • 종합결론 및 건의사항	• 시설물의 개요 및 이력사항, 진단의 범위 및 과업내용 등 정밀안전진단의 개요 • 설계도면, 구조계산서 및 보수·보강 이력 등 자료 수립 및 분석 • 외관조사 결과분석, 재료시험 및 측정 결과분석 등 현장조사 및 시험 • 콘크리트 또는 강재 등 시설물의 상태평가 • 시설물의 구조해석 등 안전성 평가

1. 정기안전점검	2. 정밀안전점검 및 긴급안전점검	3. 정밀안전진단
	• 그 밖에 정밀안전점검 및 긴급안전점검에 관한 것으로서 국토교통부장관이 정하는 사항	• 시설물의 종합평가 • 보수 · 보강 방법 • 종합결론 및 건의사항 • 그 밖에 정밀안전진단에 관한 것으로서 국토교통부장관이 정하는 사항

Ⅲ. 정밀안전진단 기본과업

기본과업의 현장조사 및 시험 항목은 최소 필요 조건으로 특별한 사유가 있는 경우에는 이를 고려하여 세부지침에서 추가 또는 축소할 수 있다.

1) 자료 수집 및 분석

① 준공도면, 구조계산서, 특별시방서, 수리 · 수문계산서

② 시공 · 보수 · 보강도면 제작 및 작업도면

③ 재료증명서, 품질시험기록, 재하시험자료, 계측자료

④ 시설물관리대장

⑤ 기존 안전점검 · 정밀안전진단 실시 결과

⑥ 보수 · 보강이력

2) 현장조사 및 시험

전체 부재의 외관조사 및 외관조사망도 작성

① 콘크리트 구조물 : 균열, 누수, 박리, 박락, 층분리, 백태, 철근노출 등

② 강재 구조물 : 균열, 도장상태, 부식 및 접합(연결부) 상태 등

3) 현장재료시험 등

① 콘크리트 시험 : 비파괴강도(반발경도시험, 초음파전달속도시험 등),

탄산화 깊이 측정, 염화물함유량시험

② 강재시험 : 강재비파괴시험

③ 기계·전기·설비 및 계측시설의 작동 유무

4) 상태평가

① 외관조사 결과 분석

② 현장재료시험 결과 분석

③ 콘크리트 및 강재 등의 내구성 평가

④ 부재별 상태 평가 및 시설물 전체의 상태 평가 결과에 대한 소견

5) 안전성 평가

① 조사·시험·측정 결과의 분석

② 기존의 구조계산서 또는 안전성 평가 자료 검토·분석

③ 내하력 및 구조 안전성 평가

④ 시설물의 안전성 평가 결과에 대한 소견

6) 종합평가

① 시설물의 안전상태 종합평가 결과에 대한 소견

② 안전등급 보강

7) 보수·보강방법

보수·보강방법 제시

8) 보고서 작성

CAD 도면 작성 등 보고서 작성

Ⅳ.	**정밀안전진단 선택과업**	
	1) 자료 수집 및 분석	
		① 구조·수리·수문 계산(계산서가 없는 경우)
		② 실측도면 작성(도면이 없는 경우)
	2) 현장조사 및 시험	
		① 시료채취 및 계측
		② 지형, 지질, 지반 조사 및 탐사, 토질조사
		③ 수중조사(하천교량의 경우, 최초 정밀안전진단 시에는 필수적으로 수중조사를 실시하여야 하며, 최초 정밀안전진단 이후에 하상정비계획 또는 준설 등에 의하여 교량 주변에 하상 변동이 발생했을 경우, 교량이 위치한 하천에서 계획홍수량 이상의 홍수가 발생했을 경우, 교량에 인접하여 교량확장, 철도 복선화 공사 등으로 인한 기초공사가 시행되었을 경우에는 수중조사를 필수적으로 실시하여야 한다.)
		④ 누수탐사
		⑤ 침하, 변위, 거동 등의 측정(안전점검 실시 결과, 원인규명이 필요하다고 평가한 경우 필수)
		⑥ 콘크리트 제체 시추조사
		⑦ 수리·수충격·수문조사
		⑧ 시설물 조사에 필요한 임시접근로, 가설물의 안전시설 설치 및 해체 등
		⑨ 조사용 접근장비 운용
		⑩ 조사부위 표면 청소

⑪ 마감재의 해체 및 복구

⑫ 기계전시설비 및 계측시설의 성능검사 또는 시험계측(건축물 제외)

⑬ 기본과업 범위를 초과하는 강재비파괴시험

⑭ CCTV 조사, 단수시키지 않는 내시경 조사 등

⑮ 기타 관리주체의 추가 요구 및 필요한 조사시험

3) 안전성 평가

① 구조 · 지반 · 수리 · 수문 해석(구조계의 변화 또는 내하력 및 구조
안전성 저하가 예상되는 경우 필수)

② 구조 안전성 평가 등 전문기술을 요하는 경우의 전문가 자문

③ 내진성능 평가 및 사용성 평가

④ 제시한 보수 · 보강방법에 따라 보수 · 보강 시 예상되는 임시 고정
하중에 대한 안전성 평가

4) 보수 · 보강방법

① 내진 보강 방안 제시

② 시설물 유지 관리 방안 제시

V. 결론

「시설물의 안전 및 유지관리에 관한 특별법」상 제1종 시설물에 대해 실시
하는 정밀안전진단은 국민 안전과 직결된 매우 중요한 사안이므로 진단
시 외관조사, 재료시험 및 측정 · 현장조사 및 시험 · 콘크리트 또는 강재
등 시설물의 상태평가 등이 철저히 이루어져야 한다.

"끝"

문제5) 철근콘크리트 옹벽의 유형을 열거하고, 옹벽의 붕괴원인과 방지
대책에 대하여 설명하시오.(25점)

답)

I. 개요

옹벽의 붕괴는 설계단계부터 시공 및 유지관리 등 여러 요인에 의해 발생되므로 각 단계별 안전성 확보와 보수·보강으로 재해 방지에 힘써야한다.

II. 철근콘크리트 옹벽의 유형

분류		특징
중력식		옹벽자체의 무게로 토압 등의 외력을 지지하는 형식
반중력식		중력식 옹벽의 벽두께를 얇게 하고 이로 인한 인장응력에 저항하기 위해 철근을 배근한 형식
부벽식		외벽면에 밖으로 버팀대형식의 벽체(부벽)를 이용한 형식
캔틸레버식	역 T형	옹벽 배면에 기초 슬래브가 돌출된 형식의 옹벽
	L형	한쪽 끝이 고정되고 다른 끝은 받쳐지지 않은 상태의 보를 이용해 재료를 절감하는 형식의 옹벽

III. 옹벽의 붕괴원인

1) 옹벽의 안정성 미확보

옹벽의 활동, 전도 기초지반의 지지력 등에 대한 안정성 미확보

2) 지반의 지지력 부족

지반의 지지력 부족으로 침하 및 활동 발생

3) 배수 불량

배수공의 부족 및 배수공 막힘에 의한 수압 발생

4) 과도한 토압의 발생

   간극수압 또는 성토하중에 의한 토압

5) 옹벽 뒷굽 길이의 부족

   옹벽의 저판 길이가 짧을 경우 전도 또는 침하 발생

6) 옹벽 배면의 활동 발생

   옹벽 배면의 성토하중으로 전도·침하·활동 발생

7) 뒤채움 불량

   옹벽의 뒤채움 재료의 불량 또는 뒤채움토의 다짐 불량

8) 옹벽 저판면적 부족

   기초저면과 흙의 마찰력 부족으로 활동·침하 발생

9) 옹벽의 높이가 과다하게 높은 경우

   옹벽의 높이가 높을수록 전도모멘트 증가

Ⅳ. 옹벽의 붕괴 방지대책

1) 옹벽의 안정성 확보

2) 기초지반 지지력 증대

   ① 기초지반 개량

   ② 기초저판 확대

3) Pile 보강

4) 배수공 및 Filter 설치

   ① 배수공 간격 : 4.5m 이내

   ② 공직경 : $\phi\,65\sim100$mm

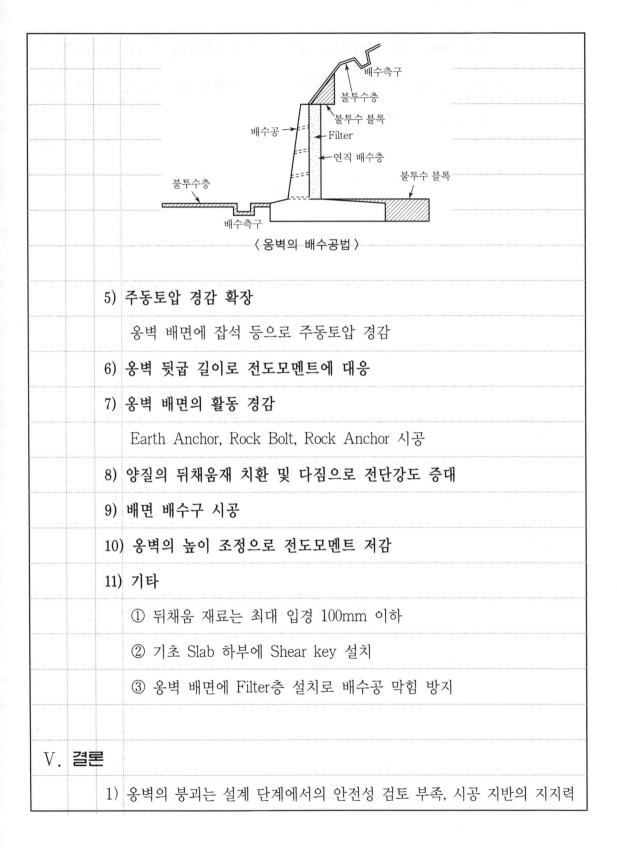

〈 옹벽의 배수공법 〉

5) 주동토압 경감 확장

옹벽 배면에 잡석 등으로 주동토압 경감

6) 옹벽 뒷굽 길이로 전도모멘트에 대응

7) 옹벽 배면의 활동 경감

Earth Anchor, Rock Bolt, Rock Anchor 시공

8) 양질의 뒤채움재 치환 및 다짐으로 전단강도 증대

9) 배면 배수구 시공

10) 옹벽의 높이 조정으로 전도모멘트 저감

11) 기타

① 뒤채움 재료는 최대 입경 100mm 이하

② 기초 Slab 하부에 Shear key 설치

③ 옹벽 배면에 Filter층 설치로 배수공 막힘 방지

V. 결론

1) 옹벽의 붕괴는 설계 단계에서의 안전성 검토 부족, 시공 지반의 지지력

부족 등에 의해 발생되므로 시공 시 안전성 확보에 만전을 기해야 한다.

2) 완공 후에는 유지관리 계획을 수립해 적절한 보수·보강 공법에 의한 유지관리가 이루어져야 한다.

"끝"

문제6)	건설현장 전기용접작업 시 발생 가능한 재해유형과 안전대책을
	설명하고, 화재감시자에게 지급해야 할 보호구와 배치장소에 대
	하여 설명하시오.(25점)
답)	

I. 개요

용접작업은 작업자에게 금속흄 및 금속분진을 비롯해 유해가스에 의한 유

해위험요인이 발생되며 작업장 주변 제3자에게도 소음 등의 문제가 발생

되므로 작업환경 관리 및 건강보호를 위한 대책과 작업전 유해인자 노출

정도의 측정이 선행되어야 한다.

II. 전기용접작업 시 발생 가능한 재해유형

1) Fume, 금속분진으로 인한 질병이환

카드뮴·크롬·철·망간·납 Fume 중독

2) 유해가스 흡입으로 인한 호흡기질환

오존(O_3), 질소산화물(NOx), 일산화탄소(CO), 포스겐($COCl_2$), 포스

핀(PH_3)

3) 작업환경 불량으로 인한 재해

① 접지불량, 누전차단기 미설치 등에 의한 감전

② 가연성, 인화성 물질에 용접봉 비산으로 인한 화재

③ 고소작업에서의 용접작업 시 추락

④ 소음, 고열화상, 화재폭발

Ⅲ. 안전대책

1) 주변환경 정리

2) 접지 확인 및 방지시설 설치

3) 과전류 보호장치 설치

4) 감전 방지용 누전차단기 설치

5) 자동전격방지장치 설치

6) 용접봉의 홀더

   KS 규격에 적합하거나 동등 이상의 절연성 및 내열성을 갖춘 것 사용

7) 습윤환경에서의 용접작업 금지

8) 용접, 용단 시 화재 방지대책

   ① 불연재료 방호울 설치

   ② 화재감시자 배치

9) 밀폐장소에서의 용접 시 기계적 배기장치에 의한 환기

10) 용접 Arc 광선 차폐

11) 흄(Fume)의 흡입 방지 조치

12) 안전시설 설치

   ① 추락방지망

   ② 안전대

   ③ 낙하·비래 및 불꽃의 비산방지시설

13) 보호구 착용

   ① 차광안경, 보안면 등

   ② 화상방지 보호구 : 용접용 가죽제 보호장갑, 앞치마(Apron), 보호의 등

③ 호흡용 보호구 : 환경조건에 따라 방진·방독 마스크 사용

14) 기타 용접작업 전 안전대책

구분	내용
설계 및 시방서 검토	재료의 규격 준수 및 용접순서, 용접방법 등 교육 실시
용접 숙련 정도 시험	용접시공 숙련 정도를 체크하여 숙련 정도에 맞는 현장 배치
개선부 관리	개선부의 세척상태 사전점검 및 개선부 각도, 폭, 간격 등의 개선 정밀도 관리
용접재료 관리	용접봉의 건조상태 및 보관함 적정 온도 유지
예열관리	강재의 종류에 따른 예열계획 및 예열방법, 예열온도 등의 관리
기상조건	강우, 강설, 강풍 발생 시 습도 90% 이상, 기온 0℃ 이하 시 작업 금지

Ⅳ. 화재감시자에게 지급해야 할 보호구

1) 화재감시자 가방

2) 화재감시자 천조끼

3) 화재감시자 안전모

4) 접이식 미니메가폰

5) 휴대용 소화기

6) 휴대용 손전등

7) 화재감시자 완장

8) 방연마스크

Ⅴ. 화재감시자 배치장소

1) 작업반경 11m 이내에 건물구조 자체나 내부(개구부 등으로 개방된 부분을 포함한다)에 가연성 물질이 있는 장소

2) 작업반경 11m 이내의 바닥 하부에 가연성 물질이 11m 이상 떨어져 있지만 불꽃에 의해 쉽게 발화될 우려가 있는 장소

3) 가연성 물질이 금속으로 된 칸막이, 벽, 천장 또는 지붕의 반대쪽 면에 인접해 있어 열전도나 열복사에 의해 발화될 우려가 있는 장소

Ⅵ. 결론

용접작업 시에는 안전상의 조치 이외에 보건상의 조치가 이루어져야 하며 특히 금속흄 및 금속분진을 비롯해 유해가스에 의한 유해위험요인 파악을 위한 작업 전 유해인자 노출정도의 측정이 사전에 이루어져야 하며, 건강 진단의 실시가 준수되어야 한다.

"끝"

제 131 회
국가기술자격검정 기술사 필기시험 답안지(제4교시)

◯　　　◯　　　◯

※ 10권 이상은 분철(최대 10권 이내)

자 격 종 목	건설안전기술사

답안지 작성 시 유의사항

1. 답안지는 총 7매(14면)이며 교부받는 즉시 매수, 페이지 등 정상 여부를 반드시 확인하고 1매라도 분리되거나 훼손하여서는 안 됩니다.
2. 시행회, 자격종목, 수험번호, 성명을 정확하게 기재하여야 합니다.
3. 수험자 인적사항 및 답안 작성(계산식 포함)은 흑색 또는 청색 필기구만 사용하되, 동일한 한 가지 색의 필기구만 사용하여야 하며 흑색, 청색을 제외한 유색 필기구 또는 연필류를 사용하거나 두 가지 이상의 색을 혼합 사용하였을 경우 그 문항은 0점 처리됩니다.
4. 답안 정정 시에는 두 줄(=)을 긋고 다시 기재 가능하며, 수정테이프(액) 등을 사용했을 경우 채점상의 불이익을 받을 수 있으므로 사용하지 마시기 바랍니다.
5. 답안지에 답안과 관련 없는 특수한 표시, 특정인임을 암시하는 답안지는 전체가 0점 처리됩니다.
6. 답안 작성 시 홈(구멍)이나 도형 등 그림이 없는 직선자(템플릿 사용 금지)만 사용할 수 있습니다.
7. 문제의 순서에 관계없이 답안을 작성하여도 되나 주어진 문제번호와 문제를 기재한 후 답안을 작성하고 전문용어는 원어로 기재하여도 무방합니다.
8. 요구한 문제수보다 많은 문제를 답하는 경우 기재 순으로 요구한 문제수까지 채점하고 나머지 문제는 채점대상에서 제외됩니다.
9. 답안 작성 시 답안지 양면의 페이지 순으로 작성하시기 바랍니다.
10. 기작성한 문항 전체를 삭제하고자 할 경우 반드시 해당 문항의 답안 전체에 대하여 명확하게 X표시(X표시한 답안은 채점대상에서 제외) 하시기 바랍니다.
11. 시험시간이 종료되면 즉시 답안 작성을 멈춰야 하며, 종료시간 이후 계속 답안을 작성하거나 감독위원의 답안 제출 지시에 불응할 때에는 채점대상에서 제외됩니다.
12. 각 문제의 답안 작성이 끝나면 "끝"이라고 쓰고 다음 문제는 두 줄을 띄워 기재하여야 하며 최종 답안 작성이 끝나면 그 다음 줄에 "이하 여백"이라고 써야 합니다.
13. 비번호란은 기재하지 않습니다.

비 번 호	

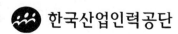

문제1) 건설현장 근로자의 근골격계 질환 발생원인과 예방대책에 대하여 설명하시오.(25점)

답)

I. 개요

무리한 힘의 사용, 반복적인 동작, 부적절한 작업자세, 날카로운 면과의 신체접촉, 진동 및 온도 등의 요인으로 인해 근육과 신경, 힘줄, 인대, 관절 등의 조직이 손상되어 신체에 나타나는 건강장해를 총칭하는 근골격계 질환은 요통, 수근관증후군, 건염, 흉곽출구증후군, 경추자세증후군 등으로도 표현된다.

II. 발생단계 구분

작업시간 동안 통증, 피로감	→	작업시간 초기부터 통증	→	통증 때문에 잠을 못 이룸
1단계		2단계		3단계

III. 근골격계질환의 종류

종류	원인	증상
수근관증후군 (손목터널증후군)	• 빠른 손동작을 계속 반복할 때 • 엄지와 검지를 자주 움질일 때 • 빈번하게 손목이 꺾일 때	• 1, 2, 3번째 손가락 전체와 4번째 손가락 안쪽에 증상 • 손의 저림 또는 찌릿한 느낌 • 물건을 쥐기 어려움
건초염	• 반복 작업, 힘든 작업을 할 때 • 오랫동안 손을 사용할 때	• 인대나 인대를 둘러싼 건초(건막)부위가 부음 • 손이나 팔이 붓고 누르면 아픔

종류	원인	증상
드퀘르병 건조염	• 물건을 자주 집는 작업을 할 때 • 손목을 자주 비틀 때 • 반복 작업, 힘든 작업을 할 때	• 엄지손가락 부분에 통증 • 손목과 엄지손가락이 붓거나 움직임이 힘듦
방아쇠 손가락	• 수공구의 방아쇠를 자주 사용할 때 • 반복 작업, 힘든 작업을 할 때 • 충격, 진동이 심한 작업을 할 때	• 손가락이 굽어져 움직이기가 어려움 • 손가락 첫째 마디에 통증
백지병	진동이 심한 공구를 사용할 때	• 손가락, 손의 일부가 하얗게 창백함 • 손가락, 손의 마비

Ⅳ. 근골격계 질환의 발생원인

1) 일터에서의 부적절한 작업상황 조건 및 작업환경

① 부적절한 작업자세

• 무릎을 굽히거나 쪼그리는 자세로 작업

• 팔꿈치를 반복적으로 머리 위 또는 어깨 위로 들어 올리는 작업

• 목, 허리, 손목 등을 과도하게 구부리거나 비트는 작업

② 과도한 힘 필요작업

• 반복적인 중량물 취급

• 어깨 위에서 중량물 취급

• 허리를 구부린 상태에서 중량물 취급

• 강한 힘으로 공구를 작동하거나 물건을 잡는 작업

③ 접촉 스트레스 발생작업

손이나 무릎을 망치처럼 때리거나 치는 작업

④ 진동공구 취급작업

착암기, 연삭기 등 진동이 발생하는 공구 취급작업

⑤ 반복적인 작업

　　목, 어깨, 팔, 팔꿈치, 손가락 등을 반복 사용하는 작업

Ⅴ. 예방대책

1) 예방관리 프로그램 시행

① 근골격계 질환으로 업무상 질병으로 인정받은 근로자가 연간 10명 이상 발생한 사업장

② 근골격계 질환으로 업무상 질병으로 인정받은 근로자가 5명 이상 발생한 사업장으로서 발생 비율이 그 사업장 근로자 수의 10퍼센트 이상인 경우

③ 근골격계 질환 예방과 관련하여 노사 간 이견이 지속되는 사업장으로서 고용노동부장관이 필요하다고 인정하여 근골격계 질환 예방관리 프로그램을 수립하여 시행할 것을 명령한 경우

④ 근골격계 질환 예방관리 프로그램을 작성·시행할 경우에 노사협의를 거쳐야 한다.

⑤ 사업주는 프로그램 작성·시행 시 노사협의를 거쳐야 하며, 인간공학·산업의학·산업위생·산업간호 등 분야별 전문가로부터 필요한 지도·조언을 받을 수 있다.

2) 부담작업 범위 숙지 및 교육

번호	내용
1	하루에 4시간 이상 집중적으로 자료 입력 등을 위해 키보드 또는 마우스를 조작하는 작업

번호	내용
2	하루에 총 2시간 이상 목, 어깨, 팔꿈치, 손목 또는 손을 사용하여 같은 동작을 반복하는 작업
3	하루에 총 2시간 이상 머리 위에 손이 있거나, 팔꿈치가 어깨 위에 있거나, 팔꿈치를 몸통으로부터 들거나, 팔꿈치를 몸통 뒤쪽에 위치하도록 하는 상태에서 이루어지는 작업
4	지지되지 않은 상태이거나 임의로 자세를 바꿀 수 없는 조건에서, 하루에 총 2시간 이상 목이나 허리를 구부리거나 드는 상태에서 이루어지는 작업
5	하루에 총 2시간 이상 쪼그리고 있거나 무릎을 굽힌 자세에서 이루어지는 작업
6	하루에 총 2시간 이상 지지되지 않은 상태에서 1kg 이상의 물건을 한 손의 손가락으로 집어 옮기거나, 2kg 이상에 상응하는 힘을 가하여 한 손의 손가락으로 물건을 쥐는 작업
7	하루에 총 2시간 이상 지지되지 않은 상태에서 4.5kg 이상의 물건을 한 손으로 들거나 동일한 힘으로 쥐는 작업
8	하루에 10회 이상 25kg 이상의 물체를 드는 작업
9	하루에 25회 이상 10kg 이상의 물체를 무릎 아래에서 들거나, 어깨 위에서 들거나, 팔을 뻗은 상태에서 드는 작업
10	하루에 총 2시간 이상, 분당 2회 이상 4.5kg 이상의 물체를 드는 작업
11	하루에 총 2시간 이상 시간당 10회 이상 손 또는 무릎을 사용하여 반복적으로 충격을 가하는 작업

VI. 결론

근골격계 질환은 건설현장의 근로자에게만 발생되는 질환이 아닌 사무직에서도 발생되는 산업안전보건법상의 재해에 해당되는 질환으로 근골격계 부담작업의 범위를 정확하게 이해하고 질환 예방을 위한 작업자세를 유지하는 것이 중요하다.

"끝"

문제2) 산업안전보건위원회의 구성 대상과 역할, 회의개최 및 심의·의결 사항에 대하여 설명하시오.(25점)

답)

I. 개요

사업주는 사업장의 안전 및 보건에 관한 중요 사항을 심의·의결하기 위하여 근로자위원과 사용자위원이 같은 수로 구성되는 산업안전보건위원회를 구성·운영하여야 한다.

II. 산업안전보건위원회의

1) 구성대상

① 공사금액 120억 원 이상 건설업

② 공사금액 150억 원 이상 토목공사업

2) 구성인원

① 산업안전보건위원회의 근로자위원은 다음 각 호의 사람으로 구성한다.

  ㉠ 근로자대표

  ㉡ 명예산업안전감독관이 위촉되어 있는 사업장의 경우 근로자대표가 지명하는 1명 이상의 명예산업안전감독관

  ㉢ 근로자대표가 지명하는 9명(근로자인 ㉡의 위원이 있는 경우에는 9명에서 그 위원의 수를 제외한 수를 말한다) 이내의 해당 사업장의 근로자

② 산업안전보건위원회의 사용자위원은 다음 각 호의 사람으로 구성

한다. 다만, 상시근로자 50명 이상 100명 미만을 사용하는 사업장에서는 ⑩에 해당하는 사람을 제외하고 구성할 수 있다.

㉠ 해당 사업의 대표자(같은 사업으로서 다른 지역에 사업장이 있는 경우에는 그 사업장의 안전보건관리책임자를 말한다. 이하 같다)

㉡ 안전관리자(제16조제1항에 따라 안전관리자를 두어야 하는 사업장으로 한정하되, 안전관리자의 업무를 안전관리전문기관에 위탁한 사업장의 경우에는 그 안전관리전문기관의 해당 사업장 담당자를 말한다) 1명

㉢ 보건관리자(제20조제1항에 따라 보건관리자를 두어야 하는 사업장으로 한정하되, 보건관리자의 업무를 보건관리전문기관에 위탁한 사업장의 경우에는 그 보건관리전문기관의 해당 사업장 담당자를 말한다) 1명

㉣ 산업보건의(해당 사업장에 선임되어 있는 경우로 한정한다)

㉤ 해당 사업의 대표자가 지명하는 9명 이내의 해당 사업장 부서의 장

③ ① 및 ②에도 불구하고 법 제69조제1항에 따른 건설공사도급인(이하 "건설공사도급인"이라 한다)이 법 제64조제1항제1호에 따른 안전 및 보건에 관한 협의체를 구성한 경우에는 산업안전보건위원회의 위원을 다음 각 호의 사람을 포함하여 구성할 수 있다.

㉠ 근로자위원 : 도급 또는 하도급 사업을 포함한 전체 사업의 근로자대표, 명예산업안전감독관 및 근로자대표가 지명하는 해당 사업장의 근로자

     ⓒ 사용자위원 : 도급인 대표자, 관계수급인의 각 대표자 및 안전관

      리자

   ④ 위원장

    산업안전보건위원회의 위원장은 위원 중에서 호선한다. 이 경우 근

    로자위원과 사용자위원 중 각 1명을 공동위원장으로 선출할 수 있다.

Ⅲ. 산업안전보건위원회의 역할

1) 산재 예방계획 수립

2) 근로자 안전보건관리의 기본적 사항의 심의 · 의결

3) 위험성평가의 추진방향 의결

4) 작업중지 이후 재개 시 심의 · 의결 등

Ⅳ. 회의개최

1) **정기회의** : 분기마다 위원장이 소집

2) **임시회의** : 위원장이 필요하다고 인정할 때에 소집

3) 근로자위원 및 사용자위원 각 과반수의 출석으로 시작하고 출석위원 과반수의 찬성으로 의결

4) 근로자대표, 명예산업안전감독관, 해당 사업의 대표자, 안전관리자, 보건관리자는 회의에 출석하지 못할 경우에는 해당 사업에 종사하는 사람 중에서 1명을 지정하여 위원으로서의 직무를 대리하게 할 수 있다.

V. 심의 · 의결 사항

1) 산재 예방계획 수립

2) 안전보건관리규정 작성, 변경

3) 근로자 안전보건교육

4) 작업환경측정 점검, 개선 등

5) 근로자 건강진단 등 건강관리

6) 산재 통계 기록 유지

7) 중대재해 원인조사 및 재발 방지대책 수립

8) 규제당국, 경영진, 명예산업감독관 등에 의한 작업장 안전점검 결과에 관한 사항

9) 위험성평가에 관한 사항(연 1회 및 변경 발생 시)

10) 비상시 대비대응 절차

11) 유해위험 기계와 설비를 도입한 경우 안전보건조치

12) 기타 사업장 안전보건에 중대한 영향을 미치는 사항

VI. 결론

산업안전보건위원회는 산업재해 예방을 위한 계획수립부터 작업환경측정, 재해발생 시 원인조사 및 재발방지대책, 위험성평가에 관한 사항 등 건설업 안전관리의 핵심적인 심의의결 제도이므로 근로자 안전 · 보건에 관한 것이 새로 도입되거나 변경되었을 경우 빠짐없이 의결해야 할 것이다.

"끝"

문제3)	도심지 굴착공사 시 지하매설물에 근접해서 작업하는 경우 굴착
	영향에 의한 지하매설물 보호와 안전사고를 예방하기 위한 안전
	대책에 대하여 설명하시오.(25점)
답)	

I. 개요

도심지에서 굴착공사를 시행하다 보면 수많은 지하매설물이 묻혀 있는 것을 알 수 있다. 예를 들어 전선관, 통신선, 전력선, 상·하수도관, 가스관, 공동구, 각종 맨홀 등이 있다. 이러한 지하매설물을 공사 중 파열시켰을 경우 가스폭발, 수도관 파열로 인한 토사붕괴로 인접 구조물의 파괴, 통신불통, 전력공급 차단 등의 중대한 사태가 발생하게 되므로 지하매설물의 안전사고를 미연에 방지하고자 하는 인식을 새롭게 다져야 할 것이다.

II. 지하매설물 보호와 안전사고를 예방을 위한 대책(굴착공사 표준안전 작업지침)

1) 지하 매설물 인접작업 시 매설물 종류, 매설 깊이, 선형 기울기, 지지방법 등에 대하여 굴착작업을 착수하기 전에 사전조사를 실시하여야 한다.

2) 시가지 굴착 등을 할 경우에는 도면 및 관리자의 조언에 의하여 매설물의 위치를 파악한 후 줄파기작업 등을 시작하여야 한다.

3) 굴착에 의하여 매설물이 노출되면 반드시 관계기관, 소유자 및 관리자에게 확인시키고 상호 협조하여 지주나 지보공 등을 이용하여 방호조치를 취하여야 한다.

4) 매설물의 이설 및 위치변경, 교체 등은 관계기관(자)과 협의하여 실시

되어야 한다.

5) 최소 1일 1회 이상은 순회 점검하여야 하며 점검에는 와이어로프의 인 장상태, 거치구조의 안전상태, 특히 접합부분을 중점적으로 확인하여야 한다.

6) 매설물에 인접하여 작업할 경우는 주변지반의 지하수위가 저하되어 압 밀침하 될 가능성이 많고 매설물이 파손될 우려가 있으므로 곡관부의 보강, 매설물 벽체 누수 등 매설물의 관계기관(자)과 충분히 협의하여 방지대책을 강구하여야 한다.

7) 가스관과 송유관 등이 매설된 경우는 화기사용을 금하여야 하며 부득 이 용접기 등을 사용해야 될 경우는 폭발방지 조치를 취한 후 작업을 하여야 한다.

8) 노출된 매설물을 되메우기 할 경우는 매설물의 방호를 실시하고 양질 의 토사를 이용하여 충분한 다짐을 하여야 한다.

Ⅲ. 매달기지지구 설치 시 점검사항

1) 가스관이 노출된 시점에서 즉시 지지할 것

2) 각 매달기지지구의 장력은 균일하게 조정할 것

3) 매달기지지구와 가스관의 접합부를 보수할 수 있는 간격을 잡을 것

Ⅳ. 받침지지대 설치 시 점검사항

1) 받침지지대는 매달기지지기구를 떼어 내기 전 설치할 것

2) 받침지지대는 견고하게 기초에 고정할 것

3) 받침지지대의 지지부와 가스관의 접합부를 보수할 수 있는 간격을 잡을 것

V. 결론

도심지 지하매설물을 공사 중 파열시켰을 경우 가스폭발, 수도관 파열로 인한 토사붕괴로 인접 구조물의 파괴, 통신불통, 전력공급 차단 등의 중대한 사태가 발생하게 되므로 사전에 지하안전영향평가를 실시해 안전한 공사가 되도록 하고, 유지관리단계에서도 사후안전조치가 이루어지도록 해야 한다.

"끝"

문제4) 외부 작업용 곤돌라 안전점검 사항과 작업 시 안전관리 사항에

대하여 설명하시오.(25점)

답)

Ⅰ. 개요

외부작업용 곤돌라는 전동모터와 와이어로프의 와인더를 이용해 상·하로

이동시키는 전동식과 수동식 레버와 클램프를 수동으로 조작해 상·하레

버를 작동시켜 조작하는 수동식으로 분류된다.

Ⅱ. 외부 작업용 곤돌라 안전점검 사항

1) 와이어로프

① 와이어로프 안전계수는 근로자가 탑승하는 경우 10 이상, 화물을

취급하는 경우 5 이상이어야 한다.

② 와이어로프의 한 꼬임에서 끊어진 소선의 수가 10% 이상 절단된

것은 사용하여서는 아니 된다.

③ 지름의 감소가 공칭지름의 7%를 초과하는 것은 사용하여서는 아니

된다.

④ 이음매가 있는 것, 꼬인 것, 심하게 변형 또는 부식된 것은 사용하

여서는 아니 된다.

2) 운반구

① 바닥재의 파손, 부식, 미끄럼방지조치가 되어 있는지를 점검한다.

② 울 설치상태, 볼트의 체결상태, 용접부의 균열, 부식, 변형유무를 점

검한다.

③ 와이어로프의 연결부 및 연결 상태를 점검한다.

④ 이동용 바퀴의 상태, 완충고무의 손상 또는 이탈유무를 점검한다.

⑤ 운반구의 점검은 매 작업시작 전에 실시하여야 한다.

3) 지지대

① 지지대의 와이어로프 및 보조 와이어로프의 결속 및 고정상태를 점검하여야 한다. 이때, 보조 와이어로프는 주 와이어로프와 별개로 다른 곳에 지지하여야 한다.

② 지지대 프레임은 부식과 변형이 없고, 용접부의 접합상태가 양호해야 한다.

③ 지지대를 고정한 상태에서 불필요한 틈새가 있는지, 전도 또는 이탈 위험은 없는지를 점검한다.

④ 지지대 간의 폭과 곤돌라 와이어로프 간의 폭은 그 허용오차가 ±100mm 이내이어야 한다.

⑤ 시브와의 인입 접촉각은 로프의 진행방향에서 $10°$ 이상 벗어나서는 안 된다.

⑥ 지지대의 점검은 매 작업시작 전에 실시하여야 한다.

4) 구명줄

① 구명줄은 지지대와 별도로 콘크리트 기둥 등 견고한 구조물에 설치하고 로프가 풀리지 않는가를 점검한다.

② 절단한 끝 부분이 풀리지 않아야 한다.

③ 구명줄의 변질, 이음, 변색, 소선절단 등 손상된 부분이 없어야 한다.

④ 구명줄의 안전계수는 10 이상이어야 한다.

⑤ 추락방지대 착용, 안전장치 작동상태를 확인한다.

⑥ 2명 이상 작업자가 탑승하여 작업할 경우는 작업 인원 수만큼 구명줄을 별도로 설치하여야 한다.

⑦ 구명줄의 점검은 매 작업시작 전에 실시하여야 한다.

5) 승강장치

① 베어링의 이상음이 있는지, 풀림이나 흔들림이 없는지, 급유상태가 양호한지 등을 점검한다.

② 기어장치의 체결상태, 이상마모, 이상소음, 급유상태, 덮개나 울 등이 견고하게 부착되어 있는지를 점검한다.

③ 승강핸들 및 축의 손상 유무 확인과 균형추 부착상태, 권상드럼의 표면상태, 안내홈의 접합이나 돌기상태, 와이어로프 감기는 상태, 접합볼트의 풀림, 부식, 탈락 등의 유무를 점검한다.

④ 승강장치의 점검은 매 작업시작 전에 실시하여야 한다.

6) 제동 및 제어장치

① 브레이크의 작동상태, 가속방지장치, 과부하방지장치, 권과방지장치, 리밋스위치, 레버, 로드, 핀, 스프링 등의 비상정지장치 등 안전장치 작동상태 확인과, 변형이나 손상유무를 점검하고 이상한 냄새가 나는지를 확인한다.

② 배선의 손상이나 연결부 점검, 전선 인입구의 피복 상태, 누전차단기의 작동상태, 전자 접촉기의 각 접점의 마멸상태 등을 점검한다.

③ 제어반의 작동상태, 작동방향에 대한 정확한 표시여부, 각 버튼스위치의 작동상태 확인과 조작반의 외함 등 파손이나 탈락유무를 점검한다.

Ⅲ. 작업 시 안전관리 사항

1) 설치 및 작업시작 전 준수사항

① 곤돌라를 설치할 때에는 곤돌라가 전도 이탈 또는 낙하하지 않게 구조물에 와이어로프 및 앵키볼트 등을 사용하여 구조적으로 견고하게 설치하고 지지하여야 한다.

② 운반구의 잘 보이는 곳에 최대적재하중 표지판을 부착하고 바닥 끝부분은 발끝막이판을 설치하여야 한다.

③ 작업시작 전에는 반드시 각종 방호장치, 브레이크의 기능, 와이어로프 등의 상태를 점검표에 의거 점검을 실시하여야 한다.

④ 곤돌라 작업 시에는 작업자에게 특별안전교육을 실시하고 안전대, 안전모, 안전화 등 개인 보호구를 착용하도록 하여야 한다.

⑤ 곤돌라의 낙하에 의한 위험을 방지하기 위하여 곤돌라와는 별개로 콘크리트 기둥 등 견고한 구조물에 구명줄을 설치하고 그 구명줄에 안전대(추락방지대)를 걸고 운반구에 탑승하여 작업을 하여야 한다.

⑥ 곤돌라 조작은 지정된 자만 하고 작업원은 곤돌라에 관한 특별안전교육을 받은 작업자만 하여야 한다.

2) 작업 중 준수사항

① 곤돌라 상승 시에는 지지대와 운반구의 충돌을 방지하기 위하여 지지대 50cm 하단에서 정지하여야 한다.

② 2인 이상의 작업자가 곤돌라를 사용할 때에는 정해진 신호에 의해 작업을 하여야 한다.

③ 작업은 운반구가 정지한 상태에서만 실시하여야 한다.

④ 탑승하거나 탑승자가 내릴 때에는 반드시 운반구를 정지한 상태에서 행동을 하여야 한다.

⑤ 작업공구 및 자재의 낙하를 방지할 수 있도록 정리정돈을 실시하여야 한다.

⑥ 운반구 안에서 발판, 사다리 등을 사용하지 않아야 한다.

⑦ 곤돌라의 지지대와 운반구는 항상 수평을 유지하여 작업을 하여야 한다.

⑧ 곤돌라를 횡으로 이동시킬 때에는 최상부까지 들어 올리던가 최하부까지 내려서 이동하여야 한다.

⑨ 벽면에 운반구가 닿지 않도록 유의하고 필요한 경우에는 운반구 전면에 보호용 고무 등을 부착하여야 한다.

⑩ 전동식 곤돌라를 사용할 때 정전 또는 고장 발생 시 작업원은 승강제어기가 정지위치에 있는 것을 확인한 후 책임자의 지시를 받아야 한다.

⑪ 작업종료 후는 운반구가 매달린 채 그냥 두지 말고 최하부 바닥에 고정시켜 놓아야 한다.

⑫ 강풍 등의 악천후 시 곤돌라 작업으로 인하여 작업자에게 위험을 미칠 우려가 있을 때에는 작업을 중지하여야 한다. 여기서 강풍이라 함은 풍속이 초당 10m 이상인 경우를 말한다.

⑬ 고압선이 지나는 장소에서 작업할 경우에는 충전전로에 절연용 방호구를 설치하거나 작업자에게 보호구를 착용시키는 등 활선근접 작업 시 감전재해예방조치를 취하여야 한다.

⑭ 작업종료 후에는 정리정돈을 하고 모든 전원을 차단하여야 한다.

Ⅳ. 결론

곤돌라 사용현장은 작업계획 수립 시 작업참여 근로자의 의견을 반영해 안전관리 항목에 대한 사전 점검과 위험성평가를 선행해야 하며, 작업 전 위험요소에 대한 지적확인 등 잠재재해 발굴과 예방활동에 만전을 기해야 한다.

"끝"

문제5) 하천제방(河川堤防)의 누수원인 및 붕괴 방지대책에 대하여 설명하시오. (25점)

답)

Ⅰ. 개요

1) '제방(Dyke : 둑)'이란 수류를 일정한 유로 내로 제한하고 하천(河川)의 범람을 방지할 목적으로 축조되는 구조물을 말한다.

2) 제방의 누수원인은 기초지반 및 제방체의 누수로 인한 Piping 현상이 주원인으로 이에 대한 설계·시공 시의 검토 및 적정한 누수방지대책이 필요하다.

Ⅱ. 누수방지를 위한 제방 축제재료의 조건

1) 흙의 투수성이 낮을 것

2) 흙의 함수비가 증가되어도 비탈이 붕괴되지 않을 것

3) 초목의 뿌리 등 유기물이나 율석 등의 굵은 자갈이 포함되지 않을 것

Ⅲ. 제방의 누수 발생 원인

1) 기초지반의 누수

2) 제방폭의 과소

3) Piping 현상 발생

4) 표토재료의 부적정

5) 제방 비탈면의 다짐불량

6) 차수벽(지수벽) 미설치

Ⅳ. 제방의 부위별 누수 방지대책

1) 기초부

① 차수벽 설치

② 기초지반 처리

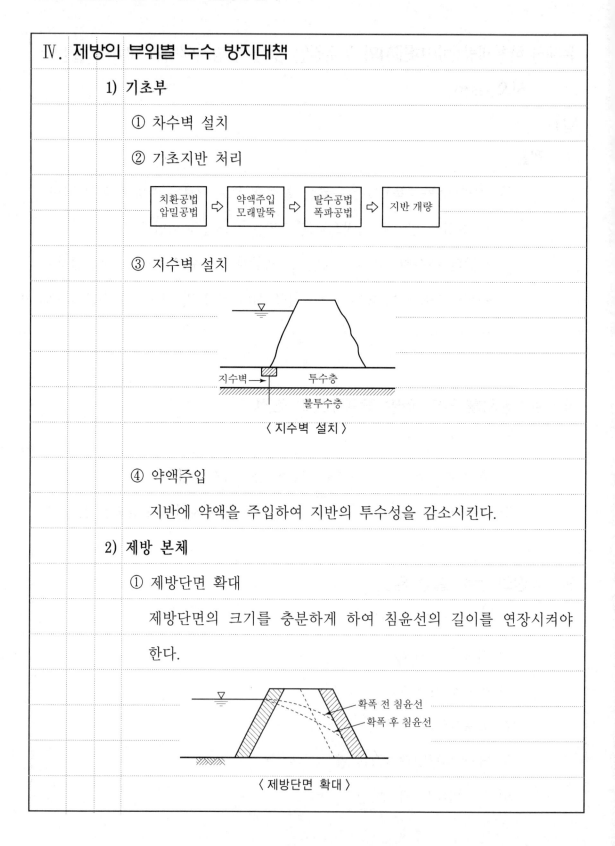

③ 지수벽 설치

〈 지수벽 설치 〉

④ 약액주입

지반에 약액을 주입하여 지반의 투수성을 감소시킨다.

2) 제방 본체

① 제방단면 확대

제방단면의 크기를 충분하게 하여 침윤선의 길이를 연장시켜야 한다.

〈 제방단면 확대 〉

② 제체재료 선정 유의

제체재료는 가급적 투수성이 낮은 재료를 사용하여 투수계수를 저
하시켜야 한다.

③ 비탈면 피복

제방과 제내지 또는 제외지가 접히는 부분을 불투수성 표면층으로
피복하여 침투수를 차단한다.

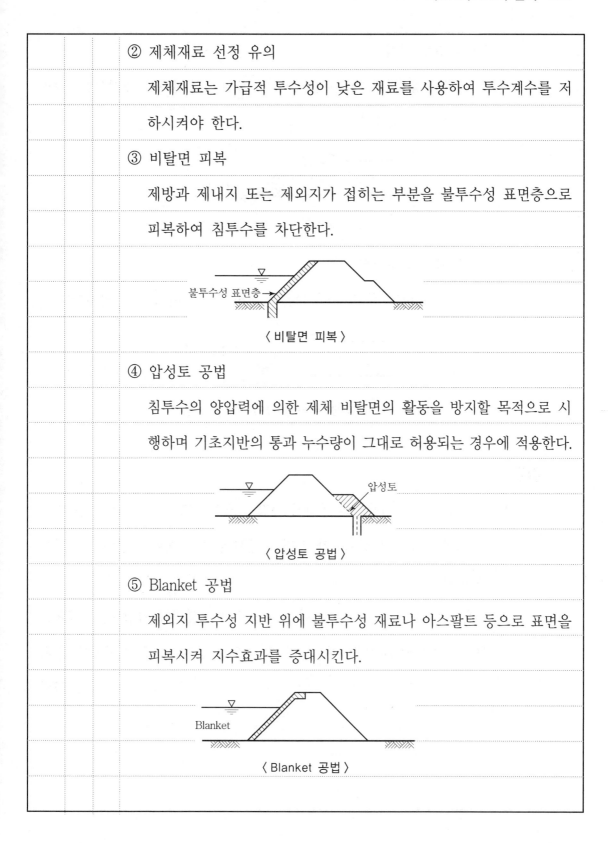

〈 비탈면 피복 〉

④ 압성토 공법

침투수의 양압력에 의한 제체 비탈면의 활동을 방지할 목적으로 시
행하며 기초지반의 통과 누수량이 그대로 허용되는 경우에 적용한다.

〈 압성토 공법 〉

⑤ Blanket 공법

제외지 투수성 지반 위에 불투수성 재료나 아스팔트 등으로 표면을
피복시켜 지수효과를 증대시킨다.

〈 Blanket 공법 〉

⑥ 배수로 설치

불투수층 내에 배수로를 만들어 침투수를 신속히 배제시킴으로써 침윤선을 낮춘다.

〈 배수로 설치 〉

⑦ 비탈면 보강공법

제내지 비탈 끝 부분에 작은 옹벽을 설치하여 침식을 방지한다.

〈 비탈 끝 보강공법 〉

V. 결론

1) 제방의 누수는 비탈면의 관리가 가장 중요하므로 시공 시 제체 및 기초부 토질에 대한 사전조사가 철저히 실시된 후 적절한 공법이 선정되어야 한다.

2) 또한, 제방에서 발생되는 파이핑 현상은 제방붕괴에 가장 큰 위험요소이므로 침투압, 유선망, 투수량 등의 검토로 방지대책을 수립해야 한다.

"끝"

문제6)	건설공사 재해 예방을 위하여 건설공사의 계획, 설계 및 시공 단
	계별로 작성하는 안전보건대장에 대하여 설명하시오. (25점)

답)

I. 개요

공사금액 50억 원 이상 건설공사의 발주자는 계획설계공사 단계별 안전보

건대장의 작성확인이 의무화되었으며 직접 수행이 어려운 경우 건설안전

전문가를 선임해 업무를 수행해야 한다.

II. 안전보건대장의 작성방법

1) 하나의 건설공사를 두 개 이상으로 분리하여 발주하는 경우에는 발주

자, 설계자 또는 수급인은 안전보건대장을 각각 작성하여야 한다.

2) 건설공사를 분리하여 발주하더라도 설계자 또는 수급인이 같은 때에는

안전보건대장을 통합하여 작성할 수 있다.

III. 안전보건대장의 종류

1) 기본안전보건대장

건설공사 계획단계에서 해당 건설공사에서 중점적으로 관리하여야 할

유해·위험요인과 이의 감소방안을 포함한 기본안전보건대장을 작성

할 것

2) 설계안전보건대장

건설공사발주자는 기본안전보건대장을 설계자에게 제공하고, 설계자

로 하여금 유해·위험요인의 감소방안을 포함한 설계안전보건대장을

			작성하게하고 이를 확인할 것
		3)	**공사안전보건대장**
			건설공사발주자로부터 건설공사를 최초로 도급받은 수급인에게 설계
			안전보건대장을 제공하고, 그 수급인에게 이를 반영하여 안전한 작업
			을 위한 공사안전보건대장을 작성하게 하고 그 이행 여부를 확인할 것
Ⅳ.	**안전보건대장에 포함되어야 할 내용**		
		1)	**기본안전보건대장**
			① 공사규모, 공사예산 및 공사기간 등 사업개요
			② 공사현장 제반정보
			③ 공사 시 유해·위험요인과 감소대책 수립을 위한 설계조건
		2)	**설계안전보건대장**
			① 안전한 작업을 위한 적정 공사기간 및 공사금액 산출서
			② 1)-③의 설계조건을 반영하여 공사 중 발생할 수 있는 주요 유해
			·위험요인 및 감소대책에 대한 위험성평가 내용
			③ 유해위험방지계획서의 작성계획
			④ 안전보건조정자의 배치계획
			⑤ 산업안전보건관리비의 산출내역서바. 건설공사의 산업재해 예방 지
			도의 실시계획
		3)	**공사안전보건대장**
			① 설계안전보건대장의 위험성평가 내용이 반영된 공사 중 안전보건
			조치 이행계획

② 유해위험방지계획서의 심사 및 확인결과에 대한 조치내용

③ 산업안전보건관리비의 사용계획 및 사용내역

④ 건설공사의 산업재해 예방 지도를 위한 계약 여부, 지도결과 및 조치내용

V. 결론

건설재해의 획기적 저감을 위해 도입된 안전보건대장 작성제도는 재해발생률이 현저히 낮은 선도국가들의 경우 이미 20여 년 전 도입되어 큰 효과를 거두고 있는 제도로 국내 건설현장의 도입효과를 거두기 위해서는 각 단계별 작성내용의 내실화가 도모되어야 할 것이며, 발주단계에서의 전문가 확보와 재해예방기술의 지속적인 연구·개발이 이루어져야 할 것이다.

"끝"

제 132 회

기출문제 및 풀이

(2024년 1월 27일 시행)

제 **132** 회	**건설안전기술사 기출문제** (2024년 1월 27일 시행)

【1교시】 다음 13문제 중 10문제를 선택하여 설명하시오.(각 10점)

문제 1
흙의 압밀현상

문제 2
거푸집의 해체 시기

문제 3
위험성평가의 방법 및 실시 시기

문제 4
염해에 의한 콘크리트 열화 현상

문제 5
굴착기 작업 시의 안전조치 사항

문제 6
지진파의 종류와 지진 규모 및 진도

문제 7
Earth Anchor 시공 시 안전 유의사항

문제 8

시험발파 절차(Flow) 및 사전 검토사항

문제 9

재해손실비의 개념, 산정방법 및 평가방식

문제 10

가시설 흙막이에서 Wale Beam(띠장)의 역할

문제 11

차량탑재형 고소작업대의 작업시작 전 점검사항

문제 12

Levin의 인간 행동방정식 P(Person)와 E(Environment)

문제 13

도급인이 이행하여야 할 안전보건조치 및 산업재해 예방조치

【2교시】 다음 6문제 중 4문제를 선택하여 설명하시오.(각 25점)

문제 1

터널공사 여굴 발생 시 조사내용과 방지대책에 대하여 설명하시오.

문제 2

콘크리트 구조물의 성능저하 원인과 방지대책에 대하여 설명하시오.

문제 3

산업안전보건기준에 관한 규칙상 낙하물에 의한 위험방지 조치와 설치기준 및 추락방지대책에 대하여 설명하시오.

문제 4

건설현장에서 사용하는 비계의 종류 및 조립 · 운용 · 해체 시 발생할 수 있는 재해유형과 설치기준 및 안전대책에 대하여 설명하시오.

문제 5

인간의 긴장정도(Tension Level)를 표시하는 의식수준 5단계와 의식수준과 부주의 행동의 관계에 대하여 설명하시오.

문제 6

SCW(Soil Cement Wall)공법의 안내벽(Guide Wall), 플랜트(Plant)의 설치와 천공 및 시멘트 밀크 주입 시 안전조치 사항을 설명하시오.

【3교시】 다음 6문제 중 4문제를 선택하여 설명하시오.(각 25점)

문제 1

가현운동의 종류와 재해발생 원인 및 예방대책에 대하여 설명하시오.

문제 2

공사현장에서 계절별로 발생할 수 있는 재해 위험요인과 안전대책을 설명하시오.

문제 3

철골공사 안전관리를 위한 사전 준비사항, 철골 반입 시 준수사항, 안전시설물 설치 계획에 대하여 설명하시오.

문제 4

비정상 작업의 특징과 위험요인을 설명하고, 작업시작 전 작업지시 요령 및 안전대책에 대하여 설명하시오.

문제 5

산업안전보건법과 건설기술진흥법의 건설안전 주요 내용을 비교하고, 산업안전보건관리비와 안전관리비를 설명하시오.

문제 6

건설현장 가설전기 작업 시 발생 가능한 재해유형과 유형별 안전대책을 설명하시오.

【4교시】 다음 6문제 중 4문제를 선택하여 설명하시오.(각 25점)

문제 1

휴먼에러(Human Error) 유형과 발생원인, 요인(Mechanism), 예방원칙과 Zero화를 위한 대책에 대하여 설명하시오.

문제 2

건축물관리법상 해체계획서 작성사항 및 해체공사 시 안전 유의사항에 대하여 설명하시오.

문제 3

경사지붕 시공 작업 시 위험요소, 위험 방지대책, 안전시설물의 설치기준, 안전대책에 대하여 설명하시오.

문제 4

도심지 지하굴착 시 인접 건물의 사전조사 항목 및 굴착공사의 계측기 배치기준, 계측방법에 대하여 설명하시오.

문제 5

시설물의 안전 및 유지관리에 관한 특별법상 안전점검의 종류, 안전점검정밀안전진단 및 성능평가 실시시기, 시설물 안전등급 기준에 대하여 설명하시오.

문제 6

건설기술진흥법상 안전관리계획서와 소규모 안전관리계획서 수립대상 및 계획수립 기준에 포함되어야 할 사항에 대하여 비교해 설명하시오.

제 132 회
국가기술자격검정 기술사 필기시험 답안지(제1교시)

○　　　　　○　　　　　○

※ 10권 이상은 분철(최대 10권 이내)

자 격 종 목	건설안전기술사

답안지 작성 시 유의사항

1. 답안지는 총 7매(14면)이며 교부받는 즉시 매수, 페이지 등 정상 여부를 반드시 확인하고 1매라도 분리되거나 훼손하여서는 안 됩니다.
2. 시행회, 자격종목, 수험번호, 성명을 정확하게 기재하여야 합니다.
3. 수험자 인적사항 및 답안 작성(계산식 포함)은 흑색 또는 청색 필기구만 사용하되, 동일한 한 가지 색의 필기구만 사용하여야 하며 흑색, 청색을 제외한 유색 필기구 또는 연필류를 사용하거나 두 가지 이상의 색을 혼합 사용하였을 경우 그 문항은 0점 처리됩니다.
4. 답안 정정 시에는 두 줄(=)을 긋고 다시 기재 가능하며, 수정테이프(액) 등을 사용했을 경우 채점상의 불이익을 받을 수 있으므로 사용하지 마시기 바랍니다.
5. 답안지에 답안과 관련 없는 특수한 표시, 특정인임을 암시하는 답안지는 전체가 0점 처리됩니다.
6. 답안 작성 시 홈(구멍)이나 도형 등 그림이 없는 직선자(템플릿 사용 금지)만 사용할 수 있습니다.
7. 문제의 순서에 관계없이 답안을 작성하여도 되나 주어진 문제번호와 문제를 기재한 후 답안을 작성하고 전문 용어는 원어로 기재하여도 무방합니다.
8. 요구한 문제수보다 많은 문제를 답하는 경우 기재 순으로 요구한 문제수까지 채점하고 나머지 문제는 채점대상에서 제외됩니다.
9. 답안 작성 시 답안지 양면의 페이지 순으로 작성하시기 바랍니다.
10. 기작성한 문항 전체를 삭제하고자 할 경우 반드시 해당 문항의 답안 전체에 대하여 명확하게 X표시(X표시한 답안은 채점대상에서 제외) 하시기 바랍니다.
11. 시험시간이 종료되면 즉시 답안 작성을 멈춰야 하며, 종료시간 이후 계속 답안을 작성하거나 감독위원의 답안 제출 지시에 불응할 때에는 채점대상에서 제외됩니다.
12. 각 문제의 답안 작성이 끝나면 "끝"이라고 쓰고 다음 문제는 두 줄을 띄워 기재하여야 하며 최종 답안 작성이 끝나면 그 다음 줄에 "이하 여백"이라고 써야 합니다.
13. 비번호란은 기재하지 않습니다.

비 번 호	

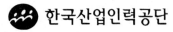 한국산업인력공단

문제1) 흙의 압밀현상(10점)

답)

I. 개요

다짐이란 공기 배출로 압축되는 현상을 말하고 압밀이란 간극수 배출로

침하되는 현상을 말한다.

II. 다짐과 압밀 특성 : 토질, 개량원리, 목적, 거동특성

구분	토질	개량원리	목적	거동특성
다짐	사질토	공기제거	투수성저하	탄성적
압밀	점성토	간극수배제	침하촉진	소성적

III. 현장다짐관리기준

1) **노체** : 최대건조밀도 90% 이상

2) **노상, 뒷체움** : 최대간조밀도 95% 이상

3) 경제적 다짐 $\overline{ABC}$ 범위

IV. 구조물의 압밀 침하량

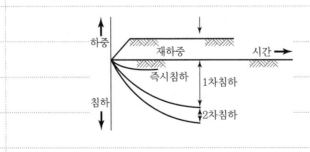

$$S_C = \frac{C_C}{1+e} H \ \log \frac{P_0 + \triangle P}{P_0}$$

여기서, e : 간극비

C_C(Compression Index) : 1차 침하량, H : 성토고

P_0 : 과압밀상태의 유효연직하중

$P_0 + \triangle P$: 정규압밀상태의 연직하중

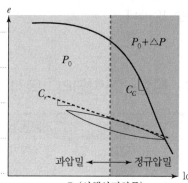

V. 토질에 따른 N치와 상대밀도의 상관관계

N치	모래	0~4	4~10	10~30	30~50	50 이상	
	점토	0~2	2~4	4~8	8~15	15~30	30 이상
상대밀도		대단히 연약	연약	보통	단단함	아주 단단함	경질

"끝"

문제2) 거푸집의 해체 시기(10점)

답)

Ⅰ. 개요

1) 가설공사표준시방서

거푸집동바리 일반사항 개정(2023. 1. 31. 시행)

2) 콘크리트 시방서

콘크리트 타설 후 소요강도 확보 시까지 외력 또는 자중에 영향이 없

도록 거푸집을 존치하도록 규정

Ⅱ. 압축강도 시험을 할 경우

부재		콘크리트의 압축강도(f_{ck})
기초, 보, 기둥, 벽 등의 측면		• 5MPa 이상 • 내구성이 중요한 구조물인 경우 : 10MPa 이상
슬래브 및 보의 밑면 아치 내면	단층구조인 경우	f_{ck}의 2/3 이상(단, 14MPa 이상)
	다층구조인 경우	f_{ck} 이상(필러 동바리 구조를 이용할 경우는 구조계산에 의해 존치기간을 단축할 수 있음. 단, 이 경우라도 최소강도는 14MPa 이상)

Ⅲ. 압축강도를 시험하지 않을 경우(기초, 보, 기둥, 벽 등의 측면)

시멘트의 종류 평균기온	조강 포틀랜드 시멘트	보통포틀랜드 시멘트 고로슬래그 시멘트(1종) 포틀랜드포졸란 시멘트(A종) 플라이애시 시멘트(1종)	고로슬래그 시멘트(2종) 포틀랜드포졸란 시멘트(B종) 플라이애시 시멘트(2종)
20℃ 이상	2일	4일	5일
10℃ 이상 20℃ 미만	3일	6일	8일

IV.	거푸집 존치기간의 영향 요인
	1) 시멘트의 종류
	2) 콘크리트의 배합기준
	3) 구조물의 규모와 종류
	4) 부재의 종류 및 크기
	5) 부재가 받는 하중
	6) 콘크리트 내부온도와 표면온도
	"끝"

문제3) 위험성평가의 방법 및 실시 시기(10점)

답)

I. 정의

사업주가 스스로 유해위험요인을 파악하고 유해위험요인의 위험성 수준을 결정하여, 위험성을 낮추기 위한 적절한 조치를 마련하고 실행하는 과정

II. 단계별 수행방법

1) 평가대상 공종의 선정

① 평가대상 공종별로 분류해 선정

평가대상 공종은 단위 작업으로 구성되며 단위 작업별로 위험성 평가 실시

② 작업공정 흐름도에 따라 평가대상 공종이 결정되면 평가대상 및 범위 확정

③ 위험성평가 대상 공종에 대하여 안전보건에 대한 위험정보 사전 파악

- 회사 자체 재해 분석 자료
- 기타 재해 자료

2) 위험요인의 도출

① 근로자의 불안전한 행동으로 인한 위험요인

② 사용 자재 및 물질에 의한 위험요인

③ 작업방법에 의한 위험요인

④ 사용 기계, 기구에 대한 위험원의 확인

3) 위험도 계산

① 위험도＝사고의 발생빈도×사고의 발생강도

② 발생빈도＝세부공종별 재해자수 / 전체 재해자수×100%

③ 발생강노＝세부공종벌 산재요양일수의 환산지수 합계 / 세부 공종별 재해자 수

산재요양일수의 환산지수	산재요양일수
1	4~5일
2	11~30일
3	31~90일
4	91~180일
5	181~360일
6	360일 이상, 질병사망
10	사망(질병사망 제외)

4) 위험도 평가

위험도 등급	평가기준
상	발생빈도와 발생강도를 곱한 값이 상대적으로 높은 경우
중	발생빈도와 발생강도를 곱한 값이 상대적으로 중간인 경우
하	발생빈도와 발생강도를 곱한 값이 상대적으로 낮은 경우

5) 개선대책 수립

① 위험의 정도가 중대한 위험에 대해서는 구체적 위험 감소대책을 수립하여 감소대책 실행 이후에는 허용할 수 있는 범위의 위험으로 끌어내리는 조치를 취한다.

② 위험요인별 위험 감소대책은 현재의 안전대책을 고려해 수립하고 이를 개선대책란에 기입한다.

③ 위험요인별로 개선대책을 시행할 경우 위험수준이 어느 정도 감소

하는지 개선 후 위험도 평가를 실시한다.

Ⅲ. 실시시기

실시시기	내용
최초평가	사업장 설립일로부터 1개월 이내 착수
수시평가	기계·기구 등의 신규도입·변경으로 인한 추가적인 유해·위험요인에 대해 실시
정기평가	매년 전체 위험성평가 결과의 적정성을 재검토하고, 필요시 감소대책 시행
상시평가	월 1회 이상 제안제도, 아차사고 확인, 근로자가 참여하는 사업장 순회점검을 통해 위험성평가를 실시하고, 매주 안전·보건관리자 논의 후 매 작업일마다 TBM 실시하는 경우 수시·정기평가 면제

"끝"

문제4) 염해에 의한 콘크리트 열화 현상(10점)

답)

I. 개요

콘크리트용 재료에 함유되어 있는 염화물은 염화나트륨·염화칼슘·염화 칼륨·염화마그네슘 등이 있으며 철근콘크리트 구조물의 열화를 촉진하는 가장 중요한 요소이다.

II. 염해로 인한 문제점

1) 굳지 않은 콘크리트의 Slump치 저하

2) 건조수축 증가

3) 응결 촉진

4) 내구성 확보를 위한 장기강도 저하

5) 철근의 부식 촉진

III. 염해로 인한 열화 진행단계별 외관상태

열화과정	정의	외관상태
잠복기	① 철근 위치에 염화물이온 부식 발생 ② 한계농도(0.2kg/m³)에 달할 때까지의 기간	Con'c 외관 이상 무
진전기	① 부식 발생 시작, 부식생성물(녹) 발생 ② 덮개 Con'c 균열 발생 기간	• 외관상 이상 무 • 실내 환경 내부철근 부식 시작

열화과정	정의	외관상태
가속기	① 철근 부식에 의한 균열 ② 염화물 침투, 수분공기 침투 ③ 부식속도 및 부식 증대 기간	① 전반기 • 철근 부식 • 균열 · 녹물 발생 ② 후반기 • 부식에 균열 · 녹물 다량 발생 • Con'c 박락
열화기	① 철근 부식량 증대 ② Con'c 내하력 저하 기간	• 철근 균열 다수 발생 • 균열폭 증가 • 변형 및 처짐 증대

Ⅳ. 염화물 규제치

1) 콘크리트 중의 염화물이온양

 ① $0.3kg/m^3$ 이하

 ② 현장배합 기준 사용 재료에 함유되어 있는 염화물이온양의 총합

2) 혼합수 염화물이온양

 ① $0.04kg/m^3$

 ② 현장배합 기준 혼합수에 포함된 염화물이온양

3) 콘크리트 중 염화물이온양의 허용상한치 : $0.6kg/m^3$

4) 잔골재의 염화물이온양 : 0.02%

"끝"

문제5) 굴착기 작업 시의 안전조치 사항

답)

I. 개요

굴착기 사용 작업은 그간 많은 안전규정의 준수가 이루어졌음에도 재해발생이 지속되고 있으므로 더욱 안전관리에 만전을 기해야 하겠으며, 특히, 인양작업 시 안전조치가 철저히 준수되어야 한다.

II. 충돌위험 방지조치

1) 사업주는 굴삭기에 사람이 부딪히는 것을 방지하기 위해 후사경과 후방영상표시장치 등 굴삭기를 운전하는 사람이 좌우 및 후방을 확인할 수 있는 장치를 굴삭기에 갖춰야 한다.

2) 사업주는 굴삭기로 작업을 하기 전에 후사경과 후방영상표시장치 등의 부착상태와 작동 여부를 확인해야 한다.

III. 좌석안전띠의 착용

1) 사업주는 굴삭기를 운전하는 사람이 좌석안전띠를 착용하도록 해야 한다.

2) 굴삭기를 운전하는 사람은 좌석안전띠를 착용해야 한다.

IV. 잠금장치의 체결

사업주는 굴삭기 퀵커플러(Quick Coupler)에 버킷(Bucket), 브레이커(Breaker), 크램셸(Clamshell) 등 작업장치(이하 "작업장치"라 한다)를 장착 또는 교환하는 경우에는 안전핀 등 잠금장치를 체결하고 이를 확인해야 한다.

V.		인양작업 시의 조치

1) 사업주는 다음 각 호의 사항을 모두 갖춘 굴삭기의 경우에는 굴삭기를 사용하여 화물 인양작업을 할 수 있다.

　① 굴삭기의 퀵커플러 또는 작업장치에 달기구(혹, 걸쇠 등을 말한다)가 부착되어 있는 등 인양작업이 가능하도록 제작된 기계일 것

　② 굴삭기 제조사에서 정한 정격하중이 확인되는 굴삭기를 사용할 것

　③ 달기구에 해지장치가 사용되는 등 작업 중 인양물의 낙하 우려가 없을 것

2) 사업주는 굴삭기를 사용하여 인양작업을 하는 경우에는 다음 각 호의 사항을 준수해야 한다.

　① 굴삭기 제조사에서 정한 작업설명서에 따라 인양할 것

　② 사람을 지정하여 인양작업을 신호하게 할 것

　③ 인양물과 근로자가 접촉할 우려가 있는 장소에 근로자의 출입을 금지시킬 것

　④ 지반의 침하 우려가 없고 평평한 장소에서 작업할 것

　⑤ 인양 대상 화물의 무게는 정격하중을 넘지 않을 것

3) 굴삭기를 이용한 인양작업 시 와이어로프 등 달기구의 사용에 관해서는 관련 규정을 준용한다. 이 경우 "양중기" 또는 "크레인"은 "굴삭기"로 본다.

"끝"

문제6) 지진파의 종류와 지진 규모 및 진도(10점)

답)

I. 개요

1) 지진이란 지각내부 탄성과 동여지표에 전파되어 대규모재해를 일으키는 것으로 그 발생시기와 장소 예측이 어려우므로

2) 건축물규모에 따른 내진설계와 대응시스템으로 피해를 최소화하여야 하며 기존 구조물의 내진 보강을 면밀히 하여야 한다.

II. 지진파의 종류

1) **P파** : 수직통과 최초 도달파(5km/sec), 지구 표면에 최초로 도달되는 파, 고체/액체/기체 모두 통과함

2) **S파** : 횡파로 고체만 통과(4km/sec)하는 파

3) **표면파**

① R파 : 가장 피해큼(3km/sec)

② L파 : 특수한 경우 발생

III. 지진 규모

구분	규모	진도
개념	절대적	상대적
특징	정량적/진원지의 에너지 크기	정성적/추정지점의 피해정도

* 규모계산(M) $= 1.73\log A + \log B - 0.83$

IV. 진도

진도1	극소수 인지
진도2	매단물체 흔들림
진도3	트럭 통행정도
진도4	창문 흔들림
진도5	창문 깨짐
진도6	벽 균열
진도7	벽돌, 타일 떨어짐

V. 지진을 고려한 설계 방법

구분	개념	방법	제약
내진설계	구조체에서 대응	구조물 내력 증대	제약 없음
제진설계	지진력 소진	제진 설비 설치	시설 관리 소요
면진설계	지진력 차단	건물의 유격 여유	재료적 열화

"끝"

문제7) Earth Anchor 시공 시 안전 유의사항(10점)

답)

I. 개요

흙막이 버팀대 대신에 흙막이 벽 등 배면을 천공, 굴착하고 앵커체를 설치하여 앵커 강선의 인장력으로 토압과 수압을 지지하는 흙막이 공법을 말하며 대지에 경사가 있거나 작업공간이 협소하여 버팀대 설치가 곤란한 경우 적용한다.

II. 어스앵커공법 시공순서

천공 → 앵커체(강선) 삽입 → 그라우팅 → 받침대 및 띠장설치 → 대좌설치 → 인장 → 앵커체 두부 앵커캡 설치 순서로 진행한다.

III. 안전 유의사항

1) 천공 및 강선삽입 작업 시

    ① 장비반입 이동 시 협착, 전도, 충돌 사고 위험

    ② 협착방지 위해 장비 작업반경 내 관계근로자 외 출입금지 조치하고 유도자 배치

    ③ 장비 후방카메라 등 충돌방지장치 작동 유무 확인

    ④ 장비 전도방지 위해 작업장 내 지지력 확보하고 깔판을 사용하는 등의 조치 필요

    ⑤ 천공 시 지하매설물 파손 방지를 위해 지하매설물 관계자를 반드시 입회시켜 확인토록 함

2) 띠장, 브래킷 설치 작업 시

  ① 용접작업으로 인한 감전 및 화재사고, 건강장해 발생 위험

  ② 감전사고 방지를 위해 용접기가 교류용접기인 경우, 전격방지기
     설치

  ③ 화재사고 방지를 위해 화재감시자를 배치토록하고 소화기 비치

  ④ 건강장해 방지를 위해 방진마스크 착용 등의 조치 필요

3) 인장 및 조임작업 시

  PC 강선 인장 중 얼굴창상 사고 위험 → 방호 커버 설치, 인장 시 측
  면에서 인장작업

Ⅳ. 어스앵커 해체 시 안전조치 사항

1) 앵커 강선 제거 시 흙막이 배면의 토압을 지지할 수 있는 위치까지 반
   드시 구조물로 채우거나 압성토하여 흙막이가 붕괴되지 않도록 조치

2) 띠장 해체 시에는 낙하, 충돌 방지를 위해 굴착기나 카고크레인으로 띠
   장을 줄걸이로 매단 후 작업 및 유도자 배치하여 작업구역 내 근로자
   출입 통제

3) 앙카체를 제거 시 좌우로 5회씩 돌려서 빼낼 것

4) 앙카체로 인한 창상 등을 방지하기 위해 앙카체 인발 위치에 타 근로자
   의 접근 차단

"끝"

문제8) 시험발파 절차(Flow) 및 사전 검토사항 (10점)

답)

I. 개요

발파작업은 진동에 의한 발파영향권 내 발파소음에 민감한 인체나 가축 또는 이와 관련된 시설이 포함된 경우 외 일반적인 경우 사전 검토 이후 시험발파 실시로 발파피해가 발생되지 않도록 조치해야 한다.

II. 시험발파 절차

시험발파계획서 작성 → 시험발파 → 시험발파 계측결과 분석 → 발파공법 선정 → 발파설계 → 공사실시

III. 시험발파 절차별 세부내용

단계	내용
시험발파계획서 작성	• 주변환경 조사(이격거리, 구조물 현황) • 주변환경을 고려한 발파공해 허용기준 검토 • 발파진동 추정식에 의한 발파영향권 검토 • 시험발파 패턴 설계
시험발파	• 천공 및 장약 • 지발당 장약량 적용 • 발파영향 반경 내 보안물건 분석 및 계측 • 계측거리 및 지발당 장약량에 의한 환산거리 적용
시험발파 계측결과 분석	• 계측결과 수집 및 분석 • 현장특성을 고려한 발파진동 추정식 산출 • 이격거리당 지발당 허용장약량 산출

Ⅳ. 공법 선정 이후

발파공법 선정	• 지발당 허용장약량에 의한 공법 선정 • 발파공해 허용기준 이내 발파공법 적용성 검토
발파설계	• 폭약종류 및 지발당 장약량 결정 • 뇌관 종류 및 기록방법 검토 • 이격거리별 발파공해 허용기준을 고려한 발파패턴 설계 • 설계된 발파패턴의 안전성 검토 • 발파공사 시방서 작성
공사 착수	• 보안물건과의 이격거리별 설계패턴 적용 • 설계패턴별 장약량 등 천공패턴 준수 • 발파계측관리

Ⅴ. 사전 검토사항

1) 건물의 구조형태, 노후화정도, 균열발달 상태

2) 대표적 균열상태의 정량적 측정

3) 건물의 지반상태

4) 건물의 시설물 현황

"끝"

문제9) 재해손실비의 개념, 산정방법 및 평가방식

답)

Ⅰ. 개요

재해 손실비에는 직접비와 간접비가 있으며, 직접비는 유가족, 피재자의 직접지불 비용이며, 간접비는 포괄적 비용을 말한다.

Ⅱ. 재해손실비 구성

1) **직접비** : 의료비, 보상금 등

2) **간접비** : 건물·가구·제품비, 임금·시간손실, 기타(교육, 소송) 등

Ⅲ. 재해비용 평가이론

이론 종류	직접비	간접비
H. W. Heintich	1	4
F. E. Bird	1	5
R. H. Simonds	산재 보험비	비보험비용
Compes방식	개별 비용비	공용 비용비

Ⅳ. 시몬스(Simonds) 방식

총 재해비용 = 보험 Cost + 비보험 Cost

= 산재보험료 + A × (휴업상해건수) + B × (통원상해건수)

+ C × (응급처치건수) + D × (무상해사고건수)

여기서, A, B, C, D(상수) : 상해정도별 재해에 대한 비보험 Cost의 평균액

V. 재해손실 비산정 시 유의사항

    1) 일률적 채택(기업규모 관계없이)

    2) 산정방법 용이(안전관리자 수준 감안)

    3) 일반적 산업에서 집계가능성

    4) 사회가 신뢰, 경영자를 믿을 수 있는 방법으로

VI. 우리나라의 재해손실비용

    1) 산재보상금＝3.8조

    2) 재해비용＝3.8(직접)＋3.8(간접비)×4＝19조 원

    3) 연간재해자＝91,842인

    4) 1인당 손실비 ＝ $\dfrac{190,000억}{91,842인}$ ≒ 2억 원/인

"끝"

문제10) 가시설 흙막이에서 Wale Beam(띠장)의 역할

답)

I. 개요

흙막이 띠장이란 흙막이 벽에 작용하는 압력을 띠장이 균등하게 받아 가새에 전달하는 기능을 하는 부재로 흙막이 벽에 수평으로 배치되며, 외부 압력을 균등하게 배분하는 기능이 중요하다.

II. Wale Beam(띠장)의 역할

1) 흙막이 벽에 작용하는 토압을 균등하게 받는 역할

2) 균등하게 받은 토압을 버팀대에 전달하는 역할

3) 수평으로 설치되는 빔의 역할

III. 띠장 공법 시공순서

엄지말뚝 시공 → 굴착 → 보걸이, 받침보 설치 → 띠장설치 → 버팀보 가압 → 강선긴장

IV. 띠장 작업계획서 작성내용

1) 띠장 설치위치, 시공순서, 긴장공법 제반사항

2) 차량계 하역운반기계 작업내용

3) 굴착면 높이 2m 이상 시 지반 굴착작업

4) 중량물 취급작업

5) PS 강선계측, 유지관리, 철거 제반사항

V. 공사 착수 전 안전대책

1) 본 공사 시행으로 인한 인접 제반 시설물의 피해방지대책수립

　인접 제반 시설물 소유주에게 확인 및 주지시킬 것

2) 흙막이 시공 위치에 지하매설물이 있는지의 여부를 현황도에서 검토하

　고 탐사장비로 확인조사

3) 줄파기로 매설물을 노출시키고, 필요시 이설 또는 보호조치

"끝"

문제11) 차량 탑재형 고소작업대의 작업시작 전 점검사항(10점)

답)

I. 개요

1) 고소에서 작업 시, 근로자가 탑승하여 이동하는 작업대로서 차량탑재형, 시저형, 자주식이 있으며

2) 고소작업대의 주요 재해 유형으로는 장비전도, 차량충돌, 근로자 추락 및 협착 등이 있으며, 안전조치 후 작업을 실시해야 한다.

II. 고소작업대의 종류

구 분	차량탑재형	Scissor	자주식
특징	유압 Crain 선단 유사, 작업대	가위형 부재 유압상승	자체 이동이 불가능
분류	특수화물차	전기, 설비공사	조선, 제조공장
도로주행	가능	불가	불가
안전검사	대상	비대상	비대상

III. 작업시작 전 점검사항

1) 허용 작업반경표 · 작업높이를 고려한 차량선정 · 작업계획서 수립 여부

2) 작업장소의 수평, 작업반경표 및 주변 고압선 여부 확인

3) 아우트리거 수평받침대 최대 확장조치

4) 작업대, 안전난간 등의 파손탈락여부 확인

5) 안전난간 설치상태

6) 붐길이 및 각도센서, 모멘트감지장치, 권과 방지장치 작동상태 확인

7) 비상정지장치, 비상하강방지장치, 과부하방지장치, 아우트리거 이상 유·무

Ⅳ. 2024년 1월 시행 안전규칙에 따른 옥내사용 고소작업대 사용현장의 지도점검사항

1) **의무주체** : 지게차, 리프트, 고소작업대 등의 기계·기구를 타인에게 대여하거나 대여 받은 자

2) **과상승 방지장치 규격**

① 강재의 강도 이상의 재질을 사용하여 견고하게 설치하여야 하며, 쉽게 탈락되지 않는 구조로서 수평형(안전바 등)이나 수직형(방지봉 등) 등의 형태로 설치

② 수평형 : 상부 안전 난간대에서 높이 5cm 이상에 설치하고 전 길이에서 압력이 감지될 수 있는 구조로 설치

③ 수직형 : 작업대 모든 지점에서 과상승이 감지되도록 상부 안전 난간대 모서리 4개소에 60cm 이상 높이로 설치할 것(단, 수직형과 수평형을 동시에 설치하는 경우에는 수직형은 2개 이상 설치)

"끝"

문제12) Levin의 인간 행동방정식 P(Person)와 E(Environment)

답)

I. 개요

인간의 불안전행동을 일으키는 요소는 인적, 외적으로 구분하고 함수로 관계를 표현할 수 있고 이 방정식을 인간행동방정식이라 한다.

II. K. Lewin의 인간행동 방정식

$$B = f(P \cdot E)$$

- B(Behavior) : 인간의 행동
- f(Function) : 함수관계
- P(Person) : 인적 요인
- E(Environment) : 외적 요인

1) P(Person : 인적 요인)를 구성하는 요인

지능, 시각기능, 성격, 감각운동기능, 연령, 경험, 심신상태 등

2) E(Environment : 외적 요인)를 구성하는 요인

가정·직장 등의 인간관계, 온습도·조명·먼지·소음 등의 물리적 환경조건

III. 인간행동방정식 함수(f)의 관계

1) f=1 : 인적·외적 요인이 인간행동에 직결적인 영향을 미침

2) f≤0 : 인적·외적 요인이 인간행동으로 직결되지 않음(안전설계도)

IV. 인간의 불안전한 행동 배후요인

1) 인적 요인

① 심리적 요인

② 생리적 요인

2) 외적 요인

① 인간관계요인

② 설비적 요인(기계설비위험성)

③ 작업적 요인

④ 관리적 요인

V. K. Lewin의 인간행동 방정식 활용한 재해 저감방안

1) 기계·기구설비의 안전설계기법 도입(f=0)

① Fail Safe

② Fool Proof

③ Back Up

④ Fair Soft

⑤ 다중계화

2) 근로자 동기부여 방안

① 협력업체근로자 처우개선

②사업주의 작업시설주차, 사기향상

3) 기타

① 개인특성교육

② 개별면담, Morale Survey기법 사용

"끝"

문제13) 도급인이 이행하여야 할 안전보건조치 및 산업재해 예방조치(10점)

답)

I. 개요

도급인은 관계수급인 근로자가 도급인의 사업장에서 작업을 하는 경우 안전보건조치 및 산업재해예방을 위한 조치사항을 이행해야 한다.

II. 안전보건조치

1) **작업장 순회점검** : 2일에 1회 이상

2) **위생시설의 설치 등 협조**

휴게시설, 세면·목욕시설, 세탁시설, 탈의시설, 수면시설

III. 산업재해 예방조치

1) 도급인과 수급인을 구성원으로 하는 안전 및 보건에 관한 협의체의 구성 및 운영

2) 작업장 순회점검

3) 관계수급인이 근로자에게 하는 안전보건교육을 위한 장소 및 자료의 제공 등 지원

4) 관계수급인이 근로자에게 하는 안전보건교육의 실시 확인

5) **다음 각 목의 어느 하나의 경우에 대비한 경보체계 운영과 대피방법 등 훈련**

① 작업장소에서 발파작업을 하는 경우

② 작업장소에서 화재·폭발, 토사·구축물 등의 붕괴 또는 지진 등이

발생한 경우

6) 위생시설 등 고용노동부령으로 정하는 시설의 설치 등을 위하여 필요한 장소의 제공 또는 도급인이 설치한 위생시설 이용의 협조

7) 같은 장소에서 이루어지는 도급인과 관계수급인 등의 작업에 있어서 관계수급인 등의 작업시기 · 내용, 안전조치 및 보건조치 등의 확인

8) 같은 장소에서 이루어지는 도급인과 관계수급인 등의 작업에 있어서 관계수급인 등의 작업시기 · 내용, 안전조치 및 보건조치 등의 확인 결과 관계수급인 등의 작업 혼재로 인하여 화재 · 폭발 등 대통령령으로 정하는 위험이 발생할 우려가 있는 경우 관계수급인 등의 작업시기내용 등의 조정

9) **기타사항**

① 도급인은 고용노동부령으로 정하는 바에 따라 자신의 근로자 및 관계수급인 근로자와 함께 정기적으로 또는 수시로 작업장의 안전 및 보건에 관한 점검을 하여야 한다.

② 안전 및 보건에 관한 협의체 구성 및 운영, 작업장 순회점검, 안전 보건교육 지원, 그 밖에 필요한 사항은 고용노동부령으로 정한다.

Ⅳ. 도급사업의 합동 안전 · 보건점검

1) **점검반의 구성**

① 도급인(같은 사업 내에 지역을 달리하는 사업장이 있는 경우에는 그 사업장의 안전보건관리책임자)

② 관계수급인(같은 사업 내에 지역을 달리하는 사업장이 있는 경우

에는 그 사업장의 안전보건관리책임자)

③ 도급인 및 관계수급인의 근로자 각 1명(관계수급인의 근로자의 경우에는 해당 공정만 해당한다.)

"끝"

제 132 회
국가기술자격검정 기술사 필기시험 답안지(제2교시)

○   ○   ○

※ 10권 이상은 분철(최대 10권 이내)

자 격 종 목	건설안전기술사

답안지 작성 시 유의사항

1. 답안지는 총 7매(14면)이며 교부받는 즉시 매수, 페이지 등 정상 여부를 반드시 확인하고 1매라도 분리되거나 훼손하여서는 안 됩니다.
2. 시행회, 자격종목, 수험번호, 성명을 정확하게 기재하여야 합니다.
3. 수험자 인적사항 및 답안 작성(계산식 포함)은 흑색 또는 청색 필기구만 사용하되, 동일한 한 가지 색의 필기구만 사용하여야 하며 흑색, 청색을 제외한 유색 필기구 또는 연필류를 사용하거나 두 가지 이상의 색을 혼합 사용하였을 경우 그 문항은 0점 처리됩니다.
4. 답안 정정 시에는 두 줄(=)을 긋고 다시 기재 가능하며, 수정테이프(액) 등을 사용했을 경우 채점상의 불이익을 받을 수 있으므로 사용하지 마시기 바랍니다.
5. 답안지에 답안과 관련 없는 특수한 표시, 특정인임을 암시하는 답안지는 전체가 0점 처리됩니다.
6. 답안 작성 시 홈(구멍)이나 도형 등 그림이 없는 직선자(템플릿 사용 금지)만 사용할 수 있습니다.
7. 문제의 순서에 관계없이 답안을 작성하여도 되나 주어진 문제번호와 문제를 기재한 후 답안을 작성하고 전문 용어는 원어로 기재하여도 무방합니다.
8. 요구한 문제수보다 많은 문제를 답하는 경우 기재 순으로 요구한 문제수까지 채점하고 나머지 문제는 채점대상에서 제외됩니다.
9. 답안 작성 시 답안지 양면의 페이지 순으로 작성하시기 바랍니다.
10. 기작성한 문항 전체를 삭제하고자 할 경우 반드시 해당 문항의 답안 전체에 대하여 명확하게 X표시(X표시한 답안은 채점대상에서 제외) 하시기 바랍니다.
11. 시험시간이 종료되면 즉시 답안 작성을 멈춰야 하며, 종료시간 이후 계속 답안을 작성하거나 감독위원의 답안 제출 지시에 불응할 때에는 채점대상에서 제외됩니다.
12. 각 문제의 답안 작성이 끝나면 "끝"이라고 쓰고 다음 문제는 두 줄을 띄워 기재하여야 하며 최종 답안 작성이 끝나면 그 다음 줄에 "이하 여백"이라고 써야 합니다.
13. 비번호란은 기재하지 않습니다.

비 번 호	

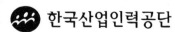 한국산업인력공단

문제1) 터널공사 여굴 발생 시 조사내용과 방지대책에 대하여 설명하시오.(25점)

답)

I. 정의

1) **여굴선** : 터널굴착 시 다양한 요인에 의해 발생되는 필요이상 굴착되는 굴착선을 말한다.

2) **지불선** : 터널굴착 시 라이닝 콘크리트 설계두께 확보를 위해 과굴착한 부분의 지불대가 확정을 하기 위한 계산라인을 말한다.

II. 지불선과 여굴선의 비교

구분	여굴	지불선
공사대금지급	지급 없음	지급
안전성	각종 재해발생의 주요인	안전성 확보
지반변형	변형발생이 크게 되는 구간	관계가 비교적 작음
시공성	긴급시공, 돌발시공	계획에 의한 시공
조치	숏크리트, 덧채움	라이닝콘크리트 채움

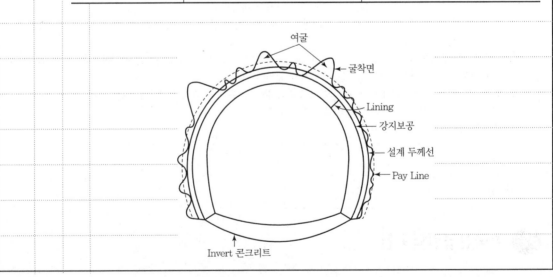

Ⅲ. 여굴발생 시 조사내용

1) 여굴 발생상태

2) 부석 유무

3) 안반의 절리, 균열, 용수발생량

4) 지표부 침하여부

5) 일상계측(A계측) 자료

Ⅳ. 발생원인

1) 불량암반구간 및 지질의 조사 부족

2) 천공각도 부적정

3) 암반의 절리, 균열, 이질지층 출현

4) 천공간격, 길이 부적합

5) 과다폭약 사용

6) 제어발파공법의 부적정

Ⅴ. 여굴과다 방지대책

1) 암반부 RMR, 절리간격, 파쇄대구간의 철저한 지반조사

2) 천공작업 근로자의 사전교육 및 고숙련공 작업투입

3) 암반 절리, 균열, 이질지층 통과 시 사전 안전조치

4) 고숙련공에 의한 제어발파 실시

5) 설계단계에서의 여굴저감을 위한 DFS

6) 여굴 과다발생 시 지반침하 방지를 위한 안전대책 강구

7) 버럭량 관리에 의한 정확한 여굴 발생량 산정

VI. 여굴 및 지불선의 관리 필요성

1) 불필요한 과굴착 방지

2) 라이닝 콘크리트 수량 확정

3) 지불한계의 결정

4) 발주처와의 클레임 발생 방지

5) 물량산출 근거자료로 활용

VII. 지불선 결정방법

실제 시공수량에 근접한 시공사례의 벤치마크를 통한 현장조사자료 활용으로 지불선의 합리적인 결정이 발주처, 설계자, 시공자, 감리자간 협의가 이루어지도록 하는 것이 중요하다.

VIII. 결론

여굴 발생량은 터널굴착 시 안전성 및 경제성을 좌우하는 가장 중요한 요소 중 하나이므로 경험이 풍부한 엔지니어가 필수적으로 참여해 지불선과 여굴 관리는 물론 연약지반 통과 시 재해가 발생되지 않도록 조치해야 할 것이다.

"끝"

문제2)	콘크리트 구조물의 성능저하 원인과 방지대책에 대하여 설명하
	시오.(25점)
답)	
Ⅰ. 개요	
	1) 물리적, 화학적, 생물학적 요인에 구조물 수명을 단축하는 것으로서 우
	수한 재료의 구득 및 시공품질을 확보하고
	2) 정기적 점검 및 합리적 유지보수로 내구성저하를 방지하여야 하며 특
	히 예방적 정비가 매우 중요하다.
Ⅱ. 콘크리트 구조물의 성능저하 원인	
	1) 기본적인 원인
	① 설계상 원인
	② 재료상 원인
	③ 시공상 원인
	2) 기상작용 원인
	① 동결융해
	② Pop out 현상
	③ 건조수축
	3) 화학적 작용원인
	① 탄산화
	② 알칼리골재 반응
	③ 염해

4) **물리적 작용원인**

① 진동·충격

② 마모·손상

5) **전류 작용원인** : 칠근에서 콘크리트로 전류 흐를 때 철근부식

6) **기타 하중작용** : 과재하중 및 피로하중

Ⅲ. 성능저하 방지대책

1) **기본적 원인**

① 설계 : 설계하중의 충분한 고려, 소요단면 확보, 적정신축이음 설계, 피복두께를 충분히 고려

② 재료

• 물 : 불순물 없고 염화물 없을 것

• 풍화되지 않은 시멘트

• 골재 : 입도·입형이 좋고, 실리카 탄산염 없을 것

• 적정 혼화제 사용

③ 시공

• 물-시멘트 비 50% 이하

• 공기량은 4.5±1.5% 이내

• 타설속도, 재료분리 없도록, 양생철저(온도변화 없도록)

2) **기상작용대책**

① 동결·융해저항성 증대 : 경화 속도를 높이고, AE제 사용

② 건조수축 감소 : 굵은골재 최대치수를 크게 하고, 조절줄눈 설치

3) 화학적 작용

① 탄산화 현상방지

- 물-결합재 비를 낮추고 밀실한 콘크리트를 시공함

- 피복두께를 확보 및 표면 마감시공을 실시함

② 알칼리골재 반응현상 방지

- 반응성 골재 사용금지

- 저알칼리시멘트 사용

- 양질의 사용수 사용

③ 염해에 대한 대책

- 염분 함량 규정치 이하 준수 : 0.3kg/m³ 이하

- 철근부식 차단, 밀실한 Con'c 타설

④ 물리적 균열의 대책

- 진동·충격 : Con'c 타설 후 하중요소 방지

- 마모·파손 물-결합재비 낮추고, 밀실한 Con'c 타설/충분한 습

  윤양생 실시

⑤ 전류작용 : 전식 피해방지조치, 배류기 설치

⑥ 기타 : 과적재하 금지, 피로하중검토(설계단계) 및 보강조치

Ⅳ. 내구성 진단방법 및 처리절차

1) 처리절차

정밀안전진단 → 구조적 결함 ┌ No : 표면처리, 보수

└ Yes : 재시공(설계기준)

2) **외관검사** : 균열(방향, 길이, 폭 등), 표면상태, 표면경도

3) **물리적 시험** : Core채취(압축강도시험, 동결융해시험)

4) **화학적 시험** : 탄산화 시험, 염화물 시험, 알칼리골재반응시험

5) **비파괴 시험** : 초음파법, 복합법, 방사선법, 자기법 등

V. 보수·보강방법

1) **보수공법** : 표면처리, 주입공법, 충진공법, 치환공법

2) **보강공법** : 강판부착, 탄소섬유시트 Prestressing, 강재앵커

VI. 보수·보강공법 적용사례

1) **개요** : ○○~○○ 간 국지도 확포장 공사[Steel Box 합성교]

2) **현황** : 0.1~0.2mm 균열 종방향 발달, 주입공법 및 강판부착공법

3) **교훈**

① 피로현상 대한 인식 증대

② 예방적 정비 및 유지관리 실시

VII. 결론

1) 노후화된 부재는 보강 후에도 기능적 불안전하므로, 지속적인 관찰과 유지보수가 필요하며

2) 특히 설계 및 시공단계에서 구조들의 경제적 효용성을 고려한 장기적 관리방안의 수립과 체계적인 유지관리가 필요하다.

"끝"

문제3) 산업안전보건기준에 관한 규칙상 낙하물에 의한 위험방지 조치
와 설치기준 및 추락방지대책에 대하여 설명하시오.(25점)
답)
Ⅰ. 개요
낙하, 비래란 물체가 떨어지거나 날아와 맞는 재해로서 대부분 위험공간
출, 입 및 보호구 미착용에 기인하며 고소작업 시 부주의에 의한 낙하, 비
래 사고가 발생되지 않도록 정리 정돈 및 안전시설 설치가 중요하다.
Ⅱ. 낙하, 비래 재해의 주요작업
1) 고소에서 작업
2) 바닥자재 정리 작업
3) 자재운반 작업
4) 양중기 사용 작업
Ⅲ. 낙하, 비래 재해발생 유형
1) 작업바닥 폭이 부족하여 낙하
2) 바닥판 틈새로 낙하
3) 작업장 정리정돈 불량으로 낙하
4) 외부 비계 불안적 적치 자재 낙하
5) 매달기 결속방법 불량 낙하
6) 양중기 Wile Rope 결손으로 낙하
7) Con'c 타설 중 Con'c 낙하

8) 철골 Beam 위 공구 낙하

Ⅳ. 낙하물에 의한 위험방지 조치

1) 사업주는 작업장의 바닥, 도로 및 통로 등에서 낙하물이 근로자에게 위험을 미칠 우려가 있는 경우 보호망을 설치하는 등 필요한 조치를 하여야 한다.

2) 사업주는 작업으로 인하여 물체가 떨어지거나 날아올 위험이 있는 경우 낙하물방지망, 수직보호망 또는 방호선반의 설치, 출입금지구역의 설정, 보호구의 착용 등 위험을 방지하기 위하여 필요한 조치를 하여야 한다. 이 경우 낙하물 방지망 및 수직보호망은 「산업표준화법」에 따른 한국산업표준에서 정하는 성능기준에 적합한 것을 사용하여야 한다.

3) **낙하물 방지망 또는 방호선반을 설치하는 경우에는 다음 사항을 준수하여야 한다.**

① 높이 10미터 이내마다 설치하고, 내민 길이는 벽면으로부터 2미터 이상으로 할 것

② 수평면과의 각도는 20도 이상 30도 이하를 유지할 것

Ⅴ. 추락방지대책

1) **작업발판의 끝, 개구부 등을 제외한 장소의 추락방지대책**

① 비계를 조립하는 등의 방법으로 작업발판을 설치하여야 한다.

② 작업발판을 설치하기 곤란한 경우 다음 기준에 맞는 추락방호망을 설치해야 한다.

다만, 추락방호망을 설치하기 곤란한 경우에는 근로자에게 안전대를 착용하도록 하는 등 추락위험을 방지하기 위해 필요한 조치를 해야 한다.

- 추락방호망의 설치위치는 가능하면 작업면으로부터 가까운 지점에 설치하여야 하며, 작업면으로부터 망의 설치지점까지의 수직거리는 10미터를 초과하지 아니할 것
- 추락방호망은 수평으로 설치하고, 망의 처짐은 짧은 변 길이의 12퍼센트 이상이 되도록 할 것
- 건축물 등의 바깥쪽으로 설치하는 경우 추락방호망의 내민 길이는 벽면으로부터 3미터 이상 되도록 할 것. 다만, 그물코가 20밀리미터 이하인 추락방호망을 사용한 경우에는 낙하물 방지망을 설치한 것으로 본다.

③ 추락방호망을 설치하는 경우에는 한국산업표준에서 정하는 성능기준에 적합한 추락방호망을 사용하여야 한다.

2) 작업발판 및 통로의 끝이나 개구부에서의 추락방지대책

① 안전난간, 울타리, 수직형 추락방망 또는 덮개 등의 방호 조치를 충분한 강도를 가진 구조로 튼튼하게 설치하여야 하며, 덮개를 설치하는 경우에는 뒤집히거나 떨어지지 않도록 설치하여야 한다. 이 경우 어두운 장소에서도 알아볼 수 있도록 개구부임을 표시해야 하며, 수직형 추락방망은 한국산업표준에서 정하는 성능기준에 적합한 것을 사용해야 한다.

② 사업주는 안전난간, 울타리, 수직형 추락방망 또는 덮개 등을 설치하

는 것이 매우 곤란하거나 작업의 필요상 임시로 난간 등을 해체하여야 하는 경우 추락방호망을 설치하여야 한다. 다만, 추락방호망을 설치하기 곤란한 경우에는 근로자에게 안전대를 착용하도록 하는 등 추락할 위험을 방지하기 위하여 필요한 조치를 하여야 한다.

VI. 낙하, 비래 위험감소 방안

1) **설계단계** : PC 골조화, 마감 건식화, 천정Unit화

2) **공사계획** : 공장제작화, 최적 양중계획

3) **재료적 보완** : 강재화 및 경량화, 단순화, 동력화, 규격화

VII. 결론

1) 낙하, 비래사고 중 가시설재 불량 및 강풍에 의한 파괴, 낙하사고는 대규모 재해를 유발할 수 있으며

2) 특히 줄걸이와 섬유로프에 이상 유무를 면밀히 점검하여 인양 중 낙하하지 않도록 조치하여야 한다.

"끝"

문제4)	건설현장에서 사용하는 비계의 종류 및 조립·운용·해체 시 발생할 수 있는 재해유형과 설치기준 및 안전대책에 대하여 설명하시오.(25점)

답)

I. 개요

손이 닿지 않는 높은 장소의 작업을 위해 설치하는 공사용 통로나 작업용 발판을 설치하기 위한 가설구조물인 비계는 사용재료와 기능 목적에 따라 지주식과 이동식, 매달기식으로 구분된다.

II. 비계의 종류

구분			특징
설치구조	지주식	강관비계	단관을 클램프로 엮어 구조물을 설치하는 비계
		강관틀비계	틀이 짜여진 상태로 가설하는 비계
		시스템비계	수직재, 수평재, 가새재 등의 부재를 공장제작해 현장에서 조립 사용하는 가설구조물
	이동식	이동식 비계	바퀴가 달린 비계로 바퀴에 제동장치가 있어야 하며 작업 시 아우트리거를 사용해야 함
		말비계	우마형 사다리로 부리우는 비계로 재해발생이 빈발하고 있음
	매달기식	달비계	상부 구조물에 다려있는 형태로 외줄, 쌍줄(곤돌라형식)식이 있으며 섬유로프가 부착된 작업대에서 작업하는 비계
		달대비계	철골공사에 주로 사용하는 비계로 상하이동이 불가함
설치형식		쌍줄비계	비계기둥이 2열인 비계
		외줄비계	비계기둥이 1열인 비계
		선반비계	작업구간 전체 면에 설치하는 비계

Ⅲ. 조립·운용·해체 시 발생할 수 있는 재해유형

1) 과대하중에 의한 파괴·도괴

2) 고소작업 시 추락(안전대미착용, 난간부재)

3) 작업발판 고정불량 및 건물사이 간격 과대로 추락

4) 비계상의 물건방치로 낙하, 충돌

5) 비계 탑승 중 전도, 추락

6) 악천 후 작업 전도 추락, 감전

Ⅳ. 설치기준 및 안전대책

1) 강관비계

① 높이제한 : 45m 이하, 기둥 간 적재하중 400kg 이하

② 기둥조립기준

- 간격(2024년 개정사항)

  선박 및 보트 건조작업, 장비·반입반출을 위해 공간 확보가 필요한 경우 구조검토를 실시하고 조립도를 작성하면 띠장방향 및 장선방향으로 각각 2.7m 이하로 할 수 있다.

- 높이 31m 밑부분 2본 강관으로 보강

- 이음

  - 겹침 = 1m 이상, 2개소

  - 맞댄 = 1.8m 이상, 4개소

③ 띠장 : 첫 단과 그 외 2m 이하

④ 가새

			• 기둥간격 10m마다 45° 평행간격 10m
			• 비계기둥과 띠장 연결
			⑤ 벽연결 : 수직, 수평 5m마다 연결
		2) 강판틀비계	
			① 높이제한 : 40m 이하, 기본틀 간 하중 400kg 이하
			② 주틀간격(높이 20m 초과 시)
			• 주틀높이 : 2m 이하
			• 주틀간격 : 1.8m 이하
			③ 교차가새 : 주틀간설치
			④ 수평가새 : 최상층 및 5층마다 설치
			⑤ 버팀기둥 : 띠장방향 높이 4m 초과, 길이＝10m 초과 시 설치
		3) 이동식 비계	
			① 높이제한 : 밑변 최소폭 4배 이하, 최대적재하중 250kg 이하
			② 가새 : 2단 이상 조립 시 교차 가새 설치
			③ 승강용 사다리 부착
			④ 작업대
			• 작업발판, 표준안전난간
			• 폭목(발끝막이판)설치(10cm 이상)
			⑤ 하부바퀴 : Stopper, Outrigger설치
			⑥ 표지판설치 : 최대적재하중, 사용책임자명시
		4) 달대비계	
			① 달대의 기준

			• 달기 체인 : 안전율 및 사용금지기준 준수
			• 철선 : #8소성철근 4가닥 꼬아 안전율 5 이상
			• 철근 : 직경 19mm 이상 사용
			② 작업대에 안전난간설치(90cm 이상)
			③ 하중에 충분히 견딜 수 있는 구조로 되어 있을 것
		5)	**달비계**
			① 로프
			• 재질 : 나일론, 폴리프로필렌
			• 강도＝2,340kg 이상
			② 고정고리 : Ø19mm(STL환봉)
			③ 작업대
			• 목재＝두께 50m 이상, 내수합판＝두께 18mm 이상
			• 최대적재중량＝110kg 이하
			• 폭＝25cm 이상, 길이＝60cm 이상
V.	**지주식 비계 종류별 벽이음 간격**		
	1)	**벽 연결 철물의 구조 기준**	
		① 최대 사용길이 : 1.2m 이하	
		② 주재는 길이조절, 이탈방지기능 보유	
		③ 조임 철물의 관두께는 3mm 이상	
		④ 주재와 부하철물 독립구조	
		⑤ 부착철물 선단나사(앵커)지름 : Ø9mm 이상 준수	

2) 지주식 비계 벽이음 간격

구분	단관비계	틀비계	통나무 비계
수직	5m	6m	5.5m
수평	5m	8m	7.5m

VI. 재해예방을 위한 사용 시 안전대책

1) 육안 확인방법

안전인증표시(KCS마크), 제품명, 모델명, 제조수량, 판매수량, 판매처 등의 사항을 기록 및 보존

2) 자재반입 전 가설기자재 제작자나 임대업자는 시공자에게, 시공자는 공사감독자나 건설사업관리 기술인에게 제작 또는 임대될 가설기자재의 자재공급원 및 안전인증 서류를 제출하고 승인을 받을 것

3) 시공자는 가설기자재 제작자나 임대업자가 가설기자재를 최초 제작 또는 납품 전 공사감독원 또는 건설사업관리 기술인과 함께 가설기자재 규격, 형상, 수량 등에 대해 공장방문검수 및 규격마다 표본 추출하여 품질시험의 의뢰토록 하고 시험결과에 대한 성능확인 후 반입

VII. 결론

비계사용 작업은 건설업재해발생의 대부분을 차지하는 취약공종이므로 구조계산에 의한 철저한 검토가 필요하며, 특히 재사용 부재의 결함을 철저히 하는 것이 중요하다.

"끝"

문제5) 인간의 긴장정도(Tension Level)를 표시하는 의식수준 5단계와 의식수준과 부주의 행동의 관계에 대하여 설명하시오.(25점)

답)

I. 개요

인간의 긴장정도를 나타내는 의식수준은 각성상태부터 혼수상태까지 5단계로 구분되며 Phase로 나타내는 의식수준과 밀접한 관계에 있다. 하시모토 쿠니에가 주장한 Phase 5단계는 상당부분 인간의 동기부여와 연관되어 있으므로 건설현장에서는 안전심리 활성화를 위한 동기부여와의 매칭을 보다 신중하게 접목시킬 필요가 있다.

II. 의식수준 5단계

의식수준	주의상태	신뢰도	비고
Phase 0	수면중	0	의식의 단절, 의식의 우회
Phase 1	졸음상태	0.9 이하	의식수준의 저하
Phase 2	일상생활	0.99~0.99999	정상상태
Phase 3	적극 활동 시	0.99999 이상	주의집중상태, 15년 이상 지속불가
Phase 4	과긴장 시	0.9 이하	주의의 일점집중, 의식의 과잉

III. 부주의 행동에 의한 재해발생 관계

1) 부주의에 의한 재해발생 메커니즘

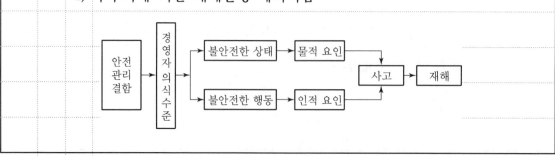

2) 부주의 내적요인

의식수준 저하 단계인 의식의 우회 시 부주의 현상 유발

3) **부주의한 상태에서의 심리특성**

① 간결성 : 최소의 Energy로 목표에 도달하려는 심리적 특성

② 주의의 일점집중 : 돌발사태 직면 시 주의가 일점에 집중되어 정확

한 판단을 방해하는 현상

③ 리스크 테이킹(Risk Taking)

- 안전관리에 관한 태도가 양호한 자는 Risk Taking의 정도가 적음

- 객관적인 위험을 자기 나름대로 판단하여 행동에 옮기는 행위

Ⅳ. 부주의 현상을 극복할 안전설계기법

① Fail Safe : 잘못 조작 시 고장이 없도록 하는 설계기법

② Fool Proof : 사람의 오동작이 불가능토록 설계하는 기법

③ Back Up : 후방 대기하여 고장 시 대행하는 기법

④ Fail Soft : 고장 시 기능저하 되더라도 전체중단 않는 기법

⑤ 다중계화(병렬구조)

⑥ 고장진단, 회복 : 즉시 진단토록 검출

⑦ 안전율 적용(정격치보다 낮은 안전율 적용) 등

Ⅴ. 결론

Phase 0으로부터 시작되는 의식수준은 인간의 동기부여와의 연관성을 배

제시킨 이론으로 일선 건설현장에서는 의식수준의 향상을 위해서는 작업

량과 작업목표, 성취감을 매칭시키는 노력이 더 큰 효과를 거둘 수 있는 점에 대해 주목할 필요가 있다.

"끝"

문제6)	SCW(Soil Cement Wall)공법의 안내벽(Guide Wall), 플랜트 (Plant)의 설치와 천공 및 시멘트 밀크 주입 시 안전조치 사항을 설명하시오.(25점)
답)	
Ⅰ. 개요	
	SCW공법은 점성토, 사질·사력토 지반에서 차수목적 및 토류벽체를 형성하는 공법으로 오거로 천공 굴착하여 원위치 토사를 골재로 간주하여 시멘트밀크 용액을 Rod를 통해 주입하여 연속벽을 조성해 지수벽으로 하고 벽체 내 측압은 H형 강재(응력재)를 삽입해 토류벽으로 사용하는 공법이다.
Ⅱ. 시공순서	
	지중장애물 제거 〉가이드월 설치 〉오거천공 〉플랜트 설치 〉시멘트 밀크 주입 〉응력재 건입 및 잔토처리

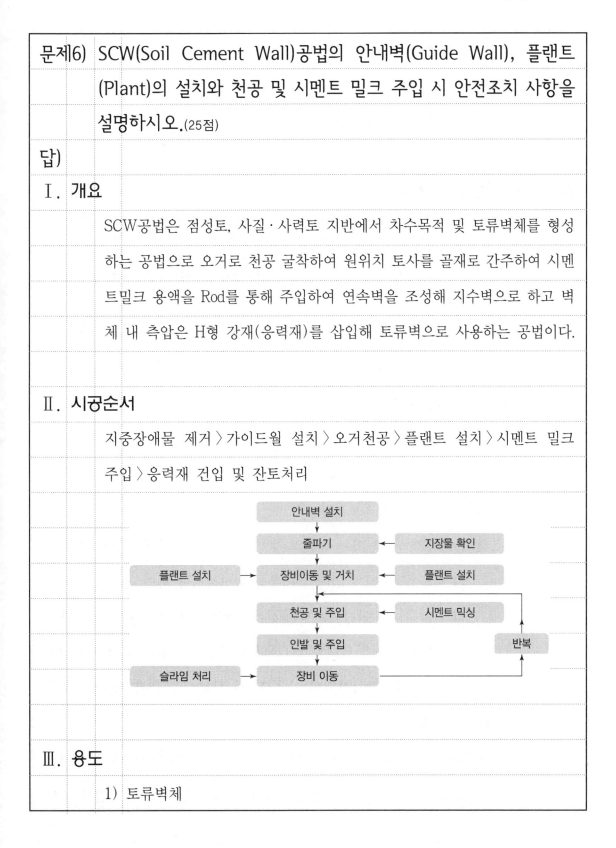

Ⅲ. 용도	
	1) 토류벽체

2) Caisson 침설 시 차수벽

3) 제방의 누수방지 차수벽

4) 저소음·저진동 Pile 근입공사

Ⅳ. SCW공법의 장단점

장점	단점
• 차수성과 강성 우수 • 소음 및 진동이 없음 • 인접구조물 영향이 적음 • 천공벽체의 붕괴우려가 적음	• 심도가 깊을 경우 차수 그라우팅 필요 • 전석층에서는 벽체형성이 어렵고 차수효과 떨어짐 • 협소한 장소에서의 장비조립 불가능

Ⅴ. 단계별 안전조치 사항

1) 안내벽(Guide Wall) 설치

① 정확한 위치에 설치되도록 기준선을 측량한다.

② 수직정밀도를 확보한다.

③ 안내벽의 상단높이는 현장의 지반고 및 작업장 주변 펜스의 기초 등과 비교·검토하여 안전성 여부를 확인하여야 하며, 안정성이 확보되지 않는다고 판단되는 때에서는 대처방안을 수립한 후 천공한다.

④ 안내벽 설치가 완료되기 전 무너짐의 우려가 있는 때에는 양질의 토사로 치환, 굴착사면의 안전구배확보 등의 조치를 하여야 한다.

2) 줄파기 작업

① 공사 착수 전에 본 공사 시행으로 인한 인접 제반 시설물의 피해가 없도록 안전 대책을 수립함은 물론 이에 대한 현황을 면밀히 조사,

기록, 표시하여야 하며, 인접 제반 시설물의 소유주에게 확인, 주지 시켜야 한다.

② SCW 시공 위치에 상·하수도관, 통신케이블, 가스관, 고압케이블 등 지하매설물이 설치되어 있는지의 여부를 관계기관의 지하매설 물 현황도를 확인하고 줄파기를 통하여 매설물을 노출시켜야 하며, 필요시 이설 또는 보호조치를 해야 한다.

③ 줄파기 작업 후에는 근로자의 넘어지거나 떨어짐을 방지하기 위하 여 난간을 설치하는 등 안전시설을 갖추어야 한다.

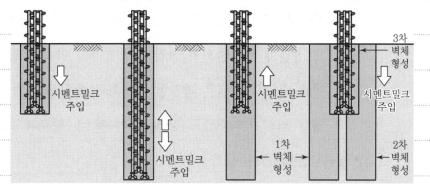

〈굴착 및 교반〉 〈계획심도까지 굴착진행〉 〈오거 인발〉 〈연속벽체 형성〉

3) 천공

① 연약지반인 경우 4축과 6축 오거 사용

② 일반토인 경우 3축 오거 사용

③ 조립 : 4~7일, 해체 : 2~5일 여유를 확보한다.

④ 플랜트는 SCW 공사가 완료될 때까지 사용하는 것이므로 설치장소는 천공굴착 공사 등 다른 공정에 지장이 없고 안전한 장소이어야 하며, 시멘트 페이스트의 공급 및 회수가 용이한 장소로 선정하여야 한다.

⑤ 안내벽에 표시한 중심에 맞추어 오우거 롯드(Auger Rod)를 설치하고, 베이스 머신(Base Machine)을 고정한 후 리더(Leader)를 수직으로 조정하며, 깊이 1~2m까지 천공 후 수직도를 재확인하고 시공한다.

⑥ 크롤러형 시공기의 경우 리더 길이가 상당히 높아 작업지반의 경사 및 요철이 깔림 사고의 원인이 되는 경우가 있으므로 작업이동 통로 및 작업 위치에 대하여 양질의 토사로 치환, 철판 깔기, 콘크리트 포설 등의 지반보강을 하여야 한다.

⑦ 천공작업과 동시에 플랜트로 부터의 혼합된 시멘트 밀크 용액을 롯드 선단에서 토출시켜 굴착과 병행하여 연속 주입을 한다. 이때 시멘트 밀크의 주입은 적절한 압력과 토출량을 유지하여 공내에서 균질한 소일시멘트(Soil Cement)가 될 수 있도록 하여야 한다.

4) 플랜트(Plant)의 설치

① 시멘트 밀크와 벤토나이트 주입이 가능하도록 플랜트를 사전에 설치 세팅한다.

② 플랜트는 SCW 공사가 완료될 때까지 사용하는 것이므로 설치장소는 천공굴착 공사 등 다른 공정에 지장이 없고 안전한 장소이어야 하며, 시멘트 페이스트의 공급 및 회수가 용이한 장소로 선정하여야 한다.

5) 시멘트 밀크 주입

① 조합 및 주입량은 지반 및 지하수 상태를 고려하여야 한다.

② 적절한 압력과 토출량을 유지해 공내에서 균질한 소일시멘트가 될

수 있도록 한다.

③ 시멘트 밀크 혼합 압송장치는 충분한 성능을 갖추어야 하며, 시멘트와 혼화재 등의 계량 관리가 가능하여야 한다.

④ 물질안전보건자료(MSDS)를 파악하여 취급 시 주의사항 등을 교육시켜야 하며, MSDS 대장을 근로자가 보기 쉬운 위치에 비치한다.

⑤ 토질별 시멘트, 벤토나이트, 배합수 배합비

토질	배합			일축압축강도 (kg/cm²)
	시멘트(kg)	벤토나이트(kg)	배합수(L)	
점성토	250~450	5~15	400~800	5~30
사질토	250~400	10~20	350~700	10~80
사력토	250~350	10~30	350~700	20~100

⑥ 시공 시 슬라임(Slime)이 발생하며, 이때 배토량은 벽체 용적의 30~40% 정도이다. 발생 슬라임의 처리 시 폐기물의 성상분류에 따른 폐기물처리 방법을 마련해야 한다.

6) H형 강재 삽입 및 항타

① H형 강재의 운반은 비틀림이나 변형이 발생하지 않도록 크레인 등을 이용하여 항타기 작업범위까지 운반하여야 한다.

② 파일 인양용 와이어로프, 샤클 등 보조기구는 작업 전에 체결상태를 확인하여 불시에 맞음 재해를 예방하여야 한다.

③ H형 강재의 인양 중 맞음 사고를 방지하기 위해 모든 접합부분은 결속하고, 인양용 고리부분은 자중을 고려하여 용접 등의 방법으로 보강하여야 한다.

④ H형 강재 인양 시 보조로프를 사용하여 흔들림에 의한 부딪힘을

예방하여야 한다.

⑤ H형 강재의 삽입은 삽입된 재료가 공벽에 손상을 주지 않도록 하고 소일시멘트 기둥조성 직후, 신속히 하여야 한다.

⑥ 케이싱을 사용하였을 경우 인발은 인발속도를 최내한 전전히 하여 H형강의 뒤틀림 등 변형을 방지하여야 한다.

7) 두부정리 및 시공완료

① SCW 시공이 완료되면 두부 정리를 하고 각 SCW 상부를 일체화시키기 위하여 캡빔을 설치하여야 한다.

② 흙막이 벽 상단에 떨어짐 방지용 안전난간을 설치할 경우에는 캡빔 시공 전 안전난간의 지주를 미리 설치하여 떨어짐 재해 방지조치를 하여야 한다.

③ SCW 시공완료 후 주변의 굴착작업 시 굴삭기 후면의 끼임 재해를 예방하기 위해 신호수를 배치하고 신호에 따라 작업하여야 한다.

④ SCW 벽면에 강도 및 균질성에 이상이 있거나, 또는 벽면 사이의 틈새로부터 누수가 있을 경우 신속하게 보수하여야 한다.

⑤ 연약지반보강에 SCW 공법이 적용된 경우에 공사 완료 후 차수가 계획목표에 미흡한 경우에는 재시공하거나 별도의 보강 대책을 세워야 한다.

VI. 작업계획서의 작성 및 작업지휘자를 지정해야 할 사항

1) 플랜트의 설치 위치

2) 시멘트 밀크의 공급 방법 및 경로

3) 차량계 하역운반기계 작업

4) 굴착면의 높이가 2m 이상인 지반의 굴착작업

5) 중량물의 취급작업

6) 천공기, 항타기, 항발기 작업

7) 가설전기의 인입경로 및 용량

Ⅶ. 결론

시공계획서 및 작업계획서를 활용하여 필요 장소에 안전표지판, 경고등, 차단막 등 안전사고방지를 위한 안전시설물을 설치해야 하며, 기타 안전조치는 KOSHA GUIDE 중 굴착공사 안전작업 지침, 흙막이공사(엄지말뚝) 및 CIP 공법 안전보건작업 지침 규정에 따를 것

"끝"

제 132 회
국가기술자격검정 기술사 필기시험 답안지(제3교시)

○　　　　　○　　　　　○

※ 10권 이상은 분철(최대 10권 이내)

자 격 종 목	건설안전기술사

답안지 작성 시 유의사항

1. 답안지는 총 7매(14면)이며 교부받는 즉시 매수, 페이지 등 정상 여부를 반드시 확인하고 1매라도 분리되거나 훼손하여서는 안 됩니다.
2. 시행회, 자격종목, 수험번호, 성명을 정확하게 기재하여야 합니다.
3. 수험자 인적사항 및 답안 작성(계산식 포함)은 흑색 또는 청색 필기구만 사용하되, 동일한 한 가지 색의 필기구만 사용하여야 하며 흑색, 청색을 제외한 유색 필기구 또는 연필류를 사용하거나 두 가지 이상의 색을 혼합 사용하였을 경우 그 문항은 0점 처리됩니다.
4. 답안 정정 시에는 두 줄(=)을 긋고 다시 기재 가능하며, 수정테이프(액) 등을 사용했을 경우 채점상의 불이익을 받을 수 있으므로 사용하지 마시기 바랍니다.
5. 답안지에 답안과 관련 없는 특수한 표시, 특정인임을 암시하는 답안지는 전체가 0점 처리됩니다.
6. 답안 작성 시 홈(구멍)이나 도형 등 그림이 없는 직선자(템플릿 사용 금지)만 사용할 수 있습니다.
7. 문제의 순서에 관계없이 답안을 작성하여도 되나 주어진 문제번호와 문제를 기재한 후 답안을 작성하고 전문용어는 원어로 기재하여도 무방합니다.
8. 요구한 문제수보다 많은 문제를 답하는 경우 기재 순으로 요구한 문제수까지 채점하고 나머지 문제는 채점대상에서 제외됩니다.
9. 답안 작성 시 답안지 양면의 페이지 순으로 작성하시기 바랍니다.
10. 기작성한 문항 전체를 삭제하고자 할 경우 반드시 해당 문항의 답안 전체에 대하여 명확하게 X표시(X표시한 답안은 채점대상에서 제외) 하시기 바랍니다.
11. 시험시간이 종료되면 즉시 답안 작성을 멈춰야 하며, 종료시간 이후 계속 답안을 작성하거나 감독위원의 답안 제출 지시에 불응할 때에는 채점대상에서 제외됩니다.
12. 각 문제의 답안 작성이 끝나면 "끝"이라고 쓰고 다음 문제는 두 줄을 띄워 기재하여야 하며 최종 답안 작성이 끝나면 그 다음 줄에 "이하 여백"이라고 써야 합니다.
13. 비번호란은 기재하지 않습니다.

비 번 호	

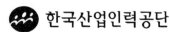 한국산업인력공단

문제1) 가현운동의 종류와 재해발생 원인 및 예방대책에 대하여 설명하시오.(25점)

답)

I. 개요

움직이는 물체가 정지된 것과 같이 보이거나 형상 및 위치의 오류 등 실제와 보이는 것과 실체를 착각하도록 하는 현상을 말하며, 재해를 유발하는 중요한 요인이므로 예방대책의 수립과 안전설계기법의 적용을 고려해야하는 사유가 된다.

II. 의식수준 저하에 의한 재해 발생 Mechanism

안전관리 결함 – 착오발생 – 불안전한 행동, 불안전한 상태 – 사고 – 재해

III. 운동의 시지각의 분류

1) **자동운동** : 광점 및 광 강도가 작거나 단조로움에 의한 착각

2) **유도운동** : 기준의 이동이 보는 물체의 움직임으로 착각

3) **가현운동** : 일정한 위치 물체가 착각에 의해 운동하는 것처럼 인식

IV. 가현운동의 종류

α 운동	β 운동	γ 운동	δ 운동	ε 운동
화살표 방향에 따른 길이차이	자극을 순간적으로 연속제시하여 움직인다고 임의로 착각 현상	자극이 나타날 때는 팽창, 없어지면 수축	서로 다른 자극을 순간제시, 강에서 약한 자극으로 이동	흰바탕 검정 자극을 반대로 제시하여 색 변경 인식

V. 건설현장 가현운동 재해유형

1) 구조체 개구부, 터파기개구부 등 위치 착각 추락

2) 고소작업대 등 탑승근로자의 물체와 충돌

3) Tower Crain후크 등 대형 중장비 속도착각의 협착

VI. 건설현장 가현운동에 의한 재해 방지 대책

1) 안전교육 및 안전관리조직 충원/통제

2) 안전표지의 설치 및 안전시설의 배치

3) 조도기준 확보, 시인성·발광성 도장 실시

VII. 착시현상의 종류

1) Muller Lyer 착시 : 가현운동

2) Helm Holz 착시 : 가로줄에 의한

3) He Hing 착시 : 방향의 착시

4) Poggen Dorf 착시 : 여백에 의한 착시

5) Zoller의 착시 : 사선에 의한 착시

VIII. 정보처리 Channel(정보처리 5단계)

1) 반사작업 : 지각기능 발휘 않음, Phase 2

2) 주시하지 않아도 되는 작업 : 동시작업가능, Phase 2

3) Routine작업 : 미리순서결정, Phase 2

4) 동적의지결정 : 조작결과에 따라 행동, Phase 3

5) 문제해결 : 창의력발휘, Phase 3

Ⅸ. 의식수준 5단계

의식수준	주의상태	신뢰도	비고
Phase 0	수면중	0	의식의 단절, 의식의 우회
Phase 1	졸음상태	0.9 이하	의식수준의 저하
Phase 2	일상생활	0.99~0.99999	정상상태
Phase 3	적극 활동 시	0.99999 이상	주의집중상태, 15년 이상 지속불가
Phase 4	과긴장 시	0.9 이하	주의의 일점집중, 의식의 과잉

Ⅹ. 의식수준 정상유지 방안

1) 감각기능 정상화를 위한 온열조건 제공

2) 신체 근육의 활성화를 위한 복지시설 구축

Ⅺ. 피로의 분류

1) 피로의 유형

① 정신피로 및 육체피로

② 급성피로 및 만성피로

2) 피로의 정도에 따른 분류

① 즉시 회복 피로 : 다음날 정상 컨디션 회복 피로

② 정기 휴일 피로 : 정기적 휴일(주말)에 의한 해소

③ 추가 휴일 피로 : 연차 및 특별휴가 등에 의한 해소

④ 회복 불가능 피로 : 만성적으로 지속적 피로감 형성

3) 피로의 특징

① 작업능률의 저하(생산성 저하)

② 의식수준의 저하

③ 창의성 저하

XII. 관리적 예방 대책

1) 안전교육적 대책

① 피로의 이해, 유해요인 인식 교육

② 자발적인 관리 및 조치(적정업무수행, 운동 및 스트레칭)

2) 관리감독 및 지도

① 피로 근로자 파악(안전조회, 체조 및 TBM 등)

② 연속작업 및 초과근무금지

③ 적정휴식시간 부여

④ 보호구착용지도·감독 및 안전시설보완조치

3) 작업계획적 대책

① 근로자 체력, 연령고려 로테이션 근무 등 조치

② 충분한 인원 및 공사기간 확보

③ Peak Time 중 안전요원 충분한 배치 및 관리 실시

4) 작업시설적 대책

① 건설현장의 자동화 System 도입

② 경보장치 및 적절한 방호장치 도입

③ 공사장의 기계설비 적정배치 및 장애요소 제거

5) 작업 환경 대책

① 적정 온·습도유지, 소음제거 및 유해요소 발생 방지

② 안전표지 부착 및 관리

③ 정리정돈, 청소청결관리조치

XⅢ. 결론

가현운동 현상은 재해를 유발하는 착오현상의 가장 위험한 관리항목이다.

특히 고령자 또는 근로경험이 많거나 초보인 경우 그 발생빈도와 위험요

인으로 작용할 개연성이 많으므로 안전설계기법을 활용한 안전대책과 작

업 전 교육의 중요성이 부각되는 요인이기도 하다.

"끝"

문제2) 공사현장에서 계절별로 발생할 수 있는 재해 위험요인과 안전대책을 설명하시오.(25점)

답)

I. 개요

고용노동부는 계절적 요인으로 인해 발생하는 각종 재난상황에 대해 체계적으로 대응하기 위한 사업주와 근로자의 재난상황과 안전정보를 적기에 제공할 수 있도록 계절별 위험요인 산재예방매뉴얼을 발표한바 있다.

II. 시기별 위험요인

시기	3, 4, 5월	6, 7, 8월	9, 10, 11월	12, 1, 2월
위험요인	미세먼지 해빙기	장마철 폭염	태풍 호우	동절기 한파 대설

III. 계절별 위험요인 산재예방 매뉴얼

1) 초미세먼지 상항관리 및 대응

① 재난대비 : 대기오염정보 수시 확인, 옥외작업자 대상 미세먼지 유해성, 예방법 및 마스크 착용 교육 철저, 민감군(임산부 · 노약자 · 호흡기질환자 등) 사전파악

② 재난대응 : 미세먼지 특보 발령 시 옥외작업자마스크 지급 및 착용지도, 옥외작업 조정 · 단축, 비상저감 조치 동참, 근로자는 마스크 착용 및 개인위생 철저

③ 위기경보 종료 시 : 비상저감 조치 종료 알림 및 피해유무 파악

2) **건설현장 취약시기(해빙기, 장마철, 동절기)**

① 취약시기 전

　 각 건설업체는 해빙기, 장마철, 동절기 안전보건길잡이를 활용하여,

　 현장안전관리자 안내·교육 등 실시(2월, 6월, 12월)

② 취약시기

　 • 각 현장은 토사붕괴(해빙기), 침수·감전(장마철), 질식·화재

　 (동절기) 등 중대재해 위험 요인을 점검개선(자율점검표 활용)

　 • 점검·감독(정부·안전공단)기술지도(건설재해예방전문지도기

　 관)에 협조

3) **폭염상황 관리 및 대응절차**

① 재난대비 : 온열질환 예방 3대 수칙(물·그늘·휴식) 준비

물	시원하고 깨끗한 물 제공, 규칙적으로 음용
그늘	• 작업장소 가까운 곳에 그늘진 장소 마련 • 시원한 바람이 통할 수 있게 조치
휴식	• 폭염특보 발령 시 1시간 주기로 10~15분 이상 규칙적인 휴식 • 무더위 시간대(14~17시) 옥외작업 최소화
추가 예방조치	• 옥외작업 시 가급적 아이스조끼, 아이스팩 등 보냉장구 착용 • 온열질환 민감군은 옥외작업 제한

② 특보 발령 시

　 • 사업장 내 특보 발생상황 전파 및 안전작업 당부

　 • 작업일정 조정 등 추운 시간대 옥외작업 최소화

③ 특보 해제 시 : 위기경보 해제 알림 및 후속조치 안내

④ 태풍호우 상황관리 및 대응절차

　 • 재난대비 : 침수대비 사면붕괴·토사유출방지 철저, 배수설비 및

전기설비 사전점검, 자재나 공구는 임의 적치하지 말고 작업장 사전 정리, 근로자 사전안전교육 철저

- 특보 발령 시 : 악천후 중 무리한 시설복구·보강은 절대로 하지 말고, 기상상태가 나아질 때까지 대피, 지지대·상습침수구역·사면·옹벽물건이 떨어질 수 있는 장소 등 위험구역 접근금지
- 특보 해제 시 : 위기경보 해제 알림, 피해상황 발생 시 비상대응 상태 유지 및 2차 재해예방 기술지도

⑤ 한파 상황관리 및 대응절차

- 따뜻한 옷 : 여러 겹의 옷, 모자 또는 두건 착용, 보온장갑, 보온 방수신발, 여벌옷 준비
- 따뜻한 물 : 따뜻한 물을 충분히 마실 수 있도록 조치
- 따뜻한 장소 : 작업자가 추위를 피해 쉴 수 있는 따뜻한 장소 마련
- 추가 예방조치 : 운동지도, 민감군(고혈압, 당뇨 등) 사전관리, 동료작업자 간 상호관찰 및 한랭질환 증상 발생 시 응급조치, 한랭질환 예방교육, 추운시간대 옥외 작업 최소화

⑥ 대설 상황관리 및 대응절차

- 재난대비 : 붕괴방지 시설물 사전점검 보강조치, 기상특보 상시 확인, 제설장비 준비상태 사전점검
- 특보 발령 시 : 염화칼슘 등 작업장 내 야외도로 제설, 비닐하우 스 등 붕괴위험장소 접근 자제, 방한장구 착용, 배달종사자화물 차운전종사자 등 안전운전(충분한 이동시간 부여)
- 특보 해제 시 : 위기경보 해제 알림, 피해상황 발생 시 비상대응

| | | | 상태 유지 및 차재해예방 기술지도 |
| | | | |

Ⅳ. 결론

건설현장에서 이루어지는 작업은 계절변화에 많은 영향을 받기에 특히 해빙기, 우기, 동절기에는 별도의 안전계획 수립이 필요하며, 사고 발생 시에도 신속한 복구 및 긴급사태에 대비한 매뉴얼을 갖추어야 한다.

"끝"

문제3) 철골공사 안전관리를 위한 사전 준비사항, 철골 반입 시 준수사항, 안전시설물 설치 계획에 대하여 설명하시오.(25점)

답)

Ⅰ. 개요

1) 철골공사는 각부재 접합이 완성되어야 구조체가 완성되는 공사로서 근로자의 고소작이 많은 공사이므로

2) 사전조사 및 공사 전 검토로 재해발생 위험지역의 시설보완과 최적의 안전시공방법으로 건립되어야 한다.

Ⅱ. 철골공사 Flow Chart

설계도서 검토 → 발주 → Shop Drawing → 공장제작 → 운반 → 현장 설치 → 내화피복

Ⅲ. 철골공사 시공계획

1) **사전조사** : 현장인근 유해/위험, 공사진행 제약여부

2) **건립 순서 결정** : 공사 진행방향 결정

3) 양중기 종류와 위치결정

4) **지상층 통행 및 교통안전** : 복공가시설 계획(복공판)

5) 안전시설물의 설치계획

Ⅳ. 안전관리를 위한 사전 준비사항

1) 지상작업장에서 건립준비 및 기계 · 기구를 배치할 경우 낙하물 위험이

없는 평탄한 장소를 선정해 정비한다.

2) 경사지에서는 작업대나 임시발판 등을 설치한다.

3) 건립작업에 지장이 되는 수목은 제거하거나 이설한다.

4) 인근에 건축물 또는 고압선 등이 있는 경우 방호조치 및 안전조치를 취한다.

5) 사용 전 기계기구에 대한 정비 및 보수를 철저히 한다.

6) 기계가 계획대로 배치되었는지 확인한다.

7) 윈치의 작업구역 확인이 가능한 곳에 위치하였는지 확인한다.

8) 기계에 부착된 앵커 등 고정장치와 기초구조 등을 확인한다.

V. 철골 반입 시 준수사항

1) 다른 작업에 장해가 되지 않는 곳에 철골을 적치한다.

2) 받침대는 적치될 부재의 중량을 고려해 적당한 간격으로 안정성 있는 것을 사용한다.

3) 부재 반입 시 건립 순서를 고려해 반입하고, 시공순서가 빠른 부재는 상단부에 위치시킨다.

4) 부재 하차 시 쌓여있는 부재의 도괴에 대비한다.

5) 부재 하차 시 트럭 위에서의 작업은 불안정하므로 인양 시 부재가 무너지지 않도록 주의한다.

6) 부재에 로프를 체결하는 작업자는 경험이 풍부한 사람이 하도록 한다.

7) 인양 시 기계의 운전자는 서서히 들어올려 일단 안정상태로 된 것을 확인한 다음 다시 서서히 들어 올리며 트럭 적재함으로부터 2m 정도가

되었을 때 수평이동시킨다.

8) **수평이동 시 다음 사항을 준수한다.**

① 전선 등 다른 장해물에 접촉할 우려는 없는지 확인한다.

② 유도 로프를 끌거나 누르지 않도록 한다.

③ 인양된 부재의 아래쪽에 작업자가 들어가지 않도록 한다.

④ 내려야 할 지점에서 일단 정지시켜 흔들림을 정지시킨 다음 서서히 내리도록 한다.

9) 적치 시 너무 높게 쌓지 않도록 하며 체인 등으로 묶어두거나 버팀대를 대어 넘어가지 않도록 하여야 하며 적치높이는 적치 부재 하단폭의 1/3 이하가 되도록 한다.

VI. 안전시설물 설치 계획

	기능	용도·사용장소·조건	설비
추락 방지	안전한 작업이 가능한 작업발판	높이 2m 이상의 장소로서 추락의 위험이 있는 작업	① 비계 ② 달비계 ③ 수평통로 ④ 표준안전난간
	추락자 보호	작업발판 설치가 어렵거나 개구부 주위로 난간 설치가 어려운 곳	추락 방지용 방망
	추락의 우려가 있는 위험장소에서 작업자의 행동 제한	개구부 및 작업발판의 끝	① 표준안전난간 ② 방호울
	작업자의 신체 유지	안전한 작업발판이나 표준안전난간설비를 할 수 없는 곳	① 안전대부착설비 ② 안전대 ③ 구명줄

기능		용도·사용장소·조건	설비
비래·낙하 및 비산 방지	낙하 위험 방지	철골 건립, Bolt 체결 및 기타 상하작업	① 방호철망 ② 방호울 ③ 가설 Anchor 설비
	제3자의 위해 방지	Bolt, 콘크리트 덩어리, 형틀재, 일반자재, 먼지 등이 낙하·비산 할 우려가 있는 작업	① 방호철망 ② 방호 Sheet ③ 방호울 ④ 방호선반 ⑤ 안전망
	불꽃의 비산 방지	용접, 용단을 수반하는 작업	불연성 울타리, 용접포

Ⅶ. 철골공사 시 안전관리 유의사항

1) 작업 전 조치사항

① 안전 담당자 배치 및 안전 교육 실시

② 유해/위험방호조치 및 위험성평가/보존

③ 작업계획수립 및 신호체계 정립

④ 건립기계/장비 점검 및 반입지재 검수

2) 작업 중 준수사항

① 신호수 배치 및 관계자 외 출입통제

② 인양로프 철거 : 기둥 가조임 후, 또는 버팀대 설치 확인 후

③ 공구류 운반 시 달줄/달포대 사용, 공구함 설치

④ 보호구 착용 및 안전시설물 설치

⑤ 악천후 시 작업금지

Ⅷ.	결론	
	1)	철골작업은 대형 양중기를 이용하는 작업으로 작업 중 추락 및 낙하/비례사고 위험성이 매우 크다.
	2)	따라서 안전시설물 실치와 양중기의 징격운진 및 신호절차 준수, 출입통제 및 보호구 착용 등이 중요하다.

"끝"

문제4) 비정상 작업의 특징과 위험요인을 설명하고, 작업시작 전 작업지 시 요령 및 안전대책에 대하여 설명하시오.(25점)

답)

I. 개요

건설업은 비정상작업이 타 업종에 비해 빈번하게 발생되어 재해 발생율이 좀처럼 저감되지 않는 현상이 반복되고 있다. 비정상작업은 재해발생위험도 비정상적으로 증가되므로 작업계획 수립 시 비정상 작업에 대한 위험성평가를 포함시키는 것도 고려해야 할 것이다.

II. 정상작업과 비정상작업

정상작업	규정된 공정에 따라 지정된 작업자가 규칙적이며 반복적으로 행하는 작업
비정상작업	우발적 기계장치의 고장수리 등 불특정 지역에서 임의의 작업자가 설비나 도구를 사용하여 일시적으로 행하는 작업

III. 비정상작업의 특징

1) 작업환경이 일정하지 않다.

2) 사용하는 장비도구가 유동적이며 관리가 산만하다.

3) 작업팀 구성이 고정적이지 않으며, 각각 다른 전문 분야의 혼성팀으로 구성되기도 한다.

4) 작업장소의 특성에 따라 작업 통제의 난이성이 있다(지하, 맨홀, 탱크, 고소, 야산, 임야, 하천, 교량, 협소한 설비내부, 잠수작업, 고층건물 외부 작업 등).

5) 작업종류와 진행에 따른 위험예측이 곤란하다.

6) 기상이변에 따른 불의의 위험대비가 어렵다.

7) 작업자의 훈련이 곤란하다.

8) 안전표지, 보호구의 사용에 한계성이 있다.

9) 정상작업처럼 작업 기준 설정이 어렵다.

10) 비상시 고도의 숙련된 대응능력이 요구된다.

Ⅳ. 위험요인

1) 한정된 기간시간 중 혼재작업, 부적절한 가설기자재, 수리용 기계의 사용 위험이 있다.

2) 이상처리작업이나 고장설비의 복구, 부품 교환 등 보전적 작업 시에는 시간적 여유가 없다.

3) 작업의 진행에 동반해 상황이 달라지는 경우가 많다.

Ⅴ. 작업시작 전 작업지시 요령

1) 안전보건관리체제하에서 안전보건관리를 행한다.

2) 단시간 이상 처리 작업에도 안전보건관리체제를 준수한다.

3) 기계설비의 보수공사 등이 도급형태로 실시되는 경우 총괄적 안전보건관리체제하에서 관리를 행한다.

4) 작업에 관한 협력 및 조정 등 총괄적인 작업관리를 행할 수 있는 체제를 구축운영한다.

VI. 안전대책

1) 위험성평가 실시

추락, 협착, 감전 등을 포함해 그 위험성이 커질 수 있으므로 위험성평가를 실시해 위험요소를 찾아내 안전대책을 수립한다.

2) 작업계획의 수립과 실시

① 수급인을 포함한 작업계획을 작성한다.

② 비정상작업에서도 위험성평가를 바탕으로 작업내용, 사용설비, 가설기자재, 작업자수, 작업절차를 명확히 한 작업계획을 수립한다.

③ 조정된 작업계획 내용은 TBM 등에서 작업자에게 알린다.

④ 작업지휘자나 감시인을 배치해 안전확인토록 한다.

⑤ 임시작업, 당시간 작업인 경우 반복작업은 정상작업으로 분류하고 작업계획서를 작성한다.

3) 안전보건 교육

① 비정상작업에 참여하는 작업자 전원에 대해 적절한 안전보건교육을 실시한다.

② 도급인은 관계 수급인 등이 실시하는 안전보건교육에 필요한 자료 정보의 제공, 교육장소의 제공 등을 지원해야 한다.

VII. 건설현장 비상상황 대비전략

1) 비상상황 대비 3원칙

① 근로자의 생명 보호를 최우선 사항으로 둔다.

② 예상 가능한 비상상황에 대해 대책을 마련한다.

③ 실제 이행 가능한 대책이 되도록 준비한다.

2) (평상시)비상상황 단계별 대비 전략

1	대응체계 구축	• 경보시스템 구축
		• 비상경보장치 설치
		• 비상연락체계 마련
		• 대피 방송 절차 마련 긴급전화기 등 신고수단 마련
2	비상상황 대응 매뉴얼 작성	• 발생가능한 비상상황을 고려
		• 작업중지, 위험요인 제거 등 긴급조치 방법 마련
		• 구호조치 및 기본적 응급조치 계획 수립
		• 대피절차와 비상대피로 지정
		• 추가 피해방지를 위한 조치 및 재발방지 대책 수립
		• 매뉴얼 이행 점검 관련 조항 포함
3	훈련 및 교육 실시	• 역할 분담을 동반한 시나리오 훈련
		• 응급처치, 대피절차 교육

Ⅷ. 결론

비정상작업은 위험성도 비정상적으로 발생하는 것이 특징이므로 비정상작업을 시행할 때에도 안전관리 체계를 수립하고 작업환경의 정비를 철저히 할 필요가 있다.

"끝"

문제5) 산업안전보건법과 건설기술진흥법의 건설안전 주요 내용을 비교
하고, 산업안전보건관리비와 안전관리비를 설명하시오.(25점)

답)

I. 개요

건설업 산업안전보건관리비는 건설현장 근로자 안전보건 유지증진을 위해

공사성 비용과 분리되어 별도로 계상하는 비용을 말하며, 건설기술진흥법

상 안전관리비는 건설공사의 안전관리에 필요한 비용으로서 계약 체결 시

계상되어야 하고 건설공사의 규모 및 종류에 따라 정확한 사용계획을 수

립하여 효율적인 안전관리가 되어야 한다.

II. 산업안전보건법과 건설기술진흥법의 건설안전 주요 내용 비교

구분	건설기술진흥법	산업안전보건법	비고
목적	목적물(구조물)의 안전	근로자의 안전	
계획서	안전관리계획서 (국토안전관리원 검토 – 발주청 승인)	유해·위험 방지계획서 (고용노동부 승인)	통합 계획서
조직	• 안전총괄책임자(현장대리인) • 분야별 안전관리책임자 • 안전관리담당자	• 안전보건관리책임자(현장소장) • 관리감독자 • 안전관리자, 보건관리자	
협의회	협의체(원·하도급사 대표자) : 매월 1회 이상 회의	• 산업안전보건위원회 • 안전·보건에 관한 협의체 • 안전·보건에 관한 노사협의체	
교육	• 공사착수 전 일일안전교육 • 정기안전교육(1회/월 이상) • 협력업체 안전관리교육	• 정기교육 • 채용 시의 교육 • 작업내용 변경 시의 교육 • 특별교육 • 건설업 기초안전·보건교육 • 안전보건관리책임자 등에 대한 교육	

구분	건설기술진흥법	산업안전보건법	비고

점검	• 자체안전점검(매일)
	• 정기안전점검
	• 정밀안전점검
	• 초기점검
	• 공사재개 전 안전점검
		• 작업장 순회점검
		  (1회/2일 이상)
		• 합동 안전 · 보건점검
		  (1회/2개월 이상)	

보고서	• 정기안전점검보고서 • 안전점검 종합보고서	–	
지도	–	재해예방 전문기관 기술지도 (토목공사 : 3억~150억 미만)	
비용	안전관리비	산업안전보건관리비	
사고	• 건설사고 (3가지) • 중대건설현장사고 (3가지)	중대재해(3가지)	

Ⅲ. 산업안전보건관리비와 안전관리비

구분	안전관리비	산업안전보건관리비
근거	건설기술진흥법 제63조 (안전관리 비용)	산업안전보건법 제72조 (건설공사 등의 산업안전보건관리비 계상 등)
목적	건설시공 및 주변 안전 확보	산업재해와 근로자의 건강장해 예방

사용
항목
	1. 안전관리계획의 작성 및 검토비용
	   또는 소규모안전관리계획의 작성비
	2. 안전점검 비용
	3. 발파 · 굴착 등의 건설공사로 인한 공사
	   장 주변 건축물 등의 피해방지대책 비용
	4. 공사장 주변의 통행안전관리대책 비용
	5. 계측장비, 폐쇄회로 텔레비전 등 안전
	   모니터링 장치의 설치 · 운용비
	6. 가설구조물의 구조적 안전성 확인에 필
	   요한 비용
	7. 무선설비 및 무선통신을 이용한 건설공사
	   현장의 안전관리체계 구축 · 운용비용
		1. 안전관리자 등의 인건비 및 각종 업무
		   수당 등
		2. 안전시설비 등
		3. 개인보호구 및 안전장구 구입비 등
		4. 사업장의 안전진단비
		5. 안전보건교육비 및 행사비 등
		6. 근로자의 건강관리비 등
		7. 본사 사용비 등
		8. 자율 결정항목

Ⅳ.	안전관리비의 계상기준	
		1) 안전관리계획의 작성 및 검토비용
		① 전체 및 대상시설물별 안전관리계획서 작성 및 검토
		② 안전점검 공정표 작성 및 검토
		③ 시공 상세도면(안전), 안정성 계상서 등 작성 및 검토
		2) 안전점검 비용
		① 정기안전 점검비용
		② 안전관리계획에 의한 발주자 승인 안전점검
		③ 초기점검비용
		④ 준공 직전 실시하는 안정성평가(초기치) 점검비용
		3) 주변 건축물피해 방지대책 비용(발파, 굴착공사 등)
		① 지하매설물 보호조치
		② 발파, 진동, 소음 피해 방지대책 비용
		③ 지하수 차단 등 피해 방지대책 비용
		4) 공사장 주변의 통행안전 및 교통소통을 위한 안전시설 비용
		① PE드럼, PE방호벽, PE펜스 및 방호울타리 등
		② 차량유도시설(경광등, 차선규제봉 등)
		③ 표지판(주의, 규제, 지시 등)
		5) 공사시행 중 구조적 안정성 확보 비용
		① 계측장비 설치 및 운영비용
		② 폐쇄회로 및 모니터링의 설치, 운영
		③ 가설구조물 안정성 확보비용(관계전문가 확인)

V. 산업안전보건관리비의 확인

1) 수급인 및 자기공사자의 의무

① 산업안전보건관리비 지출 전 협의

② 사용계획서에 따른 필요수량 항목확인

2) 산업안전보건관리비 사용내역 보고

매월 사용명세서, 사진 등 제출(발주자, 감리원)

3) 산업안전보건관리비 사용 확인 및 조치

① 확인 : 금지사항 및 적격품 여부, 사용수량 집행여부

② 조치사항 : 부당 사용 시 반환 및 집행삭감(기성금액)

VI. 결론

1) 건설기술진흥법상 안전관리비는 건설공사의 안전 확보와 주변 안전 확보를 위해 필요한 비용으로

2) 정기적 확인(매월) 실체를 점검하고 기성금액에 포함해 적정시기에 지급되어야 하며,

3) 건설업 산업안전보건관리비는 공사예정가액 산정 시 별도로 계상된 비용으로 근로자 안전보건 유지증진을 위해 중요한 비용이다. 따라서 발주자 및 시공자는 적법한 사용과 집행을 위해 지도·감독이 이루어져야 할 것이다.

"끝"

문제6) 건설현장 가설전기 작업 시 발생 가능한 재해유형과 유형별 안전

대책을 설명하시오.(25점)

답)

Ⅰ. 개요

1) 건설현장 감전사고는 전기배선불량, 가공선로 접촉 및 기계의 절연성 저하 등에 의해 주로 발생되며

2) 특히 전기재해는 감지가 어렵고 사망률이 높으므로, 전기기계 기구의 사전 절연성 검사가 중요하다.

Ⅱ. 전기재해유형

1) 전기배선불량, 가공선로접촉에 의한 감전

2) 전기기계·기구 및 장비 사용 중 감전

3) 정전기에 화재 폭발

4) 기타

① 낙뢰 재해

② 감전추락재해 등

Ⅲ. 전기재해원인

1) **임시배선불량** : 케이블 손상, 접지부적합

2) **가공선로접촉** : 방호시설미비, 부주의(운전자)

3) **이동식전기기계, 기구** : 절연성 저하, 누전차단기 부재

4) 정전기의 착화(인화성 물질)

5) **낙뢰의 뇌격피해** : 피뢰설비부재

6) **기타** : 재해 안전 시설물 미설치, 보호구 미착용 등

Ⅳ. 전기재해방지대책

1) **임시배선의 대책**

① 모든 배선은 분전반, 배전반인출

② 누전차단기설치 및 퓨즈 용량 초과 금지

  • 작동원리

   – 전원차단 in≠out

   – 전원유지 in=out

  • 구비조건 : 30mA 이하 시에도 0.03초 이내 작동

③ 다심케이블 사용, 케이블 손상확인

④ 길이 3m 이상 시 3m마다 구조물 또는 대지에 고정

⑤ 케이블 접속 시 전연 테이프로 1.5(두께) 이상 감기

⑥ 케이블 트레이, 전선관 케이블에 연결 시 접속함 사용

⑦ 전기기기 외함 반드시 접지, 적절한 방호조치실시

2) **접지실시**

① 접지종류 : 기능, 기기, 계통(고압, 저압혼측), 등전위

② 3종 접지 100(Ω) 이하로 접지실시

3) **교류Arc용접기 감전대책**

① 자동전격방지장치설치

② 누전차단기설치

③ 과전류방지장치설치

④ 접지실시

4) 정전기에 대한 대책

① 적정습도, 접지실시, 도전성 재료사용

② 제전기, 대전방지제사용

③ 보호구 : 정전화, 정전복 등[$10^{-5} \sim 10^{-8}(\Omega)$ 이하]

5) 피뢰기 성능조건

① 제한전압이 낮을 것

② 속류의 신속차단

③ 뇌전류 장전능력이 클 것

④ 상용전압을 방류하지 않을 것

6) 접근한계거리 준수(감전거리)

전압크기	접근한계거리	비고
0.3kV 이하	접촉금지	
0.3~0.75kV	30cm	지하철 사용 전류의 크기 25kV
0.75~2kV	45cm	
2~15kV	60cm	
15~37kV	90cm	

V. 전기재해 시 응급처치 절차

자원차단 → 피재자대피 → 환자확인 → 인공호흡실시

Ⅵ. 전기화재의 소화기 종류

1) 무상수 소화기, 무상 강화액 소화기

2) CO_2 소화기, 할로겐화합물

Ⅶ. 안전장갑의 종류

1) A종 : 직류 0.3kV 초과 0.75kV 이하

2) B종 : 직류 0.75kV 초과 3.5kV 이하

3) C종 : 3.5kV 초과 7kV 이하

Ⅷ. 결론

1) 전기재해 중 전기기계의 절연부분에 손상 및 노후로 발생되는 감전 재해가 예측 불가능하여 그 피해가 크므로

2) 사전 절연성 Test 및 외함접지로 감전을 방지하고 정기적인 점검으로 재해를 예방해야 한다.

"끝"

제 132 회
국가기술자격검정 기술사 필기시험 답안지(제4교시)

◯   ◯   ◯

※ 10권 이상은 분철(최대 10권 이내)

자 격 종 목	건설안전기술사

답안지 작성 시 유의사항

1. 답안지는 총 7매(14면)이며 교부받는 즉시 매수, 페이지 등 정상 여부를 반드시 확인하고 1매라도 분리되거나 훼손하여서는 안 됩니다.
2. 시행회, 자격종목, 수험번호, 성명을 정확하게 기재하여야 합니다.
3. 수험자 인적사항 및 답안 작성(계산식 포함)은 흑색 또는 청색 필기구만 사용하되, 동일한 한 가지 색의 필기구만 사용하여야 하며 흑색, 청색을 제외한 유색 필기구 또는 연필류를 사용하거나 두 가지 이상의 색을 혼합 사용하였을 경우 그 문항은 0점 처리됩니다.
4. 답안 정정 시에는 두 줄(=)을 긋고 다시 기재 가능하며, 수정테이프(액) 등을 사용했을 경우 채점상의 불이익을 받을 수 있으므로 사용하지 마시기 바랍니다.
5. 답안지에 답안과 관련 없는 특수한 표시, 특정인임을 암시하는 답안지는 전체가 0점 처리됩니다.
6. 답안 작성 시 홈(구멍)이나 도형 등 그림이 없는 직선자(템플릿 사용 금지)만 사용할 수 있습니다.
7. 문제의 순서에 관계없이 답안을 작성하여도 되나 주어진 문제번호와 문제를 기재한 후 답안을 작성하고 전문용어는 원어로 기재하여도 무방합니다.
8. 요구한 문제수보다 많은 문제를 답하는 경우 기재 순으로 요구한 문제수까지 채점하고 나머지 문제는 채점대상에서 제외됩니다.
9. 답안 작성 시 답안지 양면의 페이지 순으로 작성하시기 바랍니다.
10. 기작성한 문항 전체를 삭제하고자 할 경우 반드시 해당 문항의 답안 전체에 대하여 명확하게 X표시(X표시한 답안은 채점대상에서 제외) 하시기 바랍니다.
11. 시험시간이 종료되면 즉시 답안 작성을 멈춰야 하며, 종료시간 이후 계속 답안을 작성하거나 감독위원의 답안 제출 지시에 불응할 때에는 채점대상에서 제외됩니다.
12. 각 문제의 답안 작성이 끝나면 "끝"이라고 쓰고 다음 문제는 두 줄을 띄워 기재하여야 하며 최종 답안 작성이 끝나면 그 다음 줄에 "이하 여백"이라고 써야 합니다.
13. 비번호란은 기재하지 않습니다.

비 번 호	

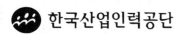 한국산업인력공단

문제1) 휴먼에러(Human Error) 유형과 발생원인, 요인(Mechanism), 예방원칙과 Zero화를 위한 대책에 대하여 설명하시오.(25점)

답)

I. 개요

1) 휴먼에러란 인간의 심리 물리적 요인으로 발생하는 과오로서 재해를 유발하는 간접원인이다.

2) 건설업에는 계획 및 설계단계, 시공 및 유지관리단계 등 전반적으로 발생하므로 체계적 사전예방이 중요하다.

II. Human Error의 유형

1) **Man(인간요인)** : 과오, 망각, 무의식, 피로 등

2) **Machine(설비적)** : 기계결함, 안전장치미비 등

3) **Media(작업적)** : 작업방법, 작업환경 등

4) **Management(관리적)** : 안전교육 훈련, 조직미비 등

III. Human Error의 발생원인

1) **심리적 요인**

① 지식부족　　　　② 착각

③ 동기부여부족　　④ 피로

2) **물리적 요인**

① 작업적 요인 : 일의 단조로움 또는 복잡, 생산성 강조

② 환경적 요인 : 자극이 너무 많고, 기계배치 맞지 않은 경우 등

IV. 발생요인(Mechanism)

안전관리 결함 → Human Error → 불안전한 상태·불안전한 행동

→ 사고 재해

V. 건설업의 휴먼에러

1) **계획단계** : 입지장소 선정, 교통량 예측 미흡

2) **설계단계**

① 구조 : 구조형식, 경간분할 불량

② 계산 : 설계기준 및 조건적용, 응력해석 착오

③ 도면 : 철근, PC강선 배치, 이음부 불량

3) **시공단계**

① 재료적 사항 : 재질 및 성능의 확인 미비

② 시공적 사항 : 시공방법, 절차미준수, 가설 및 주변 안정 불량

③ 유지관리단계 : 안전점검 소홀, 유지보수 태만

VI. 휴먼에러에 의한 재해 유형

1) **추락**

개구부, 비례, 고소작업장에서 추락

2) **충돌·협착**

구조재 및 자재와 충돌, 작업공간 협소에 따른 협착

3) **기타**

전도, 무리한 동작(감전, 열증상) 등

Ⅶ. 예방원칙과 Zero화를 위한 대책

1) 건설업 작업단계별 주요예방대책

계획단계	• Project 타당성의 면밀한 검토 • 정치적 편향성 배제
설계단계	• Human Error 방지 설계기법 개발 • 인공지능을 도입한(변동성 제거) 설계
시공단계	• 무리한 공기단축 금지 • 위험한 공법 변경 금지
유지관리단계	예방적인 점검과 유지·보수 실시

2) 기계, 기구, 설비의 안전도 향상 방안

① 위험 요인 개선 : 작업 흐름 방해, 치명적 사고 위험 요인

② 인체측정치 적용, 작업자의 신체적 능력 고려

③ 경보장치, 방호장치의 설치

④ 정보의 Feed back 개선

3) 작업환경정비

① 적절한 기계설비의 배치 및 장애 요소 제거

② 작업 장소의 정리정돈, 청소 및 청결유지

③ 안전표지의 부착과 관리

④ 안내표지의 설치

Ⅷ. 근로자에 대한 안전 확보 방안

1) 현장 작업 연계 안전교육 및 안전의욕 고취

2) 적정배치 및 능력에 맞는 업무부여

3) 심신의 건강상태의 정상적 유지

IX.	휴먼에러 재해방지 안전설비의 종류
	1) **추락방지설비** : 안전난간, 개구부 덮개 등
	2) **기타** : 가설작업통로, 조명설비, 감전방지설비 등
X. **결론**	
	1) 건설현장 휴먼에러는 대부분 무리한 공사추진과 위험한 공법 변경에 의해 발생되고 있으므로
	2) 사전 계획적인 공사 절차와 유해 위험한 근로조건을 개선하고 체계적이고 실천적인 교육으로 예방할 수 있다.
	"끝"

문제2) 건축물관리법상 해체계획서 작성사항 및 해체공사 시 안전 유의 사항에 대하여 설명하시오.(25점)

답)

I. 개요

1) 해체의 방법 및 해체 순서도면

2) 가설설비·방호설비·환기설비 및 살수·방화설비 등의 방법

3) 사업장 내 연락방법

4) 해체물의 처분계획

5) 해체작업용 기계·기구 등의 작업계획서

6) 해체작업용 화약류 등의 사용계획서

7) 그밖에 안전·보건에 관련된 사항

II. 해체계획서 작성사항

1) 해체의 방법 및 해체 순서도면

2) 가설설비·방호설비·환기설비 및 살수·방화설비 등의 방법

3) 사업장 내 연락방법

4) 해체물의 처분계획

5) 해체작업용 기계·기구 등의 작업계획서

6) 해체작업용 화약류 등의 사용계획서

7) 그밖에 안전·보건에 관련된 사항

Ⅲ.	해체공사 시 안전 유의사항
	1) 신고 대상
	① 일부해체 : 주요 구조부를 해체하지 않는 건축물의 해체
	② 전면해체
	• 전면적 500m² 미만
	• 건축물 높이 12m 미만
	• 지상층과 지하층을 포함하여 3개층 이하인 건축물
	③ 그 밖의 해체
	• 바닥면적 합계 85m² 이내 증축·개축·재축(3층 이상 건축물의 경우 연면적의 1/10 이내)
	• 연면적 200m² 미만+3층 미만 건축물 대수선 관리지역 등에 있는 높이 12m 미만 건축물
	2) 허가 대상신고 대상 외 건축물
	3) 신고 대상일지라도 해당 건축물 주변에 버스 정류장, 도시철도역사 출입구, 횡단보도 등 해당 지방자치단체의 조례로 정하는 시설이 있는 경우 해체허가를 받아야 함
	4) 해체 대상 구조물의 조사
	① 구조물(RC조, SRC조 등)의 규모, 층수, 건물높이, 기준층 면적
	② 평면 구성상태, 폭·층고·벽 등의 배치상태
	③ 부재별 치수, 배근상태
	④ 해체 시 전도 우려가 있는 내·외장재
	⑤ 설비기구, 전기배선, 배관설비 계통의 상세 확인

⑥ 구조물의 건립연도 및 사용목적

⑦ 구조물의 노후 정도, 화재 및 동해 등의 유무

⑧ 증설, 개축, 보강 등의 구조변경 현황

⑨ 비산긱도, 낙히반경 등의 사전 확인

⑩ 진동·소음·분진의 예상치 측정 및 대책방법

⑪ 해체물의 집적·운반방법

⑫ 재이용 또는 이설을 요하는 부재 현황

⑬ 기타 당해 구조물 특성에 따른 내용 및 조건

5) **주변환경 조사**

① 부지 내 공지 유무, 해체용 기계설비 위치, 발생재 처리장소

② 해체공사 착수 전 철거, 이설, 보호할 필요가 있는 공사장애물 현황

③ 접속도로의 폭, 출입구 개수와 매설물의 종류 및 개폐 위치

④ 인근 건물 동수 및 거주자 현황

⑤ 도로상황 조사, 가공 고압선 유무

⑥ 차량 대기 장소 유무 및 교통량

⑦ 진동, 소음 발생 시 영향권

Ⅳ. 해체작업 시 안전조치 사항

1) 해체건물 등의 조사구조, 주변 상황 등을 조사해 그 결과를 기록·보전한다.

2) **해체계획 작성**

① 해체방법 및 해체순서 도면

② 해체작업용 화약류 등의 사용계획서

③ 사업장 내 연락방법

④ 해체작업용 기계, 기구 등의 작업계획서

⑤ 기타 안전·보건 사항

3) 작업구역 내 근로자 출입금지 조치

① 작업구역 내 관계근로자 외의 자 출입금지 조치

② 비, 눈, 기타 기상 상태의 불안정으로 날씨가 몹시 나쁠 때에는 작업을 중지시킬 것

4) 보호구 착용

5) 작업계획 작성중량물 취급작업 시에는 작업계획서를 작성하고 준수해야 한다.

V. 결론

해체작업 시에는 재해 방지대책 수립은 물론 소음·진동 등의 공해 방지조치가 이루어져야 하며, 해체로 발생하는 폐기물의 관리대책을 수립해 환경공해 저감이 이루어지도록 해야 한다.

"끝"

문제3)	경사지붕 시공 작업 시 위험요소, 위험 방지대책, 안전시설물의 설치기준, 안전대책에 대하여 설명하시오.(25점)

답)

I. 개요

지붕공사는 건축공사 마지막 시기에 실시되며 건축구조물의 가장 높은 장소에서 이루어지며, 특히 경사지붕은 건축공사 중 이전 공사와 다른 공사 환경으로 인하여 떨어짐 사고 등과 같은 위험요인이 많이 존재하므로 철저한 안전대책이 요구된다.

II. 경사지붕 시공 작업 시 위험요소

1) 지붕 교체작업

복잡하고 위험한 공종이며, 특히 작업자의 추락이나 낙하물 방지를 위한 조치가 선행되어야 한다.

2) 지붕 보수작업

지붕 보수 및 청소작업 시 작업자가 추락하거나 자재의 떨어짐 사고가 빈번하게 발생될 개연성이 높다.

3) 지붕 해체작업

작업자가 지붕 위로 안전하게 접근할 조치가 필요하며, 해체 작업 시 건물 내부로 자재가 낙하하지 않도록 조치해야 한다.

4) 단기작업

작업 실행 시간이 짧을 때는 모서리 보호대 같은 안전대 설치가 비효율적일 수 있으므로 위험성 평가에 따라 예방조치를 마련해야 한다.

Ⅲ. 위험 방지대책

1) 지붕 단부에 비계, 추락방지망 또는 안전대 부착설비를 설치하여 추락 재해를 예방

2) 지붕 상부에 자재 과적을 금지하고 낙하물 방지망을 설치하거나, 상·하부 동시작업 금지

3) 작업장소 주변에 근접하여 충전전로가 있는 경우 정전작업을 실시하거나 충전전로에 절연용 방호구를 설치하고 작업한다.

4) 이동식 크레인을 이용하여 자재를 양중할 때 과부하방지장치, 권과방지장치 등 방호조치 작동여부를 확인하고, 부동침하, 전도 방지를 위해 아웃트리거를 설치한다.

5) 지붕 상부 이동용 사다리를 사용할 때, 걸침길이 확보, 아웃트리거 설치 등을 준수한다.

Ⅳ. 안전시설물의 설치기준

1) 경사지붕 단부에 안전난간 및 작업발판을 설치하고 안전난간 설치가 불가능한 경우에는 추락방호망이나 안전대 부착설비 등을 확보하여야 한다.

2) 트롤리 시스템을 사용하는 경우에는 제품 사양서 규정을 준수하여 설치하여야 한다.

3) 승강시설은 구조적 접합성, 설치방법 및 높이에 대한 안전성을 검토하여 사다리 또는 고소작업대 등을 이용한다.

4) 소규모 자재 운반기기를 지붕 단부에 설치하는 경우에는 작업발판 및

안전난간, 낙하물 방지를 위한 수직보호망 및 발끝막이판을 설치하여야 한다.

5) 지붕경사가 45도 이상인 경우에는 지붕보호벽을 설치하여야 하며, 작업장소와지붕보호벽 밑부분 또는 지붕하부 작업발판 간의 수직거리는 5m 이하이어야 한다.

V. 안전대책

1) 위험방지 대책

사업주는 슬레이트, 선 라이트(Sunlight) 등 강도가 약한 재료로 덮은 지붕 위에서 작업을 할 때에 발이 빠지는 등 근로자가 위험해질 우려가 있는 경우 폭 30cm 이상의 발판을 설치하거나 안전방망을 치는 등 위험을 방지하기 위하여 필요한 조치를 하여야 한다.

2) 승강설비의 설치

사업주는 높이가 2m를 초과하는 장소에서 작업하는 경우 해당 작업에 종사하는 근로자가 안전하게 승강하기 위한 건설작업용 리프트 등의 설비를 설치하여야 한다. 다만, 승강설비를 설치하는 것이 작업의 성질상 곤란한 경우에는 그러하지 아니하다.

3) 중량물 취급

사업주는 중량물을 운반하거나 취급하는 경우에는 하역운반기계 · 운반용구를 사용하여야 한다. 다만, 작업의 성질상 하역운반기계 등을 사용하기 곤란한 경우에는 그러하지 아니하다.

VI. 결론

지붕공사 시 발생되는 사고를 예방하기 위해서는 관련 법령 및 기준 준수, 설비와 작업방법의 개선, 근로자의 안전보건 의식 고취 및 사업주와 관리감독자의 철저한 현장관리를 통해 현장의 안전보건 자율관리 수준이 향상될 수 있도록 해야 할 것이다.

"끝"

문제4) 도심지 지하굴착 시 인접 건물의 사전조사 항목 및 굴착공사의 계측기 배치기준, 계측방법에 대하여 설명하시오.(25점)

답)

I. 개요

도심지 지하굴착 시 실시하는 사전조사 및 사후조사는 공사현장에 인접한 건축물 및 구조물 등에 해당되며, 공사영향으로 인한 주변건물의 물적 피해와 발생이 불가피한 분진 및 소음, 진동 등에 의한 거주환경 악화, 정신적 피해가 유발될 수 있으므로 초기치의 확보와 사후조사도 실시되어야 한다.

II. 도심지 지하굴착 시 문제점

1) 굴착에 따른 진동, 충격, 소음, 분진에 의한 피해

2) 오거천공, 파일매입 시 항타 진동·충격

3) 흙막이 변위, 주변지하수 유출, 수위저하에 의한 지반침하

4) 지반영향에 의한 인접건물 기초부 변위와 건물처짐, 기울기 발생

III. 조사대상

1) 공사영향으로 인한 민원 및 소송제기가 예상되는 주변건물 및 구조물

2) 인접한 건물 및 구조물로 계측관리가 필요하다고 판단되거나 요구되는 경우

3) 착공 전 관계기관의 안전관리계상 사전조사 결과서 요구 시

Ⅳ. 인접 건물의 사전조사 항목

1) 구조체 및 마감재 균열, 누수, 백화, 박리, 탈락상태 개별사진 촬영

2) 균열 및 성능 저하부 결함부 개별 사진촬영

3) 현재상태 기울기 및 부등침하 등 변형상태 파악을 위한 건물 내·외부 레벨 및 기울기 초기치

4) 경사계 설치 가능한 건물 옥상부위를 선정, 경사계 측정위치 표기 후 초기 측정값 기록

Ⅴ. 굴착공사의 계측기 배치기준

1) **경사계**

① 토류벽에서 1m 이격시켜 매설하고 하부는 견고한 지반에 근입(토사 : 3~4m, 암반 : 1~2m)

② 수평변위가 큰 경우 Transit 등으로 토류벽 연직경사도 측정 필요 (그라우팅 불량, 배면 뒤채움 불량 시 변위반영 곤란)

③ 변위량은 물론 변위속도(mm/일)도 관리

④ 주변 지반과 일체화되도록 그라우팅 되어야 하고 하부에서 상부로 충전

2) **지하수위계**

토류벽 배면에서 1m 이격시켜 매설하고 단면당 3개 설치

3) **하중계(Load Cell)**

① 앵커 가압판과 중심축이 일치하도록 설치하고

② 경사계 매설지점과 동일 단면이 되도록 함

③ 굴착은 물론 해체 시에도 응력상태 관찰

4) 변형률계

① Strain Gage는 축력부재의 경우 Web에 휨부재는 Frange Dp 설치

② 깅재는 온도변화에 민감하므로 온도보정 실시

③ 굴착은 물론 해체 시에도 측정

5) 침하계

① 지표침하계, 지중침하계로 구분하며, 지반조건과 굴착 깊이를 고려

해 설치(양호지반 $L=1\sim2H$, 불량지반 $L=3\sim4H$)

② 지중침하계는 경사계와 같이 견고한 층에 근입

6) 건물경사계

4개 이상 설치로 전체적인 침하판단

VI. 계측방법

1) 계측위치 선정 시 고려사항

① 원위치 시험 등으로 지반조건이 충분하게 파악된 곳

② 흙막이 구조물을 대표할 수 있는 곳

③ 중요구조물 인접장소

④ 우선적 굴착공사 예정인 곳

⑤ 흙막이 구조물이나 지반의 특수조건으로 공사에 영향을 미칠 것으

로 예상되는 곳

⑥ 교통량이 많은 곳

⑦ 하천 주위 등 지하수량이 많고, 수위상승, 하강이 빈번한 곳

⑧ 공사 진행 시 계측기 훼손이 적게 발생될 곳

2) 계측관리 Flow Chart

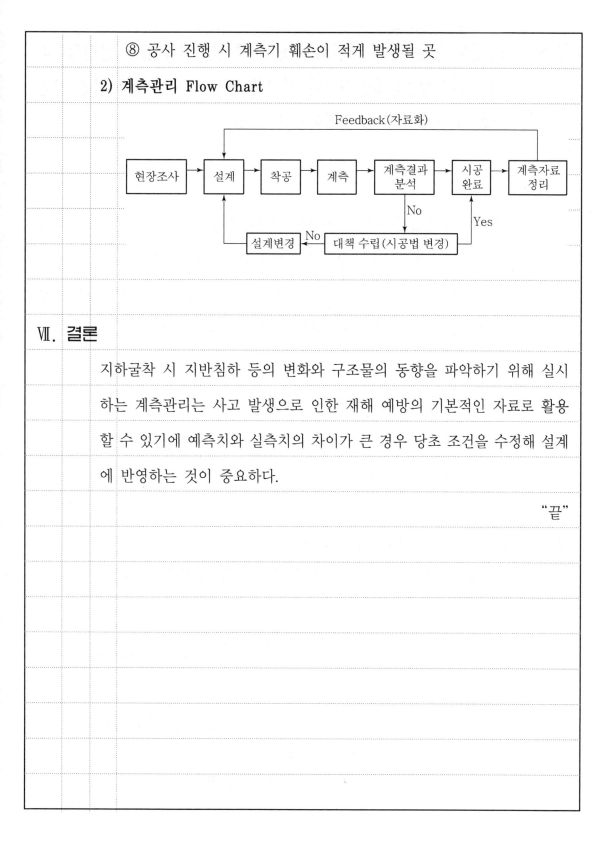

VII. 결론

지하굴착 시 지반침하 등의 변화와 구조물의 동향을 파악하기 위해 실시하는 계측관리는 사고 발생으로 인한 재해 예방의 기본적인 자료로 활용할 수 있기에 예측치와 실측치의 차이가 큰 경우 당초 조건을 수정해 설계에 반영하는 것이 중요하다.

"끝"

| 문제5) | 시설물의 안전 및 유지관리에 관한 특별법(시특법)상 안전점검의 종류, 안전점검정밀안전진단 및 성능평가 실시시기, 시설물 안전 등급 기준에 대하여 설명하시오.(25점) |

답)

I. 개요

1) 시특법상 안전점검 및 진단은 내재된 위험요인을 조기발견하고 대책 방안제시 및 보수, 보강으로 안전을 확보하는 것으로서

2) 대상구조물의 구조적 특성 및 사용환경을 면밀히 검토하여 이상 현상에 따른 조기대처가 이루어질 수 있도록 해야 한다.

II. 시특법상 안전점검 및 진단 실시 목적

1) 현재의 안정성 판단

2) 적합보수, 보강계획 실행

III. 시특법상 안전점검 및 진단의 종류

종류		점검 시기
정기점검	A, B, C등급	반기 1회
	D, E등급	1년 3회
정밀안전점검	최초	3년 이내(건축물 4년 이내)
	A등급	3년마다
	B, C등급	2년마다
	D, E등급	1년(건축물 1년 추가)
	썰물에 잠기는 해양구조물	4년마다
긴급점검		관리주체 행정기관 요구 시

종류	점검 시기	
정밀안전진단	최초	1종 시설물 완공 후 10년 경과 시(1년 이내)
	A등급	6년마다
	B, C등급	5년마다
	D, E등급	4년마다

Ⅳ. 성능평가

1) 성능평가 대상

구분	대상범위
교량 및 터널	1종·2종 시설물에 해당하는 고속국도, 일반국도, 고속철도, 일반철도의 교량 및 터널
항만	1종·2종 시설물에 해당하는 무역항 및 연안항의 계류시설
댐	1종 시설물에 해당하는 다목적댐
건축물	1종·2종 시설물에 해당하는 공항청사
하천	1종·2종 시설물에 해당하는 국가하천의 하구둑, 방조제, 수문 및 통문, 제방
상수도	1종 시설물에 해당하는 광역상수도
옹벽 및 절토사면	2종 시설물에 해당하는 고속국도, 일반국도, 고속철도, 일반철도의 옹벽 및 절토사면

2) 실시시기

① 성능평가 최초 실시 이후 성능평가를 완료한 날을 기준으로 5년에 1회 이상 실시

② 최초로 실시하는 성능평가는 성능평가대상시설물 중 제1종 시설물의 경우에는 최초로 정밀안전진단을 실시하는 때

③ 제2종 시설물의 경우에는 하자담보책임기간이 끝나기 전에 마지막으로 실시하는 정밀안전점검을 실시하는 때

④ 준공 및 사용승인 후 구조형태의 변경으로 인하여 성능평가대상시설

물로 된 경우에는 정밀안전점검 또는 정밀안전진단을 실시하는 때

3) 제출시기

성능평가를 완료한 날로부터 30일 이내 SOC 성능평가 시스넴을 통해

제출

4) 성능평가 기술자 자격

정밀안전진단 책임기술자의 자격을 갖춘 사람으로서 해당분야(교량

및 터널, 수리, 항만, 건축분야)의 성능평가 교육을 이수한 자

V. 시설물 안전등급 기준

등급	상태	조치	비고
A	문제점 없음	불필요	정상관리
B	보조부재 경미한 결함	필요시 보수 실시	주의관찰
C	주요부재 경미한 결함	보수, 보강 필요	지속감시
D	주요부재 결함	사용제한, 긴급보강	안전진단 실시
E	주요부재 심각한 결함	사용금지, 개축	해체고려

VI. 보수, 보강 필요성 판단

보수	내구성 저하방지	손상정도가 허용 기준 만족한 경우
보강	내하력, 강성회복	허용기준 초과 시 부재 안전율 회복

VII. 결론

1) 시설물은 시공단계에서 품질이 확보되고 설계수명에 맞는 유지, 보수를

실시하여 기능을 확보해야 하며

2) 특히 노후구조물은 보수, 보강 시 하자 발생이 크고 급격한 내하력 저하의 발생이 우려되므로 주의관찰이 필요하다.

"끝"

| 문제6) | 건설기술진흥법상 안전관리계획서와 소규모 안전관리계획서 수립대상 및 계획수립 기준에 포함되어야 할 사항에 대하여 비교해 설명하시오.(25점) |

답)

Ⅰ. 개요

1) 건설기술진흥법상 안전관리계획서는 시공자가 착공 전에 제출하여야 하는 공사목적물 및 주변안전사고 평가제도로서

2) 공사 중 안전개소가 발생하지 않도록 작성하여야 하며 공종별 안전작업 절차와 주변안전 확보에 유념해야 한다.

Ⅱ. 안전관리계획서와 소규모 안전관리계획서 수립대상 및 계획수립 기준에 포함되어야 할 사항에 대한 비교

구분	안전관리계획	소규모 안전관리계획	비고
대상	• 10층 이상인 건축물 공사 • 1 · 2종 시설물의 건설공사 • 지하 10m 이상을 굴착하는 건설공사 • 타워크레인, 항타 및 항발기, 높이가 10m 이상인 천공기를 사용하는 건설공사 등	• 2~9층 건축물 공사 중 연면적 1천 m^2 이상인 공동주택, 1 · 2종 근린생활시설, 공장(산업단지에 건축하는 공장은 연면적 2천 m^2 이상) • 2~9층 건축물 공사 중 연면적 5천 m^2 이상인 창고	시행령
내용	• 총괄 안전관리계획 　- 건설공사 개요 　- 현장 특성 분석(공사장 주변 안전관리대책, 통행안전시설의 설치 및 교통소통계획 등) 　- 현장운영계획(안전관리조직, 공정별 안전점검계획, 안전관리비집행계획, 안전교육계획 등)	• 건설공사 개요 • 비계 설치계획 • 안전시설물 설치계획	시행규칙

구분	안전관리계획	소규모 안전관리계획	비고
내용	- 비상시 긴급조치계획 • 공종별 세부 안전관리계획 - 가설, 굴착 및 발파, 콘크리트, 강구조물, 성토 및 절토, 해체, 설비공사, 타워크레인 공사 등		시행규칙
절차	① 시공자 수립 ② 공사감독자 또는 건설사업관리기술인 확인 ③ 발주청, 인허가기관에 제출 ④ 시설안전공단 또는 건설안전점검기관 검토 ⑤ 발주청, 인허가기관의 승인 ⑥ 착공	① 시공자 수립 ② 발주청, 인허가기관에 제출 ③ 발주청, 인허가기관의 승인 ④ 착공	법률

Ⅲ. 안전관리계획서 수립기준

1) 공사개요 및 안전관리조직

2) 공정별 안전점검 계획

3) 공사장 주변 안전관리 대책(발파, 지반침하, 지하수저하 등)

4) 통행 안전시설 및 교통소통 대책

5) 안전관리비 집행계획

6) 안전교육 및 비상긴급조치 계획

7) 대상 시설물별(공종) 세부 안전관리 계획

Ⅳ. 대상시설물별 안전관리 세부계획서 작성내용

1) 대상시설물의 개요 및 시공상세도면

2) 안전시공절차 및 주의사항

3) 안전점검 계획표 및 안전점검표

4) 각종 안전성 계산서

V. 대상시설물별 정기 안전점검 계획

공사종류	1차	2차	3차
건축물	기초공사 시	구조체(초, 중기)	구조체 말기
리모델링, 폭발물 사용	공정률(초, 중기)	공정률(말기)	필요시
굴착공사(10m 이상)	기초Con'c타설 전	되메우기 후	필요시

VI. 안전점검표 작성 시 유의사항

1) 일정한 양식의 쉬운 표현으로 작성

2) 중점관리대상부터 작성

3) 구체적이며 실효성 있도록 작성

VII. 안전관리 계획 추가사항

1) 공사 중 지하매설물, 인접 시설물 보호, 지중매설관 유출수 방지

2) 지하수위 변화 및 흐름대책(흙막이 변경, 흐름 파악 후 대처)

3) 되메움 다짐 및 지반침하 방지사항

4) DFS 이행사항

5) 지하안전영향평가 이행사항

VIII. 안전관리 계획 수립 시 고려사항

1) 설계 안정성 평가(DFS) 조치 이행사항

2) 지하 안전관리 특별법과 관련사항 조율 등

IX. 결론

1) 안전관리계획서는 일정규모 이상의 공사에 대해 이행토록 의무화한 제도로서 주요 소규모현장 적용 확대가 필요하며

2) 특히 설계안전성검토제도의 본격화에 따라 산업재해예방을 위한 조치와 근로자에 대한 안전·보건에 대한 추가적 조치가 필요하다.

"끝"

제 133 회

기출문제 및 풀이

(2024년 5월 18일 시행)

| 제 **133** 회 | **건설안전기술사 기출문제** (2024년 5월 18일 시행) |

【1교시】 다음 13문제 중 10문제를 선택하여 설명하시오.(각 10점)

문제 1
누전차단기를 설치하여야 하는 전기기계·기구의 종류 및 접속 시 준수사항

문제 2
터널공사 시 계측의 목적, 계측항목, 계측관리 시 유의사항

문제 3
안전보건 교육지도 8원칙

문제 4
에너지대사율(Relative Metabolic Rate)의 산출식과 작업강도의 구분기준

문제 5
Douglas McGregor의 XY이론

문제 6
상시 작업하는 장소의 작업면 및 갱내 작업장의 조도기준

문제 7
안전대의 종류 및 착용 대상작업

문제 8

안전보건조정자를 두어야 하는 건설공사의 공사금액, 안전보건조정자의 자격업무

문제 9

슈미트 해머(Schmidt Hammer)를 이용한 콘크리트 강도 추정 빙법

문제 10

강구조물 용접결함의 종류 및 보수용접 방법

문제 11

구축물 등의 안전유지 및 안전성 평가

문제 12

지반의 액상화 평가 생략 조건

문제 13

비계설치 시 벽 이음재 결속종류와 시공 시 유의사항

【2교시】 다음 6문제 중 4문제를 선택하여 설명하시오.(각 25점)

> **문제 1**
>
> 도로사면의 붕괴형태와 붕괴원인 및 사면안정공법에 대하여 설명하시오.

> **문제 2**
>
> 갱폼(Gang Form)의 안전설비기준과 설치·해체·인양작업 시 안전대책에 대하여 설명하시오.

> **문제 3**
>
> 연약지반 굴착 공사 시 지반조사, 연약지반 처리대책, 계측과 시공관리에 대하여 설명하시오.

> **문제 4**
>
> 근로자의 불안전한 행동 중 부주의 현상의 특징, 발생원인 및 예방대책에 대하여 설명하시오.

> **문제 5**
>
> 건설현장 근로자의 근골격계 질환의 발생단계, 발생원인, 유해요인조사에 대하여 설명하시오.

> **문제 6**
>
> 교육훈련 기법 중 강의법과 토의법을 비교하고, 토의법의 종류에 대하여 설명하시오.

【3교시】 다음 6문제 중 4문제를 선택하여 설명하시오.(각 25점)

문제 1

「해체공사 표준안전작업지침」상 해체공사 전 확인사항(부지상황 조사, 해체대상 구조물 조사) 및 해체작업계획 수립 시 준수사항에 대하여 설명하시오.

문제 2

건설업 유해위험방지계획서 작성 대상사업장 및 제출서류, 계획수립절차, 심사구분에 대하여 설명하시오.

문제 3

건설업체의 산업재해예방활동 실적 평가대상, 평가항목, 평가방법에 대하여 설명하시오.

문제 4

소음작업의 종류 및 정의, 방음용 귀마개 또는 귀덮개의 종류 및 등급, 진동작업에 해당하는 기계·기구의 종류 및 진동작업에 종사하는 근로자에게 알려야 할 사항에 대하여 설명하시오.

문제 5

프리스트레스트 콘크리트에서 PS 강재의 인장방법 및 응력이완(Stress Relaxation), 응력부식 (Stress Corrosion)에 대하여 설명하시오.

문제 6

굴착공사 중 사면 개착공법 적용에 따른 토사 사면 안정성 확보를 위한 작업 전, 중, 후 조치사항에 대하여 설명하시오.

【4교시】 다음 6문제 중 4문제를 선택하여 설명하시오.(각 25점)

문제 1

상시적인 위험성평가의 실시방법 및 근로자의 참여방법에 대하여 설명하시오.

문제 2

「산업안전보건법」과 「중대재해 처벌 등에 관한 법률」상의 중대재해를 구분하여 정의하고 현장에서 중대재해 발생 시 조치사항을 설명하시오.

문제 3

데크플레이트 붕괴사고 원인과 설치 시 안전수칙 및 점검사항에 대하여 설명하시오.

문제 4

동바리의 유형별 조립 시 안전조치사항과 조립·해체 시 준수사항에 대하여 설명하시오.

문제 5

건설현장에 설치하는 임시소방시설의 대상작업, 임시소방시설을 설치해야 하는 공사의 종류 및 규모, 임시소방시설과 기능 및 성능이 유사한 소방시설로서 임시소방시설을 설치한 것으로 보는 소방시설에 대하여 설명하시오.

문제 6

타워크레인 작업계획서 내용과 상승 작업 시 절차 및 주요 단계별 확인사항에 대하여 설명하시오.

제 133 회
국가기술자격검정 기술사 필기시험 답안지(제1교시)

◯　　　　　◯　　　　　◯

※ 10권 이상은 분철(최대 10권 이내)

자 격 종 목	건설안전기술사

답안지 작성 시 유의사항

1. 답안지는 총 7매(14면)이며 교부받는 즉시 매수, 페이지 등 정상 여부를 반드시 확인하고 1매라도 분리되거나 훼손하여서는 안 됩니다.
2. 시행회, 자격종목, 수험번호, 성명을 정확하게 기재하여야 합니다.
3. 수험자 인적사항 및 답안 작성(계산식 포함)은 흑색 또는 청색 필기구만 사용하되, 동일한 한 가지 색의 필기구만 사용하여야 하며 흑색, 청색을 제외한 유색 필기구 또는 연필류를 사용하거나 두 가지 이상의 색을 혼합 사용하였을 경우 그 문항은 0점 처리됩니다.
4. 답안 정정 시에는 두 줄(=)을 긋고 다시 기재 가능하며, 수정테이프(액) 등을 사용했을 경우 채점상의 불이익을 받을 수 있으므로 사용하지 마시기 바랍니다.
5. 답안지에 답안과 관련 없는 특수한 표시, 특정인임을 암시하는 답안지는 전체가 0점 처리됩니다.
6. 답안 작성 시 홈(구멍)이나 도형 등 그림이 없는 직선자(템플릿 사용 금지)만 사용할 수 있습니다.
7. 문제의 순서에 관계없이 답안을 작성하여도 되나 주어진 문제번호와 문제를 기재한 후 답안을 작성하고 전문용어는 원어로 기재하여도 무방합니다.
8. 요구한 문제수보다 많은 문제를 답하는 경우 기재 순으로 요구한 문제수까지 채점하고 나머지 문제는 채점대상에서 제외됩니다.
9. 답안 작성 시 답안지 양면의 페이지 순으로 작성하시기 바랍니다.
10. 기작성한 문항 전체를 삭제하고자 할 경우 반드시 해당 문항의 답안 전체에 대하여 명확하게 X표시(X표시한 답안은 채점대상에서 제외) 하시기 바랍니다.
11. 시험시간이 종료되면 즉시 답안 작성을 멈춰야 하며, 종료시간 이후 계속 답안을 작성하거나 감독위원의 답안 제출 지시에 불응할 때에는 채점대상에서 제외됩니다.
12. 각 문제의 답안 작성이 끝나면 "끝"이라고 쓰고 다음 문제는 두 줄을 띄워 기재하여야 하며 최종 답안 작성이 끝나면 그 다음 줄에 "이하 여백"이라고 써야 합니다.
13. 비번호란은 기재하지 않습니다.

비 번 호	

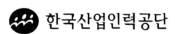

문제1)	누전차단기를 설치하여야 하는 전기기계·기구의 종류 및 접속
	시 준수사항(10점)
답)	
Ⅰ. 개요	
	누전차단기는 전기사용작업현장에서 발생되는 감전, 화재, 폭발재해를 예
	방하기 위한 가장 기본적인 안전장치이므로 모든 분전반 배전반에 반드시
	설치할 의무가 있다.
Ⅱ. 누전차단기의 종류	
	1) 고속형 고속형 : 0.1sec(100ms)
	2) 보통형 보통형 : 0.2sec(=200ms)
	3) 인체감전방지용 고감도 고속형 누전차단기 : 30mA에 0.03sec 이내에
	작동해야 한다.
Ⅲ. 전기기계·기구의 종류	
	1) 전동기계·기구 중 대지전압이 150V를 초과하는 이동식 또는 가반식의 것
	2) 물 등 도전성이 높은 액체에 의한 습윤장소
	3) 철판·철골 위 등 도전성이 높은 장소
	4) 임시배선의 전로를 설치하는 건설현장
Ⅳ. 접속 시 준수사항	
	1) 누전차단기를 접속한 경우에도 가능한 한 접지할 것

2) 누전차단기는 분기회로 또는 전동기계·기구마다 설치를 원칙으로 할 것

3) 누전차단기는 배전반 또는 분전반에 설치하는 것을 원칙으로 할 것. 다만, 꽂음접속기형 누전차단기는 콘센트에 연결 또는 부착하여 사용할 수 있다.

4) 지락보호전용 누전차단기는 반드시 과전류를 차단하는 퓨즈 또는 차단기 등과 조합하여 설치할 것

5) 서로 다른 누전차단기의 중성선이 누전차단기의 부하측에서 공유되지 않도록 할 것

6) 누전차단기의 중성선이 누전차단기 부하 측에서 공유되지 않도록 할 것

7) 누전차단기의 부하 측에는 전로의 부하 측이 연결되고, 누전차단기의 전원 측에는 전로의 전원 측이 연결되도록 설치할 것

"끝"

문제2) 터널공사 시 계측의 목적, 계측항목, 계측관리 시 유의사항(10점)

답)

I. 개요

터널 굴착에 따른 주변지반, 구조물 및 지보공의 변위와 응력변화를 파악하기 위해 실시하는 터널계측은 안전성과 경제성을 확보하는 데 가장 중요한 관리항목이다.

II. 계측목적

1) 안전성 확보

① 지반 거동의 파악

② 주변 구조물에 대한 영향파악

2) 경제성 확보

① 설계대비 시공결과의 반영으로 경제적 공사수행

② Data Base 자료축적

③ 향후 법적 문제발생 시 근거자료

III. 계측항목

1) 일상계측(계측 A, 일상의 시공 관리상 반드시 실시해야 할 항목)

① 갱내 관찰 조사

② 내공 변위 측정

③ 천단 침하 측정

④ 지표 침하 측정(토피가 얕은 도심지 터널)

⑤ 록볼트 인발 시험

2) 정밀계측(계측 B, 지반 조건에 따라 계측 A에 추가하여 선정하는 항목)

① 지중 변위 측정

② 록볼트 축력 측정

③ 라이닝 응력 측정(숏크리트 및 콘크리트 라이닝)

④ 지표·지중 침하 측정

⑤ 터널 내 탄성파 속도 측정

⑥ 강지보재 응력 측정

⑦ 지반의 팽창성 측정

⑧ 지중 수평변위 측정

⑨ 지반 진동 측정

Ⅳ. 계측관리 시 유의사항

1) 계측계획 수립 후 시행할 것

2) 발주자, 시공사, 공사감독자, 계측책임자, 협력업체 등 업무협력이 가능하도록 할 것

3) 설계 시 수립된 계측계획은 시공 시 확인되는 결과 등에 근거해 필요한 경우 보완 적용할 것

"끝"

문제3) 안전보건 교육지도 8원칙(10점)

답)

I. 개요

'안전교육'이란 인간 측면에 대한 사고예방 수단의 하나로서 교육지도의 8원칙

을 활용하여 학습자가 교육목적을 효과적으로 달성할 수 있도록 하여야 하며

안전교육은 위험에 직면할 경우 대응할 수 있는 산교육이 되어야 한다.

II. 안전교육의 기본방향

1) 사고사례 중심의 안전교육

2) 안전작업(표준작업)을 위한 안전교육

3) 안전의식 향상을 위한 안전교육

III. 교육지도의 8원칙

1) 상대방의 입장에서 교육

① 피교육자 중심의 교육

② 교육 대상자의 지식이나 기능 정도에 맞게 교육

2) 동기부여

① 관심과 흥미를 갖도록 동기 부여

② 동기유발(동기부여) 방법

• 안전의 근본 이념을 인식시킬 것

• 안전목표를 명확히 설정할 것

• 결과를 알려줄 것

- 상과 벌을 줄 것

- 경쟁과 협동 유발

- 동기유발의 최적 수준 유지

3) 쉬운 부분에서 어려운 부분으로 진행

① 피교육자의 능력을 교육 전에 파악

② 쉬운 수준에서 점차 어렵고 전문적인 것으로 진행

4) 반복 교육

5) 한 번에 하나씩 교육

① 순서에 따라 한 번에 한 가지씩 교육

② 교육에 대한 이해의 폭을 넓힘

6) 인상의 강화

① 교보재의 활용

② 견학 및 현장사진 제시

③ 사고 사례의 제시

④ 중요사항 재강조

⑤ 토의과제 제시 및 의견 청취

⑥ 속담, 격언, 암시 등의 방법 선택

7) 5감의 활용(시각, 청각, 촉각, 미각, 후각)

구분	시각효과	청각효과	촉각효과	미각효과	후각효과
감지효과	60%	20%	15%	3%	2%

8) 기능적인 이해

① 교육을 기능적으로 이해시켜 기억에 남게 한다.

② 효과

- 안전작업의 기능 향상

- 표준작업의 기능 향상

- 위험예측 및 응급처치 기능 향상

Ⅳ. 교육의 4단계

도입 → 제시 → 적용 → 확인

"끝"

문제4) 에너지대사율(Relative Metabolic Rate)의 산출식과 작업강도의 구분기준(10점)

답)

I. 개요

1) 'RMR(에너지대사율, Relative Metabolic Rate)'이란 작업강도의 단위로서 산소호흡량을 측정하여 Energy의 소모량을 결정하는 방식을 말한다.

2) 작업강도란 작업을 수행하는 데 소모되는 Energy의 양을 말하며 RMR이 클수록 중작업이다.

II. RMR 산정식

$$RMR = \frac{\text{작업대사량}}{\text{기초대사량}} = \frac{\text{작업 시 산소소모량} - \text{안정 시 산소소모량}}{\text{기초대사량}}$$

III. RMR과 작업강도

RMR	작업강도	해당 작업
0~1	초경작업	서류 찾기, 느린 속도 보행
1~2	경작업	데이터 입력, 신호수의 신호작업
2~4	보통작업	장비운전, 콘크리트 다짐작업
4~7	중작업	철골 볼트 조임, 주름관 사용 콘크리트 타설작업
7 이상	초중작업	해머 사용 해체작업, 거푸집 인력 운반 작업

IV. 작업강도 영향 요소

1) Energy의 소모량

2) 해당 작업의 속도

3) 해당 작업의 자세

4) 해당 작업의 대상(다·소)

5) 해당 작업의 범위

6) 해당 작업의 위험도

7) 해당 작업의 정밀도

8) 해당 작업의 복잡성

9) 해당 작업의 소요시간

작업지속 가능시간(분)

120

60

0   5   10

작업강도
(RMR)

RMR이 클수록 작업지속 가능시간이 짧아진다.

〈 작업강도와 작업지속시간의 상관관계 곡선 〉

"끝"

문제5) Douglas McGregor의 XY이론(10점)

답)

I. 개요

맥그리거는 X, Y 이론을 발표하며 인간의 성악설과 성선설에 의한 동기부여의 상대적 특징을 제시하였다.

II. 동기부여이론의 분류

1) Maslow의 욕구단계 이론   2) Alderfer의 ERG 이론

3) McGregor의 X, Y 이론   4) Herzberg의 위생 - 동기 이론

III. McGregor의 X, Y 이론

1) 특징

근로자는 게으르며, 통제를 가하는 행위 등에 관심이 많고 상과 벌에 의한 동기부여 방법이 가장 효과적이라 주장함

2) X, Y 이론

X 이론	Y 이론
인간 불신감	상호 신뢰감
성악설	성선설
인간은 원래 게으르고 태만하여 남의 지배 받기를 즐긴다.	인간은 부지런하고 근면하고, 적극적이며, 자주적이다.
물질 욕구(저차원적 욕구)	정신 욕구(고차원적 욕구)
명령 통제에 의한 관리	목표통합과 자기 통제에 의한 자율 관리
저개발국형	선진국형

"끝"

문제6) 상시 작업하는 장소의 작업면 및 갱내 작업장의 조도기준(10점)

답)

Ⅰ. 개요

사업주는 근로자가 작업하는 장소에 채광 및 조명을 하는 경우 명함의 차이가 심하지 않고 눈이 부시지 않은 방법으로 조도기준에 부합되도록 조명을 설치해야 한다.

Ⅱ. 상시 작업하는 장소의 작업면 조도기준

작업구분	기준
초정밀작업	750lux 이상
정밀작업	300lux 이상
보통작업	150lux 이상
그 밖의 작업	75lux 이상

Ⅲ. 갱내 작업장의 조도기준

작업기준	기준
막장구간	70lux 이상
터널중간구간	50lux 이상
터널 입·출구, 수직구 구간	30lux 이상

Ⅳ. 기타 건설현장의 조도기준 유의사항

1) **작업장소** : 75~150lux

2) **통로** : 75lux 이상 확보

"끝"

문제7) 안전대의 종류 및 착용 대상작업(10점)

답)

I. 개요

고소작업 시 추락에 의한 위험을 방지하기 위해 사용하는 안전대는 작업 용도에 적합한 것을 선정하고 착용 전 각 부품의 이상 유무를 확인한 후 사용해야 한다.

II. 안전대의 종류

종류	사용구분	비고
1종	전주작업	U자걸이
2종	건설작업	1개걸이
3종	U자걸이와 1개걸이 사용 시 로프길이를 짧게 하기 위함	-
4종	안전블록으로 안전그네와 연결 시	계단작업용
5종	추락방지대로서 수직이동 시	철골트랩용 곤돌라, 달비계작업 시

III. 착용 대상작업

추락위험 작업이나 장소 중

1) 작업발판이 없는 장소

2) 작업발판이 있어도 난간대가 없는 장소

3) 난간대로부터 상체를 내밀어 작업해야 하는 경우

4) 작업발판과 구조체 사이가 30cm 이상인 경우

Ⅳ. 점검기준

1) 벨트의 마모, 흠, 비틀림, 약품류에 의한 변색 여부

2) 재봉실의 마모, 절단, 풀림상태

3) 철물류의 마모, 균열, 변형, 전기단락에 의한 용융, 리벳이나 스프링의 상태

4) 로프의 마모, 소선의 절단, 흠, 열에 의한 변형, 풀림 등의 변형, 약품류에 의한 변색여부

5) 각 부품의 손상 정도에 의한 사용 한계 준수

"끝"

문제8) 안전보건조정자를 두어야 하는 건설공사의 공사금액, 안전보건조정자의 자격업무(10점)

답)

I. 개요

건설업 안전보건조정자 선임 제도는 혼재된 작업의 안전확보를 위해 중요한 의무사항으로 철저히 준수할 필요가 있다.

II. 안전보건조정자를 두어야 하는 건설공사의 공사금액

각 건설공사 금액의 합이 50억 이상인 경우

III. 안전보건조정자의 자격

1) 산업안전지도사 자격을 가진 사람

2) 발주청(공공기관)인 경우 발주청이 선임한 공사감독자

3) 다음의 어느 하나에 해당하는 사람으로서 해당 건설공사 중 주된 공사의 책임감리자

   ① 건축법에 따라 지정된 공사감리자

   ② 건설기술 진흥법에 따라 감리업무를 수행하는 사람

   ③ 주택법에 따라 지정된 감리자

   ④ 전력기술관리법에 따라 배치된 감리원

   ⑤ 정보통신공사업에 따라 해당 건설공사에 대하여 감리업무를 수행하는 사람

4) 종합공사에 해당하는 건설현장에서 안전보건관리책임자로서 3년 이상

재직한 사람

5) 건설안전기술사

6) 건설안전기사 자격을 취득한 후 건설안전 분야에서 5년 이상의 실무경력이 있는 사람

7) 건설안전산업기사 자격을 취득한 후 건설안전 분야에서 7년 이상의 실무경력이 있는 사람

8) 산업안전기사·산업안전산업기사 자격을 취득한 후 실무경력 5년 이상인 사람이 양성교육을 이수한 경우 중소기업 안전관리자로 선임 가능하도록 입법예고됨

Ⅳ. 안전보건조정자의 업무

1) 같은 장소에서 행하여지는 각각의 공사 간에 혼재된 작업의 파악

2) 혼재된 작업으로 인한 산업재해 발생의 위험성 파악

3) 혼재된 작업으로 인한 산업재해를 예방하기 위한 작업의 시기·내용 및 안전보건 조치 등의 조정

4) 각각의 공사 도급인의 안전보건관리책임자 간 작업 내용에 관한 정보 공유 여부의 확인

"끝"

문제9) 슈미트 해머(Schmidt Hammer)를 이용한 콘크리트 강도 추정 방법(10점)

답)

I. 개요

슈미트 해머(Schmidt Hammer)는 스프링 작동식 테스트 해머로서 콘크리트면을 타격해 반발되는 경도를 측정해 대상물의 압축강도를 추정하기 위한 시험방법으로 KS F 2730에 의해 시험을 진행한다.

II. 강도 추정 방법

1) 시험할 위치의 면을 고르게 연마한 후 격자모양 30mm 간격으로 20개의 타격점을 취한다.

2) 수평으로 타격할 수 있는 벽면을 지정한다.

3) 바닥면이나 천정을 측정할 경우 각도별 보정값을 적용한다.

4) 20개 타격점을 평균한 후 오차 20% 이상은 버린다.

5) 20% 초과 오차값이 4포인트 이상 시 전체시험값을 버리고 재시험한다.

Ⅲ. 타격방향별 보정값

반발 경도 R	타격 방향에 따른 보정값			
	+90°	+45°	−45°	−90°
10			+2.4	+3.2
20	−5.4	−3.5	+2.5	+3.4
30	−4.7	−3.1	+2.3	+3.1
40	−3.9	−2.6	+2.0	+2.7
50	−3.1	−2.1	+1.6	+2.2
60	−2.3	−1.6	+1.3	+1.7

- 상향 수직 : +90°   • 상향 경사 : +45°
- 하향 수직 : −90°   • 하향 경사 : −45°

"끝"

문제10) 강구조물 용접결함의 종류 및 보수용접 방법(10점)

답)

I. 개요

용접접합은 금속을 단시간에 고열로 용융시켜 접합하는 방법으로 열응력 발생이 쉬우며 주로 숙련공의 기능 미흡, 준비과정 미흡으로 구조체 이음부가 취약해지므로 결함을 방지해야 한다.

II. 용접결함의 종류

1) Crack : 고온 및 저온 균열

2) Crater : 비드 끝의 오목 패임

3) Pit : 표면의 뾰족한 패임

4) Slag 감싸들기 : Slag 부스러기 잔존

5) Blow Hole : 수소와 CO_2에 의함

6) Overlap : 모재와 용착금속 융합불량

7) Under Cut : 과대전류, 용입부족

8) 용입부족 : 완전히 용입되지 않음

III. 용접결함 등급

결함종류	1급	2급	3급	4급
언더컷	없을 것	3mm 이하 결함, 2개소 이하	3mm 이하 결함, 3개소 이하	3급을 초과하는 경우
오버랩	없을 것	3mm 이하 결함, 2개소 이하	3mm 이하 결함, 3개소 이하	
핀홀	없을 것	250mm 전장재 2개 이하	250mm 전장재 3개 이하	

※ 언더컷의 길이가 3mm 초과하거나 길이가 철판의 5% 이상이면 4급으로 한다.

Ⅳ. 보수용접 방법

1) Blow Hole, Slag 혼입, 용입 부족, 용입 불량

Chipping Hammer, Arc Air Gauging, 그라인더 등으로 제거 후 보수
용접

2) 각장 부족, Under Cut : 4mm 이하의 동일 용접봉을 사용해 보수용접

3) 각장의 과대, 덧붙임의 과대, Overlap, 비드 표면 불규칙

그라인더로 끝손질

4) 용접금속의 균열

액체침투탐상검사(PT), 자분탐상검사(MT) 등의 방법으로 균열한계
를 확인한 후 균열 발생 양단에서 50mm 이상을 따내고 재용접

5) 모재 균열 : 모재의 취재(取才)

6) Arc Strike : 그라인더로 끝손질

7) Under Cut

비드 용접한 후 그라인더로 마무리(용접비드의 길이 40mm 이상)

"끝"

문제11) 구축물 등의 안전유지 및 안전성 평가(10점)

답)

I. 개요

사업주는 구축물 등이 다음 각 호의 어느 하나에 해당하는 경우에는 구축물 등에 대한 구조검토, 안전진단 등의 안전성 평가를 하여 근로자에게 미칠 위험성을 미리 제거해야 한다.

II. 실시시기

1) 구축물 등의 인근에서 굴착·항타작업 등으로 침하·균열 등이 발생하여 붕괴의 위험이 예상될 경우

2) 구축물 등에 지진, 동해(凍害), 부동침하(不同沈下) 등으로 균열·비틀림 등이 발생했을 경우

3) 구축물 등이 그 자체의 무게·적설·풍압 또는 그 밖에 부가되는 하중 등으로 붕괴 등의 위험이 있을 경우

4) 화재 등으로 구축물 등의 내력(耐力)이 심하게 저하됐을 경우

5) 오랜 기간 사용하지 않던 구축물 등을 재사용하게 되어 안전성을 검토해야 하는 경우

6) 구축물 등의 주요구조부(「건축법」 제2조 제1항 제7호에 따른 주요구조부를 말한다. 이하 같다)에 대한 설계 및 시공 방법의 전부 또는 일부를 변경하는 경우

7) 그 밖의 잠재위험이 예상될 경우

Ⅲ. 구축물 등의 안전유지를 위한 사업주의 의무사항

사업주는 구축물 등이 고정하중, 적재하중, 시공·해체 작업 중 발생하는 하중, 적설, 풍압(風壓), 지진이나 진동 및 충격 등에 의하여 전도·폭발하거나 무너지는 등의 위험을 예방하기 위하여 설계도면, 시방서(示方書), 「건축물의 구조기준 등에 관한 규칙」 제2조 제15호에 따른 구조설계도서, 해체계획서 등 설계도서를 준수하여 필요한 조치를 해야 한다.

"끝"

문제12) 지반의 액상화 평가 생략 조건(10점)

답)

Ⅰ. 개요

액상화 평가는 시설물별 성능목표에 따른 재현주기를 적용하며, 구조물 내 진등급에 관계없이 예비평가와 본 평가 2단계로 구분해 수행한다.

Ⅱ. 액상화 평가 생략 조건

1) 연중 최고지하수위 상부에 위치한 지층

2) 지반의 심도가 20m보다 깊은 지층

3) 주상도 상의 SPT−N값이 25 초과인 지층

　① N값은 에너지효율 보정이 시행되지 않은 표준 관입시험의 낙하횟수이다.

　② N값은 지층 내 평균값을 사용하지 않으며 측점별 평가를 실시하여야 한다.

4) 고소성의 점토거동 유형 지반 : 소성지수(PI), 액성한계(LL), 현장함수비(w_C)가 그림에서의 영역 C에 해당하는 지반(주의 : 액상화 발생 가능성은 낮지만, 반복연화가 발생하여 급격한 강도저하 및 대변형이 예상되는 지반)

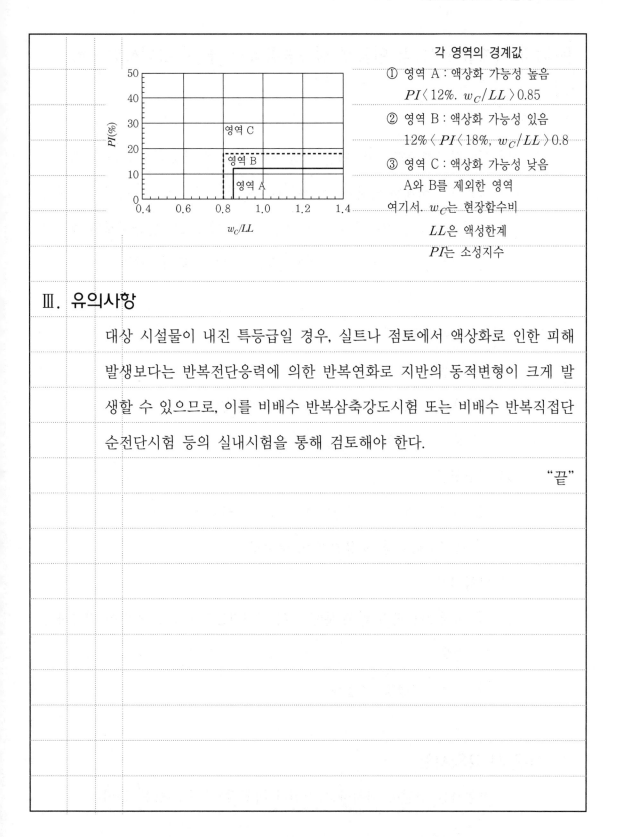

각 영역의 경계값

① 영역 A : 액상화 가능성 높음

$PI \langle 12\%,\ w_C/LL \rangle 0.85$

② 영역 B : 액상화 가능성 있음

$12\% \langle PI \langle 18\%,\ w_C/LL \rangle 0.8$

③ 영역 C : 액상화 가능성 낮음

A와 B를 제외한 영역

여기서 w_C는 현장함수비

LL은 액성한계

PI는 소성지수

Ⅲ. 유의사항

대상 시설물이 내진 특등급일 경우, 실트나 점토에서 액상화로 인한 피해 발생보다는 반복전단응력에 의한 반복연화로 지반의 동적변형이 크게 발생할 수 있으므로, 이를 비배수 반복삼축강도시험 또는 비배수 반복직접단순전단시험 등의 실내시험을 통해 검토해야 한다.

"끝"

문제13) 비계설치 시 벽 이음재 결속종류와 시공 시 유의사항(10점)

답)

Ⅰ. 개요

단관비계는 결속재(부속품)를 이용히여 용도, 설치장소에 따라 선택적으로 사용하는 비계를 말하며, 강관비계는 고강도 강관으로 제작되어 안전성이 높고 아연도금 처리되어 내구성이 뛰어난 비계로서 단관비계의 결속재(부속품)의 종류는 이음철물, 연결철물, 받침철물 등이 있다.

Ⅱ. 벽 이음재 결속종류

1) 이음철물

① 단관 2개를 직선으로 결합하는 이음철물

② 종류 : 마찰형, 전단형, 특수형

2) 연결철물

① 관을 교차 혹은 평행으로 연결하는 클램프

② 종류 : 직교형, 자유자재형, 특수형

3) 받침철물

① 비계 기둥관의 밑 부분에 붙여 비계기둥의 하중을 지반에 전달하는 철물

② 종류 : 고정형, 조절형

Ⅲ. 시공 시 유의사항

1) 작업자를 적절히 배치하고 적절한 작업기기, 공구 등을 준비한다.

2) 작업자가 안전모, 복장 및 안전대 등을 바르게 착용하고 있는지 확인한다.

3) 작업자에게 작업의 개요 설명, 작업순서와 안전상의 제반 주의사항을 지시한다.

4) 작업장소에는 관계자 외 출입을 금지한다.

Ⅳ. 단관비계 조립도

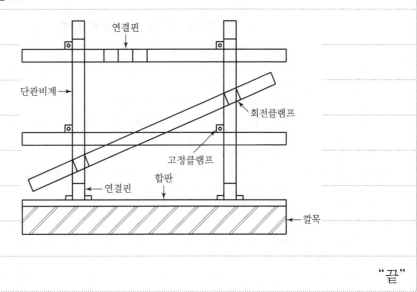

"끝"

제 133 회
국가기술자격검정 기술사 필기시험 답안지(제2교시)

※ 10권 이상은 분철(최대 10권 이내)

자 격 종 목	건설안전기술사

답안지 작성 시 유의사항

1. 답안지는 총 7매(14면)이며 교부받는 즉시 매수, 페이지 등 정상 여부를 반드시 확인하고 1매라도 분리되거나 훼손하여서는 안 됩니다.
2. 시행회, 자격종목, 수험번호, 성명을 정확하게 기재하여야 합니다.
3. 수험자 인적사항 및 답안 작성(계산식 포함)은 흑색 또는 청색 필기구만 사용하되, 동일한 한 가지 색의 필기구만 사용하여야 하며 흑색, 청색을 제외한 유색 필기구 또는 연필류를 사용하거나 두 가지 이상의 색을 혼합 사용하였을 경우 그 문항은 0점 처리됩니다.
4. 답안 정정 시에는 두 줄(=)을 긋고 다시 기재 가능하며, 수정테이프(액) 등을 사용했을 경우 채점상의 불이익을 받을 수 있으므로 사용하지 마시기 바랍니다.
5. 답안지에 답안과 관련 없는 특수한 표시, 특정인임을 암시하는 답안지는 전체가 0점 처리됩니다.
6. 답안 작성 시 홈(구멍)이나 도형 등 그림이 없는 직선자(템플릿 사용 금지)만 사용할 수 있습니다.
7. 문제의 순서에 관계없이 답안을 작성하여도 되나 주어진 문제번호와 문제를 기재한 후 답안을 작성하고 전문용어는 원어로 기재하여도 무방합니다.
8. 요구한 문제수보다 많은 문제를 답하는 경우 기재 순으로 요구한 문제수까지 채점하고 나머지 문제는 채점대상에서 제외됩니다.
9. 답안 작성 시 답안지 양면의 페이지 순으로 작성하시기 바랍니다.
10. 기작성한 문항 전체를 삭제하고자 할 경우 반드시 해당 문항의 답안 전체에 대하여 명확하게 X표시(X표시한 답안은 채점대상에서 제외) 하시기 바랍니다.
11. 시험시간이 종료되면 즉시 답안 작성을 멈춰야 하며, 종료시간 이후 계속 답안을 작성하거나 감독위원의 답안 제출 지시에 불응할 때에는 채점대상에서 제외됩니다.
12. 각 문제의 답안 작성이 끝나면 "끝"이라고 쓰고 다음 문제는 두 줄을 띄워 기재하여야 하며 최종 답안 작성이 끝나면 그 다음 줄에 "이하 여백"이라고 써야 합니다.
13. 비번호란은 기재하지 않습니다.

비 번 호	

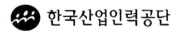
한국산업인력공단

문제1) 도로사면의 붕괴형태와 붕괴원인 및 사면안정공법에 대하여 설명
하시오.(25점)

답)

I. 개요

사면의 붕괴는 내적 및 외적 요인 간의 상호작용으로 붕괴현상이 발생되
며, 시설물은 물론 인명재산상의 손실을 유발하므로 사전점검과 배수로 정
비·보강 및 보호조치가 지속적으로 이루어지도록 관리되어야 한다.

II. 사면의 종류와 붕괴형태

1) 토사사면

① 무한사면붕괴 : 활동깊이보다 사면길이가 큰 사면(약 10배 이상)

② 유한사면 붕괴

- 원호활동 : 선단파괴, 사면내파괴, 저부파괴

- 복합곡선 및 대수나선 활동

2) 암반사면

원형파괴	평면파괴	쐐기파괴	전도파괴
절리가 많은 풍화암	사면경사와 절리평행	절리가 교차되며 노출되는 경우	사면과 절리방향이 반대인 경우

III. 사면붕괴의 원인

1) **내적 요인** : 풍화 및 이완, 간극수압, 동결융해 등

2) **외적 요인** : 사면경사, 수압작용, 진동 및 재하중 등

Ⅳ. 사면 종류별 안정성 검토

1) 토사사면

① 절차 : 지반조사 → 한계평형패석 → 보수 · 보강

② 한계평형해석

$$S \cdot F = \frac{Cl + (W\cos\alpha - U)\tan\phi}{W\sin\alpha}$$

- 한계평형상태 : 안전율이 1인 상태

- 종류 : 마찰원법, 절편법, 일반한계평형법 등

2) 암반사면

① 절차 : 지반조사 → 평사투영해석 → 한계평형해석 보수 · 보강

② 검토방법

- 원형파괴 : 토사사면과 동일한 절편법 사용

- 쐐기/평면/전도파괴 : 블록법 해석

Ⅴ. 사면의 표준 구배기준

1) 굴착면의 기울기 기준

지반의 종류	굴착면의 기울기
모래	1 : 1.8
연암 및 풍화암	1 : 1.0
경암	1 : 0.5
그 밖의 흙	1 : 1.2

Ⅵ. **사면붕괴 방지대책**

    1) **사면보호공법(억제공)**

        ① 식생공, 떼붙임, 식수공

        ② 뿜어붙이기, 블록공, 배수공 등

    2) **사면보강공법(억지공)**

        ① 전단저항 증대공법 : Soil Nailing, Earth Anchor, 말뚝공

        ② 전단활동 감소방법 : 절토공, 압성토공

    3) **암반사면의 안정화 공법**

        낙석방지망, Rock Bolt, Rock Anchor, 옹벽(기대기옹벽, 계단식)

Ⅶ. **사면공사 안전관리 사항**

    1) **토사사면 작업 시**

        ① 구명줄 설치 및 안전대 착용, 안전모 착용

        ② 신호규정 준수 및 강우 시 사면보강 조치

    2) **암반사면 작업 시**

        ① 사면 부석제거 및 법면 가보호망 설치, 신호수 배치

        ② Shotcrete 타설 시 방진 마스크 및 보안경 착용

    3) **장비 작업**

        ① 중장비 반경 내 유해위험요인에 대한 방호조치

            전력선 방호조치, 지하매설물 방호, 장비 전도방지

        ② 관계자 외 출입통제, 유도자 배치

Ⅷ. 사면안전점검 방법 및 암반사면의 점검

1) 안전점검 방법

전체적인 조사, 경사면 및 지층변화부 확인, 인장균열 여부 확인

낙석 발생량 및 용수변화부 확인

2) 암반사면 예비평가(평사투영법)

쐐기파괴

평면 또는 쐐기파괴

원형파괴
(Pole 집중도 없음)

전도파괴

Ⅸ. 결론

사면의 붕괴 중 인장균열 등의 경우는 계측관리 등을 통해 예측이 가능하며, 식생 저밀도지, 이완현상 등이 확인되면 즉시 보강공사가 이루어지도록 해야 하며, 이러한 관리가 체계적으로 되기 위해서는 영구계측체계의 구축이 중요하다고 여겨진다.

"끝"

문제2)	갱폼(Gang Form)의 안전설비기준과 설치·해체·인양작업 시
	안전대책에 대하여 설명하시오.(25점)

답)

I. 개요

갱폼은 외부벽체 콘크리트 거푸집으로서의 기능과 외부벽체에서의 위험작업들을 안전하게 수행할 수 있는 작업발판으로서의 기능을 동시에 만족할 수 있도록 그 구조적 설비상의 안전성을 확보하여야 한다.

II. 안전설비기준

1) 인양고리(Lifting Bar)

① 갱폼 인양고리는 갱폼의 전하중을 안전하게 인양할 수 있는 안전율 5 이상의 부재를 사용하여 인양 시 갱폼에 변형을 주지 않는 구조로 하여야 한다.

② 냉간 압연의 $\phi22mm$ 환봉(Round Steel Bar)을 U-벤딩(Bending)하여 거푸집 상부 수평재(C-channel) 뒷면에 용접 고정한다. 환봉 벤딩 시의 최소반경(R)은 1500mm 이상으로 한다.

③ 갱폼의 길이 및 하중에 따른 인양고리의 수량과 길이

거푸집의 길이(m)	인양고리 수량(개)	인양고리의 길이(전장, cm)
1.5 이하	2	70
1.5~6	2	150
6 이상	2	200

2) 안전난간

갱폼에서 작업용 발판이 설치되는 지점(위치)의 상부 케이지 외측과

하부 케이지 내·외측에는 발판 바닥면으로부터 각각 45~60cm 높이에 중간난간대, 90~120cm 높이에 상부난간대를 바닥면과 평행으로 설치하여야 한다. 다만, 근로자의 작업발판 연결통로로 사용되는 하부 케이지 내측 부분에는 안전난간을 설치하지 아니한다.

3) 추락방호대

상부 케이지 외측 수직재(각파이프)는 거푸집 상단 높이보다 1.2m 이상 높게 설치하고 그 상단과 중앙에 안전난간대를 2줄로 설치하여 슬래브 상부, 단부 작업자의 갱폼 외부로의 추락 및 낙하물을 방호한다.

4) 갱폼 케이지 간의 간격

갱폼 거푸집과 거푸집을 연결·조립하는 결속 브래킷(Joint Bracket) 부분의 케이지 수직재 및 발판재 간의 간격은 갱폼 인양 시 케이지 간의 충돌을 방지하는 데 필요한 최소한의 간격 20cm를 초과하지 않도록 제작·설치하여 근로자의 브래킷 결속작업 또는 작업발판 이동 시 추락을 방호하여야 한다.

5) 작업발판의 설치

① 케이지 내부 작업발판 중 상부 3단은 50cm 폭으로, 하부 1단은 60cm 폭으로 케이지 중앙부에 설치하되, 발판 띠장재 각파이프를 발판의(폭) 양단에 2줄 또는 3줄로 케이지 가로재에 용접 고정하여 케이지 내에서 작업발판 양쪽의 틈이 10cm 이내가 되도록 한다.

② 발판재로는 유공 아연도 강판 또는 익스텐디드 메탈(Extended Metal)을 발판폭에 맞추어 발판 띠장재에 조립·용접한다.

③ 작업발판 내·외측 단부에는 자재, 공구 등의 낙하를 방지하기 위

하여 높이 10cm이상의 발 끝막이판을 설치한다. 단, 작업발판 외

부에 수직보호망을 설치하는 등 예방조치를 한 경우에는 제외한다.

6) **작업발판 연결통로**

갱폼에는 근로자가 안전하게 구조물 내부에서 작업발판으로 출입 이

동할 수 있도록 작업발판의 연결, 이동 통로를 설치하여야 한다.

Ⅲ. 설치 · 해체 · 인양작업 시 안전대책

1) **설치 시 안전대책**

① 폼타이 볼트는 내부 유로폼과의 간격을 유지할 수 있도록 정확하게

설치하여야 한다. 폼타이 볼트는 정해진 규격의 것을 사용하고 볼

트의 길이가 갱폼 거푸집 밖으로 10cm 이상 튀어나오지 않는 것으

로 소요수량 전량을 확인 · 긴결하여야 한다.

② 설치 후 거푸집 설치상태의 견고성과 뒤틀림 및 변형여부, 부속철물

의 위치와 간격, 접합정도와 용접부의 이상유무를 확인하여야 한다.

③ 갱폼 인양 시 충돌한 부분은 반드시 용접부위 등을 확인 · 점검하고

수리 · 보강하여야 한다.

④ 갱폼이 미끄러질 우려가 있는 경우에는 안쪽 콘크리트 슬래브에 고

정용 앵커(타설 시 매입)를 설치하여 와이어로프로 2개소 이상 고

정하여야 한다.

⑤ 피로하중으로 인한 갱폼의 낙하를 방지하기 위하여 하부 앵커볼트

는 5개 층 사용 시마다 점검하여 상태에 따라 교체하여야 한다.

2) **해체 · 인양작업 시 안전대책**

① 갱폼 해체작업은 콘크리트 타설 후 충분한 양생기간이 지난 후 행하여야 한다.

② 동별, 부위별, 부재별 해체순서를 정하고 해체된 갱폼자재 적치계획을 수립하어아 한다.

③ 해체·인양장비(타워크레인 또는 데릭과 체인블록)를 점검하고 작업자를 배치한다.

④ 갱폼 해체작업은 갱폼을 인양장비에 매단 상태에서 실시하여야 하고, 하부 앵커볼트 부위에 "해체 작업 전 인양 장비에 결속 확인" 등 안전표지판을 부착하여 관리한다.

⑤ 해체작업 중인 갱폼에는 "해체중"임을 표시하는 표지판을 게시하고 하부에 출입금지 구역을 설정하여 작업자의 접근을 금지토록 감시자를 배치한다.

⑥ 갱폼 인양작업은 폼타이 볼트해체 등 해체작업 완료상태와 해체작업자 철수여부를 확인한 후 실시한다(갱폼인양 시 케이지에 작업자의 탑승은 절대금지).

⑦ 타워크레인으로 갱폼을 인양하는 경우 보조로프를 사용하여 갱폼의 출렁임을 최소화한다.

⑧ 데릭(Derrick)으로 갱폼을 인양하는 경우
- 작업 전 체인블록(Chain Block) 훅 해지장치 및 체인(Chain) 상태를 반드시 점검한다.
- 데릭 2개를 이용하여 인양 시 갱폼 좌·우 수평이 맞도록 출렁임이 최소가 되도록 서서히 인양한다.

- 데릭 후면에는 $\phi 9mm$ 이상 와이어로프와 턴 버클(Turn Buckle)을 사용하여 로프를 팽팽하게 당긴 상태에서 인양한다.
- 와이어로프 고정용 앵커는 콘크리트 구조물에 매입하여 견고하게 고정시킨다.
- 데릭은 정확히 수직상태로 세우고 슬리브(Sleeve) 주위를 고임목으로 단단히 고정한다(안전성이 확인되지 않은 삼발이 등을 갱폼 인양에 사용해서는 안 된다).

⑨ 갱폼 인양작업 후 슬래브 단부가 개방된 상태로 방치되지 않도록 사전에 슬래브 단부에 안전난간을 설치한 후 갱폼을 인양한다.

⑩ 작업발판의 잔재물은 발생 즉시 제거한다.

IV. 결론

아파트 공사에서 외부벽체 거푸집과 작업발판 겸용으로 사용하는 갱폼사용 시 안전상의 설비기준과 사용 시의 안전작업 기준을 준수하여 작업과정에서 발생할 수 있는 재해예방을 위해 최선을 다해야 한다.

"끝"

문제3) 연약지반 굴착 공사 시 지반조사, 연약지반 처리대책, 계측과 시공관리에 대하여 설명하시오.(25점)

답)

Ⅰ. 개요

연약지반 굴착 공사 시 실시하는 사전조사 및 사후조사는 공사현장에 인접한 건축물 및 구조물 등에 해당되며, 공사영향으로 인한 주변건물의 물적 피해와 발생이 불가피한 분진 및 소음, 진동 등에 의한 거주환경 악화, 정신적 피해가 유발될 수 있으므로 초기치의 확보와 사후조사도 실시되어야 한다.

Ⅱ. 지반조사

① 형상·지질 및 지층의 상태

② 균열·함수·용수 및 동결의 유무 또는 상태

③ 매설물 등의 유무 또는 상태

④ 지반의 지하수위 상태

Ⅲ. 연약지반 처리대책

1) 연약지반 판정기준

① 절대적 기준

㉠ 점성토 지반

• N치가 4 이하인 지반(N≤4)

• 표준관입시험치, 자연함수비, 일축압축강도 등으로 판정

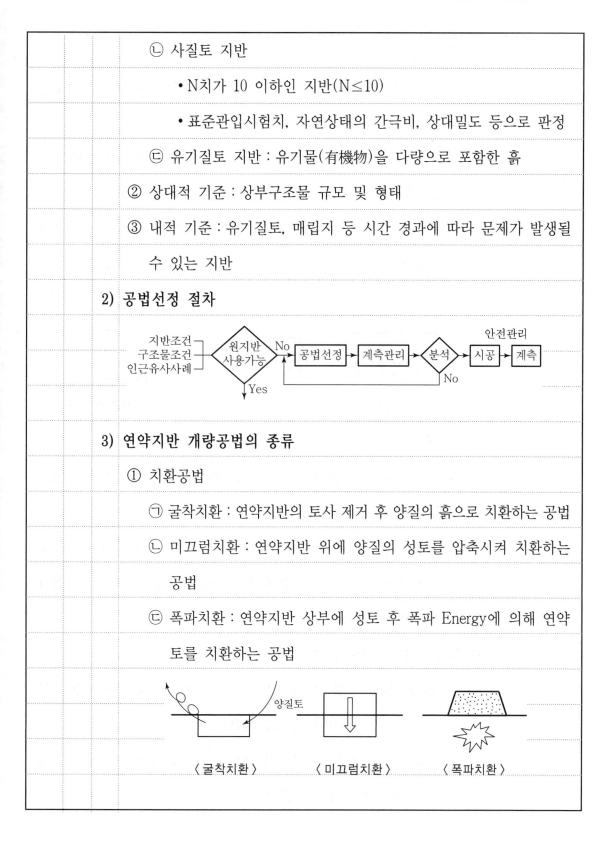

ⓛ 사질토 지반

    • N치가 10 이하인 지반(N≤10)

    • 표준관입시험치, 자연상태의 간극비, 상대밀도 등으로 판정

ⓒ 유기질토 지반 : 유기물(有機物)을 다량으로 포함한 흙

② 상대적 기준 : 상부구조물 규모 및 형태

③ 내적 기준 : 유기질토, 매립지 등 시간 경과에 따라 문제가 발생될

수 있는 지반

2) 공법선정 절차

지반조건 ― 구조물조건 ― 인근유사사례 ― 원지반 사용가능 ― No → 공법선정 → 계측관리 → 분석 ― 안전관리 → 시공 → 계측

↓ Yes

No

3) 연약지반 개량공법의 종류

① 치환공법

㉠ 굴착치환 : 연약지반의 토사 제거 후 양질의 흙으로 치환하는 공법

ⓛ 미끄럼치환 : 연약지반 위에 양질의 성토를 압축시켜 치환하는

공법

ⓒ 폭파치환 : 연약지반 상부에 성토 후 폭파 Energy에 의해 연약

토를 치환하는 공법

〈 굴착치환 〉   〈 미끄럼치환 〉   〈 폭파치환 〉

② 재하공법

　㉠ 선행재하공법(Preloading 공법) : 사전 성토로 흙의 전단강도를 증가시킨 후 굴착하는 공법

　㉡ 압성토공법(Surcharge 공법) : 토사 측방의 입성토 압밀에 의해 강도를 증가시킨 후 압성토를 제거하는 공법

　㉢ 사면선단재하공법 : 성토한 비탈면 옆부분을 계획선 이상으로 덧붙임하여 비탈면 끝의 전단강도를 증가시킨 후 덧붙임 부분을 굴착하는 공법

〈 Preloading〉　　　〈 압성토 〉　　　〈 사면선단재하 〉

③ 혼합공법

　㉠ 입도조정 : 양호한 입자의 흙을 혼합하는 방법으로 운동장, 활주로 공사 등에 사용되는 공법

　㉡ Soil 시멘트 : 토사와 시멘트를 혼합한 후 다져서 보양하는 공법

　㉢ 화학약제 혼합 : 연약지반에 화학약제를 혼합해 지반을 강화하는 공법

④ 탈수공법(수직배수공법 : Vertical Drain 공법)

　㉠ Sand Drain 공법 : 연약지반에 모래말뚝을 설치하여 지중의 물을 배수시켜 지반의 압밀을 촉진시키는 공법

　㉡ Paper Drain 공법 : 모래말뚝 대신 Paper Drain을 설치하여 지반의 압밀을 촉진시키는 공법

© Pack Drain 공법 : 모래말뚝이 절단되는 것을 보완하기 위해 Pack

에 모래를 채워 지반의 압밀을 촉진시키는 공법

② PVC Drain 공법 : 특수 가공한 다공질의 PVC Drain재를 연약

점토 지반에 관입시켜 지중 간극수를 탈수시키는 공법

⑩ PBD : 배수재로 플라스틱 보드를 사용한 공법

〈 Drain 공법 〉

⑤ 다짐공법

㉠ Vibro Floatation 공법(진동다짐공법) : 봉상진동기를 이용해 진

동과 물다짐의 병용으로 모래지반을 개량하는 공법

㉡ Vibro Composer 공법(다짐모래말뚝공법 : Sand Compaction Pile) :

진동을 이용해 모래를 압입시켜 모래말뚝을 통한 다짐에 의해 지지

력을 향상시키는 공법

㉢ 동압밀공법(동다짐공법) : 5~40ton의 무거운 추를 6~3m 높이

에서 자유낙하시켜 충격을 가해 지반의 간극을 최소화하는 공법

⑥ 약액 주입공법

㉠ 시멘트나 약액을 지중에 주입하여 지반의 지지력을 향상시키는

공법

ⓛ 종류

- 시멘트주입공법 : 시멘트액을 Grouting하여 지반을 강화시키는 공법

- 약액주입공법

  - L.W 공법 : 시멘트액과 물유리를 혼합시켜 지중에 주입하는 공법

  - Hydro 공법 : 중탄산소다를 지중에 주입시켜 지반을 고결시키는 공법

⑦ 고결공법

ⓐ 생석회말뚝공법

- 지반 내에 생석회(CaO) 말뚝을 설치해 지반을 고결시켜 강화시키는 공법

- $CaO + H_2O \xrightarrow{\text{발열}} Ca(OH)_2$

〈 생석회말뚝공법 〉

ⓑ 동결(凍結)공법 : 지반의 물 입자를 일시적으로 동결시켜 지지력을 향상시키는 공법

ⓒ 소결(燒結)공법 : 연직 또는 수평 공동구를 설치한 후 연료를 연소시켜 탈수하는 공법

⑧ 배수공법

　㉠ 중력배수공법

　　• 물이 높은 곳에서 낮은 곳으로 흐르는 중력의 원리를 이용해 지하수위를 저하시키는 공법

　　• 집수정 배수

　㉡ 강제배수공법

　　• 지하수를 강제로 배수시키는 공법

　　• Well Point 공법, 진공 Deep Well 공법 등

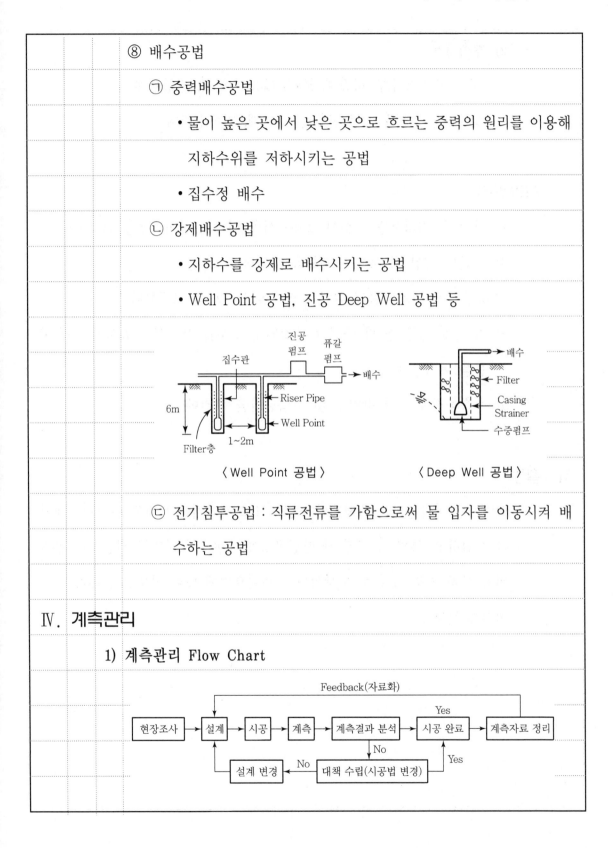

〈 Well Point 공법 〉　　　　〈 Deep Well 공법 〉

　㉢ 전기침투공법 : 직류전류를 가함으로써 물 입자를 이동시켜 배수하는 공법

Ⅳ. 계측관리

1) 계측관리 Flow Chart

2) 계측항목

① 벽체 : 토압계, 하중계, Rock Bolt 축력계, 변형률계

② 주변 구조물 : 지중변위계, 균열계, 지하수위계

V. 시공관리

1) 착공 시 현황측량을 통해 설계도서와 현장의 상이여부를 검토한다.

2) 사면부 발생 시 보호공 계획을 수립한다.

3) 습윤부의 조기발견을 위해 투명재질로 사면을 보호한다.

4) 각 공정 시공 전 타 공정과 중첩되는 부분을 파악해 시공시기, 계획고 등을 협의한다.

5) 후속공정을 위한 작업로 및 작업공간을 고려한다.

VI. 결론

연약지반 굴착공사는 재해요인이 많으므로 시방기준에 따른 품질시험계획을 수립하고, 특히 각 공정 간 간섭공정에 대한 검토사항과 시공순서 공법 변경 사항 발생 시 즉시 노사협의로 위험요인에 대한 정보의 공유가 이루어져야 한다.

"끝"

문제4)	근로자의 불안전한 행동 중 부주의 현상의 특징, 발생원인 및 예
	방대책에 대하여 설명하시오.(25점)

답)

I. 개요

부주의는 재해발생 메커니즘 중 불안전한 행동과 불안전한 상태를 유발하는 대표적인 원인이 되므로 작업환경과 방법, 근로자의 적절한 배치가 인간공학적 차원에서 이루어져야 할 것이다.

II. 주의의 특징

1) 선택성

① 여러 종류의 자각현상 발생 시 소수의 특정한 것에 제한된다.

② 동시에 2개의 내용에 집중하지 못한다(중복 집중 불가).

2) 방향성

① 주시점만 인지하는 기능

② 한 지점에 주의를 집중하면 다른 것에 대한 주의는 약해지는 특징

3) 변동성

① 주기적인 집중력의 강약이 발생된다.

② 주의력은 지속 한계성에 의해 장시간 지속될 수 없다.

Ⅲ. 부주의에 의한 재해발생 Mechanism

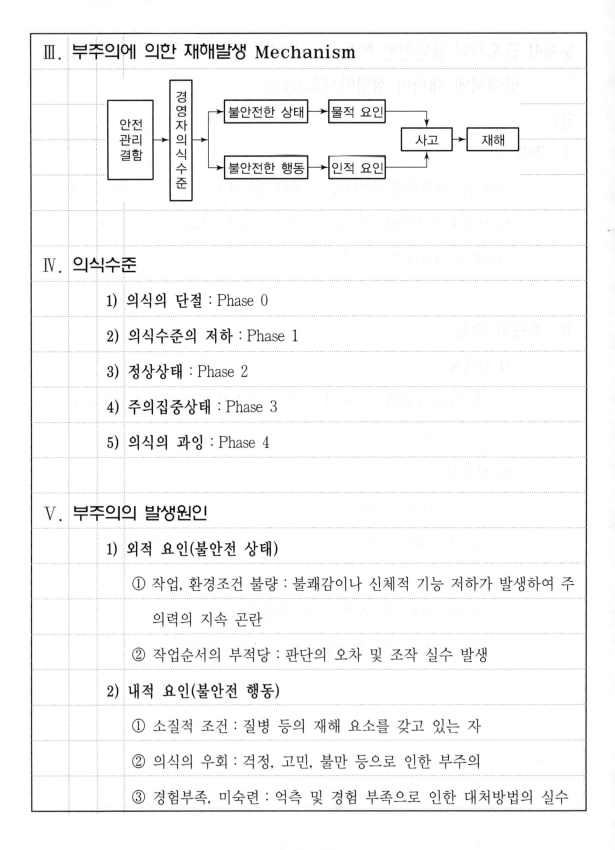

Ⅳ. 의식수준

1) **의식의 단절** : Phase 0

2) **의식수준의 저하** : Phase 1

3) **정상상태** : Phase 2

4) **주의집중상태** : Phase 3

5) **의식의 과잉** : Phase 4

Ⅴ. 부주의의 발생원인

1) **외적 요인(불안전 상태)**

① 작업, 환경조건 불량 : 불쾌감이나 신체적 기능 저하가 발생하여 주의력의 지속 곤란

② 작업순서의 부적당 : 판단의 오차 및 조작 실수 발생

2) **내적 요인(불안전 행동)**

① 소질적 조건 : 질병 등의 재해 요소를 갖고 있는 자

② 의식의 우회 : 걱정, 고민, 불만 등으로 인한 부주의

③ 경험부족, 미숙련 : 억측 및 경험 부족으로 인한 대처방법의 실수

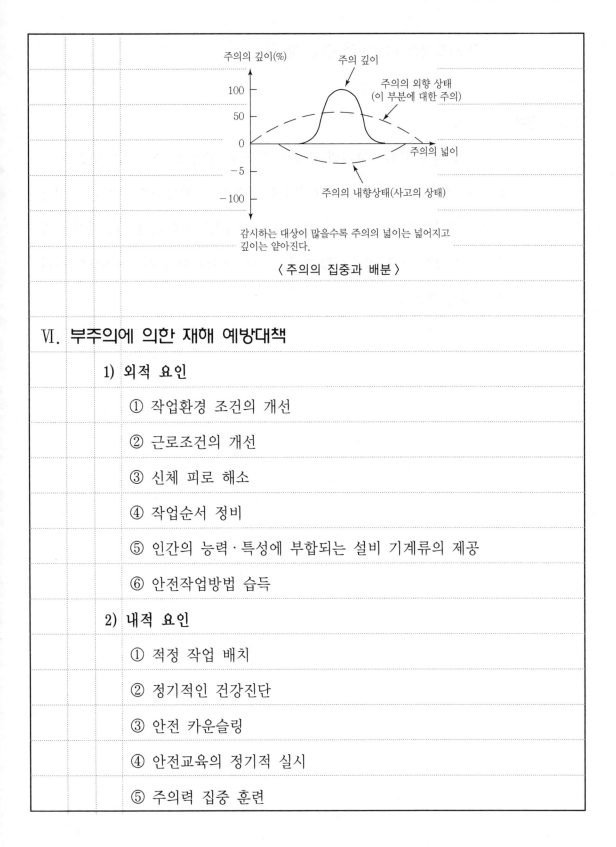

주의의 깊이(%)

주의 깊이

주의의 외향 상태
(이 부분에 대한 주의)

100

50

0

주의의 넓이

−5

−100

주의의 내향상태(사고의 상태)

감시하는 대상이 많을수록 주의의 넓이는 넓어지고
깊이는 얕아진다.

〈 주의의 집중과 배분 〉

Ⅵ. 부주의에 의한 재해 예방대책

1) 외적 요인

① 작업환경 조건의 개선

② 근로조건의 개선

③ 신체 피로 해소

④ 작업순서 정비

⑤ 인간의 능력·특성에 부합되는 설비 기계류의 제공

⑥ 안전작업방법 습득

2) 내적 요인

① 적정 작업 배치

② 정기적인 건강진단

③ 안전 카운슬링

④ 안전교육의 정기적 실시

⑤ 주의력 집중 훈련

⑥ 스트레스 해소대책 수립 및 실시

Ⅶ. 결론

부주의의 발생원인은 주의의 특징인 선택성, 방향성, 변동성과 연관된 심

리상태로서 부주의는 불안전한 행동을 초래해 생산활동을 저하하는 것은

물론 재해발생의 가장 중요한 요소가 되므로 RMR에 의한 업무배정과 적

절한 휴식시간 제공, 잠재재해 발굴을 위한 동기부여가 이루어지도록 관리

하는 것이 중요하다.

"끝"

문제5)	건설현장 근로자의 근골격계 질환의 발생단계, 발생원인, 유해요
	인조사에 대하여 설명하시오.(25점)
답)	

I. 개요

무리한 힘의 사용, 반복적인 동작, 부적절한 작업자세, 날카로운 면과의 신

체접촉, 진동 및 온도 등의 요인으로 인해 근육과 신경, 힘줄, 인대, 관절

등의 조직이 손상되어 신체에 나타나는 건강장해를 총칭하는 근골격계 질

환은 요통, 수근관증후군, 건염, 흉곽출구증후군, 경추자세증후군 등으로도

표현된다.

II. 발생단계 구분

작업시간 동안 통증, 피로감	→	작업시간 초기부터 통증	→	통증 때문에 잠을 못 이룸
1단계		2단계		3단계

III. 발생원인

1) 일터에서의 부적절한 작업상황 조건 및 작업환경

① 부적절한 작업자세

- 무릎을 굽히거나 쪼그리는 자세로 작업

- 팔꿈치를 반복적으로 머리 위 또는 어깨 위로 들어 올리는 작업

- 목, 허리, 손목 등을 과도하게 구부리거나 비트는 작업

② 과도한 힘 필요작업

- 반복적인 중량물 취급

- 어깨 위에서 중량물 취급

- 허리를 구부린 상태에서 중량물 취급

- 강한 힘으로 공구를 작동하거나 물건을 잡는 작업

③ 접촉 스트레스 발생작업 : 손이나 무릎을 망치처럼 때리거나 치는 작업

④ 진동공구 취급작업 : 착암기, 연삭기 등 진동이 발생하는 공구 취급 작업

⑤ 반복적인 작업 : 목, 어깨, 팔, 팔꿈치, 손가락 등을 반복 사용하는 작업

Ⅳ. 유해요인조사

1) 조사시기

① 최초의 유해요인조사 실시 후 매 3년마다 정기적 실시 대상

- 설비작업공정·작업량·작업속도 등 작업장 상황

- 작업시간·작업자세·작업방법 등 작업조건

- 작업과 관련된 근골격계 질환 징후와 증상 유무 등

② 수시 유해요인조사 실시 대상

- 법에 따른 임시건강진단 등에서 근골격계 질환자가 발생하였거나 근로자가 근골격계 질환으로 산업재해보상보험법 시행령 별표 3 제2호 가목·마목 및 제12호 라목에 따라 업무상 질병으로 인정받은 경우

- 근골격계 부담작업에 해당하는 새로운 작업·설비를 도입한 경우

- 근골격계 부담작업에 해당하는 업무의 양과 작업공정 등 작업환경을 변경한 경우

		2)	조사내용
			① 작업장 상황조사 항목
			• 작업공정
			• 작업설비
			• 작업량
			• 작업속도 및 최근 업무의 변화 등
			② 작업조건조사 항목
			• 반복동작
			• 부적절한 자세
			• 과도한 힘
			• 접촉스트레스
			• 진동
			• 기타 요인(예 극저온, 직무스트레스)
			③ 증상 설문조사 항목
			• 증상과 징후
			• 직업력(근무력)
			• 근무형태(교대제 여부 등)
			• 취미활동
			• 과거질병력 등
		3)	**조사방법**
			① 고용노동부 고시에서 정한 유해요인조사표 및 근골격계질환 증상 표를 활용한다.

② 단기간 작업이란 2개월 이내에 종료되는 1회성 작업을 말한다.

③ 간헐적인 작업이란 연간 총 작업일수가 30일을 초과하지 않는 작업을 말한다.

V. 결론

사업주는 근골격계 질환 예방을 위해 안전보건규칙에 따라 문서를 기록 또는 보존해야 하며, 특히 유해요인조사 결과, 의학적 조치 및 결과는 5년간 보존하고, 작업환경 개선계획 및 결과보고서는 해당 시설이나 설비가 작업장 내에 존재하는 동안 보존할 의무가 있다.

"끝"

문제6)	교육훈련 기법 중 강의법과 토의법을 비교하고, 토의법의 종류에 대하여 설명하시오.(25점)

답)

I. 개요

강의법은 주입식 학습법으로 대표되는 학습법으로 전통적인 방법이며, 이에 대한 문제가 제기되며 토의법이 수업방법의 개선책으로 등장했다. 토의법은 강사중심의 토의법과 학습자 중심의 토의법으로 구분된다.

II. 강의법과 토의법 비교

구분	강의법	토의법
장점	• 새로운 과제 도입 시 효과적이다. • 학습내용의 수정 및 보충이 유리하다. • 강사의 경험과 지혜를 지식으로 .전환시키기 쉽다. • 학습 진도가 빠르다.	• 학습자의 자발성과 창의적 사고능력이 향상된다. • 토의 구성원 모두가 자신의 중요성 및 존엄성을 재확인할 수 있다.
단점	• 교재 설명에 그칠 수 있다. • 학습자의 능동적 활동 기회가 적다. • 사고능력 발전에 비효과적이다. • 학습 성취도의 파악이 어렵다.	• 감정에 흐르기 쉽다. • 방관적인 태도를 취하는 학습자가 나타난다. • 소수의 의견이 무시될 수 있다.

III. 토의법의 종류

1) 강사 중심의 토의법(비형식적 토의)

① 버즈 학습과 브레인스토밍 : 교사 중심 토의, 학생 중심 토의, 그리고 강의식 수업에 모두 가능한 방법으로서 단기 토의가 필요할 때 주로 버즈 학습과 브레인스토밍 사용된다. 특히 전체 학급 구성원

들의 의사와 독창적 사고방식이 필요할 때 교사 지휘 하에 운영하면 빠르고 효과적인 방법이다.

② 어항식 토의법 : 전체 학급을 두 집단으로 나누어 토의하는 방법이다. 어항식 토의는 한 집단이 토의하는 것을 다른 집단이 관찰하여, 관찰한 경험을 토대로 하여 스스로 바람직한 토의 방법을 터득하도록 하는 방법이다. 이 토의 방법은 저학년이나 토의의 초보 훈련에 유리하다. 또한 토의 제목을 유사한 분야로서 조금 다른 각도로 토의해 볼 때 어항식 토의가 좋다.

③ 장기 분단 편성 방식의 토의법 : 이 토의 방법은 한 학기 또는 일 년을 두고 장기적인 목적을 갖고 계속 교실내외에서 토의 연구하도록 하는 방법이다.

④ 교호적 집단 토의법 : 각 소집단별 인원수를 전체 학급 인원수의 최대치 규모로 정한다. 각 집단은 동일주제로 토의를 전개하되, 집단 내의 인원은 모두 번호를 정해 놓고 일정한 간격의 시간마다 인원을 교환한다. 맨 마지막 구성인원이 바뀔 때까지 계속하여 새로 들어온 조원은 먼저 소집단에서 토의된 내용을 소개해 줌으로써 정보 교류를 적극화하도록 한다.

2) **학습자 중심의 토의법**

① 배심 토의 : 어떤 제목에 대해 대립되거나 또는 다양한 견해를 토의자 3~5명이 배심 의원이 배심 토의되고 의장의 안내로 토의를 진행하는 방법이다. 이 토의는 배심 의원이 미리 모여 토의 계획을 면밀히 해야 된다.

② 집단토의 : 버즈 학습과 유사한 점이 있으나, 버즈 학습은 다목적으로 다양한 상황에서 형식적·비형식적으로 사용할 수 있는 단기 토의인데 비해, 집단토의는 면밀한 계획으로 학생주도하에 수업시간 전부를 활용한다는 점이 다르다.

③ 강연식 토의법 : 동일한 주제에 대해 전문적인 지식을 가진 사람 몇 명을 초청하여 각기 다른 입장에서 그 문제에 대해 의견을 발표하도록 한다. 이 발표된 내용을 중심으로 사회자는 마지막 토의시간을 마련하여 문제 해결에 임하고자 하는 방법이다. 2~3시간 정도 강연하므로 대개의 경우 2~3일 또는 4~5일까지도 계획해야 한다. 이 토의법의 특징은 사회자 강연자 청중 모두가 정해진 토의주제에 대해 전문지식과 경험을 소유한 전문가라는 점이다.

④ 공개토의 : 공중 집회 장소에서 한 명 또는 몇 명이 연설한 후 이 연설 내용에 대해 청중과 공개토의 질의응답하는 방법으로써 군중이 모인 곳에서 토의가 전개된다는 뜻을 갖고 있다.

⑤ 원탁식 토의법 : 10~15명의 인원이 원탁 주위에 둘러앉아 어떤 형식에 구애됨이 없이 자유로운 분위기에서 토의하는 것으로 자유로운 의사표현이 중요하다. 이 토의법은 집단토의와 마찬가지로 장소에 구애받지 않는다.

⑥ 면접식 토의법 : 면접식 토의 또는 대화식 토의라고도 하는데 어떤 문제에 대해 그 분야의 군위자나 전문가를 초청하거나 현장을 방문하여 면접을 통해 대화를 나누면서 학습하고자 하는 방법이다.

⑦ 회의 진행식 토의법 : 회의 진행식 토의법은 집단 구성원으로부터

일정한 권한과 임무가 부여된 몇 명의 인원이 집단 전체에 대한 문제를 연구하거나 정책 또는 운영방침을 수립하기 위해 제안된 안건에 찬반 투표하는 경우에 사용되는 방법이다.

Ⅳ. 결론

학습목표의 달성을 위해서는 먼저 기대되는 수행과업을 정확하게 선정하는 것이 중요하며, 공통 특성에 따라 교육결과를 체계적으로 분류하고 학습영역을 분류해 진행할 필요가 있다.

"끝"

○　　　　　○　　　　　○

※ 10권 이상은 분철(최대 10권 이내)

자 격 종 목	건설안전기술사

답안지 작성 시 유의사항

1. 답안지는 총 7매(14면)이며 교부받는 즉시 매수, 페이지 등 정상 여부를 반드시 확인하고 1매라도 분리되거나 훼손하여서는 안 됩니다.
2. 시행회, 자격종목, 수험번호, 성명을 정확하게 기재하여야 합니다.
3. 수험자 인적사항 및 답안 작성(계산식 포함)은 흑색 또는 청색 필기구만 사용하되, 동일한 한 가지 색의 필기구만 사용하여야 하며 흑색, 청색을 제외한 유색 필기구 또는 연필류를 사용하거나 두 가지 이상의 색을 혼합 사용하였을 경우 그 문항은 0점 처리됩니다.
4. 답안 정정 시에는 두 줄(=)을 긋고 다시 기재 가능하며, 수정테이프(액) 등을 사용했을 경우 채점상의 불이익을 받을 수 있으므로 사용하지 마시기 바랍니다.
5. 답안지에 답안과 관련 없는 특수한 표시, 특정인임을 암시하는 답안지는 전체가 0점 처리됩니다.
6. 답안 작성 시 홈(구멍)이나 도형 등 그림이 없는 직선자(템플릿 사용 금지)만 사용할 수 있습니다.
7. 문제의 순서에 관계없이 답안을 작성하여도 되나 주어진 문제번호와 문제를 기재한 후 답안을 작성하고 전문용어는 원어로 기재하여도 무방합니다.
8. 요구한 문제수보다 많은 문제를 답하는 경우 기재 순으로 요구한 문제수까지 채점하고 나머지 문제는 채점대상에서 제외됩니다.
9. 답안 작성 시 답안지 양면의 페이지 순으로 작성하시기 바랍니다.
10. 기작성한 문항 전체를 삭제하고자 할 경우 반드시 해당 문항의 답안 전체에 대하여 명확하게 X표시(X표시한 답안은 채점대상에서 제외) 하시기 바랍니다.
11. 시험시간이 종료되면 즉시 답안 작성을 멈춰야 하며, 종료시간 이후 계속 답안을 작성하거나 감독위원의 답안 제출 지시에 불응할 때에는 채점대상에서 제외됩니다.
12. 각 문제의 답안 작성이 끝나면 "끝"이라고 쓰고 다음 문제는 두 줄을 띄워 기재하여야 하며 최종 답안 작성이 끝나면 그 다음 줄에 "이하 여백"이라고 써야 합니다.
13. 비번호란은 기재하지 않습니다.

비 번 호	

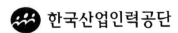
한국산업인력공단

문제1) 「해체공사 표준안전작업지침」상 해체공사 전 확인사항(부지상황 조사, 해체대상 구조물 조사) 및 해체작업계획 수립 시 준수사항에 대하여 설명하시오.(25점)

답)

Ⅰ. 개요

해체공사 시 공사대상물의 구조물조사는 물론 인근 주거시설 및 구조물 교통상황 등을 파악해 재해예방을 위한 조치에 만전을 기해야 한다.

Ⅱ. 해체공사 전 확인사항(부지상황 조사)

1) 부지 내 공지유무, 해체용 기계설비 위치, 발생재 처리장소

2) 해체공사 착수에 앞서 철거, 이설, 보호해야 할 필요가 있는 공사 장애물 현황

3) 접속도로의 폭, 출입구 갯수 및 매설물의 종류 및 개폐 위치

4) 인근 건물동수 및 거주자 현황

5) 도로 상황조사, 가공 고압선 유무

6) 차량대기 장소 유무 및 교통량(통행인 포함)

7) 진동, 소음발생 영향권 조사

Ⅲ. 해체공사 전 확인사항(해체대상 구조물 조사)

1) 구조(철근콘크리트조, 철골철근콘크리트조 등)의 특성 및 생수, 층수, 건물높이 기준층 면적

2) 평면 구성상태, 폭, 층고, 벽 등의 배치상태

3) 부재별 치수, 배근상태, 해체 시 주의하여야 할 구조적으로 약한 부분

4) 해체 시 전도의 우려가 있는 내외장재

5) 설비기구, 전기배선, 배관설비 계통의 상세 확인

6) 구조물의 설립연도 및 사용목적

7) 구조물의 노후정도, 재해(화재, 동해 등) 유무

8) 증설, 개축, 보강 등의 구조변경 현황

9) 해체공법의 특성에 의한 비산각도, 낙하반경 등의 사전 확인

10) 진동, 소음, 분진의 예상치 측정 및 대책방법

11) 해체물의 집적 운반방법

12) 재이용 또는 이설을 요하는 부재현황

13) 기타 당해 구조물 특성에 따른 내용 및 조건

Ⅳ. 해체작업계획 수립 시 준수사항

1) 작성 핵심사항

① 해체 작업 중 붕괴, 전도, 화재폭발 및 추락, 낙하 위험에 집중하여 계획을 작성한다.

② 해체 작업 계획도(평면도, 단면도, 작업상황도, 부분 상세도 등)에 안전보건 규칙의 중량물 취급작업 및 차량계 건설기계, 인양장비, 비계 및 작업발판류 관련 핵심 준수사항과 기타 기술적인 관리요소를 작성한다.

2) 재해예방 계획 기재내용

① 해체 작업 부지의 상황조사 및 대상 구조물 조사를 토대로 하여 작업개요 및 안전작업 계획을 작성한다.

② 해체 부지의 상황 조사·해체공사 착수에 앞서 철거, 이설, 보호해야 할 장애물 현황 조사·도로 상황, 가공 고압선 유무 조사

③ 해체 대상 구조물의 조사

- 구조물의 건립년도 및 과거 사용목적
- 증설, 개축, 보강 등의 구조변경 현황
- 구조(철근콘크리트, 철골철근콘크리트조 등)의 특성, 층수, 건물 높이, 연면적 등
- 폭, 층고, 기둥, 보, 내력벽, 비내력벽 등 부재의 배치상태
- 해체공법의 특성에 의한 비산각도, 낙하반경 등
- 해체물의 적치·적재, 운반방법·해체물 내에 잔재위험물 또는 가연물질(인화성물질 등)의 존재 유무

3) 해체 작업 시 붕괴, 전도, 협착 방지계획을 작성

① 해체공사 공법선정 근거

② 해체공법에 따른 해체순서 및 안전 작업방법

③ 해체작업에 따른 비산 및 붕괴위험 예측 및 작업반경 설정

④ 상부 해체물 적치하중 및 장비 탑재하중에 대한 구조부재의 안전성 검토, 철거층 하부 잭서포트 등의 지지대 보강

4) 해체 작업 시 화재·폭발 방지계획을 작성

① 용접용단, 절단 작업 전 인화성 물질, 잔류가스 등 제거 계획 및 방법

② 철근 절단 등을 위한 용접용단, 절단 작업 시 안전작업 계획

5) 해체작업 시 추락 및 낙하 방지계획 등을 작성

① 추락, 낙하 등의 방지를 위한 비계, 안전방망(수직방망, 수평방망),

		낙하물방지망 등에 대한 안전작업 및 설치계획
		② 해체작업 위험구역 내 출입금지 조치계획
		③ 해체 과정에서의 고소 작업에 대한 안전작업 계획

V. 결론

근래 해체공사 시 발생된 재해는 점차 그 피해규모가 확대되고 있어, 사회 문제화된 바 있으므로 해체공사 실시 전 관련법에 따른 안전작업이 이루어지도록 철저한 계획과 이행이 필요하다.

"끝"

문제2)	건설업 유해위험방지계획서 작성 대상사업장 및 제출서류, 계획 수립절차, 심사구분에 대하여 설명하시오.(25점)

답)

I. 개요

재해발생 가능성이 높은 건설공사는 착공 전 안전보건관리계획과 작업공종별 유해위험방지계획서를 작성해 고용노동부에 제출하고 계획을 철저히 이행해 근로자 안전보건의 유지증진에 힘써야 한다.

II. 건설업 유해위험방지계획서 작성 대상사업장

1) 지상높이가 31m 이상인 건축물 또는 인공구조물

2) 연면적 30,000m² 이상인 건축물

3) **연면적 5,000m² 이상의 시설로서 아래에 해당하는 시설**

   ① 문화 및 집회시설(전시장 및 동물원·식물원은 제외한다)

   ② 판매시설, 운수시설(고속철도의 역사 및 집배송시설은 제외한다)

   ③ 종교시설

   ④ 의료시설 중 종합병원

   ⑤ 숙박시설 중 관광숙박시설

   ⑥ 지하도 상가

   ⑦ 냉동·냉장창고 시설의 건설·개조 또는 해체

4) 연면적 5,000m² 이상의 냉동·냉장창고시설의 설비공사 및 단열공사

5) 최대 지간 길이가 50m 이상인 교량건설 등 공사

6) 터널 건설 등의 공사

7) 다목적댐, 발전용댐 및 저수용량 2천만 톤 이상의 용수 전용댐, 지방상
   수도 전용댐 건설 등의 공사

8) 깊이 10m 이상인 굴착공사

Ⅲ. 제출서류

1) 유해위험방지계획서 2부

2) 유해위험방지계획서 제출 공문

3) 사업자등록증 사본 1부

4) 제출일 현재 현장사진 1부

5) 건설공사에 관한 도급계약서 사본 1부(자기공사인 경우는 생략 가능)

6) 산업재해보상보험 가입 증명원

Ⅳ. 작성 시 포함되어야 할 서류

1) 공사 개요서(별지 제101호 서식)

2) 공사현장의 주변 현황 및 주변과의 관계를 나타내는 도면(매설물 현황
   을 포함한다)

3) 건설물, 사용 기계설비 등의 배치를 나타내는 도면

4) 전체 공정표

5) 산업안전보건관리비 사용계획서(별지 제102호 서식)

6) 안전관리 조직표

7) 재해 발생 위험 시 연락 및 대피방법

8) 공사종류별 유해위험방지계획

V. 계획수립절차

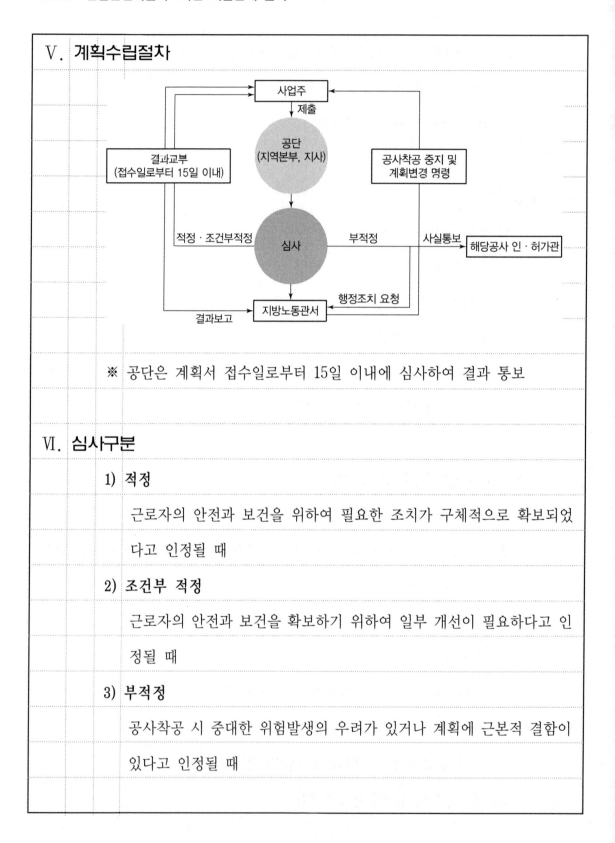

※ 공단은 계획서 접수일로부터 15일 이내에 심사하여 결과 통보

VI. 심사구분

1) 적정

근로자의 안전과 보건을 위하여 필요한 조치가 구체적으로 확보되었다고 인정될 때

2) 조건부 적정

근로자의 안전과 보건을 확보하기 위하여 일부 개선이 필요하다고 인정될 때

3) 부적정

공사착공 시 중대한 위험발생의 우려가 있거나 계획에 근본적 결함이 있다고 인정될 때

Ⅶ. **결론**

유해위험방지계획서를 제출한 사업주는 법 제42조제1항제3호에 따라 건설

공사 중 6개월 이내마다 안전보건공단의 확인을 받아야 하며, 주요 가설구

조물의 공법 변경 시에는 반드시 유해위험방지계획서의 해당 내용을 변경

하고 준수해야 한다.

"끝"

문제3) 건설업체의 산업재해예방활동 실적 평가대상, 평가항목, 평가방법에 대하여 설명하시오.(25점)

답)

I. 개요

건설업체의 산업재해예방활동 실적 평가제도는 평가를 실시하는 연도의 전년도 「건설산업기본법」 제23조에 따라 국토교통부장관에게 능력을 평가받은 종합건설업체에 적용된다.

II. 평가대상

1) 평가대상은 제2조에 따른 종합건설업체 중 한국산업안전보건공단(이하 "공단"이라 한다)에 건설업체 산업재해예방활동 평가를 신청한 건설업체를 대상으로 한다.

2) 제1항에 따라 신청하는 업체는 건설업체 산업재해예방활동 실적을 별지 제1호부터 제4호까지 서식에 따라 작성하여 평가년도 2월 말까지 공단에서 정하는 방법에 따라 제출하여야 한다.

III. 평가항목

1) 건설업체의 산업재해예방활동 실적은 별표1의 배점기준에 따라 공통 항목과 가점 항목의 합계로 평가하며 총 평가점수는 100점을 초과할 수 없다.

2) **공통 항목은 다음 각 호의 사항으로 구성한다.**

① 사업주 안전 · 보건활동

㉠ 제6조제2항제1호에 따른 사업주 안전 · 보건활동은 사업주 안전

· 보건교육 과정 이수 여부와 사업주 현장 안전 · 보건활동 참여 실적으로 평가한다.

ⓛ 사업주 안전 · 보건교육 과정 이수는 사업주(법인의 경우 대표이 사를 말한다)가 공단이 실시하는 건설업체 산업재해예방활동 실 적평가 사업주교육 과정을 평가기간 내 이수한 경우에 인정한다.

ⓒ 사업주 현장 안전 · 보건활동 참여 실적은 평가기간 내 사업주가 소속 건설업 사업장을 방문하여 실시한 안전 · 보건 간담회 참여, 안전 · 보건활동 이행 확인, 위험요인 점검 실적을 평가한다.

ⓔ 사업주 안전 · 보건활동의 배점기준 및 세부 평가방법은 별표2 제1호가목에 따른다.

② 전담 안전 · 보건관리자 정규직 비율

ⓐ 제6조제2항제2호에 따른 전담 안전 · 보건관리자 정규직 비율은 전담 안전관리자와 전담 보건관리자의 정규직 비율을 각각 평 가한다. 다만, 법 제18조에 따른 보건관리자 선임 의무 건설사업 장을 보유하지 않은 건설업체는 전담 안전관리자 정규직 비율 만 평가한다.

ⓛ 전담 안전 · 보건관리자 정규직 비율을 산정할 때에는 평가기간 중 선임기간이 6개월을 초과한 자를 기준으로 한다. 다만, 령 제16조 제1항 및 제20조제1항에서 정한 선임 의무 인원을 초과하여 선임한 안전 · 보건관리자 중 정규직이 아닌 자는 평가대상에서 제외한다.

ⓒ 전담 안전 · 보건관리자 정규직 비율은 아래 계산식에 따라 산출 하되, 소수점 첫째 자리에서 반올림한다.

$$안전관리자 정규직 비율(\%) = \frac{정규직 전담 안전관리자 수}{선임 의무 전담 안전관리자 수} \times 100$$

$$보건관리자 정규직 비율(\%) = \frac{정규직 전담 보건관리자 수}{선임 의무 전담 보건관리자 수} \times 100$$

ⓛ 둘 이상의 업체가 「국가를 당사자로 하는 계약에 관한 법률」 제 25조에 따라 공동계약을 체결하여 공동이행방식으로 건설공사를 행하는 경우에는 「고용보험법」 제15조에 따라 피보험자격의 취득을 신고한 사업주 소속으로 한다.

ⓜ 전담 안전·보건관리자 정규직 비율의 배점기준 및 세부 평가방법은 별표2 제1호나목에 따른다.

③ 본사 안전·보건 전담자

㉠ 제6조제2항제3호에 따른 본사 안전·보건 전담자는 건설업체 본사에 소속되어 안전·보건업무만 전담하는 자의 수와 본사 안전·보건 조직 구성여부를 평가한다.

㉡ 본사 안전·보건 전담자는 평가기간 중 6개월을 초과하는 기간 동안 근무한 자를 기준으로 평가한다.

㉢ 본사 안전·보건 전담자에 대한 구체적인 배점기준 및 평가방법은 별표2 제1호다목에 따른다.

3) 가점 항목은 안전보건경영시스템(KOSHA-MS) 인증여부를 평가하여 부여한다.

4) 제1항에도 불구하고 전담 안전관리자 선임 의무가 있는 건설업 사업장을 보유하지 않은 건설업체는 제2항제2호를 평가하지 않는다.

Ⅳ. 평가방법

1) 공단은 사업주가 제출한 산업재해예방활동 실적을 검토하여 평가한다.

2) 공단은 사업주가 제출한 산업재해예방활동 실적의 진위여부를 본사 방문 등을 통하여 확인할 수 있다.

3) **공단은 사업주가 제출한 산업재해예방활동 실적의 적정성 여부를 심사하기 위하여 다음 각 호의 어느 하나에 해당하는 사람 각 1명 이상으로 심사단을 구성·운영할 수 있다.**

   ① 고용노동부의 5급 이상 공무원

   ② 공단의 전문직 2급 이상 임직원

   ③ 전문대학 이상의 학교에서 건설안전 관련 분야를 전공하는 조교수 이상인 사람

   ④ 건설안전기술사 또는 산업안전지도사(건설안전 분야에만 해당한다) 등 건설안전 분야에 학식과 경험이 있는 사람

4) 고용노동부장관은 사업주가 제출한 산업재해예방활동 결과에 대한 확인 결과 허위로 판정된 경우에는 해당 기준에 대한 산업재해예방활동 평가점수를 부여하지 않을 수 있다.

Ⅴ. 결론

건설업체의 산업재해예방활동 실적 평가항목 중 가장 높은 배점은 사업주의 안전보건활동과 전담 안전관리자 선임의무 건설사업장을 보유한 경우 전담안전보건관리자 정규직비율, 그렇지 않은 경우는 본사 안전보건전담자의 항목이므로 평가 시 이점에 유의할 필요가 있다.   "끝"

문제4)	소음작업의 종류 및 정의, 방음용 귀마개 또는 귀덮개의 종류 및 등급, 진동작업에 해당하는 기계·기구의 종류 및 진동작업에 종사하는 근로자에게 알려야 할 사항에 대하여 설명하시오.(25점)

답)

I. 개요

소음작업은 청각장해를 유발하는 주요원인으로 근래 근로자에게 나타나는 질환 중 난청질환이 매년 최고치를 기록하고 있고, 또한 증가추세에 있으므로 소음발생 억제와 작업에 투입되는 근로자에게는 반드시 소음수준에 적합한 방음 보호구를 지급해야 할 것이다.

II. 소음작업의 종류 및 정의

1) 정의

"소음작업"이란 1일 8시간 작업을 기준으로 85데시벨 이상의 소음이 발생하는 작업을 말한다.

2) 종류

"강렬한 소음작업"이란 다음 각목의 어느 하나에 해당하는 작업을 말한다.

① 90데시벨 이상의 소음이 1일 8시간 이상 발생하는 작업

② 95데시벨 이상의 소음이 1일 4시간 이상 발생하는 작업

③ 100데시벨 이상의 소음이 1일 2시간 이상 발생하는 작업

④ 105데시벨 이상의 소음이 1일 1시간 이상 발생하는 작업

⑤ 110데시벨 이상의 소음이 1일 30분 이상 발생하는 작업

⑥ 115데시벨 이상의 소음이 1일 15분 이상 발생하는 작업

3) "충격소음작업"이란 소음이 1초 이상의 간격으로 발생하는 작업으로서

다음 각 목의 어느 하나에 해당하는 작업을 말한다.

① 120데시벨을 초과하는 소음이 1일 1만 회 이상 발생하는 작업

② 130데시벨을 초과하는 소음이 1일 1천 회 이상 발생하는 작업

③ 140데시벨을 초과하는 소음이 1일 1백 회 이상 발생하는 작업

Ⅲ. 방음용 귀마개 또는 귀덮개의 종류 및 등급

구분	종류	갖출 성능
귀마개	EP-1	저음부터 고음까지 차음
	EP-2	고음만 차음
귀덮개	EM	소음수준 저감

Ⅳ. 진동작업에 해당하는 기계 · 기구의 종류

1) 착암기(鑿巖機)

2) 동력을 이용한 해머

3) 체인톱

4) 엔진 커터(Engine Cutter)

5) 동력을 이용한 연삭기

6) 임팩트 렌치(Impact Wrench)

7) 그 밖에 진동으로 인하여 건강장해를 유발할 수 있는 기계 · 기구

Ⅴ. 진동작업에 종사하는 근로자에게 알려야 할 사항

1) 인체에 미치는 영향과 증상

2) 보호구의 선정과 착용방법

3) 진동 기계·기구 관리방법

4) 진동 장해 예방방법

Ⅵ. 결론

사업주는 소음작업 및 진동작업에 종사하는 근로자에게 작업의 유해성을 주지시킬 의무가 있으며, 소음 및 진동발생원의 저감대책과 보호구 지급으로 근로자 안전보건유지증진에 힘써야 한다.

"끝"

문제5) 프리스트레스트 콘크리트에서 PS 강재의 인장방법 및 응력이완 (Stress Relaxation), 응력부식(Stress Corrosion)에 대하여 설명하시오.(25점)

답)

I. 개요

프리스트레스트 콘크리트란 PS 강재로 콘크리트의 인장응력이 발생되는 부분에 압축력을 부어해 인장강도를 증가시키고 휨저항에 대항하도록 시공하는 콘크리트를 말한다. 또한, 인장방법에 따라 프리텐션과 포스트텐션으로 구분한다.

II. 프리스트레스트 콘크리트에서 PS 강재의 인장방법

1) Pre-tension Method

① PS 강재를 인장시켜 설치하고 긴장시킨 상태에서 콘크리트를 타설하여 콘크리트 경화 후에 PS 강재에 주어진 인장력으로 PS 강재와 콘크리트의 부착력에 의해 콘크리트에 프리스트레스를 도입시키는 방식

② 공장제작이 가능하므로 품질관리가 양호

2) Post-tension Method

① PS 강재를 넣을 위치에 시스를 묻고 콘크리트를 타설하여 콘크리트 경화 후에 시스에 PS 강재를 집어넣어 잭으로 긴장시킨 후 콘크리트 부재 끝에 정착시켜 프리스트레스를 도입하는 방식

② PS 강재와 시스 내의 공간에 시멘트 그라우트를 주입하여 충전하는 방

식과 그라우트를 주입하지 않고 PS 강재에 피복재료를 바르는 언본드 방식이 있음

③ 대규모 구조물인 교량, 큰보, PSC 널말뚝 등에 적용

Ⅲ. 응력이완(Stress Relaxation)

PS 강재를 긴장시킨 후 시간 경과에 따라 인장력이 점차 감소되는 현상을 말한다.

1) 순 Relaxation

변형률을 일정하게 유지했을 때 일정한 변형상태에서 발생하는 Relaxation 으로 인장응력 감소량이 겉보기 Relaxation보다 크다.

2) 겉보기 Relaxation

콘크리트의 Creep와 건조수축으로 변형률이 일정한 수준으로 유지되지 못하는 경우 시간 경과에 따라 변형률이 감소되는 Relaxation

〈 시간경과에 따라 나타나는 응력이완의 그래프 〉

Ⅳ. 응력이완 허용기준

1) PS강선, PS강연선 : 3% 이하

2) PS강봉 : 1.5% 이하

V. 응력부식(Stress Corrosion)

PS 강선, 강연선, 강봉이 부식상태에서 인장응력을 받게되면 본체에 분할이 발생되는 현상으로, 미세한 균열이 발생되어 응력이 집중되는 현상을 말한다.

1) 발생원인

용접 이후 잔류응력, 응력의 집중, 강재의 변형

2) 방지대책

Grouting, 응력분산, 잔류응력 제거, 단면보강 등

VI. 결론

PS 구조물에서 발생되는 응력부식은 인장강도 이하 응력인 경우에도 시간 경과에 따라 균열이 생기고 궁극적으로는 파단현상이 발생된다. 따라서, 균열원인 물질의 농도와 환경온도의 관리로 균열이 발생되지 않도록 관리하는 것이 중요하다.

"끝"

문제6)	굴착공사 중 사면 개착공법 적용에 따른 토사 사면 안정성 확보
	를 위한 작업 전, 중, 후 조치사항에 대하여 설명하시오.(25점)

답)

Ⅰ. 개요

개착식 토사사면의 굴착은 사면의 선단부, 중심부 저부형 파괴가 발생될 수 있으며, 작업에 투입되는 근로자의 추락재해 및 낙하물로 인한 재해가 발생될 수 있으므로 사전조사 및 작업계획서를 작성해 안전한 작업이 이루어지도록 한다.

Ⅱ. 작업 전 조치사항

1) 작업계획, 작업내용을 충분히 검토하고 이해하여야 한다.

2) 공사물량 및 공기에 따른 근로자의 소요인원을 계획하여야 한다.

3) 굴착예정지의 주변 상황을 조사하여 조사결과 작업에 지장을 주는 장애물이 있는 경우 이설, 제거, 거치보전 계획을 수립하여야 한다.

4) 시가지 등에서 공중재해에 대한 위험이 수반될 경우 예방대책을 수립하여야 하며, 가스관, 상하수도관, 지하케이블 등의 지하매설물에 대한 방호조치를 하여야 한다.

5) 작업에 필요한 기기, 공구 및 자재의 수량을 검토, 준비하고 반입방법에 대하여 계획하여야 한다.

6) 예정된 굴착방법에 적절한 토사 반출방법을 계획하여야 한다.

7) 관련 작업(굴착기계ㆍ운반기계 등의 운전자, 흙막이공, 형틀공, 철근공, 배관공 등)의 책임자 상호간의 긴밀한 협조와 연락을 충분히 하여야

하며 수기 신호, 무선 통신, 유선통신 등의 신호체제를 확립한 후 작업을 진행시켜야 한다.

8) 지하수 유입에 대한 대책을 수립하여야 한다.

Ⅲ. 작업 중 조치사항

1) 작업 전에 반드시 작업장소의 불안전한 상태 유무를 점검하고 미비점이 있을 경우 즉시 조치하여야 한다.

2) 근로자를 적절히 배치하여야 한다.

3) 사용하는 기기, 공구 등을 근로자에게 확인시켜야 한다.

4) 근로자의 안전모 착용 및 복장상태, 추락의 위험이 있는 고소작업자는 안전대를 착용하고 있는가 등을 확인하여야 한다.

5) 근로자에게 당일의 작업량, 작업방법을 설명하고, 작업의 단계별 순서와 안전상의 문제점에 대하여 교육하여야 한다.

6) 작업장소에 관계자 이외의 자가 출입하지 않도록 하고, 위험장소에는 근로자가 접근하지 않도록 출입금지 조치를 하여야 한다.

7) 굴착된 흙이 차량으로 운반될 경우 통로를 확보하고 굴착자와 차량 운전자가 상호 연락할 수 있도록 하되, 그 신호는 노동부장관이 고시한 크레인작업표준신호지침에서 정하는 바에 의한다.

Ⅳ. 작업 후 조치사항

토사붕괴 발생을 예방하기 위하여 점검 실시

1) 전 지표면 답사

2) 경사면의 지층 변화부 상황 확인

3) 부석의 상황변화 확인

4) 용수의 발생 유무와 용수량의 변화 확인

V. 굴착작업 시 안전대책

1) 토질의 특성을 고려한 안전기울기 준수 자세히 보기

2) 작업 시작 전 작업 장소 및 주변의 부석, 균열의 유무 등 점검

3) 작업반경 내 근로자 출입통제

4) 강우 등으로 인한 지반의 붕괴를 방지하기 위한 가배수로 설치 등의
조치

5) 주변의 지하매설물 사전점검 및 방호조치

6) 굴착선단부에 자재 적치 금지

7) 굴착토사는 단부로부터 1m 이상 이격하여 적지

8) 차량계 건설기계 사용 시 유도자 배치

9) 백호 버킷 탈락방지핀 체결 상태 확인

10) 중량물 등의 취급 시 이동식 크레인 등 사용(백호 사용 배제)

11) 토사반출 시 과다적재 금지로 근로자 재해 예방

12) 공사진행 중 이미 조사된 결과와 상이한 상태가 발생한 경우 보완(정
밀조사) 실시하여야 하며 결과에 따라 작업계획을 재검토하여야 할
경우에는 공법이 결정될 때까지 공사 중지

13) 개인보호구 착용

VI. 결론

굴착작업의 안전성 확보를 위해서는 작업도중 굴착된 상태로 작업 종료 시 방호울, 위험표지판을 설치해 제3자 출입을 금지시켜야 하고, 상하부 동시작업은 원칙적으로 금지해야 하나 부득이한 경우 낙하물 방호시설, 부석제거, 관리감독자 및 신호수를 배치해 안전한 작업이 이루어지도록 한다.

"끝"

제 133 회
국가기술자격검정 기술사 필기시험 답안지(제4교시)

○   ○   ○

※ 10권 이상은 분철(최대 10권 이내)

자 격 종 목	건설안전기술사

답안지 작성 시 유의사항

1. 답안지는 총 7매(14면)이며 교부받는 즉시 매수, 페이지 등 정상 여부를 반드시 확인하고 1매라도 분리되거나 훼손하여서는 안 됩니다.
2. 시행회, 자격종목, 수험번호, 성명을 정확하게 기재하여야 합니다.
3. 수험자 인적사항 및 답안 작성(계산식 포함)은 흑색 또는 청색 필기구만 사용하되, 동일한 한 가지 색의 필기구만 사용하여야 하며 흑색, 청색을 제외한 유색 필기구 또는 연필류를 사용하거나 두 가지 이상의 색을 혼합 사용하였을 경우 그 문항은 0점 처리됩니다.
4. 답안 정정 시에는 두 줄(=)을 긋고 다시 기재 가능하며, 수정테이프(액) 등을 사용했을 경우 채점상의 불이익을 받을 수 있으므로 사용하지 마시기 바랍니다.
5. 답안지에 답안과 관련 없는 특수한 표시, 특정인임을 암시하는 답안지는 전체가 0점 처리됩니다.
6. 답안 작성 시 홈(구멍)이나 도형 등 그림이 없는 직선자(템플릿 사용 금지)만 사용할 수 있습니다.
7. 문제의 순서에 관계없이 답안을 작성하여도 되나 주어진 문제번호와 문제를 기재한 후 답안을 작성하고 전문 용어는 원어로 기재하여도 무방합니다.
8. 요구한 문제수보다 많은 문제를 답하는 경우 기재 순으로 요구한 문제수까지 채점하고 나머지 문제는 채점대상에서 제외됩니다.
9. 답안 작성 시 답안지 양면의 페이지 순으로 작성하시기 바랍니다.
10. 기작성한 문항 전체를 삭제하고자 할 경우 반드시 해당 문항의 답안 전체에 대하여 명확하게 X표시(X표시한 답안은 채점대상에서 제외) 하시기 바랍니다.
11. 시험시간이 종료되면 즉시 답안 작성을 멈춰야 하며, 종료시간 이후 계속 답안을 작성하거나 감독위원의 답안 제출 지시에 불응할 때에는 채점대상에서 제외됩니다.
12. 각 문제의 답안 작성이 끝나면 "끝"이라고 쓰고 다음 문제는 두 줄을 띄워 기재하여야 하며 최종 답안 작성이 끝나면 그 다음 줄에 "이하 여백"이라고 써야 합니다.
13. 비번호란은 기재하지 않습니다.

비 번 호	

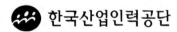
한국산업인력공단

문제1) 상시적인 위험성평가의 실시방법 및 근로자의 참여방법에 대하여

설명하시오.(25점)

답)

I. 개요

위험성평가는 사전에 유해위험요인을 파악하고 해당 유해위험에 의한 부상이나 질병의 발생가능성과 중대성에 대한 감소대책을 수립하기 위한 제도로서 근로자의 적극적인 참여가 무엇보다 중요하다.

II. 상시적인 위험성평가의 실시방법

1) 사업주는 다음과 같은 방법으로 위험성평가를 실시하여야 한다.

① 안전보건관리책임자 등 해당 사업장에서 사업의 실시를 총괄 관리하는 사람에게 위험성평가의 실시를 총괄 관리하게 할 것

② 사업장의 안전관리자, 보건관리자 등이 위험성평가의 실시에 관하여 안전보건관리책임자를 보좌하고 지도·조언하게 할 것

③ 유해·위험요인을 파악하고 그 결과에 따른 개선조치를 시행할 것

④ 기계·기구, 설비 등과 관련된 위험성평가에는 해당 기계·기구, 설비 등에 전문 지식을 갖춘 사람을 참여하게 할 것

⑤ 안전·보건관리자의 선임의무가 없는 경우에는 제2호에 따른 업무를 수행할 사람을 지정하는 등 그 밖에 위험성평가를 위한 체제를 구축할 것

2) 사업주는 제1항에서 정하고 있는 자에 대해 위험성평가를 실시하기 위해 필요한 교육을 실시하여야 한다. 이 경우 위험성평가에 대해 외부에

서 교육을 받았거나, 관련학문을 전공하여 관련 지식이 풍부한 경우에는 필요한 부분만 교육을 실시하거나 교육을 생략할 수 있다.

3) 사업주가 위험성평가를 실시하는 경우에는 산업안전·보건 전문가 또는 진문기관의 컨설팅을 받을 수 있다.

4) **사업주가 다음 각 호의 어느 하나에 해당하는 제도를 이행한 경우에는 그 부분에 대하여 이 고시에 따른 위험성평가를 실시한 것으로 본다.**

① 위험성평가 방법을 적용한 안전·보건진단(법 제47조)

② 공정안전보고서(법 제44조). 다만, 공정안전보고서의 내용 중 공정 위험성 평가서가 최대 4년 범위 이내에서 정기적으로 작성된 경우에 한한다.

③ 근골격계부담작업 유해요인조사(안전보건규칙 제657조부터 제662조까지)

④ 그 밖에 법과 이 법에 따른 명령에서 정하는 위험성평가 관련 제도

5) **사업주는 사업장의 규모와 특성 등을 고려하여 다음 각 호의 위험성평가 방법 중 한 가지 이상을 선정하여 위험성평가를 실시할 수 있다.**

① 위험 가능성과 중대성을 조합한 빈도·강도법

② 체크리스트(Checklist)법

③ 위험성 수준 3단계(저·중·고) 판단법

④ 핵심요인 기술(One Point Sheet)법

⑤ 그 외 규칙 제50조제1항제2호 각 목의 방법

Ⅲ. 근로자의 참여방법

사업주는 위험성평가를 실시할 때, 법 제36조제2항에 따라 다음 각 호에 해당하는 경우 해당 작업에 종사하는 근로자를 참여시켜야 한다.

1) 유해·위험요인의 위험성 수준을 판단하는 기준을 마련하고, 유해·위험요인별로 허용 가능한 위험성 수준을 정하거나 변경하는 경우

2) 해당 사업장의 유해·위험요인을 파악하는 경우

3) 유해·위험요인의 위험성이 허용 가능한 수준인지 여부를 결정하는 경우

4) 위험성 감소대책을 수립하여 실행하는 경우

5) 위험성 감소대책 실행 여부를 확인하는 경우

Ⅳ. 결론

위험성평가를 실시한 각 건설현장은 위험성평가의 공유를 위해 근로자가 종사하는 작업과 관련된 유해위험요인, 위험성 결정결과, 실행계획, 근로자의 준수사항을 상시적으로 주지시키도록 노력해야 한다.

"끝"

문제2) 「산업안전보건법」과 「중대재해 처벌 등에 관한 법률」상의 중대재해를 구분하여 정의하고 현장에서 중대재해 발생 시 조치사항을 설명하시오.(25점)

답)

I. 개요

건설현장의 유해위험요인을 파악하고 작업에 임하였으나 중대재해가 발생된 경우 즉시 작업을 중지하고 근로자의 신속한 대피, 위험요인의 제거, 재해자에 대한 구호조치, 추가피해방지를 위한 조치의 순으로 안전한 조치가 이루어져야 한다.

II. 「산업안전보건법」과 「중대재해 처벌 등에 관한 법률」상의 중대재해 정의

「산업안전보건법」상의 중대재해	• 사망자가 1명 이상 발생 • 동일한 사고로 6개월 이상 치료가 필요한 부상자가 2명 이상 발생 • 동일한 유해요인으로 급성중독 등 대통령령으로 정하는 직업성 질병자가 1년 이내에 3명 이상 발생
「중대재해 처벌 등에 관한 법률」상의 중대재해	• 사망자가 1명 이상 발생한 재해 • 3개월 이상의 요양이 필요한 부상자가 동시에 2명 이상 발생한 재해 • 부상자 또는 직업성 질병자가 동시에 10명 이상 발생한 재해

III. 현장에서 중대재해 발생 시 조치사항

1) 중대재해 발생 시 사업주의 조치

① 사업주는 중대재해가 발생하였을 때에는 즉시 작업을 중지시키고

근로자를 작업장소에서 대피시키는 등 안전 및 보건에 관하여 필요한 조치를 하여야 한다.

② 사업주는 중대재해가 발생한 사실을 알게 된 경우 고용노동부령으로 정하는 바에 따라 지체없이 고용노동부장관에게 보고하여야 한다. 다만, 천재지변 등 부득이한 사유가 발생한 경우에는 그 사유가 소멸되면 지체없이 보고하여야 한다.

2) 도급사업에 따른 산어재해 예방조치

다음의 경우에 대비한 경보체계 운영과 대피방법 등 훈련

① 작업장소에서 발파작업을 하는 경우

② 작업장소에서 화재

Ⅳ. 중대재해 발생 시 보고

사업주는 중대재해가 발생한 사실을 알게 된 경우에는 법 제54조 제2항에 따라 지체없이 다음의 사항을 사업장 소재지를 관할하는 지방고용조동관서의 장에게 전화·팩스 또는 그 밖의 적절한 방법으로 보호해야 한다.

1) 발생개요 및 피해상황

2) 조치 및 전망

3) 그 밖의 중요한 사항

Ⅴ. 결론

「중대재해 처벌 등에 관한 법률」상 중대재해란 중대산업재해와 중대시민재해로 구분되며, 중대시민재해는 사망자가 1명 이상, 동일한 사고로 2개

월 이상 치료가 필요한 부상자 10명 이상, 동일한 원인으로 3개월 이상 치료가 필요한 질병자 10명 이상이 발생한 재해를 말하며, 특히, 건설업은 중대시민재해의 예방에도 만전을 기해야 한다.

"끝"

문제3) 데크플레이트 붕괴사고 원인과 설치 시 안전수칙 및 점검사항에 대하여 설명하시오.(25점)

답)

Ⅰ. 개요

Deck Plate는 강판, 선재 등의 강재류를 요철가공한 판형부재로 콘크리트 구조물의 바닥 구조를 형성하는 바닥거푸집이자 보형식 동바리의 일종이다. 보형식 동바리는 바닥 거푸집을 지지하는 지주형식 동바리를 설치하지 않거나 줄일 수 있어 토목 시설물 또는 물류창고 등 층고가 높은 건축공사에 적용된다.

Ⅱ. 데크플레이트 붕괴사고 원인

1) **설계검토 부족** : 구조안전계산서 및 시공상세도면 검토 미흡

2) **시공관리 미흡** : 설계와 다르게 시공하거나, 공사 중 시공관리 감독 소홀

3) **자재 품질관리 미흡** : 자재 반입검사 등 자재 품질관리 미흡

Ⅲ. 설치 시 안전수칙

1) 구조안정성 검토 후 작성된 시방서, 조립도를 기준으로 설치

2) 데크플레이트 양단의 이음부를 못이나 용접 등으로 견고하게 고정

3) 데크플레이트 양단 하부 동바리의 유동이 없도록 수평연결재를 설치하거나 중앙부에 추가 동바리 설치

Ⅳ. 점검사항

1) 사전확인

① 데크플레이트 설치 및 콘크리트 타설계획 등의 시공계획 수립 및 확인

② 거푸집 및 동바리에 사용하는 각 부재의 한국산업표준 적합여부 및 변형, 손상, 부식 등의 여부 확인

③ 구조검토 후 조립도 작성

2) 데크플레이트 설치

① 시방서 및 조립도 등 설계도서 준수

② 데크플레이트 양끝 지지물의 구조에 적합하게 단단히 고정

③ 데크플레이트가 고정된 보, 거푸집 측면이 터지지 않도록 브래킷, 지지대 등으로 보강

④ 보, 거푸집지지 동바리 사이에 수평연결재를 설치하거나 하단에 동바리 추가 설치

3) 콘크리트 타설 시

① 거푸집 및 동바리의 변위, 변형 및 침하여부 확인

② 콘크리트는 시방서 등 설계도서에 따른 순서로 편심이 발생되지 않도록 분산 타설

③ 콘크리트 타설 중 거푸집 및 동바리의 변형, 변위 등의 여부를 감시하고, 이상 시 작업자 즉시 대피조치

④ 타설 중 붕괴우려 발생 시 충분한 보강조치 후 작업 재개

⑤ 설계도서상 콘크리트 양생기간을 준수하여 해체

⑥ 악천후 시 작업중지

V. 콘크리트 타설 시 안전수칙

1) 타설작업은 시방서 등 설계도서에 따를 것

2) 타설 전 거푸집 동바리의 변위, 변형, 침하여부 확인

3) 타설 중 편심발생이 없도록 분산타설

4) 타설 중 하부의 작업자 외 출입금지조치

5) 타설 중 거푸집 동바리의 이상 변위, 변형, 침하유무를 감시하고 이상 시 작업자 즉시대피 및 보강조치 후 작업재개

VI. 결론

데크플레이트 붕괴사고 등의 안전한 작업을 위해서는 전 점검회의 시 시공계획서, 조립도 등 설계도서 사전 공유와 작업 전 안전점검(TBM)을 통해 핵심 안전수칙 작업자에게 교육 시 SLAM 방법을 공유하고 안전한 작업이 이루어지도록 해야 한다.

"끝"

문제4) 동바리의 유형별 조립 시 안전조치사항과 조립·해체 시 준수사항에 대하여 설명하시오.(25점)

답)

I. 개요

동바리는 파이프 서포트, 조립 강주, 시스템동바리 등이 사용되므로 각 동바리의 유형별 안전조치사항과 조립해체 시 준수사항의 기본으로 작업계획서를 작성하고 준수하는 것이 중요하다.

II. 동바리의 유형별 조립 시 안전조치사항

1) 파이프 서포트

① 3개 이상 이어 사용금지

② 이어서 사용하는 경우 4개 이상의 볼트나 전용철물 사용

③ 높이 3.5미터 초과 시 높이 2미터 이내마다 2개 방향으로 수평연결재 설치

2) 조립 강주

높이 4미터 초과 시 4미터 이내마다 수평연결재를 2개 방향으로 설치하고 변위가 발생되지 않도록 할 것

3) 지주형식 시스템동바리

① 수평연결재는 수직재와 직각으로 설치하고 흔들리지 않도록 견고하게 설치

② 연결철물을 사용해 수직재를 견고하게 연결하고 연결부가 탈락되거나 꺾이지 않도록 할 것

③ 수직 및 수평하중에 대해 구조적 안정성이 확보되도록 조립도에 따라 가새재를 견고하게 설치

④ 동바리 최상단과 최하단 수직재와 받침철물은 서로 밀착되도록 설치하며, 수직재와 받침철물의 연결부 겹침길이는 받침철물 전체길이의 3분의 1 이상이 되도록 할 것

4) 보형식 시스템동바리

① 접합부는 충분한 걸침길이를 확보하고 양끝을 지지물에 고정시켜 미끄러짐 및 탈락이 없도록 할 것

② 양끝에 설치된 보 거푸집을 지지하는 동바리 사이에는 수평연결재를 설치하거나 추가 동바리를 설치하는 등 거푸집이 넘어지지 않도록 견고하게 할 것

③ 설계도면, 시방서 등 설계도서를 준수해 설치할 것

Ⅲ. 조립·해체 시 준수사항

1) 받침목이나 깔판을 사용해 콘크리트 타설, 말뚝박기 등 동바리의 침하를 방지할 것

2) 동바리의 상하고정 및 미끄러짐 방지조치

3) 상하부 동바리가 동일 수직선상에 위치하도록 깔판·받침목에 고정

4) U헤드 등 단판이 없는 동바리의 상단에 멍에 등을 올릴 경우 해당 상단에 U헤드 등의 단판을 설치하고 멍에 등이 전도되거나 이탈되지 않도록 고정할 것

5) 동바리 이음은 동일 품질의 재료 사용

6) 강재 접속부 및 교차부는 볼트나 클램프 등 전용철물로 단단히 연결할 것

7) 거푸집 형상에 따른 부득이한 경우외에는 깔판이나 받침목은 2단 이상 끼우지 않도록 할 것

8) 깔판이나 받침목을 이어서 사용하는 경우에는 단단히 연결할 것

Ⅳ. 결론

거푸집 동바리에 의한 재해는 건설현장에서 발생되는 재해 중 점유율이 매우 높으므로 각 동바리의 유형별 안전한 작업이 이루어질 수 있도록 철저한 관리가 필요하다.

"끝"

문제5)	건설현장에 설치하는 임시소방시설의 대상작업, 임시소방시설을
	설치해야 하는 공사의 종류 및 규모, 임시소방시설과 기능 및 성
	능이 유사한 소방시설로서 임시소방시설을 설치한 것으로 보는
	소방시설에 대하여 설명하시오.(25점)

답)

Ⅰ. 개요

건설현장은 특정 소방대상물의 신축을 비롯해 증축, 재축 등의 경우 인화

성 물품을 취급하는 작업 전 임시소방시설을 설치하고 관리하여야 한다.

Ⅱ. 건설현장에 설치하는 임시소방시설의 대상작업

1) 인화성, 가연성, 폭발성 물질을 취급하거나 가연성 가스를 발생시키는

작업

2) 용접, 용단 등 불꽃을 발생시키거나 화기를 취급하는 작업

3) 전열기구, 가열전선 등 열을 발생시키는 기구를 취급하는 작업

4) 알루미늄, 마그네슘 등을 취급하여 폭발성 부유분진을 발생시킬 수 있

는 작업

5) 그 밖에 상기 4)유형과 유사한 작업으로 소방청장이 정하여 고시하는 작업

Ⅲ. 임시소방시설을 설치해야 하는 공사의 종류 및 규모

1) 소화기

「소방시설법」 제6조제1항에 따라 소방본부장 또는 소방서장의 동의를

받아야 하는 특정 소방대상물의 신축, 증축, 개축, 재축, 이전, 용도변

경 또는 대수선 등을 위한 공사 중「소방시설법」제15조제1항에 따른 화재위험작업의 현장에 설치

2) 간이소화장치

다음의 어느 하나에 해당하는 공사의 화재위험작업현장

① 연면적 3천m^2 이상

② 지하층, 무창층 또는 4층 이상의 층(해당 층의 바닥면적 600m^2 이상)

3) 비상경보장치

다음의 어느 하나에 해당하는 공사의 화재위험작업현장에 설치

① 연면적 400m^2 이상

② 지하층 또는 무창층(해당 층의 바닥면적 150m^2 이상)

4) 가스누설경보기

바닥면적이 150m^2 이상인 지하층 또는 무창층의 화재위험작업현장에 설치

5) 간이피난유도선

바닥면적이 150m^2 이상인 지하층 또는 무창층의 화재위험작업현장에 설치

6) 비상조명등

바닥면적이 150m^2 이상인 지하층 또는 무창층의 화재위험작업현장에 설치

7) 방화포

용접, 용단 작업이 진행되는 화재위험작업현장에 설치

Ⅳ. 임시소방시설과 기능 및 성능이 유사한 소방시설로서 임시소방시설을 설치한 것으로 보는 소방시설

1) 간이소화장치를 설치한 것으로 보는 소방시설

소방청장이 정하여 고시하는 기준에 맞는 소화기(연결송수관설비의 방수구 인근에 설치한 경우로 한정) 또는 옥내소화전 설비

2) 비상경보장치를 설치한 것으로 보는 소방시설

비상방송설비 또는 자동화재탐지설비

3) 간이피난유도선을 설치한 것으로 보는 소방시설

피난유도선, 피난구유도등, 통로유도등 또는 비상조명등

Ⅴ. 결론

「건설산업기본법」에 따른 건설공사를 하는 자는 특정소방대상물의 공사 시 현장에서 인화성 물품을 취급하는 작업은 설치 및 철거가 쉬운 화재대비시설을 설치하고 관리하도록 규정하고 있다.

"끝"

문제6)	**타워크레인 작업계획서 내용과 상승 작업 시 절차 및 주요 단계별 확인사항에 대하여 설명하시오.**(25점)

답)

I. 개요

「산업안전보건기준에 관한 규칙」 제38조에 따라 타워크레인을 설치, 조립, 해체하는 작업을 하는 경우 작업계획서를 작성하고 작업을 진행하도록 규정하고 있다.

II. 타워크레인 작업계획서 내용

1) 타워크레인의 종류 및 형식

2) 설치 · 조립 및 해체순서

3) 작업도구 · 장비 · 가설설비 및 방호설비

4) 지지방법

III. 상승 작업 시 절차

1) 타워크레인 상승작업 협의

2) 상승작업 순서결정 및 현장준비 사항 검토

3) 위험요인 파악 및 작업자 교육

4) 마스트 전용 프레임 설치(자립고 이상 작업 시)

5) 브레싱 설치(자립고 이상 작업 시)

6) 마스트 상승작업 준비

7) 텔레스코핑 케이지와 턴테이블 연결

8) 가이드레일에 추가마스트 안착

9) 메인지브 수평유지(메인지브 선회 절대금지)

10) 상승작업 실시(메인지브 선회 절대금지)

11) 추가 마스트 연결

12) 케이지 분리

13) 상승 완료 후 확인

Ⅳ. 주요 단계별 확인사항

1) 연장할 마스트 권상작업

① 텔레스코핑 케이지의 유압장치가 있는 방향에 카운터 지브가 위치 하도록 카운트 지브의 방향을 맞춘다.

② 텔레스코핑 작업 전 연장 할 마스트를 지브방향으로 운반한다.

③ 연장 할 마스트를 Hook에 안전하게 걸어 들어올린다.

2) 마스트를 가이드레일에 안착

① 트롤리를 횡행시켜 텔레스코핑 케이지의 대차 위에 마스트를 안전 하게 내려놓는다.

② Top Mast와 Slewing Support의 연결용 Pin을 해체한다.

③ 텔레스코핑 케이지 모빌빔을 Mast Saddle에 건다.

3) 마스트로 좌우 균형 유지

① 카운터 지부와 메인지브의 균형을 유지하기 위하여 마스트 1개를 들어 올린다.

② 텔레스코핑 케이지의 안내롤러의 간격이 마스트의 4군데와 일정한 상태

		가 될 때까지 트롤리를 이동시켜 전, 후 평형상태의 균형을 유지한다.
		4) 유압상승 작업
		① 텔레스코핑 유압장치를 작동시켜 유압실린더를 상승시킨다.
		② 유압실린더를 상승시킨 후 Pawls를 마스트 Saddle에 건다.
		③ 유압실린더를 하강시킨다.
		5) 마스트 조립작업
		Top Master와 Slewing Support 끝단의 간격이 일정하게 되면 텔레스
		코핑 케이지에 마스트를 밀어 넣는다.
		6) 연장작업 완료(반복실시)
		① 마스트의 연결부분 간격이 일치되면 유압실린더를 하강시킨다.
		② 연결 핀의 Hole이 일치되면 유압실린더의 하강을 멈춘다.
		③ 마스트 연결핀을 체결한다.
		④ Top Master와 Slewing Support 연결핀을 체결한다.
		⑤ 이로써 1개의 마스트 연장작업이 끝난다.
		⑥ 계속하여 마스트 연장작업 시 Top Master와 Slewing Support 연
		결핀을 체결작업은 생략한다.
V.	**결론**	
		타워크레인 사용 현장의 사업주는 순간풍속 초당 10미터 초과 시 설치, 수
		리, 점검, 해체작업을 중지해야 하며, 순간풍속 초당 15미터 초과 시에는
		운전작업을 중지해야 한다. 특히, 인상작업 시에는 작업순서를 숙지하고
		검사 및 점검이 철저히 이루어지도록 관리해야 한다. "끝"

부록 I

출제문제 분석표

(124~133회)

구분			2021년(제124회)
법규 및 이론	산업안전보건법	용어	(1) 스마트 추락방지대 (2) 산업안전보건법상 사업주의 의무 (3) 산업안전보건법상 조도기준 및 조도기준 적용 예외 (4) 화재 위험작업 시 준수사항 (5) 이동식크레인 양중작업 시 지반 지지력에 대한 안정성검토
		논술	(1) 위험성평가 진행절차와 거푸집 동바리공사의 위험성평가표에 대하여 설명하시오. (2) 건설현장에서 작업 전, 작업 중, 작업종료 전, 작업종료 시의 단계별 안전관리 활동에 대하여 설명하시오.
	건설기술진흥법	용어	(1) 건설기술진흥법상 건설공사 안전관리 종합정보망(C.S.I) (2) 건설기술진흥법상 소규모 안전관리계획서 작성 대상사업과 작성대상
		논술	(1) 스마트 건설기술을 적용한 안전교육 활성화 방안과 설계·시공 단계별 스마트 건설기술 적용방안에 대하여 설명하시오.
	시설물안전관리특별법	논술	(1) 공용중인 철근콘크리트 교량의 안전점검 및 정밀안전진단 주기와 중대결함종류, 보수·보강 시 작업자 안전대책에 대하여 설명하시오.
	안전관리	용어	(1) 헤르만 에빙하우스의 망각곡선 (2) 산소결핍에 따른 생리적 반응 (3) 등치성 이론
		논술	(1) 건설현장의 고령 근로자 증가에 따른 문제점과 안전관리방안에 대해서 설명하시오. (2) 재해통계의 필요성과 종류, 분석방법 및 통계 작성 시 유의사항에 대하여 설명하시오. (3) 건설공사장 화재발생 유형과 화재예방대책, 화재 발생 시 대피요령에 대하여 설명하시오.
기술부문	가설공사	논술	(1) 갱폼(Gang Form) 현장 조립 시 안전설비기준 및 설치·해체 시 안전대책에 대하여 설명하시오. (2) 낙하물방지망 설치기준과 설치작업 시 안전대책에 대하여 설명하시오. (3) 강관비계의 설치기준과 조립·해체 시 안전대책에 대하여 설명하시오.
	토공사 기초공사	논술	(1) 도로공사 시 사면붕괴형태, 붕괴원인 및 사면안정공법에 대하여 설명하시오. (2) 운행 중인 도시철도와 근접하여 건축물 신축 시 흙막이공사(H–pile + 토류판, 버팀보)의 계측관리계획(계측항목, 설치위치, 관리기준)과 관리기준 초과 시 안전대책에 대하여 설명하시오.
	철근/콘크리트공사	용어	(1) 거푸집에 작용하는 콘크리트 측압에 영향을 주는 요인 (2) 강재의 연성파괴와 취성파괴 (3) 온도균열
		논술	(1) 콘크리트 구조물의 복합열화 요인 및 저감대책에 대하여 설명하시오. (2) 계단형상으로 조립하는 거푸집 동바리 조립 시 준수사항과 콘크리트 펌프카 작업 시 유의사항에 대하여 설명하시오.
	철골	논술	(1) 강구조물의 용접결함의 종류를 설명하고, 이를 확인하기 위한 비파괴검사 방법 및 용접 시 안전대책에 대하여 설명하시오.
	기계, 장비	논술	(1) 타워크레인의 재해유형 및 구성부위별 안전검토사항과 조립·해체 시 유의사항에 대하여 설명하시오.
	해체	논술	(1) 압쇄장비를 이용한 해체공사 시 사전검토사항과 해체 시공계획서에 포함사항 및 해체 시 안전관리사항에 대하여 설명하시오.
	터널	논술	(1) 도심지 도시철도 공사 시 소음·진동 발생작업 종류, 작업장 내·외 소음·진동 영향과 저감방안에 대하여 설명하시오.
	교량		

구분			2021년(제125회)
법규 및 이론	산업안전보건법	용어	(1) 사전작업허가제(PTW : Permit To Work) (2) 건설공사 발주자의 산업재해예방 조치
		논술	(1) 산업안전보건법령상 안전교육의 종류를 열거하고, 아파트 리모델링 공사 중 특별안전교육 대상작업의 종류 및 교육내용에 대하여 설명하시오. (2) 산업안전보건기준에 관한 규칙상 건설공사에서 소음작업, 강렬한 소음작업, 충격소음작업에 대한 소음기준을 작성하고, 그에 따른 안전관리 기준에 대하여 설명하시오. (3) 중대재해 발생 시 산업안전보건법령에서 규정하고 있는 사업주의 조치 사항과 고용노동부장관의 작업중지 조치 기준 및 중대재해 원인조사 내용에 대하여 설명하시오. (4) 건설업 KOSHA-MS 관련 종합건설업체 본사분야의 리더십과 근로자의 참여 인증항목 중 리더십과 의지표명, 근로자의 참여 및 협의 항목의 인증기준에 대하여 설명하시오.
	건설기술진흥법	논술	(1) 건설기술진흥법령에서 규정하고 있는 건설공사의 안전관리조직과 안전관리비용에 대하여 설명하시오.
	시설물안전관리특별법	논술	(1) 제3종 시설물의 정기안전점검 계획수립 시 고려하여야 할 사항과 정기안전점검 시 점검항목 및 점검방법에 대하여 설명하시오.
	안전관리	용어	(1) 기계설비의 고장곡선 (2) 열사병 예방 3대 기본수칙 및 응급상황 시 대응방법 (3) Fail safe와 Fool proof
		논술	(1) 하절기 집중호우로 인한 제방 붕괴의 원인 및 방지대책에 대하여 설명하시오. (2) 재해손실 비용 산정 시 고려사항 및 Heinrich 방식과 Simonds 방식을 비교 설명하시오. (3) 휴먼에러(Human Error)의 분류에 대하여 작성하고, 공사 계획단계부터 사용 및 유지관리 단계에 이르기까지 각 단계별로 발생될 수 있는 휴먼에러에 대하여 설명하시오.
기술부문	가설공사	용어	(1) 개구부 방호조치 (2) 추락방호망 (3) 이동식 사다리의 사용기준
		논술	(1) 기존 시스템비계의 문제점과 안전난간 선조립비계의 안전성 및 활용방안에 대하여 설명하시오. (2) 시스템 동바리 설치 시 주의사항과 안전사고 발생원인 및 안전관리 방안에 대하여 설명하시오. (3) 건설현장에서 사용되는 고소작업대(차량탑재형)의 구성요소와 안전작업 절차 및 작업 중 준수사항에 대하여 설명하시오.
	토공사 기초공사	용어	(1) 지반개량공법의 종류 (2) 토석붕괴의 외적원인 및 내적원인 (3) 절토 사면의 계측항목과 계측기기 종류
		논술	(1) 도심지 공사에서 흙막이 공법 선정 시 고려사항, 주변 침하 및 지반 변위 원인과 방지대책에 대하여 설명하시오.
	철근/콘크리트공사	논술	(1) 건축물의 PC(Precast Concrete)공사 부재별 시공 시 유의사항과 작업 단계별 안전관리 방안에 대하여 설명하시오. (2) 무량판 슬래브와 철근 콘크리트 슬래브를 비교 설명하고, 무량판 슬래브 시공 시 안전성 확보 방안에 대하여 설명하시오. (3) 철근콘크리트 공사 단계별 시공 시 유의사항과 안전관리 방안에 대하여 설명하시오.
	철골	논술	(1) 데크 플레이트(Deck Plate) 공사 단계별 시공 시 유의사항과 안전사고 유형 및 안전관리 방안에 대하여 설명하시오.
	기계, 장비	용어	(1) 지게차작업 시 재해예방 안전조치 (2) 곤돌라 안전장치의 종류
	해체	논술	(1) 도심지 공사에서 구조물 해체 시 사전조사 사항과 안전사고 유형 및 안전관리 방안에 대하여 설명하시오.
	터널	-	-
	교량	-	-

구분			2022년(제126회)
법규 및 이론	산업안전보건법	논술	(1) 위험성평가의 정의, 단계별 절차를 설명하시오. (2) 산업안전보건법령상 유해위험방지계획서 제출대상 및 작성내용을 설명하시오. (3) 중대재해처벌법상 중대재해의 정의, 의무주체, 보호대상, 적용범위, 의무내용 처벌수준에 대하여 설명하시오. (4) 산업안전보건법령상 안전보건관리체제에 대한 이사회 보고·승인 대상 회사와 안전 및 보건에 관한 계획수립 내용에 대하여 설명하시오.
	건설기술진흥법	논술	(1) 지하안전관리에 관한 특별법 시행규칙상 지하시설물관리자가 안전점검을 실시하여야 하는 지하시설물의 종류를 기술하고, 안전점검의 실시시기 및 방법과 안전점검 결과에 포함되어야 할 내용에 대하여 설명하시오.
	시설물안전관리특별법	용어	(1) 시설물의 안전진단을 실시해야 하는 중대한 결함
	안전관리	용어	(1) 산업안전심리학에서 인간, 환경, 조직특성에 따른 사고요인 (2) 하인리히(Heinrich)와 버드(Bird)의 사고 연쇄성 이론 5단계와 재해발생비율
		논술	(1) 재해조사 시 단계별 조사내용과 유의사항을 설명하시오. (2) 악천후로 인한 건설현장의 위험요인과 안전대책에 대하여 설명하시오. (3) 건설현장에서 가설전기 사용에 의한 전기감전 재해의 발생원인과 예방대책에 대하여 설명하시오. (4) 건설현장에서 전기용접 작업 시 재해유형과 안전대책에 대하여 설명하시오.
기술 부문	가설공사	용어	(1) 타워크레인을 자립고 이상의 높이로 설치할 경우 지지방법과 준수사항 (2) 가설경사로 설치기준
		논술	(1) 낙하물방지망의 정의, 설치방법, 설치 시 주의사항, 설치·해체 시 추락 방지대책에 대하여 설명하시오. (2) 시스템동바리의 구조적 특징과 붕괴발생원인 및 방지대책을 설명하시오.
	토공사 기초공사	용어	(1) 흙막이 지보공을 설치했을 때 정기적으로 점검해야 할 사항 (2) 주동토압, 수동토압, 정지토압 (3) 지반 등을 굴착하는 경우 굴착면의 기울기 (4) 언더피닝(Underpinning) 공법의 종류별 특성 (5) 보강토옹벽의 파괴유형과 파괴 방지대책에 대하여 설명하시오.
	철근/콘크리트공사	용어	(1) 콘크리트 구조물의 연성파괴와 취성파괴 (2) 콘크리트 온도제어양생
		논술	(1) 펌프카를 이용한 콘크리트 타설 시 안전작업절차와 타설 작업 중 발생할 수 있는 재해유형과 안전대책에 대하여 설명하시오. (2) 한중콘크리트 시공 시 문제점과 안전관리대책에 대하여 설명하시오. (3) 콘크리트 타설 후 체적 변화에 의한 균열의 종류와 관리방안을 설명하시오. (4) 콘크리트 내구성 저하 원인과 방지대책에 대하여 설명하시오.
	철골	–	–
	기계, 장비	–	–
	해체	논술	(1) 노후화된 구조물 해체공사 시 사전조사항목과 안전대책에 대하여 설명하시오.
	터널	용어	(1) 터널 제어발파 (2) 암반의 파쇄대(Fracture Zone)
		논술	(1) 터널 굴착공법의 사전조사 사항 및 굴착공법의 종류를 설명하고 터널 시공 시 재해유형과 안전관리 대책에 대하여 설명하시오.
	교량	–	–

구분			2022년(제127회)
법규 및 이론	산업안전보건법	용어	(1) 중대산업재해 및 중대시민재해 (2) 안전인증 대상 기계 및 보호구의 종류 (3) 산업안전보건법상 산업재해 발생 시 보고체계
		논술	(1) 안전보건개선계획 수립 대상과 진단보고서에 포함될 내용을 설명하시오. (2) 산업안전보건법에서 정하는 건설공사 발주자의 산업재해예방조치 의무를 계획단계·설계단계·시공단계로 나누고 각 단계별 작성항목과 내용을 설명하시오. (3) 건설작업용 리프트의 소립·해제작업 및 운행에 따른 위험성평가 시 사고 유형과 안선대책에 대하여 설명하시오.
	건설기술진흥법	용어	(1) 건설공사 시 설계안전성 검토절차
	건설기술관리법	용어	(1) 건설기계관리법상 건설기계안전교육 대상과 주요내용
		논술	(1) 양중기의 방호장치 종류 및 방호장치가 정상적으로 유지될 수 있도록 작업 시작 전 점검사항에 대하여 설명하시오. (2) 타워크레인의 성능 유지관리를 위한 반입 전 안전점검항목과 작업 중 안전점검항목을 설명하시오.
	시설물안전관리특별법	논술	(1) 건설기술진흥법 및 시설물의 안전 및 유지관리에 관한 특별법에서 정의하는 안전점검의 목적, 종류, 점검시기 및 내용에 대하여 설명하시오.
	안전관리	용어	(1) 지붕 채광창의 안전덮개 제작기준
		논술	(1) 미세먼지가 건설현장에 미치는 영향과 안전대책 그리고 예보등급을 설명하시오. (2) 건설현장의 근로자 중에 주의력 있는 근로자와 부주의한 현상을 보이는 근로자가 있다. 부주의한 근로자의 사고를 예방할 수 있는 안전대책에 대하여 설명하시오. (3) 건설현장의 스마트 건설기술의 개념, 스마트 안전장비의 종류 및 스마트 안전관제시스템, 향후 스마트 기술 적용 분야에 대하여 설명하시오. (4) 화재 발생메커니즘(연소의 3요소)에 대하여 설명하고, 건설현장에서 작업 중 발생할 수 있는 화재 및 폭발 발생유형과 예방대책에 대하여 설명하시오. (5) 건설현장의 돌관작업을 위한 계획 수립 시 재해예방을 위한 고려사항과 돌관작업현장의 안전관리방안을 설명하시오. (6) 건설현장의 재해가 근로자, 기업, 사회에 미치는 영향에 대하여 설명하시오.
기술부문	가설공사	용어	(1) 가설계단의 설치기준 (2) 작업의자형 달비계작업 시 안전대책
		논술	(1) 풍압이 가설구조물에 미치는 영향과 안전대책에 대하여 설명하시오. (2) 낙하물방지망의 1) 구조 및 재료 2) 설치기준 3) 관리기준을 설명하시오. (3) 시스템동바리 조립 시 가새의 역할 및 설치기준, 시공 시 검토해야 할 사항에 대하여 설명하시오. (3) 수직보호망의 설치기준, 관리기준, 설치 및 사용 시 안전유의사항에 대하여 설명하시오.
	토공사 기초공사	용어	(1) 밀폐공간작업 시 사전준비사항 (2) 얕은기초의 하중−침하 거동 및 지반의 파괴유형 (3) 항타·항발기 사용현장의 사전조사 및 작업계획서 내용
		논술	(1) 해빙기 건설현장에서 발생할 수 있는 재해위험요인별 안전대책과 주요 점검사항을 설명하시오.
	철근/콘크리트공사	용어	(1) 콘크리트의 물−결합재비 (2) 거푸집 측면에 작용하는 콘크리트 타설 시 측압 결정방법
	철골	−	−
	해체	−	−
	터널	논술	(1) 터널 굴착 시 터널 붕괴 사고예방을 위한 터널막장면의 굴착보조공법에 대하여 설명하시오.
	교량	−	

구분			2022년(제128회)
법규 및 이론	산업안전보건법	용어	(1) 안전대의 점검 및 폐기기준 (2) 손 보호구의 종류 및 특징 (3) 근로자 작업중지권 (4) 안전보건관련자 직무교육 (5) 위험성평가 절차, 유해·위험요인 파악방법 및 위험성 추정방법 (6) 건설업체 사고사망만인율의 산정목적, 대상, 산정방법 (7) 밀폐공간작업프로그램 및 확인사항 (8) 건설현장의 임시소방시설 종류와 임시소방시설을 설치해야 하는 화재위험작업
		논술	(1) 건설공사에서 사용되는 자재의 유해인자 중 유기용제와 중금속에 의한 근로자의 보건상 조치에 대하여 설명하시오. (2) 건설현장작업 시 근골격계 질환의 재해원인과 예방대책에 대하여 설명하시오. (3) 건설업 KOSHA-MS의 인증절차, 심사종류 및 인증취소조건에 대하여 설명하시오. (4) 산업안전보건법령상 도급사업에 따른 산업재해예방조치, 설계변경 요청 대상 및 설계변경 요청 시 첨부서류에 대하여 설명하시오. (5) 산업안전보건법과 중대재해처벌법의 목적을 설명하고, 중대재해처벌법의 사업주와 경영책임자 등의 안전 및 보건 확보의무의 주요 4가지 사항에 대하여 설명하시오.
	건설기술진흥법	논술	(1) 지하안전평가 대상사업, 평가항목 및 방법에 대하여 설명하시오. (2) 시공자가 수행하여야 하는 안전점검의 목적, 종류 및 안전점검표 작성에 대하여 설명하고, 법정(산업안전보건법, 건설기술진흥법)안전점검에 대하여 설명하시오.
	건설기술관리법	논술	(1) 건설현장의 굴착기작업 시 재해 유형별 안전대책과 인양작업이 가능한 굴착기의 충족조건에 대하여 설명하시오.
	시설물안전관리특별법	용어	(1) 시설물 안전진단 시 콘크리트강도 시험방법
	안전관리	용어	(1) 버드(Frank E. Bird)의 재해연쇄성이론 (2) 산업심리에서 성격 5요인(Big 5 Factor)
		논술	(1) Risk Management의 종류, 순서 및 목적에 대하여 설명하시오. (2) 고령근로자의 재해 발생원인과 예방대책에 대하여 설명하시오.
기술부문	가설공사	논술	(1) 비계의 설계 시 고려해야 할 하중에 대하여 설명하시오. (2) 시스템비계 설치 및 해체공사 시 안전사항에 대하여 설명하시오.
	토공사 기초공사	논술	(1) 흙막이공사의 시공계획 수립 시 포함되어야 할 내용과 시공 시 관리사항을 설명하시오. (2) 사면붕괴의 종류와 형태 및 원인을 설명하고 사면의 불안정 조사방법과 안정 검토방법 및 사면의 안정대책에 대하여 설명하시오.
	철근/콘크리트공사	용어	(1) RC구조물의 철근부식 및 방지대책 (2) 알칼리골재반응
		논술	(1) 콘크리트타설 중 이어치기 시공 시 주의사항에 대하여 설명하시오.
	철골	–	–
	해체	논술	(1) 압쇄기를 사용하는 구조물의 해체공사 작업계획 수립 시 안전대책에 대하여 설명하시오.
	터널	논술	(1) 터널공사에서 작업환경 불량요인과 개선대책에 대하여 설명하시오.
	교량	논술	(1) 철근콘크리트 교량의 상부구조물인 슬래브(상판) 시공 시 붕괴원인과 안전대책에 대하여 설명하시오.

구분			2023년(제129회)
법규 및 이론	산업안전보건법	용어	(1) 굴착기를 이용한 인양작업 허용기준 (2) 건설공사의 임시소방시설과 화재감시자의 배치기준 및 업무 (3) '산업안전보건법'상 중대재해 발생 시 사업주의 조치 및 작업중지 조치사항 (4) '산업안전보건법'상 가설통로의 설치 및 구조기준 (5) 근로자 참여제도
		논술	(1) 건설 근로자를 대상으로 하는 정기안전보건교육과 건설업 기초안전보건교육의 교육내용과 시간을 제시하고, 안전교육 실시자의 지격요건과 효과적인 안전교육방법에 대하여 설명하시오. (2) 산업안전보건관리비 대상 및 사용기준을 기술하고 최근(2022.6.2.) 개정내용과 개정사유에 대하여 설명하시오. (3) 관계수급인 근로자가 도급인의 사업장에서 작업을 하는 경우, 근로자의 산업재해예방을 위해 도급인이 이행하여야 할 사항에 대하여 설명하시오. (4) 산업안전보건법령상 근로자가 휴식시간에 이용할 수 있는 휴게시설의 설치 대상 사업장 기준, 설치의무자 및 설치기준을 설명하시오. (5) 위험성평가의 정의, 평가시기, 평가방법 및 평가 시 주의사항에 대하여 설명하시오. (6) 건설현장의 밀폐공간작업 시 수행하여야 할 안전작업의 절차, 안전점검사항 및 관리감독자의 안전관리업무에 대하여 설명하시오.
	건설기술진흥법	용어	(1) 건설기술진흥법상 가설구조물의 구조적 안전성을 확인받아야 하는 가설구조물과 관계전문가의 요건 (2) 지하안전평가의 종류, 평가항목, 평가방법과 승인기관장의 재협의 요청 대상
		논술	(1) '건설생산성 혁신 및 안전성 강화를 위한 스마트 건설기술'의 정의, 종류 및 적용사례에 대하여 설명하시오.
	건설기술관리법	논술	(1) 건설기계 중 지게차(Fork Lift)의 유해·위험요인 및 예방대책과 작업단계별(작업 시작 전과 작업 중) 안전점검사항에 대하여 설명하시오. (2) 이동식 크레인의 설치 시 주의사항과 크레인을 이용한 작업 중 안전수칙, 운전원의 준수사항, 작업 종료 시 안전수칙에 대하여 설명하시오.
	시설물안전관리특별법	용어	−
	안전관리	용어	(1) 인간의 통제정도에 따른 인간기계체계의 분류(수동체계, 반자동체계, 자동체계) (2) 레윈(Kurt Lewin)의 행동법칙과 불안전한 행동 (3) 재해의 기본원인(4M) (4) 연습곡선(Practice Curve)
		논술	(1) 하인리히(H. W. Heinrich) 및 버드(F. E. Bird)의 사고발생 연쇄성(Domino)이론을 비교하여 설명하시오. (2) 건설현장의 시스템안전(System Safety)에 대하여 설명하시오. (3) 건설안전심리 중 인간의 긴장정도를 표시하는 의식수준(5단계) 및 의식수준과 부주의행동의 관계에 대하여 설명하시오. (4) 작업부하의 정의, 작업부하 평가방법, 피로의 종류 및 원인에 대하여 설명하시오.
기술부문	가설공사	논술	(1) 건설현장에서 사용하는 외부비계의 조립·해체 시 발생 가능한 재해 유형과 비계 종류별 설치기준 및 안전대책에 대하여 설명하시오.
	토공사 기초공사	논술	(1) 토공사 중 계측관리의 목적, 계측항목별 계측기기의 종류 및 계측 시 고려사항에 대하여 설명하시오.
	철근/콘크리트공사	용어	(1) 철근콘크리트구조에서 허용응력설계법(ASD)과 극한강도설계법(USD)을 비교 (2) 콘크리트 측압 산정기준 및 측압에 영향을 주는 요인(설계하중, 재료특성, 안전확보기준)
	철골	논술	(1) 데크플레이트의 종류 및 시공순서를 열거하고, 설치작업 시 발생 가능한 재해 유형, 문제점 및 안전대책에 대하여 설명하시오.
	해체	논술	(1) 해체공사의 안전작업 일반사항과 공법별 안전작업수칙을 설명하시오.
	터널	논술	−
	교량	논술	(1) 교량공사의 FCM(Free Cantilever Method)공법 및 시공순서에 대하여 기술하고 세그먼트(Segment)시공 중 위험요인과 안전대책에 대하여 설명하시오.

구분			2023년(제130회)
법규 및 이론	산업안전보건법	용어	(1) 사업장 휴게시설 (2) 안전 및 보건에 관한 노사협의체의 심의·의결사항 (3) 용접용단 작업 시 불티비산거리 및 안전조치사항 (4) 산업안전보건법령상 특별교육 대상 작업 중 해체공사와 관련된 작업의 종류 및 교육내용 (5) 중대재해 처벌 등에 관한 법률상 중대산업재해 및 중대시민재해의 정의와 범위
		논술	(1) 위험성평가의 실시주체별 역할, 실시시기별 종류를 설명하고, 위험성평가 전파교육방법에 대하여 설명하시오. (2) 건설현장 밀폐공간작업 시 주요 유해위험 요인과 산소유해가스농도 관리 기준을 설명하고, 밀폐공간 작업 프로그램 수립시행에 따른 안전절차, 안전점검 사항에 대하여 설명하시오.
	건설기술진흥법	용어	(1) 안전점검 대상 지하시설물의 종류 및 안전점검의 실시 시기
		논술	(1) 건설공사에 적용되는 관련법에 따라 진행 단계별 안전관리 업무 및 확인사항에 대하여 설명하고, 유해위험방지 계획서와 안전관리계획서의 차이점에 대하여 설명하시오. (2) 건설기술진흥법상 "건설공사 참여자의 안전관리 수준 평가기준 및 절차"에 대하여 설명하시오.
	건설기술관리법	논술	(1) 차량계 건설기계 중 항타기·항발기를 사용 시 다음에 대하여 설명하시오. • 작업계획서에 포함할 내용 • 항타기·항발기 조립·해체, 사용(이동, 정지, 수송) 및 작업 시 점검·확인사항
	시설물안전관리특별법	논술	(1) 시설물의 안전 및 유지관리에 관한 특별법상 안전점검의 종류와 구 고량(舊 橋梁)의 안전성을 평가하는 목적 및 평가를 위해 필요한 조사방법을 설명하시오.
	안전관리	용어	(1) 산업재해 발생구조 4형태 (2) 뇌심혈관질환에서 개인요인과 작업관련요인 (3) 기계설비 장치의 잠금 및 표지부착(LOTO : Lock Out Tag Out)
		논술	(1) 재해조사의 목적과 재해조사의 원칙 3단계, 통계에 의한 재해원인의 분석방법에 대하여 설명하시오. (2) 건설공사 중 발생되는 공사장 소음·진동에 대한 관리기준과 저감대책에 대하여 설명하시오. (3) 재해손실비용의 산정 시 고려사항 및 평가방식에 대하여 설명하시오. (4) 하절기 건설현장에서 발생되는 온열질환 예방에 대하여 설명하시오. (5) 장마철 건설현장에서 발생하는 재해유형별 안전관리대책과 공사장 내 침수 방지를 위한 양수펌프 적정대수 산정방법 및 집중호우 시 단계별 안전행동요령에 대하여 설명하시오. (6) 인간공학적 작업장 개선 시 검토사항과 효율적 작업설계 및 동작범위 설계, 작업자세에 대하여 설명하시오.
기술부문	가설공사	용어	(1) 사다리식 통로 설치 시 준수사항 (2) 말비계 조립기준 및 말비계 사용 시 근로자 필수교육 항목 (3) 비계(飛階, scaffolding) 공사의 특징 및 안전 3요소
		논술	(1) 건설현장 거푸집공사에서 사용되는 합벽지지대의 구조검토와 점검 시 다음 사항에 대하여 설명하시오. • 구조검토를 위한 적용기준 • 설계하중 • 측압 및 구조안전성 검토에 관한 사항 • 현장조립 시 점검사항
	토공사/기초공사	용어	(1) 지하연속벽 일수현상 및 안정액의 기능
		논술	(1) 굴착공사 시 적용 가능한 흙막이 벽체 공법의 종류와 구조적 안전성 검토사항에 대하여 설명하고, 히빙 (heaving)현상과 파이핑(piping)현상의 발생원인과 안전대책에 대하여 설명하시오. (2) 도심지에서 고층의 건물 공사 시 적용되는 Top Down공법의 특성 및 시공 시 유의해야 하는 위험요인과 안전대책을 설명하시오.
	철근/콘크리트공사	논술	(1) 철근콘크리트공사에서 거푸집 동바리 설계 시 고려하중과 설치기준에 대하여 설명하시오.
	철골	논술	(1) 강구조물에서 용접 결함의 종류와 용접검사 방법의 종류 및 특징에 대하여 설명하시오.
	해체	—	—
	터널	논술	(1) 터널 굴착공법 중 NATM공법에 대해서 적용 한계성과 개선사항을 안전측면에서 설명하시오.
	교량	—	

구분			2023년(제131회)
법규 및 이론	산업안전보건법	용어	(1) 충격 소음 작업 (2) 보건관리자 선임 및 대상 사업장
		논술	(1) 사업장 위험성평가에 관한 지침(고용노동부 고시 제2023-9호)에 따른 위험성평가의 목적과 방법, 수행절차, 실시 시기별 종류에 대하여 설명하시오. (2) 산업안전보건법상 안전보건교육의 교육과정별 교육내용, 대상, 시간에 대하여 설명하시오. (3) 산업안전보건기준에 관한 규칙 상 가스폭발 및 분진폭발 위험장소 건축물의 내화구조 기준에 대하여 설명하고, 위험물을 저장·취급하는 화학설비 및 부속설비 설치 시 폭발이나 화재 피해를 경감하기 위한 안전거리 기준 등 안전대책에 대하여 설명하시오. (4) 건설현장 전기용접작업 시 발생 가능한 재해유형과 안전대책을 설명하고, 화재감시자에게 지급해야 할 보호구와 배치장소에 대하여 설명하시오. (5) 건설현장 근로자의 근골격계 질환 발생원인과 예방대책에 대하여 설명하시오. (6) 산업안전보건위원회의 구성 대상과 역할, 회의개최 및 심의·의결 사항에 대하여 설명하시오.
	건설기술진흥법	용어	(1) 사방(砂防) 댐
		논술	(1) 건설공사 재해 예방을 위하여 건설공사의 계획, 설계 및 시공 단계별로 작성하는 안전보건대장에 대하여 설명하시오.
	재난안전관리법	용어	(1) 재난 및 안전관리 기본법상 재난사태의 선포 및 조치내용
	건설기계관리법	용어	(1) 차량탑재형 고소작업대의 출입문 안전조치와 작업 시 대상별 안전조치 사항
		논술	(1) 항타기 및 항발기의 조립·해체 시 준수사항, 점검사항, 무너짐 방지대책 및 권상용 와이어로프 사용 시 준수사항에 대하여 설명하시오. (2) 굴착기를 사용한 인양작업 시 기준 및 준수사항에 대하여 설명하고, 굴착기의 작업·이송·수리 시 안전관리 대책에 대하여 설명하시오.
	시설물안전관리특별법	용어	(1) 제3종 시설물 지정대상 및 시설물 통합정보관리시스템(FMS) 입력사항
		논술	(1) 시설물의 안전 및 유지관리에 관한 특별법상 정밀안전진단 보고서에 포함되어야 할 사항에 대하여 설명하시오.
	안전관리	용어	(1) 재해예방의 4원칙 (2) 위험감수성과 위험감행성의 조합에 따른 인간의 행동 4가지 유형 (3) 사건수 분석 기법(Event Tree Analysis)
		논술	(1) 재해통계의 목적, 정량적 재해통계의 분류에 대하여 설명하고, 재해통계 작성 시 유의사항 및 분석방법에 대하여 설명하시오. (2) 인간의 의식수준과 부주의 행동관계에 대하여 설명하고, 휴먼에러의 심리적 과오에 대하여 설명하시오.
기술부문	가설공사	용어	(1) 재사용 가설기자재 폐기 및 성능 기준, 현장관리 요령 (2) 가설 통로와 사다리식 통로의 설치기준
		논술	(1) 강관비계와 시스템비계 조립 시 각각의 벽이음 설치기준과 벽이음 위치를 설명하고, 벽이음 설치가 어려운 경우 설치방법에 대하여 설명하시오. (2) 외부 작업용 곤돌라 안전점검 사항과 작업 시 안전관리 사항에 대하여 설명하시오.
	토공사/기초공사	용어	(1) 절토사면 낙석예방 록볼트(Rock Bolt) 공법
		논술	(1) 건설공사 현장의 굴착작업을 실시하는 경우 지반 종류별 안전기울기 기준을 설명하고 굴착작업 계획수립 및 준비사항과 예상재해 중 붕괴재해 예방대책에 대하여 설명하시오. (2) 철근콘크리트 옹벽의 유형을 열거하고, 옹벽의 붕괴원인과 방지대책에 대하여 설명하시오. (3) 도심지 굴착공사 시 지하매설물에 근접해서 작업하는 경우 굴착 영향에 의한 지하매설물 보호와 안전사고를 예방하기 위한 안전대책에 대하여 설명하시오. (4) 하천제방(河川堤防)의 누수원인 및 붕괴 방지대책에 대하여 설명하시오.
	철근/콘크리트공사	용어	(1) 무량판구조의 전단보강철근
	철골	–	–
	해체	–	–
	터널	–	–
	교량	–	–

구분		2024년(제132회)
산업안전관리론	용어	(1) 위험성평가의 방법 및 실시 시기 (2) 재해손실비의 개념, 산정방법 및 평가방식
	논술	—
산업심리 및 교육	용어	(1) Levin의 인간 행동방정식 P(Person)와 E(Environment)
	논술	(1) 인간의 긴장정도(Tension Level)를 표시하는 의식수준 5단계와 의식수준과 부주의 행동의 관계에 대하여 설명하시오. (2) 가현운동의 종류와 재해발생 원인 및 예방대책에 대하여 설명하시오. (3) 휴먼에러(Human Error) 유형과 발생원인, 요인(Mechanism), 예방원칙과 Zero화를 위한 대책에 대하여 설명하시오.
산업 및 건설안전 관계법규	용어	(1) 굴착기 작업 시의 안전조치 사항 (2) 차량탑재형 고소작업대의 작업시작 전 점검사항 (3) 도급인이 이행하여야 할 안전보건조치 및 산업재해 예방조치
	논술	(1) 산업안전보건법과 건설기술 진흥법의 건설안전 주요 내용을 비교하고, 산업안전보건관리비와 안전관리비를 설명하시오. (2) 건축물관리법상 해체계획서 작성사항 및 해체공사 시 안전 유의사항에 대하여 설명하시오. (3) 건설기술진흥법상 안전관리계획서와 소규모 안전관리계획서 수립대상 및 계획수립 기준에 포함되어야 할 사항에 대하여 비교해 설명하시오.
건설안전기술에 관한 사항	용어	(1) 흙의 압밀현상 (2) 거푸집의 해체 시기 (3) Earth Anchor 시공 시 안전 유의사항 (4) 시험발파 절차(Flow) 및 사전 검토사항 (5) 가시설 흙막이에서 Wale Beam(띠장)의 역할
	논술	(1) 터널공사 여굴 발생 시 조사내용과 방지대책에 대하여 설명하시오. (2) SCW(Soil Cement Wall)공법의 안내벽(Guide Wall), 플랜트(Plant)의 설치와 천공 및 시멘트 밀크 주입 시 안전조치 사항을 설명하시오. (3) 철골공사 안전관리를 위한 사전 준비사항, 철골 반입 시 준수사항, 안전시설물 설치 계획에 대하여 설명하시오. (4) 도심지 지하굴착 시 인접 건물의 사전조사 항목 및 굴착공사의 계측기 배치기준, 계측방법에 대하여 설명하시오.
건설안전에 관한 사항	용어	(1) 염해에 의한 콘크리트 열화 현상 (2) 지진파의 종류와 지진 규모 및 진도
	논술	(1) 콘크리트 구조물의 성능저하 원인과 방지대책에 대하여 설명하시오. (2) 산업안전보건기준에 관한 규칙상 낙하물에 의한 위험방지 조치와 설치기준 및 추락방지대책에 대하여 설명하시오. (3) 건설현장에서 사용하는 비계의 종류 및 조립·운용·해체 시 발생할 수 있는 재해유형과 설치기준 및 안전대책에 대하여 설명하시오. (4) 공사현장에서 계절별로 발생할 수 있는 재해 위험요인과 안전대책을 설명하시오. (5) 비정상 작업의 특징과 위험요인을 설명하고, 작업시작 전 작업지시 요령 및 안전대책에 대하여 설명하시오. (6) 건설현장 가설전기 작업 시 발생 가능한 재해유형과 유형별 안전대책을 설명하시오. (7) 경사지붕 시공 작업 시 위험요소, 위험 방지대책, 안전시설물의 설치기준, 안전대책에 대하여 설명하시오. (8) 시설물의 안전 및 유지관리에 관한 특별법상 안전점검의 종류, 안전점검정밀안전진단 및 성능평가 실시시기, 시설물 안전등급 기준에 대하여 설명하시오.

구분		2024년(제133회)
산업안전관리론	용어	(1) 에너지대사율(Relative Metabolic Rate)의 산출식과 작업강도의 구분기준
	논술	
산업심리 및 교육	용어	(1) 안전보건 교육지도 8원칙 (2) Douglas McGregor의 XY이론
	논술	(1) 근로자의 불안전한 행동 중 부주의 현상의 특징, 발생원인 및 예방대책에 대하여 설명하시오. (2) 교육훈련 기법 중 강의법과 토의법을 비교하고, 토의법의 종류에 대하여 설명하시오.
산업 및 건설안전 관계법규	용어	(1) 상시 작업하는 장소의 작업면 및 갱내 작업장의 조도기준 (2) 안전대의 종류 및 착용 대상작업 (3) 안전보건조정자를 두어야 하는 건설공사의 공사금액, 안전보건조정자의 자격업무 (4) 비계설치 시 벽 이음재 결속종류와 시공시 유의사항
	논술	(1) 갱폼(Gang Form)의 안전설비기준과 설치·해체·인양작업 시 안전대책에 대하여 설명하시오. (2) 건설현장 근로자의 근골격계 질환의 발생단계, 발생원인, 유해요인조사에 대하여 설명하시오. (3) 「해체공사 표준안전작업지침」상 해체공사 전 확인사항(부지상황 조사, 해체대상 구조물 조사) 및 해체작업계획 수립 시 준수사항에 대하여 설명하시오. (4) 건설업 유해위험방지계획서 작성 대상사업장 및 제출서류, 계획수립절차, 심사구분에 대하여 설명하시오. (5) 상시적인 위험성평가의 실시방법 및 근로자의 참여방법에 대하여 설명하시오. (6) 「산업안전보건법」과 「중대재해 처벌 등에 관한 법률」상의 중대재해를 구분하여 정의하고 현장에서 중대재해 발생 시 조치사항을 설명하시오. (7) 건설현장에 설치하는 임시소방시설의 대상작업, 임시소방시설을 설치해야 하는 공사의 종류 및 규모, 임시소방시설과 기능 및 성능이 유사한 소방시설로서 임시소방시설을 설치한 것으로 보는 소방시설에 대하여 설명하시오.
건설안전기술에 관한 사항	용어	(1) 터널공사 시 계측의 목적, 계측항목, 계측관리 시 유의사항 (2) 슈미트 해머(Schmidt Hammer)를 이용한 콘크리트 강도 추정 방법 (3) 강구조물 용접결함의 종류 및 보수용접 방법 (4) 지반의 액상화 평가 생략 조건
	논술	(1) 도로사면의 붕괴형태와 붕괴원인 및 사면안정공법에 대하여 설명하시오. (2) 연약지반 굴착 공사 시 지반조사, 연약지반 처리대책, 계측과 시공관리에 대하여 설명하시오. (3) 프리스트레스트 콘크리트에서 PS 강재의 인장방법 및 응력이완(Stress Relaxation), 응력부식(Stress Corrosion)에 대하여 설명하시오. (4) 굴착공사 중 사면 개착공법 적용에 따른 토사 사면 안정성 확보를 위한 작업 전, 중, 후 조치사항에 대하여 설명하시오. (5) 데크플레이트 붕괴사고 원인과 설치 시 안전수칙 및 점검사항에 대하여 설명하시오.
건설안전에 관한 사항	용어	(1) 누전차단기를 설치하여야 하는 전기기계, 기구의 종류 및 접속 시 준수사항 (2) 구축물 등의 안전유지 및 안전성 평가
	논술	(1) 건설업체의 산업재해예방활동 실적 평가대상, 평가항목, 평가방법에 대하여 설명하시오. (2) 소음작업의 종류 및 정의, 방음용 귀마개 또는 귀덮개의 종류 및 등급, 진동작업에 해당하는 기계·기구의 종류 및 진동작업에 종사하는 근로자에게 알려야 할 사항에 대하여 설명하시오. (3) 동바리의 유형별 조립 시 안전조치사항과 조립·해체 시 준수사항에 대하여 설명하시오. (4) 타워크레인 작업계획서 내용과 상승 작업 시 절차 및 주요 단계별 확인사항에 대하여 설명하시오.

부록 Ⅱ

건설안전 도해자료집

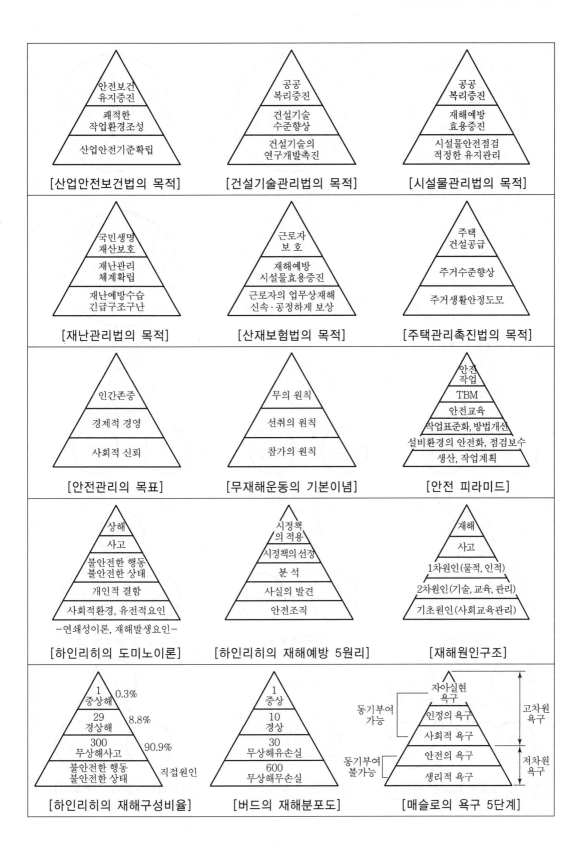

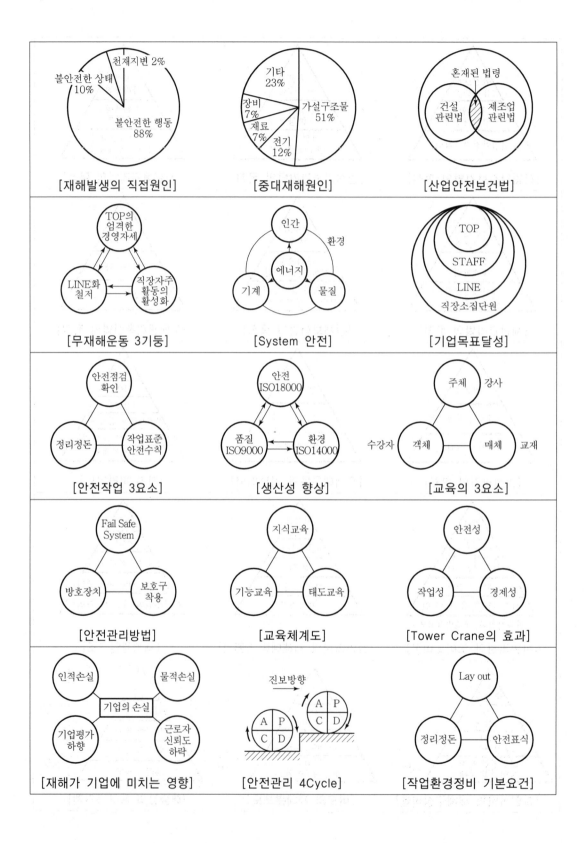

[재해발생의 직접원인]　[중대재해원인]　[산업안전보건법]

[무재해운동 3기둥]　[System 안전]　[기업목표달성]

[안전작업 3요소]　[생산성 향상]　[교육의 3요소]

[안전관리방법]　[교육체계도]　[Tower Crane의 효과]

[재해가 기업에 미치는 영향]　[안전관리 4Cycle]　[작업환경정비 기본요건]

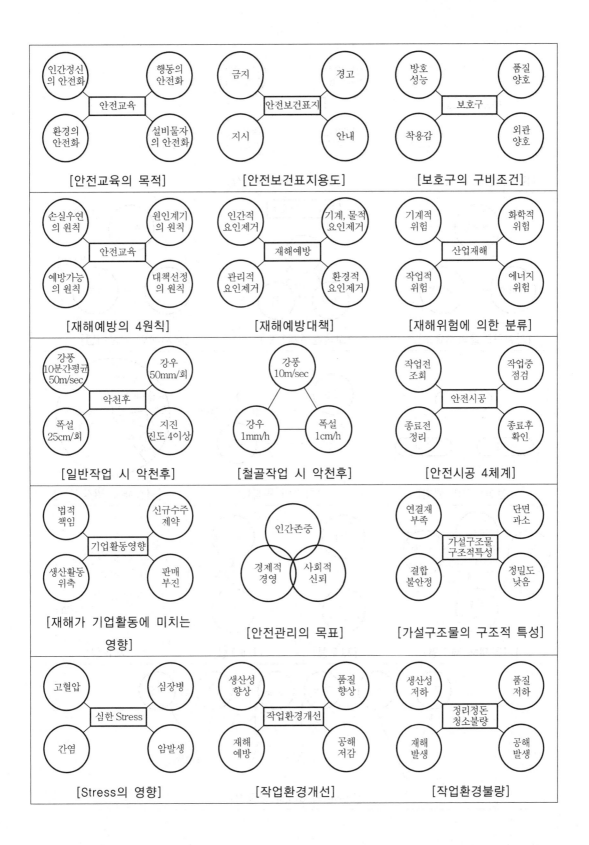

[안전교육의 목적]

[안전보건표지용도]

[보호구의 구비조건]

[재해예방의 4원칙]

[재해예방대책]

[재해위험에 의한 분류]

[일반작업 시 악천후]

[철골작업 시 악천후]

[안전시공 4체계]

[재해가 기업활동에 미치는 영향]

[안전관리의 목표]

[가설구조물의 구조적 특성]

[Stress의 영향]

[작업환경개선]

[작업환경불량]

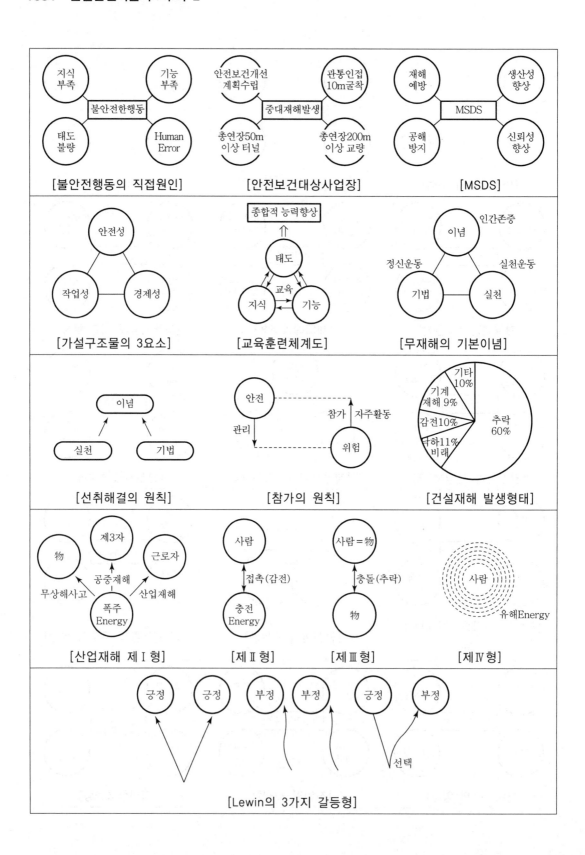

[불안전행동의 직접원인]

[안전보건대상사업장]

[MSDS]

[가설구조물의 3요소]

[교육훈련체계도]

[무재해의 기본이념]

[선취해결의 원칙]

[참가의 원칙]

[건설재해 발생형태]

[산업재해 제Ⅰ형]

[제Ⅱ형]

[제Ⅲ형]

[제Ⅳ형]

[Lewin의 3가지 갈등형]

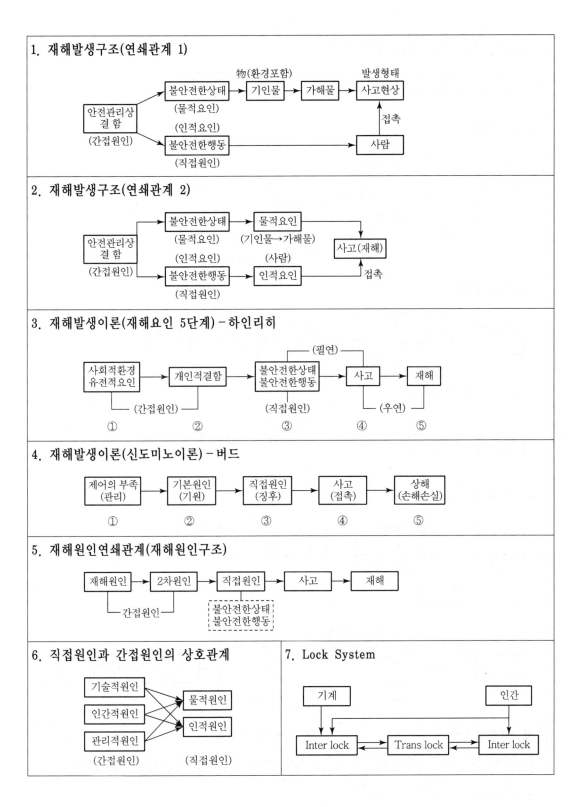

1. 재해발생구조(연쇄관계 1)

2. 재해발생구조(연쇄관계 2)

3. 재해발생이론(재해요인 5단계) - 하인리히

4. 재해발생이론(신도미노이론) - 버드

5. 재해원인연쇄관계(재해원인구조)

6. 직접원인과 간접원인의 상호관계

7. Lock System

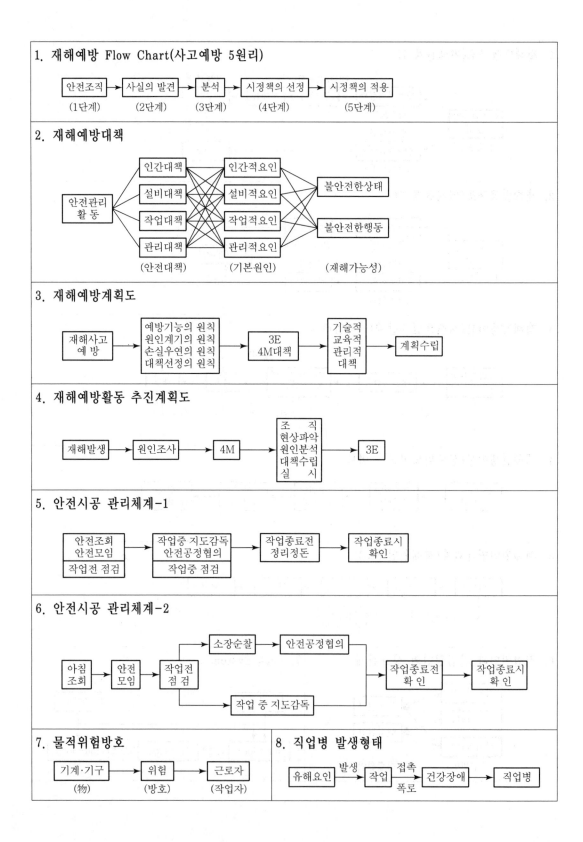

1. 재해예방 Flow Chart(사고예방 5원리)

안전조직 → 사실의 발견 → 분석 → 시정책의 선정 → 시정책의 적용
(1단계)　　(2단계)　　(3단계)　　(4단계)　　(5단계)

2. 재해예방대책

안전관리 활동 → 인간대책 / 설비대책 / 작업대책 / 관리대책 → 인간적요인 / 설비적요인 / 작업적요인 / 관리적요인 → 불안전한상태 / 불안전한행동

(안전대책)　　(기본원인)　　(재해가능성)

3. 재해예방계획도

재해사고 예방 → 예방기능의 원칙 / 원인계기의 원칙 / 손실우연의 원칙 / 대책선정의 원칙 → 3E 4M대책 → 기술적 교육적 관리적 대책 → 계획수립

4. 재해예방활동 추진계획도

재해발생 → 원인조사 → 4M → 조　직 / 현상파악 / 원인분석 / 대책수립 / 실　시 → 3E

5. 안전시공 관리체계-1

안전조회 / 안전모임 / 작업전 점검 → 작업중 지도감독 / 안전공정협의 / 작업중 점검 → 작업종료전 정리정돈 → 작업종료시 확인

6. 안전시공 관리체계-2

아침 조회 → 안전 모임 → 작업전 점검 → 소장순찰 → 안전공정협의 → 작업종료전 확인 → 작업종료시 확인

작업전 점검 → 작업 중 지도감독 → 작업종료전 확인

7. 물적위험방호

기계·기구 → 위험 → 근로자
(物)　　(방호)　　(작업자)

8. 직업병 발생형태

유해요인 →(발생)→ 작업 →(접촉 폭로)→ 건강장애 → 직업병

1. System안전 Program 편성 5단계

구상단계 → 사양결정단계 → 설계단계 → 제조단계 → 조업
(1단계)　　(2단계)　　　(3단계)　　(4단계)　　(5단계)

2. 안전진단 수행과정

예비조사 → 계 획 → 종합평가 → 대책수립 → 보수보강

- · 구조개요
- · 설계도서
- · 보수이력

- · 진단공정
- · 소요설비
- · 실험항목

- · 경제성
- · 시공성
- · 보수효과

- · 소요시간
- · 공법선정

현장조사　　구조해석　　종합판단

- · 강재부식
- · 철근부식
- · 손상누수

- · 구조해석
- · 정적해석
- · 동적해석

- · 손상의 원인
- · 재료의 건전성
- · 하중의 저항성
- · 구조의 안전성

3. 위험예지훈련의 진행방법

감수성 훈련 → 발견 → 파악 → 해결 → 문제해결 훈련

모두 함께 올바르게

단시간내 대담훈련 → 대화 → 생각 → 합의 → 문제해결 훈련

4. 기초 4라운드 진행방법(Flow chart)

1R : 현상파악 → 2R : 본질추구 → 3R : 대책수립 → 3R : 목표설정

5. T.B.M 실시 5단계

도입 → 점검정비 → 작업지시 → 위험예지 → 팀목표확인
(1단계)　(2단계)　　(3단계)　　(4단계)　　(5단계)

6. Man-machine System

정보저장

입력 → 정보수용감지 → 의사결정 → 행동결정 → 출력

7. 착오의 결과

착오발생 → 불안전한상태 불안전한행동유발 → 사고 → 재해발생

8. 최신 안전관리기법

자료수집 → 자료분석 → 개선방법선정 → 개선방법적용 → 모니터

모니터 → No → 자료분석

모니터 → Yes → 자료구축

9. 교육방법의 4단계

도입　(준비) 학습할 준비를 시킨다.

제시　(설명) 작업을 설명한다.

적용　(응용) 작업을 시켜본다.

확인　(정리) 가르친 뒤 살펴본다.

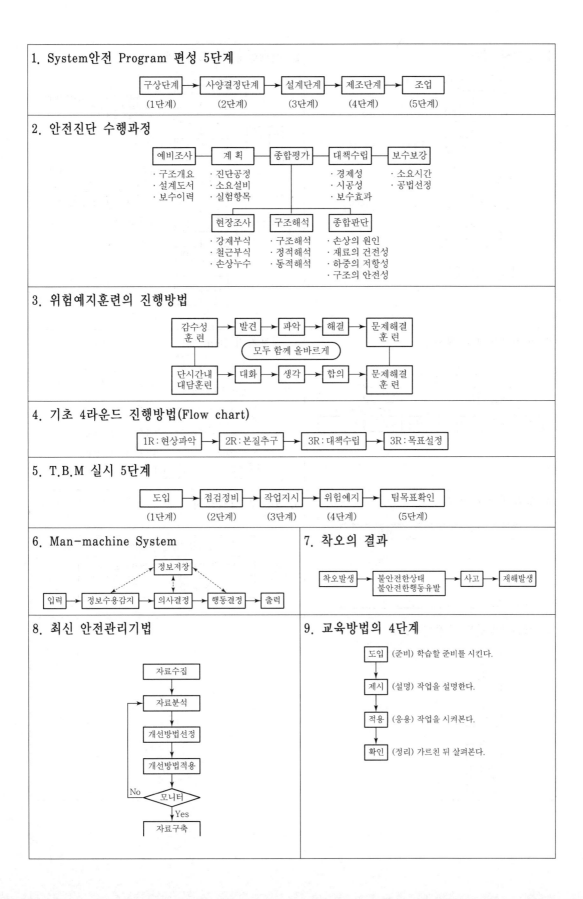

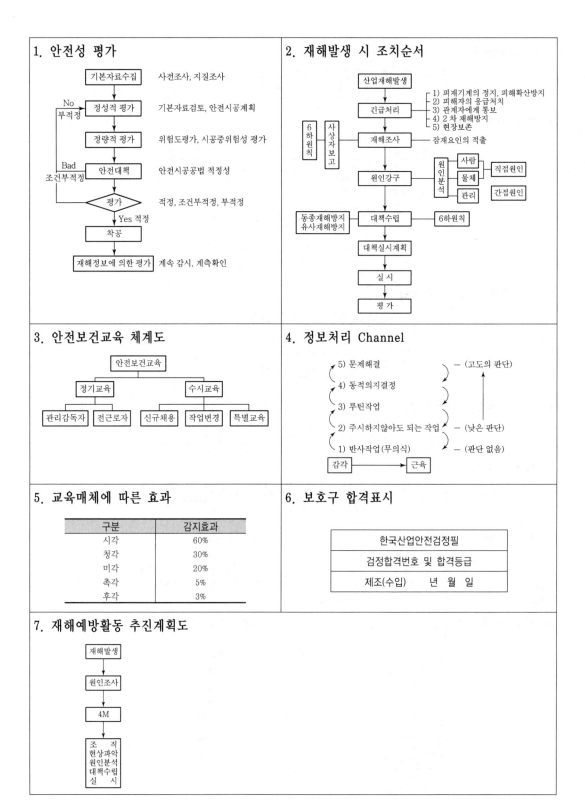

1. 안전성 평가

기본자료수집 — 사전조사, 지질조사

정성적 평가 (No 부적정) — 기본자료검토, 안전시공계획

정량적 평가 — 위험도평가, 시공중위험성 평가

안전대책 (Bad 조건부적정) — 안전시공공법 적정성

평가 — 적정, 조건부적정, 부적정

Yes 적정

착공

재해정보에 의한 평가 — 계속 감시, 계측확인

2. 재해발생 시 조치순서

산업재해발생

긴급처리 — 1) 피재기계의 정지, 피해확산방지 / 2) 피해자의 응급처치 / 3) 관계자에게 통보 / 4) 2차 재해방지 / 5) 현장보존

6하원칙 — 사상자보고

재해조사 — 잠재요인의 적출

원인강구 — 원인분석 — 사람 / 물체 → 직접원인 / 관리 → 간접원인

대책수립 — 6하원칙 / 동종재해방지 유사재해방지

대책실시계획

실시

평가

3. 안전보건교육 체계도

안전보건교육
- 정기교육 — 관리감독자 / 전근로자
- 수시교육 — 신규채용 / 작업변경 / 특별교육

4. 정보처리 Channel

5) 문제해결 — (고도의 판단)
4) 동적의지결정
3) 루틴작업
2) 주시하지않아도 되는 작업 — (낮은 판단)
1) 반사작업(무의식) — (판단 없음)
감각 → 근육

5. 교육매체에 따른 효과

구분	감지효과
시각	60%
청각	30%
미각	20%
촉각	5%
후각	3%

6. 보호구 합격표시

한국산업안전검정필
검정합격번호 및 합격등급
제조(수입)   년 월 일

7. 재해예방활동 추진계획도

재해발생 → 원인조사 → 4M → 조직 / 현상파악 / 원인분석 / 대책수립 / 실시

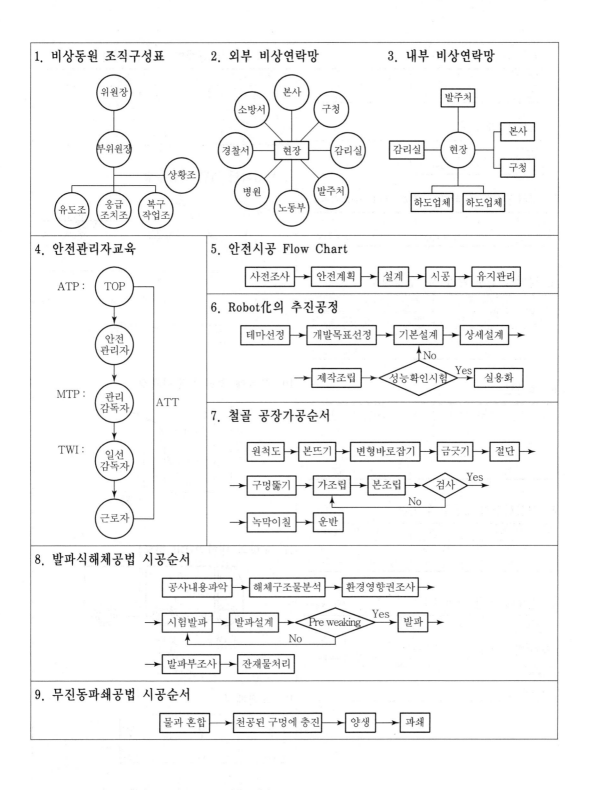

1. 비상동원 조직구성표

위원장 → 부위원장 → 상황조 / 유도조, 응급조치조, 복구작업조

2. 외부 비상연락망

본사, 구청, 감리실, 발주처, 노동부, 병원, 경찰서, 소방서 ↔ 현장

3. 내부 비상연락망

발주처, 감리실, 현장, 본사, 구청, 하도업체, 하도업체

4. 안전관리자교육

ATP : TOP → 안전관리자
MTP : 관리감독자
TWI : 일선감독자 → 근로자
ATT

5. 안전시공 Flow Chart

사전조사 → 안전계획 → 설계 → 시공 → 유지관리

6. Robot化의 추진공정

테마선정 → 개발목표선정 → 기본설계 → 상세설계 →
→ 제작조립 → 성능확인시험 (No / Yes) → 실용화

7. 철골 공장가공순서

원척도 → 본뜨기 → 변형바로잡기 → 금긋기 → 절단 →
→ 구멍뚫기 → 가조립 → 본조립 → 검사 (Yes / No)
→ 녹막이칠 → 운반

8. 발파식해체공법 시공순서

공사내용·파악 → 해체구조물분석 → 환경영향권조사 →
→ 시험발파 → 발파설계 → Pre weaking (Yes / No) → 발파 →
→ 발파부조사 → 잔재물처리

9. 무진동파쇄공법 시공순서

물과 혼합 → 천공된 구멍에 충진 → 양생 → 파쇄

1. 조도기준

구분	초정밀작업	정밀작업	보통작업	기타
조도	750Lux	300Lux	150Lux	75Lux

2. 조도의 반사율

구분	천장	벽	가구	바닥
반사율	80~90%	40~60%	25~45%	20~40%

3. 공사진척도에 따른 안전관리비 사용기준

공정률	30~50%	50~70%	70~90%	90% 이상
사용기준	30% 이상	50% 이상	70% 이상	공정률 이상

4. 방망사 신품(폐기 시) 인장강도

그물의 크기(cm)	방망의 종류(kg)	
	매듭 없는 방망	매듭방망
10	240(150)	200(135)
5	–	110(60)

5. 경사로

경사각	미끄럼막이간격	경사각	미끄럼막이간격
30°	30cm	22°	40cm
29°	33cm	19°	43cm
27°	35cm	17°	45cm
24°	38cm	15°	47cm

6. 건설현장의 소음규제 기준   (단위 : db)

대상지역	조석	주간	심야
주거·학교·병원	65 이하	70 이하	55 이하
상업·공업·농업	70 이하	75 이하	55 이하

7. 진동에 의한 관리기준   (단위 : kine)

등급	I	II	III	IV	V
건물형태	문화재	주택·상가·APT		빌딩·공장	시설물
		작은균열有	균열無	철근콘크리트	computer
기초에서 허용치	0.2	0.5	1.0	1.0~4.0	0.2

8. 산소농도가 인체에 미치는 영향

산소농도(%)	증상
16~12	맥박호흡증가·정신집중곤란
14~10	판단력저하·정신상태불안
10~6	의식불명·경련·중추신경장애
6~1	혼수상태·호흡심장정지

9. 탄산화에 의한 잔존수명

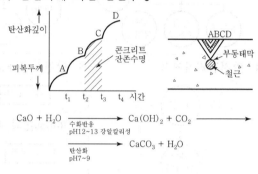

$$CaO + H_2O \xrightarrow[\text{pH12~13 강알칼리성}]{\text{수화반응}} Ca(OH)_2 + CO_2 \longrightarrow$$

$$\xrightarrow[\text{pH7~9}]{\text{탄산화}} CaCO_3 + H_2O$$

10. 부식에 의한 노후화과정

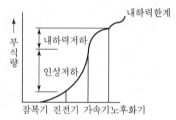

11. 교량의 내하력(DB 하중)

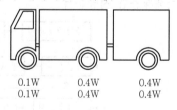

0.1W	0.4W	0.4W
0.1W	0.4W	0.4W

12. 교좌배치

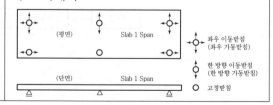

1. 계측관리

조사 → 설계 → 시공 → 현장계측

설계 → 허용치이내 —No→ 응급처리 → 대책

Feed back

허용치이내 —Yes→ 실측치·예측치비교 —No→ 역해석

역해석 → 대책

실측치·예측치비교 —Yes→ 완료 ← 대책

2. 철근콘크리트 공사 Flow Chart

사전조사

안전품질계획 → 공법선정 → 재료선정, 노무·장비계획

공법선정 → 철근·거푸집공사 / Con´c 생산·운반

철근·거푸집공사, Con´c 생산·운반 → 타설 → 양생

3. 언더피닝 시공순서

사전조사 → 준비공사 → 가받이공사 → 본받이공사 → 철거 및 복구작업

가받이공사:
지주에 의한 가받이
보에 의한 가받이
신설기초이용

본받이공사:
상판받이공법
바로받이공법
보받이공법

4. Slurry Wall 시공순서

Guide wall 설치 → Pannel 나누기 → Trench 굴착 →

Slime 처리 → Inter locking pipe → 철근cage 설치 →

Tremie pipe → Con´c 타설 → Inter locking pipe 인발

5. Top Down 시공순서

Slurry wall

심초기초공사(철골기둥+기초)

1층바닥 slab 공사 → 지상철골구조물공사

지하1층굴착 Con´c → 철골공사완료

지하 2, 3층 공사 → 철근 Con´c 공사

기초 slab 공사 → 마감 공사

지하구조물완료 → 지상구조물완료

지하구조물완료, 지상구조물완료 → 완료

6. 붕괴형태

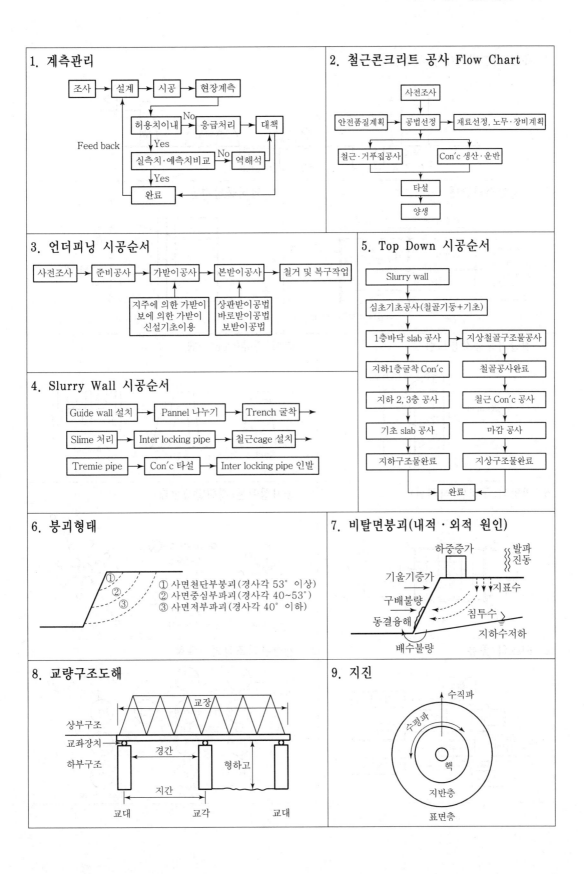

① 사면천단부붕괴 (경사각 53° 이상)
② 사면중심부파괴 (경사각 40~53°)
③ 사면저부파괴 (경사각 40° 이하)

7. 비탈면붕괴(내적·외적 원인)

하중증가
발파진동
기울기증가
지표수
구배불량
동결융해
침투수
지하수저하
배수불량

8. 교량구조도해

교장
상부구조
교좌장치
하부구조
경간
형하고
지간
교대
교각
교대

9. 지진

수직파
수평파
핵
지반층
표면층

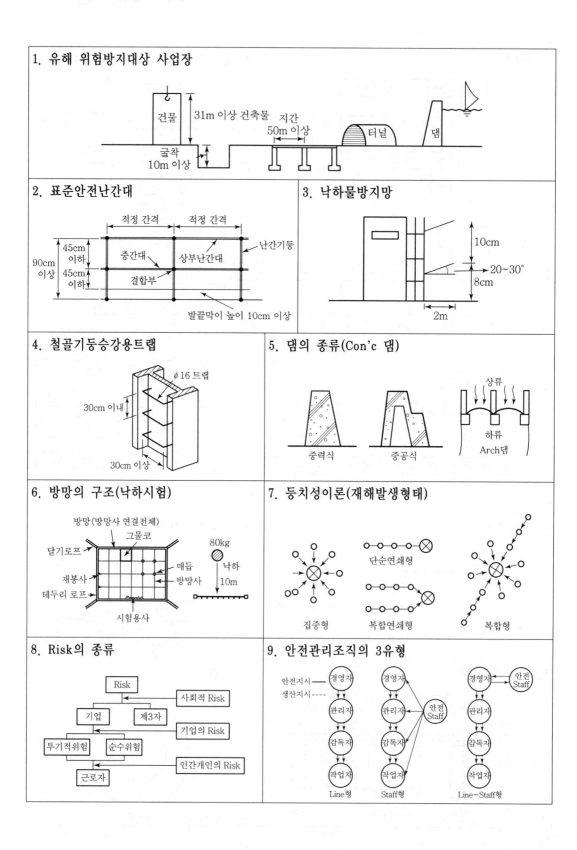

1. 유해 위험방지대상 사업장

2. 표준안전난간대

3. 낙하물방지망

4. 철골기둥승강용트랩

5. 댐의 종류(Con'c 댐)

6. 방망의 구조(낙하시험)

7. 등치성이론(재해발생형태)

8. Risk의 종류

9. 안전관리조직의 3유형

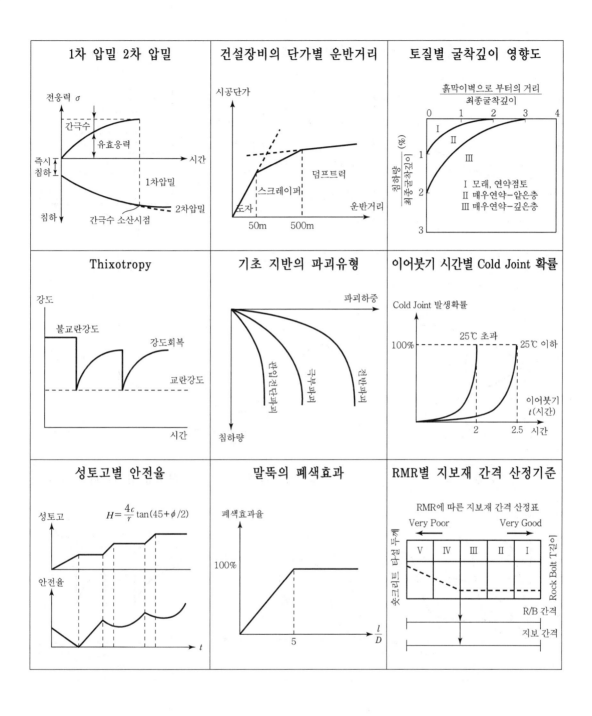

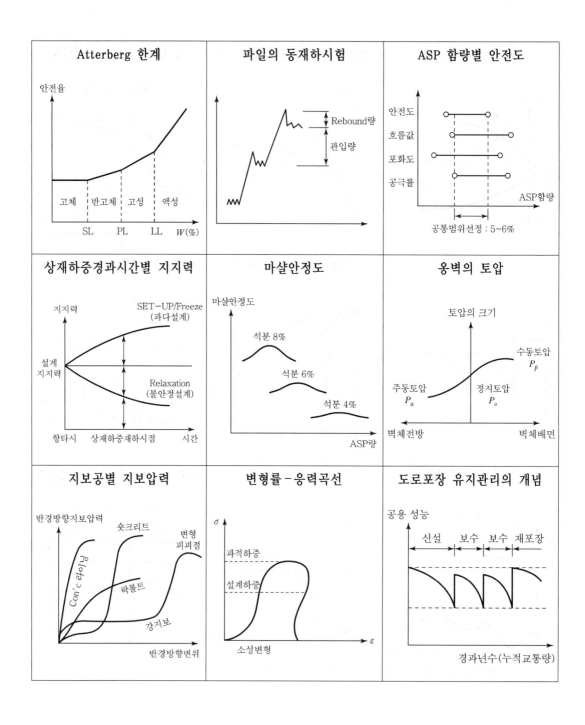

부록 Ⅲ

실제 합격자 답안 사례

문제1) 암반등급 RMR

1. 개요

RMR은 터널 굴착시 지보재 없이 거량할수 있는 시간 판단 방법으로 사전에 Face Mapping 줄임으로 파쇄대 절리간격등을 판단하는게 매우 중요 하겠다.

2. 암반등급 기준 (RMR)

RMR	81~100	61~80	41~60	21~40	20이하
등급	I	II	III	IV	V
상태	최상	양호	보통	불량	매우불량

3. RMR 산성 순서

Face Mapping	→	RQD	→	일축압축강도	→	RMR산정

- 파쇄대 확인
- 절리간격
- 용수 발생부
- 이암 발현상태

< Face Mapping >

4. RMR 기준 및 특징

분류 기준	특징
① 일축압축강도	① 보편적 암반 분류법
② RQD ③ 지하수상태	② 간편하고 오차가 적다
④ 절리상태	③ 취약 암반층 부적합
⑤ 절리 간격	④ 보강방법 개략 제시

문제2) 토공사의 지반조사 분류

1. 개요.

지반조사는 지반이 액상화를 유발시키는 모래지반인지 교란이 일어나는 점성토 지반인지를 파악하여 최종 지반의 전단강도(τ)를 증가시키는데 목적이 있겠다.

2. 지반조사의 분류.

1) 예비조사

① 관계서류 검토 (Data Base)

② 동종 공사 재해사례 연구

③ 토량 환산계수 검토

2) 현지조사

① 인접건물 위치 및 거리

② 지하매설물, 지하구조물

3) 본조사

① Sounding   ② Boring   ③ Sampling.

④ 예민비 확인

3. 예민비로 점성토 모래지반 비교.

구분	점성토	모래지반
예민비	$St > 1$	$St < 1$
다짐방법	전압다짐	진동다짐
특성	교란시 강도저하	다짐시 강도증가.

"끝"

문제3) 토량 환산 계수

1. 개요

　　토공사, 사전 점검 사항으로 자연상태 흙과
흐트러진상태, 다져진상태의 흙으로 압축율과 팽창율을
산정해 토공사 전반에 사용할수 있는 중요한 사항이다.

2. 토량 환산 계수 M/C

구분	자연	흐트러진	다져진
자연상태	1	L	C
흐트러진	$\dfrac{1}{L}$	1	$\dfrac{C}{L}$
다져진	$\dfrac{1}{C}$	$\dfrac{L}{C}$	1

① 압축율 $= \dfrac{\text{다져진상태}}{\text{자연상태}}$　　② 팽창율 $= \dfrac{\text{흐트러진 상태}}{\text{자연상태}}$

3. 토량 환산계수 건설현장 적용

1) 공사전

① 공사기간 산출　　② 이동 토량 산정

③ 미세먼지 발생일수등 환경영향평가 예비라운

2) 공사중

① 공사중 장비 댓수 (P/T, B/H, D/8 등)

② 운반수 배치계획　③ 살수차 및 쇄석기 가동 계획

④ 재하성토 토량 산정 (자연상태 → 흐트러진 상태)

"끝"

문제(4) 흙막이 계측관리 항목

1. 개요

흙막이 계측관리는 배면지반과 인접구조물, 흙막이에 설치하여 변형상태를 사전에 확인하여 재해를 예방하는 사전점검 중 하나로 특히 배면지반 전단강도 $\tau \neq 0$ 되지 않게 사전에 확인 조치해야 하겠다.

2. 흙막이 계측관리 항목

1) 흙막이 벽체 : 지보공 설치 전

① 경사계 ② 하중계

③ 축력계

2) 배면 지반 : Grouting 전

① 지하수위계 ② 지중침하계

③ 토압계

3) 인접구조물 : 지반 설치 전

① 균열계 ② 경사계

〈흙막이 변형 및 계측의 원리〉

3. 흙막이 계측관리 방법

1) 안정 : 계측치 < 1차 관리치 ⇒ 설계변경 (합리화)

2) 경고 : 1차관리 < 계측치 < 2차 관리 ⇒ 설계변경 (안정화)

3) 위험 : 2차관리치 < 계측치 ⇒ 공사중지, 긴급보강

4. 계측관리 시 현장 점검사항

1) 흙막이 배면 배수 상태 확인 / $\tau' = \sigma' \tan\phi$

2) 벽체 상부 상재하중 여부 $\quad \sigma' = (\sigma - u)$

수압이 $u=0$ 돼야 $\tau \neq 0$ 됨

문제1) 공동주택 시공을 위한 흙막이 공사시 흙막이 벽체 및 지반의 안전성 확보를 도모하기 위한 안전 대책을 설명하시오.

1. 개요

1) 흙막이 공사시 배면지반 전단강도(τ)가 가장 중요한 인자이다.

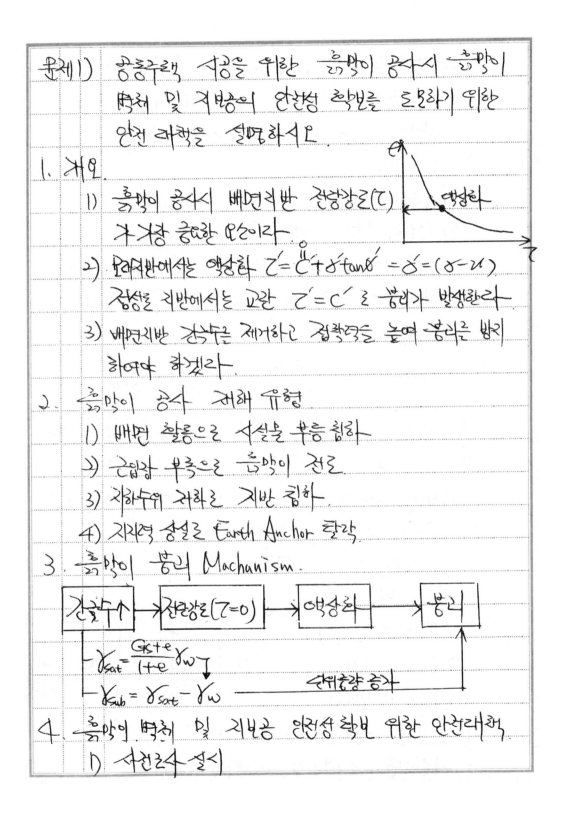

2) 모래지반에서는 액상화 $\tau = \overset{0}{c} + \gamma \tan \phi = \gamma = (\gamma - u)$, 점성토 지반에서는 교란 $\tau = c'$ 로 붕괴가 발생한다.

3) 배면지반 간극수를 제거하고 점착력을 높여 붕괴를 방지하여야 하겠다.

2. 흙막이 공사 피해 유형

1) 배면 활동으로 시설물 부등 침하

2) 근입장 부족으로 흙막이 전도

3) 지하수위 저하로 지반 침하

4) 지지력 상실로 Earth Anchor 탈락

3. 흙막이 붕괴 Machanism.

간극수↑ → 전단강도($\tau=0$) → 액상화 → 붕괴

$\gamma_{sat} = \dfrac{G_s + e}{1 + e} \gamma_w$

$\gamma_{sub} = \gamma_{sat} - \gamma_w$ ── 단위중량 증가 ─

4. 흙막이 벽체 및 지반공 안전성 확보 위한 안전대책

1) 사전조사 실시

① 예비조사 : 당사 Data Base 검토, 동종재해사례 연구

ⓒ 현지조사 : 인근시설물, 터널, 지하매설물

ⓔ 본조사 : Boring, Sounding, Sampling

2) 토질시험 절차

① 지지력 확인 test : PBT, CBR

ⓒ 원위치 시험 : SPT, Boring, Sampling

③ 토성 시험 : γ_d, G_s, ω, Atterberg 한계

④ 강도 시험 : 직접전단시험, 일축압축시험, 삼축압축시험

3) 예민비 확인

$$예민비 = \frac{불교란 시료}{교란시료}$$

비예민	보통	//////// 예민 ////////	초예민
0	2	4	8 St

연약 지반

예민비 4 이상시 연약 지반으로 판단하여 지반개량 실시

4) 흙의 연경지수 확인 (I_c)

$$I_c = \frac{LL - \omega_n}{PI}$$

$(PI = LL - PL)$

① $I_c > 1$ 안정

ⓒ $I_c < 1$ 불안정

고체	반고체	소성	액성 (Ic=0)
SL	PL	LL	

5) 토질별 지반개량 공법 선정

1) 사질지반 : 다짐공법, 약액주입, 동다짐

ㄴ) 점성토 지반 : 혼합공법, 고결공법, 재하공, 배수공법

　　　　　　　　치환공법

5. ㄱ. 흙막이 설치 중 토사 붕괴 관련 사례

1) 개요 : 2005. 3. 5. 13:40분경 경기도 화성시 하수처리시설

　　　 민간투자 사업현장.

2) 내용 : 착람반코 설치 위한 흙막이 가시설 설치 작업중 굴착배면

　　　 토사 붕괴로 매몰 1명 사망 재해

3) 원인 ① 굴착 선단부 굴착토

　　　 집중 적치 (γ_{sat} ↑)

　　　 하중증가로 붕괴

　　　 ② 흙막이 가시설 조기 미설치

　　　 ③ 작업구역 출입금지 조치

　　　　　 미설치

〈흙막이 배면 붕괴 모식도〉

4) 대책 : ① 굴착 선단부 굴착토 분산 적치 (G_s분산 ⇒ γ_{sat}감소)

　　　 ② 굴착 즉시 가시설 설치 (근입장 처리층까지)

　　　 ③ 굴착 작업시 출입금지 조치 실시 및 감시자 배치

6. 결론

1) 흙막이 공사 시 점성토 지반에서 가장 많은 재해가

　　　 발생한다.

2) 공사 전 점성토 지반 전단강도 C을 높이기위해 적절한

　　　 지반개량 공법을 선정해야 겠고, 다짐 필요시 전압다짐을

　　　 활용해 전단강도를 상승시키는 효과로 재해를 예방해야 하겠다.

문제2) 토공사의 안전성 확보를 위한 계측관리의 중요성을 설명하고, 특히, 흙막이 계측을 위한 계측기의 설치 시기 설치위치, 설치기준, 관리 요령을 설명하시오.

1. 개요

1) 계측관리는 시설물의 안전성을 확인하는 최 선행방법으로

2) 종류에는 인근 시설물 변형등을 위한 계측 과, 배면 지반의 활동을 계측, 토유판 부재의 변형을 확인하는 계측기로 구분되며, 계측치를 예상치라 비교 관리하여

3) 사전에 활동, 전도, 침하를 계측하여 재해를 예방해야 하겠다

2. 토공사 계측기의 종류

1) 인접 시설물 계측

① 경사계 ② 균열계

2) 배면 지반 계측

① 지중침하계 ② 지중경사계

③ 지하수위계

3) 흙막이 부재 계측

① 토압계 ② 하중계

③ 변형률계 ④ 축력계

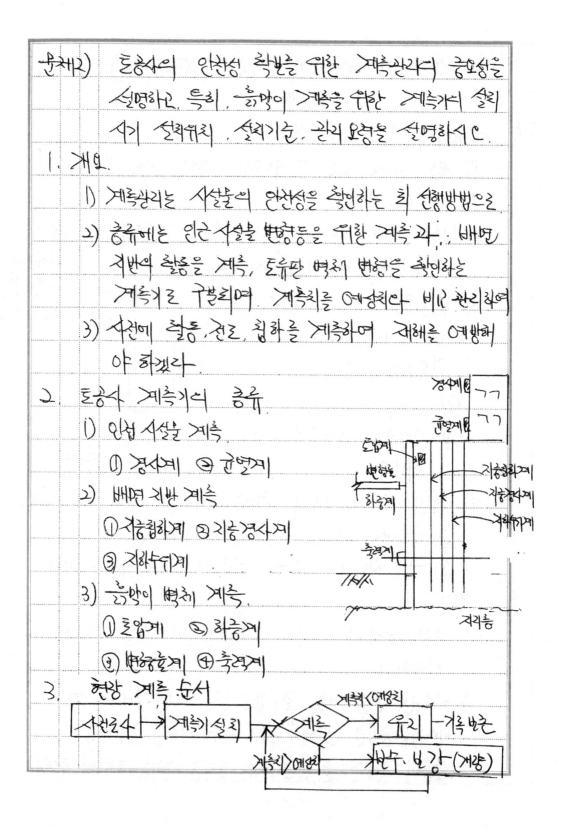

3. 현장 계측 순서

4. 계측관리 중요성

1) 사전에 위험, 징후 파악 선 처리로 붕괴 예방

판정	내용
안정	계측치 < 1차 예상치 (관리치)
정인	1차 예상치 < 계측치 < 2차 예상치
위험	2차 예상치 (관리치) < 계측치

2) 인접 시설물 변형 · 부등침하, 균열 등 사전 파악 후
  연두 보강 (underpining 등) 선처리 시행 재해 예방

5. 계측기 설치시기 · 설치위치 · 설치기준 관리요령

1) 설치시기

  ① 본체 계측기 : 지반공 설치 전

  ② 배면 지반 : 배면 Grouting 전

  ③ 인접 시설물 : 엄지말뚝 타입 전

2) 설치 위치

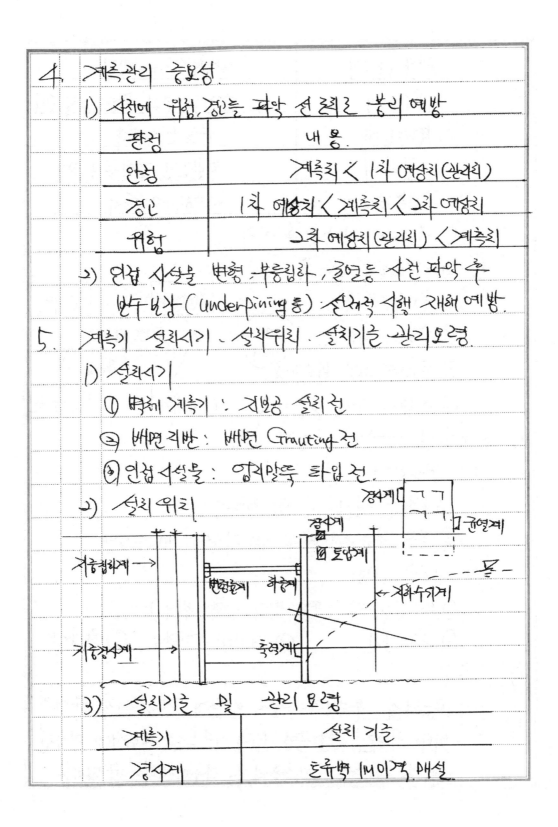

3) 설치기준 및 관리 요령

계측기	설치 기준
경사계	토류벽 1M이격, 매설

지하수위계	단면당 3EA 설치
하중계	앵커 겹침부나 중응력 일뢰 설치
변형율계	응력 변화 위치
침하계	지반조건 굴착깊이 고려
건물경사계	4EA 이상 설치

① 지반조건 파악된 곳 설치

② 과팽창수 있는 곳

③ 중요구조물 인접

④ 교통량 많은 곳

⑤ 수위상승 하강 빈번한곳

⑥ 훼손이 적게 발생될 곳

6. 토류사시 흙막이 점검 요령

1) 부재점검

① 흙막이 깊이   ② 접합부 상태

③ 상부 중량물 적지 여부   ④ 지하수위 변화 상태

2) 지반공 점검

① 부재 손상여부 (변형, 변위, 탈락, 부식)

② 계측관리   ③ 버팀대 건강도   ④ 침하량

7) 결론

토류사시 무엇보다 붕괴 예방에 계측관리가 우선시
되야 하므로 현장 특급기술자 양성으로 시방서에 기재된
순서대로 계측관리가 이루어져야 하겠다.

문제1) 항타 항발기 사용작업현장에서 발생되는 재해유형을 열거하고 재해발생 원인별 방지대책에 대해 설명하시오

1. 개요

1) 항타 항발기는 주로 토목지에서 사용 빈도가 많아 재해발생시 큰 피해가 발생한다

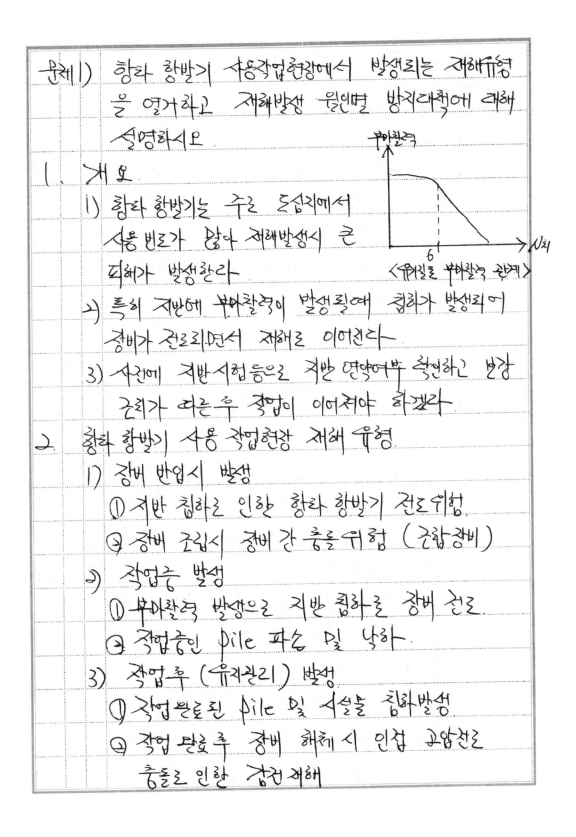

〈응일도 부하탈력 관계〉

2) 특히 지반에 부하탈력이 발생될때 침하가 발생되어 장비가 전도되면서 재해로 이어진다

3) 사전에 지반시험 등으로 지반 연약여부 확인하고 보강 조치가 따른후 작업이 이어져야 하겠다

2. 항타 항발기 사용 작업현장 재해 유형

1) 장비 반입시 발생
   ① 지반 침하로 인한 항타 항발기 전도위험
   ② 장비 조립시 장비 간 충돌위험 (조합장비)

2) 작업중 발생
   ① 부하탈력 발생으로 지반 침하로 장비 전도
   ② 작업중인 Pile 파손 및 낙하

3) 작업후 (유지관리) 발생
   ① 작업완료된 Pile 및 시설물 침하발생
   ② 작업 완료 후 장비 해체시 인접 고압전로 충돌로 인한 감전재해

3. 항타기 항발기 안전 작업 절차

작업계획서 작성	→	반입/검수	→	작업	→	반출

- 장비 제원·규격
- 운전자 자격 확인

- 반입 검사
- 특별안전교육 과수↑

- 규정 속도 준수
- 작업지휘자 선임

- 해체시 분리감독 철저

4. 재해 발생 원인

1) 작업현장 지반 부마찰력 발생으로 인한 침하 발생

2) 작업 지휘자 미선임.

3) 작업장 인근 고압전로 방호조치 미실시

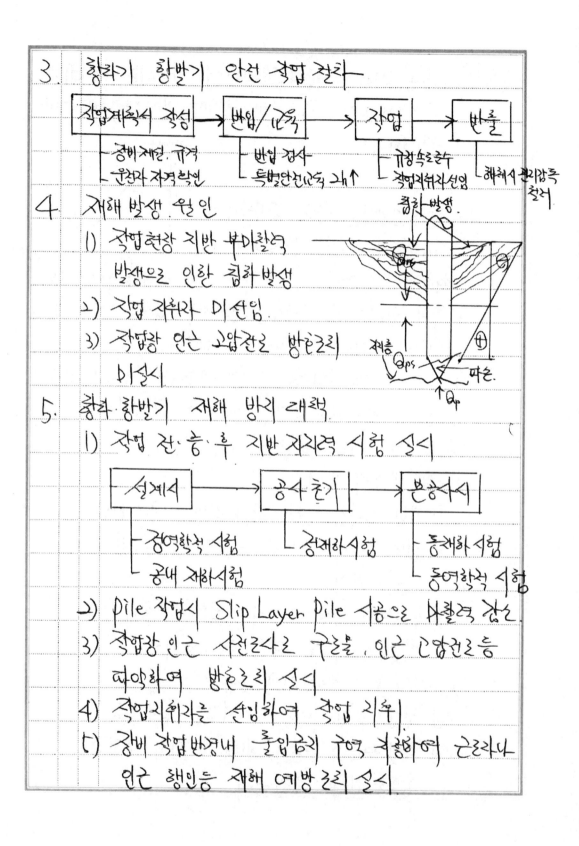

침하 발생
지층
Qps
따름
Qp

5. 항타 항발기 재해 방지 대책

1) 작업 전·중·후 지반 지지력 시험 실시

설계시	→	공사 초기	→	본공사시

- 정역학적 시험
- 공내 재하시험

- 정재하 시험

- 동재하 시험
- 동역학적 시험

2) Pile 작업시 Slip Layer Pile 시공으로 부마찰력 감소.

3) 작업장 인근 사전조사로 구조물, 인근 고압전로 등 파악하여 방호조치 실시

4) 작업지휘자를 선임하여 작업 지휘.

5) 장비 작업반경내 출입금지 구역 적용하여 근로자나 인근 행인등 재해 예방조치 실시.

6) 작업전 특별안전교육 2시간 이상 실시

7) 재료(Pile) 강성이 있어야 하고 변형 부식이 없을것

8) 이음부 용접상태 결함이 없을것 (언더컷, 오버랩 등)

6. 항타·항발기 작업계획서 작성시 필수 포함사항.

1) 장비 제원   2) 작업구역

3) 전담수 배치 내용   4) 운전자 자격사항

5) 작업 진행 계획

6) 안전조치 사항 (출입금지 표지, 안전시설물 설치계획)

7) 결론.

1) 항타·항발기는 앞에서 설명하였듯 지반 저지력
   부족으로 발생되는 부마찰력으로 인한 침하로 전도
   사고가 발생하면 토목및 공사에서는 대규모 피해를
   발생할수 있어 지반의 사전조사와 재해사항이 병행
   실시 되어야 하겠다.

2) 항타·항발기는 주로 현장에서는 조합장비로
   사용되고 있는 실정으로 현장조립 및 해체작업이
   이루어지고 있는 여 과정에서 사고가 자주
   발생한다 항타·항발기는 ~~전용된~~ 단가가
   ~~높더라도~~ 전용장비 사용을 법제화 하여 ~~조합~~
   ~~조립은~~ 건설현장나 저단가 ~~소규모~~ 업체의 조합
   장비 사용으로 인한 재해를 사전에 차단 되어야
   하겠다.   "끝"

문제2) 콘크리트 타설을 위한 거푸집 동바리 작업공종의 재해유형별 안전관리 대책을 설명하시오.

1. 개요

1) 거푸집 동바리는 Con'c 타설을 위해 일시적으로 설치하는 가설구조물의 일종이며,

2) 특히 연직하중. 횡하중. Con'c측압. 풍하중에 영향을 받으며 안정성 검토가 무엇보다 중요하다

2. 거푸집 동바리 작업공종 재해유형

1) 거푸집 조립작업중 추락 사고

2) 조립중인 거푸집 및 기자재 낙하 사고

3) 조립중인 거푸집의 풍압에 의한 전도 사고

4) 계절별 근로자 동상 및 온열질환 위험

5) 누전차단기. 접지 미설치로 인한 감전위험

3. 재해를 가중시키는 작업 공종별 요인

| ① 거푸집 조립 | → | ② Con'c 타설 | → | ③ 거푸집 해체 |

① 작업발판. 경사로. 안전난간등 안전시설 미 설치

② 거푸집. 조립 및 해체시 작업 지휘자 미 배치

③ Gang Form, Slip Form, Sliding Form 대형 거푸집 반입전 구조검토 미실시

④ 조립 및 해체 작업자 작업전 안전교육 미실시

⑤ 거푸집 조립, Con'c 타설. 및 거푸집 해체 작업순서 미준수

4. 작업 공종별 재해 유형

1) 거푸집 조립

① 거푸집 조립중 안전시설 미설치로 추락사고

② 거푸집 이동중 인양물 낙하위험

2) Con'c 타설

① 집중타설로 인한 거푸집 붕괴

② 시간차 타설로 인한 Cold Joint 발생

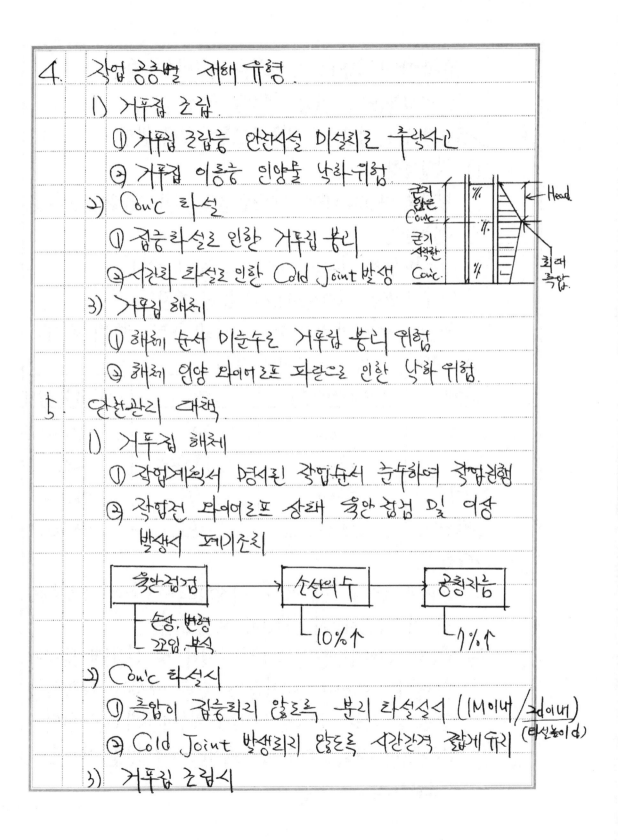

3) 거푸집 해체

① 해체 순서 미준수로 거푸집 붕괴 위험

② 해체 인양 와이어로프 파단으로 인한 낙하 위험

5. 안전관리 대책

1) 거푸집 해체

① 작업계획서 명시된 작업순서 준수하여 작업진행

② 작업전 와이어로프 상태 육안 점검 및 이상
   발생시 폐기조치

```
┌────────┐    ┌────────┐    ┌────────┐
│ 육안점검 │───→│ 손상의수 │───→│ 공칭지름 │
└────────┘    └────────┘    └────────┘
   ├ 손상, 변형      └ 10%↑        └ 7%↑
     꼬임 부식
```

2) Con'c 타설시

① 측압이 집중되지 않도록 분리 타설실시 (1M이내/2d이내)
                                          (타설높이 d)

② Cold Joint 발생되지 않도록 시간간격 짧게유지

3) 거푸집 조립시

① 작업발판, 경사로, 안전난간등 안전시설 설치

② 작업지휘자을 지정 작업을 지휘

6. 거푸집 동바리 작업시 안전시설물 설치 방법

1) 작업발판

발판폭 40cm 이상, 발판틈 3cm 이하 견고히 연결할것

2) 안전난간

① 상부난간 120~90cm 높이 설치

② 중간 난간 60~45cm 높이 설치

③ 10cm 높이 발끝막이판, 100kgf 하중을 견딜수 있는구조

3) 경사로 : 15°~30° 이내 설치

경사	미끄럼 방지 망이	경사	미끄럼 방지망이
30°	30cm	22°	40cm
29°	33cm	19도20분	43cm
27°	35cm	17°	45cm
24도15분	37cm	14°	47cm

7. 결론

1) 거푸집 동바리 조립 및 해체작업과 Con'c 타설작업시 근로자 추락사고가 빈번히 발생한다.

2) 원인은 안전시설물의 허술한 설치 및 관리에 있으며 무엇보다 재료의 재사용으로 인한 부식과 연결철물 탈락으로 인한 견결한 연결이 이루어 지지 않고 있다. 안전난간만이라도 재사용을 금하고 안전인증품 사용을

제안한다, "끝"

문제1) Slip Layer Pile

1. 개요

~~부~~마찰력이 발생되는 지반에 사용되는 주된 Pile
보호용 보르Pile 표면 ~~표면~~에 아스팔트제를 도포하여
마찰력을 줄여주는 방법으로 사용된다.

2. ~~부~~면 마찰력 발생으로 인한 문제점

1) 내적원인

① ~~부~~면 마찰력으로 인한 인장력 작동으로 Pile 파손

② Pile 이음부 파손

2) 외적요인

① ~~부~~면 마찰력 발생으로 지반 침하

② 상부 건설기계 전도위험

③ 지하 전력구, Gas관 등 파손 및 폭파위험

3. Slip Layer Pile 시공으로 인한 중점

1) ~~부~~마찰력 감소로 ~~지~~지반 침하 예방효과

2) Pile 파손 방지로 인한 공사비 절감효과

3) 공사기간 단축효과 발생

4. 현장 거동 저저력 단계별 시험방법

```
┌──────┐      ┌──────┐      ┌──────┐
│ 설계시 │─────→│ 공사중기 │─────→│ 본하시 │
└──────┘      └──────┘      └──────┘
   │             │              │
   ├─중역학적 시험    ├─정재하시험      ├─동재하시험
   │             │              │
   └─공내 재하시험              └─동역학적 시험
```

(문제 2) 거푸집 동바리 존치기간

1. 개요

   Conc 타설 후 거푸집 동바리 존치기간에 따라 붕괴등 재해가 발생될수 있으므로 규정된 존치기간을 준수하여 해체할수 있도록 해야 하겠다.

2. 거푸집 동바리 존치 기간

   1) 압축강도 시험할 경우

   ① 기초, 보, 기둥, 벽등 : 5MPa 이상.

   ② Slab, 아치내면 ┌ 단층 : $f_{ck} \cdot \frac{2}{3} \uparrow$, 14MPa ↑.
   └ 다층 : $f_{ck} \uparrow$, 14MPa ↑.

   2) 압축강도 시험 없을 경우

구분	조강 PC	보통PC (A종)	고로슬래그 (B종)
20℃ 이상	2일	4일	5일
10~20°	3일	6일	8일

3. 거푸집 동바리 해체 순서 및 방법

< 동바리 해체 순서 >

   ① 가장자리부터 해체 시 가장자리로 하중이 집중되 붕괴 위험

   ② 순서대로 가운데부터 순차적으로 해체 진행

   ③ 해체 전 동바리 존치기간 확인 후 작업 진행

   ④ 작업 절차라를 작성하고 작업자라라 교육하여 안전하게 해체 작업 진행   " 끝 "

문제3) 철근공사 안전 지침

1. 개요

철근공사는 인력에 의한 운반, 가공.
조립작업 실시로 초기 운반나 조립
과정에서 재해가 빈번히 발생하여
근로자 RMR측정나 Phase 확인후 작업이 진행되어야 하겠다.

2. 철근공사 안전 지침.

1) 철근 운반과정.

① 인력운반의 경우 2인 1개조로 운반 실시

② 1인 20kg 이상 혼자 운반 금지

③ 장철근 1인운반시 한쪽은 어깨 다른 한쪽은 끌면서 운반

④ ⅙ 인양시 와이어 로프 폐기을 금수

2) 철근 가공 과정

① 옥외 가공 전로 누전차단기 설치

② 옥외 분전반 접지 설치

3) 철근 조립시

① 무리한 힘을 가하지 말것 (근골격계 질환)

② 높이 3M 이상 수직 조립시 4방향 겨래대
   로 도괴 방지

3. 가설공사 (철근 플랜) 안전작업 관련 제언

근로자 대빵 고령자나 여성인 근로자로 눈높이에 맞는 적절한
안전교육나 RMR과 Phase 측정으로 재해를 예방해야 하겠다. "끝"

문제4) 시스템 동바리 설치 기준.

1. 개요.

동바리에 일체화되다 안정성을 높인 시스템하랑
동바리로 6M 이상 높이에 설치하여 좌굴 방지는
위한 수직도가 중요하다.

2. 시스템 동바리 설치 기준

1) 구조검토 설계 및 조립도 작성.

2) 안전인증 제품 사용.

3) 수직재와 수평재 직교되게 설치하고 연부나
접속부는 견결하게 체결.

4) 길판, 깔목 설치하고 동바리 하단은 수평을 유지

5) 동바리 높이 4M 초과시 4M 이내마다 수평
연결재 2개방향으로 견결하게 체결.

6) 가새재는 견결히 체결하고 수직도 준수.

3. 동바리 붕괴 발생 형태 및 대책

① 동바리 좌굴이 발생되는 하중은
동바리의 길이가 가장 큰 곳연
으로 작용한다.

② 좌굴하중은 동바리 길이 제곱에
반비례하므로 수평연결재 설치다
변연결을 통해 좌굴을 예방할수
있다 "끝"

$$\left(P_{cu} = \frac{\pi^2 EI}{l_r^2} \right) \quad l_r (좌굴길이)$$

버푸집 조립/해체 시 유의사항

1) 관리감독자 선임
2) 통로 및 비계 확보
3) 달줄, 달포대 사용
4) 악천후 시 작업중지
5) 작업자 외 출입금지
6) 단독작업 금지
7) 안전보호구 착용
8) 상 · 하 동시작업 금지
9) 무리한 힘을 가하지 말 것
10) 지렛대 사용금지
11) 해체순서 준수

철근공사

철근재료의 구비조건

1) 부착강도가 클 것
2) 강도와 항복점이 클 것
3) 연성이 크고, 가공이 쉬울 것
4) 부식 저항이 클 것

철근의 분류

1) 슬래브
2) 보
3) 기둥

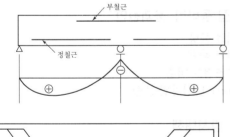

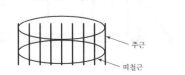

• 철근의 이음 및 정착

(1) 이음위치
① 응력이 작은 곳
② 보 : 압축응력 발생부
③ 기둥 : 슬래브 50cm 위, $\frac{3}{4}$H 이하

(2) 이음공법
① 겹침   ② 용접
③ Gas 압접   ④ Sleeve Joint
⑤ Sleeve 충진   ⑥ 나사이음
⑦ Cad 용접   ⑧ G-Loc Splice

• 철근조립

(1) 피복두께

조건	구조물	피복두께
흙, 옥외공기 미접함	Slab, Wall	20~40mm
	보, 기둥	40mm
흙, 옥외공기 접함	노출 Concrete	40~50mm
	영구히 묻히는 Concrete	75mm
수중에서 타설하는 Concrete		100mm

(2) 철근이음
① 응력이 큰 곳은 피함
② 기둥은 하단에서 50cm 이상 이격
③ 기둥높이의 $\frac{3}{4}$ 이하 지점에서 이음
④ 보의 경우 Span 전장의 $\frac{1}{4}$ 지점 압축 측에 이음
⑤ 엇갈리게 이음하고, $\frac{1}{2}$ 이상을 한 곳에 집중시키지 않는다.

콘크리트공사

• 콘크리트 요구조건

(1) 강도발현
(2) 작업성
(3) 균질성
(4) 내구성
(5) 수밀성
(6) 경제성

• 콘크리트공사 시공순서 F/C

(1) F/C
계량 → 비빔 → 운반 → 타설 → 다짐 → 이음 → 양생

- 운반시간(비비기~치기)
① 외기 25℃ 이상 시 1.5시간 이내
② 외기 25℃ 이상 시 2.0시간 이내
- 타설 시 준수사항
① 낙하높이 1.5m 이하 유지
② Cold Joint 유의
③ 타설속도 준수
④ 타설순서 준수
- 다짐 시 준수사항

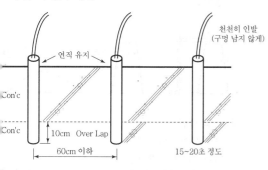

10cm Over Lap
60cm 이하
15~20초 정도
천천히 인발
(구멍 남지 않게)
연직 유지
Con'c
Con'c

- 이음종류
① 신축이음(Expantion Joint, Isolation Joint, 분리줄눈)
② 수축이음(수축줄눈, 균열유발줄눈, 조절줄눈, Contration Joint, Control Joint)
③ 시공이음(Construction Joint)
④ Cold Joint
⑤ Delay Joint(지연줄눈)
- 양생의 종류
① 습윤　　　　② 증기
③ 전기　　　　④ 피막
⑤ Precooling　　⑥ Pipe Cooling
⑦ 단면보온　　⑧ 가열보온

크리트의 성질
- 굳지 않은 콘크리트 성질
- 굳은 콘크리트 성질
- Creep 변형 : 콘크리트의 변형, 처짐, 내구성 저하

크리트 타설 시 준수사항
- 가수 금지
- 지장물 확인
- 보안경 착용
- 펌프카 전후 안내표지 설치
- 펌프카 전도방지
- 차량유도자 배치
- 레미콘차량 바퀴 고임목
- 타설순서 준수
- 집중타설 금지
-) Con'c 비산 주의

균열/열화

- 균열
(1) 균열 피해
(2) 균열의 종류
① 굳지 않은 콘크리트
소성수축, 콘크리트침하, 콘크리트수화열, 거푸집변형, 진동충격
② 굳은 콘크리트
건조수축, 온도수축, 동결융해, 중성화, 알칼리골재반응, 염해
(3) 중성화, 염해 균열 발생 메커니즘
중성화, 염해 → 수분침투 → 철근부식 → 부피팽창 → 균열 → 내구성 저하
(4) 균열의 분류(크기)
(5) 균열평가방법(균열 측정)

- 열화
(1) 콘크리트 비파괴시험 목적
(2) 콘크리트 비파괴시험 종류
① 강도법(반발경도법, Schmidt Hammer Test)
② 초음파법(음속법, Ultrasonic Tecniques)
③ 복합법(강도법＋초음파법)
④ 자기법(철근 탐사법, Magnetic Method)
⑤ 음파법(공진법, Sonic Method)
⑥ 레이더법(Radar Method)
⑦ 방사선법(Radiographic Method)
⑧ 전기법(Electrical Method)
⑨ 내시경법(Endoscopes Method)
(3) 구조물 손상 종류 및 보수·보강공법

구분	손상유형	보수·보강
콘크리트	박리, 균열, 백태	충진, 주입
	박락, 층분리	강재 Anchor, 충진, 치환
강재	부식	방청제 도포, 내화피복
	손상	강판보강

(4) 보수·보강공법
① 보수공법
표면처리, 충전, 주입, BIGS(Ballon Injection Grouting System), Polymer 시멘트 침투, 치환
② 보강공법
강판부착, 강재 Anchor, 강재 Jacking, 외부강선보강, Pre-stress, 단면 증가, 탄소섬유 시트, 교체공법(전면, 부분)

구분		수중 콘크리트	수밀 콘크리트	고강도 콘크리트
개요		• 구조물의 기초 등을 시공하기 위해 수면 아래에 타설하는 Con'c	• 방수 성능 확보 • 방수성 · 풍화 : 전류에 강함 • 내화학 성능	• 압축강도 40MPa 이상의 Con'c
장단점		• 철근과의 부착강도 • 재료분리 • 품질의 균등성 • 시공 후 품질확인	• 산 · 알칼리 · 해수 동결융해에 강함 • 풍화를 방지 및 전류 영향 우려가 적음	• 부재 경량화 가능 • 소요단면 감소 • 취성파괴 우려 • 시공 시 품질변화 우려
재료	시멘트	• 보통, 중용열	• 보통	• 보통
	혼화제	• AE제, AE감수제 • 유동화제	• AE제, AE감수제	• 고로, Fly Ash • Silica Fume, Fly Ash, Pozzolan

시공		• Tremie 공법
		  − Intrusion Aid
		• Con'c Pump 공법
		  − 압송압력 1.0kg/cm² 이상 유지
		  − 타설방법은 Tremie와 같음
		• 밑열림 상자공법
		  − 소규모 공사 시 타설
		• 밑열림 포대 Con'c 공법
		• 간이수중 Con'c 공법
			• 시공이음 없음
			• 시공이음부 청소
			• 지수판 설치
			• 연직 시공이음
			• 거푸집의 조립, 누수 없음
				• 일반적인 시공방법

거푸집 공사		• 측압에 견디는 거푸집 구조 • 골재 채움선 청소 철저	• 수밀 거푸집	• 수밀 거푸집

분	고성능 콘크리트	유동화 콘크리트	고유동 콘크리트
요	• 고강도, 고내구성, 고수밀성 Con'c • 다짐 없이 자체 충진 가능	• R.M.C에 유동화제를 첨가하여 일시적으로 Slump를 증대	• 유동성, 충전성, 재료분리 저항성을 겸비한 Con'c • Cement와 골재의 결합력 향상 • 자중에 의한 다짐
단점	• 시공능률 향상 • 재료분리 감소 • 다짐 및 작업량 감소 • 변형 감소 • 폭렬현상 우려	• 시공연도 개선 • 건조수축 균열 감소 • Bleeding 적음 • 수밀성 증대 • 투입공정이 길다.	• 중성화 저항성 우수 • 염해 저항성 우수 • 탄성계수 부족
시멘트	• M.D.F Cement	• 보통, 분말도 높은 것	• 보통
혼화제	• 고성능 감수제 • Silica Fume	• 고성능 감수제 • Silica Fume	• 고성능 AE감수제 • Fly Ash • 고로 Slag 미분말, 분리저감제
시공	• 일반적인 시공방법 • Auto Clave 양생	• 일반적인 시공방법	• 배합시간 60±10초 • 배합에서 타설까지 120분 이내 • 이어치기 • 20℃ 이하 90분 이내 • 20~30℃ 이하 60분 이내
푸집 공사	• 수밀 거푸집	• 수밀 거푸집	• 수밀거푸집

해체공사 분류

1) 기계에 의한 해체공법
   ① 철해머 공법(Steel Ball 공법, 타격공법)
   ② 소형 브레이커공법(Hand Breaker)
   ③ 대형 브레이커공법(Giant Breaker)
   ④ 절단공법(절단톱, 절단줄)
2) 전도공법
3) 유압력에 의한 해체공법
   ① 유압잭공법
   ② 압쇄공법
(4) 팽창압공법
(5) 화약의 폭발력에 의한 해체공법
   ① 발파공법
   ② 폭파공법
(6) Water Jet 공법
(7) 레이저공법

해체공사

해체공사 시 사전 조사사항

(1) 구조물조사

(2) 인접지역 상황조사

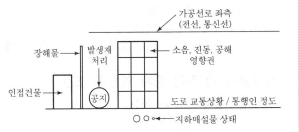

해체작업 순서 F/C

(1) 주변상황 파악 : 건물, 도로, 지장물 등
(2) 해체공법 결정
(3) 관청신고
(4) 가설막 설치
(5) 사전 철거작업 실시

(6) 본 해체공사 실시
(7) 해체물 파쇄 및 운반

- **발파식 해체공법(폭파공법)**

〈발파식 해체공법의 장단점〉

장점	단점
• 재래식 공법으로 해체 불가능 구조물 해체 가능 • 공기단축 • 소음, 진동, 분진 발생이 순간적임 • 주변시설물에 피해 적음	• 공사비 과다 • 인허가 복잡 • 1회에 실패 시 후속처리 곤란

해체공사 시 안전대책

- **해체공사 시 재해유형과 안전대책**
  (1) 재해유형
    ① 추락 : 비계 설치 해체, 개구부
    ② 낙하, 비래 : 해체물 낙하, 비래
    ③ 감전 : 해체 기계・기구의 전선
    ④ 충돌, 협착 : 해체장비
    ⑤ 붕괴, 도괴
    ⑥ 지하매설물 파손
  (2) 안전대책

- **해체작업에 따른 공해방지대책**
  (1) 소음진동 최소화공법 선정
  (2) 방진, 방음막 설치
  (3) 분진 차단막 설치
  (4) 가설울타리 설치
  (5) 낙하물 방호선반 설치
  (6) 환기설비 설치
  (7) 살수설비 설치
  (8) 지반침하 가능성 고려
  (9) 연락설비

고대상 건축물

고대상 건축물
「건축법 시행령」 제2조제18호 나목 또는 다목에 따른
  특수구조 건축물
 건축물에 10톤 이상의 장비를 올려 해체하는 건축물
 폭파하여 해체하는 건축물

체신고 절차

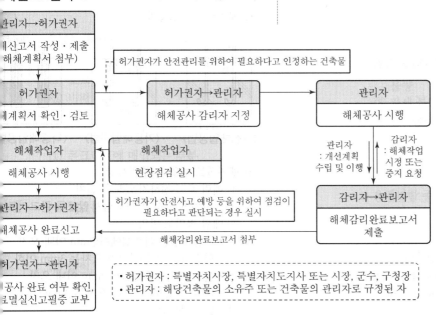

관리자→허가권자

신고서 작성·제출
(해체계획서 첨부)

----- 허가권자가 안전관리를 위하여 필요하다고 인정하는 건축물

허가권자

체계획서 확인·검토

허가권자→관리자

해체공사 감리자 지정

관리자

해체공사 시행

관리자
: 개선계획
수립 및 이행

감리자
: 해체작업
시정 또는
중지 요청

해체작업자

해체공사 시행

해체작업자

현장점검 실시

----- 허가권자가 안전사고 예방 등을 위하여 점검이
필요하다고 판단되는 경우 실시

감리자→관리자

해체감리완료보고서
제출

관리자→허가권자

해체공사 완료신고

해체감리완료보고서 첨부

허가권자→관리자

공사 완료 여부 확인,
멸실신고필증 교부

• 허가권자 : 특별자치시장, 특별자치도지사 또는 시장, 군수, 구청장
• 관리자 : 해당건축물의 소유주 또는 건축물의 관리자로 규정된 자

2) 용접검사방법 분류

  ① 외관검사

  ② 절단검사

  ③ 비파괴검사

    ㉮ 방사선 투과법

    ㉯ 초음파 탐사법

    ㉰ 자기분말 탐상법

    ㉱ 침투 탐상법

3) 용접결함 원인

4) 용접결함 방지대책

교량받침(교좌장치, Shoe)

교량받침의 종류

(1) 고정받침

  〈Pot 받침〉   〈선 받침〉   〈고무판 받침〉

  〈Pin 받침〉   〈Pivot 받침〉

(2) 가동 받침

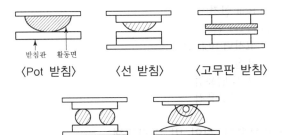

  〈Pot 받침〉   〈선 받침〉   〈고무판 받침〉

  〈Rollor 받침〉   〈Pivot 받침〉

교량받침의 배치

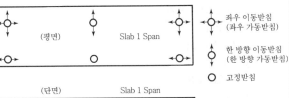

• **교량받침의 파손원인**

  (1) 고정받침

  (2) 가동받침

• **교량받침의 파손 방지대책**

  (1) 교좌장치의 적정한 배치

  (2) 받침 고정을 정확히

  (3) 방식, 방청 도장 시 너무 두껍지 않도록

  (4) 받침에 물이 고이지 않도록

  (5) 이동제한장치 설치

  (6) 앵커볼트 매입 시 무수축 콘크리트 타설 준수

  (7) 받침콘크리트 압축강도 24MPa 이상 유지

〈터널공사〉

널공법 분류

널공법의 분류

- MESSER
- NATM
- TBM
- Shield
- 개착식 공법
- 침매공법

특법상

- 1종
- 2종
- 3종

ATM 공법

ATM의 시공순서

1) 지반조사
2) 갱구부 설치
3) 발파
4) 굴착
5) 지보공 작업
   ① 1차 Shotcrete 타설
   ② Steel Rib 설치
   ③ 2차 Shotcrete 타설
6) 방수
7) Lining Concrete 타설
8) Invert Concrete 타설
9) 계측관리

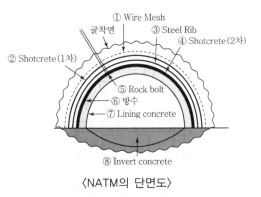

⟨NATM의 단면도⟩

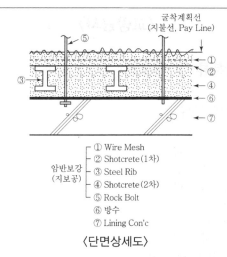

암반보강 (지보공)	① Wire Mesh
	② Shotcrete(1차)
	③ Steel Rib
	④ Shotcrete(2차)
	⑤ Rock Bolt
	⑥ 방수
	⑦ Lining Con'c

⟨단면상세도⟩

• 갱구부 설치

(1) 갱구부 단면도, 정면도

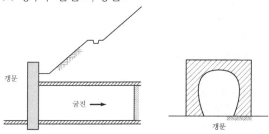

(2) 갱구부 변형 발생 원인

(3) 안전대책

• 발파

(1) 굴착공법 분류
   ① 전단면 굴착(지반상태 양호 시)
   ② 분할 굴착(지반상태 보통 시)
      • Short Bench Cut
      • Long Bench Cut
      • 다단 Bench Cut
   ③ 선진 도갱굴착(지반상태 불량 시)
      • 측벽도갱
      • Ring Cut
      • Silot
      • 중벽분할

⟨중벽분할⟩

〈항만공사〉

항만구조물 분류

방파제

1) 경사제
   ① 사석식　　　　② Block식
2) 직립제
   ① Caisson식　　② Block식
   ③ Cellular Block식　④ Concrete 단괴식
3) 혼성식
   ① Caisson식　　② Block식
   ③ Cellular Block식　④ Concrete 단괴식

계류시설

1) 중력식
   ① Caisson식
   ② Block식
   ③ L형 Block식
   ④ Cell Block식
2) 널말뚝식
   ① 보통 널말뚝식
   ② 자립 널말뚝식
   ③ 경사 널말뚝식
   ④ 이중 널말뚝식
3) Cell식
4) 잔교식
5) 부잔교식
6) Dolphin식
7) 계선부표

방파제

공법 선정 시 고려사항

(1) 방파제 배치조건
(2) 주변 지형조건
(3) 시공조건
(4) 경제성
(5) 공사기간
(6) 공사재료의 조달성
(7) 이용도
(8) 유지관리성
(9) 친환경성

공법별 특징

(1) 경사제 방파제의 특징

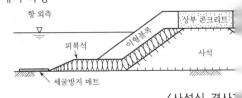

〈사석식 경사제〉

(2) 직립제 방파제의 특징

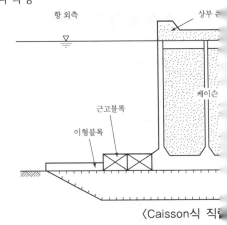

〈Caisson식 직립제〉

(3) 혼성식 방파제의 특징

혼성 방파제의 시공

(1) 시공 구조도

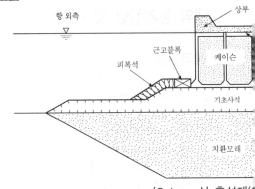

〈Caisson식 혼성제〉

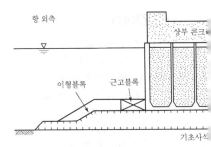

〈Caisson식 혼성제〉

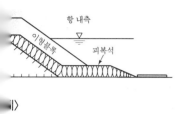

〈   〉

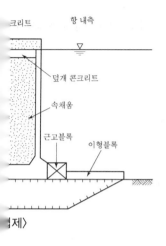

〈   〉

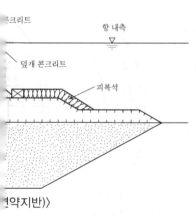

〈   (약지반)〉

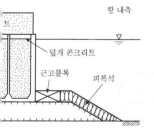

〈   (질지반)〉

(2) 시공순서 Flow Chart
  ① 기초공
    • 지반개량
    • 기초사석공
    • 세굴방지공
    • 근고 Block공
    • 사면피복
  ② 본체공(Caisson)
    • 제작장 부설
    • Caisson 제작
    • 진수
    • 운반
    • 가거치
    • 부상
    • 거치
    • 속채움
  ③ 상부공
    • 하층
    • 상층
(3) 기초시공 시 유의사항
  ① 기초사석 투하 목적
    • 기초지반 정리
    • 지지력 확보
    • 지반개량
    • 상부 구조물 개량
    • 침하방지
  ② 기초 시공 시 유의사항
    • 사석하부 기초지반처리 철저
    • 사석부 마루는 가능한 높지 않게
    • 사석두께는 1.5m 이상
    • 사석부 어깨폭은 5m 이상
    • 활동에 대한 검토
    • 원호활동 방지
    • 침하검토
    • 주변환경 고려
    • 항 내 교란이 없도록
    • 사석 투입 시 표류방지
    • 생태계 파괴 방지

계류시설

• **공법별 특징**

(1) 중력식 계류시설
  ① Caisson식
  ② Block식
  ③ L형 Block식(L-Shaped Block Type)
  ④ Cell Block식(Cell Block Type)

건설안전기술사 최신 기출문제 풀이

발행일 | 2016. 4. 10 초판 발행
2017. 6. 10 개정 1판1쇄
2018. 4. 5 개정 2판1쇄
2019. 4. 20 개정 3판1쇄
2020. 3. 20 개정 4판1쇄
2021. 4. 20 개정 5판1쇄
2022. 4. 20 개정 6판1쇄
2023. 4. 20 개정 7판1쇄
2024. 6. 20 개정 8판1쇄

저 자 | 한경보 · Willy. H
발행인 | 정용수
발행처 | 예문사
주 소 | 경기도 파주시 직지길 460(출판도시) 도서출판 예문사
T E L | 031) 955-0550
F A X | 031) 955-0660
등록번호 | 11-76호

• 이 책의 어느 부분도 저작권자나 발행인의 승인 없이 무단 복제하여 이용할 수 없습니다.
• 파본 및 낙장은 구입하신 서점에서 교환하여 드립니다.
• 예문사 홈페이지 http://www.yeamoonsa.com

정가 : 65,000원

ISBN 978-89-274-5471-7 13530